材料科学与工程专业应用型本科系列教材

面向卓越工程师计划·材料类高技术人才培养丛书

无机非金属材料热工过程及设备

主　编　陈景华　张长森　蔡树元

副主编　邓育新　杜吉亮

华东理工大学出版社
EAST CHINA UNIVERSITY OF SCIENCE AND TECHNOLOGY PRESS

·上海·

图书在版编目（CIP）数据

无机非金属材料热工过程及设备/陈景华,张长森,蔡树元主编. —上海:华东理工大学出版社,2015.4(2024.1重印)

材料科学与工程专业应用型本科系列教材

ISBN 978-7-5628-4127-2

Ⅰ.①无… Ⅱ.①陈… ②张… ③蔡… Ⅲ.①无机非金属材料—热工过程—高等学校—教材 ②无机非金属材料—工业炉窑—高等学校—教材 Ⅳ.①TB321

中国版本图书馆 CIP 数据核字(2015)第 048513 号

材料科学与工程专业应用型本科系列教材
面向卓越工程师计划·材料类高技术人才培养丛书

无机非金属材料热工过程及设备

主　　编 / 陈景华　张长森　蔡树元
副 主 编 / 邓育新　杜吉亮
策划编辑 / 马夫娇
责任编辑 / 花　巍
责任校对 / 李　晔
封面设计 / 裘幼华
出版发行 / 华东理工大学出版社有限公司
　　　　　地　　址：上海市梅陇路 130 号,200237
　　　　　电　　话：(021)64250306(营销部)
　　　　　　　　　　(021)64251137(编辑室)
　　　　　传　　真：(021)64252707
　　　　　网　　址：press. ecust. edu. cn
印　　刷 / 广东虎彩云印刷有限公司
开　　本 / 188 mm×260 mm　1/16
印　　张 / 24.5
字　　数 / 670 千字
版　　次 / 2015 年 4 月第 1 版
印　　次 / 2024 年 1 月第 6 次
书　　号 / ISBN 978-7-5628-4127-2
定　　价 / 68.00 元

联系我们：电 子 邮 箱 zongbianban@ecustpress. cn
　　　　　官方微博 e. weibo. com/ecustpress
　　　　　天猫旗舰店 http://hdlgdxcbs. tmall. com

前　言

无机非金属材料热工过程及设备涉及材料生产中的燃料燃烧过程、物料干燥过程及物料烧结（熔化）过程等三个环节。热工窑炉部分包括水泥窑、陶瓷窑、玻璃池窑和混凝土养护窑四部分。

热工过程是无机材料生产中最重要的工序，窑炉则是关键的热工设备。物料在烧制过程中，内部发生一系列物理、化学及物理化学变化，这些变化过程与窑炉结构及操作过程密切相关。如果窑炉设计不合理、操作管理上有缺陷，必然会影响质量、产量或增加原料和燃料消耗，增加产品的成本，甚至还会产生废品。因此，热工过程及窑炉在无机材料产品生产中的地位是十分关键的，常被称为无机材料工厂的"心脏"。

本书打破传统的按产品种类分别编写的模式，把属于无机非金属材料热工过程及设备的知识结合在一起，按照"以传统过程及设备为基础，兼顾发展中的最新技术及设备"的原则组织编写内容，突出"三个结合"，即：热工过程与设备相结合，传统知识与新技术相结合，系统性与实用性相结合。本书可作为无机非金属材料专业应用型本科教材，也可作为相关专业工程技术人员工作、学习的参考书。

全书共分 9 章，第 4~8 章由陈景华编写；第 3 章由张长森编写，第 2 章、第 9 章由蔡树元编写，第 1 章由邓育新编写；中国玻璃控股有限公司的杜吉亮参与了玻璃池窑及相关设备部分的编写工作。中国建材国际工程集团有限公司的朱锦杰对玻璃池窑结构设计方面的内容进行了审核，在此表示衷心感谢。全书由陈景华统稿。

鉴于编者水平有限，本书难免有不足之处，欢迎读者在使用过程中多提宝贵意见。

编　者
2014 年 12 月

目　　录

1 燃料燃烧过程及燃烧设备

水泥工业中应用得最多的是固体燃料煤,煤的燃烧方法有层燃燃烧法、喷燃燃烧法和沸腾燃烧法。层燃燃烧是将块煤放在炉箅上铺成一定厚度的煤层进行燃烧。喷燃燃烧是先把原煤经过破碎、烘干和粉磨,制成一定细度的煤粉,然后随空气喷到燃烧室或窑内进行悬浮燃烧。沸腾燃烧是利用空气动力使煤粒在沸腾状态完成燃烧反应的。燃烧方法不同,燃烧过程也各有特点。

传统的层燃燃烧法,由于其燃烧效率低、自动化水平不高以及对环境污染较大等原因,在水泥工业上已鲜有应用。现在应用最多的是燃烧效率很高的煤粉燃烧法,其次是沸腾燃烧法。

玻璃工业中应用得最为广泛的燃料是重油、天然气或焦炉煤气,它们的热值较高,能满足熔化玻璃的要求。

陶瓷工业中应用得最多的燃料是气体燃料(煤气、天然气、液化石油气)和液体燃料(轻柴油、重油)。

1.1 固体燃料的燃烧过程及设备

1.1.1 固体燃料的燃烧过程

固体燃料的燃烧过程可以分为准备、燃烧和燃烬三个阶段。

1. 准备阶段

准备阶段包括燃料的干燥、预热和干馏。固体燃料受热后,其中所含的水分汽化,此时温度在110 ℃左右,水分全部逸出后干燥结束。显然,水分越多,干燥消耗的热量越多,所需要的时间也越长。固体燃料干燥后,若温度继续上升则开始分解,放出挥发物,最后剩下固体焦炭,这一过程又称作干馏。燃料挥发分越多,开始放出挥发物的温度就越低;反之,燃料挥发分越少,这一温度就越高。就煤而言,褐煤开始放出挥发物的温度最低,大约为130 ℃;无烟煤最高,约400 ℃;烟煤介于上述两者之间。

在固体燃料燃烧的准备阶段,由于燃烧尚未开始,基本上不需要空气。这一阶段中燃料干燥、预热、干馏等过程都是吸热过程。热量的来源主要是燃烧室内灼热火焰、烟气、炉墙以及邻近已经燃着的燃料。一般希望这个阶段所需的时间越短越好,影响它的主要因素有煤的性质、水分含量、燃烧室内温度和燃烧室的结构等。

2. 燃烧阶段

燃烧阶段包括挥发分和焦炭的燃烧。

挥发分中主要是碳氢化合物,比焦炭更易着火,因此当逸出的挥发分达到一定的温度和浓度时,它就先于焦炭着火燃烧。通常把挥发分着火燃烧的温度粗略地看作固体燃料的着火温度。挥发分多的燃料,着火温度低;反之,挥发分少,着火温度高。应当指出的是,通常所说的着火温度只是固体燃料着火的最低温度条件,在该温度下燃料虽然能着火,但燃烧速度较低。实际生产中,为了保证燃烧过程稳定,加快燃烧速度,通常要求把燃料加热到较高的温度,例如褐煤要加热到550~600 ℃,烟煤为 750~800 ℃,无烟煤为 900~950 ℃。

焦炭是固体燃料的主要燃质。对煤来说,焦炭是煤燃烧过程中放出热量的主要来源,其发热量一般占总发热量的一半以上。由于焦炭的燃烧是多相反应,焦炭燃烧所需的时间比挥发分长得多,完全燃烧也比挥发物更困难。因此,如何保证焦炭的燃烧完全、迅速,是组织燃烧过程的关键之一。在这一阶段,要保持较高的温度条件,供给充足的空气,并且要使空气和燃料充分混合。

3. 燃烬阶段(或称灰渣形成阶段)

焦炭块将烧完时,焦炭外壳包了一层灰渣,使空气很难掺入其中参与燃烧,从而使燃烧进行得很缓慢,尤其是高灰分燃料就更难燃尽。这阶段的放热量不大,所需空气量也很少,但仍需保持较高温度,并给予一定时间,尽量使灰渣中的可燃质完全燃烧。燃烬是固体燃料所特有的,液体和气体燃料没有燃烬阶段。

1.1.2 煤的层燃燃烧设备

煤的层燃燃烧是指绝大部分燃料在炉箅上燃烧,而可燃气体及一小部分细屑燃料则在燃烧室空间内呈悬浮态燃烧。层燃燃烧一般要进行三项主要操作:加煤、拨火和除渣。凡上述三项操作都由机械操作完成的燃烧室称为机械化燃烧室;只有一项或两项操作采用机械操作的称半机械化燃烧室;全部由人工完成的称人工操作燃烧室(或称手烧炉)。这里只介绍机械化层燃燃烧室。

机械化层燃燃烧室,有回转炉箅、倾斜推动炉箅、振动炉箅等几种。

1. 构造和工作原理

回转炉箅燃烧室又称为链条炉,是一种使用历史最为悠久的机械化燃烧室。它的主要结构部分是一条无端的链状炉箅(图 1-1),当炉箅由前向后缓缓回转时,便把煤由煤斗下部经过煤闸门送入燃烧室进行燃烧,灰渣由尾部排出。这种炉箅既是承托燃烧层的装置,又是加煤和除渣设备。燃烧用的一次空气,首先送至装在回转炉箅腹中的风舱,然后自而上穿过炉箅通风孔隙进入燃烧层中,空气的流动方向与煤层的运动方向相互垂直交叉。

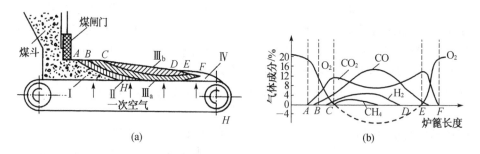

图 1-1 回转炉箅燃烧室中燃料燃烧过程示意图

Ⅰ—新燃料干燥预热区;Ⅱ—挥发分逸出、燃烧区;Ⅲₐ—焦炭燃烧氧化区;
Ⅲᵦ—焦炭燃烧还原区;Ⅳ—灰渣燃烬区

倾斜推动炉箅燃烧室是借炉箅的推动作用进行加煤、拨火和除渣的一种机械化燃烧室。这种炉箅(图 1-2)由活动炉条和固定炉条所组成,两种炉条相间布置、互相搭接排列成阶梯状。炉箅的倾斜角度 α 小于燃料的自然休止角。活动炉条由传动机构带动可做往复运动。当活动炉条自左向右推进时,固定炉条上的煤便被推到相邻的下一块活动炉条上,当活动炉条往左运动时,由于固定炉条的阻挡,活动炉条上的煤便被拨动而落到相邻的下一块固定炉条上。如此反复,煤层便由煤斗进入燃烧室并沿炉箅面缓缓地向炉箅后部移动。燃烧用的一次空气由炉箅下方供入。

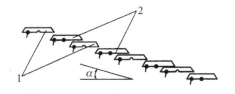

图1-2 倾斜推动炉箅示意图

1—活动炉条;2—固定炉条

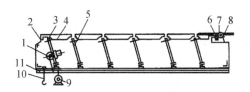

图1-3 固定支点振动炉箅

1—激振器(偏心块);2—前密封;3—炉条;
4—拉杆;5—弹簧板;6—填料;7—后密封片;
8—活动挡灰板;9—激振器电动机;
10—地脚螺栓;11—减振橡皮垫

振动炉箅燃烧室中振动炉箅主要由激振器、板状炉条、上框架、弹簧板、下框架、密封板等几部分组成(图1-3)。安装炉条的上框架由弹簧板支撑。弹簧板向前倾斜,与水平成60°~70°的倾斜角,用固定支点连接到下框架上,在振动炉箅上,煤是靠惯性力的作用而向后移动的。当弹簧板向前下方振动时(图1-4(a)),炉箅上的煤受到一个向后上方的惯性力,这个力抵消了煤的一部分重力,使煤与炉箅间的摩擦力减小,如果炉箅振动得足够剧烈,煤就在这惯性力的作用下向后移动;当弹簧板向后上方振动时(图1-4(b)),煤受到一个向前下方的惯性力,这个力使煤作用在炉箅上的压力增大,它们之间的摩擦力也相应增大,此时观察振动情况,煤或者不动,或者向前运动,但其向前移动的速度比上述向后移动慢。因此,炉箅振动时,煤层便由煤斗送入燃烧室并向后移动。一次空气也是由炉箅下方的风舱提供,空气的流动方向与煤层的运动方向相互垂直交叉。

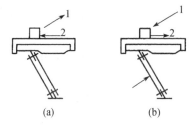

图1-4 炉箅振动时煤的受力情况

1—惯性力;2—摩擦力

2. 燃烧过程的特点

回转炉箅、倾斜推动炉箅和振动炉箅的构造原理虽然不同,但煤层都是由前向后运动,均属于前给式燃烧室,因此煤在这些燃烧室内的燃烧过程比较接近。

回转炉箅燃烧室内,燃料的燃烧过程如图1-1所示。区域Ⅰ是新燃料区,燃料在这里进行干燥预热。由于该区燃料层底面不存在灼热的焦炭层,而从炉箅下面送来的空气一般温度也不高,因此煤层干燥预热所需要的热量,主要依靠炉内火焰和高温炉墙的辐射热供给。因此,燃料的加热和点燃是从燃料层上表面开始,然后逐渐向下传递的,着火条件比人工操作燃烧室差。区域Ⅱ是挥发物逸出、燃烧区。区域Ⅰ和区域Ⅱ的界面 AH 是挥发物逸出的前沿。它的斜度取决于炉箅的移动速度和由上而下燃烧的传播速度。燃烧层的导热性很差,因此燃烧的传播速度仅 $0.2\sim0.5\,\text{m/h}$,只相当于炉箅移动速度的几十分之一。界面 AH 也几乎是燃料着火的前沿。从点 A 向右,挥发物逸出层的厚度逐渐增大,至点 B 开始进入焦炭燃烧氧化区Ⅲ$_a$;从点 B 向右,焦炭燃烧层厚度也愈来愈厚,到达点 C 时,超过了氧化层的厚度(燃料颗粒直径的 $3\sim5$ 倍),便进入焦炭燃烧还原区Ⅲ$_b$。到达点 D 时,上表面的燃料首先燃尽形成灰烬。

回转炉箅、倾斜推动炉箅和振动炉箅三种机械化燃烧室之间,也有一些不同的特点。

倾斜推动燃烧室与回转燃烧室相比,回转炉箅燃烧室燃料层主要靠上面加热引燃;而在倾斜推动炉箅燃烧室内,炉箅对燃料层不断地耙动,这可以使在燃料层表面已着火燃烧的"红煤"翻到燃料层的下部,因此它除了上面引燃之外,还存在下部着火的火源,引燃条件比回转炉箅好。回转炉箅在整个燃烧过程中,燃料与炉箅之间没有相对运动,所以要靠人工来进行拨火操作;而在推动箅上活动炉箅的耙拨运动可以改善燃料层的透气性,挤碎焦块,剥落包裹在燃料颗粒外面的灰层,起着拨火的作用。因此,推动炉箅燃烧室可以燃用具有黏结性、高灰分、难以着火的低质烟煤。此外,它构造较为简单,金属耗量较小,这也是比回转炉箅性能更优越的方面。但倾斜推动炉箅由于炉箅有倾斜度,而炉条又是水平运动,侧密封较难处理,漏风、漏煤较多。另外,这种炉箅的冷却表面很小,处于燃烧地段的炉箅又永远直接与高温煤层接触,不像回转炉箅那样有空行程的冷却条件,所以很容易被烧坏,而且在运行过程中当炉条被烧坏或脱落时,也难以发现和更换。因此,推动炉箅燃烧室不适宜燃用挥发分低、灰分少、发热量高的烟煤和贫煤,燃烧强度也不能太高。

振动炉箅燃烧室中,当炉箅振动时,煤层上下松动,不易结块,因此它的拨火性能、燃烧层内空气和燃料的接触,以及对煤种的适应性等都比回转炉箅好,但由于振动会导致飞灰损失较大。此外,与推动炉箅相似,处于高温地段的炉条工作条件也较恶劣,特别是当通风孔隙被堵塞时,很容易被烧损。

1.1.3 煤粉燃烧过程及燃烧设备

由于煤粉燃烧具有效率高、煤耗低、温度高、调节方便等优点,目前我国水泥厂主要采用煤粉作为回转窑的燃料。

1. 煤粉燃烧过程

煤粉的燃烧采用喷燃法,其燃烧空间为窑炉的炉膛(如水泥回转窑)或是专设的燃烧室(如水泥烘干机及锅炉的燃烧室等)。

煤粉燃烧的特点是煤粉随空气喷入燃烧室后,呈悬浮状态,一边随气流继续往前流动,一边依次进行干燥、预热、挥发分逸出和燃烧、焦炭粒子燃烧等过程。燃烧产生的热烟气经挡火墙上方的喷火口送进烘干机或其他窑炉加热物料,燃尽后的煤灰一部分被烟气带走,一部分落入灰坑。在回转窑内,则边燃烧边把热量传给物料,煤灰绝大部分在窑内降落并掺入物料。煤粉燃烧所需要的空气一般分两部分供入。对于传统的旋流式和直流式煤粉烧嘴而言,习惯上将随煤粉一起进入燃烧室或窑内的空气称为一次空气,另外单独供入的空气称为二次空气。

根据煤粉是在悬浮状态下进行燃烧的特点,在组织燃烧时,应注意以下几点:

(1) 合理组织炉内气流以加速煤粉着火

煤粉干燥、预热和干馏过程所需的热量,除了靠炉内高温火焰和炉墙的辐射传热之外,冷热气流之间的对流传热也起很大作用。因此,为了加速煤粉着火,一方面要注意保持较高的炉膛温度,另一方面则应采用合适的煤粉烧嘴,合理组织炉内气流,加强刚入炉的煤粉气流与炉内热气体之间的混合,以增加对流传热。

(2) 合理控制一次风量和一次风温

一次风量大,将煤粉与一次风混合物加热到着火温度所需的热量就大,因此一次风量应尽量少些。另外,当煤粉加热到着火温度时,煤中放出的挥发分首先燃烧,挥发分基本上燃烧完后焦炭才开始燃烧,因此一次风量也不宜过少,大体上应满足煤粉挥发物燃烧的需要。此外,确定一次风量比例时,还要考虑煤粉制备系统的设计要求和窑炉的特性。通常烘干机煤粉燃烧室采用的一次风量比例见表1-1。二次风主要是提供给焦炭粒子的燃烧。同样,提高一次风温度对煤粉着火也是有利的,特别是燃用低挥发分的煤如无烟煤和贫煤时。但为了防止煤粉气流发生爆炸,一次风预热温度具有一定限制,一般不预热。二次风的预热则没有限制。

表 1-1 煤粉燃烧室一次风量比例和过剩空气系数

煤 种	无烟煤	贫 煤	烟 煤	烟 煤	褐 煤
$V_{daf}/\%$	2～9	10～17	<30	>30	>40
一次风量/%	15～20	20～25	25～30	30～45	40～45
空气系数 α	1.25	1.25	1.20	1.20	1.20

（3）合理控制空气系数

保持较高的炉膛温度,对加速煤粉着火和燃烬过程都是有利的。而合理控制空气系数(α)则是提高炉膛温度的重要措施之一。一般煤粉燃烧室的 α 值见表 1-1。如果燃烧室采用两个或多个烧嘴,则应注意各烧嘴间风量分配的均匀性。为了满足烘干机对烟气温度的要求而掺入的冷风,应在煤粉基本燃烬以后的位置再掺入。水泥回转窑的 α 值一般为 1.05～1.15。

（4）确定合适的一次风喷出速度

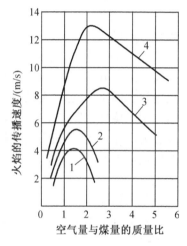

煤粉和空气的混合物从烧嘴喷出到着火燃烧所走过的轨迹,形成黑火头;着火以后,炽热的炭粒所走过的轨迹,形成明亮的火焰。其他条件不变,增大一次风喷出速度,黑火头将延长,过大时甚至会引起灭火。但也不能过小,至少必须大于煤粉的火焰传播速度,以防止发生回火的危险。火焰传播速度与煤中挥发分、灰分的含量有关,如图 1-5 所示。挥发分含量低不易着火的煤,一次风速应小一些,以免黑火头拉得很长;挥发分高容易燃烧的煤,一次风速应大一些,以加速燃烧,提高火焰温度。一次风速增大,一方面增大煤粉的射程,可能使火焰伸长;另一方面强化了焦炭粒子与二次风的混合,有利于加速炭粒燃烧,但可能使火焰缩短。因此,一次风速变化时,火焰长度如何变化,要看上述互为消长的两种因素的综合结果。此外,确定一次风速时,还要考虑输送煤粉的要求,即保证大部分煤粉在燃烬之前保持悬浮状态,否则会落进灰坑造成不完全燃烧的热损失。

图 1-5 火焰传播速度与煤粉挥发分及灰分之间的关系

1—Var=15%,Aar=5%;
2—Var=30%,Aar=40%;
3—Var=30%,Aar=30%;
4—Var=30%,Aar=5%

（5）注意加速焦炭粒子的燃烧

煤粉着火以后,挥发物的燃烧较为迅速,但随后进行的焦炭粒子的燃烧则十分缓慢,如图 1-6 所示,这是根据燃用无烟煤粉时所测得的数据绘出的,曲线 C 表示沿火焰长度方向飞灰含碳量的变化。焦炭燃烧缓慢的主要原因是:燃烧过程中焦炭粒子表面包围了一层燃烧产物(炭粒与周围空气间的相对速度几乎等于零,因

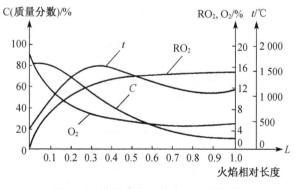

图 1-6 煤粉火焰沿长度方向的变化

此这一层燃烧产物很难消散),使氧分子向焦炭粒子表面扩散时,受到很大阻力;同时,焦炭粒子周围气体中氧的浓度不断降低。因此应设法加强气流的扰动,以加快氧的扩散速度;另外,合理控制空气系数,以保证燃烧后期仍有足够的氧浓度,从而使煤粉燃烧既迅速又完全。

(6)制备细度合格且粒度均匀的煤粉

煤粉细一些,燃烧会较迅速完全;粒度均匀即含较少的粗粒煤粉,这也有利于完全燃烧。但煤粉若过细,则会降低煤磨产量,增加磨煤电耗。水泥回转窑用的煤粉细度一般要求 0.080 mm 方孔筛筛余为 8%～15%,煤粉挥发物含量高的取其较高值,反之取其较低值。

2. 煤粉烧嘴

煤粉烧嘴可分为旋流式和直流式两大类。

(1)旋流式烧嘴

在旋流式煤粉烧嘴内装有使气体产生旋转运动的导流叶片,空气通过烧嘴时,由于导流叶片的导向作用,会产生强烈的旋转。有的是一次风或二次风单独旋转,也有的是一次风与二次风同时旋转。

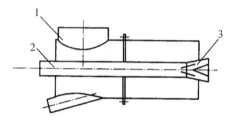

图 1-7　固定轴向叶片旋流式烧嘴

1—二次风壳;2——一次风壳;3—旋流叶片

如图 1-7 所示,这是一种固定轴向叶片旋流式烧嘴,一次风壳出口处装有固定的轴向叶片,使一次风通过时造成强烈旋转。图 1-8 是一次风壳出口固定旋流叶片的结构图。当一次风旋转流股出了烧嘴后,将带动二次风一起旋转。在离心力的作用下,流股会迅速扩张成圆锥面。旋转流股的扩展,使火焰在炉膛中充满度好,同时流股的内缘和外缘还会带动周围气流一起向前流动,形成卷吸现象。这一卷吸作用在烧嘴中心线附近造成了负压区,于是离烧嘴远处的高温烟气便回流到煤粉气流根部,使煤粉温度升高而着火燃烧。旋转流股由于卷吸了烟气,其轴向速度迅速衰减,切向速度也由于流股的扩展使转动半径加大而衰减,因而其射程较短。采用此种旋流式烧嘴时,一次风和二次风的喷出速度可参照表 1-2。

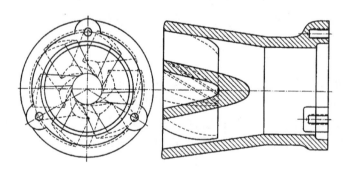

图 1-8　固定旋流叶片

表 1-2　一、二次风的风速

煤的种类	无烟煤	贫煤	烟煤	褐煤
一次风速/(m/s)	12～16	16～20	20～26	20～26
二次风速/(m/s)	18～22	20～25	20～30	20～30

(2)直流式烧嘴

直流式烧嘴的构造如图 1-9 所示。其中图 1-9(a)为直筒式的构造;图 1-9(b)中其烧嘴的前端带有拔哨式出口;图 1-9(c)中其烧嘴的拔哨前端又加一段导管,可使火焰适当加长。

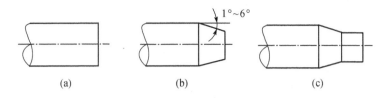

图 1-9 直流式烧嘴示意图

(a) 直筒式；(b) 拔哨式；(c) 拔哨导管式

采用直流式烧嘴时,二次风管可与一次风管做成同心套管,用二次风外包一次风供入燃烧室,也可将其分别于两处供入。直流式烧嘴的流体阻力较小,但它喷出的煤粉气流射程远,高温烟气的回流量也少,会使着火延迟且炉膛火焰充满度较差。

直流式烧嘴空气喷出速度一般比旋流式烧嘴所用风速大。一次风速为 $20\sim30$ m/s,二次风速为 $40\sim50$ m/s。挥发分高的煤取其较大值。

3. 煤粉燃烧室

煤粉燃烧室分立式和卧式两种。燃料由燃烧室顶部喷入的为立式(图 1-10),由侧壁喷入的为卧式(图 1-11)。卧式煤粉燃烧室占地较大,但向外散热面积较小。

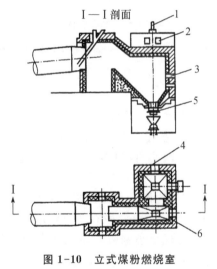

图 1-10 立式煤粉燃烧室

1—煤粉烧嘴；2—防爆阀；3—风量调节器；
4—炉门；5—除灰门；6—混合室

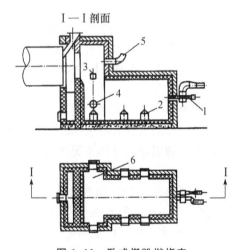

图 1-11 卧式煤粉燃烧室

1—煤粉烧嘴；2—除灰门；3—防爆阀；
4—风量调节器；5—热风管；6—混合室

煤粉燃烧室装有风量调节装置,可调节进入的冷空气量,将热烟气温度降到所需的温度。燃烧室上部装有防爆阀,当发生爆炸时,高压气流可由此通畅地排出,以防燃烧室被破坏。有时为了有效利用热量并降低燃烧室周围环境的温度,还在燃烧室的砖墙内砌有通道,使冷空气流过通道被预热后再经风机送入喷煤管。

煤粉燃烧室一般采用 $1\sim2$ 个煤粉烧嘴。燃烧室较小时可采用 1 个。燃烧室较大时,在燃煤量相同的情况下,采用 2 个烧嘴可缩短喷燃方向的深度,布置烧嘴时,应注意使烧嘴与炉墙、烧嘴与烧嘴之间保持一定距离。

煤粉的燃烧全部在炉膛空间进行(有少数煤粉燃烧室设有小的炉箅,主要供点火用,也可使落在其上的粗煤粒继续燃烧),因此燃烧室燃烧的剧烈程度一般用炉膛容积热强度 q_V 表示,q_V 一般为 $140\sim230$ kW/m³。

除了容积大小之外,还应注意燃烧室的形状。在锅炉设计计算中采用炉膛截面热强度 q_A 作为另一个控制指标,q_A 一般为 1 900~2 300 kW/m²。

煤粉燃烧室热效率比层燃燃烧室要高,设计时可取 0.9。

1.1.4 沸腾燃烧法及沸腾炉

煤的沸腾燃烧法出现在 20 世纪 20 年代,它是利用空气动力的作用使煤在沸腾状态下完成传热、传质和燃烧反应。由于它具有强化燃烧、传热效果好以及结构简单、钢耗量低等优点,尤其是它能燃用一般燃烧方式无法燃用的石煤和煤矸石等劣质燃料,因此备受重视并得到了一定的应用。

1. 燃料在沸腾炉中的运动特点

燃料在沸腾炉中的运动形式,与层燃或喷燃均有明显差别(图 1-12)。沸腾炉的底部装有布风板炉箅,布风板上为具有一定粒度分布的燃料,其下方为风室。空气由下向上吹送,当空气以较低速度通过料层时,由于颗粒重力大于气流推力,颗粒就静止在布风板上,料层保持静止,此时称为固定床(图 1-12(a))。当送风速度增大到某一较高值 w'_k 时,料层的稳定性遭破坏,整个料层被风托起,颗粒间的空隙率加大,料层在一定高度范围内不断上下翻滚。这种处于松散的沸腾状态的料层,叫作沸腾床(图 1-12(b))。这种燃烧方式,即称为沸腾燃烧。当风速继续增大超过一定值 w''_k 时,稳定的沸腾工况即被破坏,颗粒将全部随气流飞走。物料的这种运动形式称为气力输送(图 1-12(c)),这正是喷煤燃烧时的情景。

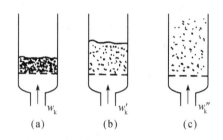

图 1-12 沸腾炉中料层的不同状态

(a) 固定床;(b) 沸腾床;(c) 气力输送

2. 沸腾炉结构

目前,沸腾燃烧室有两种炉型:柱形和锥形。由于柱体的上、下截面面积相等,为保证底部粗煤粒良好沸腾,上部的气流若过大则会使细煤粒飞出沸腾段的数量比较多,燃烧效果不佳。如降低送风速度,则底部的粗煤粒沸腾工况较差,也会影响正常操作。因此,目前多采用截面积上大下小的锥形沸腾燃烧室。

图 1-13 是锥形沸腾燃烧室的示意图。它由沸腾段和悬浮段两大部分组成。从风帽的小眼中心线至溢流口中心线一段叫沸腾段,沸腾段以上的空间叫悬浮段。悬浮段有两个作用,一是使被沸腾层气流夹带出来的小颗粒减小速度,从而能自由沉降;二是延长小颗粒在燃烧室内的停留时间,以便进行悬浮燃烧。一般悬浮段中的热烟气流速不宜超过 1 m/s。

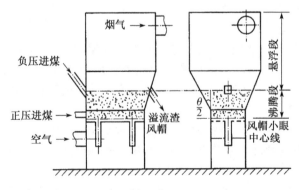

图 1-13 锥形沸腾燃烧室示意图

沸腾段的主要部件是布风装置,可分为直孔式和侧孔式两种。直孔式又名密孔板式炉箅,它是在布风板上直接钻开许多密集小孔,空气垂直向上吹送。侧孔式又名风帽式炉箅,它由布风板和风帽组装而成。风帽在侧向开孔,空气送入方向与炉内上升气流相互垂直或交叉。实验结果表明,直孔式炉箅在鼓风启动时容易造成漏风,会使局部料层堆积而结焦。侧孔式则无此弊病,只是阻力要大于直孔式。因此,侧孔式成为目前国内外应用得最广泛的一种布风装置。

为保证沸腾床的稳定运行,其阻力不能太小。据试验,料层的静止高度为 300～500 mm 时,沸腾料层运行时的膨胀高度为静止料层的 2～2.5 倍,其总阻力一般在 7～8 kPa。灰渣溢流口高度,就设在离布风板 1.0～1.5 m 的地方。溢流口的位置不能过低,否则未完全燃烧的红亮大颗粒会从溢流口溢出,同时还会使溢流量过大,不能维持料层高度,不能保持连续的溢流。溢流口也不能过高,否则为维持正常溢流,要增加送风速度。

锥角 θ 太大,在拐角处由于气流冲刷不到而形成死角。锥角太小,中心气流速度大,沸腾剧烈,颗粒被抛向四周,贴内壁向下移动,造成沸腾不均匀,燃烧不完全。实践证明 $\theta = 44°$ 较为合适。

负压进煤口角度应大于 55°。进煤口中心线略低于溢流口,目的是为了使小颗粒在沸腾床中有燃烧的机会。

3. 沸腾燃烧特性

在沸腾燃烧室中沸腾燃烧时,煤粒与煤粒之间的相对运动十分激烈。它们互相碰撞,不断更新燃烧表面,因此煤粒与空气之间能充分混合,空气系数达 1.1 时燃烧反应速度极其迅速。新加入的煤粒(质量分数为 5%)能迅速地被燃烧着的大量炽热粒子(质量分数为 95%)所包围,很快地升温、着火和燃烧。所以沸腾燃烧室是一种强化燃烧设备,具有较高的传热系数[255～290 W/(m² · ℃)]和较大的容积热强度(120～240 kW/m³)。

沸腾燃烧室不仅能燃烧优质煤,还能稳定地燃烧具有多水分、多灰分、低挥发物和低发热量等性质的劣质煤,因此煤种适应性较为广泛。如灰分为 70%～80%(质量分数),发热量只有 3 300～4 200 kJ/kg 的劣质煤,甚至含碳量在 15%(质量分数)左右的炉渣,都能在沸腾燃烧室内得到稳定的燃烧。

沸腾燃烧室的料层温度相当均匀,并且相对较低,一般均控制在 850～1 050 ℃之间。这样产生的烟气中 NO_x 的含量较低。而对于含硫燃料,在此温度下适当加入石灰石等添加剂,脱硫效果令人满意,因此有利于环境保护。

沸腾燃烧室还有结构简单、制造容易、劳动强度低、有利于实现机械化与自动化等优点,因此在国内得到了重视和发展。但是,沸腾燃烧室在使用过程中也暴露出一些缺点:主要有烟气带走的热量较大,烟气中的飞灰量较多,且飞灰中的可燃物含量较高,一般为 20%～40%(质量分数),严重时甚至可高达 60%～70%,因此固体不完全燃烧热损失最大达 30% 左右,导致炉子热效率不高。此外,沸腾燃烧室运行的控制和检测手段较复杂,耗电量较大。

1.2 液体燃料的燃烧过程及燃烧设备

燃料油的燃烧过程包括油被加热蒸发、油蒸气和助燃空气混合及着火燃烧三个过程,其中油加热蒸发是制约燃烧速率的关键。扩大油的蒸发面积是加速油蒸发的主要措施,所以油总是被雾化成细小油滴来燃烧。

1.2.1 重油的雾化过程

雾化就是利用喷嘴将重油破碎为细小颗粒的过程,其目的是增加蒸发表面积,强化燃料与助燃空气的混合,从而保证燃料迅速、完全的燃烧。雾化纯粹是一个物理过程,是施加的外力与液体本身的内力即表面张力和黏性力之间相互竞争的结果。表面张力总是试图使油保持最小的表面积,而黏性力则抑制油的变形,只有当外力足以克服内力时,油才会变形、破碎成液滴颗粒。当外力等于内力达到相平衡时,形成一定直径的雾滴。而大液滴是不稳定的,在环境气流作用下,会继续变形、破碎,该过程称为二次破碎过程,只有当液滴直径满足一定条件时,才会稳定下来,不再破碎。

重油的雾化根据雾化机理可分为机械雾化和介质雾化两种方式,如图 1-14 所示。

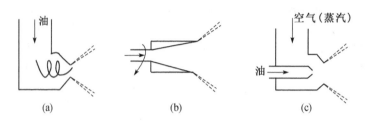

图 1-14　工程上重油的雾化方式
(a) 压力式机械雾化;(b) 旋转式机械雾化;(c) 介质雾化

1. 机械雾化

机械雾化是将重油加以高压(油压一般为 1.01～3.04 MPa)使之以较大速度或以旋转运动的方式从小孔喷入气体空间使油雾化。由于是依靠油本身的高压,故又称油压雾化。

机械雾化方式造成雾化的作用力有:高压油流股内部的波形振动;高速旋转运动产生的离心力;油流股通过气体空间遇到的摩擦力;由气穴现象产生的局部气化和沸腾。气穴现象是重油局部的自发沸腾和形成气泡的蒸气孔穴。该现象在重油压力骤降,温度升高时可能产生,或者在形成急剧涡流时由于局部地区的气流速度剧增而造成负压也可能产生。此时,重油内含有的气体就膨胀成气泡或气穴,使重油加速分裂。由于以上各个力的共同作用,使喷出的油流形成薄膜,膜薄到极限时会破裂形成液滴。

机械雾化的效果与油压、油黏度、油喷出速度、涡流程度及喷嘴结构等因素有关。

机械雾化的雾滴的颗粒度较大(100～200 μm),火焰瘦长(长 2～3 m,扩散角 45°～50°),刚性较好,喷油量大,设备简单紧凑,消耗动力低,在可调范围内调节方便、运转时无噪声。它适用于水泥回转窑。

2. 介质雾化

介质雾化是利用以一定角度高速喷出的雾化介质(空气或蒸汽)冲击油流,使油流破碎分散成雾滴并随气体流出。

介质雾化方式造成雾化的作用力是摩擦力或冲击力。当摩擦力或冲击力大于油的内力时,油先分散成夹有空隙气泡的细流,继而破裂成液滴。

(1) 影响介质雾化的因素

介质雾化的效果与油本身的黏度,油表面张力,油与雾化介质的相交角度、相对速度、接触时间和接触面积以及介质的用量和密度等因素有关。

在一定范围内油黏度与雾滴直径成正比,即:黏度越大,雾滴越大。该影响随介质速度的减小而愈加明显。由于油黏度随温度而改变,所以为了保证雾滴细度不变,操作时要正确确定油温并严格保持不变,以消除其对雾滴细度的影响。如果油的性质发生变化,要及时调整油温指标。

油流股在介质外力作用下被破裂的程度与其表面张力有关,若表面张力大,则油细带尚未伸展到一定程度就在表面张力的作用下破裂,分离出来的雾滴就粗。实际上,不同油品表面张力相差不大,且表面张力与油温关系不大,所以表面张力的影响是有限的。

在一定程度上油与雾化介质的相交角度越大,相对速度越大,接触时间越长和接触面积越大,则雾滴越细。其中相对速度的影响在雾化介质高速范围内更为明显。相交角度改变时,相对速度、接触时间和接触面积亦随之改变。

雾化介质密度大或用量增大时,介质对油流股的冲击力增大,动量大则分离出的雾滴就细。

操作中,雾化介质保持不变时,只要保证油温恒定,雾滴细度基本不变。

介质雾化的雾化质量高于机械雾化,且不随燃料油的变化而变化,所以在玻璃行业得到广泛应用。

(2) 介质雾化的分类

根据雾化介质的压力可分为低压雾化、中压雾化和高压雾化三种。三种雾化方式的性能、特点见表1-3。

表1-3 介质雾化性能比较

项目	低压雾化	中压雾化	高压雾化
介质压力	2.03～12.16 kPa	10.13～101.3 kPa	101.3～709.28 kPa
介质种类	助燃空气	压缩空气或蒸汽	预热的压缩空气或过热蒸汽
介质用量(质量分数)	65%～100%	助燃空气量的15%	极少
介质流速	70～100 m/s	较高	最高300～400 m/s
雾滴直径	多数小于100 μm	—	多数小于10 μm
火焰情况	长度中等,最长约3 m;扩散角大,20°～90°;刚性较好,喷油量小	火焰极短;扩散角较大;火焰稳定	火焰较长,2～6 m;扩散角小,15°～30°
适用场合	中、小型隧道窑,退火窑,料道		大型池窑,隧道窑

(3) 高压介质雾化的特点

高压雾化时,由于雾化介质压力大,流速快,属于高压气体的流动,所以雾化介质用量极少,且在雾化介质出口处与油流相遇时,会产生绝热膨胀。绝热膨胀是在外界不提供热量的情况下,由于自身压力骤降而引起的膨胀。体积急剧增加后,单位体积的热焓低,出口处的温度急剧下降。虽然绝热膨胀作用可以冷却喷嘴,延长喷嘴的使用期限,但却使油黏度增大,恶化了雾化效果。为了弥补绝热膨胀造成的温度下降,压缩空气必须预热,饱和蒸汽必须过热。过热的要求是要在油与雾化介质相遇处保持预定的温度,不使油黏度发生变化。压缩空气的预热温度随本身压力而变,具体数据见表1-4。压力大时,绝热膨胀加剧,预热温度也要高些。饱和蒸汽过热温度是250～340 ℃。如果不预热,则绝热膨胀作用会使部分水分凝出,火焰产生脉动且不稳定。

表1-4 压缩空气的预热温度

压缩空气压力/kPa	202.65	303.98	405.30	607.95
预热温度/℃	140	约150	约160	约180

1.2.2 重油的燃烧过程

重油的燃烧是一个边蒸发、边混合、边燃烧的过程。重油的蒸发温度比着火温度要低得多。在燃烧室内,燃料着火前处于蒸气状态,燃油蒸气与空气之间经扩散、混合,发生化学反应。由于油蒸气与空气之间的扩散、混合速率远远低于化学反应速率,因此在燃油蒸气与空气之间进行化学反应过程中,如果燃烧温度很高,燃烧室内空气供应不足或者燃油和空气混合很不均匀,就会有部分烃类因为高温、缺氧而发生热解、裂化。当液体燃料急剧受热升到 500～600 ℃时,裂化对称进行,生产较轻的碳氢化合物,有足够氧存在时便很快燃烧;急剧受热达到 650 ℃以上时,裂化不对称进行,轻的碳氢化合物呈气体逸出,剩下游离碳粒和难以燃烧的重碳氢化合物形成"结焦",如果随烟气排出,即能见到黑烟。

因此,稳定和强化重油燃烧的基本途径主要有三种:提高蒸发速率、加强燃油液雾与助燃空气的混合、保证燃烧室内具有足够高的温度。重油燃烧装置的设计与操作必须遵循这些原则。

1.2.3 重油的燃烧设备

1. 燃油烧嘴的基本要求

重油的雾化、燃烧是通过燃油烧嘴实现的。对用于硅酸盐工业窑炉上的燃油烧嘴有以下几方面的基本要求:

(1)喷出雾滴要细而均匀,黑火头区(即燃烧前喷油所走过的轨迹)尽量短,不能有火星,不能污染制品或物料。油流股截面不能有空心,雾化介质用量要少。

(2)燃油燃烧后所形成的火焰要符合工艺要求,要能够调节和控制。

(3)结构要简单,以便于制造、拆装、清洗和维修,而且还要坚固耐用,做到不漏油、不堵塞、不结焦,另外加工精度要高,要保证同心度和扩散角。

(4)操作过程中的调节要方便,且调节幅度要大,精度要高,噪声要小。

2. 燃油烧嘴的分类

与雾化方式相对应,燃油烧嘴有机械雾化烧嘴、低压雾化烧嘴、中压雾化烧嘴和高压雾化烧嘴四类。其中,中压烧嘴与高压烧嘴又可以按不同特征进行更细致的分类。

按油流与雾化介质的相对流向来分,有直流式(接近于平行相遇)、涡流式(切线方向相遇)和交流式(以一定角度相遇)三种。按雾化的级数来分,有一级雾化、二级雾化和多级雾化等多种。按油流与雾化介质形成混合物的位置来分,有外混式(在烧嘴外部混合)和内混式(在烧嘴内部混合)。

3. 常用燃油烧嘴的结构及特点

我国传统上使用较多的重油烧嘴是由国内自行设计的高压内混式(扁平火焰)烧嘴 GNB 系列。图 1-15(a)为 GNB—Ⅲ型高压内混式烧嘴的结构简图。该内混式烧嘴的雾化原理是:向具有一定压强的油流股喷入压强相近的雾化介质,使油流变成泡沫状,再将这种泡沫的油流从烧嘴的喷孔喷入窑内或喷入燃烧室中,利用油气中具有一定压强的雾化介质急剧爆发所产生的膨胀力将油膜鼓碎来进行雾化,所以这种雾化方法又称发泡雾化。内混式烧嘴的喷射方向可以任意地选定(与烧嘴的中心无关),喷出的燃油雾滴极细,形成的火焰较软,雾化介质的用量也较少,工作时的噪声也较小。

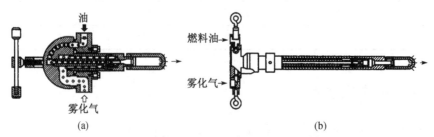

图 1-15 GNB 系列高压内混式烧嘴的结构简图

(a) GNB—Ⅲ型;(b) GNB—Ⅳ型

GNB—Ⅲ型高压内混式烧嘴的结构是由油嘴、风套管、内混室外套管、油管等部件所组成。雾化介质通过若干个小孔,高速冲击到喷出的油流股上进行雾化。由于有了内混室,烧嘴帽上孔嘴的开设可以不受油嘴的约束,所以其灵活性较大。喷孔的数量可以是单孔也可以是多孔,喷孔的形状可以是圆孔也可以是扁平孔,喷孔的位置可以在中心也可以在四周,还可以布置成几排或辐射状,具体情况可视对火焰的要求而定。据介绍,扁平火焰比圆锥火焰的传热量要大 6.3%~8.9%。GNB—Ⅲ型高压内混式烧嘴的使用效果较好,火焰覆盖面积较大,雾化质量较好。该燃油烧嘴的不足之处是所要求的气压和油压较高,内混室内容易结焦,喷出的火焰不易转弯等。其改进型GNB—Ⅳ高压内混式烧嘴,如图 1-15(b)所示,则克服了上述部分缺点,适用于大型玻璃池窑。

近年来,随着玻璃窑炉的改进,很多国外的烧嘴也被引进到国内,如德国索尔格公司的 DZL 型双混烧嘴,德国高定公司的 ZL5 型外混式烧嘴,英国莱德劳公司的 GT/CPA 烧嘴,英国 WTPU 型伸入式烧嘴和美国欧文斯公司的 G 系列外混式烧嘴等。生产实践表明,DZL 型双混烧嘴比较适合于中、小型马蹄焰池窑,大型马蹄焰池窑可以选用 ZL5 型外混式烧嘴,GT/CPA 烧嘴则更适合于横焰池窑。

GT/CPA 烧嘴(油枪)是由 GT 型枪身、GT 型枪架、带快速接头的金属软管、退油阀(清扫阀)、三位四通电磁阀(控制阀)、CPA(临界压强雾化的缩写)喷嘴等部件构成。GT/CPA 烧嘴(油枪)的关键结构是 CPA 喷嘴,其结构如图 1-16 所示。它主要由喷嘴帽、阻气圈、旋涡式喷嘴和压力板四个部件构成。燃油从油管流到压力板,压力板产生反压力,使油均匀地分配到旋涡式喷嘴的四周。雾化空气沿油管外部的环形间隙流入,绕过喷嘴帽和阻气阀之间的喷嘴头部以及冷却喷嘴的内部构件后,又回转过来,在阻气圈与旋涡式喷嘴之间沿着旋涡式喷嘴的一系列螺旋槽膨胀到一个临界压强。经过这些螺旋槽流出的高速气流,在螺旋式喷嘴的前方将油扩散,并把燃油剪切成油滴。最后,这股油、气混合物经过扩张式的喷嘴时,又膨胀到另一个临界压强,燃油细滴在喷嘴处被再分配,以保证油雾锥体横切面上燃油均匀分配。这就是所谓的"双临界压强",从而使重油的雾化过程较为完善。

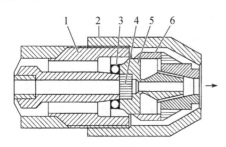

图 1-16　CPA 喷嘴的结构图

1—枪身;2—喷嘴帽;3—O 型密封圈;
4—压力板;5—旋涡式喷嘴;6—阻气圈

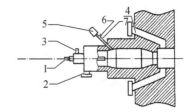

图 1-17　重油高速调温烧嘴结构示意图

1—重油管;2—助燃风管;3—雾化风管;4—调温风;
5—紫外线火焰监测器;6—点火空气;7—液化石油气

图 1-17 为美国 Bickley 公司的重油高速调温烧嘴结构示意图,该烧嘴的雾化效果好,火焰喷出速度高,火焰温降小,在低温阶段采用液化石油气点火、燃烧,到达 500 ℃后改烧重油。

在国外引进烧嘴技术的推动下,国内一些科研设计院所、大专院校在重油烧嘴方面也进行了研究与开发,其中使用较为广泛的是北京航空航天大学热动力研究所研制开发的 BHB 型喷枪(烧嘴)和秦皇岛玻璃工业设计研究院研制开发的 LXQ 型喷枪(烧嘴)。

1.2.4　轻质柴油烧嘴

柴油的燃烧方式与重油的燃烧方式相类似。图 1-18 为北京神雾喷嘴技术开发公司研制开发的 WDH-TCA 型柴油高速烧嘴的结构简图。该烧嘴采用的是气泡雾化的原理,喷嘴的油孔和气化尺寸均较大,因而较好地解决了喷嘴堵塞、结焦等问题。且雾化的耗气量小(雾化介质与燃料油的质量流量比要小于 0.1),雾化后雾滴的颗粒度小($<20~\mu m$),而且其颗粒尺寸分布均匀。该柴油烧嘴燃烧充分,燃烧效率高,节能效果显著。

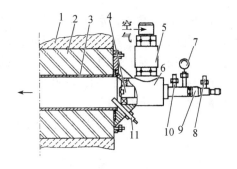

图 1-18　WDH-TCA 型柴油高速烧嘴的结构简图

1—窑墙;2—烧嘴砖;3—烧嘴砖套;
4—烧嘴;5—助燃风调节间;6—配风器;
7—油压表;8—油管接头;9—油量调节针形阀;
10—压缩空气接头;11—点火电极(或火焰监视器)

图 1-19 为长沙节能中心研制开发的火神 Y 型轻质柴油高速烧嘴的结构简图,该烧嘴的特点是可以利用较低的油压和雾化风压,由此带来的好处是可以用单价较低、耗电量较小的罗茨风机来作为雾化风机,还可以用价格较低而密封程度略差的一些管道配件。这样既可以显著地减小漏损,又可以降低设备投资。此外,该柴油烧嘴燃烧充分、火焰清亮明净、火焰还能够旋转喷射。

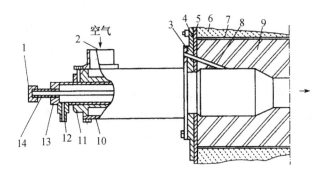

图 1-19　火神 Y 型轻质柴油高速烧嘴的结构简图

1—油接头;2—助燃空气接头;3—喷火口法兰;4—护墙板;5—隔热层;6—窑墙砖;7—膨胀缝;
8—点火孔;9—烧嘴砖;10—外壳;11—内壳;12—雾化空气接头;13—内管;14—油管

此外,需要指出的是,与烧气体燃料的烧嘴一样,烧液体燃料的烧嘴也有高速调温烧嘴、脉冲(高速调温)烧嘴的型式和型号,这两种烧嘴主要在陶瓷工业中获得了广泛的应用。

1.2.5　液体燃料的先进燃烧技术

1. 富氧燃烧技术

富氧燃烧技术就是指采用比普通空气中氧含量高的富氧空气进行助燃的燃烧技术。

使用富氧燃烧技术可以减少助燃空气中的非助燃成分(氮气量),从而降低燃料的着火温度,加快其燃烧速度和提高燃烧温度,也有利于燃料的完全燃烧和减轻排烟负担。而且富氧燃烧技术还有利于降低烟气中的有害 NO_x 含量,这是由于 NO_x 的主要来源即氮气量降低的缘故。

(1)富氧燃烧分类

富氧燃烧包括整体富氧(全部助燃空气为富氧空气)和部分富氧。部分富氧包括增氧燃烧(在空气助燃烧嘴下喷入富氧空气以达到增氧效果)、富氧空气雾化(以富氧空气作为重油的雾化介质)、富氧助燃补给燃烧(在池窑熔化部内需要升温处或 O_2 不足处增设富氧空气烧嘴,最常见的是在横焰窑第一对小炉之前增设富氧空气烧嘴,俗称 O 号小炉富氧助燃)等。

（2）富氧空气制备技术

富氧空气可以是制取锡槽保护气（N_2）时的副产品,但是这个气体量不能满足要求。更有效地获得富氧空气的方法有:深度冷冻法（简称深冷法）、PSA 法（或称分子筛法）和高分子膜法（简称膜分离法）等。深冷法是将空气冷却液化后,再利用 N_2 和 O_2 沸点的差异,将它们分离来制得富氧空气。PSA 法是利用分子筛对 N_2 和 O_2 的差异性吸收来制得富氧空气。膜分离法是利用 N_2 和 O_2 通过某些高分子膜时其渗透率的差异来制得富氧空气。其中,膜分离法因制取富氧空气的成本较低而获得广泛应用,深冷法和 PSA 法则在制取高纯度氧气方面更为有效。

膜分离法制取富氧空气的成本较低是因为其装置简单、操作与维护容易、动力消耗较低、使用寿命较长。其缺点是:增氧率不高（最高为 $28\%\sim31\%$）,且膜易堵塞。国外最早使用的分离膜是由聚硅氧烷与聚对羟基苯乙烯的交联共聚体制成的高分子膜。其工作原理是:空气中的 O_2 和 N_2 在高分子膜中溶解度的差异与扩散速率的差异会造成它们在通过高分子膜时的速率有所不同,于是在压力差的作用下,O_2 会优先通过高分子膜,从而提高通过膜后的气体中 O_2 量,于是形成富氧空气,如图 1-20 所示。膜分离法制备富氧空气系统的流程有正压式与正、负压式之分。据不完全统计,目前国内、外进行富氧燃烧技术研制开发的单位有日本松下电气产业株式会社、日本大阪煤气株式会社、美国通用电气公司的 UOP 公司、秦皇岛玻璃工业研究设计院、中国科学院大连化学物理研究所等。

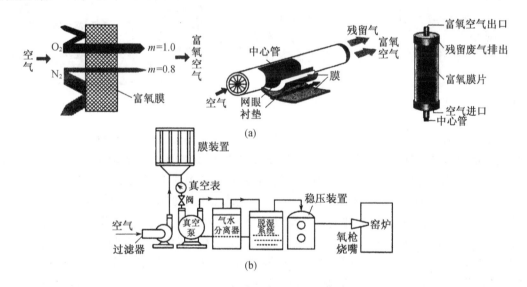

图 1-20 膜分离法的原理和流程

（a）原理图；（b）流程图（正、负压式）

（3）富氧燃烧的特点

a. 增强了有效传热。由于不参与燃烧反应的 N_2 量降低,所以能提高火焰温度;同样因为燃烧产物中不参与辐射的双原子气体 N_2 浓度降低,而参与辐射的三原子气体 CO_2、H_2O 浓度增加,尤其提高了水蒸气含量,从而增加有效辐射传热量,能提高火焰的辐射率,提高热能利用率。对于玻璃池窑来说,富氧空气往往从烧嘴的下部进入,提高了火焰根部温度,加强了火焰向玻璃液的有效传热,从而有效提高池窑的熔化率。

b. 有利于燃料燃烧。富氧燃烧提高了燃烧速度,也使燃料燃烧更加完全,而且也降低了燃料的燃点,从而可利用一些低质燃料。

c. 有利于提高玻璃液质量。烟气中水蒸气浓度的提高会促进玻璃液与水蒸气的反应,也就是增加了玻璃液中 OH^- 的浓度,导致其黏度降低,这对于玻璃液的均化与澄清均有利。

d. 有利于保护池窑。富氧空气从烧嘴下部进入，导致火焰上部温度降低，这就减少了大碹、小炉和蓄热室的热负荷，减轻了火焰对这些部位的高温侵蚀。

e. 减少了热损失。在保证燃烧完全的前提下，富氧燃烧能够有效地降低助燃空气量，从而减少废气量及其热损失。

f. 降低了 NO_x 排放量。NO_x 中的 N 主要来自于助燃空气，富氧降低了助燃空气中 N_2 浓度。如果想更多地降低 NO_x 浓度，还可采用富氧分级助燃技术（简称 OEAS 技术——Oxygen Enriched Air Staging）。当然，若想大幅度地降低 NO_x 浓度，就要将富氧燃烧发展为全氧燃烧，因为全氧燃烧时几乎不产生 NO_x。

2. 全氧燃烧技术

纯氧燃烧是指利用 O_2 浓度的体积分数≥85%（一般为 91%）的空气（简称纯氧）助燃，有助氧燃烧（简称纯氧助燃，或纯氧助熔）和全部纯氧燃烧（简称全氧燃烧）两种。

（1）助氧燃烧

助氧燃烧在本质上起到提高助燃空气中 O_2 浓度的作用，因此其效果类似于富氧燃烧。助氧燃烧技术的具体实施有两种方法：第一，使用辅助氧枪喷氧燃烧，包括在空气助燃烧嘴的下方喷入氧气来达到增氧效果；另外，在1 号小炉与前脸墙之间（俗称 0 号小炉）的两侧胸墙上以及最后一对小炉与后山墙之间的两侧胸墙上，根据需要安装全氧燃烧器对喷，其目的是调整窑内温度或在池窑使用后期补充窑内热量，如图 1-21 所示。第二，部分纯氧燃烧，如将池窑的部分空气燃烧器改为纯氧燃烧器。

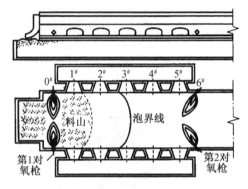

图 1-21　助氧燃烧技术

（2）全氧燃烧

全氧燃烧技术则是指池窑的全部烧嘴都是纯氧助燃的燃烧器（燃油雾化介质除外）。

全氧燃烧技术具有富氧燃烧技术的全部优点且更明显，如玻璃池窑的熔化率可提高 1 倍以上，节能 15%～22%（甚至更高），废气量约减少 60%，废气中 NO_x 浓度降低 80%～90%，粉料扬尘量约减少 80%。除此以外，还有更显著的优点，这就是大大简化了玻璃池窑的结构，因为全氧燃烧的温度能够满足玻璃熔化的要求，因此不需像空气助燃那样要依靠蓄热室（或换热室）预热。没有蓄热室及其小炉，也就不需要换火装置，这样也简化了烟道结构，还可减少熔制车间所需的厂房跨度。不仅如此，空气助燃时，因换火瞬间失去作为热源的火焰，必然会导致窑温波动，受换火过程的冲击，窑压也会瞬时波动，但全氧燃烧时则不存在此问题，因此窑温、窑压非常稳定，玻璃液质量也因而得到大大提高。空气助燃时，燃烧器的布置受制于小炉的布置，全氧燃烧时就没有这个限制，所以完全可以按照熔化曲线布置燃烧器，强化配合料的预熔，减少粉料的飞扬，这一般会使窑内热点温度下降，从而保护窑体的耐火材料。

a. 全氧燃烧器

在全氧燃烧技术中，全氧燃烧器（俗称氧枪）是关键问题之一。选型时应考虑的主要因素有：火焰的覆盖面要大、可控制炭黑形成的辐射率要大、NO_x 的生成量要少、能用低压氧气（一般小于 50.663 kPa，不需升压）、高调节比、低噪声、维修量少、可兼用燃气和燃油、价廉、耐久。传统的水冷套管式氧枪因喷射的火焰短而窄、覆盖面小、局部温度高，已逐渐被淘汰。常用的全氧燃烧器有 A 型与密闭式，如图 1-22 所示。燃烧器喷口的形状有圆形[参见图 1-22（a），图 1-23（a）（b）与图 1-24]和矩形[参见图 1-23（c）]，矩形喷口具有火焰覆盖面大的特点，其应用正日益受到推广。

国外常用的全氧燃烧器有美国 Preaxair 公司、Airproduct 公司、Maxon 公司、天时（Eclipse）公司等生产的氧枪。图 1-23（a）（b）（c）为天时公司三种 PrimeFire 型燃天然气氧枪的外观，其中图

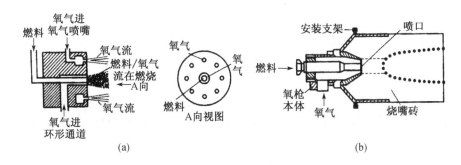

图 1-22　常用两种类型全氧燃烧器

（a）A 型；（b）密闭式

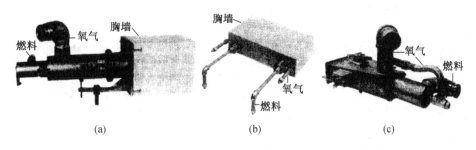

图 1-23　美国天时（Eclipse）公司的三种 PrimeFire 型氧枪

（a）PrimeFire 100 型；（b）供料道加热用；（c）PrimeFire 400 型

1-23（a）所示的氧枪适合于小型玻璃池窑或其他特殊用途，其喷口为圆形，喷出锥形焰；图 1-23（b）所示的氧枪用于日用玻璃池窑或玻璃纤维池窑的供料加热，也是圆形喷口；图 1-23（c）所示的 PrimeFire 400 型氧枪以及该图未列出的 PrimeFire 300 型氧枪适用于大、中型横焰玻璃池窑，它们的喷口均为矩形，喷出覆盖面较宽的扁平焰。PrimeFire 400 型的改进之处在于：分级燃烧，即小量氧气喷入燃料流中预燃后足以将燃料裂解为炭黑、OH^- 基等，这些裂解物不仅能抑制 NO_x 产生，也

能减少玻璃液中的气泡，炭黑也能提高火焰的亮度和辐射率，从而增加火焰向玻璃液的辐射传热量。Maxon 公司的 MAXON-LE 型氧枪和原美国燃烧技术公司（已被美国天时公司兼并）的 CTI-HR 型氧枪也属于分级燃烧。图 1-24 为 MAXON-LE 型燃油氧枪的结构，该油枪用压缩空气雾化（也可用水蒸气、丙烷、天然气来雾化），雾化油喷嘴的结构与普通油枪相同，其第一次供氧到火根部助

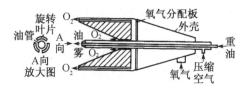

图 1-24　MAXON-LE 型氧枪的结构

燃，因部分供氧造成 O_2 不足，因此不利于 NO_x 生成，但可形成许多高亮度的炭黑来增强热辐射，第二次供氧到火梢，该处尽管 O_2 充足，但因温度较低同样可抑制 NO_x 的生成。

　　b. 全氧燃烧的安装

　　横焰全氧燃烧池窑在安装氧枪时，要注意以下几点：第一，绝对水平安装，不能上倾或下倾，这是因为全氧燃烧时火焰短、火焰温度高，上倾会烧坏大碹，下倾会影响玻璃液的质量。第二，喷嘴砖要内缩安装，一般缩进胸墙内壁 30～70 mm，以防个别熔融的碹滴沿胸墙内壁流下时分散火焰或堵塞燃烧器喷口。第三，严格密封，喷嘴砖与胸墙之间约 3 mm 的缝隙用耐火纤维塞紧，以防火焰逸出烧损氧枪的外壳。第四，氧枪在两侧胸墙上的安装有顺排（两侧火焰对喷）与错排（两侧火焰交错喷射）之分：一般来说，当窑池宽度小于 7.3 m 时应为错排，以防火焰对冲后上冲而烧坏大碹；当窑池宽度大于 7.3 m 时应为顺排，以避免因火焰长度不够造成窑宽方向上的温度不均。另外，在窑池

死角处应增补氧枪来弥补这些部位的温度不足。第五,氧枪的安装高度要科学合理,一般应在玻璃液面之上 460 mm 处,这样既可避免火焰造成玻璃液面或大碹处出现局部高温,也能充分地利用烟气对热辐射的缓冲作用。

c. 全氧燃烧的应用

因燃烧过快使火焰缩短,因此全氧燃烧最好用于横焰窑。全氧燃烧时,因燃烧温度升高,也可能有局部高温,而且窑内气体中 H_2O、CO_2、碱蒸气浓度增大,因此碹顶材料要用抗高温、抗化学侵蚀能力强的电熔耐火材料,一般用 41# 电熔 AZS 砖。全氧燃烧技术在向大型池窑推广过程中,目前存在的主要问题是:因火焰短,因而在窑宽方向上加热不均。为此,也有在碹顶上安装全氧燃烧器(简称顶烧式)的尝试。目前,国外拥有先进全氧燃烧技术的企业有美国的康宁(Dow Corning)公司、PPG 公司、普莱克斯(Preaxair)公司、AP(Airproduct)空气化工公司、Maxon 公司、天时(Eclipse)公司以及日本的旭硝子株式会社等。

3. 乳化油燃烧技术

将一种液体以液珠形式均匀地分散于另一个和它不相容的液体中,该工艺被称为乳化工艺,简称乳化。均匀混合后的液体被称为乳化液,水以液珠形式掺在燃油中并混合均匀后的液体被称为乳化油。乳化油中以液珠形式为主的那一相称为分散相(或称内相),另外一相叫作连续相(或称外相)。乳化油有三种类型:油包水型,水包油型,多重型。油包水型乳化油目前应用最为广泛。

(1)乳化油燃烧技术的优点

①节油效果明显:据报道,当掺水率为 13%~15% 时,节油率可达 8%~10%;②火焰短而亮,刚度增强,火焰温度也略有提高;③基本消除了化学不完全燃烧;④烟气中水蒸气量增加,从而提高了烟气的辐射率;⑤烟气中 NO_x 等有害成分含量和噪声均明显降低,从而有利于环境保护。

(2)乳化设备

实现燃油的乳化必须采用合适的乳化设备,其中超声波乳化器应用最为广泛,它的类型主要有机械式(也称液体动刀式)、压电式和磁致伸缩式等。其中,机械式又分为簧片式(也称簧片哨)、圆板式、旋涡式、旋笛等,这其中以悬臂式簧片哨超声波发生器的乳化效果最好,且结构紧凑、简单、牢固,工作稳定,更换方便,易与管道连接、成本低,是目前应用得较为广泛的一种燃料油乳化设备。如图 1-25 所示。

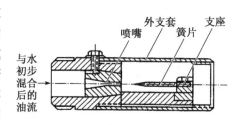

图 1-25 悬臂式簧片超生乳化器

(3)乳化油燃烧需注意的问题

合理的掺水量;掺水后燃油黏度的变化;有回油时掺水量的调节;烧嘴处乳化油温度的控制;长距离输送时,乳化油的质量是否会改变等。应注意,燃油中掺水的乳化油与燃油中含有水分是完全不同的两个概念:前者中的水是能够促进燃油均匀雾化和完全燃烧的有益分散相;后者中的水则是对燃烧不利的杂质,应设法去除。

4. 燃料油经过强磁场的磁化处理技术

将重油经过 0.14~0.33 T 强磁场的处理,即油流在可控磁石的 S 极和 N 极中间流过时,磁力线将会减弱燃油分子之间的凝聚力,使其中的碳链断开,从而由大分子变成小分子,于是降低了燃油的黏度和表面张力。有关试验研究表明:燃油磁化 10 min 后,其黏度和表面张力均可降低约 15%,这将提高燃油的雾化质量,提高燃烧的完全程度且不易结焦,也可降低空气过剩系数,从而提高燃烧效率、节约燃油,也能减少 NO_x 生成量,燃烧时的噪声也稍有降低。

5. 水煤浆代油技术

相对于固体燃料煤来讲,燃油的价格较高,但是燃油在燃烧的稳定性、燃烧热效率较高以及清洁性等方面都表现出很大的优势。为此,在煤资源丰富的地方,可以考虑用水煤浆代油的技术。水煤浆是将煤粉碎、磨细后制成的一种类似于重油的液体燃料,具有良好的稳定性和流动性,能够满足雾化燃烧的要求,是一种以煤代油的理想燃料。

1.3 煤气的制备过程及设备

煤是工业中经常采用的一种固体燃料,目前世界上石油资源日趋枯竭,而我国煤炭资源丰富,煤炭品种齐全,分布面较广,这就为遍布全国的硅酸盐工厂提供了足够的能量来源。

用煤作燃料时可以采用直接燃烧法、半煤气燃烧法或全煤气燃烧法。直接烧煤存在着较多缺点,如燃烧中若不能严格控制窑炉的温度制度,会使得产品质量难以稳定和提高;煤直接燃烧时,许多可燃物在燃烧室内不能完全烧尽,热能利用率低,造成能源浪费;同时,由直接烧煤而排放的烟气中含有大量粉尘及有害气体 NO_x、SO_2 等,严重污染了环境;此外,窑炉使用周期短,产量低,工作环境差,劳动强度大,难以实现机械化和自动化。全煤气燃烧法是将煤制成煤气以后再进行燃烧。以煤气作燃料,较容易满足窑炉内火焰气氛和温度分布的要求。此外,使用煤气的话劳动条件好,环境污染少,而且燃料费用低,有较好的经济效益和社会效益。以煤制气的方法较多,由于发生炉煤气的质量能够满足硅酸盐工业的要求。所以,一般工厂都采用煤气发生炉发生煤气,以供生产的需要。本节主要介绍煤的气化过程、常压固定床(移动床)煤气发生炉的结构和操作。

1.3.1 煤的气化及煤气的种类

把煤或炭等固体燃料放在某一设备中,在高温下通入气化剂,经过一系列物理、化学变化后转化为含有可燃气体、具有一定热值的煤气的过程,称为固体燃料的气化。制煤气的过程称为煤的气化,使用的设备称为煤气发生炉,生成的煤气称为发生炉煤气。由此可知,进行气化的基本条件是:有气化剂,有气化燃料和发生炉,还要使炉内保持一定的温度和压力。

根据气化过程所用气化剂不同,可以得到成分和性质不同的发生炉煤气。常用的气化剂有空气或水蒸气,或两者合用。得到的煤气相应称为空气煤气、水煤气、混合煤气。上述三种煤气的组成及发热量见表1-5。

表 1-5 三种煤气的组成及发热量

煤气名称	气化剂	煤气组成(体积分数)							低位发热量(标准状态)/(kJ/m^2)
		CO_2	CO	H_2	CH_4	C_mH_n	N_2	O_2	
空气煤气	空 气	0.5~1.5	32~33	0.5~0.9	—	—	64~66	—	3 765~4 395
水煤气	蒸 汽	5.0~7.0	35~40	47~52	0.3~0.6	—	2.6~6.0	0.1~0.2	11 035~11 460
混合煤气	空气+蒸汽	5.0~7.0	24~30	12~15	0.5~3.0	0.2~0.4	46~55	0.1~0.3	4 810~6 490

1. 空气煤气

以空气为气化剂,利用煤中碳与空气中的氧进行反应制得的可燃气体,称为空气煤气。若纯碳与空气反应,使碳全部转化成 CO 的煤气,称理想空气煤气。

(1) 气化反应

空气煤气的气化按如下反应进行:

$$C + O_2 + 3.76N_2 = CO_2 + 3.76N_2 + 408\ 763\ kJ/kmol \tag{1-1}$$

$$C + CO_2 = 2CO - 162\ 375\ kJ/kmol \tag{1-2}$$

空气煤气的气化过程可理解为上述两个反应之和:

$$2C + O_2 + 3.76N_2 = 2CO + 3.76N_2 + 246\ 388\ kJ/kmol$$

(2)气化指标

理想空气煤气的组成为

$$CO\ 的体积分数为 \frac{2}{2 + 3.76} \times 100\% = 34.7\%$$

$$N_2\ 的体积分数为 \frac{3.76}{2 + 3.76} \times 100\% = 65.3\%$$

理想空气煤气的产率为:

$$V(标准状态) = \frac{(2 + 3.76) \times 22.4}{2 \times 12} = 5.38(m^3/kg\ 碳)$$

此条件下空气煤气的化学热值为:

$$q_{化学} = 408\ 763 - \frac{1}{2} \times 246\ 388 = 285\ 569\ kJ/kmol$$

气化效率为:
$$\eta_{气} = \frac{q_{化学}}{q_{燃料}} \times 100\% = \frac{285\ 569}{408\ 763} \times 100\% = 69.9\%$$

空气煤气热值为:
$$q(标准状态) = \frac{285\ 569}{5.38 \times 12} = 4\ 423\ kJ/m^3$$

在实际气化过程中,所制得的空气煤气中常含有 CO_2,并有一定的热损失。因此,气化效率低于理想条件下所制得煤气的气化效率。

(3)气化过程特点

制备空气煤气的过程中,由于炉内不间断地进行放热反应,使得发生炉内氧化层温度很高。当该温度高过一定温度值时,煤中的灰分将软化部分熔融结渣,影响气化过程的正常进行。此外,空气煤气还存在热值较低、气化效率低、出口温度高、热损失较多等缺点,限制了其在玻璃生产中的应用。

2. 水煤气

以蒸气为气化剂,利用煤中碳与水蒸气反应制得的可燃气体,称为水煤气。

(1)气化反应

水煤气主要利用碳与水蒸气之间的反应:

$$C + H_2O = CO + H_2 - 118\ 798\ kJ/kmol \tag{1-3}$$

$$C + 2H_2O = CO_2 + 2H_2 - 75\ 222\ kJ/kmol \tag{1-4}$$

$$C + CO_2 = 2CO - 162\ 375\ kJ/kmol \tag{1-5}$$

$$CO + H_2O = CO_2 + H_2 + 43\ 576\ kJ/kmol \tag{1-6}$$

上述反应大多为吸热反应。如果连续不断地通入水蒸气,将使燃料层反应温度下降,气化反应速度逐渐减慢甚至使气化反应中断。因此,在实际生产中就需要供热,以满足水蒸气分解反应所需热量。工业生产上最常用的方法是间歇送风法。即先将空气通入发生炉中,使空气与煤反应生成热量,所得气体主要是 CO_2 和 N_2,当燃烧温度升高至能产生可燃气体时,停止送空气,而送水蒸气,使煤与水蒸气作用产生可燃气体 CO 与 H_2 等,并吸收热量。当温度降至一定限度时,停止送水蒸气,改送空气,如此循环往复。送入空气时产生的气体和送入水蒸气时制得的水煤气,分别从煤气发生炉中引出。

空气送入发生炉阶段称为燃烧阶段,或称吹风阶段。水蒸气送入发生炉阶段称为制气阶段或吹汽阶段。

在理想条件下,燃烧反应按式(1-1)进行,生成 CO_2 并放出热量,若制气阶段按式(1-3)进行并且能将放出的热量全部被吸收,则燃烧 1 kmol 碳所放出的热量可以分解的蒸汽量为:408 763/118 798=3.44 kmol。因此,理想水煤气气化过程的总方程式可写为:

$$C + O_2 + 3.44C + 3.76N_2 + 3.44H_2O = CO_2 + 3.76N_2 + 3.44CO + 3.44H_2 \qquad (1-7)$$

(2) 气化指标

由于生产过程是间歇进行的,吹风阶段和吹汽阶段所得的气体产物又是分别引出的,故气体的组成为:

吹风时,吹出气组成为:$CO_2 + 3.76N_2$ 或 21% CO_2,79% N_2

吹汽时,水煤气组成为:$3.44CO + 3.44H_2$ 或 50%CO,50% H_2

按上述反应,碳的消耗量是 4.44(即 1+3.44) kmol,或 12×4.44=53.28 kg

理想水煤气的产率为:
$$V(标准状态) = \frac{(3.44 + 3.44) \times 22.4}{(1 + 3.44) \times 12} = 2.89 (m^3/kg 碳)$$

氢气燃烧放热:
$$2H_2 + O_2 = 2H_2O + 483\ 985 \text{ kJ/kmol}$$

一氧化碳燃烧放热:
$$2CO + O_2 = 2CO_2 + 571\ 138 \text{ kJ/kmol}$$

水煤气的热值:
$$q(标准状态) = 0.5 \times \frac{571\ 138}{2 \times 22.4} + 0.5 \times \frac{483\ 985}{2 \times 22.4} = 11\ 776 \text{ kJ/m}^3$$

气化效率:
$$\eta_气 = \frac{11\ 776 \times 2.89 \times 12}{408\ 763} \times 100\% \approx 100\%$$

可见碳的燃烧热全部转移到可燃气体中去了。但在实际生产中,由于碳不能完全燃烧而生成 CO_2,总是生成一部分 CO,因而放出的热量要少些。并且在吹汽阶段,水蒸气也不可能完全分解,同时在生产过程中还存在着热损失(被热气体带走热量和散热等)。因而在实际生产过程中,用于水蒸气分解的热量远小于理论值,所得各项指标与上述指标有着较大的差异。

(3) 气化过程特点

由于水煤气的生产一般需用优质的无烟煤或焦炭作为燃料,并且气化设备和操作管理均较复杂,如用来熔制玻璃将提高生产成本。因此,只限于用作玻璃灯工或加工工艺的热源。

3. 混合煤气

用空气和水蒸气的混合物作气化剂,利用碳与氧反应放热维持反应温度,利用碳与水蒸气气化反应吸热控制反应温度,避免灰渣结块,制备煤气的过程。

(1) 气化反应

混合发生炉煤气的气化按如下两个反应进行:

$$2C + O_2 + 3.76N_2 = 2CO + 3.76N_2 + 246\ 388 \text{ kJ/kmol} \qquad (1-8)$$

$$C + H_2O = CO + H_2 - 118\ 798 \text{ kJ/kmol} \qquad (1-9)$$

在理想条件下,碳不完全燃烧所放出的热量,应全部消耗于水的分解反应。为此,每 2 kmol 碳与空气中的氧起反应所放出的热量,可分解的水蒸气量为:246 388 ÷ 118 798 = 2.07 kmol。

则有：

$$2.07C + 2.07H_2O = 2.07CO + 2.07H_2 - 246\ 388\ kJ/kmol \qquad (1-10)$$

与碳的燃烧反应式相加：

$$4.07C + O_2 + 3.76N_2 + 2.07H_2O = 4.07CO + 3.76N_2 + 2.07H_2 \qquad (1-11)$$

（2）气化指标

理想混合煤气的组成为：

$$CO\% = \frac{4.07}{4.07 + 3.76 + 2.07} \times 100\% = 41.1\%$$

$$H_2\% = \frac{2.07}{4.07 + 3.76 + 2.07} \times 100\% = 20.9\%$$

$$N_2\% = \frac{3.76}{4.07 + 3.76 + 2.07} \times 100\% = 38.0\%$$

煤气产率为：　$V(标准状态) = \frac{(4.07 + 3.76 + 2.07) \times 22.4}{4.07 \times 12} = 4.54(m^3/kg\ 碳)$

煤气热值为：　$q(标准状态) = \frac{4.07 \times \dfrac{571\ 138}{2} + 2.07 \times \dfrac{483\ 985}{2}}{4.07 \times 12 \times 4.54} = 7\ 502\ kJ/m^3$

气化效率：　$\eta_气 = \frac{4.54 \times 7\ 502 \times 12}{408\ 763} \times 100\% \approx 100\%$

实际上，制备混合发生炉煤气时，不可避免地会有许多热损失，且水蒸气分解和CO_2还原进行得并不完全，所以实际的混合煤气组成、热值、气化效率等，必然会与上述理论计算值有显著差别。

（3）气化过程特点

混合煤气的组成和热值亦介于空气煤气与水煤气之间，煤气温度较高，可达 500 ℃左右，因而有相当一部分物理热可供池窑使用，同时这种煤气含的灰分、炭黑和焦油等，可增加火焰的黑度和化学热。

从上述三种煤气的比较来看，空气煤气和水煤气的生产过程都存在一定的缺点。空气煤气的热值较低，且存在较大的热损失，燃料中的灰分又不可避免地会使灰渣结块，影响气化的正常进行。水煤气的质量良好，但是气化效率较低且需要价值较高的优质原料。混合煤气不但在一定程度上能克服空气煤气与水煤气气化过程的缺点，且热值适中，适用于不同品种的煤，这就避免了选用价值较高的优质煤，故在玻璃生产中被广泛地用作熔窑的燃料。

1.3.2　混合煤气的制造原理

1. 煤气发生炉内的气化过程

固体燃料的气化是在氧气不足的情况下，使固体燃料不完全氧化，或先使它完全燃烧，再于高温条件下发生一系列物理化学反应，使之还原而得到 CO、H_2 等可燃气体的热化学过程。

煤气发生炉构造及煤在炉内气化过程如图 1-26 所示。

煤气发生炉的炉体大多呈圆筒形，外壳用薄钢板制成，壳内再用耐火砖砌成炉膛。某些简易煤气炉直接用耐火砖砌成圆筒形或方形炉膛。

在正常的气化过程中，炉内沿高度方向上要保持一定层次的结构。最上部为混合煤气汇聚的部位，称为空层。空层以下是燃料和灰渣层，它们被灰盆和炉栅（风汽帽）支承着。根据内部发生的

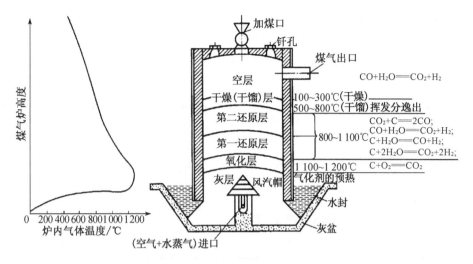

图 1-26 煤气发生炉内气化过程示意图

反应,它们的结构由下而上依次为灰层、氧化层、还原层、干燥和干馏层。氧化层又称燃烧层,而还原层由下而上因温度和反应的不同还可分为第一还原层和第二还原层,且氧化层和还原层均为燃料气化的主要区域,并合称为气化层。

煤气发生炉的气化操作一般是通过上方的加煤口(加煤口也有设在侧面的)加入适当大小的燃料,发生炉下方用炉栅(风汽帽)支承着燃烧层。空气与水蒸气的混合物由炉栅(风汽帽)下方送入。在燃料层中由气化而制得的煤气由空层从煤气出口引出。而产生的灰渣则集结在炉栅(风汽帽)周围,并从水封槽(灰盆)中逐步被清除。

自炉栅(风汽帽)下方送入的气化剂首先进入炉栅(风汽帽)上的灰渣层。因为灰渣温度高,在这里气化剂被预热到一定温度。被预热的气化剂继续向上运动进入正在燃烧的氧化层(燃烧层)时,氧与燃料中的碳相互作用而生成 CO_2 和少量 CO。因是放热反应,所以该层温度最高,约为 1 100~1 200 ℃。氧化层中生成的 CO_2,CO 以及水蒸气,继续向上流动进入还原层,在这一层,CO_2 遇到炽热的碳而被还原成 CO,水蒸气被还原成 H_2。热气体继续向上流动时,进入干馏层,燃料中的挥发物被干馏出来,此时上升的气体与干馏产物相混合,即是混合煤气。混合煤气再继续以较高温度通过顶部燃料层,使燃料得到干燥。通过燃料层后积聚在上部空间的混合煤气,陆续在空层被引出。

自加煤口进入炉膛的煤落到燃料层上,吸收下层温度较高的燃料层以及自下而上的高温气体的热量,使燃料的水分蒸发而被干燥,燃料继续向下移动,由于燃料层的温度逐渐提高,且水分较少,使燃料受热而分解(干馏),放出挥发分,燃料再向下移动,则燃料层的温度更高,并遇到自下而上的气化剂,发生化学反应,这是燃料气化的主要区域,即氧化层和还原层,也称气化层,反应之后,燃料中不参与反应的灰分被遗留下来,成为灰渣层,随后被排出。

目前玻璃工厂采用的固定床煤气发生炉各层的作用见表 1-6。

表 1-6　固定床煤气发生炉各层的作用

名　称	进行的过程及作用	化学反应
灰渣层	支持燃烧层 分配气化剂 保护炉栅受高温的影响 利用灰渣的物理热预热气化剂	

续　表

名　称		进行的过程及作用	化学反应
气化层	氧化层	碳被气化剂中氧气氧化成 CO_2 及 CO,并放出热量以维持必要的反应温度	$C+O_2 \rightleftharpoons CO_2+Q$ $2C+O_2 \rightleftharpoons 2CO$
	还原层	CO_2 被还原成 CO 蒸气被分解为 H_2 和 CO,CO_2	$CO_2+C \rightleftharpoons 2CO$ $H_2O+C \rightleftharpoons CO+H_2$ $2H_2O+C \rightleftharpoons CO_2+2H_2$ $CO+H_2O+CO_2+H_2$
煤层	干馏层	燃料热分解,析出产物为:CO,CO_2,H_2O,CH_4,C_2H_4,H_2,N_2,NH_3,水蒸气及焦油等	
	干燥层	借气体的物理热蒸发燃料中的水	
空层		聚集煤气	$CO+H_2O+CO_2+H_2$

2. 发生炉内气化反应及煤气组成随燃烧层高度的变化

Haslam 以焦炭为原料研究发生炉煤气的气化过程。从发生炉各部位取出气体样品并测定其组成,可得到煤气组成随燃料层高度的变化,如图 1-27 所示。

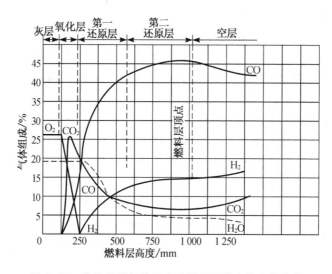

图 1-27　发生炉煤气的组成随燃料层高度的变化曲线

（1）灰渣层

空气和水蒸气进入灰层,其组成均保持定值,说明气化剂通过灰渣层时无化学变化,只是气化剂本身被预热。

（2）氧化层

气化剂上升至氧化层,气化剂中的氧气遇碳发生氧化(燃烧)反应。因放出大量的热,可使此层温度达到较高温度。在 1 000 ℃的高温下,碳的氧化反应的平衡常数 $K_p=8.75×10^{15}$。这就是说氧化层所处的温度下,O_2 基本上被消耗而形成了 CO_2 和少量 CO,故从图 1-27 可看出 O_2 的浓度急剧下降,直到完全耗尽,CO_2 急剧增大并达到最大值。少量 CO 的存在说明 CO_2 已开始被还原成 CO。

（3）第一还原层

在氧化层,生成的 CO_2 和少量 CO 以及水蒸气继续上升,遇到大量炽热的碳发生还原反应,CO_2 被还原成 CO,水蒸气分解成 CO 和 H_2。在该层 H_2 的含量急剧增加,CO_2 和水蒸气的含量急剧下降。

（4）第二还原层

此层中的各种反应虽然在进行，但已相当微弱，煤气成分趋于相对稳定。

（5）空层

在煤气发生炉中的燃料层上部空间也有化学反应在进行。从图 1-27 亦可看出，在燃料层上部空间 CO 和水蒸气的含量在减少，而 CO_2 和 H_2 的含量略有增加。这说明在燃料层上部空间，CO 和水蒸气进行反应并生成了 CO_2 和 H_2。

因上述研究以焦炭为燃料，第二还原层上方是空层，如果以煤为燃料，则还应有干燥层和干馏层。干馏过程形成的挥发分和水分，将进入煤气中，从而影响煤气组成。

应该指出的是，燃料层中各层的高度随燃料的种类、性质、气化剂和气化条件的不同而变化。在煤气发生炉中各层的分层情况并不是十分明显，一层可以局部地渗入到另一层中去，所以各个过程总是在相互交错地进行着。

在实际操作时，为了便于控制气化过程，在发生炉高度上也相应地分为四层：空层、煤层、火层和灰层。各层的作用、温度及主要反应参见表 1-6 和图 1-27。它们的大致高度为：

空层：位于煤层的上部空间。控制此层高度也就可以相应控制其他各层总的高度。空层高度一般为 1.0～1.4 m，侧出煤气的发生炉空层高度在 2.4 m 左右。

煤层：包括干燥、干馏和还原各层。煤层高度一般约为 0.3～0.5 m。

火层：即气化层。火层高度一般约为 0.15～0.45 m。

灰层：是氧化后的残渣经气化剂冷却而形成的。灰层高度一般约为 0.15～0.40 m。

3. 气化指标

评价气化过程的指标主要有煤气质量、煤气产率、气化强度和气化效率。这些指标反映了发生炉煤气质量、发生炉的产量和热能利用三个方面的情况。

（1）煤气质量

煤气质量是指煤气的组成和发热量。煤气中可燃气体的含量越高，则热值也越高，煤气质量就越好。低位热值在 6 000 kJ/m³ 以上的煤气属于质量良好的煤气，在 4 500 kJ/m³ 以下的属于质量差的煤气。

煤气的质量取决于煤的品种，煤的挥发分含量高，则制得的煤气发热量也高。但是煤气发热量并不与挥发分含量成正比，这是因为挥发分的成分不同所致。所以用不同的煤进行气化，所得煤气的组成是有差别的。我国部分煤种气化工业试验测定值见表 1-7。

表 1-7　我国几种气化原料的气化指标

气化原料	粒度	工业分析			主要气化指标				
		水分（收到基）	灰分（干燥基）	挥发分（干燥无灰基）	低位发热量	气化强度	干煤气产率（标准状态）	煤气低位发热量（标准状态）	灰分含碳率
	mm	%	%	%	kJ/kg	kg/m²·h	m³/kg	kJ/m³	%
大同煤	13～50	5～5.5	5～8	28～30	29 310	300～350	3.3～3.5	6 070～6 280	<12
阜新煤	13～50	5～8	11～12	35～40	25 120	300～350	2.6～2.9	6 280～6 490	<12
抚顺煤	13～50	4～7	8～11	～45	27 220	280～320	2.8～3.0	6 280～6 700	<12
淮南煤	13～50	4～6	18～20	30～35	25 120	270～300	2.8～3.0	5 860～6 070	<13
辽原煤	13～50	3～10	18～22	～43	23 030	230～260	～2.5	～5 860	<15
焦作煤	13～50	3～5	20～22	5～7	25 120	200～250	～3.5	5 230～5 440	<15
阳泉煤	13～50	～11	～23	8.0～9.5	25 120	180～220	～3.5	～5 440	<15
焦　炭	13～50	～6	12～15	～1.0	25 120	200～250	～4.0	～5 020	<2

（2）煤气产率

煤气产率是指 1 kg 煤气化所制得的煤气的体积，又称气化率。它与燃料中的水分、灰分以及挥发分的含量有关。因为只有燃料中的可燃物才是制取发生炉煤气的有用物质，所以煤中惰性成分越少，则煤气的产率越高。

（3）气化强度

气化强度是反映煤气发生炉横截面每单位面积上在单位时间内气化的煤量（干燥基），常用单位为 kg/(m² · h)。而生产能力则是指整个发生炉在单位时间内总的气化煤量，或称气化能力，在玻璃工厂常称为化煤量，单位为 kg/h。

气化强度越高，其生产能力越高，设备效能就越好。因为提高气化强度就相对地减少了向周围的散热，此部分热量使气化层温度提高，促使 CO_2 和水蒸气被还原，以提高煤气的质量。

影响气化强度的因素较多，不同品种的煤有不同的气化强度，而同样的煤种在不同的发生炉中气化，也可得到不同的气化强度。所以发生炉的结构和煤种与气化强度均有关。在实际生产中，要充分挖掘发生炉的生产潜力，找出适宜的气化强度，建立正常的气化过程。

（4）气化效率

气化效率是指 1 kg 收到基煤气化所得煤气的热值与煤本身的热值之比，即表示气化前后燃料化学热的转换率，表达式为：

$$\eta_{\text{气}} = \frac{V_g q_{\text{g低}}}{q_{\text{ar, DW}}} \times 100\% \tag{1-12}$$

式中　V_g——干煤气的产率，m³/kg 煤；

　　　$q_{\text{g低}}$——干煤气的低位热值，kJ/m³；

　　　$q_{\text{ar, DW}}$——收到基煤的低位热值，kJ/kg。

气化效率只能反映燃料本身的气化效果而没有考虑其他热量的变化，其数值的高低取决于煤气组成和燃料的损失情况。因此，对已经确定的煤种而言，气化效率主要与发生炉的结构及操作等因素有关，一般在 70%～80% 之间。

（5）热效率

热效率是指气化过程被利用的热量总和与进入炉内的热量总和之比，即所有直接进入气化过程的热量的利用程度。表达式为：

$$\eta_{\text{热}} = \frac{V_g(q_{\text{g低}} + q_{\text{气}})}{q_{\text{ar, DW}} + q_{\text{物}} + q_{\text{汽}} + q_{\text{空}}} \times 100\% \tag{1-13}$$

式中　$q_{\text{气}}$——热煤气的物理热值，kJ/m³ 干煤气；

　　　$q_{\text{物}}$——煤的物理热值，kJ/kg 煤；

　　　$q_{\text{汽}}$——供入水蒸气的物理热值，kJ/kg 煤；

　　　$q_{\text{空}}$——供入空气的物理热值，kJ/kg 煤。

热效率的高低决定气化过程的热损失，热损失项目包括：发生炉炉体散热、燃料的直接损失、煤气离开发生炉时带走的物理热以及煤气冷态使用时焦油所含的热量等。各项损失的大小受到煤的种类、性质及块度、发生炉结构及气化过程操作等条件的影响。当焦油被利用时，焦油所含热量就不应看作为热损失，反而应看作为被利用的热量了。如果发生炉使用水套回收余热，也应看作为被利用的热量。热效率一般在 80%～95% 之间。

4. 气化剂用量及其对气化过程的影响

混合发生炉煤气生产过程中以空气和水蒸气为气化剂。水蒸气添加量的多少对煤气质量、煤气产率和气化过程的正常进行有很重要的影响。

水蒸气通常与空气混合,使空气达到饱和状态后一起送入发生炉。这种方式不仅使空气和水蒸气能均匀分布于燃料层中,而且能通过控制饱和温度来相对地控制、调节水蒸气的添加量。因为在水蒸气/空气的混合物中,空气与水蒸气的比例完全与水蒸气饱和温度相适应,改变水蒸气/空气的混合物的温度,就可以改变水蒸气的用量,使其满足气化过程的要求。

（1）气化剂中干空气的消耗量

设标准状态下,气化干煤气产率为 V_g(m³/kg 煤),气化时的干空气消耗量为 V_a(m³),煤和煤气中氮的体积分数分别是 N 和 N_g,则

每千克煤中氮含量: $\dfrac{N}{100 \times 28} \times 22.4$ (m³/kg)

每千克煤气化用空气中的氮含量: $V_a \times \dfrac{79}{100}$ (m³/kg)

每千克煤气化生成煤气中氮含量: $V_g \times \dfrac{N_g}{100}$ (m³/kg)

由氮平衡可得: $V_a \times 0.79 + \dfrac{N}{100 \times 28} \times 22.4 = \dfrac{V_g \times N_g}{100}$

则: $V_a = \dfrac{1}{79}\left(V_g \times N_g - \dfrac{N}{1.25}\right)$ (m³/kg)

若忽略煤中的微量 N,则: $V_a = \dfrac{N_g}{79} \times V_g$ (m³/kg)

对于一定品种的煤,产生的干煤气量 V_g 大致不变,若干空气消耗量 V_a 增大,则煤气中 N_g 的含量必然增大,导致煤气质量变差。对大多数烟煤来说,要控制 $V_a = 2.2 \sim 2.5$ m³/kg 煤。

（2）气化剂中水蒸气的消耗量

水蒸气消耗量是指气化 1 kg 煤所需的水蒸气量。当空气消耗量和水蒸气/空气混合气的温度确定后,由表1-8查得水蒸气含量。则水蒸气的消耗量即为空气消耗量与水蒸气含量的乘积。

表1-8　水蒸气饱和后的气体中的水蒸气含量

饱和温度 /℃	水蒸气含量（标准状态）			饱和温度 /℃	水蒸气含量（标准状态）		
	g/m³	g/m³	g/m³ 干气体		g/m³	g/m³	g/m³ 干气体
35	39.5	44.6	47.3	50	82.7	97.8	111
36	41.5	47.1	50.1	51	88.6	103	118
37	43.8	49.8	53.1	52	90.7	108	125
38	46.1	52.5	56.2	53	94.9	113	132
39	48.5	55.4	59.6	54	99.3	119	140
40	51.0	58.5	63.1	55	104	125	148
41	53.6	61.7	66.8	56	109	131	156
42	56.4	65.0	70.8	57	114	137	166
43	59.2	68.5	74.9	58	119	144	175
44	62.2	72.2	79.3	59	124	151	186
45	65.2	76.0	84.0	60	130	158	197
46	68.5	80.0	88.8	61	135	165	208
47	71.8	84.2	94.0	62	141	173	221
48	75.3	88.5	99.5	63	147	181	234
49	78.9	93.1	100.5	64	154	190	248

饱和温度 /℃	水蒸气含量(标准状态)			饱和温度 /℃	水蒸气含量(标准状态)		
	g/m³	g/m³	g/m³ 干气体		g/m³	g/m³	g/m³ 干气体
65	160	198	263	72	213	269	405
66	167	207	280	73	222	281	432
67	174	217	297	74	231	293	461
68	181	226	315	75	240	306	493
69	189	236	335	76	249	310	528
70	197	247	357	77	259	332	566
71	205	258	380	78	269	346	608

在混合发生煤气的生产过程中,选择适宜的空气饱和温度,亦即送入适当数量的水蒸气是很重要的。送入适量的水蒸气,不仅可以调节燃料层温度,防止灰渣结块以减少热损失,而且还能提高煤气的质量。但如果送入水蒸气量过多,燃料层温度的过度降低将影响气化反应和水蒸气的分解,导致煤气质量恶化,气化效率亦随之降低。

水蒸气的用量与燃料的种类和性质、气化强度等因素有关,气化 1 kg 煤所需的水蒸气量一般为 0.4~0.6 kg。燃料的灰分含量越高、熔点越低时越容易结渣,这种燃料气化时的水蒸气消耗量就越大。同一种燃料,块度越小,水蒸气消耗量越多,燃料中挥发分和水分越少,水蒸气消耗量就越多。而气化强度增大时,水蒸气消耗量也相应增大。因此,水蒸气消耗量在实际生产中是个变动较大的指标。

5. 煤的性质对气化过程的影响

气化过程的操作条件和发生炉的构造,在很大程度上需要根据煤的物理、化学性质来确定。如选用弱黏结性烟煤为气化燃料,则发生炉中需装有破除煤层黏结的搅拌装置。当煤的灰分较易结渣时,则需适当提高气化剂的饱和温度以防止结渣。目前国内制取煤气使用弱黏性烟煤、焦炭和无烟煤,有些地区亦使用褐煤及地方煤。煤的物理、化学性质对气化过程的影响分述如下。

(1) 机械强度

煤的机械强度一般是指它的破碎难易程度,是筛分后能否保持块度的先决条件。对于固定床煤气发生炉,要求煤具有较大的机械强度,以减少输送过程中的破碎。机械强度较差的煤,由于输送过程中的破碎量较大,易造成煤层的阻力增大或不均匀,不利于温度和气化剂的均匀分布,从而影响煤气的质量和产量。

使用机械强度较差的煤时,应尽力改善输送条件,防止煤层阻力大幅度增加和带出的飞尘增多,从而减轻对气化过程的影响。实践证明低挥发分的烟煤机械强度低,而无烟煤的机械强度较高。

(2) 热稳定性

煤的热稳定性是指煤受热时是否易于破碎的性质。煤的热稳定性直接影响到气化过程的操作和煤气质量。热稳定性差的煤,气化过程中易于破碎而产生大量煤尘及微粒,不仅大量的被气流带走而增加损失,且易造成燃料层的阻力增加,并使阻力分布不均匀,引起气化过程的恶化。

无烟煤由于其结构致密,受热时内外温差引起膨胀不均匀而造成破碎,所以其热稳定性较差;褐煤由于内部水分大量蒸发和放出挥发分的过程中导致破碎,故其热稳定性亦较差。对热稳定性差的煤应适当控制入炉前的块度,以减轻其对气化过程的影响。

(3) 水分

煤中的水分一般是指游离水与吸附水,而化合水由于其含量甚微可以忽略其影响。煤在发生炉上部被上升的热气体加热而干燥,少量的水分不会对生产有较大的影响,但水分过多时将会影响气化过程与煤气的质量。

水分过高时,必须增加煤层的高度以延长进入气化层前的干燥时间,否则将使还原层的厚度降低,影响 CO_2 和水蒸气的还原分解。此外,由于水分过高使煤表面黏附细灰,也对气化条件不利。因此,煤中水分愈少愈好,且水分含量要保持稳定,这样对气化过程和稳定煤气质量均有利。

（4）挥发分

煤中的挥发分的含量与其形成的地质年代直接有关。各种煤的挥发分含量差别极大,依下列次序递减:泥煤＞褐煤＞烟煤＞无烟煤＞焦炭。

煤中挥发分较多,则煤气热值也较高。但挥发分较高的燃料其机械强度和热稳定性一般都较差。

（5）硫分

煤中的硫分含量随产地不同而不同。硫分在煤气化过程中参加气化反应转变为气体的硫约占 $70\%\sim80\%$,其余的硫转入煤渣中,能使灰分熔点减低。煤中硫分含量较高是造成煤气中硫化物含量较高的原因,而生成的硫化物不仅会腐蚀管道和设备,且对操作条件和环境也不利。

（6）灰分及熔点

煤的灰分主要由 SiO_2、Al_2O_3、Fe_2O_3、CaO、MgO 等组成,这些物质在煤的气化反应完成后而残留下来。煤中灰分含量越低越好,如果灰分含量高,则会降低煤中可燃组分含量,增加了由灰分带走的热损失,同时由于出灰次数增多也影响气化过程的稳定进行。灰分过高的煤在气化过程中由于出现部分表面被灰分覆盖的现象,使气化反应的有效面积减小,由此降低了煤的反应能力。

灰分的熔点也不能忽视。灰分熔点低的煤限制了气化反应温度,不易维持高温,故使煤不能获得较高的反应能力。另外,当煤层局部温度达到或超过灰分熔点时会产生熔渣结块,将影响气化剂沿煤层分布的均匀性,从而减小气化反应面积,使气化强度和气化效率降低。因此,对固定床煤气发生炉来说,煤中的灰分含量愈低,且其熔点愈高,对气化过程的经济性和稳定性愈有利。

（7）反应能力

煤的反应能力是指煤与气化剂相互作用的化学反应活性,也称煤的活性。反应能力强的煤可使发生炉有较高的生产率和较好的煤气质量,还可以在较低温度下气化,防止灰分结渣。如果煤的反应能力低,就必须在较高温度下气化才能保证煤气质量。

煤的反应能力与其形成的地质年代有关,形成年代距今愈久,反应能力愈低。褐煤比烟煤反应能力强,而烟煤又比无烟煤反应能力强。生成的焦炭越疏松多孔,其反应能力越强。

（8）块度及其均匀性

用于固定床煤气炉的煤块度大小及其均匀性是影响气化过程的主要因素之一。一般情况下,固定床气化对煤块度的选择应首先考虑其机械强度和热稳定性。

煤的块度与其总的反应表面积有一定的关系。块度越小,总反应面积越大,不仅对气化反应有利,且对热交换和扩散等物理过程有利,故能使气化过程加速。但块度过小会使气化剂通过煤层的阻力及飞尘相应增加,并且易出现烧穿现象,将影响气化过程的正常进行,导致气化效率降低,生产能力下降。块度较大时,虽有利于气化剂通畅,但减小了总的反应面积,并且燃料本身在受热过程中形成较大的温度梯度,因而易引起煤块的破碎,特别是对于热稳定性较差的燃料。

从实际应用及经济角度考虑,煤块度以 $10\sim75$ mm 之间为宜,但要求最大块与最小块的尺寸比最好不超过 2,且块度要均匀,煤末含量尽可能少。煤块度的下限要考虑其机械强度,针对机械强度差的煤,块度下限要适当增加。

绽上所述,为了获得良好的气化条件,煤的反应能力和灰分熔点要较高。为获得气流和温度分布均匀,则煤的机械强度要高、热稳定性要好、块度适当并均匀。

1.3.3 煤气发生炉的分类和构造

1. 发生炉的分类

发生炉的种类较多,根据煤在发生炉的状态,可分为固定床(移动床)、沸腾床(流化床)以及气流床式。根据气化压力,又可分为常压气化发生炉和加压气化发生炉。固定床炉型是一种传统的炉型,已有一百多年的历史。我国硅酸盐工业中所使用的发生炉几乎都是固定床发生炉。

固定床发生炉的炉篦,在一定程度上决定了发生炉的构造和生产能力。按炉篦结构分类,可分为:无炉篦发生炉、固定炉篦发生炉和回转炉篦发生炉。前两类发生炉都采用人工间歇加煤和排灰;回转炉篦一般使用机械连续加煤、排灰(也有间歇、人工加煤)。机械化发生炉均有定型产品,可根据需要选型。

此外,根据煤在发生炉内进行干馏和气化的部位,固定床发生炉还可分为一段式发生炉和两段式发生炉。在一段式发生炉中,煤的干馏和气化在同一炉床内进行。当前玻璃工业主要采用机械操作的一段式发生炉,如图 1-28 所示。

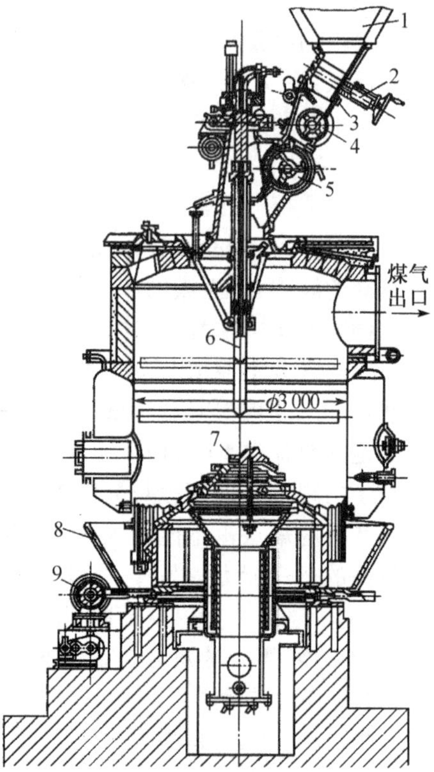

2. 发生炉的构造

根据气化的煤种及工艺上对煤气的要求,发生炉有着各自特点的构造形式,但其基本构件都包括五大部分,即炉身、加煤装置、搅拌装置、炉篦(风汽帽)和排灰装置。

(1)炉身

除某些简易发生炉的炉身做成矩形截面外,大多数发生炉的炉身均为圆形截面。炉身用 6～10 mm 厚的钢板焊接或铆接,内衬有 230～250 mm 厚的黏土质耐火砖,中间有 10～12 mm 的石棉灰填料。炉身内径由煤气炉的生产能力决定。有些炉型在气化层炉身上设有冷却水套,可产生表压小于 98 kPa 的低压蒸气作为气化剂使用。

炉身的有效高度是指风汽帽顶点到煤气出口的下缘的高度。这一高度根据所用燃料及炉内燃料层的厚度决定。炉身总高度是风汽帽顶点到炉顶的高度。

(2)加煤装置

加煤时必须使煤沿炉膛截面均匀分布并尽量减少偏析,既要使煤不进一步破碎,又要防止煤气从发生炉加煤口泄漏到厂房或空气进入到发生炉。加煤装置可分为人工加煤和机械加煤两大类。人工加煤器的构造如图 1-29 所示。加煤箱壳固定在支承环上。锥形钟罩和杠杆相连,可以自由升降,平衡锤控制锥形钟罩的位置。加煤箱平时用压紧装置压紧,以保持加煤箱的气密性。

人工加煤的缺点是其操作的间歇性,而且需要消耗较大的体力劳动。由于加煤的间歇性,煤气成分及温度是经

图 1-28　机械操作的一段式发生炉结构

1—煤斗;2—煤斗闸门;3—伸缩节;
4—配料转筒;5—密封用转筒;6—搅拌耙;
7—回转炉栅;8—灰盆;9—灰盆转动机构

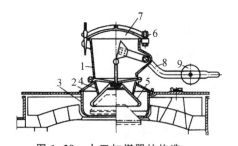

图 1-29　人工加煤器的构造

1—加煤箱壳;2—支承环;3—导向环;
4—底座;5—锥形钟罩;6—加煤箱盖;
7—压紧装置;8—杠杆;9—平衡锤

常波动的,尤其当燃料水分、挥发分含量较高时更为显著。因此,理想的加煤装置应能把煤连续地加入炉内,而且加入的煤量应等于气化反应消耗掉的煤量,而机械加煤能满足这一要求。有转筒密封的机械加煤装置如图1-30、图1-31所示。

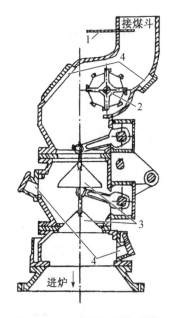

图1-30 双钟罩机械加煤器

1—闸板;2—煤滚;3—钟罩;4—检查孔

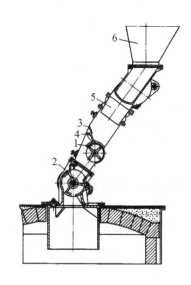

图1-31 双转筒机械加煤器

1—分配燃料转筒;2—密封转筒;3—挡板;
4—闸板;5—补偿连接管;6—加煤仓

煤进入接煤斗后,经过滚筒到达钟罩上方,下煤量通过改变滚筒每次转动的角度来调节。滚筒和两个钟罩都是间歇动作,上、下钟罩交替开启。当上钟罩开启时,下钟罩将出口闭塞,煤从上面滚落下来。当上钟罩将上口闭塞时,下钟罩开启,使煤气不易进入煤斗。下钟罩除了起密封作用外,还起布煤的作用。

(3)搅拌装置

搅拌可使煤在炉膛截面上均匀分布,尤其是气化弱黏结性煤时,可把上部表面形成的黏结性煤壳打碎并将顶层煤料疏松,一般分为人工搅拌和机械搅拌。人工搅拌是用铁钎通过炉顶的搅拌孔(看火孔)来进行搅拌,常称为扎炉。通过扎炉能耙平松动煤层,能破除燃料层内的焦拱和灰渣块,还能用钎子测量各燃料层高度。生产操作中,可以把钎子插在燃料层中受热一段时间,抽出钎子后根据铁钎的颜色判断燃料层的分层和及各层高度。从铁钎上看,火层白亮或红色,灰层在火层下面,呈铁钎本色,有时微带一层黄霜,煤层在火层上面,微带一点黑焦油及烟尘。搅拌孔有环形蒸气幕,以防止煤气逸出。

机械搅拌装置有搅拌棒和搅拌耙两种。搅拌棒是一根空心钢钎,内部通有冷却水,靠传动设备进行工作。如前面图1-28所示的搅拌装置是T型搅拌耙,内部也通入冷却水,当连续回转时,耙齿把煤层耙平,打碎黏结壳。搅拌耙还能在垂直方向移动,沉入煤层深度200~350mm,一般根据煤种和气化过程需要变更深度。

(4)炉箅(风汽帽)

炉箅是煤气发生炉的重要构件之一。其作用是分配气化剂,打碎灰渣,均匀连续地排灰。如前面图1-28所示的是广泛应用的回转炉箅,它固定在灰盘上并随灰盘一起转动。由于这种炉箅是突出的鳞状片组成的锥体,且其锥体形状不对称而产生偏心转动,因此能将灰破碎并将其排除到灰盘中。另外,气化剂则沿锥体间隙进入炉内。

（5）排灰装置

对排灰装置的要求是要连续均匀地排灰，保证气化过程的稳定。发生炉的灰渣被回转炉箅排挤到灰盘中后，随着灰盘的转动，陆续被固定安装的灰刀刮出。灰渣的排出速度与灰盘及回转炉箅的转速和灰刀插入灰盘中的深度有关。

为了在转动的灰盘和固定的炉身之间保证发生炉的气密性，灰盘中应保持一定深度的水封。

1.3.4　煤气的净化

从发生炉出来的煤气含有各种杂质，其中包括固体悬浮物如煤尘和灰尘等，液体产物如焦油和醋酸等，以及气体产物 H_2S、NH_3 和水蒸气等。所谓煤气净化，就是根据工艺要求，把煤气中的杂质分离出去的过程。

净化煤气主要采取冷却、脱水及除尘和除焦油等操作。在生产实际中，并非所有煤气都必须经历上述操作，而是根据生产工艺对煤气的要求，采用不同的净化方法。用于玻璃灯工的煤气要加以冷却，并使焦油和尘粒的含量降低到最低程度。而用于窑炉熔制玻璃的煤气可以不经过冷却，而只是进行粗除尘，以利用焦油的化学热和煤气的潜热。通常，把不经冷却而只经粗除尘后以热的状态供应熔炉使用的煤气称为热煤气。经冷却及除尘除焦油后再使用的煤气称为冷煤气。相应地，采用不同的净化装置，形成了热煤气净化工艺和冷煤气净化工艺。

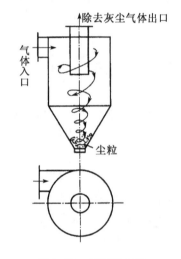

图 1-32　旋风除尘器

1．热煤气的净化

热煤气为玻璃及耐火材料厂窑炉所广泛应用。生产热煤气时，为避免煤气中焦油蒸气的冷凝以及减少物理热的损失，要求热煤气站尽可能建立在窑炉附近，并对所有煤气管道加以保温。煤气温度一般要在 400 ℃以上，否则焦油会凝结。煤气输出距离应不大于 60 m。当工厂里窑炉分布较分散而且相距较远时，可考虑建立单独的煤气发生装置。

净化热煤气的设备及布置较简单，其主要设备是旋风除尘器，如图 1-32 所示。

从发生炉出来的煤气首先进入旋风除尘器。旋风除尘器就是旋风分离器。煤气以切线方向进入旋风筒后，围绕内旋风筒作圆周运动。由于离心力的作用，煤气中的尘粒被抛向器壁，并与器壁碰撞失去速度而沉降。被净化的煤气则经内旋风筒上升，由出口排出。

盘形阀用来关闭发生炉与管道之间的气路，放散管与大气相通。为防止焦油、灰粒等杂物在管道中积结，在沿途管道上设有存烟子斗，如图 1-33 所示。煤气带尘流动时有一定的动能，经存烟子斗时，因为管道尺寸突然增大，流速减小，从而煤气流动的载灰能力下降，使部分尘粒落入斗中。排放尘粒有干放和湿放两种。

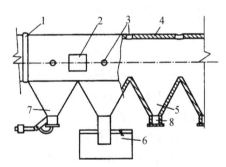

图 1-33　热煤气管路简图

1—膨胀器；2—入孔；3—吹扫孔；
4—衬砖；5—存烟子斗；6—烟子湿放法；
7—烟子干放法；8—放烟子门

净化热煤气投资费用少，也没有含酚水要处理，但管道保温多采用钢板焊接，内衬耐火材料，所以造价较高，而且维修时拆卸管道较困难。另外，由于煤气温度高，不能用鼓风机加压，到达窑炉时煤气压力很低。

2. 冷煤气的净化

净化冷煤气需要采用洗涤、除焦油、脱硫等设备,工艺复杂,投资是净化热煤气的2～3倍。冷煤气纯净,可以加压向许多相距较远的车间输送,也可以使用各种新型烧嘴,特别适合于明焰裸烧陶瓷制品,陶瓷窑多数使用冷煤气。

冷煤气净化工艺根据气化燃料而定。焦炭和无烟煤在气化过程中产生的焦油很少,洗涤水中含酚量也少,一般不需要复杂的除焦油装置和特殊处理废水设备。用烟煤和褐煤制得的煤气中含有较多焦油,洗涤水中有毒化合物也多,存在较难解决的废水处理问题,这也是影响冷煤气使用的主要因素。

(1) 焦炭或无烟煤作气化燃料时的净化工艺

这种工艺布置简单,主要设备是竖管冷却器和洗涤塔,如图1-34和图1-35所示。

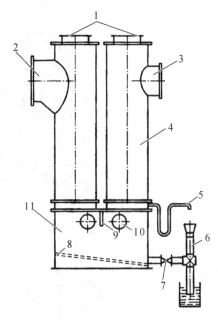

图 1-34 双竖管冷却器

1—进水管装置及喷头;2—煤气进口;3—煤气出口;
4—竖管;5—溢流管;6—疏水管;7—闭路截门;
8—流水斜板;9—挡板;10—入孔;11—底座

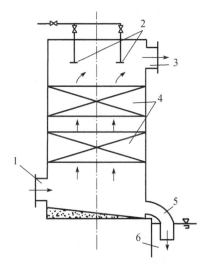

图 1-35 填料洗涤塔

1—煤气进口;2—冷却水喷头;3—煤气出口;
4—填料;5—焦油水流出口;6—焦油水池

从发生炉出来的煤气,在竖管冷却器进行预冷和清除一部分灰尘后,在洗涤塔进行最终冷却和除尘。冷却后的煤气汇集于总管,再经煤气排送机送入管路系统,最终煤气温度约为35 ℃。

竖管冷却器分为单竖管和双竖管,构造比较简单。冷却循环水由上面喷洒而下,煤气由上侧进入,顺流与水进行热交换,进入第二竖管后,与水流逆向而行,最后从上侧面输出。循环水与热煤气相遇后,其中一部分水被蒸发而吸收大量汽化热,使煤气降温。煤气中的尘粒和焦油也因被水淋而沉落下来。

洗涤塔是由钢板焊接成的圆筒形容器,热煤气由下面送入,冷却水从上面喷下。可分为有填料的和无填料的两种。最常用的填料是木格板、陶瓷环及焦炭块等。冷却水从顶部喷下,在填料表面形成水膜,热煤气由下面送入,在填料层与水膜进行热交换,从顶部引出。冷却水吸收煤气热量而蒸发,使煤气温度下降。同时,在填料水膜上的热交换,能使煤气温度进一步下降。煤气中的蒸气因冷却而凝结成水并汇入冷却水中,煤气中的灰尘也降落下来,从而取得干燥和除尘的双重效果。无填料的洗涤塔中,其冷却过程与竖管器相同。冷却效果比有填料的要差。

（2）烟煤或褐煤作气化燃料时的净化工艺

烟煤或褐煤作气化燃料时的净化工艺,与上述净化工艺相比,主要是在竖管冷却器和洗涤塔之间装设了净化焦油装置,常用的净化焦油装置是电除尘器。煤气经电除尘器后,还有少量轻质焦油和水分,通过洗涤塔后可除去一些轻质焦油并使蒸气冷凝。但是洗涤水中酚含量较高,故含酚废水处理一直是个难题,一般采用废水完全封闭循环。即竖管冷却器、洗涤塔的用水要封闭循环使用,不让其外流污染环境。

1.3.5 气化方法进展

随着对气化燃料需求量的不断增长,煤的气化方法也日益增多。一方面,出现了流化床和气流床这些新炉型;另一方面,在原有固定床发生炉的基础上作技术改进,如出现了两段式发生炉以及加压气化。

1. 两段式发生炉

两段式发生炉在 20 世纪 60 年代就已经出现。较常见的有英国的 Wellman 式,意大利的 IGI 式,法国的 LGI 式,以及美国的 F. W-Stoic 两段式发生炉。

两段式发生炉与一段式发生炉在结构上的主要区别是:两段式发生炉的干燥层和干馏层较长,发生炉炉膛可分为两个区域,位于上段的为干馏段,位于下段的是气化段(图1-36)。气化过程中,煤的干馏和气化是分开进行的。

干馏段采用钢板作外壳,内衬耐火材料,衬砖构成环形空间(图1-37)。干馏段内用空心耐火砖并在径向砌2~5道隔墙,砖内中空部分构成气化段热煤气的竖向通道,隔墙分隔的干馏室成为煤进入气化段的通路。由气化段产生的热煤气,一部分流经砖内通道,将显热间接传递给煤后从下段出口引出。一部分热煤气流经干馏室,与煤直接进行热交换,进行干燥脱水和干馏。

煤从顶部加入后即进入干燥干馏段。由于从气化段进入干燥干馏的热煤气量是可以调节的,这样就能控制干馏和干燥温度,调整煤气组成和发热量。

煤在下降过程中被缓慢地加热,到达温度 500~600 ℃的干馏段即进行低温分解,逸出标准状态下发热量为 29 400 kJ/m³ 的干馏气和分子量较低的轻质烃类蒸汽。干馏气和轻质烃类蒸汽与进入干馏段的热煤气混合后,从上段出口引出,称为上段煤气。轻质烃类蒸汽经冷凝后变为轻质焦油,在静电除焦油器中很容易与煤气分离。干馏段的另一部分产物——含重质烃的半焦落入温度为 900~1 200 ℃的气化段。半焦中含有的重质烃在气化段内高温裂解,基本上避免了重质焦油的产生。生成的煤气组成主要为 CO、H_2、CO_2 和 CH_4,由于不含有焦油,故被称为净化煤气。净化煤气从下段出口引出,所以又被称为下段煤气,下段煤气经简

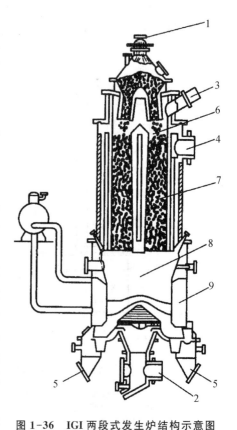

图 1-36 IGI 两段式发生炉结构示意图

1—加煤口;2—气化剂进口;3—上段煤气出口;
4—下段煤气出口;5—排渣口;6—干燥段;
7—干馏段;8—气化段;9—水套

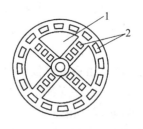

图 1-37 干馏段截面示意图

1—干馏室;2—煤气通道

单除尘后即可使用。

上段煤气约占总煤气量的 40%，出口温度为 120～200 ℃，标准状态下发热量约为 7 560 kJ/m³，下段煤气约占总煤气量的 60%，出口温度为 600～700 ℃，标准状态下发热量约为 6 090 kJ/m³。

两段式发生炉的优点：

(1) 两段式发生炉使用的燃料范围较广。可用含水分、灰分较高的褐煤、烟煤作气化燃料，尤其适合于含焦油多的烟煤。一般要求灰分（干燥基）＜20%～50%，水分＜15%～30%。但对煤的粒度和自由膨胀指数等有严格的要求，粒度范围应为 20～40 mm，粒度＜20 mm 的煤必须＜10%，其中含粉率＜5%。

(2) 两段式发生炉所产煤气发热量高，质量好。标准状态下上段与下段混合煤气的发热量一般为 6 700～7 140 kJ/m³，有时甚至超过 8 400 kJ/m³。同时，两段式发生炉煤层厚，所产煤气发热量比较稳定。

(3) 两段式发生炉的气化强度大，气化效率高，单炉产量大。部分一段式发生炉与两段式发生炉的生产能力等指标见表 1-9。

表 1-9 一段式发生炉与两段式发生炉的主要指标

类型	型号	内径 /m	耗煤量 /(t/d)	气化强度 /[kg/ (m²·h)]	煤气发热量 (标准状态) /(kJ/m³)	煤气产量（标准状态）		气化效率 /%
						m³/h	kJ/h	
一段炉	3M-13	3	45	265	6 280	5 000	31 400	70
	3M-12	3	45	265	6 280	5 000	31 400	70
两段炉	φ3M	3	80	470	6 700	10 000	67 000	
	FW-Stoic	3.8	96	350	7 440	10 620	79 000	
	FW-Stoic	3	28.6	170	7 440	6 997	50 600	
	FW-Stoic	2.6			7 440	4 314	32 100	
	IGI(意大利)	3.6	93	380		9 674		72～77
	LGI(法国)	3.3	53.5	260		5 500		75
	天津耐火器材厂	3	57	335	6 690	7 800	52 200	82

(4) 两段式发生炉对操作条件变化的缓冲能力大，其负荷可在较大的范围内变化。这是因为两段式发生炉的容量比较大，在实施强化生产时，加大鼓风量不致生产恶化。

(5) 两段式发生炉可以制取不同发热量、不同用途的煤气。上段与下段煤气分开使用，可以满足多种用户需要，尤其适合于既有集中使用热煤气又需要中等发热量煤气的场合，例如玻璃工厂。必要时也可将上段与下段煤气混合后再使用。

(6) 两段式发生炉需要处理的含酚废水少。对于大型或要求较高的陶瓷厂来说，煤气的净化加压和脱硫是必不可少的工艺步骤。由于上段煤气出口温度较低，一般只需经过静电除电，同时这些轻质焦油黏度低，容易加工处理。下段煤气基本不含焦油，只需经过简单的旋风除尘器、冷凝器等即可净化。在全部净化系统中没有外来水分的加入，只有煤气所含水分被冷凝，这部分冷凝水的数量较少。冷凝水中含有苯、酚等有毒物质，在 F·W-Stoic 两段式发生炉系统中，利用发生炉自产的焦油和油类燃烧，将含酚废水在其配套的焚烧炉中分解而被处理。酚类在 800 ℃ 以下即可分解为无毒的碳、氢元素，焚烧炉内温度可达 1 200 ℃ 左右，排出废气中只含有 CO_2、N_2 等气体。

两段式发生炉尽管有上述优点，但由于该炉型对煤的粒度要求比较严格，使得大量粉煤不能被利用。据统计,在发生炉所使用的块煤中,由于储藏、运输、处理等工序,所产生的约有 30%~40% 的粉煤不能被使用,这就增加了储藏、处理等费用。如果这部分煤矿粉不能在使用工厂自行消化,随着粉煤的损耗、风化,以及氧化等变质情况的发生,将造成巨大的能源损失。此外,两段式发生炉的炉体高,上段与下段煤气分别冷却、净化,也就增加了设备和土建的投资。

2. 加压气化法

发生炉中的气化过程一般在常压下进行,采用加压气化方法就是提高气化剂的压力,从而大幅度地提高发生炉的生产能力,同时能制得符合城市要求的中等发热量的煤气。

加压气化主要是促使甲烷含量增加。当蒸汽浓度提高时,由 CO 的转化反应($CO+H_2O=CO_2+H_2$)表明,CO 会大量地转化为 CO_2 和 H_2。试验证明,当压力从 0.1 MPa 提高到 2.6 MPa 时,CO 的转化率提高 9 倍。气体混合物中 H_2 含量的增加,为合成甲烷创造了良好的条件,一般在进行 CO 的转化反应($CO+H_2O=CO_2+H_2$)的同时,还伴随有下列反应:

$$C+2H_2O = CH_4 + O_2$$
$$CO+3H_2 = CH_4 + H_2O$$
$$CO_2+4H_2 = CH_4 + 2H_2O$$
$$2CO+2H_2 = CH_4 + CO_2$$
$$2C+2H_2O = CH_4 + CO_2$$

由于上述反应均是缩小体积的放热反应,所以高压、低温的反应条件会有利于甲烷的生成。尽管 CO 的转化反应($CO+H_2O=CO_2+H_2$)前后的总分子数相等,似乎不受压力影响,但在炉内压力提高时,此反应仍向生成 CO_2 的方向移动。因为压力提高后,参加反应的 CO 和蒸汽的总分子数增加,从而使反应速度增加。

加压气化以固定床加压气化较为成熟,目前较有代表性的炉型是鲁奇式加压气化炉,分为固态排渣法和液态排渣法。与常压气化法相比,加压气化所制得的煤气发热量较高,碳的转化率和热效率也高,对煤的粒度要求较宽,可以使用小粒度煤。缺点是:炉体结构复杂,附属装置也多,使得基建投资高;另外,由于加压气化蒸汽消耗量多,煤中的水分也多,气化时产生的焦油、酚的处理较困难,要有较庞大的净化设备和复杂的废水处理系统。

煤的气化技术主要有两次重大突破。第一次是工业制氧装置的开发,用氧气代替空气进行工业煤气化;第二次是加压气化的开发。对煤的气化技术的改进还包括固定床液态排渣炉和沸腾床气化炉以及气流床气化炉。

1.4 气体燃料的燃烧过程及设备

气体燃料的燃烧过程包括:燃料与助燃空气混合,燃料与空气混合物的加热与着火,混合物的燃烧。燃烧是一种激烈的氧化反应。在 1 000 ℃ 以上的高温时其反应速度非常快,实际上可以认为上述过程是在同一瞬间完成的,因此影响气体燃料燃烧速度的主要因素不在于化学反应本身,而在于气体燃料与空气的混合速度以及混合气体燃烧着火前的加热速度。

气体燃料又被称为燃气,包括煤气、液化石油气和天然气等。气体燃料的燃烧设备称为"烧嘴"。传统的气体燃料烧嘴有长焰烧嘴、短焰烧嘴和无焰烧嘴。

长焰烧嘴是指燃气在烧嘴内完全不与空气混合,喷出后靠燃气和空气的扩散作用进行混合和燃烧。由于其燃烧过程是边混合边燃烧,因此燃烧速度慢,火焰较长。

短焰烧嘴是指燃气与部分空气(一次空气)在烧嘴内预先混合后喷出燃烧,并进一步与二次空气混合燃烧的方法,从而使燃烧速度增大,火焰较短。

无焰烧嘴是指燃气与空气在烧嘴内完全混合,喷出后立即燃烧,燃烧迅速完成,火焰短而透明,无明显轮廓,故称无焰燃烧。

目前这三种烧嘴基本上已被更先进的烧嘴——高速调温烧嘴——所取代,而新推出的脉冲高速调温烧嘴,由于其节能效果明显,故而被广泛推广。此外还有平焰烧嘴、浸没式烧嘴、天然气烧嘴等。

1.4.1　高速调温烧嘴

1. 高速调温烧嘴分类及结构

高速调温烧嘴属无焰烧嘴,它是指燃气和空气(一次空气)在烧嘴内进行完全燃烧,再与二次空气(调温空气)混合以调节燃烧产物温度,然后经烧嘴高速喷出。调温空气的掺入可以产生大量与对应热工设备(窑炉)内温度相近的高速气流,如果再加以合理地布置烧嘴,则可以在所对应的窑炉内形成强烈的、可控制的气流循环,而且同时可以解决窑炉内火焰因浮力作用而上浮的问题,从而使得窑炉内温度均匀,对流换热系数明显增大,这样既可以显著提高窑炉的热效率(即降低生产热耗),又明显提高产品的质量和产量。

高速烧嘴有两个主要特点,一是调温方便,二是高温烟气高速喷出,喷出速度通常在 80～200 m/s(最高达 200～300 m/s),而传统的烧嘴只有 30～40 m/s。

根据燃气与一次空气的混合情况,高速调温烧嘴又可分两类。即:预混式高速调温烧嘴和非预混式高速调温烧嘴。预混式高速调温烧嘴如图 1-38 所示,它是指燃气与一次空气先在预混室内混合后再进入烧嘴燃烧,预混的方式常常是用引射介质利用喷射器的原理来吸入空气。非预混式高速调温烧嘴则是将燃气与空气分别送入烧嘴内,而后混合及燃烧。

由图 1-38 可以看出,高速调温烧嘴的结构复杂,在窑炉上还多增设了一条调温空气管道和相应的调节控制装置。为此,后来又出现了过剩空气高速调温烧嘴,该烧嘴允许大于理论上完全

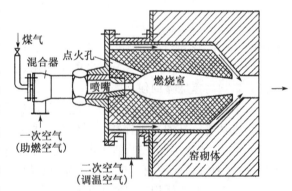

图 1-38　预混式高速调温烧嘴结构简图

燃烧所需空气量几倍(甚至高达 20 倍)的空气进入燃烧室,但是只有助燃所需的空气与燃气混合燃烧,过剩的空气则在燃烧室内逐渐与烟气掺混,然后高速喷出,这样它只需要一条空气管道和相应的调节控制装置。从而简化了窑炉的结构,降低了造价,但是相应地该高速调温烧嘴调节的灵活性就降低了。另外,在中、低温燃烧时,燃烧室被大量的过剩空气所冷却,造成烟气的温度下降,燃烧速度也会降低,运行的可靠性、安全性都会相应下降。有时高速调温烧嘴限定在较小的空气过剩系数(α 为 2～4)下操作,但这样相应地缩小了调温范围。

关于高速调温烧嘴还应说明的是,在选择高速调温烧嘴的供热能力(功率)时,不应留有太大的储备。例如,某高速调温烧嘴的调节比为 10∶1,额定供热能力下的烟气喷出速度为 100 m/s,但如果正常运转时,仅使用该烧嘴的供热能力的 30%,则烟气的喷出速度仅有 30 m/s,这时其性能与传统的普通烧嘴性能相当,而起不到高速调温烧嘴的搅拌、均化以及强化对流传热的作用。近些年

来,人们又新开发了高速调温烧嘴的脉动控制系统(或称之为脉冲高速调温烧嘴),从而可以控制高速调温烧嘴以大火(接近于额定供热能力)和微火(维持能够点燃烧嘴的供热能力)交替地进行脉动加热,以达到工艺要求的温度,同时使高速调温烧嘴在以大火供热时,能够充分地发挥其高速烟气的搅拌、均化与强化对流传热的作用。

2. 高速调温烧嘴的优点

(1) 燃烧室的容积热力强度非常高,最高可以达 2.1×10^8 W/m³,因此高速调温烧嘴的燃烧室体积非常小,其散热量也较小,因而其燃烧热效率较高,而且还有利于简化窑体的结构,这对于发展高温窑炉和节约燃料都是十分有利的。

(2) 由于高速烟气能够带动窑内气体在整个窑内作循环流动,从而起到强烈的搅拌作用,这就使得窑内的温度和气氛都非常均匀,这样可以对制品进行均匀、快速的加热来提高产品的质量和产量以及节约燃料。

(3) 能够燃烧低热值的燃气,即使是对于热值较低的高炉煤气也可以保证其稳定的燃烧。

(4) 烟气中生成的 NO_x 含量较低。这是由于在高速烧嘴内燃料燃烧过程中氧气的浓度可以控制在最小需要量,且在高温区的停留时间较短。另外,高速的高温烟气大量卷吸温度较低的窑内烟气以后其温度迅速下降,而且由于窑内烟气与制品之间的热交换不断加强,又使得烟气的温度进一步下降,这些过程对于 NO_x 的生成都有抑制作用。

(5) 节省燃料。由于高速烧嘴的燃烧热效率高,燃烧室的体积小、散热量小,且窑内温度均匀,这样有利于消除窑内的过热部位,减小窑体的蓄热损失和散热损失。同时在窑内,温度均匀气流的强烈循环与搅拌作用又强化了烟气对制品的传热,这样既可以实现安全快速的加热,又可以降低烟气排出的温度,因此使窑炉的燃料消耗量明显下降。

3. 高速调温烧嘴的缺点及使用时注意事项

(1) 燃烧速度快、燃烧强度高、燃气喷出速度高等优点都会使高速喷嘴的工作噪声增大,所以应注意采取相应的消音措施。另外,由于燃气和空气对压强的要求高,所以高速烧嘴的动力消耗也较大。

(2) 高速烧嘴的燃烧室需要采用耐高温、抗急冷急热性能好、耐火焰冲刷的特殊耐火材料,否则就会影响高速烧嘴的使用寿命。

一个性能优良的燃料烧嘴首先应该是能够安全可靠的组织燃烧,以满足烧成工艺的要求。所以它应该具有较高的技术性能,具体来说,要使窑内截面的温度和气氛都很均匀,要有较低的 CO、C_mH_n 和 NO_x 排出量和较低的噪声,要有较高的燃烧室空间热力强度、较高的燃烧热效率和较大的调节比,且要求较低的燃气与空气压强,以及便于维护和操作,还要保持较长的使用寿命。有的燃料烧嘴还需要能够使用高温空气助燃等。

另外,气体燃料燃烧时,"回火"和"断火"的现象是不允许的。产生"回火"时易产生爆炸事故,而产生"断火"时则容易发生中毒事故。随着燃料燃烧技术的不断改进,现在这些问题都已经得到了很好的解决,这是因为现代化先进的气体燃料燃烧系统通常还配备有自动控制的电火花点火装置、火焰监控系统,以及安全防爆的自动燃气截止阀和安全熄火程序。

4. 其他高速调温烧嘴

随着科技的发展,高速调温烧嘴也处在不断的发展之中。目前,高速调温烧嘴的种类繁多,图1-39 为由我国北京工业大学研制生产的一种使用预热空气的,且不会回火的预混式高速调温烧嘴的结构简图。

这种烧嘴可以用 600 ℃ 的预热空气,也可以使用各种煤气。其特点是:燃烧完全且燃烧效率可达 93% 以上;燃烧稳定,可在窑炉内造成强烈的循环气流,从而保证窑炉内温度均匀;另外,这种烧嘴所产生的污染低,与其配套的附属设备也很先进,烧嘴的温度调节范围也较宽,最低可达 40 ℃,最高可达理论燃烧温度的 90%。该烧嘴烟气喷出速度在 100 m/s 左右。

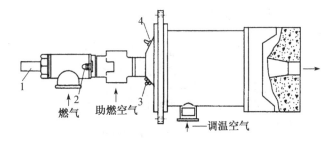

图 1-39 北京工业大学研制的一种预混式高速调温烧嘴的结构简图

1—紫外线火焰监视器；2—空气—燃气比例给定器；3—点火孔和观察孔；4—电点火器

图 1-40 是意大利 Mori 公司在陶瓷辊道窑上所使用的一种燃气高速调温烧嘴的结构简图。Mori 公司的这种烧嘴,燃气是从其中心管的小孔内喷出,与空气垂直相遇,再通过一个收缩-扩张管来强化空气和燃气的混合,且靠稳焰板下游所产生的涡流来保持火焰的稳定,燃烧后的气体通过缩口高速喷出,部分空气由收缩——扩张管的管外流过,不与燃气混合,而是直接进入燃烧室,因此允许提供较多的过剩空气。每个烧嘴的助燃空气由双重闸板阀来调节。高压的液化气经过两个并联的自力式减压稳压器降压后,再经过各自的手动阀调节,然后一路直接送入烧嘴,使烧嘴处于低度的空气过剩状态;另一路则根据窑温由电磁阀进行自动控制来实现增减燃气的流量。它属于位式调节,空气的过剩系数较大,助燃空气可以预热到 180 ℃。另外,该烧嘴还配置有火焰监测器和高压电点火装置,燃烧后气体的喷出速度约在 100 m/s 以上。

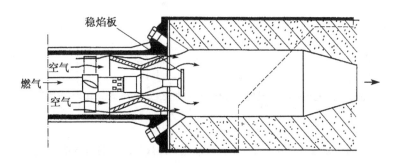

图 1-40 意大利 Mori 公司的一种燃气高速烧嘴的结构简图

当然,除了上述列出的这两种高速调温燃气烧嘴以外,还有许多其他结构类型的高速调温燃气烧嘴和高速调温燃油烧嘴,另外一些高速调温烧嘴的结构简图(包括一些燃重油的高速调温烧嘴)如图 1-41～图 1-46 所示,读者关键是将其基本原理弄清楚,这样对于将来可能会遇到的更多类型高速调温喷嘴的结构就不难理解了。

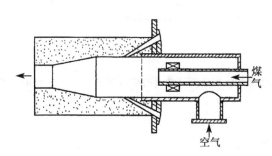

图 1-41 德国 Riedhammer 公司的燃煤气高速调温烧嘴的结构简图

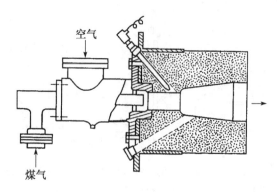

图 1-42　日本东陶株式会社的预混型煤气高速调温烧嘴结构简图

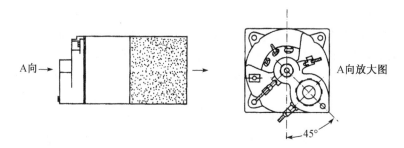

图 1-43　美国 North Amerrican 公司的 Tempest 型燃气高速调温烧嘴的外形图

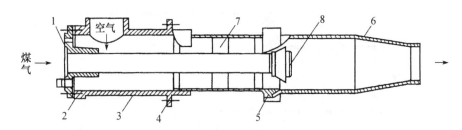

图 1-44　英国 Nu-Way 公司的燃气发生炉冷煤气高速调温烧嘴结构简图
1—底座；2,4,5—法兰；3—烧嘴体；6—重结晶碳化硅喷嘴；7—旋流板；8—煤气喷口

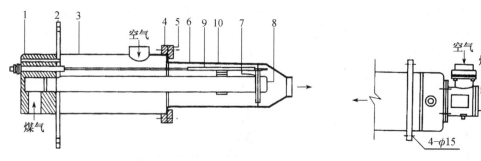

图 1-45　瑞士 Nrio 的喷嘴混合高速调温烧嘴的结构简图
1—底座；2,4,5—法兰；3—烧嘴体；6—重结晶碳化硅喷嘴；
7—旋流板；8—煤气喷口；9—火花塞；10—支架

图 1-46　日本 Hope 系列之高速调温烧嘴结构简图

5. 脉冲(高速调温)烧嘴简介

图 1-47 是一种脉冲(高速调温)喷嘴的工作原理图,其原理是:燃料与助燃空气的混合气脉冲地喷进燃烧室内,在一个适当的高温气氛中爆炸燃烧,从而形成脉冲的高速高温气流。另外,需要

提醒读者的是,这里点火用的火花塞只是刚开始点火时使用,在燃烧过程中由于燃烧室内的高温,就不再需要使用燃料火花塞来重新点火了。

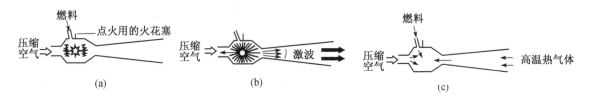

图 1-47　一种脉冲(高速调温)烧嘴的工作原理图

(a)点火;(b)爆炸燃烧;(c)脉冲喷入燃料

气体燃料的燃烧除了使用上述所介绍的一些烧嘴以外,还可使用一些特殊的烧嘴,以下就简单地介绍这其中的两种——平焰烧嘴和浸没式烧嘴。

1.4.2　平焰烧嘴

平焰烧嘴喷出的火焰形状呈圆盘形,紧贴着窑墙向四周扩展,从而形成一个平面火焰。与一般的烧嘴相比,平焰烧嘴具有加热均匀、升温速度快、燃料消耗低和噪声小等优点。

平焰烧嘴的种类有引射式、双旋式和螺旋叶片式等多种型式。这些型式的结构虽然不同,但其基本原理却相同,都是在烧嘴出口处形成轴向速度很小的气流,图 1-48 是螺旋叶片平焰烧嘴的结构简图。

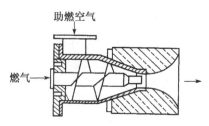

图 1-48　螺旋叶片平焰烧嘴的结构简图

1.4.3　浸没式烧嘴

浸没式烧嘴是指将烧嘴浸没在液体中进行燃烧,对液体直接进行加热,所以这种燃烧方法叫作"液中燃烧法",如图 1-49 所示。这种烧嘴较多地应用在玻璃池窑中,在玻璃池窑中采用浸没式烧嘴时,煤气和空气在烧嘴内混合燃烧后,燃烧气体以 1 650 ℃的高温,高速地喷入到玻璃液中搅动玻璃液,从而加强火焰向玻璃液的传热,提高玻璃池窑的热效率,降低热耗。

1.4.4　天然气的燃烧过程及烧嘴

1. 天然气的特点

天然气是一种无色、无味,比空气轻,易燃、易爆,热值高的气体。玻璃工业使用的是经过净化和稳压的天然气,其中的杂质含量很低,其主要成分是甲烷(CH_4),含量通常在94%以上。含甲烷高于90%的天然气称为干气,含甲烷低于90%的天然气称为湿气。甲烷的着火温度为 700 ℃,且着火浓度范围很窄。

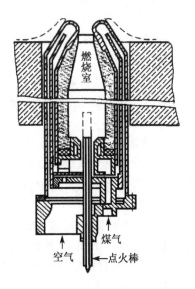

图 1-49　玻璃池窑的浸没式烧嘴

我国的西部地区盛产天然气,表 1-10 为四川省可供工业使用的天然气成分数据。

表 1-10　天然气成分数据

产地	密度/(kg/m³)	干气组成(体积分数)/%									Q低/(kJ/m³)
		CH_4	C_2H_4	C_3H_4	C_mH_n	H_2S	不饱和碳氢化合物	CO	H	N	
威远	0.632 9	89.03	0.14	0.09		5.94	0.03		0.17	4.68	32 029
纳溪	0.595 0	93.87	2.75	1.03	0.62	5.94	0.03	0.11	0.03	1.01	37 154
沈公山	0.566 1	97.93	0.83	0.17	0.07	0.35	0.05	0.06	0.06	0.75	35 961
打鼓站	0.570 8	98.64	1.06	0.18	0.08	0.10	0.05	0.14	0.03		36 401
五道站	0.565 5	98.16	0.79	0.13	0.05	0.39	0.17	0.04	0.13	0.75	36 024
付家庙	0.588 3	94.67	1.88	1.04	0.20	0.15	0.11	0.10	0.06	1.93	36 443

以天然气为燃料时,熔化玻璃靠的是由气体燃料形成的火焰与玻璃之间的热传递,主要是依靠热辐射和少量的热对流完成从火焰到玻璃之间的热量传递。因此,应关心所用天然气燃料的品质,以保证获得足够能量的辐射热。这对提高熔化率、节约能源、延长炉龄有着重要的意义。

2. 天然气的燃烧过程

天然气的燃烧过程与氢气基本相似,都是按连锁反应进行的。在燃烧过程中,必须有中间活性物质 H、O、OH 等(即连锁反应激发物质)存在,通常以空气中的 O_2 为激发物质,产生分子间的相互撞击,并在一定的温度下裂解。

天然气在氧原子的激发和在 1 130～1 180 ℃的温度下发生裂解,生成一定数量的微小固态碳粒,炭黑的燃烧是两相(固相-气相)反应的物理-化学过程。氧原子扩散到碳粒表面时与其发生作用,生成 CO 和 CO_2 两种气态物质后,再从碳粒表面向外扩散,形成增碳过程。

3. 天然气的增碳燃烧

从天然气的燃烧过程可知,火焰的热辐射是由于碳氢化合物分解成碳粒子而形成,这些碳粒子不断燃烧和不断分解就形成了火焰强烈的热辐射,使火焰厚实而有亮度。玻璃正是通过火焰强烈的热辐射给热而加速熔融。但是天然气中的主要成分甲烷(CH_4)不易裂解,导致热辐射的碳粒子不足,火焰亮度不够,从而造成给玻璃液的传热较差,使热损失增加,因此天然气需要在增碳之后再燃烧。

(1)增碳燃烧机理

天然气火焰缺乏热辐射的问题可以通过"增碳燃烧"的办法加以解决。天然气的增碳有外增碳和自增碳两种。

a. 外增碳,即是从外部引来碳粒的增碳方法。通过在喷烧天然气的喷嘴内加入煤粉或重油喷管,使之与天然气混合燃烧,从而达到增加火焰中碳粒子的目的。这种燃烧方法近年来已被欧美各国所采用,取得了油、气混烧节能的好效果。

b. 自增碳,即是通过天然气本身裂化成碳粒来增碳的方法。根据维赫(VEH)的著作中论述,碳的存在还不是最重要的,只有碳氢化合物热分解过程中的"碳氢基"才是产生火焰或热辐射的关键因素。维赫的论述说明了从天然气本身热分解获得的碳粒子和碳氢基的组合形成的热辐射效果,要比外增碳的效果好得多。

原始的天然气喷嘴很简单,如图 1-50 所示。喷嘴是由中心

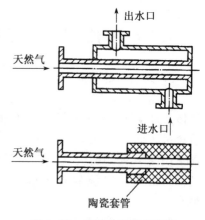

图 1-50　原始的天然气喷嘴

的天然气喷火管和带保护水套或陶瓷套管的外套管所组成,这种喷嘴适于低温加热设备使用,在玻璃窑炉上也使用过,由于得不到辐射的高温和给热,既会造成燃料过多消耗,又达不到很好的熔化效果。因此,若要依靠原始喷嘴来解决天然气燃烧的自增碳是不可能的。

由于天然气燃烧速度比较慢,限制了空气与天然气的混合气体的喷出速度,进而降低了热传递率。自增碳的原则是使喷嘴的工作性能尽可能适应甲烷多裂解的需要,即在 1 130～1 180 ℃的温度范围内,在缺氧的情况下促使甲烷迅速裂解。若在燃烧空间适度降低天然气与空气的混合速度,使小部分还没有与空气混合的天然气加热到上述温度范围内,会促进甲烷裂解而形成碳粒。但是过多降低混合速度将使火焰变得太长,这也是不恰当的。

(2) 自增碳喷嘴的机理

在玻璃池窑中,喷嘴和小炉统称为燃烧器,通过燃烧器内部的配合,才能燃烧出理想的火焰。理想的火焰其燃烧温度要高,便于熔化玻璃;刚性要好,以减少对耐火材料的冲刷侵蚀;火焰体积要大,具有足够的长度,便于很好地作用于玻璃液面;要有足够的亮度以加强辐射;另外,火焰要稳定并便于调整。

在燃烧天然气的操作中,为了获得足够的火焰长度,要求相当高的火焰速度,但为了得到最强的辐射,又要求低的火焰速度。因此,此时只能以得到强辐射为主,恰当的要求火焰长度且保持稳定。

在天然气燃料中自增碳的目的就是为了获得上述品质的火焰。由于天然气燃烧速度慢,限制二次空气与天然气混合气体的喷出速度,必然降低热传递率,因此需选择采用压缩空气或高压鼓风燃烧天然气的方法,以合理的解决天然气燃烧出现的矛盾,同时还要能调节火焰长度和方向,保证向玻璃液面的热传递。

从物理意义上看,引入压缩空气(或高压鼓风)有两个方面的作用。

一是提高空气喷出速度,造成两流股接触面之间极大的速度差,产生湍流作用,降低天然气与空气的混合速度,避免出现缺氧。在 1 130～1 180 ℃温度范围内,中心流股和小部分没有与空气混合的天然气被加热,促进甲烷的裂解,大量析出碳粒,促进火焰辐射。

二是降低天然气的喷射速度,扩大天然气的喷射流股,都有利于碳氢化合物的裂解,提高火焰的辐射能力。因此,在设计或选取天然气喷射管直径时,既要满足天然气的喷射速度和气流股的大小,又要保证天然气的燃烧,并使火焰具有一定的方向性和刚性,以强化对玻璃的热交换。

4. 天然气喷枪

(1) TY 型喷枪

TY-1 型低压天然气喷枪结构简图如图 1-51 所示,是根据苏联文献于 1973 年设计的国内第一支低压天然气自增碳喷枪。该喷枪的原理是借两气流扰动混合进行扩散燃烧。

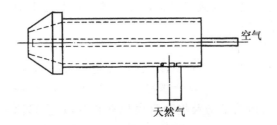

空气

天然气

图 1-51　TY-1 型低压天然气喷枪结构简图

该喷枪存在天然气裂解过度的缺陷,加之配置的压缩空气量较大$\left(\text{为天然气的}\dfrac{1}{3}～\dfrac{1}{2}\right)$,燃烧效果不够理想,混合不均匀,火梢呈无焰燃烧状态,辐射热量仍未能发挥出天然气全部热量。为弥补这一缺陷,可将喷嘴安装位置改为侧烧或底烧。底烧的马蹄焰池窑将喷枪向蓄热室方向后移,形成一个预燃室,以增加甲烷的裂解空间和时间,使火焰黑度增大,产生强烈的光亮火焰,辐射强度显著增加,从而提高了玻璃熔化能力,降低了热耗。其技术参数见表1-11。

表1-11   TY-1型喷枪的技术参数

型 号	外管直径/mm	内管直径/mm	喷嘴流通截面/mm	喷射能力/(m³/h)
A 型	28	7	520	76～95
B 型	32	8	690	101～127
C 型	37	9	947	138～174
D 型	43	10	1 270	185～233

(2) TY可调型喷枪

TY可调型喷枪结构简图如图1-52所示。

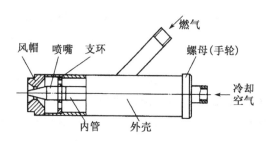

图1-52   TY可调型喷枪结构简图

TY可调型喷枪的技术参数见表1-12。

表1-12   TY可调型喷枪的技术参数

型号	适用燃气流量/(m³/h)	燃气出口速度/(m/s)		燃气出口通道面积/mm²	调节比	火焰长度/m
		最低	最高			
TY-01	75～150	60～120	180～300	118～354	3	1～4
TY-02	175～350	60～120	146～300	331～808	2.44	1～5

　　TY可调型喷枪最主要的特点是通过改变燃气出口通道面积来控制燃气流的速度,达到对火焰长度与形状的调整,同时可确保燃气流量不变,使其所产生的热量稳定。通过机械装置可以在喷枪工作状态下对通道面积进行调节,操作简单方便。

　　(3) 双混式HBXT-Ⅰ型喷枪

　　这是一种低压高效喷枪,如图1-53所示。这种喷枪是根据苏联、美国、英国的TY型喷枪改进的,它具有自增碳效果好、热效率高、燃烧充分、火焰带有缓旋的特点,最适用于马蹄焰池窑底烧和侧烧,对横焰池窑也能适用。其火焰控制方便,使用寿命长,热工性能优于老式的TY型喷枪。

　　HBXT-Ⅰ型喷枪用于池炉熔化部,HBXT-Ⅱ型用于池炉工作部,HBXT-Ⅲ型用于砖材或治润预热炉等。HBXT-Ⅰ型喷枪的技术性能参数见表1-13。

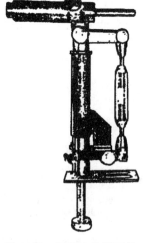

图1-53   HBXT-Ⅰ型喷枪

表 1-13 HBXT-I 型喷枪的技术性能参数

规 格	喷嘴能力/(m³/h)		喷嘴内压力/MPa	
	天然气	空气	天然气	空气
HBXT-I A	155～240	20～55	0.008	0.01
HBXT-I B	200～300	25～65	0.01	0.015
HBXT-I C	318～490	30～90	0.015	0.015

（4）美国 BF 系列天然气喷枪

Brighfire 系列空气/燃料喷枪使用天然气或丙烷作为燃料,空气助燃,适用于玻璃池窑小炉底烧或侧烧。火焰覆盖面大,燃烧温度可达 1 650 ℃。通过调节喷嘴内天然气和一次空气的混合程度来调整火焰长度及自增碳程度,调节质量比为 3∶1。该喷枪的一个重要特点是可降低燃烧产物中 NO_x 的含量,其生产能力范围为 586～5 560 kW,该系列喷枪如图 1-54 所示。

（5）德国 JG 型喷枪

德国高定公司专利,JG 型喷枪适于放置在小炉底部,其外喷嘴帽端头距喷嘴砖 10～15 mm。该喷枪由天然气内喷嘴、空气调节口、混合管、扩散管及可更换的外喷嘴帽组成。天然气以 5 kPa 压力由内喷嘴喷出,产生的喷射速度及动能自空气进口吸入空气,两者在枪体内预混、扩散,通过外喷嘴进入熔窑燃烧。火焰长度是靠吸入空气量大小的调节和喷枪(流量)的选型来改变的,空气吸入量一般为天然气用量的 1%～3%,该型喷枪如图 1-55 所示。

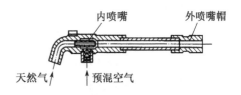

内喷嘴　外喷嘴帽

天然气↑　↑预混空气

图 1-54　BF 系列空气/燃料喷枪　　　　　图 1-55　JG 型喷枪

此喷枪属空气/燃料低压燃烧器,其最大压力为 5 kPa,流量范围 25～1 500 m³/h,其技术参数见表 1-14。此喷枪结构简单、操作更换方便、寿命长、维修量小,可随意调整上下和左右的火焰角度及长度。

表 1-14　德国 JG 型喷枪的技术参数

型　号	JG1	JG2	JG3	JG4	JG5
最大燃气压力/kPa	5	5	5	5	5
最大燃气流量/(m³/h)	25	160	420	1 000	1 500

（6）英国 WRASP 型喷枪

英国 Laidlaw Drew 公司专利,适于小炉侧烧,并可调整喷出口径、火焰长度和火焰速度,可密封于小炉侧墙上专用的 AZS 和 EM 喷嘴砖内,防止外部冷空气进入,伸入部分用循环软水冷却,喷枪支架可上下调整火焰角度。通过调整支架座还可改变喷枪的垂直和水平位置,以达到满意的火焰喷射角度。该喷枪的喷射能力为 25～800 m³/h,天然气压力为 750 Pa,冷却水流量为 45 L/min,出口温度不超过 60 ℃。该型喷枪的喷嘴外形及安装示意图如图 1-56 和图 1-57 所示。

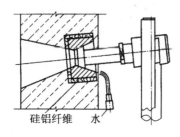

图 1-56　WRASP 型喷枪喷嘴外形

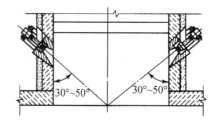

图 1-57　WRASP 型喷枪安装示意图

以上几种喷枪均可在低压天然气供应的情况下运行,在主管压力为 $0.02\sim0.04$ MPa 范围内提供良好的火焰。无论哪一种喷枪,都希望压缩空气的用量要小些,为天然气用量的 $25\%\sim30\%$,使天然气达到满意的裂解程度。在技术条件允许的情况下,将喷枪与喷嘴砖进行密封是最理想的技术处理,如果不能完全密封,也应尽量严密。

思考题

1. 固体燃料的燃烧过程可以分为哪三个阶段? 各阶段特点是什么?

2. 煤的层燃燃烧一般要进行的主要操作有哪些? 各自有什么目的?

3. 煤粉燃烧过程的特点是什么? 从哪些方面强化煤粉燃烧? 试比较层燃燃烧室的热效率与煤粉燃烧室热效率。

4. 什么叫沸腾床? 什么叫沸腾燃烧? 沸腾燃烧有哪些优缺点?

5. 为了保证粗煤粉颗粒能够在炉内燃尽,目前常采取的一些强化燃烧的措施主要有哪些?

6. 试比较煤的三种燃烧方法:直接燃烧法、半煤气燃烧法、全煤气燃烧法。

7. 重油的燃烧为什么常采用雾化燃烧法而不是气化燃烧法?

8. 压力和介质的种类对介质雾化质量有什么影响? 高压介质雾化的压力范围是多少?

9. 高压雾化时,介质为什么要预热或过热? 相应的温度是多少?

10. 富氧燃烧和全氧燃烧技术的特点是什么? 在玻璃池窑上使用要注意哪些问题?

11. 试述高速调温烧嘴的结构、分类及使用特点。

12. 什么叫煤的气化? 煤进行气化的基本条件和煤气的种类有哪三种?

13. 空气煤气、水煤气、混合煤气制备过程的特点及使用特点分别是什么?

14. 混合煤气制备过程中各燃料的反应、煤气组成及含量随刻度如何变化?

15. 煤的各项品质指标如何影响气化过程?

16. 评价气化过程有哪些指标? 比消耗量是如何定义的? 饱和温度与水蒸气经验用量各是多少?

17. 发生炉有哪些主要部件? 不同炉型在构造上有何差别?

18. 发生炉煤气的产生过程与直接用煤作燃料的燃烧过程有哪些不同?

19. 天然气作为玻璃熔窑的燃料有哪些特点?

20. 什么是天然气的增碳燃烧? 其机理是什么?

2　干燥过程及设备

2.1　概　述

2.1.1　干燥的意义

在材料生产过程中,原燃料、生产中的半成品与成品往往含有超出满足工艺要求的水分,不便于运输、加工、储存与使用,因此必须除去其中的部分水分,以满足下道工序及产品的要求。

除去水分的方法通常有机械脱水、吸附脱水与加热脱水三种。然而材料生产过程广泛使用的是加热脱水法,即通过加热物料使其中的水分蒸发而使其脱去的方法。

利用加热方法除去物料中水分的过程,称为干燥,亦称为烘干,这在材料生产过程中是常用的方法。例如,在水泥工业中,为了保证粉磨作业的正常进行,当采用干法生产时,各种含水的物料如原料、煤和混合材都需要进行干燥,而采用湿法生产时,煤和混合材也需要干燥。在陶瓷工业中,陶瓷坯体只有通过干燥,得到一定强度才能减少在搬运和加工过程中的破损;水分含量降低后才宜于吸附釉浆;也只有水分减少后入窑,才可提高烧成速度,减少烧成过程中坯体变形、开裂,保证成品质量并减少能耗。在玻璃工业中,所用天然石英砂及用湿法加工的砂岩粉等原料需经干燥再入库,否则不仅运输困难,还会影响配料的准确性。在耐火材料工业中,为有利于提高坯体的机械强度,有利于装窑操作并保证烧成初期能够顺利进行,干燥是耐火材料工艺必不可少的过程。聚氯乙烯的含水量须低于 0.2%,否则在以后的成型加工中会产生气泡,影响塑料制品的质量。湿化学法是制备纳米材料的一种重要方法,但采用湿化学法制备的纳米粉体均存在干燥的过程。

2.1.2　干燥的方法

物料干燥的方法有自然干燥与人工干燥两种方法。

1. 自然干燥法

自然干燥法是将湿物料堆置于露天或室内的场地上,借助风吹和日晒的自然条件除去物料中水分,使物料得以干燥。这种方法的特点是,不需要专门设备,动力消耗小,不需要燃料,操作简单,成本低,但干燥速率慢,产量低,劳动强度大,露天干燥还受气候影响,难以适应大规模的工业化生产。

2. 人工干燥法

人工干燥法,也称机械干燥,是将湿物料放在专门的设备中进行加热,物料中的水分蒸发,使物料得以干燥。这种方法的特点是,干燥速率快,产量大,不受气候条件的限制,便于实现自动化,适合于工业生产,但需要消耗较大的动力与燃料。人工干燥法根据物料受热的特征来分,有外热源法与内热源法两种类型。

1) 外热源法

所谓外热源法是指在物料外部对物料表面进行加热,其方式有以下四种。

(1) 传导干燥

湿物料与加热壁面直接接触,热量靠热传导由热壁面传给湿物料,使其中水分蒸发,如回转烘干机。

(2) 对流干燥

使热空气或热烟气与湿物料直接接触,依靠对流传热向物料供热,物料中的水汽化为水蒸气,而水蒸气则由气流带走。如回转烘干机、隧道烘干窑、喷雾干燥、流化干燥和厢式干燥等。

(3) 辐射干燥

热量以辐射传热方式投射到湿物料表面,被吸收后转化为热能,水分蒸发被气流带出,如红外线干燥。

(4) 综合干燥

综合利用上述三种加热方式,对湿物料加热而使水分汽化,如回转烘干机。

外热源法的特点是:物料表面温度大于内部温度,热量传递由表及里,水分传递由里及表,方向相反。

2) 内热源法

所谓内热源法是指将湿物料放在交变的电磁场中,使物料本身的分子产生的热运动而发热,交变的电流也可通过物料产生焦耳热效应,从而使水分由里及表排出。内热源法的特点是:物料内部温度高于表面温度,从而使水分与热量传递方向相同,加速了水分从物料内部向表面的传递速率。常见的内热源法有工频电干燥、高频电干燥。

上述所述干燥方法,在很多材料生产中都有应用,可根据物料的性质与要求进行选取。在无机非金属材料生产过程中,应用得最为广泛的是对流干燥。

2.1.3 对流干燥方法

1. 对流干燥原理

在对流干燥过程中,在有热源存在的情况下,热量从干燥介质(如热气流)以对流方式传递到湿物料表面,湿物料表面温度升高,湿物料表面水分受热汽化成水蒸气,只要其表面的水蒸气分压大于干燥介质中水蒸气的分压,则物料表面的水蒸气就会向干燥介质中扩散,这个过程称为外扩散。与此同时,由于湿物料表面温度高于内部温度,使得热量由湿物料表面传递至内部,湿物料内部水分浓度大于表面水分浓度,在此浓度差推动下,物料内部的水分以气态或液态的形式向表面扩散,这个过程称为内扩散。

可见,对流干燥过程是个传质和传热同时进行的过程。

2. 对流干燥的条件

对流干燥进行的必要条件是物料表面的水蒸气压强必须大于干燥介质中的水蒸气分压,在其他条件相同的情况下,两者差别越大,干燥操作进行得越快。所以干燥介质应及时地将产生的水蒸气带走,以维持一定的传质推动力。若分压差为零,则无水分传递,干燥操作即停止进行。由此可见,干燥速率由传热速率和传质速率所支配。

3. 对流干燥流程

图2-1为对流干燥工艺流程示意图。经预热器预热到适当温度的空气或燃料经燃烧器燃烧产生的适当温度的烟气,进入干燥设备,与进入干燥设备的湿物料相接触,干燥介质将热量以对流方式传递给湿物料,湿物料中水分被加热汽化为水蒸气进入干燥介质中,使得干燥介质中湿分含量增

加,最后以废气的形式排出。湿物料与干燥介质的接触可以是逆流、顺流或其他方式。

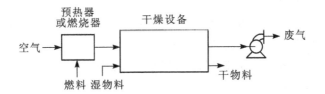

图 2-1 对流干燥工艺流程示意图

2.2 湿空气的性质及 I-x 图

材料生产的干燥过程多采用对流干燥方法,广泛使用的干燥介质是热空气或热烟气。干燥介质不仅是载热体,还是载湿体。研究对流干燥过程必须研究干燥介质的性质。因烟气的性质与空气相近,因此对空气性质研究的结果也可适用于烟气。

2.2.1 湿空气的性质

1. 湿空气

完全不含有水蒸气的空气称为干空气,含有水蒸气的空气则称为湿空气,湿空气可看成是干空气与水蒸气的混合物。由于自然界江河湖海中水的蒸发汽化,大气中一般都含有水蒸气,因此人类接触的空气都是湿空气。

生活中,湿空气中的水蒸气含量随地理位置及季节不同而有所不同。一般而言,空气中的水蒸气含量:南方要高于北方,夏季要高于冬季,雨季要高于旱季。湿空气中水蒸气含量越高,湿空气的密度就越小,大气压就越低。

把由氮气、氧气及其他少量气体组成的混合物,但不含有水蒸气的干空气可视为一种单一气体,以一种假设的气体平均分子质量作为它的相对分子质量,以 M_a 表示,一般取 28.96 g/mol。一般情况下,湿空气中水蒸气含量比较低,水蒸气分压很低,比容很大,水蒸气处于离液态较远的过热状态,可视为理想气体。同时,干燥过程所用的湿空气都处于常压状态下,因此干空气与水蒸气及由它们组成的湿空气都可视为理想气体。

2. 干空气和水蒸气的分压

由于湿空气是干空气和水蒸气的混合物,可视为理想气体,并可认为其遵循理想气体状态方程与道尔顿定律。设湿空气的总压为 p,其中的干空气分压为 p_a,水蒸气分压为 p_v,于是有

$$p_a = \frac{m_a}{M_a} \frac{RT}{V} = \rho_a \frac{R}{M_a} T = \rho_a R_a T \tag{2-1}$$

$$p_v = \frac{m_v}{M_v} \frac{RT}{V} = \rho_v \frac{R}{M_v} T = \rho_v R_v T \tag{2-2}$$

$$p = p_a + p_v \tag{2-3}$$

式中　　T——湿空气的温度,K;

　　　　V——湿空气的体积,m³;

R——通用气体常数,其值为 8.314 J/(mol·K);

m_a,m_v——干空气与水蒸气的质量,kg;

M_a,M_v——干空气与水蒸气的相对分子质量,其值分别为 28.96 g/mol,18 g/mol;

ρ_a,ρ_v——干空气与水蒸气的密度,kg/m³;

R_a,R_v——干空气与水蒸气的气体常数,其中 $R_a = R/M_a = 287.7$ J/(kg·K)、$R_v = R/M_v = 462$ J/(kg·K)。

在一定温度下,湿空气中的水蒸气含量不同,水蒸气分压也不同。温度不变,湿空气中的水蒸气含量增加,水蒸气分压也增加;当湿空气中的水蒸气含量增加达到使水蒸气分压与同温度下的饱和水蒸气压相同时,此时的湿空气称为饱和空气。而水蒸气分压低于同温度下的饱和水蒸气压的湿空气则称为不饱和空气。饱和空气不再具有吸湿能力,若向其中再加入水蒸气,水蒸气将会凝结成水珠而从中析出,此时的水蒸气分压即维持为同温度下的饱和水蒸气压,用 p_{sv} 表示。

3. 湿空气的湿度

湿空气中所含水蒸气的量称为湿空气的湿度。根据不同用途,湿空气的湿度有三种表示方法。

1) 绝对湿度

单位体积的湿空气中所含有的水蒸气的质量称为湿空气的绝对湿度,单位为 kg/m³。

由上述定义可知,湿空气的绝对湿度就是湿空气温度及水蒸气分压下的水蒸气密度,故而以 ρ_v 表示。由式(2-2)可得:

$$\rho_v = \frac{M_v p_v}{RT} = \frac{p_v}{R_v T} = \frac{p_v}{462T} \tag{2-4}$$

饱和空气的绝对湿度用 ρ_{sv} 表示,于是有:

$$\rho_{sv} = \frac{M_v p_{sv}}{RT} = \frac{p_{sv}}{R_v T} = \frac{p_{sv}}{462T} = f(t) \tag{2-5}$$

由于 p_{sv} 在大气压下的饱和水蒸气压仅是温度的单值函数,因此,ρ_{sv} 在大气压下也是温度的单值函数。温度不变,饱和空气的绝对湿度也不变。

标准大气压下饱和空气的绝对湿度与饱和水蒸气压见表 2-1

表 2-1　标准大气压下饱和空气的绝对湿度与饱和水蒸气压

饱和温度 t/℃	绝对湿度 /(kg/m³)	饱和水蒸气分压 p_{sv}/kPa	饱和温度 t/℃	绝对湿度 /(kg/m³)	饱和水蒸气分压 p_{sv}/kPa
−15	0.001 39	0.165 2	45	0.065 24	9.584 0
−10	0.002 14	0.259 9	50	0.082 94	12.333 8
−5	0.003 24	0.401 2	55	0.104 28	15.737 7
0	0.004 84	0.610 6	60	0.130 09	19.916 3
5	0.006 80	0.872 4	65	0.161 05	25.005 0
10	0.009 40	1.227 8	70	0.197 95	31.156 7
15	0.012 82	1.703 2	75	0.241 65	38.516 0
20	0.017 20	2.337 9	80	0.292 99	47.364 5
25	0.023 03	3.167 4	85	0.353 23	57.810 2
30	0.030 36	4.243 0	90	0.423 07	70.097 0
35	0.039 59	5.623 1	95	0.504 11	84.533 5
40	0.051 13	7.376 4	99.4	0.586 25	99.321 4

需要注意的是,湿空气的绝对湿度只能表示湿空气中水蒸气质量的多少,不能完全说明空气的干燥能力。

2) 相对湿度

湿空气的绝对湿度与同温度同总压下饱和空气的绝对湿度之比称为湿空气的相对湿度,用 φ 表示:

$$\varphi = \frac{\rho_v}{\rho_{sv}} = \frac{p_v}{p_{sv}} \times 100\% \tag{2-6}$$

湿空气的相对湿度是个无因次数,用百分比表示空气接近饱和的程度,反映了空气的干燥能力。φ 值越小,表示湿空气离饱和状态越远,吸收水蒸气的能力越强,空气的干燥能力越强;反之,φ 值越大,表示湿空气越接近饱和状态,吸收水蒸气的能力越弱,空气的干燥能力越弱。对于绝对干燥空气,$p_v = 0$,$\varphi = 0$,吸收水蒸气能力最强,空气的干燥能力最强;对于饱和空气,$p_v = p_{sv}$,$\varphi = 100\%$,已无吸收水蒸气的能力,亦即无干燥能力了。一般情况,有:$0 < \varphi < 100\%$。

3) 湿含量

物料在空气中干燥时,水蒸气逐渐增多,空气的湿度将逐渐增大,但干空气的质量却保持不变,因此在干燥计算中,常用 1 kg 干空气作为计算基准。含有 1 kg 干空气的湿空气中所含的水蒸气质量为湿含量,用 x 表示,单位为 kg 水蒸气/kg 干空气:

$$x = \frac{m_v}{m_a} \tag{2-7}$$

因为:

$$x = \frac{m_v}{m_a} = \frac{m_v/V}{m_a/V} = \frac{\rho_v}{\rho_a} = \frac{p_v/(R_v T)}{p_a/(R_a T)} = \frac{R_a}{R_v} \cdot \frac{p_v}{p - p_v} = \frac{287.7}{462} \cdot \frac{p_v}{p - p_v}$$

$$= 0.622 \frac{p_v}{p - p_v} = 0.622 \frac{\varphi p_{sv}}{p - \varphi p_{sv}} = f(t, p, \varphi)$$

所以:

$$x = 0.622 \frac{p_v}{p - p_v} = 0.622 \frac{\varphi p_{sv}}{p - \varphi p_{sv}} \tag{2-8}$$

式(2-8)称为湿空气的湿含量方程,表明:当湿空气总压一定时,湿空气的湿含量只与水蒸气分压有关,即 $x = f(p_v)$;或是温度 t 和相对湿度 φ 的函数,即 $x = f(t, p, \varphi)$。

上述内容介绍了湿空气三种湿度的表示方法,分别适用于不同场合。当测定湿空气中水蒸气量的多少时通常用绝对湿度;在说明湿空气干燥能力的强弱时用相对湿度较为直接;而进行干燥计算时采用湿含量较为方便。三者之间关系可通过式(2-6)、式(2-8)进行相互换算。

4. 湿空气的密度和比容

1) 密度

湿空气的密度与通常气体的密度一样,表示单位体积湿空气的质量,用 ρ 表示。由于湿空气是干空气与水蒸气的混合物,因而其密度也即是各自分压下的干空气的密度与水蒸气的密度之和:

因为

$$\rho = \rho_a + \rho_v = \frac{p_a}{R_a T} + \frac{p_v}{R_v T} = \frac{1}{T}\left[\frac{p_a}{R_a} + \frac{p_v}{R_v}\right] = \frac{1}{T}\left[\frac{p - p_v}{R_a} + \frac{p_v}{R_v}\right] = \frac{p}{R_a T} - \left(\frac{1}{R_a} - \frac{1}{R_v}\right)\frac{p_v}{T}$$

$$= \frac{p}{R_a T} - \left(\frac{1}{R_a} - \frac{1}{R_v}\right)\frac{\varphi p_{sv}}{T} = \frac{p}{287.7 T} - \left(\frac{1}{287.7} - \frac{1}{462}\right)\frac{\varphi p_{sv}}{T} = \frac{p}{287.7 T} - 0.001\,311 \frac{\varphi p_{sv}}{T}$$

所以

$$\rho = \frac{p}{287.7T} - 0.001\ 311\frac{\varphi p_{sv}}{T} \qquad (2\text{-}9a)$$

或式(2-9a)可推导为:

$$\rho = \frac{p(1+x)}{462(0.622+x)T} \qquad (2\text{-}9b)$$

从式(2-9a)可明显看出,当湿空气总压与温度不变时,湿空气的密度永远小于干空气的密度,即湿空气比干空气轻;另外,温度越高,湿空气的密度越小。

2) 比容

湿空气的比容是单位质量湿空气所占的体积,是湿空气的密度的倒数:

$$v = \frac{1}{\rho} = \frac{462(0.622+x)T}{p(1+x)} \qquad (2\text{-}10)$$

由式(2-10)可知,当湿空气的总压一定时,湿空气的比容与温度及湿含量有关。

5. 湿空气的焓

含有 1 kg 干空气的湿空气,以 0 ℃为基准的热焓称为湿空气的焓,亦称为湿空气的热含量,用 I 表示,单位为 kJ/kg 干空气。设湿空气的湿含量为 x kg 水蒸气/kg 干空气,则湿空气的焓为 1 kg 干空气的焓与 x kg 水蒸气的焓之和。

基准:1 kg 干空气,0 ℃。

每千克干空气的焓:$I_a = c_a t$(kJ/kg 干空气)

每千克水蒸气的焓:$I_w = c_w t + 2\ 490$(kJ/kg 水蒸气)

则湿空气的焓:

$$I = c_a t + (c_w t + 2\ 490)x = (c_a + c_w x)t + 2\ 490x \quad (\text{kJ/kg 干空气}) \qquad (2\text{-}11)$$

式中 c_a, c_v——干空气与水蒸气在 0 ℃~t 下的定压质量热容,在 200 ℃以下的干燥范围内,可取 $c_a = 1.006$ kJ/(kg·℃), $c_v = 1.930$ kJ/(kg·℃),其余参见表 2-2;

t——湿空气的温度,℃;

2 490——水蒸气为水在 0 ℃时的汽化潜热,kJ/kg。

式(2-11)称为湿空气的热含量方程,它表明:

(1) 通常湿空气的湿含量 x 较低,使得湿空气的焓值显著低于同温度的饱和水蒸气的焓值。湿空气中空气的含量越高,则其焓值越低。

(2) $(c_a + c_w x)t$ 是湿空气的显热,括号内的数值代表湿空气的平均定压质量热容,$2\ 490x$ 是湿空气的潜热。在干燥操作中,实际能利用的就是湿空气的显热。在无热损失的理论干燥过程中,湿空气的显热减小,传给湿物料,湿物料中水分蒸发扩散到湿空气中,等值地将潜热带到湿空气中。

表 2-2　水蒸气和干空气的平均比热容/[kJ/(kg·℃)]

温度/℃	水蒸气	干空气	温度/℃	水蒸气	干空气
0	1.857 5	1.001 5	1 100	2.175 9	1.099 6
100	1.871 9	1.005 7	1 200	2.209 2	1.108 0
200	1.892 2	1.011 2	1 300	2.241 8	1.116 5
300	1.917 7	1.019 6	1 400	2.273 3	1.124 3
400	1.946 3	1.028 1	1 500	2.303 9	1.131 4

温度/℃	水蒸气	干空气	温度/℃	水蒸气	干空气
500	1.976 0	1.038 4	1 600	2.333 1	1.138 2
600	2.007 2	1.049 5	1 700	2.361 7	1.144 3
700	2.040 6	1.065 0	1 800	2.389 3	1.150 2
800	2.074 4	1.070 8	1 900	2.415 6	1.156 0
900	2.108 2	1.080 9	2 000	2.440 9	1.161 2
1 000	2.142 1	1.090 3			

6. 湿空气的温度参数

1）干球温度

干球温度是湿空气的实际温度,用 t 表示,用普通温度计直接测出。

2）露点

未饱和的湿空气在湿含量 x 不变的情况下,冷却达到饱和状态时的温度,用 t_d 表示。空气温度若低于露点,湿空气中的水蒸气就会冷凝成水而析出。若相应于露点时湿空气中的饱和水蒸气分压为 p_d,则由式(2-8)可得相应于露点时湿空气中的饱和水蒸气分压 p_d 为

$$p_d = \frac{xp}{0.622 + x} \tag{2-12}$$

当湿空气的总压和湿含量已知时,可求出 p_d,由此查表 2-1 并由内插法得相应的露点 t_d。

3）湿球温度

在温度计的温包上裹以湿纱布,纱布的一端浸入水中,平衡状态下该温度计所指示温度称为湿球温度,用 t_w 表示。

干、湿球温度计工作原理:设温度(即干球温度)为 t、水蒸气分压为 p_v、湿含量为 x 的湿空气以一定速度流过湿纱布表面,如图 2-2 所示;设湿纱布的初温高于湿空气的露点,则湿纱布表面的水蒸气分压比湿空气中的水蒸气分压高,纱布表面水汽化为水蒸气,通过纱布表面膜向空气中扩散,导致湿纱布表面的水分不断汽化。汽化水分所需要的汽化潜热,首先来自湿纱布,使其温度下降(即湿球温度计的读数下降),从而使气流与纱布之间产生温差,纱布将从湿空气中获得热量以供水分蒸发。当湿空气向湿纱布的传热速率等于水分汽化耗热的速率时,湿球温度计的读数维持不变,此时的温度即为湿球温度 t_w。

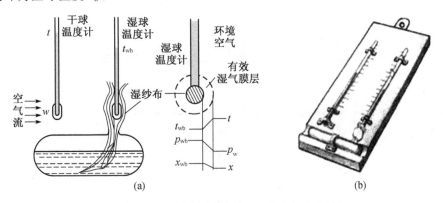

图 2-2　干、湿球温度计的工作原理与实物图

（a）工作原理；（b）实物图

湿球温度是表明湿空气状态或性质的一种参数,并不是湿空气的真实温度。湿球温度是由湿空气的干球温度及湿含量或相对湿度所控制,对于某一定干球温度的湿空气,其相对湿度越低时,湿纱布表面的水蒸气压与湿空气中的水蒸气分压差就越大,水分蒸发速率就越快,传热速率也越大,所达到的湿球温度也越低。

4) 绝热饱和温度

在绝热的条件下,湿空气达到饱和时所显示的温度,称为绝热饱和温度,又称为理论湿球温度,用 t_{ac} 表示。

绝热饱和过程如图 2-3 所示,设有一定量的不饱和空气进入到饱和绝热容器内,容器内的水分蒸发到不饱和气体中,不饱和气体的湿含量增加。由于容器绝热,水分蒸发需要热量来源于不饱和气体,使其温度降低到饱和水的温度。水分蒸发需要热量又被以湿含量的形式带入饱和气体,所以该过程近似为等热焓过程。当湿空气达到饱和时,其温度不再下降,而等于循环水的温度,此温度即为绝热饱和温度。由此可见,湿空气的绝热饱和温度 t_{ac} 是随湿空气的干球温度及湿含量而变,是在湿空气焓不变的情况下增湿冷却而达到的饱和温度。

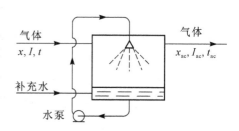

图 2-3 绝热饱和过程

需要说明的是,只有干球温度是湿空气的真实温度,露点、湿球温度与绝热饱和温度也是反映湿空气中水蒸气含量的程度,且必须与真实温度相比较才行。在实际操作中,湿空气经过干燥设备的除尘器与相关管道时,其温度不应低于露点,以防结露,影响气体流动与除尘器的正常运行;除湿时,除湿温度应低于露点。干球温度与湿球温度的差值越大,说明湿空气的含水蒸气量越小,干燥能力越强,通过其差值可查附录 1 知湿空气的相对湿度。

湿空气的干球温度(t)、湿球温度(t_w)与露点(t_d)三者之间的关系为:对不饱和空气而言,$t > t_w > t_d$,如晴天;对饱和空气而言,$t = t_w = t_d$,如阴雨天。

实验证明,对于水-空气系统,在一定温度和湿度下,$t_{ac} \approx t_w$。

【例 2-1】 已知湿空气的总压为 101.3 kPa,温度为 30 ℃,湿度为 0.016 kg/kg 干空气,试计算:水蒸气分压、绝对湿度、相对湿度、露点、湿球温度、绝热饱和温度、焓、密度与比容。

【解】 (1) 水蒸气分压 p_v

因为

$$x = 0.622 \frac{p_v}{p - p_v}$$

所以

$$p_v = \frac{xp}{0.622 + x} = \frac{0.016 \times 101.3}{0.622 + 0.016} = 2.54 (\text{kPa})$$

(2) 绝对湿度

$$\rho_v = \frac{p_v}{462T} = \frac{2.54 \times 10^3}{462 \times (273.15 + 30)} = 0.018 (\text{kg/m}^3)$$

(3) 相对湿度

查前面的表 2-1,知 30 ℃时饱和水蒸气压 $p_{sv} = 4.243$ kPa,故:

$$\varphi = \frac{p_v}{p_{sv}} \times 100\% = \frac{2.54}{4.243} \times 100\% = 60\%$$

(4) 露点

露点是湿空气在湿含量不变的情况下,冷却达到饱和时的温度,故可由 $p_d = p_v = 2.54$ kPa,从表 2-1 查饱和水蒸气表,由内插法得露点 $t_d = 21.2$ ℃。

（5）湿球温度

根据温度为 30 ℃、相对湿度为 60％时，查附录 1（湿空气的相对湿度表），知干湿球温度差为 6.1℃，故湿球温度为：30℃－6.1℃＝23.9℃，即 t_w ＝ 23.9 ℃。

（6）绝热饱和温度

假设 t_{ac} ＝ 23.7 ℃，查饱和水蒸气表得相应的水蒸气分压 p_{sv} 为 2.95 kPa，汽化热为 2 437.86 kJ/kg。

t_{ac} 下湿空气的饱和湿度为

$$x_{ac} = 0.622 \frac{p_{sv}}{p - p_{sv}} = 0.622 \times \frac{2.95}{101.3 - 2.95} = 0.018\,7 (\text{kg 水蒸气}/\text{kg 干空气})$$

湿空气的比热为

$$c_x = 1.006 + 1.930x = (1.006 + 1.93 \times 0.016) = 1.037 [\text{kJ}/(\text{kg 干空气} \cdot \text{℃})]$$

所以绝热饱和温度为

$$t_{ac} = t - \frac{\gamma_{ac}}{c_x}(x_{ac} - x) = \left[30 - \frac{2\,437.86}{1.037} \times (0.018\,7 - 0.016) \right] = 23.65 (\text{℃})$$

计算结果与所设的 t_{ac} 接近，故 t_{ac} 为 23.7 ℃。显然，此值与湿球温度 t_w 很接近。

（7）湿空气的焓

$$I = (1.006 + 1.93x)t + 2\,490x = [(1.006 + 1.93 \times 0.016) \times 30 + 2\,490 \times 0.016]$$
$$= 70.49 (\text{kJ/kg 干空气})$$

（8）密度与比容

$$\rho = \rho_a + \rho_v = \frac{p_a}{R_a T} + \frac{p_v}{R_v T} = \left(\frac{101.3 - 2.54}{287.7 \times 303.15} + \frac{2.54}{462 \times 303.15} \right) = 1.114 (\text{kg/m}^3)$$

$$v = \frac{1}{\rho} = \frac{1}{1.114} = 0.898 (\text{m}^3/\text{kg})$$

2.2.2　湿空气的 I-x 图

在干燥操作中，用前文所述的公式来计算湿空气的性质参数与状态变化过程比较烦琐。为简化计算过程，根据湿空气性质参数的计算公式绘制成图，图有多种表示方法，此处仅介绍广泛采用的 I-x 图。

I-x 图是以热焓量 I 为纵坐标，湿含量 x 为横坐标，故称为湿空气的焓湿图。在坐标图上表征湿空气性质的各参数间的关系，常用的湿空气参数有湿含量 x、相对湿度 φ、热焓量 I、干球温度 t、湿球温度 t_w、露点 t_d、水蒸气的分压 p_v。

1. I-x 图的组成

I-x 图由等湿含量线、等热焓量线、等干球温度线、等相对湿度线、等湿球温度线及水蒸气分压线等组成。为了使图中的各关系线能较好地分布，不至于太密集而不宜区分，采用两坐标轴 OI 与 Ox' 交角为 135°的斜角坐标系，如图 2-4 所示。为了便于读取湿含量数据，作与纵轴正交的辅助水平轴 Ox，将斜横坐标轴 Ox' 上的湿含量 x 数值投影到辅助水平轴 Ox 上。实际使用时，仍采用 IOx 正交直角坐标系，而斜横坐标轴 Ox' 在绘制时采用，当绘图完成后再去掉。

1) 等湿含量线（等 x 线）

等湿含量线是一组平行于纵轴的直线，如图 2-4(a) 所示的 $\mathrm{B}x_1$ 线、$\mathrm{B}x_2$ 线。在等 x 线上的湿空气的湿含量 x 是常数。若令 R_x 代表 Ox 轴的比例尺 $\left(\dfrac{\mathrm{kg\ 水蒸气/kg\ 干空气}}{\mathrm{mm}}\right)$，则线段 $\overline{Ox}$ 所代表的湿含量值为 $x = R_x \cdot \overline{Ox}$（kg 水蒸气/kg 干空气），其中 $\overline{Ox}$ 以 mm 为单位。

2) 等热焓量线（等 I 线）

等热焓量线是一组平行于斜横轴的直线，如图 2-4(b) 所示中的 AC 线、$A'C'$ 线。在等 I 线上的湿空气的热焓量 I 是常数。若令 R_I 代表纵轴 OI 的比例尺 $\left(\dfrac{\mathrm{kJ/kg\ 干空气}}{\mathrm{mm}}\right)$，则通过点 A 的等热焓量值为 $I = R_I \cdot \overline{OA}$（kJ/kg 干空气），其中 $\overline{OA}$ 以 mm 为单位。比例尺 R_x，R_I 在作图时均标明。

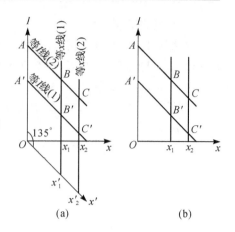

图 2-4　I-x 图的结构

3) 等干球温度线（等 t 线）

由式 (2-11)：

$I = (c_a + c_w x)t + 2\,490x = c_a t + (c_w t + 2\,490)x$，知若温度保持不变，$c_a$，$c_w$ 为定值，则热焓量 I 与湿含量 x 成直线关系，取不同的 x，应有不同的 I 与之对应。在图 2-4 中连接不同 x 与 I 值的交点的直线即为等干球温度线（等 t 线）。随着温度升高，$(c_w t + 2\,490)$ 增大，故等干球温度线（等 t 线）的斜率增大，等干球温度线（等 t 线）逐渐上翘，如图 2-5 所示。

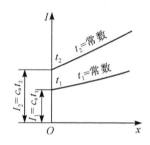

图 2-5　等干球温度线

4) 等相对湿度线（等 φ 线）

由式 (2-8)：$x = 0.622\,\dfrac{\varphi p_{sv}}{p - \varphi p_{sv}}$，知：若总压 p 不变，相对湿度 φ 与湿含量 x、饱和水蒸气压 p_{sv} 有关，而饱和水蒸气压 p_{sv} 仅与温度有关。所以，对于某一相对湿度 φ，在 $t=0\sim100\ ℃$ 范围内，不同的 t 可查出对应的饱和水蒸气压 p_{sv}，由式 (2-8) 又可计算对应的 x 值，在图中连接不同等 x 线与对应的等 t 线的交点的连线，即为等相对湿度线（等 φ 线），是一组向上微凸的曲线，如图 2-6 所示。

当湿空气的温度达到总压下水的沸点时，饱和水蒸气压 p_{sv} 上升至总压 p，此时的 x 即为定值，等相对湿度线（等 φ 线）就开始垂直向上；而当湿空气的温度超过总压下水的沸点时，等相对湿度线变为等湿含量线。相对湿度 $\varphi=100\%$ 的等相对湿度线（等 φ 线）称为湿空气的饱和线。饱和线以下的区域，湿空气处于不稳定的过饱和区，湿空气已变成雾状。

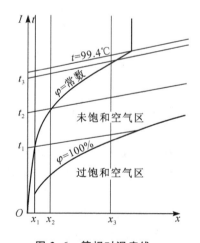

图 2-6　等相对湿度线

饱和线以上的区域是不饱和区，相对湿度越小，则离饱和线越远，而湿空气接受水蒸气能力就越强，即干燥能力就越强。

在 I-x 图上通常标明作图时的湿空气总压 p 值，若实际使用时的当地大气压 p' 与图上标明的大气压值有较大偏差时，则将通过图中查得的 φ 值进行修正：

$$\varphi' = \varphi\frac{p'}{p} \tag{2-13}$$

5）等湿球温度线（等 t_w 线）

前述对于水-空气系统，$t_w = t_{ac}$。故湿球温度 t_w 与湿含量 x 及热焓量 I 的关系可由湿空气的绝热饱和方程给出：

$$I = I_{ac} - (x_{ac} - x)c_v t_{ac} = (I_{ac} - x_{ac}c_v t_{ac}) + c_v t_{ac} x \tag{2-14}$$

当绝热饱和温度 t_{ac}（即湿球温度 t_w）确定时，水的质量热容 c_v 亦为已知数，湿空气在绝热饱和温度 t_{ac} 时的湿含量 x_{ac} 和热焓量 I_{ac} 可由 $t = t_{ac}$ 的等温线与 $\varphi = 100\%$ 的等 φ 线的交点获得，因而亦为已知数，于是湿空气在绝热增湿过程中其热焓量 I 与湿含量 x 的关系是线性的，一般在图中等湿球温度线会以虚线标出，如图 2-7 所示。

当温度较低或计算精度要求不高时，也可以用等热焓量线（等 I 线）来近似地代替等湿球温度线（等 t_w 线）。

6）水蒸气分压线

由式（2-8）可得：

$$p_v = \frac{xp}{0.622 + x} \tag{2-15}$$

当总压不变时，水蒸气分压 p_v 只与湿含量有关，由不同的 x 对应求得不同的 p_v。在 I-x 图 $\varphi = 100\%$ 饱和线下的过饱和区，以水平的 x 轴为横坐标，纵坐标 p_v 在图中的右侧，两轴正交，根据求得的多对 x，p_v 值，即可得到一条水蒸气分压线，是一条通过原点并向上微凸的曲线，如图 2-8 所示。

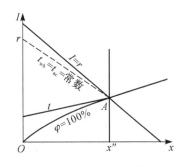

图 2-7 等湿球温度线

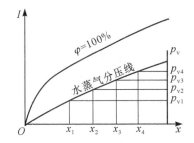

图 2-8 水蒸气分压线

2. I-x 图的应用

1）湿空气性质参数的图解

I-x 图中的任意点均代表某一确定的湿空气状态，只要依据任意两个独立性质的参数，即可在 I-x 图中确定出状态点，由此可查得湿空气其他性质参数。如图 2-9 所示，若已知湿空气的状态点为点 A，则可直接读出通过点 A 的四条参数线的数值，它们是相互独立的性质参数 x，I，t 及 φ。进而可由 x 值读出与其相关但互不独立的性质参数 t_d，p_v 的数值；再由等 t_w 线读出与其相关但互不独立的参数 $t_{as} \approx t_w$ 的数值。

具体解法如下：

（1）湿含量 x：由点 A 沿等湿含量线向下与水平辅助轴的交点 x，即可读出点 A 的湿含量值。

（2）焓值 I：通过点 A 作等热焓量线的平行线，与纵轴交于点 I，即可读得点 A 的热焓量值。

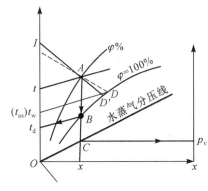

图 2-9 I-x 图

（3）干球温度 t：通过点 A 的等干球温度线所表示的温度，即为点 A 的干球温度 t。

（4）相对湿度 φ：通过点 A 的等相对湿度线所表示的相对湿度，即为点 A 的相对湿度 φ。

（5）湿球温度 t_w（绝热饱和温度 t_{as}）：由点 A 沿着等 t_w 线（图中虚线）作出与 $\varphi = 100\%$ 饱和线的交点 D，再由过点 D 的等干球温度线读出湿球温度 t_w（即绝热饱和温度 t_{as} 值）；也可近似地由点 A 沿着等热焓量线作出与 $\varphi = 100\%$ 饱和线的交点 D'，再由过点 D' 的等干球温度线读出湿球温度 t_w。

（6）露点 t_d：由点 A 沿等湿含量线向下作出与 $\varphi=100\%$ 饱和线的交点 B，再由过点 B 的等干球温度线可读出露点 t_d 值。

（7）水蒸气分压 p_v：由点 A 沿等湿含量线向下作出与水蒸气分压线的交点 C，过点 C 作水平辅助轴的平行线并与右侧纵向坐标轴相交，由该交点可读出水蒸气分压值。

通过上述查图可知，首先必须确定代表湿空气状态的点（例如图 2-9 中的点 A），然后才能查得各项性质参数。

通常根据下面的已知条件之一来确定湿空气的状态点，已知条件是：

（1）湿空气的干球温度 t 和湿球温度 t_w，如图 2-10(a)所示。

（2）湿空气的干球温度 t 和露点 t_d，如图 2-10(b)所示。

（3）湿空气的干球温度 t 和相对湿度 φ，如图 2-10(c)所示。

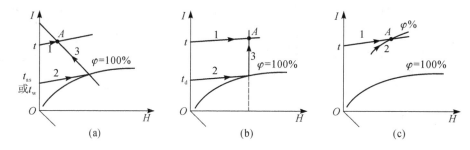

图 2-10　在 I-x 图中确定湿空气的状态点

【例 2-2】　已知空气的湿含量为 0.014 kg 水蒸气/kg 干空气，干球温度为 47 ℃，用附录 2 I-x 图求该湿空气的其余性质参数。

【解】　如图 2-11 所示：

（1）先确定湿空气的状态点

在 I-x 图中找到 $x=0.014$ kg 水蒸气/kg 干空气的等湿含量线与 $t=47$ ℃的等干球温度线相交得湿空气的状态点 A。

（2）通过点 A 的等 I 线求相关性质参数

沿通过点 A 的等 I 线向上在纵轴上截得 $I=84$ kJ/kg 干空气；沿通过点 A 的等 I 线向下作出与 $\varphi=100\%$ 的等 φ 线的交点，过该交点的等温线就是湿球温度，$t_w=27$ ℃。

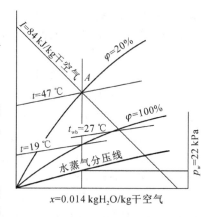

图 2-11　例 2-2 图

（3）通过点 A 的等 x 线求相关性质参数

沿通过点 A 的等湿含量线向下作出与 $\varphi=100\%$ 的等 φ 线的交点，过该交点的等温线就是露点，$t_d=19$ ℃；沿通过点 A 的等湿含量线向下作出与水蒸气分压线的交点，再过该交点作辅助轴 Ox 的平行线并与右侧纵坐标相交，即得水蒸气分压，$p_v=2.13$ kPa(16 mmHg)。

（4）通过点 A 的等 φ 线求相对湿度

通过点 A 的等 φ 线所表示的相对湿度为 $\varphi=20\%$。

综上所述，湿空气的其余性质参数为：$I=84$ kJ/kg，$t_w=27$ ℃，$t_d=19$ ℃，$p_v=2.13$ kPa，$\varphi=20\%$。

图中没有密度与比容线，故不能查出。

2）空气经预热器加热后状态参数的图解

已知冷空气的初始状态点 $A(t_0，x_0，I_0，\varphi_0)$ 经预热后温度达到 t_1，故得预热后空气状态点

$B(t_1,x_1,I_1,\varphi_1)$，如图 2-12 所示，则空气预热前后的性质参数及从预热器中获得的热量均可在 $I-x$ 图上通过图解求得。空气预热过程的特点：预热前后的湿含量保持不变，即 $x_0=x_1$。

图 2-12　空气预热

图解步骤如下：

1. 根据已知初始性质参数，可以确定冷空气状态点 A。

2. 由于 $x_0=x_1$，沿 x_0 线向上作出与温度为预热温度 t_1 的等 t 线的交点 B，交点 B 即为预热后空气的状态点。

3. 按例 2-3 的解法求出其余的空气预热后的状态参数，如图 2-13 所示。

【例 2-3】　将温度为 20 ℃，相对湿度为 60% 的空气经过加热器预热到 95 ℃。求：

（1）空气进入加热器前的湿含量 x_0、热焓量 I_0；

（2）空气加热后的状态参数；

（3）从加热器中获得的热量。

【解】　参见图 2-13：

（1）由 $t_0=20$ ℃ 的等 t 线和 $\varphi=60\%$ 的等 φ 线在 $I-x$ 图上相交于点 A，过点 A 沿等湿含量线向下作出与水平辅助轴的交点，由该交点可知空气的初始湿含量为：

$$x_0=0.009(\text{kg 水蒸气／kg 干空气})$$

过点 A 沿等热焓量线向上作出与纵轴的交点 I_0，由该交点可知空气的初始热焓量为：

$$I_0=42(\text{kJ／kg 干空气})$$

（2）空气经预热器预热后，其湿含量不变，即 $x_1=x_0=0.009$ kg 水蒸气／kg 干空气；过初始状态点 A 沿湿含量为 0.009 kg 水蒸气／kg 干空气的等湿含量线向上作出与温度为 95 ℃ 的等 t 线的交点，由该交点可得预热后的终态点 B。由过点 B 的等热焓量线向上作出与纵轴的交点 I_1，由该交点可知热空气的热焓量为

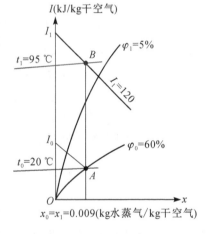

图 2-13　例 2-3 图

$$I_1=120(\text{kJ／kg 干空气})$$

相对湿度 φ_1 的误差小于 5%。

（3）含 1 kg 干空气的湿空气中湿空气的质量为 $(1+x)$kg，从加热器获得的热量为

$$Q=I_1-I_0=(120-42)(\text{kJ／kg 干空气})=78(\text{kJ／kg 干空气})$$

通过计算说明，含 1 kg 干空气的湿空气经过预热获得的热量为 78 kJ／kg 干空气。

3）热烟气与冷空气混合后性质参数的图解

（1）热烟气的状态参数的图解

如上所述，$I-x$ 图是根据空气的性质绘制的，但除了可以用空气作为干燥介质外，还常用专设的燃烧室所产生的高温烟气作为干燥介质。高温烟气的性质虽与空气有所不同，但差异不大。此外，因燃烧产物的温度通常在 1 000 ℃ 以上，从而需要掺入一定量的冷空气，以使混合气的温度降

至符合工艺的要求。因此,将热烟气近似地看作与空气的性质相似,并用 $I-x$ 图进行求解,这样就能够满足工程上的精度要求。

令 t_{fl},x_{fl},I_{fl} 代表出燃烧室高温烟气的实际燃烧温度、湿含量及热焓量,则 x_{fl},I_{fl} 可以通过燃烧计算求得,现介绍如下:

① 燃烧固体或液体燃料时:

a. 高温烟气湿含量的计算,单位为 kg 水蒸气/kg 干烟气:

$$x_{fl} = \frac{1.293\alpha V_a^0 x_0 + (9H_{ar} + M_{ar})/100[+M_{av}]}{1.293\alpha V_a^0 + 1 - (A_{ar} + 9H_{ar} + M_{ar})/100} \tag{2-16}$$

上式的分母是 1 kg 燃料完全燃烧时干烟气的生成量,分子是 1 kg 燃料完全燃烧时水蒸气生成量。

式中　V_a^0——标准状态下燃料燃烧时所需理论空气量,m^3/kg 燃料;

　　　α——空气过剩系数;

　　　H_{ar},M_{ar},A_{ar}——燃料收到基的氢元素、水分及灰分的质量分数,%;

　　　M_{av}——蒸汽雾化液体燃料时的水蒸气消耗量,kg 水蒸气/kg 燃料,该符号若带有方括号则表示该项可能有,也可能没有(固体燃料没有,液体燃料有)。

b. 高温烟气热焓量的计算,单位为 kJ/kg 干烟气:

$$I_{fl} = \frac{\eta Q_{gr} + c_f t_f + 1.293\alpha V_a^0 I_0}{1.293\alpha V_a^0 + 1 - (A_{ar} + 9H_{ar} + M_{ar})/100} \tag{2-17}$$

式中　Q_{gr}——燃料的收到基高位发热量,kJ/kg 燃料;

　　　η——燃烧室的热效率,一般为 0.75~0.85;

　　　c_f,t_f——燃料的定压质量热容,kJ/(kg·℃),以及温度,℃。

② 燃烧气体燃料时:

a. 高温烟气湿含量的计算,单位为 kg 水蒸气/kg 干烟气:

$$x_{fl} = \frac{1.293\alpha V_a^0 x_0 + \sum \frac{0.09y}{12x+y} m_{C_x H_y}}{1.293\alpha V_a^0 + 1 - \sum \frac{0.09y}{12x+y} m_{C_x H_y}} \tag{2-18}$$

b. 高温烟气热焓量的计算,单位为 kJ/kg 干烟气:

$$I_{fl} = \frac{\eta Q_{gr} + c_f t_f + 1.293\alpha V_a^0 I_0}{1.293\alpha V_a^0 + 1 - \sum \frac{0.09y}{12x+y} m_{C_x H_y}} \tag{2-19}$$

式中　$m_{C_x H_y}$——气体燃料中碳氢化合物的质量分数组成,其中,x 为碳原子数,y 为氢原子数;其他符号意义同前。

通常气体燃料的组成用体积分数 n_i 给出。当已知气体燃料的体积分数 n_i 时,其质量分数可用下式来求得:

$$m_i = \frac{n_i M_i}{\sum n_i M_i} \tag{2-20}$$

式中　M_i——气体燃料中所对应的相对分子质量,g/mol。

计算了 x_{fl},I_{fl} 后,燃烧产物的其他性质参数就可以通过 $I-x$ 图来求得。

【例 2-4】 已知煤气的体积分数为:H_2,25%;CH_4,20%;C_3H_6,15%;N_2,40%。求此煤气的质量分数 w_i,及单位质量煤气燃烧生成的水蒸气量。

【解】 已知 $\varphi(H_2)=25\%$，$\varphi(CH_4)=20\%$，$\varphi(C_3H_6)=15\%$，$\varphi(N_2)=40\%$

（1）煤气的质量分数为

$$\sum \varphi_i M_i = \varphi(H_2) \cdot M(H_2) + \varphi(CH_4) \cdot M(CH_4) + \varphi(C_3H_6) \cdot M(C_3H_6) +$$
$$\varphi(N_2) \cdot M_{N_2}$$
$$= (25\% \times 2 + 20\% \times 16 + 15\% \times 42 + 40\% \times 28)\,g/mol = 21.20\,g/mol$$

$$w_{H_2} = \frac{n(H_2) \cdot M(H_2)}{\sum n_i M_i} \times 100\% = \frac{(25\% \times 2)\,g/mol}{21.20\,g/mol} \times 100\% = 2.358\%$$

$$w_{CH_4} = \frac{n(CH_4) \cdot M(CH_4)}{\sum n_i M_i} \times 100\% = \frac{(20\% \times 16)\,g/mol}{21.20\,g/mol} \times 100\% = 15.094\%$$

$$w_{C_3H_6} = \frac{n(C_3H_6) \cdot M(C_3H_6)}{\sum n_i M_i} \times 100\% = \frac{(15\% \times 42)\,g/mol}{21.20\,g/mol} \times 100\% = 29.717\%$$

$$w_{N_2} = \frac{n(N_2) \cdot M_{N_2}}{\sum n_i M_i} \times 100\% = \frac{(40\% \times 28)\,g/mol}{21.20\,g/mol} \times 100\% = 52.83\%$$

（2）单位质量煤气燃烧生成的水蒸气量

$$\sum \frac{0.09y}{12x+y} m_{C_xH_y} = \frac{0.09 \times 2}{12 \times 0 + 2} m_{H_2} + \frac{0.09 \times 4}{12 \times 1 + 4} m_{CH_4} + \frac{0.09 \times 6}{12 \times 3 + 6} m_{C_3H_6}$$
$$= \left(\frac{0.09 \times 2}{12 \times 0 + 2} \times 2.358 + \frac{0.09 \times 4}{12 \times 1 + 4} \times 15.094 + \frac{0.09 \times 6}{12 \times 3 + 6} \times 29.717 \right)$$
$$= 0.934\,kg\,水蒸气/kg\,煤气$$

（3）热烟气与冷空气混合后状态参数的图解

设高温烟气的性质参数为 x_{fl}，I_{fl}，t_{fl}，所掺入冷空气的性质参数为 x_0，I_0，φ_0，t_0，在 $I-x$ 图上可以标出相应的状态点，即如图 2-14 所示的点 B、点 A。高温烟气与冷空气混合后的温度 t_{mi} 通常是根据干燥工艺要求而定，是作为已知数而确定的。要求得的是冷空气的掺入量及混合气的性质参数 x_{mi}、I_{mi} 等。

设 1kg 高温干烟气与 $n$kg 干冷空气相混合，n 称为混合比。混合前、后的水蒸气量及热焓量的平衡关系式为

$$x_{fl} + nx_0 = (1+n)x_{mi} \tag{2-21}$$

$$I_{fl} + nI_0 = (1+n)I_{mi} \tag{2-22}$$

由上述两式进行联立求解，可得

$$n = \frac{x_{fl} - x_{mi}}{x_{mi} - x_0} = \frac{I_{fl} - I_{mi}}{I_{mi} - I_0} = \frac{\overline{CB}}{\overline{CA}} \tag{2-23}$$

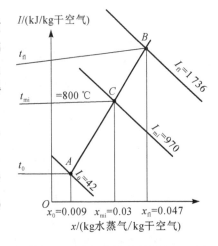

图 2-14 混合气体性质参数的 $I-x$ 图

上式就是关于热烟气与冷空气混合的图解法的"杠杆规则"。它表明：混合气的状态点 C 是直线 AB 的内分点。点 C 由 $t=t_{mi}$ 的等温线与直线 AB 的交点来确定。

【例 2-5】 某厂的烘干设备用专门设置的燃烧室产生的高温热烟气来作为干燥介质。所用的燃料是块煤，其收到基成分如下：

元素组成	C_{ar}	H_{ar}	O_{ar}	N_{ar}	S_{ar}	M_{ar}	A_{ar}
%	65	5	6	2	0.2	4.0	17.8

该块煤的定压质量热容为 1.26 kJ/(kg·℃)，该煤的进炉温度为 20 ℃，空气过剩系数为 1.4，燃烧室的热效率为 0.8，助燃空气的温度为 20 ℃，助燃空气的相对湿度 60%，要求混合气进干燥设备的温度为 800 ℃。求混合气的其余状态参数及混合比。

【解】 (1) 煤的高位发热量计算

根据门捷列夫经验公式，有：

$$Q_{gr} = 339C_{ar} + 1\,255H_{ar} + 109(S_{ar} - O_{ar})$$
$$= [339 \times 65 + 1\,255 \times 5 + 109 \times (0.2 - 6)]$$
$$= 27\,678 \text{ kJ/kg 煤}$$

(2) 标准状态下理论空气量计算

$$V_a^0 = \frac{100}{21} \times \frac{22.4}{100}\left(\frac{C_{ar}}{12} + \frac{H_{ar}}{4} + \frac{S_{ar}}{32} - \frac{O_{ar}}{32}\right) + 109(S_{ar} - O_{ar})$$
$$= \frac{100}{21} \times \frac{22.4}{100} \times \left(\frac{65}{12} + \frac{5}{4} + \frac{0.2}{32} - \frac{6}{32}\right) = 6.918 \text{ m}^3/\text{kg 煤}$$

(3) 冷空气性质参数查取

由于冷空气 $t_0 = 20$ ℃，$\varphi_0 = 60\%$，在 I-x 图上确定点 A 为状态点，得冷空气的 x_0，I_0：

$$x_0 = 0.009 \text{ kg 水蒸气/kg 干空气}, I_0 = 42 \text{ kJ/kg 干空气}$$

(4) 高温烟气的湿含量与热焓量计算

$$x_{fl} = \frac{1.293\alpha V_a^0 x_0 + (9H_{ar} + M_{ar})/100}{1.293\alpha V_a^0 + 1 - (A_{ar} + 9H_{ar} + M_{ar})/100}$$
$$= \frac{1.293 \times 1.4 \times 6.918 \times 0.009 + (9 \times 5 + 4)/100}{1.293 \times 1.4 \times 6.918 + 1 - (17.8 + 9 \times 5 + 4)/100}$$
$$= 0.046\,9 \text{ kg 水蒸气/kg 干烟气}$$

$$I_{fl} = \frac{\eta Q_{gr} + c_f t_f + 1.293\alpha V_a^0 I_0}{1.293\alpha V_a^0 + 1 - (A_{ar} + 9H_{ar} + M_{ar})/100}$$
$$= \frac{0.8 \times 27\,678 + 1.26 \times 20 + 1.293 \times 1.4 \times 6.918 \times 42}{1.293 \times 1.4 \times 6.918 + 1 - (17.8 + 9 \times 5 + 4)/100}$$
$$= 1\,765 \text{ kJ/kg 干烟气}$$

(5) 混合气的性质参数

根据 x_{fl} 与 I_{fl}，在 I-x 图上得高温烟气的状态点 B；连接 AB 两点得直线 AB，此直线与 $t_{mi} = 800$ ℃的等干球温度线相交于点 C，点 C 即为高温烟气与冷空气混合后的状态点，如图 2-13 所示，再由 I-x 图可以查得点 C 的有关性质参数为

$$x_{mi} \approx 0.03 \text{ kg/kg 干混合气}, I_{mi} \approx 970 \text{ kJ/kg 干混合气}$$

(6) 混合比

根据上面查得的性质参数，混合比为：

$$n = \frac{x_{fl} - x_{mi}}{x_{mi} - x_0} = \frac{0.047 - 0.03}{0.03 - 0.009} = 0.81 \text{ kg 干冷空气/kg 干热烟气}$$

注：本题中烟气温度高，运算过程所用的 I-x 图请参考附录 3。

2.3 干燥过程

物料的干燥过程,主要是依靠干燥介质的传热和物料中的水变为蒸汽向干燥介质扩散两个过程来实现的,这两个过程进行的速度越快,则干燥速率就越大。然而,不恰当的干燥速率,会导致制品变形、开裂,严重影响产品的质量。因此,有必要研究湿物料中水分性质,了解哪些水分可通过干燥方法去除,以及去除的难易程度,了解哪些水分不能通过干燥方法去除;了解去除水分对制品质量又有什么影响,影响干燥速率的因素有哪些;怎样创造有利于加速干燥速率的条件,减少不利于产品质量的因素。

2.3.1 湿物料所含水分的性质

湿物料中存在的水分性质根据水分在物料中的存在形式、水分与物料结合强度以及水分在干燥过程中去除的难易程度和限度,通常有两种分类方法:水分与物料的结合形式与干燥过程中水分去除的限度。

1. 根据水分与物料的结合形式分类

1) 机械结合水(又称自由水)

机械结合水是由于物料与水分直接接触而吸收的,包括物料的润湿水、孔隙中的水分及大毛细管孔水(半径大于 $0.1~\mu m$)等。这类水分基本上与物料呈机械混合状态,与物料的结合力最弱,因此很容易被去除。机械结合水在蒸发时,物料表面的水蒸气分压等于同温度下饱和水蒸气压,即湿物料在干燥过程的初始阶段,物料表面处于湿润状态,其水分的蒸发与处于物料表面温度(即湿球温度)时自由液面上水分的蒸发规律一样。

这部分水分被去除后,物料颗粒之间相互靠拢,体积收缩,从而产生收缩应力。所以,这部分水又称为收缩水。陶瓷和耐火材料等黏土质制品的坯体在干燥的初期阶段,若干燥速率过大,就会产生较大的收缩应力而变形,甚至开裂。

2) 物理化学结合水

物理化学结合水包括:因物料表面吸附作用而形成的水膜以及水与物料颗粒形成的多分子或单分子吸附层水膜(统称为:吸附水)、通过细胞半透壁的渗透水、微孔(半径小于 $0.1~\mu m$)毛细管水及结构水等。

物理化学结合水中以吸附水与物料的结合最强,吸附水中又以单分子水膜与物料结合得最牢固,其次是多分子水膜和表面吸附水膜。吸附水膜的厚度约为 $0.1~\mu m$,是在很大的压力下与物料结合,这种牢固的结合改变了水分很多的物理性质,例如,冰点下降、密度增大、蒸气压下降等。干物料在吸收吸附水时呈现放热效应,故可以用实验方法来测定物料中吸附水的含量。

渗透水是由于物料组织壁的内、外之间水分浓度差而产生的渗透压所造成的,例如,纤维皮壁所含的水分。微孔毛细管水与物料结合的牢固程度随着毛细管半径的缩小而加强,因毛细管力的作用,重力不能够使微孔毛细管水流动。结构水则存在于物料组织内部,例如,胶体中的水分。

物理化学结合水在干燥过程中可以去除,所产生的蒸气压小于同温度下自由液面的饱和水蒸气压。黏土质物料或制品在干燥过程中去除物理化学结合水阶段,基本上不产生收缩,因此可以用较高的干燥速率进行干燥,这样也不会使制品的坯体产生变形和开裂。

3) 化学结合水

化学结合水通常以结晶水的形态存在于物料的矿物分子结构当中,例如,高岭土($Al_2O_3 \cdot 2SiO_2 \cdot 2H_2O$)中的结晶水等。化学结合水与物料结合得最牢固,一般要在很高的温度下才能够去除,例如,高岭土中的结晶水需要在 400～500 ℃时才能够被分解出来,但这已经不属于干燥的范围,所以在干燥过程中可以不考虑化学结合水。

物料中含水形式的种类与物料的性质及结构有关。有的物料(例如黏土等)中上述三种形式的水都存在,而有些物料(例如,沙子、石灰石等)中仅含有一种或两种形式的水分。

2. 根据干燥过程中水分去除的限度分类

1) 平衡水分

湿物料在干燥过程中,其表面的水蒸气分压与干燥介质中的水蒸气分压达到动态平衡时,物料中的水分就不会继续减少且与时间无关,此时物料的干基水分(概念见下节)就称为平衡水分,高于平衡水分的水称为自由水分。显然,平衡水分不是一个定值,它与干燥介质的温度及相对湿度有关。当干燥介质的温度一定时,仅与其相对湿度有关。相对湿度越低,物料的平衡水分就越低。两者之间的关系曲线称为:平衡水分曲线,可由实验来获得。图 2-15 给出某种黏土在不同温度空气中的平衡水分曲线。例如,该图表明,当空气温度为 75 ℃,相对湿度 $\varphi=60\%$ 时,黏土的平衡水分为 3%。若黏土的干基水分在 3% 以上,则在此空气中该黏土干基水分可以干燥至 3%;干基水分低于 3% 的黏土在此空气中不仅不能脱水,

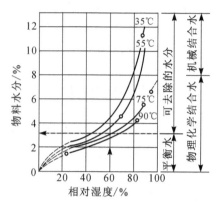

图 2-15 黏土的平衡水分曲线

反而会从空气中吸收水分,直至平衡为止。若想使该黏土的干基水分低于 2.5% 而空气的温度不变,则空气的相对湿度 φ 必须低于 40%。由此可见,当干燥介质的状态一定时,物料的平衡水分是干燥可能达到的最低水分。当干燥介质达到饱和状态时($\varphi=100\%$),物料的平衡水分称为最大可能平衡水分,在图 2-15 中,若空气的温度为 75 ℃,则物料的最大可能平衡水分约为 8%。

2) 自由水分

物料中高于最大平衡水分的水称为自由水分(简称自由水)或非结合水分,属于可去除水分,主要是机械结合水。物料在去除自由水分时会发生收缩,所以自由水分也称为收缩水分。物料中低于最大可能平衡水分的水称为大气吸附水或结合水,主要是物理化学结合水,在去除时也不会发生收缩。

2.3.2 干燥机理

1. 干燥试验

物料中所含水分性质不同,反应在物料干燥过程的变化也不同。为了观察这些干燥阶段的变化,并进而分析物料干燥的机理,可对湿物料进行干燥试验。

(1) 干燥试验条件

为了排除一些不必要因素的影响,干燥试验设定在恒定干燥条件下,即干燥介质的温度、湿度、流速以及与物料接触方式在整个干燥过程中均保持恒定。实施办法是用较大量的空气干燥少量的湿物料,则基本可满足恒定干燥条件。

(2) 干燥试验内容

在试验中,通过湿物料在不同时间内的质量变化情况,研究物料中水分随干燥时间的变化规律;在干燥试验中,通过测定不同时间物料表面的温度,研究物料表面温度随干燥时间的变化规律。

(3) 干燥试验结果

干燥试验结果可制成曲线图,如图 2-16 所示,由图 2-16 可见:

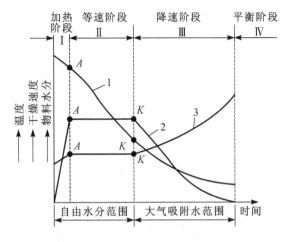

图 2-16 干燥过程曲线

曲线 1—物料中水分随时间的变化关系；曲线 2—干燥速度与时间的关系；曲线 3—物料表面温度变化与时间的关系

在开始阶段,随着干燥时间的延长,物料所含水分逐渐减少且减少的速率逐渐增大,物料表面温度逐渐升高,到达图中点 A 处;再随着干燥时间的延长,物料所含水分的减少近似呈线性减少,物料表面温度维持不变,到达图中点 K 处;然后再随干燥时间的延长,物料所含水分的减少又变得缓慢起来,物料表面温度则继续升高,直至与干燥介质状态相平衡。

2. 干燥速率

干燥速率是指单位时间内单位干燥面积上所干燥去除的水分质量,用 j 表示。若用微分方程表示干燥速率,则有

$$j = \frac{\mathrm{d}m_w}{A\mathrm{d}\tau} \tag{2-24}$$

式中　j——干燥速率,kg/(m² · h);

　　　m_w——被去除的水分质量,kg;

　　　A——被干燥面积,m²;

　　　τ——干燥所需时间,h。

设湿物料的绝干质量为 m_0,干基水分为 W^d,则有:$\mathrm{d}m_w = -m_0\mathrm{d}W^d$,因此,上式改为

$$j = -\frac{m_0\mathrm{d}W^d}{A\mathrm{d}\tau} = -\frac{m_0}{A} \cdot \frac{\mathrm{d}W^d}{\mathrm{d}\tau} \tag{2-25}$$

式中　W^d——物料干基水分,kg 水/kg 绝干物料;

　　　m_0——绝干物料质量,kg。

式(2-25)中负号表示随着干燥时间的延长,物料所含水分都在下降,故 $\mathrm{d}W^d$ 为负值,而式中的 $\frac{\mathrm{d}W^d}{\mathrm{d}\tau}$ 就是物料所含水分随干燥时间变化的曲线的斜率。由于绝干质量在干燥过程中是不变的,被干燥面积在干燥过程也近似不变,因此,从物料所含水分随干燥时间变化的曲线可求出干燥速率随干燥时间变化的曲线,如图 2-16 所示。由此可看出,干燥过程可被分成三个阶段:加热阶段、等速干燥阶段与降速干燥阶段。

3. 干燥机理

1) 加热阶段

在加热阶段内,刚进干燥设备的湿物料由于温度较低,水分较多,干燥介质在单位时间内传给

物料的热量大于物料表面水分蒸发所消耗的热量,所以物料中的水分蒸发量逐渐增大,表面温度在不断升高至图 2-16 中的点 A 时,表示干燥介质传给物料的热量恰好等于物料表面水分蒸发所消耗的热量,故而当物料表面温度停止升高并等于干燥介质的湿球温度时,此后便开始了等速干燥阶段。

加热阶段的干燥特点是:物料水分减少,表面温度升高,干燥速率不断增加。该阶段经历时间很短,去除水分量不多。

2) 等速干燥阶段

在此阶段内,物料表面水分的蒸发过程如同自由液面(纯水)上水的蒸发一样,其水蒸气分压等于湿球温度所对应的饱和水蒸气压;在外扩散的同时,物料内部的水分在水分浓度梯度的推动下,会扩散至表面,使物料表面始终保持有自由水,物料表面始终维持润湿状态。

在此阶段的干燥速率取决于水蒸气的外扩散速率,故而本阶段又称为外扩散控制阶段。自由液面上水的蒸发速率与干燥介质的参数及流速有关,当干燥介质的参数和流速一定时,干燥速率为常数,从而进入稳定干燥阶段(即等速干燥阶段)。在等速干燥阶段,随着自由水的去除,物料(或坯体)发生体积收缩并产生收缩应力。

图 2-16 中的点 K 表示物料表面的自由水不再维持润湿状态,自由水开始消失,此后物料表面的水蒸气压低于干燥介质在湿球温度时所对应的饱和水蒸气压。对应于点 K 的物料干基水分 W_c^d 就称为临界水分,此时物料表面的水分为物理化学结合水而内部仍为自由水,所以临界水分总是大于大气吸附水。

等速干燥阶段的干燥特点是:表面维持润湿状态,物料所含水分呈线性减少,表面温度等于干燥介质的湿球温度,干燥速率不变。

3) 降速干燥阶段

图 2-16 中的点 K 以后即进入降速干燥阶段,该阶段是物理化学结合水去除阶段。在此阶段,因物料中水分减少,内扩散速率小于外扩散速率,以致物料表面不再维持润湿状态,个别部分已出现"干斑点",物料表面水蒸气分压低于同温度下水的饱和蒸气压,其蒸发面积小于物料或坯体的几何表面积,甚至蒸发面积移至物料内部。此阶段的干燥速率受到内扩散速率的限制,故而又称为内扩散控制阶段。

降速干燥阶段由于物料表面水分逐渐减少,水分蒸发所需的热量也逐渐减少,以至于物料表面温度逐渐升高,干燥速率逐渐下降直至为零,此时物料的干基水分即为平衡水分,干燥过程终止。

降速干燥阶段的干燥特点是:物料所含水分减少的速率放缓,物料表面温度升高,干燥速率渐次下降直至为零。

总之,若物料内部的水分能够以足够的速率流向物料表面,及时补充被干燥去除的水分,使物料表面依然维持润湿状态,干燥速率不变;若物料内部的水分由内向表面流出的速率小于物料表面的扩散速率,则物料表面温度升高,或表面部分变干,从而进入降速干燥阶段。随着物料的不断被干燥,其内部水分越来越少。此时,水分由内部向表面传递的速率越来越慢,而物料表面温度逐渐升高,水分的蒸发表面逐渐内移,直至物料中的水分达到平衡水分,物料干燥停止。

以上所述的干燥过程,对水分含量多的物料具有完整的干燥过程曲线,如可塑法成型的陶瓷坯体;但是,对于水分含量少的物料,干燥过程曲线的等速干燥阶段不明显,如半干法成型的硅砖、镁砖等坯体。若干燥过程不在恒定干燥条件下进行,干燥介质温度、湿度、流速以及接触方式出现变动,仍有等速干燥与降速干燥阶段之分,上述分析依然可用,只有具体干燥速率的数据不同而已。当然,干燥条件变动,等速干燥的干燥速率也不等于常数,但仍属外扩散控制阶段。

2.3.3 影响干燥速率的因素

因为干燥是一个既传热又传质的过程,所以干燥速率的大小取决于传热、外扩散与内扩散速率。

1. 传热

在对流干燥中,单位时间内干燥介质传递给物料单位面积上的热量,根据牛顿冷却定律有:

$$\frac{\mathrm{d}Q}{A\mathrm{d}\tau} = h(t_{\mathrm{f}} - t_{\mathrm{w}}) \tag{2-26}$$

式中 $\mathrm{d}Q$——$\mathrm{d}\tau$ 时间内传递给物料的热量,kJ;

      A——传热面积,m^2;

      t_{f}——干燥介质温度,℃;

      t_{w}——物料表面温度,℃;

      h——干燥介质与物料表面之间的对流换热系数,$\mathrm{W/(m^2 \cdot ℃)}$。

从式(2-26)可以看出,传热量与对流换热系数、干燥介质与物料表面温度差、物料表面面积成正比。因此,欲加快传热速率,可采取如下措施:

(1)提高干燥介质的温度,以增大干燥介质与物料表面之间的温差,强化传热速率。但这易使制品表面温度迅速升高,表面水分与内部水分浓度差太大,表面受压,内部受拉,易使坯体变形、甚至开裂。另外,对高温敏感的物料,干燥时干燥介质的温度不易过高。

(2)提高对流换热系数,对流换热的热阻主要表现在物料表面的边界层上。边界层越厚,对流换热系数越小,传热越慢。而对流换热系数与流体的流动速度成正比,加快干燥介质的流动速度,可提高对流换热系数,提高传热速率。

(3)增大传热面积 A,使物料均匀分散于干燥介质中,或变单面干燥为双面干燥,可以增加传热。

2. 外扩散

在稳定条件下,物料表面的水蒸气扩散速率可表示为

$$\frac{\mathrm{d}m_{\mathrm{w}}}{A\mathrm{d}\tau} = k_c(\rho_{\mathrm{w}} - \rho_{\mathrm{fw}}) \tag{2-27}$$

式中 m_{w}——物料表面蒸发的水蒸气的质量,kg;

      ρ_{w}——物料表面水蒸气的质量浓度,$\mathrm{kg/m^3}$;

      ρ_{fw}——干燥介质中水蒸气的质量浓度,$\mathrm{kg/m^3}$;

      k_c——对流传质系数,m/s。

$$k_c = \frac{h}{\rho_{\mathrm{f}} c_{\mathrm{f}}} \tag{2-28}$$

式中 ρ_{f}——干燥介质中的密度,$\mathrm{kg/m^3}$;

      c_{f}——干燥介质的定压质量热容,$\mathrm{kJ/(m^2 \cdot ℃)}$;

      h——干燥介质与物料表面之间的对流换热系数,$\mathrm{W/(m^2 \cdot ℃)}$。

由式(2-28)可以看出,欲提高外扩散速率,可以采取以下方法:

(1)降低干燥介质的湿度,增加传质的推动力。

(2)提高对流传质系数,即加快干燥介质的流动速度,可提高对流传质系数,从而提高外扩散速率,大大加快干燥速率。

3. 内扩散

水分的内扩散速率是由湿扩散和热扩散共同作用的。湿扩散是物料中由于湿度梯度引起的水分移动,热扩散是物料中存在温度梯度而引起的水分移动。湿扩散与热扩散的方向与加热方式有关,采用外部加热时,物料表面的温度高于物料内部温度,物料表面水分蒸发,内部水分浓度大于表面水分浓度,水分由内部向表面迁移,湿扩散方向由内而外,有利于干燥;而热扩散由于表面温度高于内部温度,与传热方向一致,热扩散也是由外而内,不利于干燥。如果采用内热源加热时,热扩散方向与湿扩散方向一致,加快了干燥过程。

因此,提高内扩散速率可采取以下措施:

(1) 设法使物料中心温度高于表面温度,使热扩散与湿扩散方向一致,如远红外加热、微波加热方式。

(2) 当热扩散与湿扩散方向一致时,强化传热,提高物料中的温度梯度,当两者相反时,加强温度梯度虽然扩大了热扩散的阻力,但可以增强传热并使物料温度上升,湿扩散从而得以增加,故能加快干燥。

(3) 减薄坯体厚度,变单面干燥为双面干燥。

(4) 降低介质的总压力,有利于提高湿扩散系数,从而提高湿扩散速率。

(5) 考虑其他坯体性质和形状等方面的因素。

4. 影响干燥速率的因素

综上所述,物料的干燥是个复杂的传热与传质过程,影响干燥速率的主要因素可归纳为:

(1) 干燥介质的条件,即温度、湿度、流态(流速的大小和方向)。

(2) 物料或制品的性质、结构、几何形状和尺寸。

(3) 干燥介质与物料的接触情况。

(4) 干燥设备的结构、大小、操作参数及自动化程度。

(5) 加热方式。

2.3.4　制品在干燥过程中的体积变化

陶瓷和耐火材料等黏土质制品、石膏制品在干燥过程中去除自由水时,由于水分的减少,产生收缩使制品产生线变形。当制品表面失去自由水后,收缩即停止。制品的线变形大小与自由水去除量呈线性关系:

$$l = l_0 \left[1 + \alpha (W_1^d - W_c^d) \right] \tag{2-29}$$

式中　l——湿制品的线尺寸,m;

l_0——停止收缩后的线尺寸,m;

W_1^d——制品的初态干基水分;

W_c^d——制品的临界干基水分;

α——对流传质系数,m/s。

对于薄壁制品,因其内部水分浓度梯度不大,实验表明,线收缩系数与干燥条件无关,即在不同的干燥介质条件下,干燥同一黏土质制品时,线收缩系数几乎相同。但对厚壁制品,因其内部水分浓度梯度较大,干燥条件对线收缩系数有显著影响。

在干燥过程中,当制品内部水分不均匀或制品各向厚度不均匀时,不同部位的收缩不一致,就产生不均匀的收缩应力。通常制品的表面和棱角处比内部干燥得快,薄壁处比厚壁处干燥得快,从而产生较大的收缩。制品内部因水分去除滞后于表面,收缩也较表面小,这样就阻碍了表面的收缩,使制品内部受到压应力而表面受到张应力。当张应力超过材料的极限抗拉强度时,就造成制品开裂。即使不开裂,不均匀的收缩应力也往往使制品变形。

为防止制品在干燥过程中的变形和开裂,需要对制品中心与表面的水分差进行限制,并严格控制干燥速度。在干燥初期,水分宜以较慢的速率去除,先以高湿度的干燥介质使制品升温,待坯体温度升高后,再以较低湿度的干燥介质快速地干燥。比如,对于木材、石膏或陶瓷制品的干燥就常采用湿度较高的气体作为干燥介质,以免发生表面开裂或翘曲。

2.4 干燥过程计算

对流干燥过程利用热气体(热空气或高温烟气)去除湿物料中的水分,所以常温下的空气通常先通过预热器加热至一定温度后再进入干燥设备,或将经过燃烧室燃料燃烧产生的高温烟气送入干燥设备。在干燥设备中热气体和湿物料接触,使湿物料表面的水分汽化并将水蒸气带走。在设计干燥设备前,通常已知湿物料的处理量、湿物料在干燥前后的含水量及进入干燥设备的湿空气的初始状态,要求计算每小时的水分蒸发量、干燥介质消耗量以及干燥过程所需热量,为此须对干燥设备进行物料平衡计算和热量平衡计算,以便选择适宜型号的风机、换热器;对现有干燥设备的结构、操作的合理性进行衡量也必须进行物料平衡计算和热量平衡计算。

2.4.1 干燥工艺流程

干燥工艺流程如图 2-17 所示,干燥系统主要由干燥设备、空气预热器(或燃烧室、混合室)、通风设备、辅助设备等组成。其中,图 2-17(a)是用空气作为干燥介质、物料与干燥介质顺向流动的干燥流程;图 2-17(b)是用热烟气掺入冷空气后的混合气体作为干燥介质、物料与干燥介质逆向流动的干燥过程。

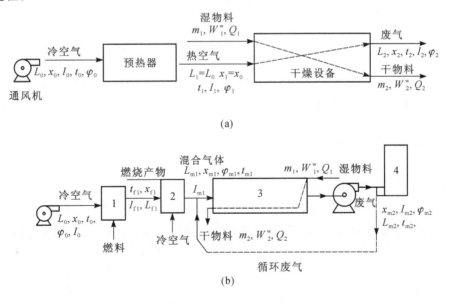

图 2-17 干燥工艺流程

(a) 空气干燥流程图;(b) 烟气干燥流程图

1—燃烧室;2—混合室;3—干燥设备;4—烟囱

2.4.2 物料中水分含量的表示方法

要确定物料在干燥过程中所去除的水分量,必须知道物料总量及物料在干燥前后的水分含量。物料中水分含量的表示方法有两种:湿基水分与干基水分。

湿物料可看成是绝对干燥物料与水分的混合物,假设干燥过程中质量无损失,则物料的绝对干燥质量是不变的,设为 m_0;物料中所含水分质量设为 m_w;湿物料质量设为 m,干燥前设为 m_1,干燥后设为 m_2;单位均为 kg。

1. 湿基水分

以湿物料为计算基准的水分含量称为湿基水分,其含义是湿物料中的水分质量与湿物料总质量比值的百分数,用 W^w 表示:

$$W^w = \frac{m_w}{m} \times 100\% \qquad (2-30)$$

2. 干基水分

以干物料为计算基准的水分含量称为干基水分,其含义是湿物料中的水分质量与湿物料中的绝对干燥质量的比值,用 W^d 表示:

$$W^d = \frac{m_w}{m_0} \times 100\% \qquad (2-31)$$

3. 两者关系

根据前面的设定,有:

$$m = m_0 + m_w \qquad (2-32)$$

则:

$$W^w = \frac{m_w}{m} \times 100\% = \frac{m_w}{m_0 + m_w} \times 100\% = \frac{100W^d}{100 + W^d}\% \qquad (2-33)$$

$$W^d = \frac{m_w}{m_0} \times 100\% = \frac{m_w}{m - m_w} \times 100\% = \frac{100W^w}{100 - W^w}\% \qquad (2-34)$$

工业生产中常以湿基水分表示物料中水分的多少。而在进行干燥计算时,为了方便,以绝对干燥物料作计算基准,故采用干基水分进行计算。

2.4.3 物料平衡计算

1. 每小时水分蒸发量 m_{rw} 的计算

令每小时通过干燥设备物料的绝对干燥质量为 m_0,干燥前每小时进入干燥设备的湿物料质量为 m_1,干燥后每小时出干燥设备的干物料质量为 m_2,单位均为 kg/h。每小时水分蒸发量为 m_{rw},单位为 kg 水/h。进入干燥设备前物料的湿基水分为 W_1^w,干基水分为 W_1^d,出干燥设备后物料的湿基水分为 W_2^w,干基水分为 W_2^d。

1)用干基水分计算

$$m_{rw} = m_0 \left(\frac{W_1^d}{100} - \frac{W_2^d}{100} \right) \qquad (2-35)$$

2）用湿基水分计算

$$m_{rw} = m_1 - m_2 = m_1\left(1 - \frac{m_2}{m_1}\right) = m_2\left(\frac{m_1}{m_2} - 1\right) \tag{2-36}$$

因干燥前后绝对干燥物料质量不变,所以有

$$m_0 = m_1\left(\frac{100 - W_1^w}{100}\right) = m_2\left(\frac{100 - W_2^w}{100}\right) \tag{2-37}$$

于是,有

$$\frac{m_1}{m_2} = \frac{100 - W_2^w}{100 - W_1^w} \quad 及 \quad \frac{m_2}{m_1} = \frac{100 - W_1^w}{100 - W_2^w}$$

将上述关系代入式(2-36),得

$$m_{rw} = m_1\left(\frac{W_1^w - W_2^w}{100 - W_2^w}\right) = m_2\left(\frac{W_1^w - W_2^w}{100 - W_1^w}\right) \tag{2-38}$$

【例 2-6】 某陶瓷厂用隧道烘干窑烘干坯体,入窑湿基水分 W_1^w 为 20%,要求出窑湿基水分 W_2^w 为 1%,出窑产量为 5 t/h,试求:

(1) 坯体进入与离开隧道烘干窑时的干基水分;

(2) 坯体每小时通过隧道烘干窑的绝干质量;

(3) 该隧道烘干窑每小时的水分蒸发量;

(4) 坯体每小时进入隧道烘干窑时的质量。

【解】 (1) 坯体进入与离开隧道烘干窑时的干基水分

由式(2-34),得

$$W_1^d = \frac{100W_1^w}{100 - W_1^w}\% = \frac{100 \times 20}{100 - 20}\% = 25\%$$

$$W_2^d = \frac{100W_2^w}{100 - W_2^w}\% = \frac{100 \times 1}{100 - 1}\% = 1.01\%$$

(2) 坯体每小时通过隧道烘干窑的绝干质量

由式(2-37),得

$$m_0 = m_2\left(\frac{100 - W_2^w}{100}\right) = 5 \times \left(\frac{100 - 1}{100}\right) = 4.95(t/h)$$

(3) 隧道烘干窑每小时的水分蒸发量

由式(2-36),得

$$m_{rw} = m_2\left(\frac{W_1^w - W_2^w}{100 - W_1^w}\right) = 5 \times \left(\frac{20 - 1}{100 - 20}\right) = 1.19(t\,水\,/h)$$

或由式(2-35),得

$$m_{rw} = m_0\left(\frac{W_1^d}{100} - \frac{W_2^d}{100}\right) = 4.95 \times \left(\frac{25}{100} - \frac{1.01}{100}\right) = 1.19(t\,水\,/h)$$

(4) 坯体每小时进入隧道烘干窑时的质量

由式(2-37),得

$$m_1 = m_0 \frac{100}{100 - W_1^{\mathrm{w}}} = 4.95 \times \left(\frac{100}{100 - 20} \right) = 6.19(\mathrm{t/h})$$

或

$$m_1 = m_2 + m_{\mathrm{rw}} = (5 + 1.19) = 6.19(\mathrm{t/h})$$

2. 干燥介质的消耗量

假设干燥介质通过干燥设备时既无泄漏又无额外补充，则绝对干燥的干燥介质进入干燥设备时与离开干燥设备时的质量应该相等，且有：

物料中的水蒸气蒸发量＝干燥介质中的水蒸气增加量

1）用空气作干燥介质时空气的消耗量

设每小时通过干燥设备的绝对干燥空气的质量流量为 L，单位为 kg 干空气/h，则根据水分质量平衡关系有

$$m_{\mathrm{rw}} = L(x_2 - x_1) = L(x_2 - x_0) \tag{2-39}$$

故每小时所需干空气量为

$$L = \frac{m_{\mathrm{rw}}}{x_2 - x_1} = \frac{m_{\mathrm{rw}}}{x_2 - x_0} \tag{2-40}$$

令蒸发 1 kg 水蒸气所需干空气量为 l，单位为 kg 干空气/kg 水，则有

$$l = \frac{L}{m_{\mathrm{rw}}} = \frac{1}{x_2 - x_1} = \frac{1}{x_2 - x_0} \tag{2-41}$$

2）用高温烟气与冷空气的混合气作干燥介质时的消耗量

设蒸发 1 kg 水蒸气需要的干混合气体量用 l_{m} 表示，单位为 kg 干混合气/kg 水，计算公式为

$$l_{\mathrm{m}} = \frac{L_{\mathrm{m}}}{m_{\mathrm{w}}} = \frac{1}{x_{\mathrm{m2}} - x_{\mathrm{m1}}} \tag{2-42}$$

式中　l_{m}——干混合气体的消耗量，kg 干混合气/kg 水；

x_{m1}，x_{m2}——进入与离开干燥设备时混合气体的湿含量，kg 水蒸气/kg 干混合气。

蒸发 1 kg 水所需高温烟气（即热烟气）的用量用 l_{fl} 表示，单位为 kg 干烟气/kg 水，计算公式如下：

$$l_{\mathrm{fl}} = \frac{l_{\mathrm{m}}}{1 + n} \tag{2-43}$$

蒸发 1 kg 水所需冷空气（混合）的用量用 l_{a} 表示，单位为 kg 干空气/kg 水，计算公式如下：

$$l_{\mathrm{a}} = nl_{\mathrm{fl}} = \frac{nl_{\mathrm{m}}}{1 + n} \tag{2-44}$$

2.4.4　热量平衡计算

在进行干燥设备的热量平衡计算前，首先应确定热量平衡范围，此处的热量平衡计算仅考虑干燥设备本身的热量收支平衡关系，故平衡范围为干燥设备，如图 2-18 所示。

以 0 ℃ 为温度计算基准，以蒸发

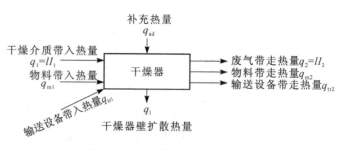

图 2-18　干燥器热量平衡示意图

1 kg 水消耗的热量为计算单位。下标以"1"表示进入干燥设备的参数值,以"2"表示离开干燥设备的参数值。

1. 热量平衡计算

1)收入热量

(1)干燥介质进入干燥设备时带入的热量

$$q_1 = l I_1 \tag{2-45}$$

式中　l——蒸发 1 kg 水所需要的绝对干燥介质用量,kg 干气/kg 水;

　　　I_1——干燥介质进入干燥设备时的热焓量,kJ/kg 干气。

(2)湿物料进入干燥设备时带入的热量

① 可以被蒸发的水分带入的热量:$c_w \theta_1$

② 脱水物料带入的热量:$\dfrac{m_2}{m_{rw}} c_{m1}^w \theta_1$

式中　θ_1——物料进入干燥设备时的温度,℃;

　　　c_w——水的定压质量热容,kJ/(kg·℃);

　　　c_{m1}^w——湿基水分为 W_2^w、温度为 θ_1 的物料定压质量热容,kJ/(kg·℃),可以看成是绝对干燥物料的定压质量热容与相应水分的定压质量热容的加权平均值,即

$$c_{m1}^w = c_m (1 - W_2^w) + c_w W_2^w \tag{2-46}$$

故湿物料带入的热量

$$q_{m1} = c_w \theta_1 + \frac{m_2}{m_{rw}} c_{m1}^w \theta_1 \tag{2-47}$$

(3)输送设备进入干燥设备时带入的热量

$$q_{tr1} = \frac{m_{tr}}{m_{rw}} c_{tr1} t_{tr1} \tag{2-48}$$

式中　m_{tr}——输送设备每小时通过干燥设备的质量,kg/h;

　　　t_{tr1}——输送设备进入干燥设备时的温度,℃;

　　　c_{tr1}——输送设备进入干燥设备时的质量热容,kJ/(kg·℃)。

(4)干燥设备内补充加入的热量 q_{ad}

在干燥设备中,干燥介质中往往还有一些热量的补充,例如设置电加热装置发出的热量或烘干兼粉磨系统中研磨体摩擦、撞击所产生的热量等。

2)支出热量:

(1)废气离开干燥设备带走的热量

$$q_2 = l I_2 \tag{2-49}$$

式中　I_2——干燥介质离开干燥设备时的热焓量,kJ/kg 干气。

(2)物料离开干燥设备时带走的热量

$$q_{m2} = \frac{m_2}{m_{rw}} c_{m2}^w \theta_2 \tag{2-50}$$

式中　θ_2——物料离开干燥设备时的温度,℃;

c_{m2}^w——湿基水分为 W_2^w、温度为 θ_2 的物料定压质量热容，kJ/(kg·℃)。

（3）输送设备离开干燥设备时带出的热量

$$q_{tr2} = \frac{m_{tr}}{m_{rw}} c_{tr2} t_{tr2} \qquad (2\text{-}51)$$

式中　t_{tr2}——输送设备离开干燥设备时的温度，℃；

　　　c_{tr2}——输送设备离开干燥设备时的质量热容，kJ/(kg·℃)。

（4）热量损失

$$q_l = 3.6 \frac{KA\Delta t}{m_{rw}} \qquad (2\text{-}52)$$

式中　K——干燥设备表面与环境之间的综合传热系数（参见材料工程基础教材），W/(m²·℃)；

　　　Δt——干燥设备表面与环境之间的温差，℃；

　　　A——干燥设备的外表面积，m²。

3）热量收支平衡计算

根据收入热量等于支出热量，有

$$q_1 + q_{m1} + q_{tr1} + q_{ad} = q_2 + q_{m2} + q_{tr2} + q_l \qquad (2\text{-}53)$$

经过整理，得

$$q_1 - q_2 = (q_{m2} - q_{m1}) + (q_{tr2} - q_{tr1}) + q_l - q_{ad} \qquad (2\text{-}54)$$

令 $q_m = q_{m2} - q_{m1}$，表示物料经过干燥设备所获得的热量；$q_{tr} = q_{tr2} - q_{tr1}$，表示输送设备经过干燥设备所获得的热量；利用 $q_1 = lI_1$、$q_2 = lI_2$ 这两个式子，上式可以改写成：

$$l(I_1 - I_2) = q_m + q_{tr} + q_l - q_{ad} = \Delta \qquad (2\text{-}55)$$

上式中

$$\Delta = q_m + q_{tr} + q_l - q_{ad} \qquad (2\text{-}56)$$

上述叙述除标明的各参数单位，热量的单位均为 kJ/kg 水。

4）热量平衡计算讨论

根据 Δ 值的不同，干燥过程分为以下两种情况：

（1）理论干燥过程

当 $\Delta = 0$ 时，则有 $I_1 = I_2$，表示在干燥过程中，进出干燥设备的干燥介质的热焓量是没有改变的，这种干燥过程是个等焓过程。

a. $\Delta = 0$ 的两种可能性

① 物料在干燥过程中，干燥设备的所有热损失（$q_m + q_{tr} + q_l$）恰好等于所补充的热量 q_{ad}。

② 物料在干燥过程中，干燥设备既无补充热量（$q_{ad} = 0$）亦无任何热损失（$q_m = 0$，$q_{tr} = 0$，$q = 0$），即干燥是在理想条件下进行的，这就意味着物料及输送设备进入和离开干燥设备的温度相等，干燥设备外表面不向环境散失热量，所以干燥介质传给物料的热量恰好等于水分蒸发所需的热量。该干燥过程称为理论干燥过程。因为理论干燥过程没有热损失，所以干燥介质的消耗量及热耗最小，热效率最高。

为了便于区别，以下将理论干燥过程中干燥介质离开干燥设备的性质参数都用上标"0"来表示，例如：l^0，x_2^0，I_2^0 等。

b. 理论干燥过程的干燥介质消耗量、热耗与燃料耗量计算

用热空气作干燥介质,蒸发 1 kg 水所需干燥介质的消耗量及热耗分别为

$$l^0 = \frac{1}{x_2^0 - x_1} = \frac{1}{x_2^0 - x_0} \tag{2-57}$$

$$q^0 = l^0(I_1 - I_0) = l^0(I_2^0 - I_0) \tag{2-58}$$

用高温烟气与冷空气的混合气作干燥介质时,干混合气、高温烟气及冷空气的消耗量分别为:
混合气的消耗量

$$l_{mi}^0 = \frac{1}{x_{m2}^0 - x_{m1}} \tag{2-59}$$

热烟气消耗量

$$l_{fl}^0 = \frac{l_{mi}^0}{1 + n} \tag{2-60}$$

冷空气消耗量

$$l_a^0 = \frac{n l_{mi}^0}{1 + n} \tag{2-61}$$

在这种情况下,蒸发 1 kg 水的燃料消耗量及热耗分别为:
蒸发 1 kg 水的燃料消耗量(单位是 kg 燃料/kg 水)

$$m_{fl}^0 = \frac{l_{fl}^0}{1.293 \alpha V_a^0 + 1 - (A_{ar} + 9H_{ar} + M_{ar})/100} \tag{2-62}$$

蒸发 1 kg 水的热耗(单位是 kJ/kg 水)

$$q^0 = m_{fl}^0 \cdot Q_{gr} \tag{2-63}$$

(2) 实际干燥过程

a. 实际干燥过程的两种情况

① $\Delta < 0$,表明在干燥设备中补充热量大于所有热损失,此时干燥介质离开干燥设备时的热焓量大于其进入干燥设备时的热焓量,即 $I_1 < I_2$,这在工程中是不常见的。

② $\Delta > 0$,表明干燥过程中干燥设备的所有热损失大于补充热量,或者干燥设备中根本无补充热量,此时干燥介质离开干燥设备时的热焓量小于其进入干燥设备时的热焓量,即 $I_1 > I_2$。实际中的工程往往就是这样。在这种情况下,蒸发 1 kg 水热耗的计算如下:

若用空气作干燥介质时,蒸发 1 kg 水的热耗(单位是 kJ/kg 水)

$$q = l(I_1 - I_0) = l(I_2 - I_0) + \Delta \tag{2-64}$$

用高温烟气与冷空气的混合气体作为干燥介质时,蒸发 1 kg 水的热耗(单位:kJ)

$$q = m_{fl}Q_{net} = \frac{l_m Q_{gr}}{[1.293 \alpha V_a^0 + 1 - (A_{ar} + 9H_{ar} + M_{ar})/100](1 + n)} \tag{2-65}$$

2.4.5 干燥过程的图解

1. 理论干燥过程

设已知干燥介质进入干燥设备时的性质参数为 t_1, x_1,离开干燥设备时的温度 t_2,则离开干燥

设备时的性质参数 I_2^0，x_2^0 等可以由 $I-x$ 图通过图解法求出。求出步骤如下：

（1）作出等干球温度线 t_1 与等湿含量线 x_1 在 $I-x$ 图上的交点 B，点 B 即为干燥介质进入干燥设备时的状态点，如图 2-19 所示。

（2）沿通过点 B 的等 I 线向下作出与等干球温度线 t_2 的交点 C，点 C 即为理论干燥过程中干燥介质离开干燥设备时的状态点。

（3）过点 C 的等 I 线与等 x 线分别表示热焓量与湿含量值，即分别为 $I_2^0(=I_1)$，x_2^0。

（4）通过 $I-x$ 图查得的 $I_2^0(=I_1)$，x_2^0 与已知的 x_1，然后可用式（2-57）、式（2-58）计算出 l^0，q^0。

2. 实际干燥过程

由于实际中的工程常见的是 $\Delta > 0$ 的情况，故以此种情况来讨论实际干燥过程的图解法。$\Delta = l(I_1 - I_2)$，故有：$I_1 > I_2$，则有：

$$I_2 = I_1 - \frac{\Delta}{l} = I_1 - \Delta(x_2 - x_1) \tag{2-66}$$

式（2-66）表明，当进入干燥设备的干燥介质初始状态点 $B(x_1, I_1)$ 以及 Δ 均为已知，则实际干燥过程在 $I-x$ 图上是一条比理论干燥曲线更陡的直线，该直线与斜横轴 Ox' 的斜率为 $-\Delta$；对初态和终态之间的任意状态点，式（2-66）可改写成：

$$I = I_1 - \Delta(x - x_1) \tag{2-67}$$

这是一个直线方程。令 $I_1 = I_2^0$，x_2^0 就表示为理论干燥过程终态点 C 的湿含量参数，于是当处于同一湿含量 x_2^0 时，实际干燥过程终态点的热焓量为

$$I_2' = I_1 - \Delta(x_2^0 - x_1) = I_2^0 - \Delta(x_2^0 - x_1) \tag{2-68}$$

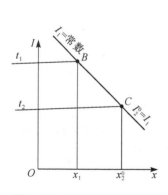

图 2-19　理论干燥过程图解

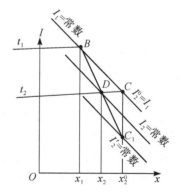

图 2-20　实际干燥过程图解

式（2-68）表明，当理论干燥过程终态点 $C(x_2^0, I_2^0)$ 已知时，对应于 x_2^0 时的实际干燥过程终态点 $C_1(x_2^0, I_2')$ 也是确定的，点 C_1 的位置位于等湿含量线 x_2^0 的点 C 下方，是等湿含量线 $x_2^0 =$ 常数与等 I 线 $I_2' =$ 常数两条线的交点，如图 2-20 所示。连接点 B，C_1 的直线 BC_1 与等 t 线 t_2 的交点即为实际干燥过程终态点 $D(x_2, I_2)$，即实际干燥过程是沿直线 BD 进行的。

由图 2-20 还可以看出：实际干燥过程终态点 D 的性质参数 (x_2, I_2) 都小于理论干燥过程终态点 C 的性质参数 (x_2^0, I_2^0)，所以，实际干燥过程的干燥介质用量和热耗均高于理论干燥过程。

实际干燥过程的终态点 $C_1(x_2^0, I_2')$ 也可以在等湿含量线 x_2^0 上直接用比例尺量取，由于：

$$I_2^0 - I_2' = R_I \cdot \overline{CC_1} = \Delta(x_2^0 - x_1) = \Delta \cdot R_x \cdot \overline{x_2^0 x_1}$$

故有：

$$\overline{CC_1} = \frac{\Delta}{R_I/R_x} \cdot \overline{x_2^0 x_1} = \frac{\Delta}{m} \cdot \overline{x_2^0 x_1} \qquad (2\text{-}70)$$

式(2-69)中，$m = R_I/R_x$ 是 $I\text{-}x$ 图中的坐标比例尺的比，通常为 2 000，线段 $\overline{CC_1}$，$\overline{x_2^0 x_1}$ 的单位均以 mm 计。

【例 2-7】 某陶瓷厂用隧道烘干窑对湿坯体进行烘干作业，进料量为 $m_1 = 500\ \text{kg/h}$，坯体的湿基初水分 $W_1^w = 20\%$，要求干燥至终水分 $W_2^w = 2\%$，以热空气作为干燥介质。冷空气的温度 $t_0 = 20\ ℃$，相对湿度 $\varphi_0 = 70\%$，在加热器中加热至 $t_1 = 85\ ℃$ 后进入隧道烘干窑，出隧道烘干窑的气体温度 $t_2 = 60\ ℃$。已知 $\Delta = 1\ 200\ \text{kJ/kg}$ 水。试用 $I\text{-}x$ 图求解该干燥过程所需的空气量及热耗。

【解】 （1）每小时水分蒸发量的计算

由式 2-38，得

$$m_{rw} = m_1\left(\frac{W_1^w - W_2^w}{100 - W_2^w}\right) = 500 \times \left(\frac{20 - 2}{100 - 2}\right) = 91.84\ (\text{kg/h})$$

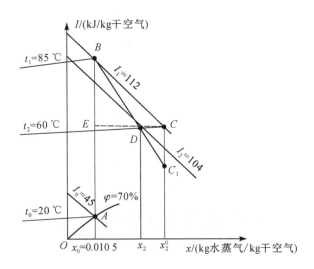

图 2-21 例 2-7 的图解

（2）冷空气的 x_0，I_0

根据冷空气的 $t_0 = 20\ ℃$，$\varphi_0 = 70\%$，在 $I\text{-}x$ 图上得到点 A，由点 A 可以得到冷空气的湿含量和热焓量分别为

$$x_0 = 0.010\ 5(\text{kg 水蒸气}/\text{kg 干空气})，I_0 = 45(\text{kJ/kg 干空气})$$

（3）热空气的 x_1，I_1

沿通过点 A 的等 x 线向上作出与等 t 线（$t_1 = 85\ ℃$）的交点 B，由点 B 可以得到加热器出口进入隧道烘干窑时的热空气的湿含量和热焓量，分别为

$$x_1 = x_0 = 0.010\ 5(\text{kg 水蒸气}/\text{kg 干空气})，I_1 = 111.8(\text{kJ/kg 干空气})$$

（4）废气的 x_2，I_2

沿通过点 B 的等 I 线向下作出与等 t 线（$t_2 = 60\ ℃$）的交点 C（x_2^0，I_2^0）；在等 x 线 Cx_2^0 上用比例尺取线段 CC_1，使其满足：

$$\overline{CC_1} = \frac{\Delta}{R_I/R_x} \cdot \overline{x_2^0 x_0} = \frac{1\ 200}{2\ 000} \cdot \overline{x_2^0 x_0}$$

这样就得到点 C_1；连接点 B，C_1 就可以得到直线 BC_1 与等 t 线（$t_2 = 60\ ℃$）的交点 D，点 D 所对应的性质参数为：

$$x_2 = 0.017\ \text{kg 水蒸气}/\text{kg 干空气}，I_2 = 104\ \text{kJ}/\text{kg 干空气}$$

以上图解过程如图 2-21 所示。

（5）干燥过程所需空气量及热耗的计算

干空气用量 L 为

$$L = \frac{m_{rw}}{x_2 - x_1} = \frac{91.84}{0.017 - 0.010\ 5}\text{kg 干空气}/\text{h} = 14\ 129\ \text{kg 干空气}/\text{h}$$

蒸发 1 kg 水所需的干空气量 l：

$$l = \frac{1}{x_2 - x_1} = \frac{1}{0.017 - 0.010\ 5}\text{kg 干空气}/\text{h} = 153.85\ \text{kg 干空气}/\text{kg 水}$$

蒸发 1 kg 水所需的湿空气量 l'：

$$l' = l(1 + x_0) = 153.85 \times (1 + 0.010\ 5)\text{kg 湿空气}/\text{kg 水} = 155.47\ \text{kg 湿空气}/\text{kg 水}$$

干燥所需热耗：

$$Q = l(I_1 - I_0) = 153.85 \times (111.8 - 45)\text{kJ}/\text{kg 水} = 10\ 277\ \text{kJ}/\text{kg 水}$$

2.5　干燥方法与干燥设备

2.5.1　干燥设备的分类及对干燥设备的要求

1. 对干燥设备的要求

（1）在保证物料或制品干燥质量的前提下，具有较高的干燥速率和单位容积蒸发强度；

（2）具有较低的单位能耗，即蒸发 1 kg 水所消耗的燃料和电能要低；

（3）易于调整工艺介质参数，优化干燥作业制度；

（4）在干燥设备的容积空间内物料或制品干燥的均匀性要好；

（5）干燥作业便于实现机械化和自动化；

（6）卫生状况符合环保要求。

2. 干燥设备

按作业循环分：间歇式干燥设备、连续式干燥设备；

按传热方式分：对流传热式、传导传热式、辐射传热式、对流-辐射传热式和介电式；

按载热体的类型分：热空气干燥、烟气干燥、水蒸气干燥和电流干燥等；

按工艺目的分：颗粒状物料的干燥、块状物料的干燥、陶瓷与耐火材料及砖瓦等制品的干燥、浆体物料的干燥等；

按结构和物料移动的特点分：炕式、室式、回转筒式、传送带式、喷雾式和流态化式干燥设备等。

3. 干燥设备选择

在干燥设备方面，块状制品应采用室式（厢式）干燥器、隧道干燥窑；颗粒状物料通常采用回转烘干机;陶瓷泥浆可采用喷雾干燥机;大型或异型的陶瓷、耐火材料坯体常采用自然干燥或辅以内热源加热,使之缓慢加热干燥,以防开裂。

干燥作业还可与材料生产过程中的其他单元操作,如破碎、粉磨及选粉同时进行,以简化工艺流程及设备,减少能源消耗、设备投资。风扫式煤磨、水泥原料烘干磨等即属此类。但此类系统一般仅适用于含水分较低的物料,对于含水分较高的物料仍需另设干燥设备,以保证下道工序的正常进行。

2.5.2 回转烘干机

回转烘干机也称为转筒式干燥器,可用于连续干燥砂子、矿渣、黏土等颗粒状或小块状物料,在材料、化工、冶金等领域有着广泛的应用。

1. 结构与工作原理

回转烘干机的主体是一个由厚度为 10～20 mm 钢板卷焊成的回转圆筒,斜度为 3%～6%,直径为 1～3.3 m,长为 5～30 m,长径比 5～8,转速为 2～7 r/min,筒体上装有轮带与大齿轮,由托轮支承回转式烘干机的生产流程如图 2-22 所示,其主要附属设备有燃烧室、喂料与卸料设备、收尘器和排风机等。

湿物料加入料仓 1,经料仓下料至皮带机 2,由皮带机 2 送至喂料端,经下料溜子进入烘干机5。由于筒体具有一定的倾斜度,物料就在筒体中连续不断地回转,在重力的作用下使得物料从高端向低端移动。在此过程中,由燃烧室 3 产生高温烟气或由其他设备带来的废热气体作为烘干介质,在烘干机尾部的排风装置的抽吸作用下进入烘干机筒体内。物料在移动的过程中逐渐与上述高温气体进行热交换,高温气体以对流、辐射、传导的方式将热量传给湿物料,这就是传热过程。物料被加热后,水分蒸发至烘干介质中,物料所含的水分被气流带走,这就是传质过程。物料由高端向低端运动,从低端落入出料罩,经翻板阀卸出,再由皮带机运走;废气经出料罩、收尘器 6、由排风机 7 经烟囱 8 排至大气。

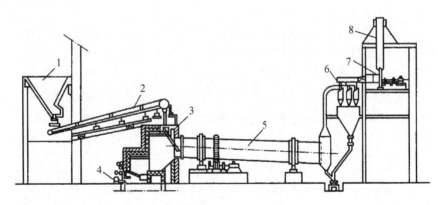

图 2-22　回转烘干机流程示意图

1—料仓;2—皮带运输机;3—燃烧室;4—鼓风机;5—烘干机;6—旋风收尘器;7—排风机;8—烟囱

在回转烘干机内部安装有扬料板,以提高气流和物料的传热面积,如图 2-23 所示。如图 2-23(a) 所示的抄板式烘干机适用于黏附性小的物料,如图 2-23(b) 所示的抄板式烘干机适用于黏附性较大的物料;扇形式烘干机(图 2-23(c))适用于密度大的大块物料,如石灰石、页岩等;蜂窝式烘干机(图 2-23(d))内物料的填充率较高,物料与气流的接触面积也较大,所以生产能力和热效率也较高;链条式烘干机(图 2-23(e))适用于黏性较大的物料,如黏土等;双筒式烘干机(图 2-23(f))则适合于物料不宜直接与高温烟气接触的物料。各种扬料装置可混合交错使用,分段组合,效果较好。有的烘干机在筒体进料端设有挡料圈或螺旋进料板,防止物料逆流溢出;有的则在出料端还设有环形挡料板,以提高物料在筒体内的填充系数。烘干机内的填充系数一般为 $10\%\sim15\%$。

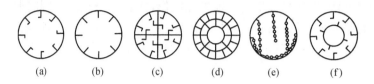

图 2-23 回转烘干机内部装置形式

(a)(b)抄板式;(c)扇形式;(d)蜂窝式;(e)链条式;(f)双筒式

2. 加热方式

回转烘干机是一种以对流或对流辐射换热方式的干燥设备,载热体介质为空气或高温烟气,介质温度较低时,主要是对流换热方式;温度较高时辐射换热方式占有一定比例。按介质对物料的加热方式来分有直接加热、间接加热与复合加热:

(1)直接加热式的特点是干燥介质与被烘干的物料直接接触,热效率高,流体阻力小;适用于被干燥物料对高温不敏感及不怕烟尘污染的情况。

(2)间接加热式的特点是干燥介质与物料不直接接触,传热效率及烘干效率比较低;适用于被干燥物料对高温气体敏感或怕烟尘污染,或易扬尘的粉状物料的烘干,但目前已经很少使用。

(3)复合加热式的特点是高温烟气不与物料相接触,温度降低后的烟气则与物料直接接触,热效率介于上述两者之间,流体阻力较大;适用于不能与高温气体接触,不怕污染的烘干,如煤的烘干。

3. 干燥介质与物料的流向

在材料工业中,回转烘干机大多采用直接加热方式完成干燥介质对物料的加热,按干燥介质与物料的流动方向,又可分为顺流式与逆流式两种。

1)顺流式

顺流式是指干燥介质与物料在烘干机中的运动方向一致,如图 2-24(a)所示。物料与干燥介质由筒体的同一端进入筒体内,温度低、含水分较多的物料与温度高、湿度低的气体首先接触,由于此时两者温差较大,热交换十分剧烈,物料温度很快上升到气体的湿球温度,进行等速干燥,又由于介质中湿度较低,与物料表面水汽的浓度差较大,所以干燥速度很快。随着物料和气体在烘干机内不断前进,干燥不断进行,物料水分逐渐减少,温度逐渐升高,而气体的温度却逐渐降低,湿度逐渐升高,干燥速率也逐渐进入降速阶段。所以,物料在筒体内的干燥速率是很不均匀的,如图 2-25(a)所示。

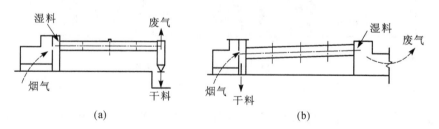

图 2-24 干燥介质与物料在回转烘干机内流向

顺流式回转烘干机的特点是物料脱水剧烈,干燥初期速率较大,干燥介质与物料的最终温度都相对较低,干燥速率不均匀,最终水分含量不能很低。

顺流式回转烘干机适用于以下情况的物料烘干:

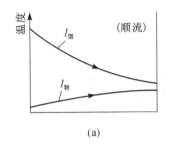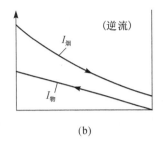

图 2-25　顺流式与逆流式回转烘干机内气流与料流温度

（1）初水分高、终水分要求不很低的物料；

（2）干物料对高温敏感的物料，如混合材的干燥；

（3）针对可塑性高的黏性物料，可减少物料黏结筒体的危险。

注意：当物料块度较大时，则不宜采用。因水分蒸发急而形成硬壳，影响内部水的蒸发，不易干透。适用于如黏土、矿渣、煤等物料的干燥。

2）逆流式

逆流式是指干燥介质与物料在烘干机中的运动方向是相反的，如图 2-24（b）所示。湿物料与高温低湿的气体分别由筒体的两端进入烘干机，在筒内相向流动。将要烘干的物料与温度高、湿度低的气体接触，而进入烘干机的湿物料则与温度低、湿度高的气体接触，这样造成了开始的等速阶段干燥速率不太快，而降速阶段干燥速率不太慢，因此整个干燥速率比较均匀。而且降速阶段干燥速率比顺流式要高，干物料出口温度也可以较高，气体与物料温度变化如图 2-25（b）所示。

逆流式回转烘干机的特点是干燥速率较均匀，物料的终水分较低，热效率较高，但出口物料温度高。

逆流式回转烘干机适用于以下情况的物料烘干：

（1）初水分低、终水分要求很低的物料；

（2）不能剧烈脱水的物料；

（3）干物料对高温不敏感的物料。适用于如砂子、石灰石等物料的干燥。

3）顺流式与逆流式的比较

对于同样性质的物料和气体，当采用逆流式烘干机。由干气体与物料平均温差很大，传热速率比较高，这是逆流式烘干的优点；但是逆流式回转烘干机有很大一部分热量被干物料吸收，造成物料出口温度较高，没有用来蒸发水分而损失掉，致使其热效率不高。就干燥速率来讲，当物料处于等速干燥阶段时，顺流式的干燥介质温度高、湿度低，而物料水分高，干燥速率很大；而逆流式的物料中水分也较高，但干燥介质的湿度已较大，温度已较低，其干燥速率必然小于顺流式。

可见，顺流式和逆流式相比较，逆流式的传热速率大于顺流式，而顺流式的干燥速率和热效率则大于逆流式。另外，从设备布置看，顺流式比逆流式易于布置。

有些材料生产厂，如水泥工业，为了达到综合利用能源，提高综合热效率的目的，还可不用燃烧室，而是烘干作业与破碎、粉磨、选粉工艺同时进行，以及将出悬浮预热器窑、预分解窑的废气作烘干热源来利用等，这些措施可使得烘干流程简化，节约了投资，各生产工艺在完成作业过程的同时还可进行物料烘干。由于减少了工艺环节，干料在运输和储存过程中的扬尘机会也会相应减少，采用烘干-粉磨系统时，要求原料水分不宜过高。如图 2-26 所示，这种流程在烘干机内设有喷水装置，用来调节温度和湿度，不仅能够烘干水分较高的水泥原料，以达到烘干物料的目的，而且可提高窑尾电收尘器的工作效率。

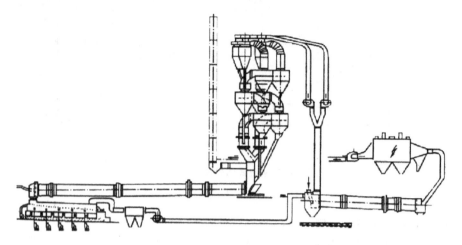

图 2-26　回转烘干机利用出预热器或冷却机废气作干燥介质的流程图

2.5.3　三筒烘干机

1. 三筒烘干机的结构

三筒烘干机是由三个不同直径的同心圆筒彼此相嵌组合而成,作为烘干机的主体,主体通过两端的轮带水平放置在两端的四个托轮上,筒体的两端设有密封装置,筒体的入料端设有燃油、燃气、燃煤等热风炉装置。卸料端设有防尘罩及自动下料装置。防尘罩通过管道与除尘器相连,除尘设备、喂料设备及输送设备可根据用户工艺条件和要求另行设计。三筒烘干机及其内部结构如图2-27所示。

图 2-27　三筒烘干机及其内部结构

2. 三筒烘干机的工作原理

待烘干的湿物料经喂料设备、入料管喂入内筒的入料端,湿物料通过螺旋导向板迅速推向螺旋扬料板,随着筒体的旋转,设在三个筒内的螺旋式扬料板致使物料被举升的同时,不断地翻滚、抛散并向出料端作纵向运动。与此同时从热风炉来的热气流,先后进入内筒、中筒、外筒与物料进行剧烈的热交换。由于金属钢板比被干的物料导热快,筒体的钢板、扬料板首先受热,然后又把热量以传导和辐射的方式传给物料,物料受热后温度升高,当温度升高到水分蒸发的温度时,水蒸气从物料中分离出来,随烟尘经除尘器后排入大气中,从而达到物料烘干的目的。

3. 三筒烘干机的特点

回转式三筒烘干机改进了原单筒烘干机内部结构,增加了入机前湿料的预烘干以及延长湿料在机内烘干时间,再加上密封、保湿以及合理的配套措施,使烘干机生产能力与原单筒式烘干机相比,提高 $50\%\sim80\%$,单位容积蒸发强度可达 $120\sim180\,\mathrm{kg/m^3}$,标准煤耗仅为 $6\sim8\,\mathrm{kg/t}$。其技术先进、运行参数合理,操作简单可行。可广泛应用于各个行业的矿渣、黏土、煤、铁粉、矿粉及其他混合材,建筑业的干混砂浆、黄砂等,以及化工、铸造等行业原材料的烘干。

2.5.4 隧道干燥窑

隧道干燥窑(又称洞道式干燥器)指干燥室的外壳为一狭长的通道,制品被放置于小车或输送带上,或被悬挂起来,连续不断地进出通道,与其中的热风进行接触干燥。这是一种连续操作的干燥器,是可用于陶瓷、耐火材料、砖瓦等制品的连续式干燥设备。干燥介质一般为热空气或烟道气等。

隧道干燥窑的工作原理:在干燥时,将需干燥的制品放置在干燥车上,依靠推车装置将干燥车按照一定的干燥制度,定期地由一端推进,由另一端推出。某些陶瓷厂,如墙地砖厂,为了不重复装卸车操作、减少坯件的碰损机会和减轻工人的劳动强度,直接用烧成隧道窑的窑车作为干燥车,这时干燥室截面应与相应的隧道窑相同。产品干燥后,直接转入隧道窑或辊道窑烧成。

隧道干燥窑结构简单,产量大,干燥制度较稳定,操作方便,干燥过程易控制,而且能耗也不大,热效率高,劳动条件好。但干燥时间较长,由于制品相对输送设备是静止的,因而会出现物料干燥不均匀的现象。其适用于大规模生产品种单一的产品。

图 2-28 为对流式隧道干燥窑构造示意图,图 2-29 为循环风式隧道干燥窑构造示意图。

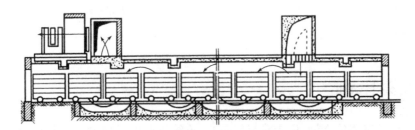

图 2-28 对流式隧道干燥窑构造示意图

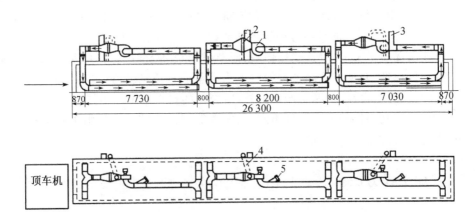

图 2-29 循环风式隧道干燥窑构造示意图(单位:mm)

1—通风机;2—散热器;3—排潮孔;4—蒸汽管;5—空气补充机

2.5.5 流态干燥器

流态化烘干机也称为沸腾式烘干机。它属于对流加热式干燥设备,用于连续干燥小块状或颗粒状物料。例如:砂子、黏土、矿渣、白云石等,其烘干效率很高。

双层流态化烘干机工作原理:热烟气或热空气以高于临界速度通过分布板上的物料层,使物料呈"沸腾"状态,热气体与物料之间进行气固二相热交换。图 2-30 为双层流态化烘干机的结构简图。

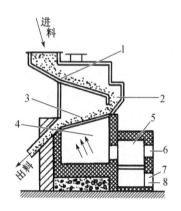

图 2-30 双层流态化烘干机的结构

1—布风板;2—捅料口;3—布风板;
4—冷风口;5—燃烧室;6—加煤口;
7—鼓风孔;8—掏灰口

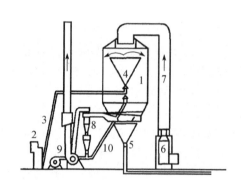

图 2-31 喷雾干燥机的流程示意图

1—干燥塔;2—隔膜泵;3—送浆管道;
4—喷嘴;5—卸料口;6—热风炉;7—热风道;
8—旋风收尘器;9—排风机;10—排风管

2.5.6 喷雾干燥机

喷雾干燥机用于浆体的干燥,属于对流加热式、连续作业的干燥设备。例如,水分为 40% 左右的泥浆,由泥浆泵送入雾化器,雾化成直径为 $50\sim300\,\mu m$ 的液滴群后与干燥介质接触,随后进行剧烈的热交换与质量交换。泥浆液滴脱水迅速,最终被干燥至含水分 5%~10% 的细粉料,再在重力的作用下集聚于塔底,由卸料装置卸出。含有微细粉尘的废气经旋风收尘器除尘后,由排风机经排风管排入大气。如图 2-31 所示的是喷雾干燥机的流程。

喷雾干燥机显著简化了工序,可连续操作,从而节省了设备及劳动力,可实现自动化操作。喷雾干燥的粉料颗粒呈球形(其他工艺制备的粉料多为棱角形),流动性好,能够很好地填充压模,因而能够适应压坯的连续式、自动、快速生产。另外,所制得的粉料还可以与泥浆混合,从而获得质量均匀、含水量准确的可塑泥料,并可用于日用陶瓷、电瓷等制造工艺。这是由于其细粉($<5\,\mu m$)在干燥过程中未流失,因此泥料的可塑性较好。

2.5.7 其他干燥方法

1. 红外线干燥

红外线干燥的原理是基于物质对于红外线的吸收率具有选择性。水是非对称的极性分子,其固有振动频率大部分位于红外波段内,只要入射的红外线频率与含水物质的固有振动频率一致,物质就会吸收红外线,从而产生分子的剧烈共振并转变为热能,于是温度升高,使水分蒸发而获得干燥。但是,由于物体吸收红外线是在其表面进行,所以表面温度高于内部温度,使热传导方向与湿传导方向相反,从而降低了坯体的最大安全干燥速率。因此红外线辐射干燥不适用于厚壁坯体,仅适用于薄壁坯体。

2. 工频电干燥

工频电干燥的原理是将湿坯体作为电阻并联于工频电路中,用焦耳热效应($I^2R = U^2/R$)产生的热量使其水分蒸发而干燥。通常以 0.02 mm 厚的锡箔或铜丝布作为引电极,用泥浆或树脂粘贴在坯体的两端,然后通以电流。随着坯体干燥过程的进行,其导电性能降低,而电流减小,这就需要逐渐增大电压,使电流基本不变。一般来说,干燥初期电压为 30~40 V 即可,到干燥后期需要增至 220 V。工频电干燥时,坯体整个截面上同时加热,但其表面由于水分蒸发及热量散失,使得表面的水分浓度和温度均低于坯体中心,因而使热、湿传导具有一致的方向,从而提高了最大安全干燥速度,可缩短干燥周期。工频电干燥适用于大型坯体的干燥,例如:玻璃熔窑所用大砖的坯体、大型电瓷坯体的干燥等。

3. 高频电干燥

高频电干燥的原理是将待干燥的湿坯体放置在频率为 500~600 kHz 的高频电场中,因电磁场的高频振荡,使得坯体中的分子发生非同步的振荡,产生热效应,从而使水分蒸发而得到干燥。坯体含水分越多或电场频率越高,介电损耗就越大,热效应亦越大,干燥速率相对也越快。高频电干燥使得坯体内部与表面的热、湿传导方向一致,从而提高了最大安全干燥速率。高频电干燥的优点是不需要电极,可用于干燥形状复杂的大型坯体;其缺点是设备复杂,电能消耗大且干燥坯体的终水分不够均匀。

4. 微波干燥

微波干燥的原理与高频电干燥相似,但其频率更高、波长更短,故透热深度和加热效果均比高频电干燥好,微波干燥的设备复杂,耗电量大,可用于形状复杂的坯体干燥。

思考题

1. 湿空气的性质参数有哪些?如何根据这些参数之间关系制作 $I-x$ 图?$I-x$ 图应用有什么条件?

2. 物料所含水分分为哪几种?各有什么特点?

3. 干燥过程分为哪几个阶段?各阶段各有什么特点?

4. 等速干燥阶段为什么也称为外扩散控制阶段?降速干燥阶段也称为内扩散控制阶段,在这两个阶段中影响干燥速率的因素分别是什么?

5. 制品在干燥过程中为什么有体积变化?对制品质量有什么影响?如何改善制品在干燥过程中的质量?

6. 简述回转烘干机的工作原理。回转烘干机的结构有什么特点?适合干燥哪些物料?

7. 根据干燥介质与物料的相对流动方向来分,回转烘干机分为哪几种?各有什么特点?适用烘干哪些物料?

习 题

1. 已知空气温度为 20 ℃，绝对湿度为 0.012 5 kg/m³，计算其相对湿度为多少？ 当时的水蒸气分压为多少？ 并计算该空气的湿含量及热焓量。

2. 已知空气干球温度为 30 ℃，湿球温度为 25 ℃，试用计算法和 I-x 图求该空气的湿含量、热焓量、相对湿度、绝对湿度、露点及水蒸气分压。（设总压为 99.3 kPa）

3. 用 20 ℃、相对湿度 50% 的冷空气与 50 ℃、相对湿度 80% 的热气体以 1∶3 的比例混合，用计算法与作图法求出混合气体的湿含量、热焓量及干球温度。

4. 温度为 20 ℃、相对湿度为 40% 的空气与温度为 70 ℃、相对湿度为 70% 的空气混合，混合后的温度为 45 ℃。再将此空气经加热器加热至 95 ℃ 进入干燥器，出干燥器时的废气相对湿度为 80%，试求在理论干燥过程中每蒸发 1 kg 水所消耗的空气量及热量。

5. 有一个干燥器，空气预热前温度为 20 ℃，相对湿度为 40%，预热后空气温度升至 170 ℃，然后送入干燥器，离开干燥器时的废气温度为 60 ℃。进入干燥器的湿物料相对水分为 5.4%，出干燥器后的相对水分为 1%。试求：

(1) 计算理论干燥过程中干燥每吨物料（产品计）所需空气量及消耗热量。

(2) 计算实际干燥过程中，当蒸发每千克水的热损失 $\Delta = 1\,256$ kJ/kg 时，干燥每吨物料所需要空气量及热量。

3 水泥生产热工过程与设备

水泥窑系统是将水泥生料在高温下烧成为水泥熟料的热工设备,它是水泥生产中一个极为重要的关键环节,因此,水泥窑也称为水泥厂的"心脏"。自从水泥生产工业化以来,水泥熟料煅烧走过了从立窑到传统干法回转窑,到湿法回转窑,到立波尔窑,再到新型干法水泥回转窑系统几个阶段;无论是在生产规模、生产指标和产品质量以及相应科学技术水平方面,都有重大进展与突破。本章将重点介绍新型干法水泥回转窑系统。

3.1 概述

3.1.1 水泥熟料的形成过程

石灰质、黏土质和少量铁质原料,按一定要求的比例配合,经过均化、粉磨、调配以后即制成生料。生料入窑后,经过一系列的物理化学反应烧制成了熟料,这个过程统称熟料煅烧过程。水泥熟料煅烧是个复杂的气-固、液-固和固-固相之间的高温反应过程。煅烧过程中所发生的物理化学变化在不同条件下进行的程度与状况决定了水泥熟料的质量和性能,也直接影响到水泥熟料的产量以及燃料、耐火材料的消耗和水泥窑的长期安全运转。各种物理化学反应过程分别概述如下。

1. 自由水蒸发

无论是干法生产还是湿法生产,入窑生料都带有一定量的自由水,由于加热,物料温度逐渐升高,物料中的自由水首先被蒸发,自由水蒸发热耗十分巨大,每千克水蒸发潜热高达 2 257 kJ(在 100 ℃以下);随着温度逐渐上升,物料逐渐被烘干,温度升到 100~150 ℃时,生料中的自由水全部被去除,这一过程也称为干燥过程。

2. 黏土质原料脱水

生料烘干后,继续被加热,温度上升较快,当温度升到 450 ℃时,黏土质原料中的主要组成高岭土($Al_2O_2 \cdot 2SiO_2 \cdot 2H_2O$)发生脱水反应,脱去其中的化学结合水,高岭土在失去化学结合水的同时,本身结构也受到破坏,形成游离的无定形的 SiO_2 和 Al_2O_3;在 900~950 ℃,由无定形物质转变成晶体,放出热量。

3. 碳酸盐分解

在 900 ℃左右,生料中的碳酸钙与碳酸镁分解放出 CO_2;碳酸盐(主要是 $CaCO_3$,少量 $MgCO_3$)的分解反应是典型的缩核型强吸热的气固反应,与反应温度、颗粒粒径、生料中黏土的性质和气体中 CO_2 的浓度等因素有关。

$$CaCO_3 \longrightarrow CaO + CO_2(g) - Q$$

$$MgCO_3 \longrightarrow MgO + CO_2(g) - Q$$

式中 Q——分解热,$Q_{CaCO_3} = 1\ 655$ kJ/kg $CaCO_3$,$Q_{MgCO_3} = 1\ 421$ kJ/kg $MgCO_3$。

4. 固相反应

在碳酸钙分解的同时,石灰质与黏土质组分间,通过质点的相互扩散,进行固相反应,其反应过程大致如下:

800 ℃:$CaO \cdot Al_2O_3(CA)$,$CaO \cdot Fe_2O_3(CF)$与$2CaO \cdot SiO_2(C_2S)$开始形成。

800~900 ℃:开始形成$12CaO \cdot 7Al_2O_3(C_{12}A_7)$。

900~1 000 ℃:$2CaO \cdot Al_2O_3 \cdot SiO_2(C_2AS)$形成后又分解。开始形成$3CaO \cdot Al_2O_3(C_3A)$和$4CaO \cdot Al_2O_3 \cdot Fe_2O_3(C_4AF)$。所有碳酸钙均分解,游离氧化钙含量达最高值。

1 000~1 200 ℃:大量形成C_3A和C_4AF,C_2S含量达最高值。

水泥熟料矿物固相反应是放热反应。固相反应放热量约为420~500 kJ/kg。理论上放热量达420 kJ/kg 时,可使物料温度升高300 ℃以上。

5. 熟料烧成

通常水泥生料在出现液相以前,硅酸三钙不会大量生成。到达最低共熔温度(一般硅酸盐水泥生料在通常的煅烧制度下约为1 250 ℃)后,开始出现液相。液相主要由氧化铁、氧化铝、氧化钙所组成,还会有氧化镁、碱等其他组分。1 280~1 450 ℃时液相量增多,C_2S通过液相吸收 CaO 形成C_3S,直至熟料矿物全部形成。

6. 熟料冷却

1 450~1 300 ℃时熟料矿物冷却。熟料的冷却从烧结温度开始,同时进行液相的凝固与相变两个过程。水泥熟料冷却的目的为:一是回收熟料带走的热量,预热二次空气,提高窑的热效率;二是迅速冷却熟料以改善熟料质量与易磨性;三是降低熟料温度,便于熟料的运输、储存与粉磨。

熟料冷却对矿物组成有很大影响。以熟料的化学分析数据计算熟料中各矿物含量,往往与实际各矿物含量有差别,除计算式是以纯矿物而不是以固溶体计算外,重要的是各种计算式均假定熟料在冷却过程中是完全达到平衡,为平衡冷却(冷却速度非常缓慢,使得液相反应充分进行)。如冷却速度很快,此时在高温下形成的液相,来不及结晶而冷却成玻璃相,称为淬冷。或者即使液相结晶,不是通过固、液相反应而是液相单独结晶,称为独立结晶。这与平衡冷却所得到的矿物组成差别较大。

3.1.2 熟料形成的热化学

1. 熟料形成热

熟料形成过程中发生的一系列物理化学反应,既有吸热反应,也有放热反应。生成1 kg 水泥熟料所需的净热量,就是熟料形成热,即熟料烧成的理论热耗。熟料形成过程中各种反应的热效应,见表3-1,表3-2为熟料矿物的形成热。

表 3-1　水泥熟料的形成温度和热效应

温度/℃	反　应	热性质	相应温度下1 kg 物料热效应
100~150	自由水蒸发	吸热	2 249 kJ/kg 水
450	黏土脱水	吸热	932 kJ/kg 高岭石
600	$MgCO_3$ 分解	吸热	1 421 kJ/kg $MgCO_3$
900	黏土中无定形物转变成晶体	放热	259~284 kJ/kg 脱水高岭石
900	$CaCO_3$ 分解	吸热	1 655 kJ/kg $CaCO_3$
900~1 200	固相反应生成矿物	放热	418~502 kJ/kg 熟料
1 250~1 280	生成部分液相	吸热	105 kJ/kg 熟料
1 300~1 450	C_3S+CaO　C_3S	微吸热	8.6 kJ/kg 熟料

表 3-2 熟料矿物的形成热

反 应	20 ℃时热效应/(kJ/kg)	1 300 ℃时热效应/(kJ/kg)
$2CaO + SiO_2(石英砂) = \beta C_2S$	放热 723	放热 619
$3CaO + SiO_2(石英砂) = C_2S$	放热 539	放热 464
$3CaO + Al_2O_3 = C_3A$	放热 67	放热 347
$4CaO + Al_2O_3 + Fe_2O_3 = C_4AF$	放热 105	放热 109
$\beta C_2S + CaO = C_2S$	吸热 2.38	放热 1.55

由表 3-1 和表 3-2 可知,在 900 ℃以下主要是吸热反应,可视为预烧阶段。1 000～1 450 ℃则以放热为主,在此阶段重要的是要保持一定的温度和保温时间,才能使反应得以完成,被称为烧成阶段。

2. 熟料热耗

生产 1 kg 水泥熟料所需理论热耗可根据热平衡计算求得,也可以由以下经验公式计算。

$$理论热耗=吸收总热量-放出总热量$$

$$Q_{sh} = 17.19\, m_{Al_2O_3}^{sh} + 27.10\, m_{MgO}^{sh} + 32.01\, m_{CaO}^{sh} - 21.40\, m_{SiO_2}^{sh} - 2.47\, m_{Fe_2O_3}^{sh} \quad (kJ/kg) \quad (3-1)$$

式中,"sh"是指"熟料",$m_{Al_2O_3}^{sh}$、m_{MgO}^{sh}、m_{CaO}^{sh}、$m_{SiO_2}^{sh}$、$m_{Fe_2O_3}^{sh}$ 分别为水泥熟料中所对应的各个氧化物的质量分数。

若考虑碱、硫的影响,则要对式(3-1)的计算结果进行修正,其修正公式为

$$Q_{sh}' = Q_{sh} - 107.90(m_{Na_2O}^{s'} - m_{Na_2O}^{sh}) - 71.09(m_{K_2O}^{s'} - m_{K_2O}^{sh}) + 83.64(m_{SO_3}^{s'} - m_{SO_3}^{sh}) \quad (kJ/kg)$$

$$(3-2)$$

式 3-2 中:$m_{Na_2O}^{s'}$、$m_{K_2O}^{s'}$、$m_{SO_3}^{s'}$;$m_{Na_2O}^{sh}$、$m_{K_2O}^{sh}$、$m_{SO_3}^{sh}$ 分别是以 1 kg 水泥熟料为基准的生料中与熟料中 Na_2O、K_2O、SO_3 的质量分数。

表 3-3 为熟料理论热耗的计算结果一实例。

表 3-3 熟料理论热耗计算实例

吸 热	kJ/kg 熟料	放 热	kJ/kg 熟料
原料由 20 ℃加热到 450 ℃	712(170)[①]	脱水黏土产物结晶放热	42(10)
450 ℃黏土脱水	167(40)	水泥化合物形成放热	418(100)
物料自 450 ℃加热到 900 ℃	816(195)	熟料自 1 400 ℃冷却到 20 ℃	1 507(360)
碳酸钙 900 ℃分解	1 988(475)	CO_2 自 900 ℃冷却到 20 ℃	502(120)
分解的碳酸盐自 900 ℃加热到 1 400 ℃	523(125)	水蒸气自 450 ℃冷却到 20 ℃(包括部分水分冷凝)	84(20)
熔融净热	105(25)		
合 计	4 311(1 030)	合 计	2 553(610)

① 括弧内数字单位为 kcal/kg 熟料,1 kcal=4.186 8×10³ J。

上述计算是假定生产 1 kg 熟料所需的生料量为 1.55 kg,石灰石和黏土的比例为 78∶22。据此,按物料在加热过程中的化学反应热和物理热,计算得 1 kg 熟料的理论热耗为:

$$4\,311-2\,553=1\,758\ kJ/kg\ (或\ 1\,030-610=420\ kcal/kg)。$$

由于生料组成不同,熟料形成理论耗热量也可能有所不同,但波动不大,基本均在 1 675~1 800 kJ/kg 的范围内。通常可据此作为 Q_{sh} 的选值依据。如没有必要,可不进行详细的理论热耗计算。

在实际生产中,由于熟料形成过程中物料不可能没有损失,也不可能没有热量损失,而且废气、熟料不可能冷却到计算的基准温度(0 ℃或 20 ℃),因此,熟料形成的实际消耗热量要比理论热耗大。每煅烧 1 kg 熟料窑内实际消耗的热量称为熟料实际热耗,简称熟料热耗,也叫熟料单位热耗。影响熟料热耗的因素主要有以下几方面。

1) 生产方法与窑型。如湿法生产需蒸发大量的水分而耗热巨大,而新型干法生料粉在悬浮态受热,热效率较高。因此,湿法热耗均高于干法,新型干法生产的熟料热耗则比干法中空窑热耗要低。窑本身的结构、规格大小也是影响熟料热耗的重要因素,传热效率高,则热耗低。

2) 废气余热的利用。如熟料冷却时产生的废气可用作助燃空气或是利用窑尾废气余热发电,提高煅烧设备的热效率,从而可降低熟料热耗。

3) 生料组成、细度及生料易烧性。易烧性好的生料,则热耗低,而易烧性差的生料、生料颗粒粗时则热耗增大。

4) 燃料不完全燃烧热损失。燃料的不完全燃烧包括机械不完全燃烧、化学不完全燃烧。燃煤质量不稳定及质量差、煤粉过粗或过细、操作不当等均会引起不完全燃烧。煤燃烧不完全,煤耗必然增加,故熟料热耗增大。

5) 窑体散热损失。窑内衬隔热保温效果好,则窑体散热损失小,否则散热损失大,熟料热耗增加。

6) 矿化剂及微量元素的作用。适量加入矿化剂或复合矿化剂、晶种,或合理利用微量组分,则可以改善易烧性或加速熟料烧成,从而降低熟料热耗。

此外,稳定煅烧过程的热工制度,提高煅烧设备的运转率和水泥窑的产量等均有利于提高窑的热效率,降低熟料热耗。

3. 熟料煅烧设备的分类

工业上所使用的水泥窑有立窑和回转窑两大类。回转窑又包括干法中空回转窑(传统干法生产)、湿法回转窑(各种长、短湿法回转窑)、立波尔窑(半干法生产)、悬浮预热器窑(SP 窑)和窑外分解窑(NSP 窑)。其中,SP 窑和 NSP 窑又统称为新型干法水泥回转窑系统。当今,立窑、湿法回转窑、干法中空回转窑和立波尔窑由于热耗高等原因,已逐渐被淘汰,本章重点讨论 SP 窑和 NSP 窑。水泥窑的基本类型可参见表 3-4。

表 3-4　水泥窑的类型特征和主要指标

窑型	分类	所带附属设备	长径比 (L/D)	单位热耗 Q /(kJ/kg)	单机生产能力 (大型)/(t/d)
回转窑	湿法回转窑	湿法长窑:有带内部热交换装置如链条,格子式交换器等	30~38	5 300~6 800	3 600
		湿法窑:带外部热交换装置,如料浆蒸发机、压滤机、料浆干燥机等	18~30	5 250~6 200	1 000
	干法回转窑	干法长窑:中空或带格子式热交换器等	20~38	5 300~6 300	2 500~3 000
		干法窑:带余热锅炉等	15~30	3 020~4 200 (扣除发电)	3 000

窑型	分类	所带附属设备	长径比 (L/D)	单位热耗 Q $/(kJ/kg)$	单机生产能力 （大型）$/(t/d)$
回转窑	干法回转窑	新型干法窑：带悬浮式预热器或预分解炉（SP 或 NSP）	14～17	3 000～4 000	5 000～12 000
	半干法窑	立波尔窑：带炉箅子加热机	10～15	3 350～3 800	3 300
立窑	机械化立窑	带连续机械化加料及卸料设备	$H/D=3～4$	3 500～4 200	240～300
	普通立窑	带机械加料器、人工卸料	4～5	3 600～4 800	45～100

3.2 回转窑

3.2.1 概述

回转窑是熟料煅烧系统中的主要设备。由于系统组合的不同，回转窑所完成的功能有所差异。主要具有五大功能：

(1) 输送装置。回转窑是一个倾斜的回转圆筒（斜度一般为 $3\%～5\%$），生料由圆筒的高端加入（即窑尾），在窑的不断回转运动中，物料从高端向低端（即窑头）逐渐运动。

(2) 燃烧装置。回转窑具有广阔的空间和热力场，可以提供足够的空气，装设优良的燃烧装置，保证燃料充分燃烧，为熟料煅烧提供必要的热量。

(3) 换热器。窑内燃料燃烧产生的热量以传导、对流和辐射的方式传给物料，窑内具有比较均匀的温度场，可以满足水泥熟料形成过程中各个阶段的换热要求，特别是阿利特矿物生成的要求。

(4) 高温反应器。熟料在形成过程中，发生了一系列的物理、化学反应，回转窑可分阶段地满足不同矿物形成对热量、温度的要求，又可满足它们对时间的要求。

(5) 具有降解利用废物的功能。由于回转窑具有较高的温度场和气流滞流时间长的热力场，既可处理城市污泥、城市垃圾等，又可降解化工、医药等行业排出的有毒、有害废弃物；同时，可将其中的绝大部分重金属元素固化在熟料中，生成稳定的盐类，避免了垃圾焚烧炉容易产生的二次污染。

物料进入回转窑后在高温作用下，进行一系列的物理化学反应，按照不同反应在回转窑内所占的空间，给予一个专用名词叫作"带"。由生料变为熟料，一般要经过自由水分蒸发、黏土质原料脱水、碳酸盐分解、固相反应、烧成反应和冷却等六个过程，因此，相应地把回转窑分为干燥、预热、碳酸盐分解、放热反应、烧成及冷却等六个带。需要指出的各带不一定都在回转窑筒体内进行，如带预热设备及分解炉的回转窑有的干燥带在窑外，有的干燥和预热带在窑外，有的干燥、预热及分解带均在窑外。只有湿法长窑各带均在回转窑筒体内，下面我们以湿法长窑为例，说明各带的划分及其特点(图 3-1)。

1. 干燥带

该带物料温度为 $20～150\ ℃$，气体温度为 $250～400\ ℃$。含有大量水分且温度为 $20\ ℃$ 的料浆进入窑内，首先被热气流加热，温度渐渐升高后水分开始缓慢蒸发，此时的物料温度上升较快，这一阶段称为升温阶段。当物料温度达到一定温度时，水分开始迅速蒸发，大量热量用于水的汽化上，

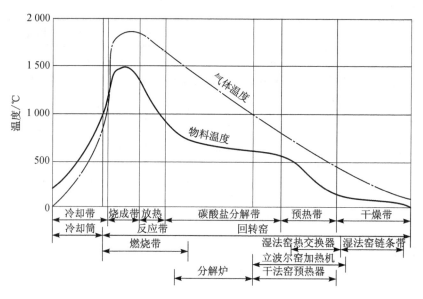

图 3-1　回转窑内物料及气体分布图

因此物料温度上升较慢,这个阶段称为蒸发阶段。在水分减少到一定程度后,蒸发速度渐渐变慢,物料温度又开始迅速上升,直到约 150 ℃时水分全部蒸发,物料离开干燥带而进入预热带。

湿法生产干燥带消耗热量较多,为提高热交换效率,往往在干燥带的大部分空间挂有链条作为热交换器,因此,也称作"链条带"。干法回转窑由于入窑物料水分很少,因此在回转窑内几乎没有干燥带。

2. 预热带

该带物料温度在 150～600 ℃之间,气体温度在 500～800 ℃之间。离开干燥带的物料在窑内继续前进,温度迅速升高,黏土中的有机物发生干馏和分解,同时高岭土开始脱水反应。此反应吸收热量不多,所以物料温度上升较快,温度曲线较陡。这一带为碳酸盐的分解创造了条件,因此称作预热带。

对于干法带预热器的回转窑和带分解炉的回转窑,这一带处于预热器内;对于立波尔窑,这一带处于加热机内。

3. 碳酸盐分解带

该带物料温度在 600～1 000 ℃之间,气体温度在 1 000～1 400 ℃之间。当物料温度上升到 600 ℃时,生料中的碳酸镁大量分解,当温度继续升高到 900 ℃时,碳酸钙大量分解需要热量较多,所以物料温度上升很慢;同时由于分解后放出大量 CO_2 气体,使粉状物料处于流化状态,物料运动速度很快。此带需要热量最多,物料运动速度又快,要完成分解任务,需要一段较长的距离,一般干法窑的分解带占全窑长的 50%左右,湿法窑的占全窑长的 30%左右,所需要的热量占干法窑总热耗的 40%左右,湿法窑的 30%左右。因此,提高这一带的热交换效率是降低热耗、提高产量或保持同等产量缩小筒体尺寸的关键所在。

4. 放热反应带

该带物料温度为 1 000～1 300 ℃,气体温度为 1 400～1 600 ℃。由于碳酸钙分解产生大量氧化钙,与其他氧化物进一步发生固相反应生成矿物,并放出一定热量,故称为"放热反应带"。由于该带是放热反应,所以物料温度迅速上升,因此,该带长度占筒体长度的比例很小。但是它对回转窑的操作控制起着很重要的作用,这是由于火焰对物料的加热和放热反应的结果,使该带的物料与分解带的物料有着较大的温差。物料在高温下发光性较强,在低温下发光性较弱,出于光差的对比,分解带物料显得暗些。从窑头能观察到明暗的界线,即一般所说的"黑影"。一般情况下,就是根据这个黑影的位置来判断窑内物料运动情况、放热反应带的位置,进而判断窑内温度高低。

5. 烧成带

该带物料温度为 $1\,300\sim1\,450\ ℃$。物料直接受火焰加热,火焰最高温度可达 $1\,800\ ℃$ 左右。当物料达到 $1\,300\ ℃$ 时,熔剂矿物 C_4AF、C_3A 等开始熔融并出现液相,CaO 与 C_2S 溶解在其中,C_2S 吸收游离 CaO,化合生成 C_3S。因此该带有的也称"石灰吸收带",我国通常称为"烧成带",熟料在这一带内完全形成了。

6. 冷却带

该带物料温度由烧成带的 $1\,300\ ℃$ 冷却至 $1\,000\ ℃$ 左右。物料被冷却成坚固的灰黑颗粒,进入冷却机内再进一步冷却。在冷却带内气体和物料进行热交换将熟料冷却而本身被加热,作为二次空气供燃料燃烧之用。

需要说明的是,各带的划分是人为的,同时各带是互相交叉存在的。例如在分解带内,有些矿物的形成反应已经开始,而在放热反应带内也还有剩余的 $CaCO_3$ 在继续分解。在实际生产中,由于窑内温度不同、喂料量不同,各带的位置和长度也经常发生变化。

3.2.2 回转窑的结构

回转窑由筒体、支承装置、传动装置、密封装置、喂料装置等部分组成。

回转窑的基本结构如图 3-2 所示。生料由喂料装置从窑尾加入,燃料由煤粉燃烧装置从窑头喷入,在窑内进行燃烧,放出的热量加热生料,使生料烧成为熟料。由于窑的筒体有一定斜度,并且不断地回转,使熟料逐渐向前移动,最后从窑头卸出,进入冷却机。废烟气由排风机抽出,经过收尘器后,由烟囱排入大气。

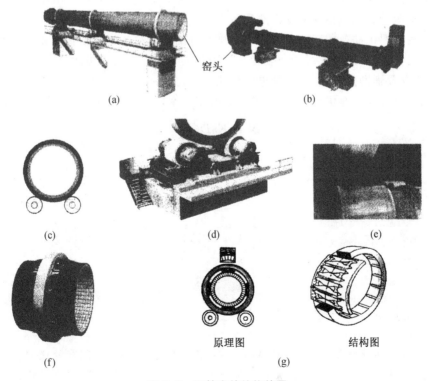

图 3-2   回转窑的结构简图

(a)三点支撑;(b)两点支撑;(c)(d)(e)轮带与扎轮;(f)轮带;(g)齿槽式固定的轮带

1. 筒体

一般用不同厚度的 A3 钢板，先卷制成一段一段的圆筒段带，然后再焊接成规定长度的长筒体。回转窑筒体的规格用直径（D）×长度（L）（单位：m）表示，直径为 2～7 m，长度为 30～230 m，窑筒体钢板厚度需通过计算确定，通常采用 18 mm、20 mm、25 mm、32 mm 等几种规格；在应力较集中的段带（如轮带处）钢板厚度可用到 40～75 mm。为便于物料输送，窑筒体倾斜放置，斜度一般为 3%～5%。

2. 支承装置

窑筒体借助轮带支撑在成对的托轮上，托轮固定在混凝土基础的支架上，托轮共有 2～9 对，视窑体长度而定。为了限制并检验窑体在加热与运转时的纵向移动，在传动设备附近的一个轮带其两侧还安装了一对挡轮，由轮带、托轮组和一对挡轮组成了回转窑的支承装置，对窑体起着轴向和径向的定位作用，使筒体能够安全平稳地回转运动。其支承结构示意图如图 3-3 和图 3-4 所示。

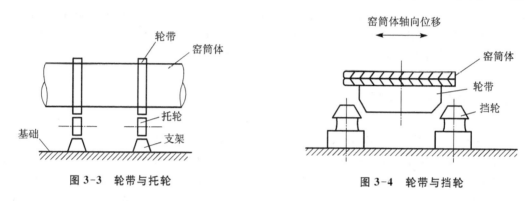

图 3-3　轮带与托轮　　　　　　　图 3-4　轮带与挡轮

3. 传动装置

回转窑借助安装在筒体中部或靠近窑尾的大齿轮带动，转速在 1～4 r/min。传动系统有机械传动和液压传动两类。机械传动需要减速比很大的减速机，将主电机的高速旋转传给小齿轮，再与筒体上大齿轮啮合而带动窑回转。也可采用对称布置的两台电机实行双传动系统。回转窑在运行时往往需要改变转速，应采用无级变速装置。为避免临时断电停窑或事故停窑，筒体热重力变形造成的弯曲，需要设置辅助传动设备，在断电时仍能维持窑 1～4 r/h 的慢转。

回转窑用主电机及减速机选型时，需要计算所需功率，式（3-3）为计算功率的经验公式。

$$N = KnD_i^{2.5}L \tag{3-3}$$

式中　N——回转窑所需功率，kW；

　　　D_i——窑筒体有效内径，m；

　　　L——窑体长度，m；

　　　n——窑转速，r/min；

　　　K——系数，干法或湿法长窑 $K=0.048～0.056$，立波尔窑或预热器窑 $K=0.045～0.048$。

则所选电机的功率 N_m 应为

$$N_m = kN \tag{3-4}$$

式中　k——电机储备系数，一般取 1.15～1.35。

4. 密封装置

从工艺角度说，回转窑要保持煤、风、料的合理配合关系，保证热工制度的稳定。为了防止随机性漏风、漏料，在窑尾与烟室连接处以及回转筒体与窑头的接合处均应装有密封装置。密封装置除要求有良好密封性能之外，还要对筒体变形有一定的适应性，且耐高温与耐粉尘的能力要强，结构简单,维修方便,造价低廉。

密封装置类型主要有迷宫式和接触式两大类。每类又有径向密封和轴向密封之分。迷宫式密封装置(图 3-5)是利用空气多次通过曲折通道增大流动阻力而防止漏风的,由于迷宫预留间隙不可能太小(一般为 20~40 mm)因此密封效果不理想,限用于内外气体压差不大的场合。用铸铁HT15-33 作摩擦密封板的接触式密封装置如图 3-6 所示,筒体一圈有若干块摩擦板,每块板分别用两个弹簧压向筒体以密封。现多用石墨块代替铸铁作摩擦板并在结构上作了改进,不仅延长了使用寿命,而且改善了密封效果。

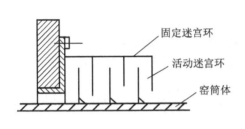

图 3-5 迷宫式密封装置示意图

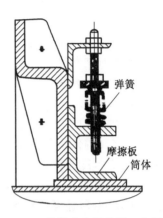

图 3-6 接触式密封装置示意图

在设计、制造、安装、操作和维护的各个环节上都要保证窑筒体的直线性公差小于规定值,同时尽量减少产生径向变形的各种因素。

3.2.3 回转窑的工作原理

回转窑主要过程的基本规律介绍如下。

1. 回转窑内的物料运动

物料在窑内的运动方式,影响到料层温度的均匀性、物料运动速度、物料受热时间和反应时间。物料运动的速度又影响到物料在窑内停留时间和物料在窑内的填充系数,影响到气固换热的有效接触面积和窑内气体运动的速度和阻力损失。

物料喂入回转窑内,物料由窑尾向窑头运动。物料在窑内的运动过程比较复杂,为简化起见,假设一个物料颗粒的运动情况;假设物料与窑壁之间,以及物料内部没有滑动,当窑回转时,物料靠着摩擦力随窑一起运动,如图 3-7 所示。

当窑转动时,物料由点 A 被带到一定高度,即达到物料自然休止角(图 3-7 中点 B)时,由于物料颗粒本身的重力,使其沿着料层表面滑落下来,因窑体有斜度,所以物料颗粒不会落到原来的点 A,而是向窑的低端移动了 Δx 的距离,落到点 C。在点 C 又重新被带到点 D 再落到点 E,如此重复不断前进。可以设想,物料颗粒运动所经过的路程像一根半圆形的弹簧。

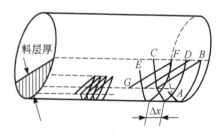

图 3-7 物料在窑内运动示意图

在实际生产中物料是多层堆积在窑内,故其运动比较复杂,影响因素也比较多,很难用一个简明的公式准确计算物料在窑内的运动速度。式(3-5)是一个常用的计算公式。

$$v_{\mathrm{m}} = \frac{D_i n\beta}{1.77\sqrt{\alpha}} \tag{3-5}$$

$$t_{\mathrm{m}} = \frac{L}{v_{\mathrm{m}}} = \frac{1.77L\sqrt{\alpha}}{D_i n\beta} \tag{3-6}$$

式中　v_{m}——物料在窑内运动的速度,m/s;

　　　L——窑的长度,m;

　　　t_{m}——物料在窑内停留时间,min;

　　　n——窑的转速,r/min;

　　　α——物料的休止角,(°);

　　　β——窑的倾斜角度,(°);

　　　D_i——窑的有效直径,m。

由式(3-5)可知:

1) 物料在窑内运动速度与窑的斜度 β、窑的有效内径 D_i;和窑速 n 成正比,与物料休止角 α 的平方根成反比。物料的休止角随物料温度和物理性质而异,窑内物料的休止角 α 一般为 35°~60°,烧成带 α 为 50°~60°,冷却带 α 为 45°~50°。

2) 当窑直径一定时,v_{m} 与 β,n 的乘积成正比,当物料运动速度要保持不变时,β 与 n 成反比,即窑的斜度 β 大,窑的转速可以小些。

3) 在正常生产中,D_i,β,α 基本是定值,因此要改变物料运动速度,只能通过改变窑的转速 n 来实现。在不同的窑型中,物料的综合平均速度有很大的差别。一般湿法窑的窑速 n 为 0.5~1.5 r/min,新型干法窑的转速较快,一般可达 3.6~3.8 r/min,当喂料量不变时,窑速愈慢,料层愈厚,物料被带起的高度也愈高,贴在窑壁上的时间愈长,在单位时间内的翻滚次数愈少,物料前进速度亦愈慢。窑速愈快,料层愈薄,物料被带起的高度愈低,单位时间内翻滚次数愈多,物料前进速度愈快。窑内料层厚,物料受热不均匀,产量虽高,质量不易稳定。在生产操作中经常用调整窑的转速来控制物料的运动速度,新型干法窑常用较快的窑速,采用薄料快烧的方法。

当回转窑的喂料量一定时,物料运动速度还影响物料在回转窑内的填充率(或称物料的负荷率),即窑内物料的容积占整个窑筒体容积的体积分数,可用式(3-7)表示和式(3-8)计算。

$$\varphi = (窑内堆积物料所占体积 / 相应窑的总容积) \times 100\% \tag{3-7}$$

$$\varphi = \frac{G}{3\,600w\,\frac{\pi}{4}D_i^2\gamma} \times 100\% \tag{3-8}$$

式中　φ——回转窑的填充率,%;

　　　G——单位时间内窑内通过物料量,t/h;

　　　γ——物料容积密度,t/m³;

　　　w——物料在窑内的运动速度,m/s;

　　　D_i——回转窑的有效直径,m。

从式(3-8)可以看出,当喂料量 G 保持不变时,物料运动速度加快,窑内的物料负荷率必然减少,反之就会增大。在熟料生产的过程中,要求窑内的物料填充系数最好保持不变,以稳定窑的热工制度。当预烧和煅烧不良需要降低窑速时,要相应地减少喂料量,以保持窑内物料厚度,即物料填充系数不变。因此,窑的传动电机的转速应与喂料机电动机转速同步,使窑的转速与生料喂料量有一定的比例,这在实际操作中很重要。

由于回转窑内的物料运动伴随着热化学过程同时进行,虽然窑的斜度及转速一定,窑内物料平均运动速度基本保持不变,但由于窑内各带物料煅烧过程不同,导致物料的性质变化,从而使窑内各带物料的实际运动速度是不同的。窑内各带物料运动速度分布以 $D3.6/3.3/3.6×150$ m 湿法窑实测值为例,具体数据见表 3-5。

表 3-5 $D3.6/3.3/3.6×150$ m 窑内各带物料运动速度

带名	带长/m	物料平均运动速度/(m/s)	物料停留时间/min
冷却带	6.5	0.307	21.10
烧成带	6.5	0.473	13.70
放热反应带	8.0	0.660	12.14
分解带	57.0	0.646	88.24
预热带	8.1	0.530	15.27
脱水带	10.0	0.577	17.34
干燥带	24.0	0.405	59.23
链条带	22.0	0.477	46.36
中空带	5.0	0.487	10.62
总计(或平均)	147.1	0.506	284.0

从表 3-5 可看出:各带物料运动速度相差较大,从干燥带向前运动速度逐渐增加,分解带最快,以后又逐渐减小。物料在窑内的运动速度,与物料的物理性质(粒度、松散程度、黏度等)有关,物料粒度愈小,物料运动速度愈快。湿法长窑和传统的干法窑,生料碳酸盐分解过程全部在窑内进行,不仅使分解带热耗量大,并且因为碳酸盐分解放出的 CO_2 气体导致物料处于流化状态,物料运动速度最快。烧成带由于部分熔融物料黏度大,所以物料运动速度慢。此外,物料流速还与排风、窑内是否结圈、结大块等因素有关。一般在风大、窑内结圈、窑速慢等情况下,物料运动速度慢,反之运动速度就快。悬浮预热器窑,尤其是预分解窑的生料预热和碳酸盐分解过程基本上是在预热分解系统中进行的,从而使窑内物料运动速度趋于一致,这也是预分解窑转速大幅度提高的原因。

2. 回转窑内气体运动

为使燃料能完全燃烧,要从窑头提供大量的助燃空气,而窑内产生的废气又要及时从窑尾排出。回转窑通常采用强制通风的方法,在窑尾安装排风机,使窑内产生负压,保证煤粉的完全燃烧并形成一定的火焰形状和长度,及时排出窑内的废气。

气体在窑内运动过程中,伴随化学反应和传递过程。因此,沿窑长度方向上,气体的组成、温度、流量、流速和流型是不断变化的。从热端看,气体的流型主要取决于喷煤管的结构和参数,故流场分布很难有代表性的描述,但可以认为窑内各带气体运动都处于高度湍流状态,这对于传递过程是有利的。

热端气体温度一般为 1 600~1 700 ℃,新型干法窑冷端气体温度为 950~1 100 ℃。

窑内气体流速的大小,一方面影响对流传热系数,另一方面也影响窑内飞灰的多少,同时还影响火焰的长度。当流速增大,对流传热速率快,但气流与物料接触时间短,废气温度可能升高,热耗增加且飞灰大,使料耗增大;若流速过低,传热速率低,使产量降低,同时为了保持窑内适当的火焰长度,要求有适当的气体流速。窑内各带气体流速不同,一般以窑尾风速来表示,一般各类窑中气体流速在 6~15 m/s 之间。

回转窑内气体流动的阻力不大,只是因物料翻动略有增加。对中空窑主要是摩擦阻力,摩擦因数一般为 0.05 左右,其阻力大小主要决定于气体流速,一般每米窑长的流体阻力为 0.6~1.0 mm

水柱。在正常生产时,零压面控制在窑头附近,窑头保持微负压状态,约 $10\sim30$ Pa,根据窑长大致可估计窑尾负压,对于长度在 60 m 以上的大窑,窑尾负压也仅为 $200\sim400$ Pa。在正常操作中,应稳定窑头、窑尾负压在较小的范围内波动,否则影响火焰的形状和刚度。

窑头及窑尾负压反映二次风入窑及窑内流体阻力的大小。当冷却机情况未变,窑内通风增大时,窑头、窑尾负压均增大;当窑内阻力增大(窑内有结圈或料层增厚时),则窑尾负压也增大,而窑头负压反而减小。在生产中当排风机抽力不变,可根据窑头、窑尾负压的变化来判断窑内情况。

3. 回转窑内燃料燃烧

气体燃料、液体燃料和固体燃料均可作为回转窑内所用燃料。我国主要使用煤作燃料,通常将煤制成煤粉后喷入窑内燃烧,其燃烧强度和形成的火焰需满足水泥熟料煅烧要求。

燃料燃烧形成火焰,必须控制燃料燃烧时火焰的长度、形状和稳定性及温度的合理分布,以保证在回转窑内煅烧工艺所要求的温度区间,使生料在窑内各个带完成一系列的物理化学变化形成熟料。在回转窑内燃料燃烧很重要,它直接影响着熟料的产量、质量和能源的消耗,窑皮厚度和长度、窑衬寿命、筒体温度及对环境污染。因此,对燃料本身和燃烧过程都有一定的要求。为了保证烧成带的温度和热力强度以及火焰的稳定性,对煤粉的质量要求一般为:低位热值 $Q_{net}>20\ 600$ kJ/kg,水分$<1\%\sim2\%$,挥发分$=18\%\sim30\%$,细度$<10\%$(0.08 mm 方孔筛筛余),灰分$<25\%\sim30\%$。

煤粉自喷煤管以较高的气流速度($40\sim80$ m/s)送入窑内,经过干燥、预热、干馏、挥发分着火燃烧、固定碳着火燃烧和燃烬完成燃烧过程。从着火到完全燃烧的全过程是在前进着的气流中进行的,因而形成了火焰的外廓。通过喷煤管输送煤粉的空气(冷风)称为一次风,此用量不宜过多,对于多通道喷煤管一般占窑用燃烧空气量的 $10\%\sim15\%$。大量的二次风(热风)由冷却机提供,被预热到 $600\sim1\ 000$ ℃,既能回收熟料中的余热,又可促进燃料完全燃烧并提高燃烧温度。为保证煤粉在窑内完全燃烧,一、二次风用量的总和应高于理论空气量,过剩空气系数控制在 $1.05\sim1.10$。

窑内火焰覆盖的区间称为燃烧带。火焰中部温度最高,达 $1\ 600\sim1\ 800$ ℃,此时物料被加热到 $1\ 300\sim1\ 450$ ℃,其中约 $25\%\sim30\%$ 的物料熔融生成液相,黏附在窑内耐火材料的表面,形成一定厚度的黏稠状物料,俗称主窑皮。这一区域是熟料矿物全部烧成的地带,也称为烧成带。通常烧成带的长度就用主窑皮的长度来判定。平整的窑皮、合适的厚度和长度,是窑内煅烧制度稳定正常的标志。窑皮的形成还可以保护窑内耐火材料,延长回转窑的运转周期。窑头较低温度区就是窑内的冷却带,新型干法窑冷却带很短。

在单位时间内,燃烧发热量一定时,火焰过长,烧成带的最高温度会下降,且煅烧物料中液相会过早出现,导致大量未燃煤粉到达窑内过渡带尾端而造成后结圈(煤粉圈),从而影响熟料的质量并增加热耗。反之,火焰过短,高温部分过于集中,容易将窑皮或衬料烧坏,并会在冷却带造成前结圈(熟料圈),不利于窑的长期安全运转。应根据窑的规格、热耗和窑的系统匹配来决定合理的火焰长度,通常大约是窑有效内径的 $4\sim5$ 倍。

煤粉在窑内的燃烧情况与喷煤管的结构尺寸和操作参数有很大关系。常用喷煤管的结构介绍如下。

1) 传统的窑用单通道喷煤管

传统的窑用喷煤管是单通道式,如图 3-8(a)所示。为了提高风煤流的喷出速度,保证火焰有足够的"刚度",在单通道式喷煤管出口处常增加一节倾角为 $1°\sim6°$ 的拔哨。同时为使喷出的气煤流有一定稳定性,在该拔哨后又增加一个直管。为加强风、煤之间的混合,有的单通道喷煤管内还有一段风翅,增加风煤混合,如图 3-8(b)所示。采用单通道喷煤管时,回转窑内的火焰形状一般是固定的,无法调整。火焰纵向位置的调整只有依靠喷煤管沿纵向的前后移动来完成。单通道喷煤管所用的一次风量较大,一般为助燃总风量的 $20\%\sim30\%$,一次风速只有 $40\sim70$ m/s(个别可达90 m/s)。

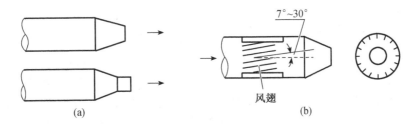

图 3-8　单通道喷煤管的结构

(a) 外形；(b) 内部结构

2) 新型干法窑用多通道喷煤管

目前,窑用单通道喷煤管已被多通道喷煤管所取代。窑用多通道喷煤管的类型很多,根据风道的数量,可分为双通道、三通道和四通道喷煤管。这些窑用多通道喷煤管的共同特点是将一次空气分成多股,常见的有:内风、煤风和外风,这些风具有各自不同的风速和风向。喷煤管的外面还有一个耐火保护层,如图 3-9 所示。

图 3-9　多通道喷煤管耐火保护层

(1) 三通道喷煤管。窑用三通道喷煤管是最早出现的窑用多通道喷煤管,最初是由法国皮拉德(Pillard)公司研制开发的一种煤粉燃烧器,如图 3-10 所示。

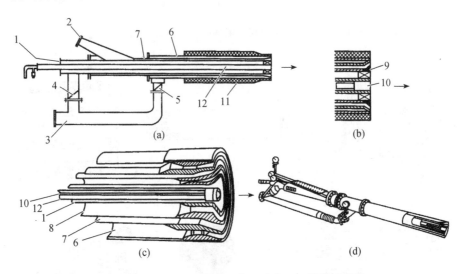

图 3-10　皮拉德公司早期的一种窑用三通道喷煤管

(a) 原理图；(b) 端部的局部放大平面图；(c) 端部的局部放大主体图；(d) 立体图(KR-K 型)
1—调节器；2—煤风入口；3—净风管道；4—内风调节阀门；5—外风调节阀门；6—外风通道；
7—煤风通道；8—内风通道；9—钝体；10—燃油喷嘴(点火器)；11—耐火保护层；12—供油管

这种喷煤管的内、外两个通道为净风道,分别称为内风通道和外风通道。内风通道出口端装有旋转叶片,所以内净风又称内旋流风。让内风旋转流动有助于风、煤混合。外风通道为直流的环状通道以保持直流高风速,从而保证火焰有一定的长度、形状和"刚度"。火焰的外焰面如果不直、不畅通,旋转起来还有刮掉"窑皮"的危险,所以外净风又称为外轴流风。在内风、外风之间的通道为输送煤粉的通道,简称煤风通道。煤风处于内净风、外净风之间有利于煤、风之间的混合,避免像使用单通道喷煤管时所存在的火焰中心缺氧现象,从而对煤粉的完全燃烧有利。各个通道出口处一般设有"钝体",加强高温烟气的回流,保持煤粉着火燃烧所需的高温,起到稳定火焰的作用。此外,三通道喷煤管还设有一个调节器和一个燃油点火器。通过旋转调节器的手柄,改变内风、外风的风速比和风量比,就能灵活调节火焰形状与燃烧强度以满足不同的温度分布要求,例如,内旋流风大,火焰就短而粗;反之,火焰就被拉长。燃油点火器通常设置在三通道喷煤管的中间,燃油点火器的作用就是先点燃油,喷油燃烧一段时间后温度足够高时再喷火,煤粉就可点燃,随后实现煤粉的正常燃烧。如图 3-10 所示的窑用三通道喷煤管,其一次风比例为 12% ~ 14%,一次风速约为 120 m/s。三通道喷煤管一般使用两台鼓风机:净风(内风和外风)用一台鼓风机供风,煤风的风则用另一台鼓风机供风。

　　如图 3-11 所示,是中材国际工程股份有限公司(南京)的 NC 系列三通道喷煤管的一种,如图 3-12 所示,是南京集新机器制造有限公司的 NG 型三通道喷煤管。此外,国内生产的窑用三通道喷煤管还有中材装备集团有限公司、南京圣火水泥新技术工程有限公司、南京建安机器制造有限公司、合肥水泥研究设计院、杭州大路燃烧器有限公司等企业。

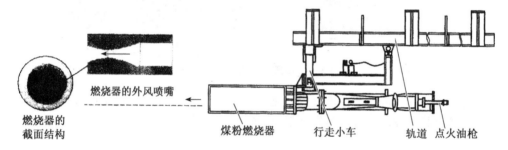

图 3-11　NC-15Ⅱ型窑用三通道喷煤粉燃烧器及相关装置

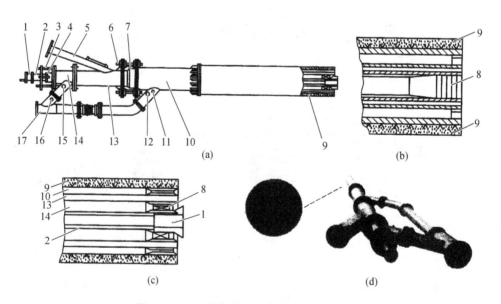

图 3-12　NG 型窑用三通道喷煤管的结构图

(a)原理图;(b)标准火焰型喷嘴;(c)短火焰型喷嘴;(d)外观图

1—油管;2—中心套管;3—内风调节杆;4—表盘;5—煤风管;6—外风调节杆;7—表盘;
8—螺旋风翅;9—耐火层;10—外风管;11—外风阀;12—压力表;13—煤风管;14—内风管;
15—压力表;16—内风阀;17—内、外净风送气管

(2) 窑用双通道喷煤管。窑用双通道喷煤管实际上是将窑用三通道喷煤管中的一个净风道去掉,同时采取其他相应措施。如图 3-13 所示,是南京圣火水泥新技术工程有限公司第三代 KBN 型窑用双通道煤粉燃烧器,它用一个"可调式旋流器(火焰稳定器)"代替内净风通道,该旋流器可使一次风的旋流强度能根据窑内工况作出精确调整。由于该旋流器明显地增加了环形射流厚度(大约是三通道喷煤管的 2 倍),所以可增加火焰"刚度",使火焰的热流分布与燃烧要求相匹配,不仅可提高熟料的产量、质量,也可延缓煤粉与二次风的混合速率,降低火焰峰值温度,延长耐火衬砖使用寿命。该燃烧器所用一次风机一般为离心式风机。此外,由于一次风的全部净风为外直流风,所以该燃烧器的外金属壳与耐火浇注料可充分冷却而延长使用寿命。该煤粉燃烧器所用煤种广,要求煤的灰分$< 35\%$,发热量$> 16\,730$ kJ/kg。另外,其一次风比例为 $5\% \sim 10\%$。

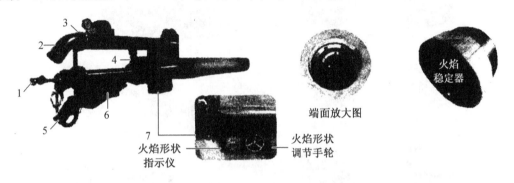

图 3-13 第三代 KBN 型窑用双通道煤粉燃烧器

1—油枪调节手轮;2—煤风管;3—万向快速接头;4—净风截面积的标尺;
5—净风管;6—电子脉冲发生器;7—净风调节装置

如图 3-14 所示,是杭州大路燃烧器有限公司的 HC 型双通道燃烧器的喷口截面,它可燃烧任何煤种、城市垃圾以及一些可燃工业废弃物,其一次风比例为 $8\% \sim 9\%$。

(3) 窑用四通道喷煤管。在工作原理上,四通道喷煤管与窑用三通道喷煤管的区别并不大,其主要特点是:第一,与三通道喷煤管相比,增加了中心风通道。在适量中心风量的情况下,能防止因煤粉回流和窑灰沉积堵塞喷煤管喷口、使窑内火焰更稳定、延长喷煤管使用寿命、能降低 NO_x 生成量、能保护窑皮和延长耐火材料寿命、能减少相关工艺事故、能辅助调节火焰形状、能改善熟料质量。第二,在保证各项优良性能的同

图 3-14 HC 型双通道燃烧器的喷口

时,将一次风量降到 $4\% \sim 7\%$;一次风速提高到 300 m/s 以上,以增加燃烧器端部的推力;第三,各风道之间采用很大的风速差,以充分发挥高温气流的"卷吸"效应、"回流"效应来确保着火所需的高温条件。窑用四通道喷煤管更加有利于对低质、低活性燃料的利用,包括贫煤、无烟煤、多灰分劣质煤以及石油焦等可燃废弃物,也有利于降低 NO_x 等有害气体的生成量。如图 3-15 所示,是国内几种典型的窑用四通道喷煤管。

3) 几种新式窑用燃烧器

(1) 史密斯公司的可燃废弃物喷射枪,如图 3-16 所示。可用的废弃物有泥团状、半固态或固体废旧燃料以及膏状可燃废弃物(废油漆、涂料、石蜡、化妆品和污泥等),也可发射整个废旧轮胎、捆卷后切割成一定长度的废旧地毯、装于 20L 塑料袋中的医疗垃圾等。窑内可燃废弃物的燃烧也能将窑气中的 NO_x 浓度降低 $50\% \sim 60\%$。

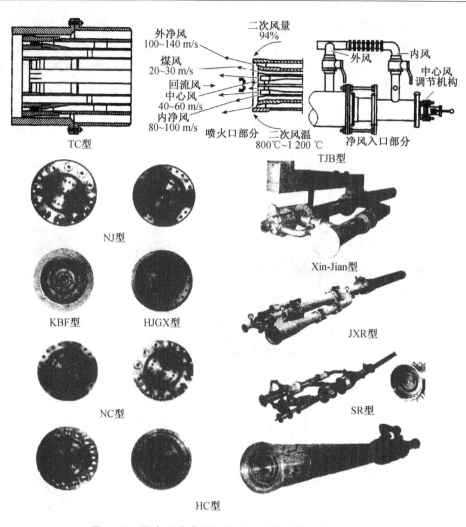

图 3-15　国内几种典型的窑用四通道喷煤管的结构外形

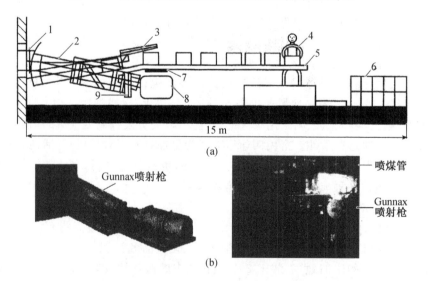

图 3-16　回转窑的窑头使用 Gunnax 可燃废弃物喷射枪的情况

（a）原理图；（b）外观图

1—闸门与补偿器；2—喷射枪能俯仰摆动；3—喂袋装置；4—操作员；5—输送带；
6—包裹体；7—称重器；8—高压空气罐；9—快速开启空气阀

（2）固体燃料脉冲烧嘴。脉冲烧嘴具有节能、环保、调温方便等优点，如图3-17所示。

图 3-17　低 NO_x 高脉冲固体燃料燃烧器的喷口

（3）固、液、气体燃料混烧的燃烧器，如图3-18所示。为了适应不同地区燃料资源的具体情况，人们还研制了一些能同时烧固体、液体和气体的混合燃烧器。

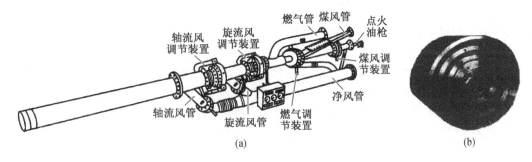

图 3-18　两种能够烧固体、液体和气体燃料的混合燃烧器
（a）法国皮拉德公司产品；（b）奥地利尤尼兹姆水泥公司产品

4. 回转窑内的传热

回转窑内的燃料燃烧、气体流动、物料运动，归根结底就是要把热量传给物料，使其由生料烧成为熟料。在此仅从热力学与传热学的观点出发，对回转窑内传热机制作简要的分析。回转窑内的传热源是燃料燃烧后的高温烟气，受热体是生料和窑内壁。这是典型的气-固间传热，传给生料的热量以供煅烧过程中干燥、预热、分解和煅烧，从而完成全部工艺要求。

高温气体中具有辐射传热能力的组成主要是 CO_2 和少量 H_2O（汽），但由于烟气中夹带有粉体物料，因此增大了气体的辐射率。同时因为窑内流动气体和湍动作用，产生了有效的对流传热。堆积生料颗粒之间以及在窑回转时物料周期性的与受热升温的窑体内壁相接触，从而使得辐射与传导传热共存。总之，窑内气-固与固-固之间同时存在辐射、对流和传导三种传热方式，其相互关系十分复杂。再加上回转窑系统中，预热器和冷却机都与窑首尾相衔，在一定程度上对窑内气固温度分布也会产生一定影响。同时回转窑作为输送设备，物料运动规律，粉尘飞扬循环等也都对传热有影响，从而更增加计算难度和复杂性。为便于分析，需选择回转窑内某一截面（中空部分），进而分析其综合传热机制关系。中空部分的传热分析如图3-19所示。

1）热气流

热气流是热源，当工作状况稳定时，一定截面上热气流的温度不随时间而改变，它以辐射和对流的方式传热给窑衬、物料上表面以及物料中分解出的气体和粉尘，气体传出总的热量为

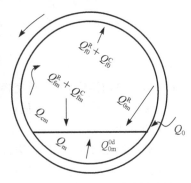

图 3-19　中空部分的传热分析

$$Q_f = Q_{f0}^R + Q_{f0}^C + Q_{fm}^R + Q_{fm}^C + Q_{cm} \tag{3-9}$$

式中　Q_{f0}^R——气体以辐射方式传给窑衬的热量；

　　　Q_{f0}^C——气体以对流方式传给窑衬的热量；

　　　Q_{fm}^R——气体以辐射方式传给物料的热量；

　　　Q_{fm}^C——气体以对流方式传给物料的热量；

　　　Q_{cm}——气体向物料中分解出的气体和粉尘传递的热量。

2）窑衬

由于窑在不停地回转，因此衬料有时暴露在热烟气中，有时被物料埋盖着，当暴露在热烟气中时，它一方面接受热烟气以辐射和对流方式传给它的热，另一方面它又以辐射的方式传热给物料的上表面。当衬料被埋在物料下面时，由于其温度比物料高，衬料以传导的方式传热给物料下表面，同时以传导方式传热至窑体外壁，外壁再以对流和辐射方式传热给外界空气等而损失掉，因此衬料吸进热量和传出热量为

$$Q_{f0}^R + Q_{f0}^C = Q_{0m}^R + Q_{0m}^d + Q_0 \tag{3-10}$$

式中　Q_{0m}^R——窑衬以辐射的方式传热给物料上表面；

　　　Q_{0m}^d——窑衬以传导的方式传热给物料下表面；

　　　Q_0——窑衬以传导的方式传热给窑体外壁，外壁再以对流和辐射方式传热给外界空气等而损失掉的热量。

可以看出，窑衬实际上是起到蓄热器的作用（或称热媒介的作用），窑衬在一个截面上沿窑的圆周方向上其各点温度不同，当窑衬暴露在热烟气中时沿窑回转方向窑衬温度逐渐升高，当窑衬被埋在物料中时沿窑回转方向窑衬温度逐渐降低。

3）物料的传热。物料是接收热的，它接收热量如下：

$$Q_m = Q_{fm}^R + Q_{fm}^C + Q_{0m}^R + Q_{0m}^d \tag{3-11}$$

即接收热烟气以辐射和对流传热方式传来的热及窑衬以辐射和传导方式传来的热。

物料在该带所需热量如下：

$$Q_m = mC_m(t_m - t_m') + \sum Q \tag{3-12}$$

式中　Q_m——物料在该带所需要的热量；

　　　m——物料量，kg/h；

　　　C_m——物料平均比热容，kJ/(kg·℃)；

　　$t_m - t_m'$——该带入口和出口处物料的温度，℃；

　　$\sum Q$——物料在该带进行物理化学反应所消耗的总热。

物料接收的总热量应是物料在该带需要的总热，所以，

$$Q_{fm}^R + Q_{fm}^C + Q_{0m}^R + Q_{0m}^d = mC_m(t_m - t_m') + \sum Q \tag{3-13}$$

由于窑内温度较高，热交换过程又比较复杂，因此用简单的数学式来表达全过程是困难的，而且各带的综合传热系数也很难求出，所以还不能用传热计算的方法来确定各带的长度。以上只是定性的分析。

通过以上分析可看出：提高回转窑的转速对加强中空部分的传热过程有很大作用，窑转动越快，物料翻滚次数越多，物料暴露到表面受热的机会增多，这样使料层截面上温度分布更为均匀，并降低了物料层的表面温度。物料层表面温度的降低，有利于物料层表面从窑衬获得更多的热量。

此外,加快窑速使物料翻滚次数增多,有利于 CO_2 的逸出,这就有利于碳酸盐分解反应的进行。另一方面,在加快窑转速的同时,应考虑物料在各带的停留时间,窑速的提高必须与窑的斜度相适应,而且窑速的提高是有限度的。

窑的中空部分包括烧成带、分解带、预热带和干燥带的一部分。在回转窑内高温带和低温带气固之间的传热方式是不同的。气流温度在 1 000 ℃ 以上的高温带,辐射传热占主导地位,而对流及传导的换热量很小,还不足 10%;辐射传热速率与温度的四次方成正比,因此温度是影响换热的主要因素。在气流温度低于 1 000 ℃ 的低温带中,由于气温较低,辐射传热已不是主要的影响因素,而对流和传导速率主要影响换热过程,此时气固之间的换热面积成为热交换快慢的主要因素。

3.3 悬浮预热器

3.3.1 概述

悬浮预热技术是指低温粉体物料均匀分散在高温气流之中,在悬浮状态下进行热交换,使物料得到迅速加热升温的技术。悬浮预热器的主要功能在于充分利用回转窑及分解炉内排出的炽热气流中所具有的热来加热生料,使之进行预热及部分碳酸盐分解,然后进入分解炉或回转窑内继续加热分解,完成生料烧成任务。因此它必须具备使气、固两相能充分分散、迅速换热、高效分离等三个功能。只有兼备这三个功能,并且尽力使之高效化,方可最大限度地提高换热效率,为全窑系统优质、高效、低耗和稳定生产创造条件。悬浮预热器的分离效率、系统压降、系统的热效率是衡量预分解系统的主要指标。因此,最大限度换热、最低的流动阻力、最省的基建投资和运转可靠是对预热器的基本要求。

用于生产的悬浮式预热器型式种类繁多,但基本可归纳为立筒预热器和旋风筒预热器两大类。实践证明,旋风预热器在很多方面表现出更大的优越性,所以在水泥行业立筒预热器已经被淘汰。因此,这里主要介绍旋风预热器。

3.3.2 旋风预热器的工作原理

设置悬浮预热器是为了实现气(废气)、固(生料粉)之间的高效换热,从而达到提高生料温度,降低排出废气温度的目的。预热器充分利用逆流和悬浮两种热交换方式提高热交换效果,如图3-20所示,气流方向:窑尾烟室→分解炉→ C_5 → C_4 → C_3 → C_2 → C_1;料流方向: C_1 → C_2 → C_3 → C_4 →分解炉→ C_5 →回转窑。逆流热交换主要在各级旋风筒连接风管内进行,旋风筒主要起物料的收集作用,并通过下料管将收集的物料喂入下一级旋风筒。

由图3-20可以看出:旋风预热器是由若干级换热单元所组成(早期的旋风预热器为四级,现在一般为五级,个别窑型为六级)。每一级换热单元都是由旋风筒及其连接管道所构成,如图3-21所示。

一个换热单元必须同时具备以下三个功能:一是生料粉在废气中的分散与悬浮;二是气、固相之间的换热;三是气、固相之间的分离,气流被排走,生料粉被收集。

实际生产中,生料粉进入连接管道后,随即便被上升气流所冲散,使其均匀地悬浮于气流当中。

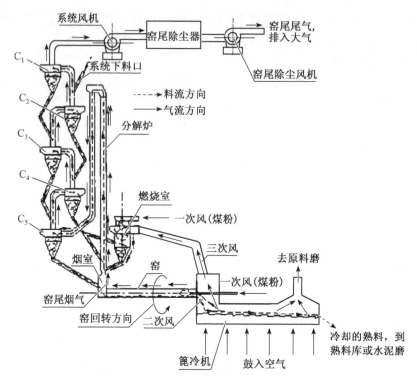

图 3-20　预分解烧成系统工艺流程图

由于悬浮时气、固之间的接触面积极大(是回转窑内的几千倍),对流换热系数也较高(是回转窑内的几十倍),因此换热速度极快,完成有效换热的时间只需要 0.02～0.04 s。这样,当气料流到达旋风筒时,气、固之间的温度差已经很小,所以气、固之间的换热主要是在连接各个旋风筒的管道中进行。每个换热单元可传递热量的 80% 以上是在连接管道中完成,只有小于 20% 的传热量是在旋风筒内完成。由此可见,各个旋风筒之间的连接管道在换热方面起着主要作用,所以有人将其称为换热管道。而旋风筒的主要功能则是完成气、固相的分离和固相生料粉的收集。

旋风筒的工作原理是:气流携带生料粉沿切线方向高速进入旋风筒,在圆筒体与排气管之间的圆环柱内呈旋转运动状态,一边旋转,一边向下运动,从圆筒体到锥体,一直延伸到锥体的端部,并反射向上旋转,最后从排气管排出。向下旋转的气流被称为外旋流,向上旋转的气流被称为内旋流。旋风筒内的流场是一个三维流场,速度矢量就有切向分速度、径向分速度和轴向分速度三个分量。对粉料颗粒从气相中分离出来起主导作用的是切向分速度,它使粉料受到

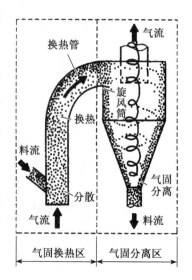

图 3-21　旋风预热器一个换热单元的功能分析图

离心力作用,在离心力作用下,粉料向边壁运动并沿边壁下滑后经锥体端部排出。为了避免排出的粉料被下一级管道内逆流上升的气流吹起而造成"二次飞扬",需要在其下料管上设置由重锤控制的锁风阀(也称为:翻板阀或闪动阀),以防止上升气流进入下料管。目前常用的锁风阀是单板阀和双板阀,如图 3-22 所示。一般来说,在倾斜或料流量较少的下料管上,常采用单板阀;而垂直的或料流量较多的下料管上,常装设双板阀。需要指出的是:由于第一级旋风筒 C_1 要求气、固分离效率高,所以旋风筒 C_1 的下料管上往往都设置两道锁风阀,如图 3-23 所示。

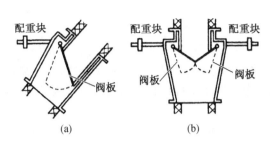

图 3-22 两种锁风阀的结构示意图

（a）单板式；（b）双板式

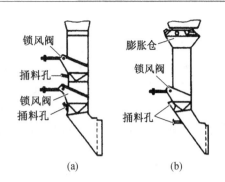

图 3-23 锁风阀在下料管中的位置示意图

（a）C₁旋风筒；（b）其他几级旋风筒

影响旋风筒分离效率的主要因素有：①旋风筒的直径：在其他条件相同时，筒径越小，分离效率越高，同时阻力也越大。②旋风筒进风口的类型与尺寸：进风口的结构应以保证气料流能沿切向入筒、减少涡流干扰为佳。进风口的形状过去多采用矩形，如图 3-26 所示，现在的旋风筒则多采用多边形进风口（参见表 3-12 和图 3-30）。进风口的尺寸应保证旋风筒的进口工况风速在 15～25 m/s 为宜。③排气管（也称为出风管、出口导管、中心风管，简称为内筒或套筒）的尺寸及其插入深度：一般来说，内筒的直径越小，插入深度越深，旋风筒的气、固分离效率越高。④旋风筒的高度：一般来说，增加旋风筒的高度会有利于气、固分离效率的提高。此外，粉料颗粒的大小、气流中的粉料浓度、锁风阀的严密程度等因素也影响旋风筒分离效率。

旋风筒的另一个重要性能指标是流体阻力损失（水泥行业中常称为压损），一般说来，强调分离效率的提高也会引起旋风筒压损的提高，由于压损的提高会增加整个系统的电耗，所以具体设计和生产时，要统筹考虑气、固分离效率和电耗这两个指标，并兼顾其他一些因素，以综合效益最优者为最佳。丹麦 F. L. 史密斯公司研究了旋风筒内筒插入深度与旋风筒气、固分离效率及与旋风筒压损之间的关系，其结果见表 3-6。

表 3-6 F. L. 史密斯公司关于旋风筒内筒插入深度与旋风筒气、固分离效率及与旋风筒压损之间关系的研究结果

内筒的插入深度	0	$\frac{2}{3}b$	$>\frac{2}{3}b$	（b 为进风口高度）
旋风筒的气、固分离效率/%	60	80～90	约 95	
旋风筒压损/kPa	0.5	1.0	2 左右	

在研制开发旋风筒时以下几个参数要加以重视：物料的停留时间 τ_m，固（物料）、气（废气）停留时间比 τ_m/τ_g；固、气比；旋流强度和旋转动量矩；物料的返混度 σ。返混度 σ 常用物料浓度函数方差的无量纲参数来表示，其计算式为

$$\sigma = \frac{\int (\tau_m - \bar{\tau}_m)^2 E(\tau) d\tau}{\int \tau_m^2 E(\tau) d\tau} \tag{3-14}$$

式中　$E(\tau)$——以物料浓度为特征的反馈信号值；

τ_m，$\bar{\tau}_m$——物料的停留时间与平均停留时间。

对于旋风筒来说：第一，物料的停留时间应在一定的合理范围之内。第二，固、气停留时间比 τ_m/τ_g 越大越好，这是因为固、气停留时间比越大，表示物料与废气之间的速度差越大，从而表示物料与废气之间的对流换热系数越大，这对于提高气、固之间的换热效果是非常有利的。第三，固、气

比对于流体阻力损失(压损)、对于气、固分离、对于气、固传热等都有影响,但其影响机理却较为复杂,例如对于流体阻力损失的影响:固、气比增加会降低旋风筒的阻力损失,但固、气比的增加却会增大连接管道内的阻力损失,一般来说,在标准状态下固、气比的合理范围是 $1\sim2$ kg/m³。第四,旋流强度和旋转动量矩是衡量气流旋转强弱的重要参数,为了保证旋风筒具有较高的气、固分离效率,其进口气流的动量矩必须达到一定的要求。第五,物料的返混度实际上也是反映气、团分离效率的一个重要因素,物料的返混度越小越好;返混度小,才能保证物料具有较高的同时进入、同时排出的概率。

除了上述几个参数要考虑以外,还要考虑旋风筒的流场(包括湍流度)、浓度场、温度场等。此外,如果当地的海拔较高,还要考虑到大气压强降低的影响。

3.3.3 影响旋风预热器换热效率的因素

1. 粉料在管道内的悬浮

生料粉一般都是成股地从加料口加入,向下有一个冲力,当遇到向上的气流时,部分粉料会被气流带起,折而向上并悬浮于高温气流之中,料股中间的部分料粉将继续向下冲,继而又被气流冲散、被上升气流带起,从而悬浮于高温气流当中。这时,如果有部分粉料未被气流冲散,这部分粉料则不能够悬浮于高温气流之中而会"短路"直接落入下级旋风筒内,从而失去了到上级换热单元进一步受热的机会,这必将会大幅度地降低预热器的换热效率。为了防止这种现象发生,在设计与操作时应该着重考虑以下措施:

1) 选择合理的喂料位置:为了充分地利用连接管道的长度,延长气、固之间的热交换时间,喂料点宜选择靠近连接管道的起端,即靠近下级旋风筒排气管的起始端,但必须以加入料粉能够良好地悬浮、不"短路"落料为前提。一般情况下,喂料点距出风管起始端应有 >1 m 的距离,此距离还与来料落差、来料均匀程度、内筒插入深度以及管道内气体的流速有关。

2) 选择适当的管道风速:一般要求粉料悬浮区内的风速为 $10\sim25$ m/s,通常要求 $\geqslant15$ m/s。为了加强气流的冲击、悬浮能力,可在悬浮区局部缩小管径,使气体局部加速以增大冲击力。当然,为了防止生料粉"短路"而直接冲到下一个换热单元,一般需要在连接管道的喂料口(下料点)加装撒料装置,尤其是管道内风速较低时。

3) 在喂料口加装撒料装置:在喂料口处加装撒料装置后,当粉料被喂入管道内下冲时,首先撞击在撒料装置上,被冲散后并折向,再被上升气流进一步冲散而充分地悬浮于高温气流之中。所以撒料装置的主要作用是:防止下料管内下行物料进入换热管道时向下冲料,以及促使下冲物料冲至下料装置后飞溅、分散。该装置虽小,但对于保证换热管道中气、固两相之间的充分换热却具有很大的作用。撒料装置主要有两种类型:一是板式撒料器(也称:撒料板);二是撒料箱(也称:撒料盒),它们分别如图 3-24(a)、图 3-24(b)所示。其他类型的撒料装置还有撒料孔板、引入高压气的撒料装置等。

撒料板一般是在下料管的底部安装,撒料板伸入换热管道中的长度以及左右倾斜角度是可调的,其伸入长度与下料管在换热管道上的安装角度有关,必须根据生产实际情况进行调节、优化,以保持良好的生料分散效果。对于撒料箱而言,下料管被安装在其上部。早期的撒料箱是固定的,下料管安装角度和箱内的倾斜角度都是经过实验优化后而确定的。丹麦 F.L.密斯公司研制的一种带可调倾斜度撒料板的撒料箱,其内曲面上设置一个可调倾斜度的不锈钢撒料板,也可随时从外部导入气流来增强生料的分散,还可避免过多的压损,同时撒料板的更换也很方便。在国内,中材国际工程股份有限公司(南京)开发的一种扩散式撒料箱,如图 3-24(c)所示,内设倾斜凸弧多孔导料分布板:既可均匀地分散生料,又能防堵,还有导流作用以减低压损。撒料

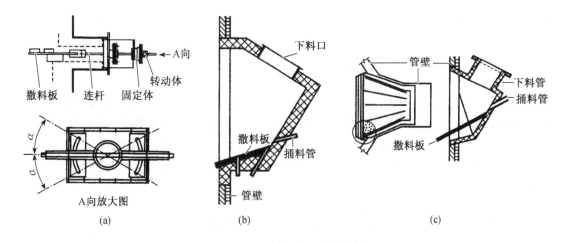

图 3-24 两种撒料装置的结构简图

（a）撒料板；（b）撒料箱；（c）扩散式撒料箱

板与撒料箱等撒料装置不仅可以用在旋风预热器的连接管道上,同样也可以用在分解炉的预热生料下料处。

4）注意来料的均匀性:实际操作时,要求均匀喂料,而且要求下料管的翻板阀灵活、严密。当来料多时,它能起到一定的缓冲作用;当来料少时,还能够有效地防止系统内部漏风。因此,有人提出了高频脉动喂料法,这无论是从传热学的角度来看,还是从来料均匀的角度来看,都是合理的。

2. 气、固相之间的换热

旋风预热器内气、固相之间的悬浮态传热,由于废气温度不是太高,相对来说辐射换热量不是太大,因此,以对流换热为主。据经验估算,对流换热量约占总传热量的 $70\%\sim80\%$。这样,根据传热学中有关公式,气、固相之间换热量 Q（也称:换热速率）的计算公式为

$$Q = \alpha A(t_{g} - t_{m}) \quad (\mathrm{kW}) \tag{3-15}$$

式中　α——气、固相之间的换热系数（包括对流和辐射,以对流为主）,$\mathrm{kW/(m^2 \cdot \text{℃})}$;

　　A——气、固相之间的接触面积,$\mathrm{m^2}$;

　$t_{g} - t_{m}$——气、固两相之间的平均温度差,℃。

结合生产实际分析可知:受各种因素影响和限制,α 和 $(t_{g} - t_{m})$ 允许波动的幅度都不大。因此,影响气、固相之间换热速率的最敏感因素就是:接触面积 A。对于生料粉来说,生料磨将其磨得很细,因此其比表面积很大,一般为 $2\,500\sim3\,500\ \mathrm{cm^2/g}$。假如它在气流中的分散程度不同,则其暴露的表面积也会有很大的差异。因此,气、固相之间的悬浮换热效果在很大程度上取决于生料在气流中的分散程度。

需要指出的是:由于管道内的气、固相处于悬浮态,气流速度较大（对流换热系数也因此较大）,气、固相之间换热面积极大,所以气、固相之间的换热速度极快,经过 $0.02\sim0.04\ \mathrm{s}$（有的研究者指出:$\leqslant0.03\ \mathrm{s}$）的时间,气、固两相之间就可以达到温度的动态平衡,如图3-25所示。而且气、固两相换热过程主要发生在固相刚刚加入到气相后的加速段,尤其是加速的初始段。然后,再增加气、固两相之间的接触时间,其意义已经不大,所以这时只有实现气、固相分离进入下一个换热单元,才能够起到强化气、固两相之间传热的作用。这就是为什么旋风预热器系统需要若干个换热单元相串联的真正缘故所在。串联级数越多,换热效果越好,但整个系统的

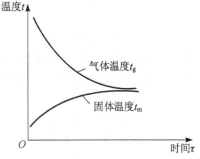

图 3-25 悬浮态内的气、固温度变化图

流体阻力也会相应增大,因而电耗也就随之增加,到底几级换热单元串联最为合理,这个问题将在后面的 3.3.5 节中讨论,至于实现气、固相之间的充分换热所需要的气流速度,按照上述原理进行理论计算的结果表明:10~20 m/s 的速度完全能够满足在连接管道内进行充分换热的要求。

3. 气、固相的分离

气、固相的分离效率如果不高,不仅会增加最上一级旋风筒 C_1 出口废气中的含尘浓度,增加后面收尘器的负担,而且也会降低各级换热单元的传热速率,从而大幅度地降低整个旋风预热器系统的换热效率。这是因为在气、固相之间的温度达到动态平衡以后,如果不及时地进行气、固分离而进入下一个换热单元,那么换热效率将是很低的。这样,最终的结果将是水泥回转窑的产量降低、烧成热耗增大。因此,提高各级旋风筒的气、固分离效率是应重点考虑的因素之一。

悬浮预热系统中,气流中生料的"分散与悬浮",气、固相之间"换热",气、固相"分离"这三个方面是相互联系、相互制约的;为实现气、固相之间的有效换热且低成本运行,应从以下几个方向努力:一是开发新型高效、低阻(低压损)的旋风筒;二是开发新型换热管道;三是开发新型锁风阀;四是开发新型撒料装置;五是重视固、气比的影响。

3.3.4 旋风筒的结构和参数

尽管到目前为止,旋风预热器(尤其是旋风筒)的结构与性能已有很大的改进,但是作为旋风筒的基本结构,如图 3-26 所示的结构尺寸仍有其重要意义。

1. 旋风筒的直径(内径 D)

旋风筒的结构以圆柱体部分最为重要,由于该部分尺寸与其他尺寸的比例不同而形成各种不同类型的旋风筒。所以,对旋风筒各部分尺寸的设计,一般都是以圆柱体部位的直径(内径 D)为基准,按一定比例来确定。

1)根据旋风筒内的气体流量及截面风速来计算 D:

$$D = \sqrt{\frac{4V}{\pi v_A}} \quad (\mathrm{m}) \qquad (3\text{-}16)$$

式中　V——旋风筒内气体的流量,m^3/s,V 的计算可以参考式
　　　　　(3-21),还要考虑预热器的级数、工艺布置,以及漏
　　　　　风情况后才可确定;

　　　v_A——假想气体沿旋风筒截面垂直通过时的平均流速,又
　　　　　称为表观截面风速,m/s。

通过冷模试验,可获得旋风筒截面风速与旋风筒压力损失关系的曲线,如图 3-27 所示。由图 3-27 可知,随着截面风速增大,流动阻力增大。截面风速选择的 v_A 增大,旋风筒直径会缩小,从而减少设备投资,但是由于流动阻力会增大,运转时的电耗会增加;反之,如果选择的 v_A 减小,则有利于降低电耗,但是由于旋风筒直径增大会造成设备的一次性投资增加,而且还会影响到旋风筒的气、固分离效率。最上一级旋风筒为将分离效率提高到 ≥95%,要增加粉尘在旋风筒中沉降时间,故取旋风筒截面风速为 3~4 m/s。而对于其他各级旋风筒,可将截面风速提高到

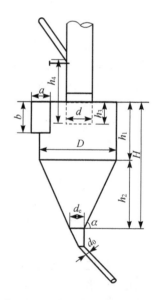

**图 3-26　旋风筒的基本结构和
结构尺寸示意图**

D—旋风筒圆筒部分内径;

H—旋风筒总高度;

h_1—圆筒部分高度;

h_2—圆锥部分高度;

h_3—内筒插入深度;

h_4—喂料的位置

(喂料口下部至内管下端)

α—锥体倾斜角;

a—进风口宽度;b—进风口高度;

d—内筒外径;d_e—排灰口内径;

d_0—下料管内径

$6\sim7$ m/s。各级旋风筒推荐分离效率、圆筒截面风速见表 3-7。

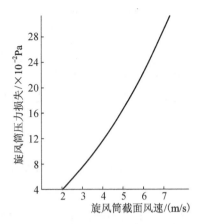

图 3-27 旋风筒截面风速与旋风筒压力损失关系曲线

表 3-7 各级旋风筒推荐分离效率、圆筒截面风速

旋风筒	C_1	C_2	C_3	C_4	C_5
分离效率 $\eta/\%$	$\geqslant95$	≈85	≈85	$85\sim90$	$90\sim95$
圆筒截面风速 $v_A/(m/s)$	$3\sim4$	$\geqslant6$	$\geqslant6$	$5.5\sim6$	$5\sim5.5$

2）根据旋风筒排气管（内筒）直径反推来算出旋风筒的直径 D：

$$D = \sqrt{\frac{V/K + \pi d^2}{\pi}} \qquad (3-17)$$

式中　K——经验系数，约为 $1.2\sim1.7$ m/s；

　　　　d——内筒外径，根据处理气体流量及经验排气风速来确定，m；

　　　　其他符号的意义同前所述。

除了上述两个公式以外，有关计算旋风筒直径的其他半经验半理论公式，读者可以查阅有关的文献资料。

2. 旋风筒进风口的形式和尺寸

旋风筒进风口的类型一般有两种：直入式和蜗壳式。而蜗壳式又分为：90°切、180°切、270°切这三种主要的蜗壳形式（这些角度在工程上被称为：包角），如图 3-28 所示。由于蜗壳式进风口能使进、出旋风筒的内、外气流干扰小，从而减少形成涡流的可能性，降低了旋风筒的阻力损失。同时由于通道逐渐变窄，有利于缩短料粉向筒壁移动的距离，因此该进风口结构能够提高旋风筒的分离效率，并且增大气流通向排气管的距离，从而也避免"短路"落料的发生。此外，蜗壳式进风口处理的风量也较大。

对于蜗壳式进风口，从理论上讲，蜗壳的外侧内壁应该是阿基米德螺线。但是在实际工程绘图时，完全按照阿基米德螺线绘制比较麻烦。为了简化画法，人们往往使用"偏心法"进行绘制。国际上通行的作法是：对于 90°切蜗壳式和 180°切蜗壳式采用一个 R（圆弧半径）偏心圆弧法绘制，如图 3-28(b)(c) 所示；对于 270°切蜗壳式，常采用三个 R（即 R_1、R_2、R_3）偏心圆弧法绘制（简称：三心蜗壳式），如图 3-28(d) 所示。在图 3-28(b)(c)(d) 中，e 是"偏心度"；$(D-d)/2$ 被称为"环形空腔宽度"；f 被称为：进风口的"扩张度"或"张开度"。扩张度 f 可以用来表征蜗壳式进风口的展开角，展开角大（工程上称之为：大蜗壳）对于提高旋风筒的气、固分离效率有利，但其外形尺寸及积料面也会随之增大，为了避免积料，蜗壳底部多为倾斜面。

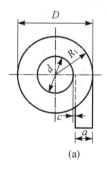 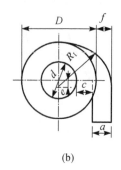 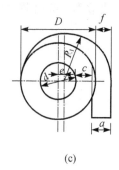 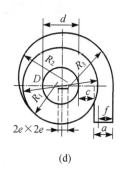

(a)　　　　　　　　(b)　　　　　　　　(c)　　　　　　　　(d)

图 3-28　旋风筒进风口的几种类型

(a) 直入式；(b) 90°切蜗壳式；(c) 180°切蜗壳式；(d) 270°切蜗壳式

参考有关资料，根据几何关系确定的偏心圆弧法中几个关键参数如下。

图 3-28(b) 中：

$$e = f; \ R_1 = \frac{D}{2} + e \tag{3-18}$$

图 3-28(c) 中：

$$e = f; \ R_1 = \frac{D}{2} + e \tag{3-19}$$

图 3-28(d) 中：

$$e = f; \ R_1 = \frac{D}{2} + e; \ R_2 = \frac{D}{2} + 3e; \ R_3 = \frac{D}{2} + 5e \tag{3-20}$$

在以上三个公式中，$f = a + c - (D - d)/2$

其中 c 在 $0 \sim (D - d)/2$ 的范围内，即 $0 \leqslant c \leqslant (D - d)/2$。

一般来说，对于蜗壳式进风口，当蜗壳的张开度较小时，宜选用 90°切蜗壳，即"小蜗壳"配"小包角"。当蜗壳的张开度居中时，建议选用 180°切蜗壳，即"中蜗壳"配"中包角"。当然，在蜗壳的张开度较大时，则选用 270°切蜗壳，这就是人们最常用的"大蜗壳大包角"。

至于旋风筒避风口具体尺寸的确定，首先需要根据进风量计算出进风口的横截面积 A，具体可以用式(3-21)进行计算。

$$A = \frac{V}{v_{\mathrm{in}}} \tag{3-21}$$

式中　V——进旋风筒的风量，$\mathrm{m^3/s}$；

　　　v_{in}——旋风筒的进口风速，$\mathrm{m/s}$。

旋风筒进口风速以 $15 \sim 20 \ \mathrm{m/s}$ 为宜(一般为 $17 \sim 19 \ \mathrm{m/s}$)。当计算出截面面积后，再根据进风口的截面形状来确定进风口的尺寸。新型低压损高效旋风筒的进风口形状目前普遍采用多边形，其目的在于引导进入旋风筒的气、固两相流向下偏斜流动，从而使旋风筒内的流场分布更趋合理，从而降低旋风筒的阻力损失与提高其气、固分离效率。此外，新型旋风筒进风口的蜗壳底部大都采用倾斜面，如图 3-30 所示，因为该结构对于防止该处的积灰有重要作用。在计算进风口的尺寸时，进风口的高宽比 b/a(参见图 3-26)也是一个重要的指标，此值也由经验确定。过去 $b/a = 1$，结果是：旋风筒的阻力较大，气、固分离效率较低。随着 b/a 的增大，旋风筒的流体阻力下降，分离效率提高，但是当 $b/a > 2$ 时，会使旋风筒的柱体部分太高，所以一般取 $b/a = 1.5 \sim 2$。另外，矩形进风口的进口面积系数 $\varphi(\varphi = ab/D^2)$ 的平均值为 0.2，中间级旋风筒的 φ 值较大，以降低流动阻力(降低压损)。

3. 排气管尺寸和插入深度的确定

排气管也称为出风管或出口导管或中心风管,简称内筒或套筒。根据经验,内筒外径与旋风筒内径之比 $d/D = 0.5 \sim 0.7$(目前一般为 $0.6 \sim 0.7$),还要注意控制内筒中的气流速度达到 $13 \sim 20$ m/s(目前一般为: $13 \sim 14$ m/s),这样有利于上一级换热单元中粉料的分散与悬浮。目前,在设计旋风预热器时,连接管道内都安装有撒料装置,此时气流速度值可有所降低,但必须大于 10 m/s。至于内筒插入深度 h_3。(参见图 3-26),一般情况下,它对旋风筒的气、固分离效率和压损有着显著影响。内筒插入深度太短,易造成"短路"落料,扬尘量大,气、固分离效率低;插入太深,则流动阻力(压损)加大。一般来说,最上一级旋风筒的 h_3 应大于进风口高度 b(h_3/b 约为 1.8),有的甚至到达进风口的底面外边缘;中间各级旋风筒的 h_3 可取 $(0.6 \sim 0.75)b$,以降低压损。

内筒一般为圆形,也有扁圆形、"靴"形内筒及一些内筒导流板出现。目前,内筒有增大直径、缩短插入深度的趋势。例如,丹麦 F.L. 史密斯公司认为:将旋风筒的内筒直径 d 增大到旋风筒直径 D 的 $50\% \sim 55\%$,插入深度缩小到进风口高度 b 的 $\frac{1}{2}$ 时,则压损可降低 $20\% \sim 25\%$。因此,该公司将 $\frac{d}{D}$ 值增加到 $0.6 \sim 0.7$。而除第一级旋风筒 C_1($h_3 > b$)外,中间级旋风筒的 $h_3 \approx 0.5b$;而最下一级旋风筒,由于此处较高的气流温度会有高温烧蚀作用,所以取 $h_3 = \frac{b}{4}$。但应注意:在 h_3 减小以后,其上一级旋风筒的下料位置与撒料装置均要考虑与之匹配,以防"短路"落料。

过去,考虑到最下一级旋风筒内的高温、高粉尘浓度,曾在该旋风筒内部不设置内筒,但却导致炽热物料的内循环,从而降低了整个预热系统的热效率,所以目前在此处要设立内筒,而且目前内筒结构及材质已显著改善,例如,就圆形内筒来说,美国原富勒公司曾推出了带有环节装置的内筒,如图 3-29(a)所示,该环节装置使内筒不受热膨胀的限制,并能在运转中使内筒始终处于旋风筒的中间位置。后来,该公司又开发了分块式浇铸的组合式内筒,如图 3-29(b)所示,将其用螺栓固定在旋风筒出口风管的构件上和悬挂在它们下面的小块构件上,使每排小块构件的接缝与下一排错开,以避免装配后出现的纵向连续接缝,最下一排的浇铸构件用联锁构件加固,以保持整个内筒的刚度和尺寸稳定。最下一级旋风筒装设新型内筒后,其气、固分离效率较以前提高了 $5\% \sim 10\%$,预热系统的出口废气温度下降约 25 ℃。丹麦哈斯勒公司(Hasle Refractories A/S)推出了一种陶瓷砌块内筒,其结构如图 3-29(c)所示,该内筒采用该公司专用的一种耐火材料 HASLED59A 来制作,具有使用温度高、强度高、抗热冲击性好、抗化学侵蚀性能好、抗磨损性能强的优点。该内筒尽管价格较高,但是使用寿命却较长($2 \sim 3$ 年),所以其综合效益好。在国内,也有一些成功的内筒结构推出,例如由长春铸钢厂和哈尔滨水泥厂共同研制开发的"软联挂板"内筒,其结构如图 3-29(d)所示,它是由 $Cr_{26}Ni_{13}$ 耐热铸钢制成。它耐磨、抗高温变形、抗腐蚀性好,且有足够的强度,该内筒挂板的互换性好,可达到"积木式"效果,安装时只需沿内筒圆周吊挂在卡件上,一层一层错位挂满,直到需要的长度,为了防止内筒在高速气流冲击下摇摆,挂板还设置有挡位销锁紧固定装

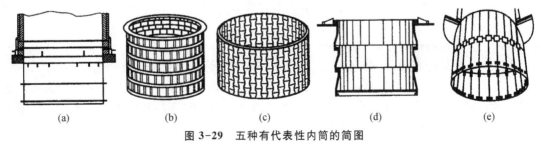

图 3-29 五种有代表性内筒的简图

(a) 有"环节装置"的内筒;(b) 浇注组合内筒;(c) 陶瓷砌块内筒;(d) "软联挂板"内筒;(e) 分片悬挂式内筒

置。国内另一种典型的内筒结构是分片悬挂式内筒,如图 3-29(e)所示。该内筒也是由耐热钢制作而成,其特点是结构简单,安装、拆卸简便,安装时只需将每个挂片的安装孔准确地定位于上方一个挂片下面相对应的凸台上,并固定好即可。最后,逐个固定后的挂片就形成了一个整体内筒。

4. 旋风筒的高度

如图 3-26 所示,旋风筒的高度 H 是由圆柱体高度 h_1 和圆锥体高度 h_2 两部分所组成的。

1) 圆柱体高度

有关的理论分析认为:若想保证旋风筒的气固分离效率为 100%,则圆柱体高度 h_1 可根据粉粒从旋风筒上部环形空间位移到筒壁所需时间以及单位时间内气流螺旋运动的轴向位移而定,即:

$$h_1 \geqslant \frac{2V}{(D-d)v_t} = \frac{\pi D^2 v_A}{2(D-d)v_t} \tag{3-22}$$

式中 v_t ——旋风筒内气流的线速度,它取决于旋风筒的进口风速 v_{in},一般来说,$v_t \approx 0.67 v_{in}$。其他符号的意义同前所述。

当旋风筒的直径一定时,增加其高度会有利于提高旋风筒的气、固分离效率,但旋风筒过高会增加整个预热器框架的高度,从而提高预热器系统的基建费用,而且整个预热器系统的压损也会因此而增大(压损增大也就意味着电耗的增加)。对于第一级旋风筒 C_1,设计时主要是从提高气、固分离效率的角度来考虑,一般采用 $H/D > 2 (H = h_1 + h_2)$ 的旋风筒(称为:高型旋风筒),而其他级则选用 $H/D = 1.5 \sim 2$ 的旋风筒(称为低型旋风筒)。

2) 锥体高度和锥角

旋风筒锥体部分的作用是将捕获的固体颗粒向排料口输送,并且提供旋转气体转折向上的空间。旋风筒锥体部分合理的形状和尺寸将有利于气、固分离并将转折流的粉尘扬析量减少到最低。圆筒高度与圆锥高度之比 h_1/h_2 在理论上尚无定论。一般来说,第一级旋风筒 C_1 的 $\frac{h_1}{h_2} \approx 1$,而其他级 $\frac{h_1}{h_2} < 1$。当 $\frac{h_1}{h_2} > 1$ 时,称为圆柱型旋风筒;当 $\frac{h_1}{h_2} < 1$ 时,称为圆锥型旋风筒;当 $\frac{h_1}{h_2} = 1$ 时,称为过渡型旋风筒。

高型旋风筒内含尘气流的停留时间较长,可沉降较细的尘粒,故分离效率较高;在高型旋风筒中,圆锥型旋风筒的分离效率较高。为提高第一级旋风筒 C_1 的气、固分离效率,减少出预热系统的粉尘量,C_1 应选用高型圆锥型旋风筒,有时采用双旋风筒;而其他各级旋风筒,根据其分离效率的要求可较 C_1 稍低,一般选用低型旋风筒(单筒)。

在与中、大型回转窑配套时,为了不至于使旋风筒的尺寸太大,旋风预热器一般选用双列,一些特大型窑也曾有人设计过三列,世界上也曾出现过四列的旋风预热器(窑列和炉列各两列)。但是,由此带来的问题很多,所以不宜推广。

图 3-29 中所示的锥角 α 可由下式计算,一般 $\alpha > 65°$,锥角过小,容易使锥体内堵料。

$$\tan \alpha = \frac{2h_2}{D - d_e} \tag{3-23}$$

式中 h_2 ——旋风筒圆锥部分的高度,m;

d_e ——排料口的直径,m,据统计,d_e 约为 $0.1D$;其他符号的意义同前所述。

关于图 3-26 中下料管的位置,既要充分发挥连接管道的换热效能,而且更为重要的是:要保证不会发生向下短路冲料。一般可采用 $h_4/d \approx 2$(生料分散效果好时,此值可小一些;反之,要大一些)。关于下料管内径 d_0 可按下式估算。

$$d_0 = 0.00192 \sqrt{M} \tag{3-24}$$

式中 M——下料管内的下料量(通过熟料产量、配料计算、预热器的列数等来确定),kg/h。

关于旋风筒的钢板厚度 δ,根据经验可以按下式进行估算:

$$\delta = \frac{D}{10^2} + 0.002 \tag{3-25}$$

该式中其他符号的意义同前所述。

表 3-8 列举了国外部分公司二十世纪八十年代公布的旋风筒结构尺寸的部分资料,表 3-9 则列举了国外部分公司新型旋风筒结构尺寸(参见图 3-30)的部分资料,可供读者参考。

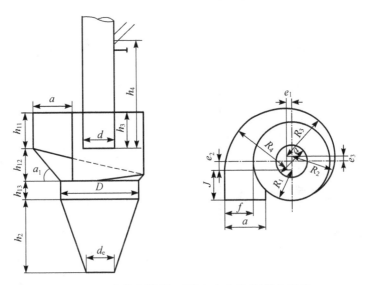

图 3-30 变截面进风口(等角度变高度)的旋风筒

表 3-8 国外部分公司 20 世纪 80 年代公布的旋风筒结构尺寸部分资料

	公 司	法国 FCB	日本 三菱重工	日本 石川岛-播磨	日本 川崎重工	日本 神户制钢	丹麦 F.L.史密斯
最上级旋风筒	直筒高度 h_1/D	1.2~2.0	0.74	1.89	1.04	1.00	0.82
	锥体高度 h_2/D	1.6~1.8	1.75	0.99	1.36	1.59	1.63
	内筒直径 d/D	0.5	0.5	0.51	0.47	0.46	0.42
	内筒插入深度 h_3/D	0.5~0.7	0.5	0.70	0.63	0.56	0.28
	进风口的高度 b/D		0.42	0.50	0.56	0.51	0.48
	进风口的宽高比 a/b	0.5~0.7	0.62	0.74	0.61	0.51	1.15
最下级旋风筒	直筒高度 h_1/D	0.75	0.64	0.76	0.67	0.65	0.81
	锥体高度 h_2/D	0.9~1.0	1.09	1.16	1.21	1.16	0.97
	内筒直径 d/D	0.4~0.6	0.51	0.47	0.46	0.44	0.39
	内筒插入深度 h_3/D	0.13~0.2	0.29	0.30	0.25	0.27	0.12
	进风口的高度 b/D		0.47	0.42	0.55	0.56	0.50
	进风口的宽高比 a/b	0.5~0.7	0.68	1.0	0.6	0.55	0.9
	预热器的型式	2-1-2-1 系统	多波尔	洪堡	维达格	神户制钢	史密斯

表3-9 国外部分公司关于新型旋风筒结构尺寸的部分资料

公司	级数	$\frac{\delta}{D}$	$\frac{h_{11}}{D}$	$\frac{h_{12}}{D}$	$\frac{h_{13}}{D}$	$\frac{h_2}{D}$	$\frac{d}{D}$	$\frac{d_c}{D}$	$\frac{h_3}{D}$	$\frac{R_1}{D}$	$\frac{R_2}{D}$	$\frac{R_3}{D}$	$\frac{R_4}{D}$	$\frac{e_1}{D}$	$\frac{e_2}{D}$	$\frac{e_3}{D}$	$\frac{a}{D}$	$\frac{f}{D}$	$\frac{h_4}{D}$	$\frac{J}{D}$	α_1
日本原小野田公司	C_1	0	0.545	0.330	0.949	0.890	0.514	0.132	—	0.523	0.556	0.589	0.676	0.033	0.033	0.053	0.272	0	—	0.549	90°
	C_2	0.036	0.386	0.325	0.102	0.983	0.505	0.138	0.583	0.540	0.578	0.617	0.755	0.038	0.038	0.100	0.469	0.299	1.059	0.568	50°
	C_3	0.037	0.410	0.337	0.106	1.020	0.505	0.143	0.515	0.560	0.600	0.640	0.783	0.040	0.040	0.104	0.487	0.311	0.967	0.494	50°
	C_4	0.039	0.364	0.346	0.096	1.036	0.527	0.148	0.473	0.544	0.588	0.632	0.790	0.044	0.044	0.113	0.502	0.336	0.946	0.592	50°
	C_5	0.039	0.364	0.346	0.096	1.036	0.527	0.148	0.473	0.544	0.588	0.632	0.790	0.044	0.044	0.113	0.502	0.329	0.946	0.592	50°
	C_6	0.043	0.312	0.400	0.061	1.156	0.506	0.116	0.303	0.546	0.582	0.619	0.077	0.036	0.036	0.115	0.484	0.279	0.794	0.564	50°
丹麦F.L.史密斯公司	C_1	0	0.455	0.089	1.342	0.952	0.565	0.113	0.585	0.500	0.565	0.657	—	0.065	0.065	—	0.448	—	—	—	可变
	C_2	0.037	0.454	0.089	0.620	0.992	0.675	0.140	0.463	0.565	0.588	0.657	—	0.023	0.069	—	0.360	—	—	—	可变
	C_3	0.038	0.451	0.266	0.624	1.162	0.693	0.133	0.530	0.500	0.565	0.658	—	0.065	0.092	—	0.441	—	—	—	可变
	C_4	0.038	0.451	0.266	0.624	1.125	0.693	0.188	0.535	0.500	0.565	0.658	—	0.065	0.092	—	0.445	—	—	—	可变
	C_5	0.038	0.451	0.266	0.707	1.042	0.693	0.188	0.563	0.500	0.565	0.658	—	0.065	0.092	—	0.411	—	—	—	可变
德国洪堡公司	C_1	0.015	0.421	0.355	0.888	0.885	—	—	—	—	—	—	—	—	—	—	—	—	—	—	可变
	C_2	0.032	0.324	0.280	0.308	1.295	0.490	0.119	0.336	0.500	0.578	—	—	0.078	—	—	0.409	—	—	—	可变
	C_3	0.032	0.324	0.280	0.308	1.261	0.528	0.119	0.350	0.500	0.578	—	—	0.078	—	—	0.409	—	—	—	可变
	C_4	0.032	0.324	0.280	0.308	1.166	0.528	0.119	0.400	0.500	0.578	—	—	0.078	—	—	0.409	—	—	—	可变
	C_5	0.032	0.324	0.280	0.308	1.295	0.528	0.119	0.432	0.500	0.578	—	—	0.078	—	—	0.409	—	—	—	60°~90°

注：表中，δ为耐火材料的厚度，m；其他符号的意义参见图3-30。

5. 旋风筒之间连接管道的尺寸

根据式(3-26)可以计算出旋风筒之间连接管道的内径 d。

$$d = \sqrt{\frac{4V}{\pi v}} \tag{3-26}$$

式中 V——管道内气体的流量，m^3/s；

v——管道内气体的流速，简称：管道风速，m/s。

v 过小，则物料分散、粉料悬浮以及气流承载粉料的能力会有所降低，从而影响到管道内换热任务的完成；反之，v 过大，则流动阻力增大，同时会缩短气、固相之间的换热时间。为防止"短路"落料，且能保持较高的气、固相热交换速率和换热时间，v 值要有一个合理范围，一般为 $10\sim20\ m/s$（多数情况 $v>15\ m/s$）。

3.3.5 各级旋风预热器性能的配合

由于各级换热单元（包括旋风筒及其连接管道）在整个预热器系统中所处的位置不同，所以对其性能的要求也有所差异，这就要求各级换热单元能够合理地配合。以下就是关于各级旋风筒几个影响因素对整个预热器系统热效率影响的讨论（以五级旋风预热器为例）。

1. 各级旋风筒气、固分离效率 η_C 的影响

假如简单地从传热学角度来考虑，各级旋风筒的气、固分离效率 η_C 对整个预热器系统热效率影响的顺序是：$\eta_{C_5} > \eta_{C_4} > \eta_{C_3} > \eta_{C_2} > \eta_{C_1}$，这是因为在整个旋风预热器系统中，越往下气体温度越高的缘故。式中对 η_{C_5}，$\cdots$，η_{C_1} 分别代表第五级到第一级各级旋风筒的气、固分离效率。但考虑到 C_1 排出的粉尘对整个系统运行经济性的影响最大（这是因为出了 C_1 的生料就出了整个预热器系统，从而成为飞损的粉尘，继而增加了料耗、热耗以及后面收尘器的负担），则 η_{C_1} 的重要性应大于其他各级。理论上一般认为：各级旋风筒的气、固分离效率对整个预热器热效率影响的顺序应改为：$\eta_{C_1} > \eta_{C_5} > \eta_{C_4} > \eta_{C_3} > \eta_{C_2}$（当然，这里不排除一些特殊的设计理念）。由此关系式可以看出，中间几级旋风筒对气、固分离效率的要求相对较低，这就使得人们可以在降低中间几级旋风筒压损的方面多采取改进措施。目前，在新型干法水泥回转窑系统中，中间几级旋风筒甚至最下一级旋风筒均采用低压损的旋风筒。

最下一级旋风筒的气、固分离效率 η_{C_5} 不仅会对整个预热器系统的热效率有很大的影响，而且还直接决定着回流到上一级旋风筒的生料量有多少，而且在高温下增大细颗粒生料的循环量，容易造成预热生料的发黏，产生堵塞，从而影响到整个窑系统的正常运行。因此，应该尽可能提高 η_{C_5}，但是由于该处的温度高，气体流速大，内筒（即排气筒）易烧坏，基于这些原因，η_{C_5} 难以提高，要多采用一些新技术来解决这一问题。

在旋风筒的研制开发过程中，除了各级旋风筒的气、固分离效率以外，还有与之相关的物料"返混度"需要考虑，其定义参见前面的式(3-14)，在五级旋风筒预热器系统中，各级旋风筒返混度的界限与建议值见表3-10。

表 3-10 五级旋风筒预热器内各级旋风筒返混度的界限与建议值

旋风筒	C_1	C_2	C_3	C_4	C_5
界　限	<0.45	<1.20	<1.0	<0.9	<0.9
一般范围	0.05~0.3	0.8~1.0	0.6~0.9	0.45~0.8	0.45~0.8

2. 各级旋风筒表面散热损失的影响

在整个旋风预热器系统中,越往下,旋风筒及其连接管道的表面温度越高,故而表面散热损失越大,因此其边壁保温显得越来越重要。尤其在最下一级旋风筒和窑尾上升烟道处的表面温度最高,因而其表面散热损失最大,所以更应加强此处的保温。

3. 各级旋风筒漏风量的影响

在整个旋风预热器系统中,同样是由于越往下,气体温度越高,所以冷风漏入对整个预热器也会有显著影响。而且,对于下面几级旋风筒,其漏风量不仅会降低其自身的温度和热效率,还会继续影响着上面各级换热单元的热效率,因此,漏风量对热效率的影响顺序是:

$$\text{Lok}_{C_5} > \text{Lok}_{C_4} > \text{Lok}_{C_3} > \text{Lok}_{C_2} > \text{Lok}_{C_1}$$

这里,Lok_{C_5},…,Lok_{C_1} 分别表示各级旋风筒处的漏风量对系统热效率的影响程度(这里,符号 Lok 取自汉字"漏空(气)"的拼音字母)。

旋风预热器系统的漏风量是影响水泥回转窑系统热耗、产量和质量等技术性能指标的重要因素之一。它不仅会降低生料的预热效果、增加热耗,还增加了后面排风机的负担、增大电耗。因此,更好地密封堵漏是新型干法水泥回转窑系统进行节能、降耗和增产的重要措施之一。

4. 旋风预热器串联级数的选择

为了从理论上说明旋风预热器系统中旋风筒的级数对生料预热、升温效果的影响程度,有研究人员在理想条件下,通过物料平衡和热量平衡计算的方法,对不同级数预热器内气体温度及物料的预热效果进行了比较。其计算结果见表 3-11,根据该计算结果画出的预热器级数与气体温度及物料温度之间的关系如图 3-31 所示。

表 3-11　不同组数预热器内气体温度及物料的预热效果　　　　单位:℃

级　　数(n)		1	2	3	4	5	6	7	8	9	10
t_{gout}(预热器出口处的气体温度)		528	408	349	315	291	277	265	257	252	245
第 i 级 气 体 进 口 温 度	t_{g_1}	900	679	570	508	466	439	419	402	391	383
	t_{g_2}		900	750	666	608	571	544	521	506	495
	t_{g_3}			900	795	725	679	646	619	600	586
	t_{g_4}				900	821	769	730	699	678	662
	t_{g_5}					900	842	799	764	741	723
	t_{g_6}						900	866	818	793	774
	t_{g_7}							900	862	836	815
	t_{g_8}								900	871	849
	t_{g_9}									900	877
	$t_{g_{10}}$										900
t_{mout}(物料出口处的温度)		500	649	722	764	791	810	824	834	841	847
Δt_g(气体总温度降)		372	492	551	585	609	623	635	643	648	655
$\Delta t_g/n$(每级气体平均温度降)		372	246	184	146	122	104	91	80	72	66

对表 3-11 和图 3-31 进行分析,可以得出下列结论:

(1) 预热器出口处废气温度随级数的增多而降低,即旋风筒级数越多,热效率越高。但是它们

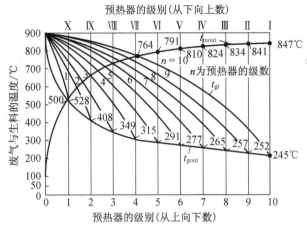

注：表3-11和图3-31计算的前提条件是：
① 系统无任何热量损失；
② 各级旋风筒的气、固分离效率假定为100%；
③ 不考虑漏风的影响；
④ 加入预热器的物料温度为50℃；
⑤ 出窑气体温度为900℃；
⑥ 各级旋风筒出口处气、固之间的温度差均按30℃计算；
⑦ 物料量及物性参数取常定值。

图 3-31 预热器级数与气体温度及物料温度之间的关系

之间的关系不是直线关系，而是随着级数的增多，废气温度降低的趋势逐渐减缓。即旋风预热器组数愈多，平均每级所能回收的热量愈少。

（2）物料预热温度随级数增大而升高。但是同样的规律是随着旋风预热器级数增多，升温曲线逐渐趋向于平缓。

（3）从理论上讲，旋风预热器级数愈多，愈接近于可逆换热过程，换热效率愈高。但在实际生产中，每增加一级预热器就需要多克服一级的流体阻力，所以动力消耗（电耗）增大。另外，随着旋风预热器级数的增加，设备投资会增加，预热器的框架也会增高，从而使基建投资增大。

因此对于具体工厂来说，不是级数愈多愈好，而是存在着一个最佳级数。此值的确定不仅需要完整的技术经济数据，而且还要有明确的目标函数和某些约束条件。有资料表明，若以国内旋风预热器窑有代表性的操作参数为基础，计算各级预热器气、固温度变化和流体阻力损失，并以给定的原料、燃料、电力和成品的价格为例进行计算，在不考虑基建投资的情况下，计算出了级数对某些技术经济指标的影响。其结果如下：
① 若目标函数为最低热耗，则最佳级数为7～8级。
② 若目标函数为最低综合能耗（单位产品的热耗和电耗），则最佳级数为6～7级。
③ 若目标函数为单位产品最低成本，则最佳级数为5～6级。

上述级数的数值也是一个变数。当预热器的操作条件欠佳时，例如，粉料在气流中的分散悬浮程度不好、传热效果差、旋风筒出口处气、固之间的温差大、表面散热多、漏风系数大，均将使最佳级数减少；反之，若将以上各项条件进行改善（例如，采用新型低阻高效旋风筒），以及加大固、气比，均可使最佳级数增加。

最早的旋风预热器是四级旋风筒，随着科技的发展，目前现代化新型干法窑的预热器系统大都是采用五级、六级旋风筒，这是因为五级、六级的预热效果要优于四级。而且为了补偿由于级数增加所导致整个预热器系统压损的增加值，新型五级、六级旋风预热器都采用低压损的旋风筒。这样，可使得它们的压损之和与传统的四级旋风筒压损之和相差不多。至于低压损旋风筒的结构形式，随其开发公司和研制单位的不同而有所差别。

3.3.6 旋风预热器（SP）的分类、特点以及几种典型的旋风预热器

旋风预热器窑的专利最早出现于20世纪30年代的捷克，1932年丹麦F.L.史密斯公司购得了此专利。而旋风预热器出现在水泥工业则是到了20世纪50年代（1953年），最早是由德国洪堡

公司(简称:KHZ)借鉴相关专利技术而推出的传统洪堡型旋风预热器。20 世纪 70 年代窑外预分解技术出现之后,旋风预热器也有了很大的发展。在国际上,水泥设备制造商(公司),在改进分解炉结构、性能的同时,其研究开发的目标也扩展到预热器系统上。为了进一步提高预热/预分解系统的热效率和综合效率,一些新型干法水泥回转窑系统的旋风预热器级数增加到五级,甚至六级。当然,在增加预热器级数的同时,为了既能保持预热系统较高的换热效率,又不会过多地增加整个系统的流动阻力(压损),许多改进型的低压损旋风筒应运而生。不但在旋风筒的结构上,而且在换热管道、撒料装置、锁风装置等方面均有较大的改进,曾出现过许多典型的旋风筒结构。例如,德国洪堡公司在扩大旋风筒蜗壳时采用三心大蜗壳式 270°切向进风口结构;德国伯力休斯公司(Polys-ius AG)采用具有倾斜进口及倾斜顶盖的低压损旋风筒;丹麦 F.L.史密斯公司(简称:FLS)的 LP型旋风筒;奥地利 PMT 旋风筒技术公司(简称:PMT)研制开发的 HURRIVANE 导向叶片及其旋风筒;日本三菱重工株式会社(简称:MHI)的 M-SP 型旋风筒;日本川崎重工业株式会社(简称:KHI,中文简称:川崎重工)的川崎型旋风筒与卧式旋风筒;日本神户制钢株式会社(中文简称:神户制钢)的 KOBELCO 型旋风筒;日本石川岛-播磨重工业株式会社(简称 IHI,中文简称:石川岛-播磨重工)的石川岛型旋风筒;日本宇部兴产株式会社的具有"靴"形内筒的宇部型旋风筒;日本原秩父水泥株式会社的轴流式旋风筒;日本原日本水泥株式会社在旋风筒底部增设膨胀仓结构。在国内,我国的水泥工作者在旋风预热器的研究开发方面也曾做了大量工作,例如,中材国际工程股份有限公司(天津)(原天津水泥工业设计研究院)的"燕山型"低压损旋风筒、TC 型低压损旋风筒;中材国际工程股份有限公司(南京)(原南京水泥工业设计研究院)的 NH 系列、NHE 系列低压损旋风筒;合肥水泥研究设计院的 H 系列旋风筒;成都建筑材料工业设计研究院有限公司的 CNC 系列旋风筒。表 3-12 列举了国内、外部分具有一定特色的改进型旋风筒,可供读者参考。

表 3-12 国内、外部分有一定特色的改进型旋风筒的结构

丹麦 F.L.史密斯公司的 FLS-LP 型	日本三菱重工的 M-SP 型	日本神户制钢的 KOBEL 型	原日本水泥会社型(下部设置膨胀仓)	日本原小野田水泥会社的内筒导流板
 顶部旋风筒　中间级旋风筒　底部旋风筒	 顶部旋风筒　中间级旋风筒　底部旋风筒	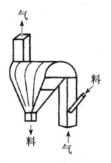	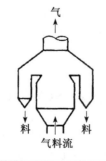	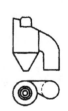
日本宇部兴产的宇部型	日本川崎重工的川崎重工型	日本川崎重工的卧式旋风筒	日本原秩父水泥会社的轴流式旋风筒	德国伯力休斯公司的 Dopol90 型

德国洪堡公司的 KHD 型	奥地利 PMT 旋风筒技术公司的 HURRICLON 型	奥地利 PMT 旋风筒技术公司的 HURRIVANE 导向板	捷克 PSP 公司的 LUCE 型

70°

C_1　其他级

泰国 L.V 公司的 LV 型	中国南京院的低压损型	中国天津院的		中国成都院的 CNC 型(低压损型)
		第二代低压损型	第三代低压损型	

C_1　其他级　　　　　　　　　　　　　　　　　　　　　C_1　$C_2 \sim C_5$

注:南京院—南京水泥工业设计研究院,现更名为中材国际工程股份有限公司(南京);天津院—天津水泥工业设计研究院,现更名为中材国际工程股份有限公司(天津);成都院—成都建筑材料工业设计研究院有限公司

概括起来说,这些旋风筒的改进有以下五个方面:

(1) 在旋风筒入口或出口处增设导流板:在旋风筒入口处或出口处增设导流板(Gude Vane)能够减弱旋风筒内主气流与循环气流的碰撞,使入口气流贴壁,同时还可降低气流循环量。这样,在保证旋风筒具有较高气、固分离效率的前提下,其压损也会降低。例如,丹麦 F.L. 史密斯公司的 LP 型旋风筒、奥地利 PMT 旋风筒技术公司的 HURRICLON 旋风筒、日本三菱重工的 M-SP 型中间级旋风筒、日本宇部兴产株式会社的宇部型旋风筒、日本神户制钢的 KOBELCO 型旋风筒、日本原小野田水泥株式会社的一些旋风筒上都设置有导流板。

(2) 旋风筒的筒体结构改进:例如,丹麦 F.L. 史密斯公司的 LP 型旋风筒,其筒体直径比传统旋风筒约减少 $\frac{1}{4}$,从而适当增大高径比,其进风口采用大包角、大蜗壳,蜗壳下线(即进风口底部)采用斜坡面,且适当扩大内筒直径,适当缩小内筒插入深度;日本三菱重工的 M-SP 型旋风筒增加了圆柱体高度;日本川崎重工的川崎型旋风筒采用锥形顶部,进风口(尤其是进风口的底部)采用了向下倾斜的结构。泰国 L.V. 公司的 LVC 型旋风筒在进风口底部采用向下倾斜结构的同时,将筒体结构改为双锥形;捷克 PSPI 程公司的 LUCE 旋风筒采用不对称的歪锥结构(该锥体结构可避免旋风筒锥体部分内的粉料形成结拱所需的力学对称条件,从而可防止旋风筒锥体部分内部的生料结拱堵塞)等。

(3) 旋风筒进风口与内筒结构的改进:例如,丹麦 F.L. 史密斯公司将 LP 型旋风筒的进风口截面形状改为多边形;奥地利 PMT 旋风筒技术公司的 HURRICLON 旋风筒具有双内筒结构,以降低内筒中的流速从而降低压损;日本原秩父水泥会社的轴流式旋风筒将进风口设置在筒体下部,以减小折流阻力;日本宇部兴产会社的宇部型旋风筒具有靴形结构的内筒(Boot Type Inner Cyhnder),并将进风口外移以增加它与内筒之间的间距。

(4) 旋风筒下料口结构的改进:例如,丹麦 F.L. 史密斯公司的 LP 旋风筒以及日本三菱重工的最下级 M-SP 旋风筒下部均增大了锥体倾角;日本原日本水泥株式会社的旋风筒底部增设了膨胀

仓等。这些措施都起到了畅通下料和防止二次飞扬的作用,从而提高了旋风筒气、固分离效率。

(5)旋风筒旋流方式的改进:例如,日本川崎重工的 KSS 型卧式旋风筒,气流从入口切向进入,从出口切向排出,从而避免了普通旋风筒存在的气流折流阻力等。

通过以上改进,这些新型旋风筒的阻力可降低 30%～50%,气、固分离效率可保持在普通旋风筒的水平(80%～85%)。有的旋风筒(例如像轴流式、卧式旋风筒)的气、固分离效率稍低,需要采取一定措施(例如,日本原秩父水泥会社在轮流式旋风筒上部增设了小旋风筒)来提高气、固分离效率。这些新型旋风筒用于五级旋风预热器系统的中间级,可使整个旋风预热器系统的流体阻力保持在普通四级旋风预热器的水平。目前,这些新型低压损旋风筒在新建的预分解窑及老窑的系统技术改造中得到了应用。

几种典型的旋风筒以及相关的预热器系统简介如下。

1. 德国洪堡公司的旋风预热器

传统洪堡型旋风预热器是因德国(原西德)洪堡公司将其开发出来而得此名。后来几经改进,传统洪堡型旋风预热器目前已不再使用。但是,因为该预热器是旋风预热器的鼻祖,在预热器的历史上有着特殊地位,所以对此作以下简介。

传统的洪堡型旋风预热器结构如图 3-32所示,它是由四级旋风筒所组成,为 2-1-1-1结构,即最上面第一级旋风筒为双筒并联,其余各级均为单筒。第一级采用大高径比、双旋风筒的目的在于提高它的气、固分离效率,减少飞灰的飞损,而其他级旋风筒的分离效率要求相对较低,故而选用高径比较小的单筒旋风筒,以期降低整个预热器系统的阻力损失及框架建筑高度。据报道,生料通过整个预热器系统的实测时间约为25 s,经过该预热器系统,生料温度可从 70 ℃升高到 800 ℃左右。整个系统的流体阻力(包括回转窑)为 4～5 kPa。

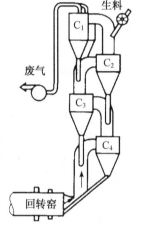

图 3-32 传统洪堡型旋风预热器

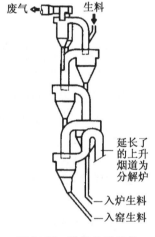

图 3-33 洪堡公司五级旋风预热器

随着技术的进步,后来洪堡公司也采用五级旋风预热器(单列为 2-1-1-1-1 结构,双列为 4-2-2-2-2 结构,该公司第一台五级旋风预热器窑,于 1966 年与德国 Rohrbach 水泥公司联合在德国建成的)或六级旋风预热器(该公司的第一台使用六级旋风预热器的 NSP 窑于 1986 年在印度建成)。当采用五级或六级旋风预热器时,其中间级采用的是洪堡型低压损旋风筒(参见表 3-12)。图 3-32 与图 3-33 中的预热器为洪堡公司的五级旋风预热器。

2. 德国伯力休斯公司的悬浮预热器

如本节刚开始所述,历史上的悬浮预热器曾经有过旋风预热器和立筒预热器之分。实际上,历史上还曾经出现过旋风筒与立筒组合而成的预热器,像德国的米亚格(Miag)型、维达格(Wedag)型、多波尔(Dopol)型预热器等。然而,由于它们仍具有立筒预热器本身的缺陷,所以迫使这些预热器后来不断改进,有的成为纯旋风预热器,德国伯力休斯公司开发多波尔预热器就是这方面的一个实例。多波尔(Dopol)实际上是由德语"双料流"的前两个字母(Do)与伯力休斯公司名称的前三个字母(Pol)组合而成。传统的多波尔型预热器为旋风筒与立筒组合结构,改进后的多波尔预热器则完全是旋风筒结构,如图 3-34 所示。

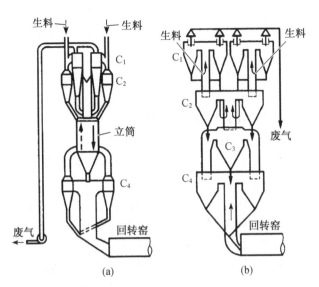

图 3-34 改进前、后的传统型多波尔预热器

(a) 改进前；(b) 改进后

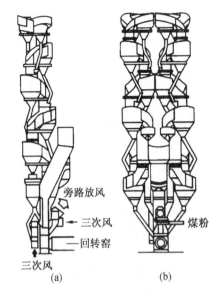

图 3-35 伯力休斯公司六级旋风预热器

(a) 单列；(b) 双列

现在,伯力休斯公司也采用五级或六级旋风预热器如图 3-35 所示,单列为 2-1-1-1-1-1 结构,双列为 4-1-1-1-1-1 结构,其旋风筒是该公司开发的 Dopol90 型低压损旋风筒(参见表 3-12)。

3. 丹麦 F.L.史密斯公司的 LP 型旋风预热器

丹麦 F.L.史密斯公司(简称:FLS)最早研制开发的旋风预热器与传统的洪堡型旋风预热器相类似,后经改进逐渐形成了具有自身特色的 FLS-LP 型系列低压损旋风预热器(LP 意为低的压强损失,英文即 Low Pressure Loss)。20 世纪 80 年代末以后,该公司的旋风预热器从四级[参见图 3-36(a),2-1-1-1 结构]改为五级,如图 3-36(b)所示,单列为 1-1-1-1-1 结构,双列为 2-2-2-2-2 结构。目前甚至采用了六级。

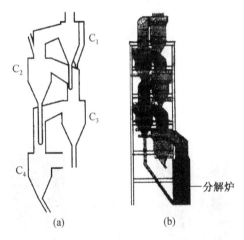

图 3-36 两种典型 FLS-LP 旋风预热器

(a) 四级；(b) 五级

F.L.史密斯公司还对旋风筒的结构、尺寸、压损、旋风筒的组合与投资成本之间的关系作了详细的研究,主要成果体现在:①研制开发了高效低压损的新型旋风筒(图 3-37)。与传统旋风筒相比,这些旋风筒的特点是:进风口截面由矩形改为

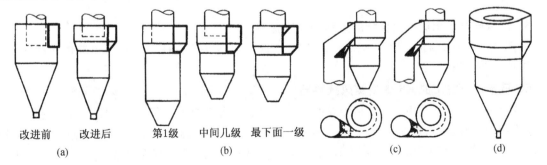

图 3-37 F.L.史密斯型旋风筒结构改进

(a) 改进前、后的对比；(b) FLS-LP 型低压损旋风筒；(c) 两种 LP 型旋风筒结构；(d) FLS-LP 型旋风筒的立体图

多边形,筒体改为双柱双锥的组合,柱体直径减小,内筒直径加大、插入深度减小等。试验研究表明:其流速分布比较合理,气、固分离效率较高(90%~96%),处理气体量较大,压损较小。②研究了各级旋风筒之间气、固分离效率的匹配。以四级旋风预热器为例,F.L.史密斯公司曾建议各级旋风筒的分离效率采用以下的数值为宜:$\eta_{C_1}=95\%$;$\eta_{C_2}=90\%$;$\eta_{C_3}=90\%$;$\eta_{C_4}=94\%$。

4. 奥地利 PMT 公司的 HURRIV-ANE 导向叶片和 HURRICLON 旋风筒

奥地利PMT旋风筒技术公司(简称PMT)研制开发的HURRIVANE导流板如图3-38所示。将它焊接在普通旋风筒上,其压损会降低30%以上,且不会明显降低其气、固分离效率,因为该导流板能够引导旋转气流平滑进入内筒,从而避免了一些紊乱气流的发生。

该公司研发的HURRICLON旋风筒结构如图3-39所示,其内部有两个内筒。其中的一个内筒像普通旋风筒那样被安装在旋风筒的顶部,而另一个旋风筒则安装在旋风筒的底部。由于两个内筒的存在(内筒中的气流被分别向上、向下导出),所以内筒内气流流通的面积就增加了一倍,其结果是内筒内的流速降低了一半,从而显著降低了旋风筒的压损。此外,为了避免内筒端部的紊乱气流,这两个内筒使用焊接在旋风筒上的HURRIVANE导流板。由于旋风筒压损的降低,就使得旋风筒的内径可以减小,从而也显著提高该旋风筒的气、固分离效率(据有关报道,可以提高到99%)。

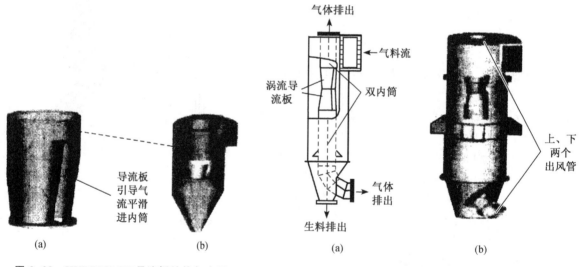

图 3-38 HURRICLON 导流板结构与应用

(a)导流板结构;(b)普通旋风筒内的导流板

图 3-39 HURRICLON 旋风筒结构

(a)原理图;(b)外观图

5. 日本原日本水泥株式会社的五级旋风预热器

如图3-40所示的是由原日本水泥株式会社(该公司现合并到日本太平洋水泥株式会社)开发的五级旋风预热器。

6. 日本川崎重工的 KS-5 型旋风预热器

日本川崎重工(简称KHI)研制开发的KS-5型旋风预热器是五级,其中C_2,C_3采用卧式旋风筒(也称:水平旋风筒),如图3-41所示。KS-5的全称是 Kawazak System with 5-Stage Cyclone Preheaters。卧式旋风筒的压损较低、高度较低,所以可降低整个预热器系统的压损和框架高度。其缺点是气、固分离效率较低,因此只能作为中间级旋风筒。另外,后来的实验研究以及生产实践都表明卧式旋风筒还存在许多问题,故已不再推广。但作为一种有特色的旋风筒,会开阔读者的思路。

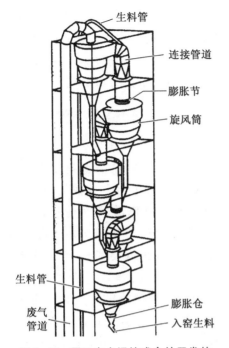

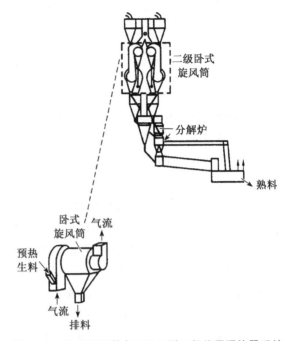

图 3-40 原日本水泥株式会社开发的
五级旋风预热器

图 3-41 卧式旋风筒与 KS-5 型五级旋风预热器系统

7. 日本三菱重工的 M-SP 型旋风预热器

日本三菱重工(简称 MHI)开发的 M-SP 型旋风预热器也是五级,其旋风筒(参见表 3-12)的内筒上采用导向板,可在不降低气、固分离效率的前提下,降低旋风筒的压损。其 C_1 为圆柱形旋风筒;C_5 则采用较陡的锥角,以消除生料在锥体部分聚集后的一次飞扬。中间级旋风筒则采用低压损旋风筒。

8. 泰国 L.V. 公司的 LV 型五级旋风预热器

泰国 L.V. 技术公司开发的 LV 型五级旋风预热器如图 3-42 所示。其 C_1 和 C_2 采用该公司开发的 LVC 型(LV-Cyclone)旋风筒(图 3-43)。注意:图 3-42 中只有 C_1 采用 LVC 型旋风筒,其他级则采用与 FLS-LP 型旋风筒结构相类似的低压损旋风筒。各级旋风筒的进、出口最低风速为:$10\sim15$ m/s。

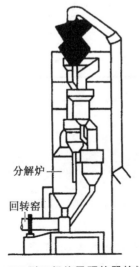

图 3-42 LV 型五级旋风预热器的框架结构

图 3-43 LVC 旋风筒的立体结构图

LVC 型旋风筒的结构特点:第一,LVC 型旋风筒的进风口采用大蜗壳进风口;第二,普通旋风筒的圆柱部分在 LVC 型旋风筒中用一个倒立的锥体来代替,从而形成双锥体形状的筒体结构;第三,LVC 型旋风筒采用多边形进风口,并螺旋向下与旋风筒相连,从而使得其顶部为一个向下的螺旋面而非平面;第四,LVC 旋风筒的内筒直径较大。LVC 型旋风筒的压损为 0.5~1 kPa,气、固分离效率为 92%~97%。

9. 成都建材院的 CNC 型五级旋风预热器

成都建筑材料工业设计研究院有限公司研制开发的 CNC 型旋风筒参见表 3-12。其特点是:第一,CNC 型旋风筒的进风口截面为五边形,且以三心 270°切大蜗壳式、等角度变高度的、向下旋转的螺旋线与筒体相连接。采用短而粗的内筒(C_2~C_5 的内筒直径与旋风筒内径之比约为 0.6、内筒插入深度与进风口高度比为 0.4~0.6),内筒用耐热钢制作,结构为分片悬挂式,如图 3-29(e)所示;第二,旋风筒内的截面风速较高(C_2~C_5 的截面风速为 5~6 m/s);进、出口风速较低(17~18 m/s);C_2~C_5 的锥体部分设计成斜锥。关于 C_1,因为需要其气、固分离效率≥95%,所以其截面尺寸与高径比都较大(表观截面流速<4 m/s;高径比 >3)。此外,C_1 底部还设置反射锥(中材国际工程股份有限公司(南京)研制开发的低压损型旋风筒 C_1 内也有类似的导流装置,参见表 3-12)、进风口处也设置导流板;第三,每级连接管道上均设置固定式撒料箱。在下一级旋风筒出口至撒料箱之间还设置一段"变径(几个缩口)"风管,该段风管既可避免料流短路下冲,也使气料流具有脉动变速的功效,从而增强生料的分散程度与气、固之间的换热效果。

CNC 型旋风筒的开发人员认为:为了确保 C_1 具有较高的气、固分离效率,C_2 也应具有较高的气、固分离效率以降低 C_1 进口气料流中的含尘浓度。于是他们确定各级旋风筒气、固分离效率的顺序为:$\eta_{C_1} > \eta_{C_2} > \eta_{C_5} > \eta_{C_4} > \eta_{C_3}$。使用 CNC 型五级旋风预热器(双列,4-2-2-2-2 结构)的某 NSP 窑(5 000 t/d)中 CNC 型旋风筒的一些技术参数见表 3-13。

表 3-13　某 CNC 型五级旋风筒预热器(双列,4-2-2-2-2 结构)的技术参数

	C_1	C_2	C_3	C_4	C_5
内直径/m	4~4.5	2~6.5	2~6.5	2~6.9	2~6.9
气、固分离效率/%	96	91	85	85	88
表观截面风速/(m/s)	3.94	4.32	5.05	4.99	5.14
出口温度/℃	310	515	665	785	860
出口压强/kPa	-4.5	-3.5	-2.7	-2.1	-1.5

3.4　分解炉

预分解窑是当代水泥工业用于煅烧水泥熟料的最为先进的工艺装备,具有高效、优质、低耗等一系列优良性能。而分解炉是预分解窑系统关键技术装备之一。

由热平衡可知,仅仅利用窑尾烟气中的热量,尚不足以满足碳酸盐分解需要的全部热量,因此必须在窑外开辟第二热源。分解炉加装于预热器和回转窑之间,将生料的分解过程转移到分解炉

中进行。分解炉作为预分解窑的第二热源,作为高温气固反应器,承担着燃料燃烧和碳酸盐分解任务。它增设在悬浮预热器和回转窑之间,它将全部由窑头加入燃料的传统做法,改变为只有少数燃料从窑头加入,大部分燃料从分解炉加入,从而改善了窑系统内的热力分布格局。另外在分解炉内,由于燃料和生料粉混合均匀,燃料燃烧热及时传给物料,使燃烧、换热及碳酸盐分解过程得到优化。

分解炉内气流的主要运动形式有旋风式、喷腾式、悬浮式和沸腾式(或流化床式)四种。生料及燃料在分解炉内分别依靠旋风效应、喷腾效应、悬浮效应及流化效应高度分散于气流之中,并滞后于气流运动,从而增加物料与气流间的接触面积,延长物料在分解炉内的停留时间,达到提高燃烧效率、热交换效率及入窑生料分解率的目的。

3.4.1 概述

1. 预分解技术的产生与发展

预分解窑是 20 世纪 70 年代发展起来的一种煅烧工艺设备。它是在悬浮预热器和回转窑之间,增设一个分解炉或利用窑尾烟室管道,在其中加入 30%～60% 的燃料,使燃料的燃烧放热过程与生料的吸热分解过程同时在悬浮态或流化态下极其迅速地进行,使生料在入回转窑之前基本上完成碳酸盐的分解反应,因而窑系统的煅烧效率大幅度提高。这种将碳酸盐分解过程从窑内移到窑外的煅烧技术称窑外分解技术,这种窑外分解系统简称预分解窑。

自 20 世纪 50 年代初期德国洪堡公司研发成功悬浮预热窑、70 年代初期日本石川岛公司(IHI)发明预分解窑以来,水泥工业熟料煅烧技术获得了革命性的突破,并推动了水泥生产全过程的技术创新。60 多年来,新型干法水泥生产技术发展已经经过了五大阶段。

第一阶段:20 世纪 50 年代初期至 70 年代初期。伴随着悬浮预热技术的突破并成功应用于生产,新型干法水泥生产诞生,并随着悬浮预热窑的大型化而发展。

第二阶段:20 世纪 70 年代初期至中期。伴随着预分解窑的诞生发展,新型干法水泥技术向水泥生产全过程发展。同时,随着预分解技术的日趋成熟,各种类型的旋风预热器与各种不同的预分解方法相结合,发展成为许多类型的预分解窑。另外,各种新型悬浮预热器在预分解窑发展的同时,仍在继续发展完善,并发挥着重要作用。

第三阶段:20 世纪 70 年代中期至 80 年代中期。1973 年国际石油危机之后,石油价格不断上涨,许多预分解窑被迫以煤代油,致使许多原来以石油为燃料研发的分解炉难以适应。通过不断改进,各种第二代、第三代分解炉应运而生,改善和提高了预热分解系统的功效。

第四阶段:20 世纪 80 年代中期至 90 年代中期。伴随着悬浮预热和预分解技术日臻成熟,预分解窑旋风筒—换热管道—分解炉—回转窑—篦冷机(简称筒—管—炉—窑—机)以及挤压粉磨,和同它们配套的耐热、耐磨、耐火、隔热材料,自动控制等技术全面发展和提高,使新型干法水泥生产的各项技术经济指标得到进一步优化。

第五阶段:20 世纪 90 年代中期至今。生产工艺得到进一步优化,环境负荷进一步降低,并且成功研发了降解利用各种替代原、燃料及废弃物的技术,以新型干法生产为切入点和支柱,水泥工业向水泥生态环境材料型产业转型。

2. 预分解窑的基本流程

预分解窑基本流程如图 3-44 所示,分解炉处于窑尾与预热器之间,是系统提供二次热源与进行分解反应的区域。预分解窑窑尾系统的操作参数值可见表 3-14。

表 3-14　分解窑窑尾系统的操作参数值

操作参数	控制值范围	操作参数	控制值范围
窑尾气体温度	1 000～1 150 ℃	入窑生料表观分解率	85%～95%
分解炉出口气体温度	850～950 ℃	三次风温度	700～800 ℃
C_4 出口气体温度	850～900 ℃	窑尾负压	0.3～0.4 kPa
C_3 出口气体温度	710～750 ℃	入排风机负压	3.5～7 kPa
C_2 出口气体温度	550～600 ℃	预热器出口气体含尘浓度	标准状态下 60～80 g/m³
C_1 出口气体温度	330～390 ℃	预热器出口气体 O_2 含量	2.5%～4.0%
入窑生料温度	800～860 ℃	窑与炉所用燃料比	(3:2)～(2:3)

3. 预分解窑的特点

与其他类型水泥回转窑相比,预分解窑主要有以下特点:

1) 在流程结构方面

它在悬浮预热器窑的基础上,在悬浮预热器与回转窑之间增设了一个分解炉。分解炉高效地承担了原来在回转窑内进行的 $CaCO_3$ 分解任务,这样可以缩短回转窑,从而减少占地面积、减少可动部件数以及降低窑体的设备费用。

2) 在热工布局方面

分解炉是预分解窑系统的第二热源,将燃料全部加入窑头的传统做法,改为小部分燃料加入窑头、大部分燃料加入分解炉。这就有效地改善了整个窑系统的热力布局,从而显著减轻窑内耐火材料的热负荷,延长了窑龄。同时也有助于降低只有很高温度才能产生的 NO_x(有害成分)含量,这有利于环境保护。图 3-45 为几种回转窑的热工过程比较。

3) 在工艺过程方面

将熟料煅烧过程中耗热量最大的 $CaCO_3$ 分解过程移至分解炉内进行后,由于分解炉内燃料与生料高度分散混合,燃料燃烧所产生的热量能够及时高效地传递给生料,于是燃烧、换热及 $CaCO_3$ 分解过程都得到优化,更加适应水泥熟料煅烧的工艺特点。对原料、燃料的适应性相对较强。

4) 生产规模大,经济性好

单机生产能力大,窑的单位容积产量高。一般预分解窑的单位容积产量是预热器窑的 2～2.5 倍。窑衬寿命长,窑的运转率高。用于窑内热负荷减轻,延长了窑衬寿命和运转周期,耐火材料消耗量减少,单位熟料热耗降低,这有利于对劣质燃料的利用。

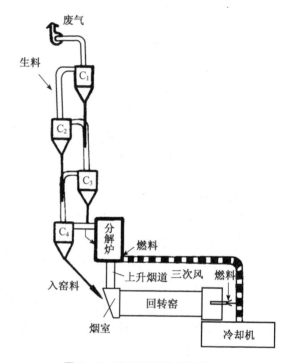

图 3-44　预分解窑基本流程

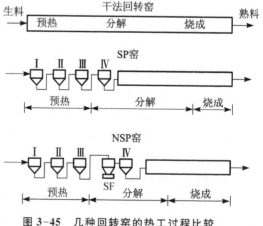

图 3-45　几种回转窑的热工过程比较

3.4.2 分解炉的工作原理及工艺性能

1. 粉料在气流中分散

粉料被充分分散和均匀分布是分解炉有效工作的前提。目前主要以流体力学为工作原理,利用旋流效应(切向速度为 $30\sim40$ m/s)、喷腾效应(局部轴向速度为 $30\sim40$ m/s)、流态化效应(气固均布、接触时间长且可控)和湍流效应(高速气固同流形成稀相输送)等来达到分散的目的。实践表明,合理的流型对分解炉功能的发挥有明显的影响。单纯旋流虽能增加物料在炉内的停留时间,但旋流强度过大,易造成粉料贴壁运动,不利于粉料的均匀分布。单纯的喷腾,有利于纵向分散和均匀分布,但易造成疏密两区,有部分物料短路。单纯流态化虽使气、固两相参数一致,但降低了传热传质和反应的推动力。如果要求分解程度高,则要求较高的炉温,且阻力损失过大,而单纯的强湍流要求会使设备高度过高。所以,不同类型和结构的分解炉,都是采用叠加的流动方式,达到较好的效果,如"喷腾＋旋流""湍流＋旋流"等。

2. 分解炉内燃料的燃烧

实践证明,在分解炉内,燃料燃烧的速度比分解反应速度慢,因此是控制因素。

在分解炉内,燃烧入炉瞬间即被高速旋转的气流冲击混合,使燃料颗粒悬浮分散于气流中,燃料与生料充分混合,燃料颗粒各自独立燃烧,无法形成有形的火焰,而是充满全炉的无数小火星组成的燃烧,只能看到满炉发出火光。

分解炉内燃料燃烧的特点是燃料边混合、边燃烧、边传热,燃烧速度很快,燃烧放出的热量瞬间被生料粉吸收,不易形成局部高温。燃烧反应处于过渡区,燃烧反应的速率与温度有关,也受环境中 O_2、CO_2 分压等影响,因此合理的流场很重要。燃料燃烬程度与燃料粒度、燃料组成、燃料活性、炉子结构、燃料加量、加燃料位置和方式、燃料在炉内停留时间等因素都有关系。

炉用燃料量一般占总用量的 $35\%\sim60\%$,不应出现不完全燃烧,也不宜使分解炉的热负荷过大。

3. 分解炉内的热量传递

分解炉内,粉料充分分散于气流中,在悬浮状态下,气固间传热面积极大,传热速率极快,燃烧放出的大量热量在极短的时间内被物料所吸收,放热速率与吸热速率相适应,有利于防止气流温度过高。

分解炉内的传热以对流传热为主,其次是辐射传热,有研究认为对流传热约占 90%。分解炉中气体温度约 $900\ ℃$,气体中含有大量固体颗粒,CO_2 含量较高,增大了气流的辐射能力,炉内的辐射传热对促进全炉温度的均匀分布极为有利。

4. 分解炉内 $CaCO_3$ 分解

1)碳酸盐分解反应的特性。碳酸盐的分解是熟料煅烧中的重要过程之一,因 $MgCO_3$ 的分解温度较低,在预热器内已基本分解,且其含量较少,这里主要讨论 $CaCO_3$ 的分解。

$CaCO_3$ 分解反应方程式为:

$$CaCO_3 \rightleftharpoons CaO + CO_2 - Q$$

这一过程是可逆反应过程,为强吸热反应,受系统温度和周围介质中 CO_2 分压的影响较大。为了使分解反应顺利进行,必须保持较高的反应温度,降低周围介质中 CO_2 分压,并提供足够的热量。通常 $CaCO_3$ 在 $600\ ℃$ 时已开始有微弱分解,$800\sim850\ ℃$ 时分解速度加快,$894\ ℃$ 时分解出的 CO_2 分压达 $0.1\ MPa$,分解反应快速进行,$1\ 100\sim1\ 200\ ℃$ 时分解速度极为迅速。

2)碳酸盐颗粒的分解过程。碳酸钙颗粒的分解过程如图 $3-46$ 所示。颗粒表面首先受热,达到分解温度后分解放出 CO_2,表层变为 CaO,分解反应面逐步向颗粒内层推进,分解放出的 CO_2 通过 CaO 层扩散至颗粒表面并进入气流中,反应可分为五个过程,并用等效电路来表示分解各个过程的阻力:气流向颗粒表面的传热过程(阻值 R_a),颗粒内部通过 CaO 层向反应面的导热(阻值 R_λ),反应面上的化学反应(阻值 R_κ),反应产物 CO_2 通过 CaO 层的传质(阻值 R_δ),颗粒表面 CO_2 向外界的传质(阻值 R_β)。这五个过程中,四个是物理传递过程,一个是化学动力学过程。显然,哪个过程的阻值最大,该过程即为控制因素。随着反应的进行,反应面不断向核心推移,各阻值也在不断变化。这五个过程每个都受不同因素的影响,且各因素影响的程度也不相同。

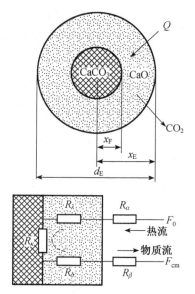

图 3-46　$CaCO_3$ 颗粒的分解过程

　　$CaCO_3$ 的分解过程受生料粉粒径的影响很大。当粒径较大时,如 D 为 10 mm 的料球,整个分解过程的阻力主要是气流向颗粒表面的传热,传热及传质过程为主要影响因素,而化学反应过程不占主导地位;在粒径 D 为 2 mm 时,传热传质的物理过程与化学反应过程占同样重要的地位。因此,在立窑、立波尔窑和回转窑内,$CaCO_3$ 的分解过程属传热、传质控制过程。当粒径较小时,如 D 为 30 μm 时,分解过程主要取决于化学反应过程,整个分解过程的阻力由化学反应的各个分步过程所决定。

　　3) 影响分解炉内 $CaCO_3$ 分解的主要因素。在分解炉内粉料在悬浮状态下传热传质速率极快,产生了质的飞跃,使生料的碳酸盐分解过程由传热、传质的扩散控制过程转化为分解的化学动力学过程。一般生料的比表面积为 2 000～4 000 cm^2/g 并悬浮于气流中时,具有巨大的传热面积和 CO_2 扩散传质面积,又由于生料颗粒直径小,内部传热阻力和传质阻力均较小,相比之下,化学反应速率则较慢,化学反应过程成为 $CaCO_3$ 分解的主要控制因素。因此,生料中 $CaCO_3$ 分解所需时间主要取决于化学反应速率。

　　影响粉料分解时间的主要因素有分解温度、炉气中 CO_2 浓度、粉料的物理化学性质、粉料粒径及分散程度等。分解温度高,分解反应加快。研究表明,分解炉内分解温度为 910 ℃时具有最快的分解速度,但此时燃料必须极快地燃烧,从而加快供热速度,否则容易引起局部粉料过热而造成结皮堵塞。一般分解炉的实际分解温度为 820～850 ℃,粉料分解率达 85%～95%,分解所需时间平均为 4～10 s。

　　当分解温度较高时,分解速度受分解炉中 CO_2 浓度的影响较小,但当温度在 850 ℃以下时,其影响将显著增大。一般分解炉中 CO_2 浓度随燃烧及分解反应的进行而逐渐增大,对分解速度的影响也逐渐增大。

　　分解温度、CO_2 浓度、分解率与分解时间的关系见表 3-15。表 3-15 中的分解率为物料实际分解率,实际生产中的入窑物料分解率是指表观分解率,因此达到 85%～95% 的表观分解率所需的分解时间短于表 3-15 列出的分解时间。

表 3-15　分解温度、CO_2 浓度、分解率与分解时间的关系

分解温度/℃	炉气 CO_2 浓度/%	特征粒径 30 μm 完全分解需时间/s	平均分解率 85% 的分解时间/s	平均分解率达 85% 的分解时间/s
	0	12.7	6.3	14.0
820	10	20.5	11.2	22.6
	20	50.3	25.1	55.2

分解温度/℃	炉气 CO₂ 浓度/%	特征粒径 30 μm 完全分解需时间/s	平均分解率 85%的分解时间/s	平均分解率达 85%的分解时间/s
850	0	7.9	3.9	8.7
	10	10.3	5.2	11.3
	20	15.0	7.5	16.5
870	0	5.6	2.8	6.1
	10	6.9	3.5	7.6
	20	8.7	3.9	9.6
900	0	3.7	1.2	3.9
	10	4.1	2.2	4.6
	20	4.7	2.5	5.0

当燃料与物料在分解炉中分布不均匀时,容易造成气流与物料的局部高温及低温。低温部位物料分解慢,分解率低。高温部位则易使粉料过热而造成结皮堵塞。燃料与物料在炉内的均匀悬浮,是保证炉温均衡稳定的重要条件。

3.4.3 分解炉的类型

分解炉的种类很多,炉型结构各具特色,可根据生产厂家命名分类,也可按炉内气固流动的基本特征来分类。

1. 按分解炉内气流的主要运动形式来分

按分解炉内气流的主要运动形式来分类,有旋流式、喷腾式、悬浮式及流化床式四种基本形式。在这四种形式的分解炉内,生料及燃料分别依靠旋流效应、喷腾效应、悬浮效应和流态化效应分散于气流之中。由于在炉内流场中气流与物料之间产生相对运动,从而获得高度分散、高效混合、均匀分布、迅速换热、延长生料在炉内停留时间的效果,以达到提高燃烧效率、换热效率和入窑生料分解率的目的。

早期开发的分解炉,大多主要依靠上述"四种效应"中的一种。后来,随着预分解技术的发展,各种类型的分解炉在技术上相互渗透,所以目前的分解炉大都趋向于采用以上各种效应的综合效应,加强与促进生料与燃料在分解炉内的分散、混合与均布,优化与完善分解炉内燃料的燃烧,组织与强化分解炉内的有效传热,引导与保证分解炉内生料的快速分解,力求优化分解炉内的热量传递、质量传递、动量传递和化学反应过程("三传一反"过程)。以进一步完善性能,提高作业效率。其发展主要有以下几个方面:

1) 改进分解炉的结构,使炉内具有合理的三维流场,并力求提高炉内固、气停留时间比,延长生料在分解炉内的停留时间,合理地调配生料的返混度。

2) 适当扩大分解炉的容积,延长分解炉的出口管道,从而形成"炉体＋管道"的分解炉结构。在具体结构上,注重通过拐弯来延长连接管道(鹅颈管),不仅有效增加了分解炉的容积,也延长了气、料流在分解炉内的停留时间。

3) 确保向分解炉内均匀下料,并要求预热生料火炉后,粉料尽快分散且均匀分布,为此,目前分解炉的下料点处大都设有板式撒料器或撒料箱。

4) 改进炉用燃烧器型式与结构,合理布置燃烧器,使燃料入炉后尽快着火燃烧,并提高燃料燃烬率。另外,利用多级燃烧技术、在炉内产生某些还原燃烧区来降低 NO_x 排放量。

5) 下料点、下煤点及三次风之间的布局要合理匹配,保证分解炉内有合理的温度场,以利于燃料的着火、燃烧和 $CaCO_3$ 的分解。

6）扩大分解炉所用燃料的品种，尤其是分解炉可使用无烟煤、低热值煤、可燃废弃物等一些低质燃料。对于一些难燃的燃料，还可以考虑"双分解炉"结构，这两个分解炉可用一个鹅颈管相串联，即"炉1＋管道＋炉2"的形式或其类似结构。

7）根据需要，选择分解炉在预分解窑系统的最优部位、布置和流程，有利于分解炉功能的充分发挥，提高全系统功效等。

2. 按制造厂家的公司名称来分类

例如：

SF 型（其改进型有 N-SF 型、C-SF 型），日本石川岛公司与原秩父水泥公司共同研制；

MFC 型（改进型有 N-MFC 型），日本三菱公司研制；

RSP 型，日本原小野田公司研制；

KSV 型（改进型有 N-KSV 型），日本川崎公司研制；

FLS 型，丹麦史密斯公司研制；

普列波尔型，德国伯力休斯公司研制；

派洛克朗型，德国洪堡公司研制；

DD 型，日本神户制钢公司研制；

GG 型，日本三菱公司研制；

SCS 型，日本住友公司研制；

FCB 型，法国 FIVESCAILBABCOCK 公司研制；

UNSP 型，日本宇部兴产研制；等等。

表 3-16 为国外一些典型分解炉结构简图。

表 3-16　国外一些典型分解炉的结构简图

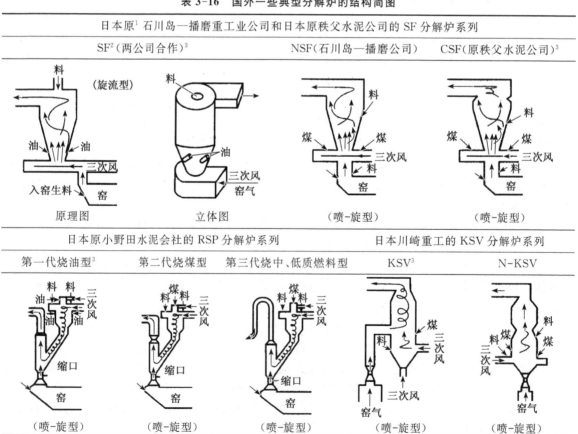

日本原[1] 石川岛—播磨重工业公司和日本原秩父水泥公司的 SF 分解炉系列			
SF[2]（两公司合作）[3]		NSF（石川岛—播磨公司）	CSF（原秩父水泥公司）[3]
原理图	立体图	（喷-旋型）	（喷-旋型）

日本原小野田水泥会社的 RSP 分解炉系列			日本川崎重工的 KSV 分解炉系列	
第一代烧油型[3]	第二代烧煤型	第三代烧中、低质燃料型	KSV[3]	N-KSV
（喷-旋型）	（喷-旋型）	（喷-旋型）	（喷-旋型）	（喷-旋型）

丹麦 F. L. Smidth 公司的 FLS 分解炉系列（该系列的八个典型炉型）

美国原[1] 福勒公司
Co-SF 分解炉[3]

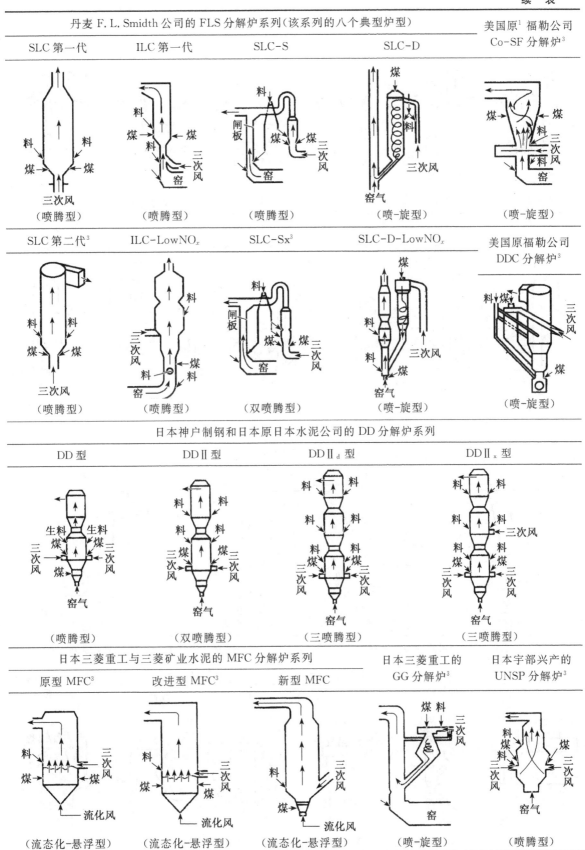

SLC 第一代	ILC 第一代	SLC-S	SLC-D	
（喷腾型）	（喷腾型）	（喷腾型）	（喷-旋型）	（喷-旋型）

SLC 第二代[3]	ILC-LowNO_x	SLC-Sx[3]	SLC-D-LowNO_x	美国原福勒公司 DDC 分解炉[3]
（喷腾型）	（喷腾型）	（双喷腾型）	（喷-旋型）	（喷-旋型）

日本神户制钢和日本原日本水泥公司的 DD 分解炉系列

DD 型	DDⅡ 型	DDⅡ_d 型	DDⅡ_x 型
（喷腾型）	（双喷腾型）	（三喷腾型）	（三喷腾型）

日本三菱重工与三菱矿业水泥的 MFC 分解炉系列

日本三菱重工的
GG 分解炉[3]

日本宇部兴产的
UNSP 分解炉[3]

原型 MFC[3]	改进型 MFC[3]	新型 MFC		
（流态化-悬浮型）	（流态化-悬浮型）	（流态化-悬浮型）	（喷-旋型）	（喷腾型）

德国伯力休斯公司的 Prepol 分解炉系列

AS[3]	AL-LC[3]	AS-CC	MSC	MSC-CC	AT[3]

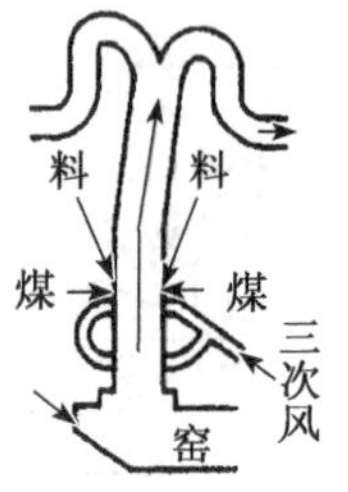

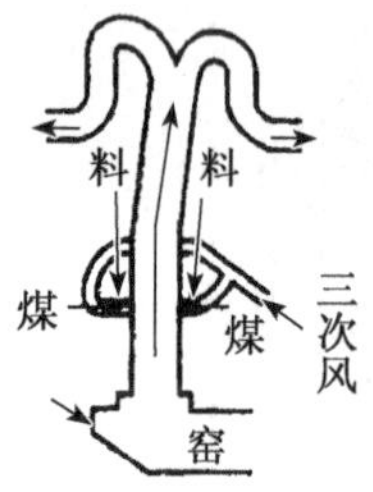

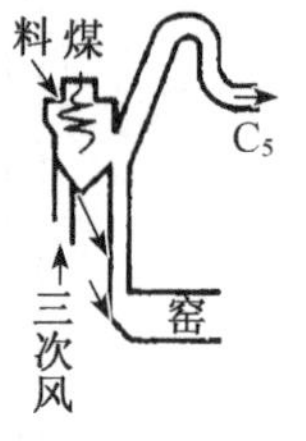

（悬浮型）	（悬浮型）	（悬浮型）	（悬浮型）	（悬浮型）	（悬浮型）

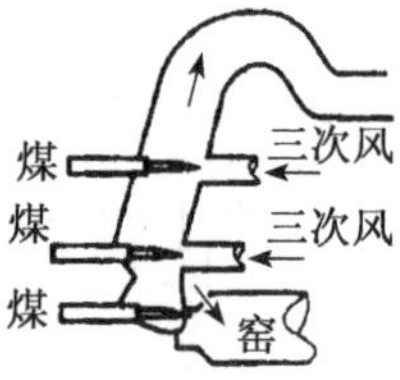

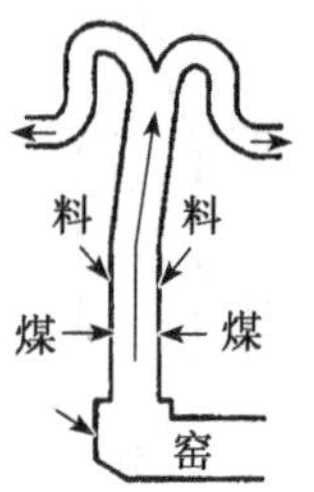

德国洪堡公司的 Pyroclon 分解炉系列

R[3]	R-SMF[3]	RP[3]	R-LowNO$_x$[3]	PYROTOP	LowNO$_x$	S[3]

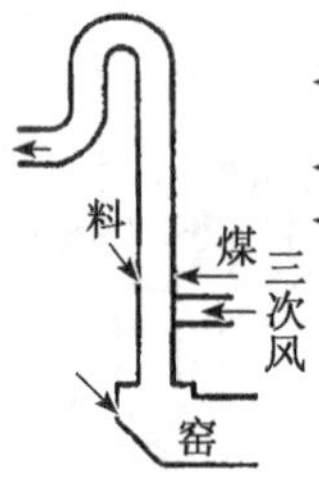

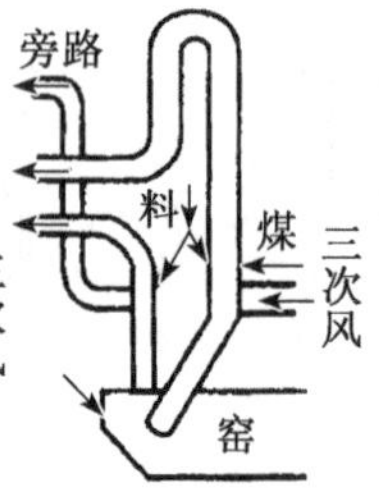

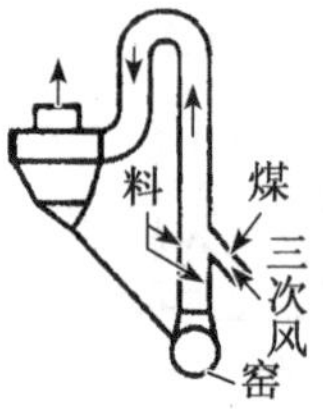

（悬浮型）	（悬浮型）	（悬浮型）	（悬浮型）	（悬浮型）	（悬浮型）	（悬浮型）

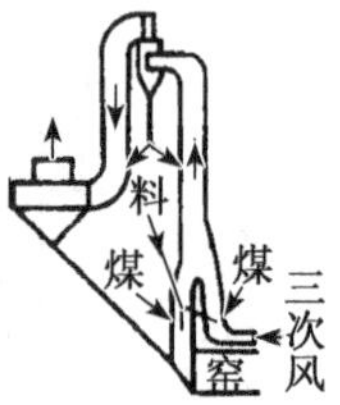

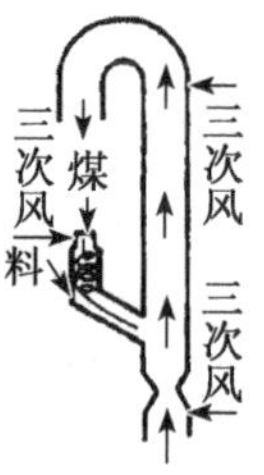

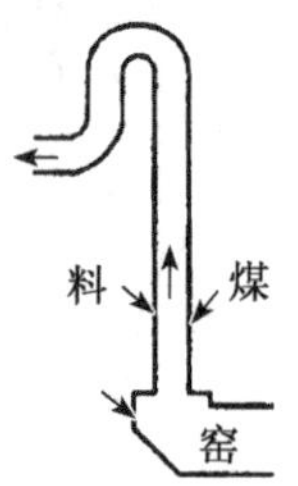

三种再循环型分解炉

德国 Babcock 公司的 PA(PreAxial)分解炉[3]	德国鲁奇(Lürgi)公司的 CFB 分解炉[3]	美国原福勒公司的 FRC 分解炉[3]	日本住友会社的 RC 分解炉[3]

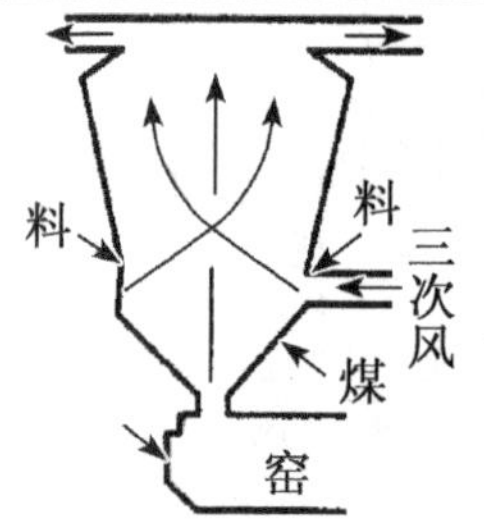

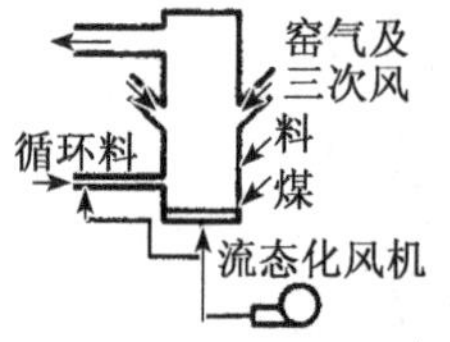

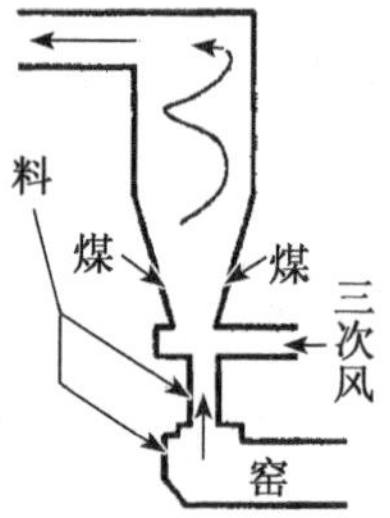

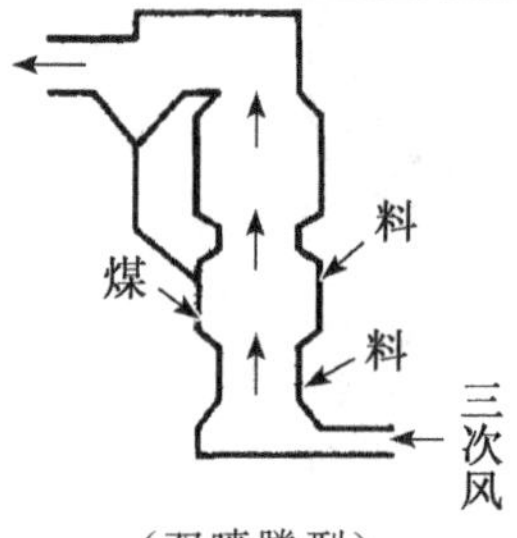

（喷腾型）	（液态化型）	（喷-旋型）	（双喷腾型）

法国 FCB 公司的分解炉系列			捷克 PSP 工程公司的分解炉系列		
EVS-PC 分解炉[3]	FCB 分解炉[3]	CF/FCB 分解炉（LowNO$_x$ 型）	早期的 Prerov 型[3]		KKN-AS 分解炉的改进型
			单列[3]	双列[3]	

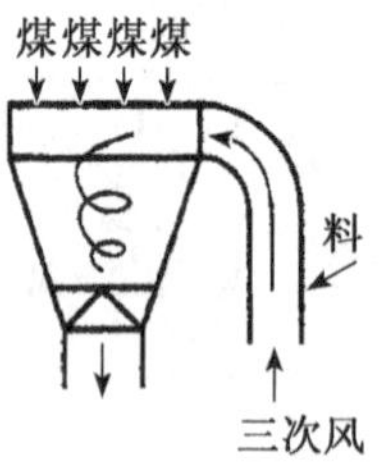

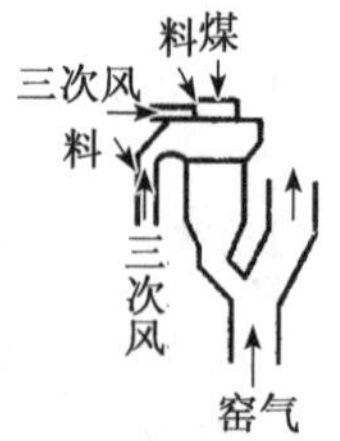

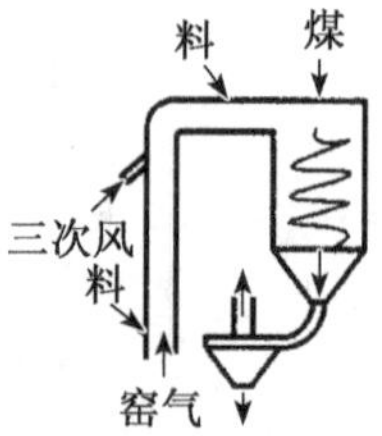

（旋流型）	（旋流型）	（喷-旋型）	（旋流型）	（旋流型）	（悬浮型）

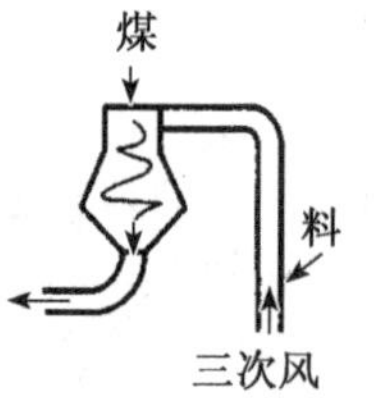

奥地利 PMT 公司的分解炉	奥地利欧马格矿山公司(源于该国 Voest-Alpine 公司)		德国 OK 公司的 MB 分解炉[3]
	(原)SEPA 分解炉[3]	öMAG 分解炉	

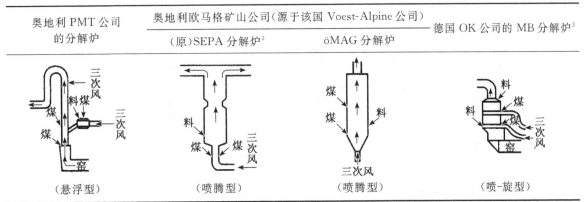

| (悬浮型) | (喷腾型) | (喷腾型) | (喷-旋型) |

注:1 本表中的"原"是指日本原石川岛-播磨重工业株式会社,现改称为(日本)株式会社 IHI;日本原来的几个水泥公司现在合并为(日本)太平洋水泥公司;美国原福勒公司现已被兼并到丹麦 F.L.史密斯公司。

2 最早的 SF 炉,其燃油烧嘴在炉体的顶部。后来经过改进后,燃油烧嘴被放在炉锥体的中部。

3 本表中有[3] 标记的炉型目前已很少使用。另外,一些特殊类型的分解炉以及与立筒预热器相配套的分解炉,因其影响范围小以及在技术上已经被淘汰,因此未被收入到本表中。

另外,该表各图中的三次风是指来自熟料冷却机、通向分解炉的助燃热空气;煤是指分解炉内燃烧所需的燃料,主要是指煤粉,现在也包括一些可燃废弃物(或称为二次燃料);料是指经预热器预热后的生料(简称为预热生料)。

3. 按全窑系统气体流动方式分类

按全窑系统气体流动方式来分类,预分解窑可分为三种基本类型。

第一种类型:分解炉(或分解室)需要的三次风由窑内通过,不再增设三次风管道,一般也不设专门的分解炉,而是利用窑尾与最下一级的旋风筒之间的上升烟道,经过适当改进或加长作为分解室,如图 3-47(a)所示。例如:普列波尔-AT 型窑,派洛克朗 S 型窑等均属此类。

第二种类型:设有单独的三次风管,从冷却机抽取的热风在炉前或炉内与窑烟气混合,如图 3-47(b)所示。例如:SF 窑、KSV 窑等。

第三种类型:设有单独的三次风管,但窑烟气不在炉前或炉内与三次风混合,炉内燃料燃烧全部用从冷却机抽取的三次风,如图 3-47(c)所示。这种类型窑对窑烟气的处理,又有三种方式,如图 3-48(a)所示:窑烟气在分解炉与分解炉烟气混合,一起进入预热器,如 MFC 窑等;如图 3-48(b)所示:窑烟气不与分解炉烟气混合,而是经过一个单独的预热器系列,如史密斯公司的 SLC 窑等;如图 3-48(c)所示:窑烟气从窑尾完全排出,用于原料烘干或发电,或当原料中碱、氯、硫等有害成分较高时,采取旁路放风措施。

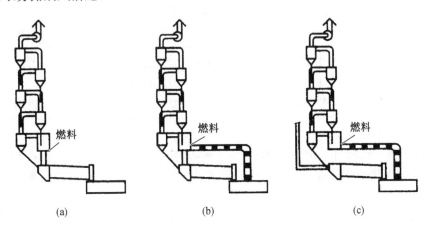

| (a) | (b) | (c) |

图 3-47　预分解窑的三种基本类型

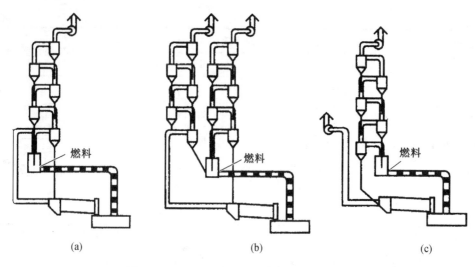

图 3-48　预分解窑窑内废气利用的三种方式

4. 按分解炉与窑、预热器及主风机匹配方式分类

预分解窑可分为同线型、离线型及半离线型三种。

同线型炉设置在窑尾烟室之上,窑气经烟室进入分解炉后与炉气汇合再经过预热器,窑气与炉气共用一台主排风机(图 3-47(b)),例如 NSF 炉、DD 炉等。

离线型炉设置在窑尾上升烟道一侧,窑气与炉气各走一列预热器,并各用一台主风机(图 3-48(b)),例如丹麦史密斯公司的 SLC 炉。

半离线型炉亦设置在窑尾上升烟道一侧,但窑气与炉气在上升烟道(上部或下部)汇合后一起进入最下级旋风筒,两者共用一列预热器和一台排风机(图 3-48(a)),例如丹麦史密斯公司 SLC-S 炉及 KHD 公司的 P-RP 炉。

早期预分解窑分解炉各种分类方法匹配状况见表 3-17。

表 3-17　各种分解炉分类方法及匹配状况

按分解炉内气流的主要运动形式分类	按制造厂命名分类	按全系统工艺流程分类	常用配套的预热器类型
旋风式	SF 型(日本石川岛公司)	第二类型	洪堡型
	EVS-PC(法国 FCB 公司)	第二类型	
	FCB 型(法国 FCB 公司)	第一、二类型	洪堡型
喷腾式	FLS 型(丹麦史密斯公司)	第一、二类型、第三类型方式(b)	FLS 型(含 LP 型)
	SCS 型(日本住友公司)	第三类型方式(b)	—
	DD 型(日本神户制钢公司)	第二类型	洪堡型
旋风-喷腾式	N-SF 型(日本石川岛公司)	第二类型	洪堡型
	C-SF 型(日本石川岛公司)	第二类型	洪堡型
	RSP 型(日本原小野田公司)	第二类型	维达型
	KSV 型(日本川崎公司)	第二类型	多波尔型
	NKSV(日本川崎公司)	第二类型	KS-5
	RFC(美国富勒-史密斯公司)	第二类型	LP 型
	GG 型(日本三菱公司)	第二类型	—

按分解炉内气流的主要运动型式分类	按制造厂命名分类	按全系统工艺流程分类	常用配套的预热器类型
旋风-喷腾式	UNSP 型（或称 UNP）（日本宇部公司）	第二类型	洪堡型
	Pre-AXIAL 型（德国巴比考克公司）	第二类型	—
	SEPA（奥地利 V-A 公司 德国 SKET/ZAB 公司）	第二类型 第三类型方式(b)	
悬浮式	普列波尔型（伯力休斯公司） 派洛克朗型（洪堡-维达格公司）	第一、二类型 第一、二类型	多波尔型 洪堡型
流化床式	MFC 型（日本三菱公司） N-MFC 型（日本三菱公司） CFB（德国鲁奇公司）	第三类型方式(a) 第三类型方式(b) 第二类型	多波尔型 M-SP 型或 MK-5 型 —

3.4.4　几种典型分解炉的结构特征

1. NSF 分解炉和 CSF 分解炉

NSF 炉为新型的 SF 分解炉，属喷腾＋旋流型。其结构如图 3-49 所示。NSF 分解炉主要由上部反应室和下部涡旋室所组成。其特点如下：

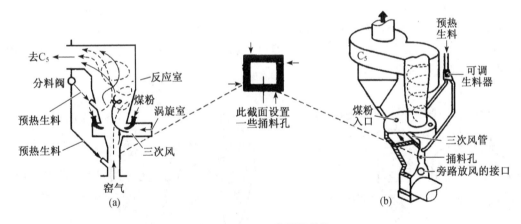

图 3-49　NSF 分解炉结构

（a）原理图；（b）立体图

1）三次风以强旋流的运动方式与上升窑气在涡旋室混合形成叠加湍流运动，强化了粉料的分散与混合。

2）燃料分别由几个喷嘴自涡旋室由上至下斜向喷入热气流中，进行初步燃烧；再随气流一道进入反应室，反应室底部是主要燃烧区，由于高效混合后可避免不完全燃烧，可使空气过剩系数降低 1.5%～2.0%。

生料从两个部位加入：一部分从反应室锥体上加入；另一部分加入到上升烟道中。加入到上升烟道内的生料通过消耗此处气流的部分动能，能起到调整回转窑与三次风管之间阻力平衡的作用，不需在烟道上设置缩口，这部分生料还能调节与均化炉温，减小了这一部位结皮的概率。

日本原秩父水泥株式会社在 NSF 分解炉的基础上,经过进一步改进又推出了 CSF 分解炉,如图 3-50 所示。该炉型也属于喷腾＋旋流型。

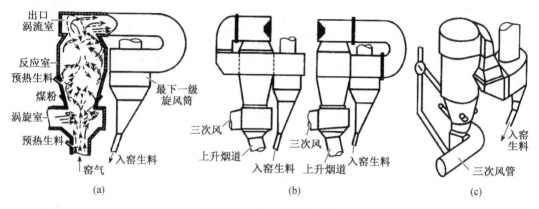

图 3-50　CSF 分解炉结构

(a) 原理图;(b) 结构图;(c) 立体图

CSF 与 NSF 分解炉相比,其主要改进是:在分解炉的上部专门设置了一个涡流室,使炉气在能够呈螺旋形出炉的同时,还能够利用涡流室与分解炉之间的缩口再产生一次喷腾。此外,CSF 分解炉还将分解炉与预热器之间的连接管道延长(相当于增加了分解炉的容积),其效果是延长了生料在分解炉内的停留时间,使得 $CaCO_3$ 的分解程度更高。更为重要的是:这样的结构也有利于利用一些燃烧速率较慢的劣质燃料。

2. RSP 系列分解炉

RSP 分解炉属于喷腾＋旋流型,RSP 炉的结构和 RSP 窑的工艺流程分别如图 3-51 和图 3-52 所示。它是由旋流预燃室(SB 室)、旋流分解室(SC 室)、斜烟道和混合室(MC 室)这四部分所组成。在 MC 室以下,与窑尾烟室之间还有一个缩口,该处装有可调闸板,以平衡回转窑与三次风管之间的阻力,缩口处的风速为 $50 \sim 60$ m/s。

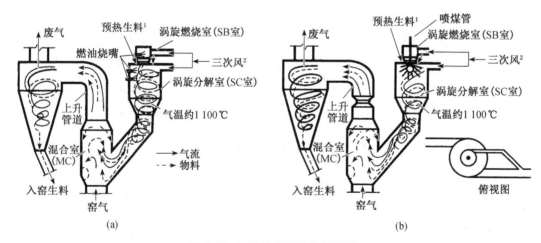

图 3-51　RSP 分解炉结构示意图

(a) 烧油的 RSP 分解炉;(b) 烧煤的 RSP 分解炉

1 预热生料从两处下料是指有两列预热器时,一列预热器时只有一个下料点;

2 大型窑的三次风入 SC 室前分两路从两个方向切向入 SC 室,参见右下方的俯视图。

SB 室的作用是稳定分解炉内的燃烧,它的体积非常小,只有一小部分三次风切向进入 SB 室,助燃小部分燃料燃烧后放出热量来为 SC 室的点火和稳定燃烧打下基础。SC 室是 RSP 分解炉的主体,三次风在其上部旋流入炉(小型窑的三次风在 SC 室的一处切向火炉,大型窑的三次风在 SC 室分两处对称地切向火炉)烧煤时,煤粉不可能在 SC 室内燃烧完全,需要在 MC 室继续燃烧,直到燃尽为止。预热生料被喂入 SC 室之前的三次风之中,在下料处设有撒料器,使风、料较为均匀地混合于火炉之中。

一般来说,出 SC 室进入 MC 室生料的表观分解率可达 40%,出 MC 室经旋风筒分离后的入窑生料表观分解率为 85%~95%。SC 室内的表观截面风速为 10~12 m/s,MC 室内的截面风速为 8~12 m/s。

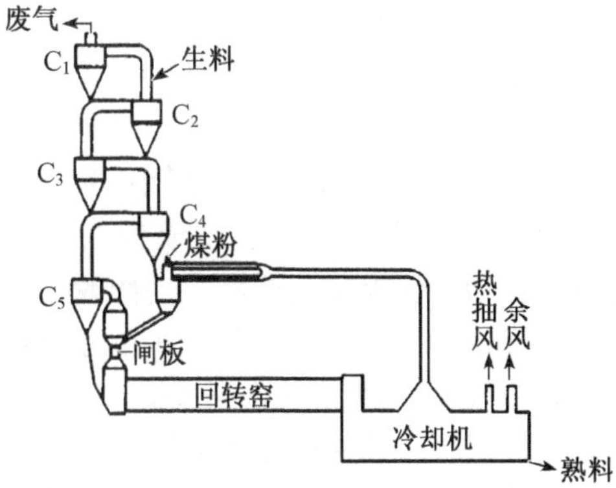

图 3-52 RSP 型预分解窑工艺流程

3. MFC 系列分解炉

MFC 系列分解炉属于流态化分解炉。它将化学工业的流化床生产原理应用于水泥工业,使入炉燃料首先在炉下流化床区裂解预燃。采用流化、悬浮叠加原理,由于燃料在流化床区沸腾流化,滞留时间长,因此特别适合使用颗粒较粗或中低热值燃料。在流化床区裂解的燃料至一定颗粒或气化之后进入涡旋区,遇三次风加速燃烧,同时与生料粉之间进行激烈的换热。

MFC 分解炉最早由日本三菱水泥矿业公司和三菱重工业公司研制开发。MFC 炉的结构已经历了两次改进,如图 3-53 所示,第一代 MFC 炉高径比(H/D)较小,约等于 1,第二代的改进主要

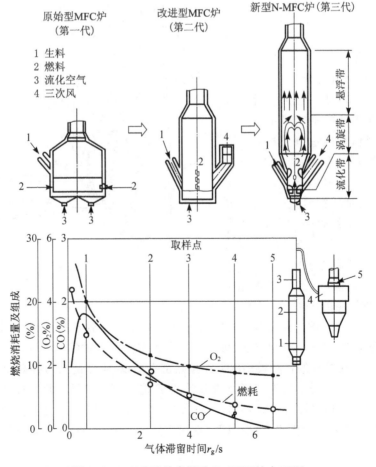

图 3-53 MFC 炉的发展及 N-MFC 炉内工况

是 H/D 增大到 2.8 左右,第三代则发展成为新 MFC 炉,简称 N-MFC 炉,其不仅进一步改进了炉的结构,H/D 进一步增大到 4.5 左右,流化床底部截面减小,并且与之配套的悬浮预热器也改进成为低压损的 M-SP 型五级旋风预热器。这些改进都是为了降低能耗,减少基建投资和适应各种低热值及颗粒状燃料的需要。MFC 窑是目前使用较广泛的预分解窑型之一。MFC 窑工艺流程和 N-MFC 窑工艺流程分别如图 3-54 和图 3-55 所示。

1) MFC 窑的特点

(1) 在回转窑与预热器(MFC 窑一般选用多波尔型旋风预热器)之间设置了一个流态床式分解炉,被预热的生料,从自下往上数(多波尔型预热器对各级旋风筒的数法)第二级旋风筒进入分解炉内;由箅冷机抽吸的热空气一部分降温到 350 ℃ 以下,经高压鼓风及流态化喷嘴至流态化床底部,大部分则进入炉内流化床的上部;燃烧后的烟气由炉上部进入最低一级旋风筒,即自下往上数第一级旋风筒。

(2) 燃料喂入炉内流化床中,在此与生料混合并进行热解,随后进入流化床上部的自由空间,在箅冷机抽吸来的三次空气作用下继续燃烧,炉内过剩空气系数一般在 0.9~1.1 之间,由炉内出来的尚未完全燃烧的可燃成分,经斜烟道同窑尾出来的含有过剩空气的烟气混合,在上升烟道及最低级旋风筒内继续燃烧,并用于物料分解过程。炉内燃烧是无焰的,炉温在 800~850 ℃ 之间,温差在 ±10 ℃ 之内,煅烧稳定,没有局部高温,不易发生黏结故障。炉截面热负荷最高可达 12.5×10^6 kJ/(m² · h)。

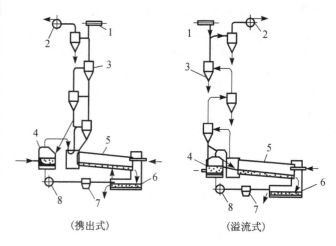

图 3-54　MFC 窑工艺流程图

1—定量喂料秤;2—排风机;3—悬浮预热器;4—分解炉;
5—回转窑;6—冷却机;7—收尘器;8—流态化鼓风机

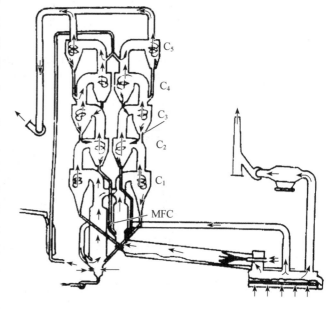

图 3-55　N-MFC 窑工艺流程图

(3) 早期的 MFC 炉,炉内预分解后的物料可有两种出炉入窑方式:一种是由流化床溢流入窑称溢流式,另一种是由炉气携带经最低级旋风筒分离入窑称携出式(图 3-54)。

(4) 分解炉易于在原有的各种类型的悬浮预热窑上增设,生产能力可提高 30%,而新建窑选用 MFC 预分解系统,由于不受辅机生产能力的限制,生产能力可较悬浮预热窑提高一倍以上。

(5) 热耗较悬浮预热窑没有多大差别,一般为 3 222~3 305 kJ/kg。但由于流化床需要一个压力的鼓风机,故单位熟料电耗随设备结构型式不同增高 3.6~5.4 MJ/t。N-MFC 窑热耗已可降低到 3 000 kJ/kg 左右。

(6) 由于燃料在炉内滞留时间较长,故更适于使用各种低热值及颗粒状燃料,以降低生产成本。

2）N-MFC 系统的特点

如前所述，在第二代 MFC 炉的基础上，进一步增大了炉的高径比（H/D）；尽量减少流态化空气量，把流化层截面减小到最小限度；并将全部生料喂入炉内，形成稳定的流化层，取消了控制空气室压力来稳定流化层面高度的办法；使 N-MFC 炉不仅可使用煤粉，也可使用煤粒。

N-MFC 炉亦可以说由四个区域组成，如图 3-56 所示。

（1）流化层区。炉底装有喷嘴，其截面积较老式 MFC 炉显著缩小，但可使最大直径 1 mm 的煤粒约有 1 min 的停留时间，以充分燃烧。流化空气量为燃料理论空气量的 1.1～1.5 倍，流化空气压力为 3～5 MPa。煤粉可通过 1～2 个喂料口靠重力喂入或用气力输送装置直接喂入，煤粒可通过一个溜子喂入或与生料一起喂入。由于流化层的作用，燃料很快在层中扩散，整个层面温度分布均匀。

（2）供气区。从篦冷机抽吸来的 700～800 ℃的三次风通过收尘后进入此区内，区内设计风速为 10 m/s。

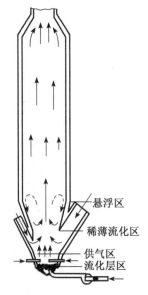

图 3-56　N-MFC 炉内的分区图

（3）稀薄流化区。该区位于供气区之上，为倒锥形结构。在此区内气流速度由下面的 10 m/s 降低到上面的 4 m/s，煤中的粗粒在此区内继续有上下往复的循环运动，形成稀薄的流化区。当煤粒进一步减小时，才被气流带至上部直筒部分。

（4）悬浮区。该区为圆筒形结构，气流速度约 4 m/s。经燃烧，颗粒已减小的煤粒及生料在此呈层流悬浮状态，可燃物继续燃烧，物料进一步分解。该区高径比较大，物料及气流会形成阻流塞，防止短路循环，因此分解炉内可进行高效燃烧。

MFC 炉系列是一种较好的炉型，尤其在使用中低热值燃料时优越性十分突出，这是其他炉型无法与之相比的。因此，结合我国水泥工业以燃烧中低热值煤为主的具体情况，该系列炉型十分值得关注。

4. FLS 系列的分解炉

FLS 系列分解炉是丹麦 F. L. 史密斯公司（简称：FLS）研制的分解炉。第一台 FLS 窑于 1974 年在丹麦丹尼亚（Dania）水泥厂投产。FLS 系列典型的炉型有：异线分解炉（SLC）、同线分解炉（ILC）和整体分解系统，其中整体分解系统已不再推广使用。在 SLC 和 ILC 这两个主体炉型下，该公司还推出了一些特殊炉型，如半离线型分解炉（SLC-S）窑、同线分解炉（ILC-E）窑等，除了 SLC-D 分解炉等个别炉型以外，绝大多数 FLS 系列分解炉都是"喷腾"型分解炉。

1）SLC 分解炉窑

SLC 窑系统和 SLC 分解炉如图 3-57 所示。SLC 窑系统的主要特点有：第一，有两列旋风预热器，分别叫作 K 列（窑列）和 F 列（炉列），即窑气走窑列和炉气走炉列，两列各有单独的排风机，所以气流的调节及操作都比较方便。三次风管提供三次风入炉，炉内无窑气，这有利于炉内稳定燃烧。第二，炉型简单：因窑气不经过分解炉，所以分解炉容积可缩小。早期 SLC 分解炉内的截面风速约为 5.5 m/s（现在该数值已接近 10 m/s）；三次风入炉速度约为 30 m/s，气流停留时间约为 2.7 s，过去炉内的热负荷约为 7×10^5 kJ/(m³·h)（目前有所提高）。第三，燃料在纯空气燃烧，这可确保燃烧安全，而且因窑气中的有害成分不入炉，生料也不易在炉内黏结。第四，预热生料分上、下两处入炉，便于调节炉内温度。第五，点火开窑快：开窑点火时使用窑列预热器，通过窑列最下级旋风筒下面的分料阀转换，预热生料将直接入窑。此时，炉列用三次风预热。如果需要，还可以启动三次风管上的辅助燃烧器来补充热量，当窑列产量达到全窑额定产量 35% 时，再转动分料阀，将来自窑列最下级的生料送入分解炉。同时，点燃炉用燃烧器，并把窑额定产量 40% 的生料喂入炉列,当炉内温度达到 865 ℃时,进入正常工作状态。第六,当生料中碱、氯、硫等有害成分较多时,SLC 窑也能很方便地安装旁路放风系统。

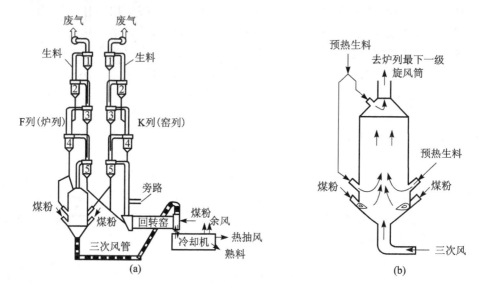

图 3-57 SLC 窑系统和 SLC 分解炉

(a) SLC 窑系统;(b) SLC 分解炉结构

2) ILC 分解炉窑

ILC 窑系统和 SLC 分解炉如图 3-58 所示。ILC 窑系统的特点是:第一,窑列和炉列合并为一列。第二、三次风和窑气混合后才入炉,入炉速度约为 30 m/s,早期炉内的截面风速约为 5.5 m/s(现在已接近 10 m/s),早期炉内的热负荷约为 3.77×10^5 kJ/(m^3·h)(目前有所提高)。第三,后来的 ILC 分解炉上,预热生料分多处入炉,这样便于调节炉温。第四,窑系统刚点火时不点燃炉用燃烧器,当产量达到额定产量的 40%时,再引火点燃,再过约 1h 后,可达到额定产量。因此,该窑系统点火开窑较快。第五,当生料中碱、氯、硫等有害成分的含量较大时,还可以在上升烟道上安装旁路放风系统。

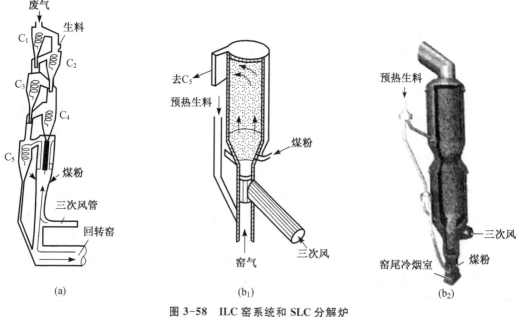

图 3-58 ILC 窑系统和 SLC 分解炉

(a)ILC 窑系统;(b_1)(b_2)ILC 分解炉结构

5. LV 型分解炉

如图 3-59 所示的 LV 型分解炉(LV-Calciner)是由泰国 L.V. 技术公司研制开发。由于该公司与丹麦 F.L. 史密斯公司有密切的技术合作,所以该分解炉具有 ILC-LowNO$_x$ 分解炉的一些特征。该分解炉出口通过"鹅颈管"与最下一级旋风筒相连,属于如图 3-60(b)所示的情况。

L.V. 技术公司认为:气料流在炉内的停留时间、炉内容积以及气料流的混合程度(尤其是三次风与燃料的混合程度)是决定分解炉工况的三个重要因素,而且这三个因素之间相互关联。因此,该公司特别重视炉内三次风与燃料的混合,以保证炉内良好地着火燃烧。为此,LV 分解炉的底部有两种类型,如图 3-60 所示。其共同点是:第一,三次风入炉后,其流通面积并没有增大,因而三次风入炉后其流速并没有降低。第二,三次风都是切向入炉。这两种底部结构都经过了气流计算机模拟计算的检验。通过模拟计算发现:这两种结构(尤其是第二种结构)不仅可使三次风与入炉燃料良好地均匀混合,也能使窑气与三次风良好地均匀混合,从而提高炉内燃烧率且不会增加炉内容积。燃烧器在上升烟道上(参见图 3-59),这样可造成一定的还原气氛来降低 NO$_x$ 浓度。该分解炉出口结构对于改善炉内气流混合,提高炉内燃烬率也非常有利。

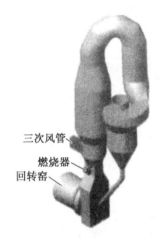

图 3-59　LV 型分解炉及局部流程

三次风管
燃烧器
回转窑

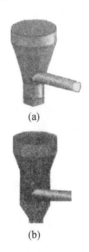

(a)

(b)

图 3-60　LV 型分解炉两种类型的底部结构

3.4.5　国内分解炉技术进展

中国预分解技术的研发从 20 世纪 70 年代开始,第一台烧油的预分解窑于 1976 年在四平市石岭水泥厂投产,以煤为燃料的预分解窑于 1980 年及 1981 年分别在邠县及本溪水泥厂投产。这些预分解技术均系借鉴国外 SF 炉、RSP 炉及 KSV 炉经验研发。自改革开放后,有关的研究人员在借鉴国外先进技术的基础上,进行了大量研究和开发工作。中国自行研发和建设的 2 000 t/d 级预分解窑生产线(RSP 型炉)于 1986 年在江西水泥厂投产。20 世纪 90 年代中期以来,天津、南京、成都、合肥等地的设计研究部门创新研发出许多新型悬浮预热和预分解技术装备,并成功实现了生产大型化。例如:中材国际工程股份有限公司(天津)(原天津水泥工业设计研究院)开发的 TC-F7A型、TC-NSF 型、TC-RSP 型、TSF 型分解炉以及后来的 TSF 型、TC-DD 型分解炉、TSD 预热器、TDF 型分解炉、第三代 TTF 型分解炉;中材国际股份有限公司(南京)(原南京水泥工业设计研究院)开发的 NFC 型、NDS 型分解炉、NC-SST 型(简称:NST 型)分解炉;合肥水泥研究设计院的HF 预热器分解炉系统;成都建筑材料工业设计研究院有限公司的 CDC 型分解炉等;南京凯盛水泥工业设计研究院的 KC 型分解炉;中国建筑材料科学研究院水泥所的 RSP/F 型分解炉;西安建筑科技大学粉体研究所的交叉流预分解法;原武汉工业大学北京研究生部(现归属北京工业大学)的 NSC(New Super Calciner)型分解炉(有 NSC-A 型、NSC-B 型、NSC-C 型、NSC-D 型)。

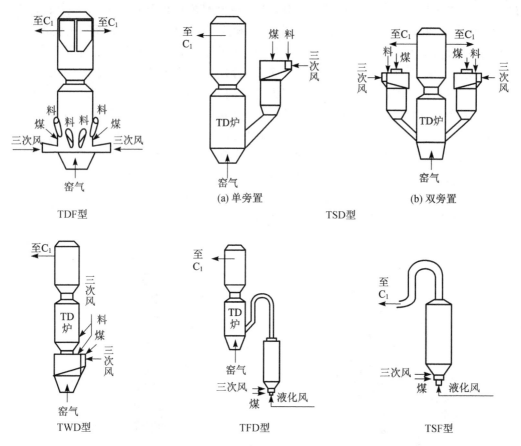

图 3-61 天津院开发的分解炉示意图

1. TDF 型炉的特点

TDF 型炉是天津水泥工业设计研究院开发的双喷腾分解炉(图 3-61)。它是在引进的 DD 炉基础上,针对中国燃料状况,研制开发的。其特点如下:

1) 分解炉坐落窑尾烟室之上,炉与烟室之间的缩口在尺寸优化后可不设调节阀板,结构简单。

2) 炉中部设有缩口,保证炉内气固流产生第二次"喷腾效应"。

3) 三次风切线入口设于炉下锥体的上部,使三次风涡旋入炉;炉的两个三通道燃烧器分别设于三次风入口上部或侧部,以便入炉燃料斜喷入三次风气流之中迅速起火燃烧。

4) 在炉的下部圆筒体内不同的高度设置四个喂料管入口,有利于物料分散均布及炉温控制。

5) 炉的下锥体部位的适当位置设置有脱氮燃料喷嘴,以还原窑气中的 NO_x,满足环保要求。

6) 炉的顶部设有气、固流反弹室,使气、固流产生碰顶反弹效应,延长物料在炉内滞留时间。

7) 气、固流出口设置在炉上锥体顶部的反弹室下部。

8) 由于炉容较 DD 炉增大,气流、物料在炉内滞留时间增加,有利于燃料完全燃烧和物料碳酸盐分解。例如:XX-DD 炉(引进装备)的有效容积系数为 $2.9\,m^3/(t \cdot h)$,炉内气流滞留时间 2 s,物料滞留时间 9.4 s,固气滞留时间比 4.8。而 TDF 炉有效容积系数则增加到 $4.8\,m^3/(t \cdot h)$ 以上,炉内气流滞留时间 2.6~2.8 s,物料滞留时间 12~14 s,固气滞留时间比 4~5。

2. TSD 型炉的特点

TSD 型炉是带旁置旋流预燃室的组合式分解炉(图 3-61)。其特点如下:

1) 设置了类似 RSP 型炉的预燃室。

2) 将 DD 型炉改造成为类似 MFC 型炉的上升烟道或 RSP 型窑的 MC 室(混合室),作为 TSF 型炉炉区的组成部分,扩大了 DD 炉型的上升烟道容积,使 TSD 炉具有更大的适应性。

3) 该炉可使用低挥发分煤及劣质燃料。

3. TWD 型炉的特点

TWD 炉是带下置涡流预燃室的组合分解炉(图 3-61)。其特点如下:

1) 采用 N-SF 炉结构作为该型炉的涡流预燃室。

2) 将 DD 炉结构作为炉区结构的组成部分。

3) 这种同线型炉可使用低挥发分或劣质燃煤,具有较强的适应性。

4. TFD 型炉的特点

TFD 型炉是带旁置流态化悬浮炉的组合型分解炉(图 3-61)。其特点如下:

1) 将 N-MFC 炉结构作为该型炉的主炉区,其出炉气、固流经"鹅颈管"进入窑尾 DD 炉型上升烟道的底部与窑气混合。

2) 该型炉实际为 N-MFC 炉的优化改造,并将 DD 炉结构用作上升烟道。由于其炉区容积大,适用于老厂技术改造,并可使用无烟煤燃料。

5. TSF 型炉的特点

TSF 型炉是带流态床的悬浮分解炉(图 3-61)。其特点如下:

1) 该炉实质上是 N-MFC 型炉,炉出口"鹅颈管"同窑尾上升烟道相连。

2) 炉出口"鹅颈管"可根据实际需要在上升烟道底部或上部同上升烟道连接。

3) 该炉型主要用于老窑技术改造。它同 TFD 型炉的区别主要在于上升烟道采用了新设的 DD 炉结构形式还是采用老窑原有的上升烟道,同时,流态化悬浮炉亦可根据需要确定炉容大小与结构形式。

6. NC-SST 型(NST 型)炉的特点

NC-SST 型炉是南京水泥工业设计研究院研发的。该炉系列有 NC-SST-I 型同线管道炉(图 3-62(a)),及 NC-SST-S 型半离线型(图 3-62(b))。

1) NC-SST-I 型同线型炉,安装于窑尾烟室之上,为涡旋、喷腾叠加式炉型。其特色在于:一是扩大了炉容,并在炉出口至最下级旋风筒之间增设了"鹅颈管道",进一步增大了炉区空间;二是三次风切线入炉后与窑尾高温气流混合,由于温度高,煤、料入口的设计很合理,即使低挥发分煤粉入炉后亦可迅速起火燃烧。同时,在单位时产 10 m³/(t·h)的巨大炉容内,完全可以保证煤粉完全燃烧。其炉下部结构如图 3-63 所示。

2) NC-SST-S 型炉为半离线型炉。主炉结构与同线炉相同,出炉气固流经"鹅颈管"与窑尾上升烟道相连。既可实现上升烟道的上部连接,又可采取"两步到位"模式将"鹅颈管"连接于上

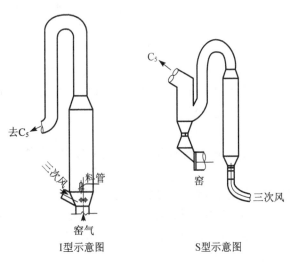

图 3-62 NC-SST

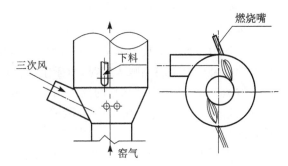

图 3-63 NC-SST 型炉下部煤料入口设置图

升烟道下部。研发者认为,由于固定碳的燃烧温度受温度影响很大,因此使低挥发分燃料在炉下高温三次风及更高温度的窑尾烟气混合气流中起火燃烧,可以抵消其氧含量较低的影响,所以 NC-SST-I 型炉可以适应低挥发分煤的使用,而不必选用 NC-SST-S 型炉。

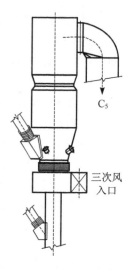

图 3-64　CDC 型同线炉示意图

3) 研发者认为选用结构简单的大炉容炉有如下优点:一是系统阻力小,二是可相应放宽燃料细度至 20%(0.08 mm 筛筛余)以上。两者均为降低生产电耗的重要举措。

4) NC-SST-I 型炉在 ILC 炉、Prepol 及 Pyroclon 型管道炉的基础上开发创新,其设计特色十分值得重视。通过实践检验,能够适应低挥发分煤及无烟煤的应用,是一个很具竞争力的炉型。

7. CDC 型炉的特点

CDC 型炉是成都建筑材料工业设计研究院研制开发的。该炉型分为同线型及离线型两种,如图 3-64 及图 3-65 所示。

1) CDC 型炉底部采用蜗壳型三次风入口,座落在窑尾短型上升烟道之上,并在炉中部设有"缩口"形成二次喷腾,上部设置侧向气固流出口。

2) 炉内燃煤点有两处,一处设置在底部蜗壳上部,另一处设在炉下锥体处。可根据煤质状况调整。

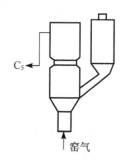

图 3-65　CDC 型半离线炉示意图

3) 炉内下料点亦有两处,一处在炉下部锥体处,另一处在窑尾上升烟道上,可用于预热生料,调节系统工况。

4) CDC 型炉最大特点是可根据燃料需要,增大炉容,亦可增设"鹅颈管道",满足燃料燃烧及物料分解需要。

5) CDC 型离线炉则是在原 CDC 型同线炉基础上增设类似 RSP 型炉的预燃室(SC 室),以满足使用劣质燃料的需要。这样,原设置 CDC 炉部位已改造成类似 RSP 型炉的混合室(MC 室)或称上升烟道,并在上升烟道中部设有缩口使之形成二次喷腾。

3.4.6　预分解窑系统中窑的性能

1. 回转窑内的工艺带及工艺反应

预分解窑将物料的预热过程移至预热器,碳酸盐的分解移至分解炉,使回转窑的工艺与热工任务发生了重大变化,窑内只进行小部分分解反应、放热反应、烧结反应和熟料冷却。因此,一般将预分解窑分为三个工艺带:过渡带、烧成带及冷却带。

从窑尾至物料温度 1 280 ℃ 左右为过渡带,主要任务是物料升温及少部分碳酸盐分解和固相反应。物料温度 1 280 ℃~1 450 ℃~1 300 ℃ 区间为烧成带,完成熟料的烧成过程。窑头端部为冷却带。

一般由最低一级旋风筒喂入回转窑的生料温度在 850 ℃ 左右,分解率 85%~95%,在窑内仍将继续分解。但生料刚喂入窑时,由于重力作用,沉积在窑的底部,形成堆积层,只有料层表面的物料能继续分解,料层内部颗粒的周围则被 CO_2 气膜包裹,同时受上部料层的压力,使颗粒周围 CO_2 的分压达到 0.1 MPa 左右,即使窑尾烟气温度达 1 000 ℃,因物料温度低于 900 ℃,分解反应亦将暂时停止。

在物料继续向窑头运动过程中,受气流及窑壁的加热,当温度上升到 900 ℃ 时,料层内部剧烈的进行分解反应。在继续进行分解反应时,料层内部温度将继续保持在 900 ℃ 左右,直到分解反应基本完成。由于窑内总的物料分解量显著减少,故窑内分解区域的长度比悬浮预热器窑明显缩短。

当分解反应基本完成后,物料温度逐步提高,进一步发生固相反应。一般初级固相反应于 800 ℃ 左右在分解炉内就已开始。但由于在分解炉内呈悬浮状态,各组分间接触不紧密,所以主要的固相反应在进入回转窑并使物料温度升高后才大量进行,最后生成 C_2S、C_3A 及 C_4AF。

为促使固相反应较快地进行,除选择活性较大的原料以外,保持或提高粉料的细度及均匀性是很重要的。

固相反应是放热反应,放出的热量使窑内物料温度较快地升高到烧结温度。预分解窑的烧结任务与预热器窑相比增大了一倍。其烧结任务的完成,主要是依靠延长烧成带长度及提高平均温度来实现的。

2. 窑的热工性能

预分解窑内的工艺反应需要的热量较少,但需要的温度条件较高。因此在预分解窑内的热工布局应是平均温度较高、高温带较长。

1) 预分解窑内燃料的燃烧和较长的高温带

预分解窑对燃料品质的要求以及燃料的燃烧过程等与一般回转窑均大致相同。但预分解窑内的坚固窑皮约占窑长的 40%,比一般干法窑长得多。通常以坚固窑皮长度作为衡量烧成带长度及燃烧高温带长度的标志。

预分解窑烧成带平均温度较高而热力分布较均匀,火焰的平均温度较高,有利于传热,特别是能加速熟料形成。但是如果火焰过于集中而高温带短,则容易烧坏烧成带窑皮及衬料,使窑不能长期安全运转。

预分解窑能延长高温带的原因有两方面:一方面是燃烧条件的改变,另一方面是窑内吸热条件的改变。

普通回转窑窑内的通风受窑尾温度的限制,当窑内通风增大时,风速提高,将使出窑烟气温度升高,热损失增大。对于预分解窑,出窑烟气温度提高后,由分解炉及悬浮预热器回收,可在窑后系统不结皮的条件下,控制较高的窑尾烟气温度,窑的二次风量可增大,一次风及燃料的喂入量亦可适当调节而获得较长高温带。

此外,在普通回转窑内,$CaCO_3$ 分解常紧靠燃烧带,当生料进入烧成带前部继续分解时,不但大幅度降低窑温,分解出的 CO_2 也干扰燃料的燃烧,影响高温带的长度。预分解窑受分解反应的干扰就小得多。

在普通回转窑内,$CaCO_3$ 分解带处于燃烧带的后半部,料层内部温度只有 900 ℃ 左右,并强烈分解吸收大量热量,因此使气流迅速降温,高温带缩短。在预分解窑中,因 $CaCO_3$ 大部分已在窑外分解,窑内分解吸热量少,且在距窑头相当远的地方即已分解完全,料层温度升高,因此高温火焰向料层(包括窑衬)散热慢,高温带自然延长,坚固窑皮长度增加。

2) 预分解窑的热负荷

窑的热负荷,又称热力强度,反映窑所承受的热量大小。窑的热负荷越高,对衬料寿命的影响越大。窑的热负荷常用燃烧带容积热负荷、燃烧带衬料表面积热负荷及窑的截面热负荷表示。

同等产量条件下,各类回转窑的烧成带热负荷相差很悬殊。预分解窑的截面热负荷及衬料表面积热负荷比其他窑型低得多。在成倍增大单位容积产量的同时,大幅度地降低了窑的烧成带热负荷,使预分解窑烧成带衬料寿命显著延长,减少耐火材料消耗,延长了窑的运转周期。

3) 预分解窑内的物料运动

物料在预分解窑内运动的特点是时间较短而流速均匀。物料在窑内的停留时间为 $32 \sim 42 \text{ min}$,为一般回转窑内物料停留时间的 $\frac{1}{3} \sim \frac{1}{2}$。窑内物料流速均匀,料层翻滚运动较好,滑动减少,为稳定窑的热工制度创造了条件。

入窑 $CaCO_3$ 分解率的提高、窑内高温带及烧成带的延长,可大幅度提高窑速,提高生产能力,但仍需保持物料在烧成带停留一定的时间。目前预分解窑内物料在烧成带停留时间为 10 ～15 min,比一般回转窑要短。

4) 预分解窑内的传热与发热能力

预分解窑内的传热方式以辐射为主,在过渡带,对流传热也占有较大比例。从窑内气流对物料的传热能力来看,预分解窑过渡带的物料温度升高速率比一般回转窑快,物料的平均温度较高,减小了气、固相间的温差,因而预分解窑比同规格的悬浮预热器窑的传热能力要小。

由于预分解窑传热能力降低,如果保持与预热器窑相同的热负荷,窑尾烟气温度将升高到 1 100 ℃ 以上,可能引起窑尾烟道、分解炉、预热器系统的超温和结皮堵塞。因此预分解窑的发热能力和热负荷比预热器窑要低。

3.5 水泥熟料冷却机

3.5.1 概述

水泥熟料冷却机(简称为熟料冷却机或冷却机)是水泥熟料的冷却设备。水泥熟料冷却机是将回转窑卸出的高温熟料冷却到下游输送机、储存库,以及水泥磨所能承受的温度,同时把高温熟料热能回收进烧成系统,提高整个烧成系统的热效率。世界上第一台熟料冷却机是 1890 年出现的单筒冷却机,大约三十年后才开发出多筒冷却机,20 世纪 40 年代出现篦式冷却机。

1. 冷却机的类型及特点

熟料冷却机主要有三种类型:一是筒式(包括单筒及多筒),二是篦式(包括震动、回转、推动篦式),三是其他形式(包括立式及"g"式等)。其分类如图 3-66 所示。

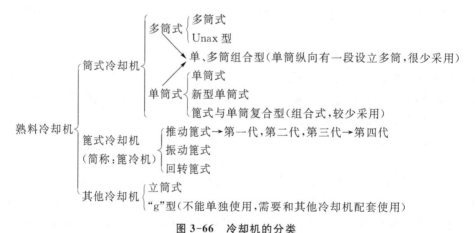

图 3-66　冷却机的分类

2. 冷却机的功能及作用

1) 作为一个工艺装备,完成高温熟料的骤冷任务,以提高熟料质量和改善熟料的易磨性。熟料骤冷后,①部分熔剂矿物来不及析晶而呈玻璃态存在,同时防止或减少 C_3S 在 1 250 ℃时分解为 C_2S 和 f-CaO,并阻止 C_3S 晶体长大;②防止在 500 ℃时 β-C_2S 转变为 γ-C_2S 所引起的熟料粉化;

③使 C_3A 晶体减少,避免快凝现象,并有利于提高抗硫酸盐性能;④使 MgO 凝结于玻璃体中或以细小晶体析出,能加快 MgO 的水化速度,改善安定性。⑤使熟料块内部产生应力,增大了熟料的易磨性。

2) 作为热工装备,在对熟料骤冷的同时,承担着对入窑二次风及入炉三次风的加热升温任务。在预分解窑系统中,尽可能地使二、三次风加热到较高温度,不仅可有效地回收熟料中的热量,并且对燃料特别是中低热值燃料起火预热、提高燃料燃烬率和保持全窑系统有一个优化的热力分布都有着重要的作用。

3) 作为热回收装备,它承担着对出窑熟料携出的大量热焓的回收任务。一般来说,其回收的热量为 $1\,250\sim1\,650$ kJ/kg。这些热量以高温热随二、三次风进入窑、炉之内,有利于降低系统煅烧热耗,以低温热形式回收亦有利于余热发电。否则,若这些热量回收率差的话必然增大系统燃料用量,同时亦增大系统气流通过量,对于设备优化选型、生产效率和节能降耗都是不利的。

4) 作为熟料输送装备,它承担着对高温熟料的输送任务。即对高温熟料进行冷却,满足熟料输送和储存的要求。

3. 冷却机的评价指标

1) 热效率

冷却机热效率 (η_{cL}) 定义为:从出窑熟料中回收的且重新入熟料烧成系统的总热量与出窑熟料物理热的百分比。可用式(3-27)计算。

$$
\begin{aligned}
\eta_{cL} &= \frac{Q_{R.1}}{Q_0} \times 100\% = \frac{Q_0 - Q_{loss.s}}{Q_0} \times 100\% \\
&= \frac{Q_0 - (Q_{air} + Q_m + Q_{dis.1})}{Q_0} \times 100\% \\
&= \frac{Q_{sec.a} + Q_{tec.a}}{Q_0} \times 100\%
\end{aligned}
\qquad (3-27)
$$

式中　$Q_{R.1}$——从出窑水泥熟料中回收的且重新入水泥熟料烧成系统的总热量;

　　　Q_0——出窑熟料的物理热,kJ/kg;

　$Q_{loss.s}$——冷却机总的热损失,kJ/kg;

　　Q_{air}——冷却机排出气体(包括余风和煤磨干燥风)带走的物理热,kJ/kg;

　　　Q_m——出冷却机水泥熟料带走的物理热,kJ/kg;

　　$Q_{dis.1}$——冷却机散热损失;

　$Q_{sec.a}$——入窑二次风的物理热 kJ/kg;

　$Q_{tec.a}$——入窑三次风的物理热 kJ/kg。

2) 冷却效率

冷却效率 (η_L) 也称热回收效率,定义为:从出窑熟料中回收的总热量与出窑熟料物理热的百分比。其计算公式为

$$
\eta_L = \frac{Q_0 - Q_m}{Q_0} \times 100\%
\qquad (3-28)
$$

式中符号意义同式(3-27)。

由于从出窑熟料中回收的总热量不仅包括了重新入熟料烧成系统的总热量(二次风、三次风带入的热量之和),也包括了余风(可用于低温余热发电,也可当作废气排走)和煤磨干燥风中所含的热量,甚至还包括无法消除的冷却机表面散热,所以 η_L 一定比 η_{cL} 大。

3）空气升温效率

空气升温效率（φ_i）即鼓入各室的冷却机空气与离开熟料料层空气温度的升高值同该室区熟料平均温度之比值。空气升温效率计算式为

$$\varphi_i = \frac{t_{a2i} - t_{a1i}}{\bar{t}_{cli}} \tag{3-29}$$

式中　t_{a1i}，t_{a2i}——分别为鼓入和离开冷却机第 i 室的冷却空气温度，℃；

$\bar{t}_{cli}$——在冷却机第 i 室内箅板上熟料的平均温度，℃，

当 $\dfrac{t_{cl2}}{t_{cl1}} > 2$ 时，$\bar{t}_{cli} = \dfrac{t_{cl2} - t_{cl1}}{2.3\log\dfrac{t_{cl2}}{t_{cl1}}}$

当 $\dfrac{t_{cl2}}{t_{cl1}} < 2$ 时，$\bar{t}_{cli} = \dfrac{t_{cl2} - t_{cl1}}{2}$

t_{cl1}，t_{cl2}——分别为进入和离开冷却机第 i 室的熟料温度，℃。

4）环境保护

熟料冷却机的环境保护主要是指控制噪声污染和粉尘污染。多筒冷却机是将所有冷却空气入窑作二次空气，单筒冷却机冷却一部分空气作二次空气，另一部分空气由窑头罩抽取作三次空气，因此两者都没有废气排出，不会有熟料粉尘污染环境。而箅式冷却机通过二次冷却能将出口熟料温度降至环境温度，需要有大量冷却空气（熟料），多余空气要排到大气中，因此要对废气进行收尘，一般采用多筒旋风收尘器颗粒层收尘器、电收尘器及袋收尘器。所有冷却机都发出极大噪声，离声源近的地方噪声更大。单筒和多筒冷却机是由于扬起的熟料砸击筒体而产生噪声，箅式冷却机鼓风机便是巨大噪声源。单筒冷却机及箅式冷却机安装在窑头平台下部室，因此对外部环境的影响较小。而多筒冷却机敞开在地面上，因此要安装一个很大的隔离罩，同时也解决了卸料处因喷水产生的潮湿和粉尘问题。

5）投资费用

熟料冷却机投资费用主要是指其设备费及土建费用。多筒冷却机装于地上，没有地下构筑物，其土建工程费用最低。而箅式冷却机装于窑头平台下，有许多沟槽和设备基础，故其土建工程费用最高。

6）操作费用

熟料冷却机操作费用主要是指其动力消耗及磨损件的维护费用。

4. 三种典型冷却机的特性及比较

单筒式、多筒式与箅式等三种典型冷却机的工艺特性见表 3-18。

表 3-18　水泥熟料冷却机工艺特性

名　称	单　位	单筒冷却机	多筒冷却机	往复箅式冷却机
产量	t/d	<2 000	<3 000	700～10 000
单位面积负荷	t/d·m²	1.6～2.0[1]	1.6～2.0[1]	20～55[2]
标准状态下单位冷却空气量	m³/kg 熟料	0.8～1.1	0.8～1.1	1.6～2.6
斜度	%	3～5	3～5	
				<10°
速度	r/min 或次/min	1～3.5 r/min	1～2.5 r/min	8～24 次/min $l=100$ mm

名　　　称	单　位	单筒冷却机	多筒冷却机	往复篦式冷却机
进口熟料温度	℃	1 200~1 300	1 100~1 200	1 300~1 400
出口熟料温度	℃	200~400	200~300	70~120
冷却效率	%	56~70	60~80	60~83

注:1 是指单位冷却筒体表面积产量,2 是指单位篦床表面积产量。

　　由于冷却机的热效率与窑系统的热耗有密切关系,为便于对不同冷却进行评价对比,德国水泥工厂协会(VDZ)提出以窑用空气为 1.15 kJ/kg(相当于窑热耗 3 135 kJ/kg)和 18 ℃空气温度时冷却机损失的热量为标准冷却机损失。在对不同冷却机的热效率进行比较时,应换算成标准冷却机损失后再进行比较。

　　上述三种典型冷却机,其热损失都为 400~600 kJ/kg。但是,在回转窑总热耗相近、冷却机热损失相等的情况下,不同冷却机热损失的方式是不同的:篦冷机的热损失约 75%源自于废气,约 20%源自于熟料,其余的 5%源自于辐射;单筒冷却机和多筒冷却机的热损失约 65%源自于辐射,约 35%源自于没完全冷却的熟料。

　　这三种冷却机的预冷却区如图 3-67 所示,由图 3-67 可知,它们的窑内预冷却区长度各不相同(预冷却区开始点以点划线表示),篦式冷却机预冷却区最短,因此由窑卸出的熟料温度最高,进入冷却机后,吹以冷风(等于环境温度),熟料得到急冷。而单筒和多筒冷却机由于窑中预冷却区较长,冷却机入口熟料温度较低(1 100~1 300 ℃),而这两种冷却机是逆流热交换,在冷却机熟料入口处,冷却空气温度已达到 700~800 ℃,因此对熟料起不到骤冷的作用。

　　多筒冷却机要求将所有冷却空气入窑作二次空气,而单筒冷却机冷却一部分空气入窑作二次空气,另一部分空气可由窑头抽取作三次空气。它们的共同特点是,入冷却机风量受窑系统燃烧空气量限制,不能将熟料冷却到足够低的温度,一般出冷却机的熟料温度是 200~400 ℃,这么高的熟料温度对输送设备及储存很不利,更不能直接入磨进行粉磨。而篦式冷却机,除供

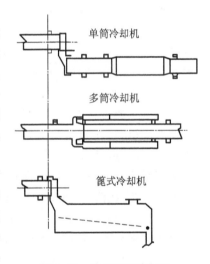

图 3-67　冷却机预冷却区

给窑系统二次及三次空气外,还抽取二次冷却区空气作原料磨、煤磨、甚至矿渣烘干机的烘干热空气。也可以随冷却机的余风进入中、低温余热发电系统用于余热发电,达到提高生产效率和降低能耗的目的。

3.5.2　筒式冷却机

1. 单筒冷却机

　　单筒冷却机如图 3-68 所示,是支撑在两对托轮上的回转圆筒体(冷却筒),其内壁装耐火衬料和扬料板,熟料从窑头卸落到冷却筒内,而后被扬料板反复提升与撒落。在出料端,冷空气因富尾主排风机的抽力(即负压)而被吸入冷却筒内,然后冷空气与熟料发生逆流热交换,空气预热后入窑、入炉的二次风、三次风温为 400~750 ℃;熟料被冷却至 150~300 ℃并卸出后,再通过熟料输送机进熟料库。单筒冷却机的热效率为 55%~75%,直径一般为 2~5 m,长为 20~50 m,长径比:10~12,斜度:3%~4%,单位容积产量:2.5~3.5 t/m²。由单独传动机构带动以 3~6 r/min 回转。

筒体一般是由 16～20 mm 厚的钢板卷制焊接而成的。在筒体靠近热端衬以耐磨与中等耐火度的黏土耐火砖和金属衬板。在筒体内还装有槽形扬料板，末端焊有与筒体直径相同的卸料篦子，以防大块熟料进入输送机。热端通过烟室与回转窑相连，并加以密封。热烟室内设有下料溜子，回转窑卸出熟料通过溜子进入冷却筒内。它与回转窑的配套布置主要有两种：一是逆流布置，即窑内料与筒内料运动方向相反；二是顺流布置，即窑内料与筒内料运动方向相同。前者占地面积小，后者方便安装。单筒冷

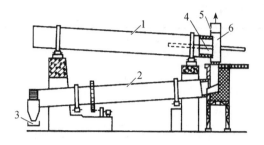

图 3-68　单筒冷却机的简图

1—回转窑；2—冷却筒；3—熟料输送机；
4—二次风；5—三次风；6—窑头罩

却机的优点是：结构简单、运转可靠、热效率较高，且没有废气和废气排出，另外需要设立单独的三次风管时，则将三次风管连接到回转窑的窑头罩上。但熟料不能骤冷，出料温度较高，散热损失较大，且二次空气进风不均匀，影响火焰稳定性。另外由于设在窑体下方的筒体被抬高很多，使土建投资增加。

2. 多筒冷却机（又称行星式冷却机）

多筒冷却机由环绕在回转窑出口端的若干冷却筒（6～14 个）构成，每个筒的结构如图 3-69 所示。直径一般为 0.8～1.4 m；长度为 4～7 m；长径比一般为 4.5～5.5。筒体一般用 10～15 mm 厚钢板制成，热端通过弯管将窑卸料孔与冷却筒连接，热端和管道内砌有耐火砖和耐热钢板，冷端装有扬料板或链条等，以增加换热过程。冷端用一钢带固定在窑头板凹槽内，出料端设有篦子。冷却筒随窑体转动。当转到窑体下面时，熟料便在重力作用下从卸料孔卸入冷却筒；在筒内，冷却空气与熟料逆向运动并彼此热交换，预热空气全部入窑作助燃风。当冷却

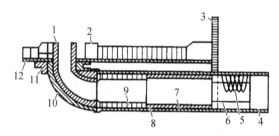

图 3-69　多筒冷却机结构

1—可换套筒；2—耐火砖；3—窑头板；4—铁篦子；
5—链条；6—扬料板；7—耐火衬料；8—冷却筒；
9—耐火砖；10—弯头；11—接口铁；12—回转窑

筒再次转到窑体下面时，冷却后的熟料从筒出料端卸到熟料输送机上。

多筒冷却机构造简单，不需另设动力装置，电耗较低，且没有废气排出。其缺点是：筒体承受负荷很大，下料弯头易损坏造成漏风、漏料，散热损失较大，熟料不能骤冷，无法设立三次风管，热效率仅为 55%～65%，入窑风温低，出料温度高达 200～300 ℃。国际上尽管有其改进型，例如丹麦史密斯公司的 Unax 冷却机，如图 3-70 所示，可使入窑空气温度升为 730～780 ℃，出料温度降为 100～150 ℃，热效率升为 70%～72%，但没有解决结构的根本问题，所以极少应用。

多筒内的扬料板

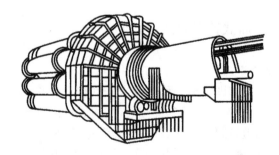

图 3-70　Unax（多筒）冷却机

3.5.3　篦式冷却机

篦式冷却机(简称篦冷机)是空气骤冷式冷却机。出窑熟料在篦床上铺成一定厚度的熟料层,随篦板的运动不断前进,鼓入的冷空气垂直地穿过在篦床上移动的熟料使其骤冷,篦床由篦板组成。按冷却机篦子的运动方式可分为推动式、振动式和回转式。

在水泥工业发展过程中,随着生产大型化及实践的总结,振动式篦冷机由于振动弹簧设计及材质等方面的原因,20 世纪 60 年代后已被淘汰;回转式篦式冷却机与推动式篦式冷却机相比,由于在对熟料粒度变化的适应性、熟料冷却温度及热效率等方面均不如推动式篦式冷却机,故推动式篦冷机已成为预分解窑配套的主要产品,并且在结构形式等方面得到迅速发展。推动式篦式冷却机根据篦床的特点,可分为水平式、倾斜式、复合式、组合阶段式四种。

1. 回转式篦式冷却机

回转式篦式冷却机的结构如图 3-71 所示。它是由机身、出料部分、传动部分、回转部分、风斗和进料部分组成的。此外也有高压风机和中压风机,废气烟囱等送风系统,在机身的下部设有碎料拉链机。

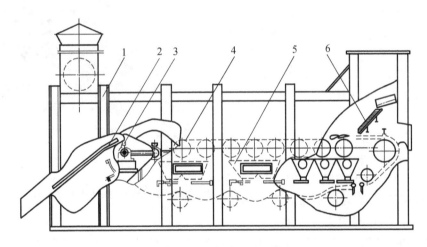

图 3-71　回转式篦式冷却机结构图

1—机身;2—出料部分;3—传动部分;4—回转篦床;5—风斗;6—进料装置

高温熟料通过耐火砖砌筑的进料装置,均匀地分布在篦床上,篦床在传动装置的带动下,以一定速度回转着,随着篦床的回转,熟料从给料端运至卸料端。高压风机和中压风机将冷空气吹过篦床,穿过熟料层,使熟料冷却。被加热的空气分成两部分,靠近给料端温度较高的,作为二次空气进入窑内;温度较低的排入大气。这种冷却机与推动式篦式冷却机相比,由于篦床在不断回转着,每块篦子板只在很短的时间里受到灼热高温作用。而且熟料颗粒和篦子板之间不发生相对移动,因而篦子板的磨损较小。由于熟料在篦床上相对静止,因此均匀铺料和保持料层厚度均匀较为困难,有时甚至会造成风洞,使篦床上通风阻力不均,冷却效果较差,同时单位熟料的空气消耗量也较大。

2. 振动式篦式冷却机

振动式篦式冷却机的示意图如图 3-72 所示。整个机壳分上、下两层,上层固定不动,下层机壳上部铰有链子板并且以倾斜 20°~30°的弹簧支撑。在其冷端处设有一大弹簧,一端固定在机壳上,另一端连接在一偏心轴上,由电动机带动偏心轴高速转动,通过弹簧的弹力带动下层机壳振动。机壳下层用软连接(如橡皮或帆布)与一鼓风机相连,供冷却熟料用空气。中间用一挡板将整个机壳分为两个风室。

出窑熟料落在振动着的篦床上,在惯性的作用下,向前移动,并向两边撒开,使熟料沿篦床均匀铺开,从而在整个篦床上形成一层跳跃着的熟料层。冷空气由鼓风机鼓入篦床下面的风室内,并透过篦床和上面的料层,在近似悬浮状态下,进行良好的热交换,因此热料能迅速冷却,仅在 $6\sim8$ min 内,熟料可从 1 250 ℃ 骤冷到 120 ℃ 左右。被加热的空气仅有 30%～35%进入窑内作为二次空气,这是由于料层的透气性较好,冷却空气的消耗量较大,造成放风较多,其热效率较低。

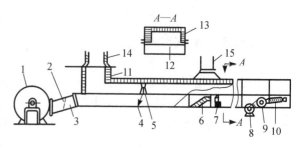

图 3-72　振动式篦式冷却机示意图

1—鼓风机；2—软连接；3—风管；4—挡板；5—热风挡板；6—弹簧；7—撑杆；8—电动机；9—偏心轴；10—大弹簧；11—风道；12—篦板；13—耐火砖；14—窑头；15—烟囱

3. 推动式篦式冷却机

推动式篦式冷却机(以下简称:篦冷机)的结构图如图 3-73 所示,其工作原理如图 3-74 所示。从窑头落下的高温熟料铺在进料端篦床上,随篦板向前推动并铺满整个篦床,冷却空气从篦下透过熟料层,冷风得以加热,入窑和炉(分解炉)作燃烧空气用,在此过程中熟料得以冷却。德国伯力休斯公司根据篦冷机的功能,将篦冷机分为三个区域,如图 3-75 所示。最前端是骤冷区(QRC 区),在 QRC 区骤冷是为了确保熟料的高质量;QRC 区后面是热能回收冷却区(RC 区),该区的作用是在熟料快速有效冷却的同时,高效地回收出窑熟料放出的热量;RC 区后面是冷却区(C 区),该区的作用是充分地冷却熟料,从而最大限度地降低出料温度。在 RC 区内,由

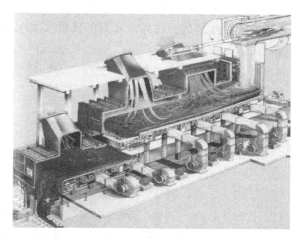

图 3-73　推动式篦式冷却机结构图

于以热量回收为主,所以需要采用厚料层操作;而在 C 区,则以充分地冷却熟料为主,因此可以采用薄料层操作。

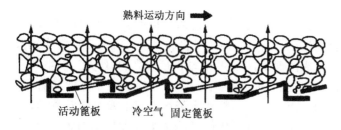

图 3-74　推动式篦冷机内的工作原理
(除第四代冷却机外)

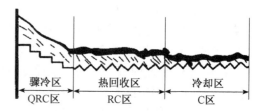

图 3-75　篦式冷却机内的分区

自 1937 年首台篦冷机在美国投产以来,篦冷机已经历了第一代薄料层篦冷机、第二代厚料层篦冷机、第三代可控气流篦冷机和第四代无漏料篦板的熟料冷却机。

1) 第一代薄料层篦冷机

第一代篦冷机篦床设计的运行部件的主梁是横向布置,为运送熟料需作纵向运动,横向的主梁在作纵向运动时很难做到密封,虽然篦下有隔仓板,但难以做到密封,在生产过程中,冷风从隔仓板

上端漏出,形成篦下内漏风,因此冷却效率不高,料层较薄,一般为 100～200 mm,标准状态下冷却风量为 2.8～3.2 m³/kg,单位面积产量约 18～20 t/m²·d,冷却效率＞60％,入窑二次风温度与窑的热耗有关,热耗为 1 500 kcal[①]/kg 的湿法窑二次风温度一般低于 600 ℃,而热耗为 1 000 kcal/kg 的干法预热器窑一般低于 750 ℃,此类篦冷机在 20 世纪中期大量使用。

2）第二代厚料层篦冷机

从篦冷机的通风原理来看,高温熟料在冷却过程中,熟料随篦床推动向前运行,冷空气从篦下透过熟料。篦冷机的热交换主要是层流热交换,气体透过熟料的阻力可以用 $\Delta P = \dfrac{\lambda \cdot v^2 \cdot \gamma}{2g}$ 来表示,

式中　v——气体透过篦床的速度,m/s;

　　　g——重力加速度,m/s²;

　　　λ——阻力系数,数值与熟料结粒大小、料层内缝隙率及熟料黏度有关;

　　　γ——气体密度,kg/m³。

篦冷机在通风过程中,当冷空气透过高温的热熟料时,自身得到加热,体积膨胀,其透过速度增加,相应阻力成倍增加,但是气体密度随温度增加而下降。因此,冷风不易透过高温熟料层或者阻力较大的细颗粒料层,而易透过低温熟料和阻力较小的料层,故只有缩小通风面积才能提高通风效率。根据这个原理,在篦冷机纵向将篦床分室,缩小各室的面积并开发了第二代厚料层篦冷机,在原有篦冷机面积上,熟料冷却效率得到提高,满足了预分解窑产量成倍增加的需求,20 世纪七八十年代厚料层篦冷机技术得以全面发展。

厚料层篦冷机的主要工艺性能为:料层厚度从原有 100～200 mm,增至 500～600 mm,单位篦床面积负荷从原有的 18～20 t/m²·d 提高至 36～38 t/m²·d,冷却风量为 2.1～2.3 m³/kg,入窑二次风温与抽取方式有关,二次风从大窑门罩抽取时＜950 ℃,三次风从篦冷机抽取时,二次风温＜1 050 ℃,冷却机效率＜70％。

厚料层篦冷机特点有:①采用风室通风,第一室面积缩小至三排篦板,以后各室按工艺需求,确定通风面积。②一室第一排篦板采用活动篦板,避免熟料堆积。③篦板外形有利于输送和冷却细颗粒,相应减少“红河”(见第三代篦冷机)事故。④篦床下的大梁采用纵向布置,有利于各室之间的密封,减少了内漏风。⑤根据各室料层阻力和风量需求,设置风机。但存在以下问题:①原料层篦冷机的高温部位设置风室至少需要三排篦床长度,以致风室的冷却面积过大,熟料从窑头下落的过程中,因窑在旋转且颗粒离析,篦床上的熟料层形成颗粒不均或熟料黏度过大造成料层阻力不均,冷风集中透过阻力较小部位的料层,而阻力大的料层得不到冷风透过,冷却效率难以进一步提高。②窑的来料颗粒变化大,造成料层阻力变化大,相应透过料层风量变化也大,难以控制通风。

典型的第二代篦冷机有:

(1) 美国原福勒公司的福勒型(Fuller)篦冷机,其结构如图 3-76 所示。特点是:第一,熟料产量越大,其倾斜篦床的倾斜度越小,而且随着产量增加,篦床可分为单独调速的二至四段。各段篦床之间可以有高度差,也可以没有;第二,各个风室各有专用风机,各风室因其上面料层厚度的不同造成风压有差异,所以各风室之间要严格密封。篦床下的漏料拉链机安装在密闭室外;第三,采用厚料层操作以提高风温。热端常采用倾斜篦床,并改善“山型”篦板的布置来加强对熟料的搅动;第四,优化篦床宽度、增加篦床长度;这样既可防止篦床过宽造成熟料分布不均,也能防止篦床过窄使料层过厚;第五,在进料区两侧设置的一两块不通风的固定“盲板”使进料区篦床呈“窄宽型”,以便

———————————

① 　1 kcal＝4.186 8×10³ J。

布料均匀。

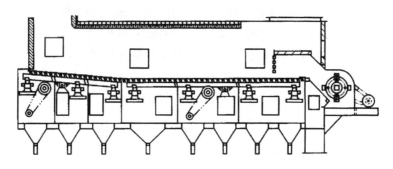

图 3-76　大型福勒型复合篦式冷却机

（2）福拉克斯型推动式篦冷机。福拉克斯（FOLAX）型推动式篦冷机，一般有两段篦床。两段篦床间有 600 mm 高度差，并且进料端的最前部设有骤冷篦板和高压风机，从而急冷和吹散熟料。新型福拉克斯冷却机细粒熟料拉链机由原来的机内移至机外，细粒熟料经集料斗再经密封卸料阀后卸至拉链机内。

（3）德国克劳迪斯-彼得斯公司的阶段型篦冷机。这种篦冷机是一种由复式冷却机、熟料破碎机、水平冷却机组合的台阶型篦冷机，称彼得斯康比阶梯型冷却机，如图 3-77 所示。熟料进入破碎机后，先在复式冷却机内冷却至 500 ℃左右，再经破碎机破碎，然后经后段冷却机最终冷却，这样有利于输送、储存和热回收。缺点是对破碎机材质要求较高。该篦冷机结构与其他推动式篦冷机相似，但多采用液压传动，篦床运动阻力均匀。

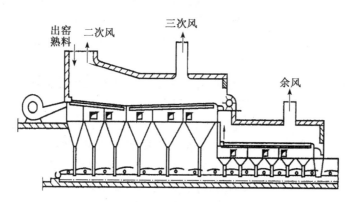

图 3-77　彼得斯康比阶梯型冷却机

3）第三代可控气流篦冷机

第二代篦冷机从其结构来看存在风室之间的漏风和窜风、冷却风分布不均且无法精确调节、篦床上熟料分布不均等一些无法避免的问题。而且在回转窑旋转带动下，落入进料区篦床上的熟料会形成粗、细料的离析。粗颗粒料侧的熟料疏松、空隙率大、阻力小，冷却风大多从该处穿过，造成冷却风短路；而细颗粒料侧由于透气性差，炽热熟料得不到淬冷，便会在熔融状态下黏结，即所谓的堆"雪人"现象。"雪人"常发生在篦冷机下料管内或篦床的细料一侧。此外，因篦床上熟料分布不均，个别地方会被短路的冷却风"冲穿"，而其他地方的熟料由于得不到冷却风的充分冷却，便会出现"红河"（未冷却充分的红色炽热熟料流），这两种现象都会影响熟料质量。第三代可控气流篦冷机针对熟料入机后纵向和横向料层厚度、颗粒组成及温度状况，采取两项重大改进：一是改变第二代篦冷机分室通风后各室冷却区域面积过大，难以适应料层不均匀的状况，将篦床划分成众多的供风小区，便于供风调整；二是采用由封闭篦板梁和盒式篦板组成的阻力篦板冷却单元，使每个阻力箅板冷却单元形成众多的控制气流。由原有的箅下通风错流热交换原理转为冷风经中空梁进入对熟料料层进行冷却的可控气流热交流原理。

第三代可控气流箅冷机的特点是：①热交换以排为单位，冷却面积小，有利于冷风透过料层。②设计的箅板阻力较不同颗粒级配堆积的料层阻力相对较大，相应减少了不同料层堆积的阻力对气流的影响，这样可以做到不同颗粒级配的料层对气流的阻力大致相当，冷风较为均匀地透过料层。③按各排阻力及面积来配置冷却风量，从而做到调节控制空气量来冷却熟料。④空气梁不易漏风，密封性能好。⑤在低温部位，为了节省电能，采用分室通风。表3-19为不同公司生产的可控气流箅冷机的主要工艺性能。

表3-19 不同公司生产的可控气流箅冷机的主要工艺性能

	IKN	BMH	KHD	Polysius	FLS可控	第二代厚料层箅冷机（对比用）
冷却效率/%	>75	~76	~74	72.6~78.6		<70
标准状态下冷却风量/(m³/kg)	1.6	1.6~1.8	1.6~2.1	1.4~1.7	1.85	2.1~2.3
冷却机电耗/(kW·h/kg)		4.5~5.4	4.5		4.5	8

典型的第三代箅冷机有：

(1) 德国IKN公司的INK型摆挂式箅冷机，如图3-78所示。其箅床由固定箅板排、静止箅板排和活动箅板排组成。由于每3排箅板才有1排活动箅板，从而大大减少了可动部件数。在该箅冷机内，从阻力箅板喷射口，以及静止箅板排与活动箅板排的间隙喷出水平射流，水平射流入料层后变为垂直气流，使细颗粒料在箅床上形成流态化移动，活动箅板排则将粗颗粒料推向前进。需要特别指出的是：利用可燃废弃物烧成熟料时，会有细颗粒灰烬混入熟料中，由于该箅冷机能对细颗粒料作了有效处理，所以这时不会影响到其正常操作。

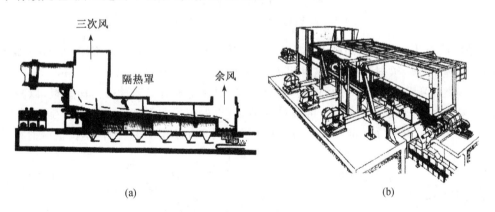

图3-78 INK型摆挂式箅冷机

(a) 原理图；(b) 立体图

(2) 德国KHD公司的PYROSTEP型箅冷机，如图3-79所示。根据功能不同全机划分为五个区段：第Ⅰ区装有固定的阶梯型箅板，称Step箅板，这种箅板在不同的送料段，吹入可调节的水平脉冲气流；第Ⅱ区装有往复箅板，前部由可动的和固定的几排称为"Omega"的特殊箅板组成，并采取单排送风方式；第Ⅲ区和第Ⅳ区只在大型箅冷机上设置，第Ⅲ区仍为阶梯型Step箅板，第Ⅳ区为另一"Omega"箅板，第Ⅴ区设置传统的往复式标准箅板。对于小型的PYROSTEP型箅冷机，只设 5 排阶梯型 Step 箅板区和 5 排"Omega"箅板区。中、小型箅冷机内只有三个区：几排 Step 箅板区、5 排 Omega 箅板区和几排传统标准箅板区，如图 3-79(b)所示。一般情况下，前两区的 10 排箅板采用直接送风方式，而标准箅板区采用分室供风方式。

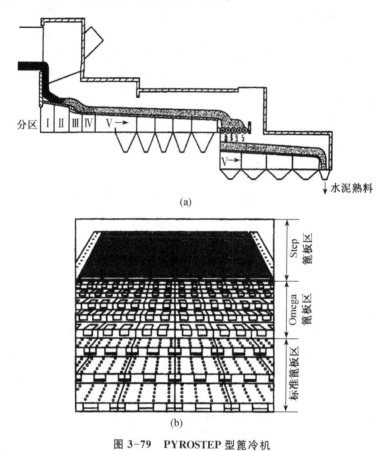

图 3-79　PYROSTEP 型箅冷机

(a) 大型箅冷机原理图；(b) 中、小型箅冷机的箅床

(3) 德国伯力休斯公司的两种 REPOL-RS 型箅冷机如图 3-80 所示，REPOL-RS 型箅冷机进料区倾斜 4°，箅上安装喷射环箅板，这种阻力箅板在充气量为(标准状态下)100 m³/(m²·min)时，阻力达 2 500 Pa，可以保证各个箅板的均匀供风。喷射环箅板后安装矮推力面箅板，以减慢熟料输送速度，加厚料层，经过一个阶梯后，再装设标准箅板，保持厚料层直到出料端。通过采取上述措施，可把单位箅床面积负荷由 36~42 t/(m²·d)提高到 50 t/(m²·d)左右，单位空气消耗量可降低

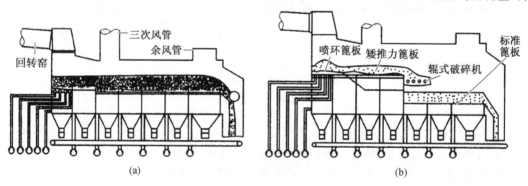

图 3-80　两种 REPOL-RS 型箅冷机

(a) 无中间破碎机；(b) 有中间破碎机

20%～30%,热回收率提高7%(其中:3%是由空气均匀分布及耗气量减少取得的,4%由全长加厚料层取得),单位熟料热耗可降低105～125 kJ/kg。

4)第四代无漏料篦板的熟料冷却机

20世纪90年代末,一些新型冷却机开始出现,其进料部位与第三代可控气流篦冷机的完全一致,而后部出现变化,大致有两种结构,其主要特点体现在以下几个方面:第一,篦床不再承担输送熟料的任务,该任务由新设置的机构来完成(这些熟料输送机构的型式因机型不同而不同)。这样,篦床就成为固定式,它实际上只起到"充气床"的作用。同时,篦床上靠近篦板的一层静止低温熟料层可保护篦板及充气梁等部件免受磨损与高温侵蚀,这层熟料也能起到均化气流的作用,这样可不用高阻力篦板来均化气流,以降低篦板的压损;第二,尽管篦冷机内仍然有可动部件,但只限于熟料输送机构(一般为液压驱动),因而可动部件的数目明显降低,而且若该机构的个别零部件发生损坏,也很容易更换,并且这时只对熟料输送略有影响,不会对熟料冷却有显著影响,于是篦冷机的运转率大大提高,为其长期、安全、稳定运转提供了良好条件,也可保证篦冷机热效率;第三,由于是固定篦床,所以不会有通过可动篦板与固定篦板之间的缝隙发生漏料的可能,这样篦床下收集漏料、输送漏料的拉链机就被简化掉,篦床下结构就非常简单,篦冷机高度也因此降低;第四,由于是固定篦床,使得包括空气梁在内的供气系统与篦床的连接以及冷却风的操作与调节都变得非常简便,漏风量也大为降低,因此使用阻力篦板时平衡充气梁内风压所用的空气密封装置也被简化掉。

典型的第四代篦冷机

(1)丹麦FLS公司的SF十字棒式冷却机。九十年代末出现的SF交叉棒式篦冷机(图3-81),改变了传统的推动篦板推料的概念,利用篦上往复运动的交叉棒来输送熟料,使篦冷机的机械结构简化、固定的篦板便于密封,熟料对篦板的磨蚀量小,没有漏料,篦下不需设置拉链机,降低了篦冷机的高度,SF交叉棒式篦冷机的另一特点是每块篦板下设置机械气流调节器(MFR),该调节器的原理是根据料层上不同部位的颗粒大小不均和料层厚度不均,会造成气体透过料层不均。该机械气流调节器根据阻力大小来调节,自动调节阀板的角度,从而确保气流透过料层,使料层上的熟料得以冷却,由于每一块篦板下面均设置机械气流调节器,其控制范围可以准确到每一块篦板的面积,使冷风能够均匀地透过每一块篦板上的料层,从而确保整个篦床面上的熟料冷却均匀。SF交叉棒式篦冷机的输送物料方式如图3-82所示。

图3-81 丹麦FLS公司的SF交叉棒式篦冷机

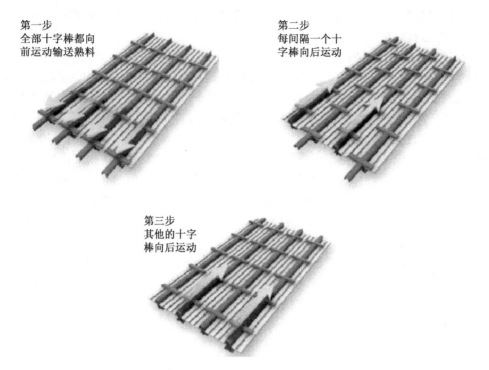

第一步
全部十字棒都向
前运动输送熟料

第二步
每间隔一个十
字棒向后运动

第三步
其他的十字
棒向后运动

图 3-82　丹麦公司的 SF 交叉棒式篦冷机输送物料方式

（2）Polysius 公司的 PolyTRACK 冷却机如图 3-83 所示，其 QRC 区（也是进料区）为固定式倾斜篦床，在各个阶梯型篦板之间用空气炮来清除积料。RC 区和 C 区也是固定式水平篦床，其输送熟料的任务由输送道（Track）来完成，如图 3-84（a），（b）所示。每条输送道都有"输送模式"和"回车模式"，如图 3-84（c）所示。输送模式下所有输送道将其熟料同时推向前进；而回车模式却是每个输送道交替地进行，这时每个回车输送道上的熟料由于受到进料区熟料阻碍及相邻输送道上熟料的摩擦而不会后移，因此回车模式期间每个输送道上的输料层相对静止。每个输送道由安装在充气梁下方且位于纵向两端的两个气缸驱动。所有输送道的气缸都由设置在输送道两端的液压泵驱动。气缸的冲程长度和频率都是可调的，通过

图 3-83　PolyTRACK 篦冷机

调整气缸冲程可灵活地调整篦床上的熟料分布和料层厚度，例如，有"红河"现象时就将该处的料层变薄。

（3）BMH 公司的 η 冷却机如图 3-85 所示。η 冷却机进料段保持可控气流篦冷机固定倾斜篦板，此结构可以消除堆"雪人"的危害，篦板面上存留一层熟料，以减缓篦板受高温红热熟料的磨蚀，进料口段熟料通风面积小，且由手动阀板调节风量，使冷风均匀透过每块篦板上的料层，能使熟料在篦床上均匀布料与冷却，从而保证入窑和入炉的空气温度均匀。

熟料冷却输送篦床由若干条平行的熟料槽型输送单元组合而成，其运行方式首先由熟料篦床

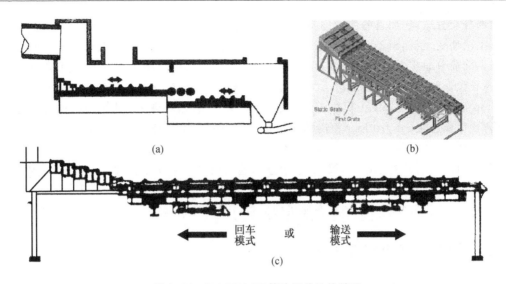

图 3-84　PolyTRACK 箅冷机的结构简图

(a) 型式 1(有中间破碎机)；(b) 箅床；(c) 型式 2(无中间破碎机)

同时向熟料输送方向移动(冲程向前)，然后各单元单独地或交替地进行反向移动(冲程向后)。每条通道单元的移动速度可以调节，且单独通冷风，保证熟料得以冷却，尤其在冷却机一侧熟料颗粒细且阻力大的时候，此部位的通道单元增加停留时间和风量，使熟料得以冷却，消除了红热熟料产生的"红河"事故。通道单元面上设置长孔，每条输送通道单元采用迷宫式密封装置密封，不用设置清除粉尘的装置，熟料也不会从输送通道面上漏下，亦不需在冷却机内设置细颗粒熟料输送装置。

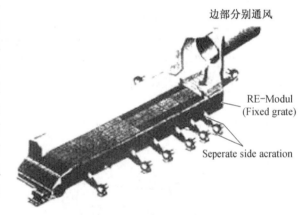

图 3-85　η 冷却机

η 冷却机仍然采用分室通风原理，和其他型式的箅式冷却机不同之处在于，η 冷却机不仅在横向，而且在纵向段节均可分室，可使冷却机两侧不易通风的部位得到足够的冷风来冷却熟料，保障了此部位熟料冷却，避免了"红河"事故。此外，η 冷却机根据冷却机规格配置辊式破碎机，每条输送通道单元均用液压传动，配置了雷达水平测试和红外线测温装置等一些先进技术的产品和部件，确保熟料得以冷却。总的说来，η 冷却机具有结构紧凑，机内输送部件的磨蚀量少，维护工作量低，熟料输送无阻碍，输送效率保持稳定，冷却部位均匀通风，熟料冷却良好等特点，值得我们重视。

(4) 德国洪堡公司的 Pyrofloor 箅冷机如图 3-86 所示。Pyrofloor 箅冷机各室采用可单独调节气流量(俗称："鱼刺形"供风)的供风方式。对于大型箅冷机，由于箅床较宽，亦可将其

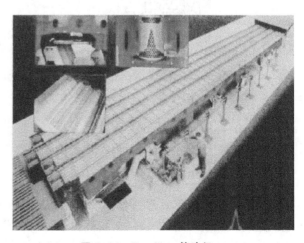

图 3-86　Pyrofloor 箅冷机

横向分两部分交替送风,而且各室的冷却风可单独调节。对一定长度的 Step 箅板来说,由于通风量不能随工况而变,当熟料多时,该区段冷却量会相对减少,这样该箅板直接通气的优点仅能用在局部范围。而简单地扩大 Step 箅板,会导致熟料过度堆积,致使气压过度增大,这时如果增加箅板斜度,又易导致熟料"崩落"失控下滑。为此,在大型 Pyrofloor 箅冷机上要在第Ⅰ区和第Ⅲ区这两处装设 Step 箅板。对于 Omega 箅板来说,其凹槽中填充的熟料颗粒,可使冷却风均匀通过熟料层,又能防止箅板过热。Pyrofloor 箅冷机在结构上有下列几个特点:第一,充分考虑了框架和短中心矩的特点,使往复式框架不易弯曲;第二,在箅床宽度>10 块箅板时,采用中心支撑以减轻框架弯曲,保证负荷均匀的传到基础上;第三,与边壁相连的往复框架在滚珠轴承内运动,不必增加密封风机也能保证滚轴和导轨不发生磨损;第四,有机械或液压两种驱动方式可选用,冲程频率与产量保持一致;第五,熟料破碎机可设置在箅冷机中部也可设置在出口端。

3.5.4　其他箅式冷却机简介

1. 立式冷却机

立式冷却机内的逆流过程换热与沸腾层(也称:流化床或流态化)换热相结合,进一步提高冷却机的热效率。20 世纪 60 年代,当时的德国沃尔特-贝拉索姆公司(Walther-BerathermGmbH)进行了 100~500 t/d 立式冷却机的工业试验,1973 年 3 000 t/d 规模的立式冷却机在德国洪堡公司的一台 SP 窑上使用。如图 3-87 所示的立式冷却机中,其较小的直径是为了保持较高的空气流动速度来使熟料流态化,并使出窑熟料在其截面上均匀分布。辊式笼子的各个辊可单独传动,也可在不同速度下运转来粉碎大块熟料。鼓风机静压约 11.2 kPa,冷却风量为 1.1 m/kg,一次风温约 900~1 000 ℃,出料温度为 250~280 ℃,电耗(约 8 kW·h/kg)高于箅冷机,没有余风。如图 3-88 所示的是某石灰回转窑用立式冷却机的内部结构。

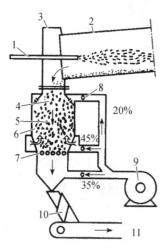

图 3-87　立式冷却机

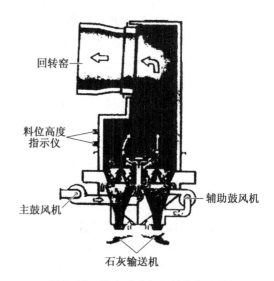

图 3-88　某立式冷却机的内部结构

1—燃料管;2—回转窑;3—窑头;4—沸腾层;
5—运动颗粒;6—冷却机;7—辊箅;8—节流阀门;
9—鼓风机;10—锁风装置;11—熟料输送装置

立式冷却机的热效率一般为 76%~83%。然而该冷却机目前的应用却较少,这是因为:第一,它只适合颗粒较均匀的熟料(粗颗料和细粉粒只能占极少比例),且熟料状态变化会显著影响其操作性能;第二,冷却风量为 1.1 m/kg,(比理论值高 15%以上),所回收热量不能显著降低烧成热耗;

第三,因料层较高以及流态化,电耗较大(约 10 kW·h/kg);第四,出料温度高(当热效率为 78% 时,约为 350 ℃)。

2. "g"型冷却机

"g"型冷却机如图 3-89 所示,由德国克劳迪斯-彼得斯公司在 20 世纪 70 年代初开发(必须与其他冷却机配套使用,例如某篦冷机将熟料冷却到约 500 ℃ 并破碎到<35 mm 后,再送入该冷却机)。"g"是重力(gravity)的简写,它表示该冷却机内的熟料依靠重力自上而下运动,其器壁上包裹有保温层和金属外壳。换热室一般是五层,其内有大量截面为机翼状的金属空气管道横穿换热室,通过两侧面的隔室来进、出风,这样使空气在管道内迂回曲折向上流动,从而间接冷却熟料。熟料穿过密集的空气管道冷却后落到底部,而后送往熟料库。

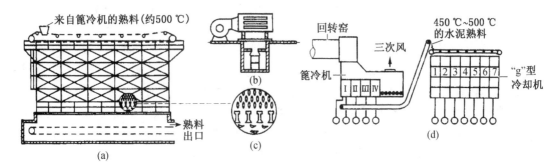

图 3-89 "g"型冷却机的结构简图

(a) 纵向截面图;(b) 鼓风系统图;(c) 机翼状金属管道横截面图;(d) 流程图

作为一种复合式冷却机,"g"型冷却机在国外曾作为旧冷却机改造的辅助冷却设备用,最大优点是无粉尘污染,但因间接换热的效率低,所以目前极少使用。

3. RDC 冷却机

RDC 冷却机如图 3-90 所示,RDC 冷却机是根据"旋转盘"原理进行操作,而旋转热交换器的原理已经在钢铁工业应用多年了。在此熟料冷却机中,活动篦板由旋转盘取而代之,该圆盘转一圈用时 30 min,输送效率达到了 100%。冷却机进口安装了固定篦床,与窑出口成 90°角。这就消除

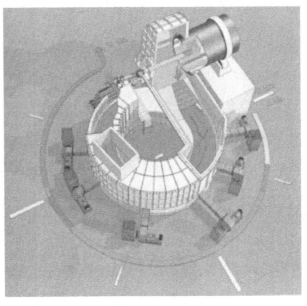

图 3-90 RDC 冷却机

了由于窑和熟料冷却机的中心线不同而引起的熟料颗粒离析的问题。目前,RDC冷却机尚未在工业生产中得到广泛应用。

思考题

1. 水泥熟料形成大致要经过哪些物理化学变化? 何谓水泥熟料形成热? 一般用石灰石、黏土配料的普通硅酸盐水泥熟料形成热大致为多少? 其中哪个过程消耗热量最多?

2. 生产水泥熟料的回转窑有几种类型? 以湿法长窑为例试述窑分几个带,各带的作用是什么?

3. 有人认为燃料发热量越高,其理论与实际燃烧温度也越高,分析该说法是否正确并说明原因。

4. 试分析回转窑内各带传热情况和物料运动情况,并说明它们之间的关系。

5. 在生产和设计中控制和选择回转窑内气体流速有何意义? 一般控制或选定多少为宜?

6. 回转窑筒体在托轮上为何会产生窜动? 这种窜动是弊还是利? 为什么?

7. 回转窑挡轮有何作用? 目前有几种挡轮? 各有什么特点?

8. 分析煤粉在回转窑内的燃烧过程。喷煤管有几种形式? 对煤粉燃烧有何影响?

9. 回转窑对耐火衬料有何要求? 常用的有哪几种耐火衬料? 其性能如何?

10. 从热工与工艺角度分析熟料对冷却装置的要求。目前常用冷却机有几种类型?

11. 分解炉内几个热工过程有何特点?

12. 用窑外分解系统煅烧熟料有何优点?

13. 试分析火焰面内温度、浓度与化学反应速度的变化情况。

14. 试提出水泥窑中强化燃烧过程的主要途径。

15. 试述水泥熟料冷却机的作用。

4 玻璃熔窑

4.1 概述

按照玻璃料方将玻璃的配合料充分混合,然后经过高温加热形成玻璃液的过程称为玻璃的熔制。玻璃熔窑是熔制玻璃的热工设备,通常用耐火材料砌筑而成。利用燃料的化学热、电能或其他能源产生的热量,形成可控的高温环境,使玻璃配合料在其中经过传热、传质和动量传递过程,完成物理和化学变化,经过熔化、澄清、均化和冷却等阶段,获得均匀、纯净、透明,并适合于成型的玻璃液。

4.1.1 玻璃的熔制过程

玻璃的熔制过程可以分为以下五个阶段。

(1) 硅酸盐形成阶段

配合料入窑后,在高温(约 800～1 000 ℃)作用下迅速发生一系列物理的、化学的和物理-化学的变化,如粉料受热、水分蒸发、盐类分解、多晶转变、组分熔化以及石英砂与其他组分之间进行的固相反应。这个阶段结束时,配合料变成了由硅酸盐和游离二氧化硅组成的不透明的烧结物。

(2) 玻璃形成阶段

温度升高到 1 200 ℃时,各种硅酸盐开始熔融,继续升高温度,未熔化的硅酸盐和石英砂粒会完全溶解于熔融体中,成为含大量可见气泡的、在温度上和化学成分上都不够均匀的透明的玻璃液。

硅酸盐形成阶段与玻璃形成阶段之间没有明显的界限。硅酸盐形成阶段尚未结束时,玻璃形成阶段已经开始,要划分这两个阶段很困难。所以生产上把这两个阶段视为一个阶段,称为配合料熔化阶段。

(3) 玻璃液澄清阶段

玻璃形成阶段结束时,熔融体中还包含许多气泡和灰泡(小气泡)。从玻璃液中除去肉眼可见的气体夹杂物,消除玻璃中的气孔组织的阶段称为澄清阶段。因为气泡在玻璃液中排出的速度遵循斯托克斯定律。当温度升高时,玻璃液的黏度迅速降低,使气泡大量逸出。因此,澄清过程必须在较高的温度下进行。这一阶段的温度为 1 400～1 500 ℃,黏度约为 10 Pa·s。

(4) 玻璃液均化阶段

玻璃形成后,各部分玻璃液的化学成分和温度都不相同,还夹杂一些不均匀体。为消除这种不均匀性,获得均匀一致的玻璃液,必须进行均化。

玻璃液的均化过程早在玻璃形成时已经开始,然而主要还是在澄清阶段后期进行,两个阶段没有明显的界限,可以看作边澄清边均化,均化往往在澄清之后结束。

玻璃液的均化主要依靠扩散和对流作用。高温是一个主要的条件,因为它可以减小玻璃液黏度,使扩散作用加强。另外,搅拌是提高均匀性的好方法。

(5)玻璃液冷却阶段

澄清均化后的玻璃液黏度太小,不适于成型,必须通过冷却提高黏度到成型所需的范围,所以玻璃液必须冷却到成型温度。根据玻璃液的性质与成型方法的不同,成型温度约比澄清温度低200~300 ℃。

必须指出,以上五个阶段的作用和变化机理各有特点,互不相同,但又彼此密切联系。在实际熔制过程中各个阶段没有明显的界限,也不一定按顺序进行,有些阶段可能是同时或部分同时进行的。例如,在硅酸盐形成阶段尚未结束时,玻璃形成阶段就已经开始进行;均化阶段实际上也是在硅酸盐形成以后即已开始,而不是要等到澄清阶段的结束。

4.1.2 玻璃熔窑的分类

通常,玻璃熔窑按下列特征分类。

1. 按熔制玻璃所用容器的构造分

(1)池窑。配合料在槽形池内熔化成玻璃液,故名池窑。

(2)坩埚窑。配合料在坩埚内熔化成玻璃液,故名坩埚窑。

坩埚窑属于间歇式窑炉,具有热效率不高、玻璃液的利用率低、操作劳动强度大、不易实现机械化和自动控制等诸多缺点,再加上坩埚本身制造比较复杂,所以除了个别特种玻璃制品仍需用坩埚窑熔制以外,该类玻璃熔窑基本上很少使用。

2. 按使用能源分

(1)火焰窑。以燃烧燃料为热能来源。燃料可以是煤气、天然气、重油或煤。

(2)电热窑(电熔窑)。以电能作为热能来源。按热能生成方法与热量传给玻璃粉料的方法分成电弧炉、电阻炉(直接电阻炉和间接电阻炉)及感应电炉三种。

(3)火焰-电热窑。以燃料为主要热源,电能为辅助热源。

玻璃电熔技术是目前国际上最先进的熔制工艺,是玻璃生产企业提高产品质量、降低能耗、从根本上消除环境污染的十分有效的途径。对于 15 t/d 以下的小型玻璃熔窑来说,在电力充足和电价适中的地区,用电熔工艺来生产各类玻璃制品的综合经济效益是很理想的;在电价较高的地区,对于彩色玻璃、乳浊玻璃、硼硅酸盐玻璃、铅玻璃、高挥发性组分玻璃或特种玻璃生产也是比较经济的。

熔窑的辅助电加热(简称电助熔),指的是借助于电极把电能直接送入用燃料加热的玻璃池窑中。采用燃料加热价格低廉,所以在大型池窑上难以采用全电熔,但是却可考虑在用燃料加热的池窑熔化部内同时采用通电加热。

3. 按熔制过程连续性分

(1)间歇式窑。玻璃熔制的各个阶段系在窑内同一部位不同时间依次进行的,窑的温度制度是变动的,如坩埚窑。

(2)连续式窑。玻璃熔制的各个阶段系在窑内不同部位同一时间进行的,窑内温度制度是稳定的,如池窑。

4. 按烟气余热回收设备分

(1)蓄热式窑。以蓄热方式回收烟气余热。

(2)换热式窑。以换热方式回收烟气余热。

蓄热式窑的烟气余热回收设备称为蓄热室,是利用耐火砖作蓄热体(称格子砖)蓄积从窑内排出的烟气的部分热量后,再来加热进入窑内的空气、煤气;换热式窑的烟气余热回收设备称为换热室,是利用耐火构件或金属管道作传热体。窑内排出的烟气通过传热体将热量不断传给进入窑内的空气、煤气。目前,大型池窑均采用蓄热室结构回收利用余热。

5. 按窑内火焰流动的方向分

(1) 横焰池窑。窑内火焰作横向(相对于窑纵轴而言)流动,与玻璃液流动方向相垂直。

(2) 马蹄焰池窑。窑内火焰呈马蹄形流动。有平行马蹄形、垂直马蹄形和双马蹄形几种。

(3) 纵焰池窑。窑内火焰作纵向流动,与玻璃液流动方向一致。

(4) 倒焰窑。火焰从窑底喷入,从窑底周边排出。

(5) 平焰窑。火焰从坩埚上面喷入,从窑底排出。

前三种窑型均为池窑,后两种窑型均为坩埚窑。

横火焰池窑和马蹄焰池窑各有特点,无先进落后之分。中小型池窑适合于马蹄焰池窑,大型池窑则以横焰池窑为宜。在同等规模下,马蹄焰池窑的热效率高,投资费用少,但操作复杂,熔化速度低。目前国内一般认为,熔化面积在 $50 \sim 60 \ m^2$ 以下适合用马蹄焰池窑,但国外某些马蹄焰池窑的面积可达 $90 \sim 100 \ m^2$。

6. 按制造的产品分

(1) 平板玻璃熔窑

用于制造平板、压花、夹丝等建筑玻璃。熔化部和冷却部的玻璃液作浅层分隔为其结构特征。在具体结构上采用卡脖(常与冷却水管配合使用)作为玻璃液分隔设备。平板玻璃熔窑又可按成型方法分为:浮法玻璃熔窑(用浮法生产平板玻璃),引上玻璃熔窑(用有槽、无槽、对辊法生产平板玻璃),平拉玻璃窑(用平拉法生产平板玻璃),压延玻璃窑(用压延法生产压花、夹丝玻璃及微晶玻璃板)。

(2) 日用玻璃熔窑

用于制造瓶罐、器皿、化学仪器、医用、电真空及其他工业玻璃。日用玻璃熔窑又可分为池窑和坩埚窑。熔化部和冷却部(或成型部)的玻璃液作深层分隔为其结构特征。在具体结构上采用流液洞作为玻璃液分隔设备。

7. 按窑的规模分

(1) 大型窑。日产玻璃液 150 t 以上(浮法窑 500 t 以上),或日用玻璃窑熔化面积 $60 \ m^2$ 以上。

(2) 中型窑。日产玻璃液 $50 \sim 150$ t(浮法窑 $300 \sim 400$ t),或日用玻璃窑熔化面积 $31 \sim 59 \ m^2$。

(3) 小型窑。日产玻璃液 50 t 以下(浮法窑 300 t 以下),或日用玻璃窑熔化面积 $30 \ m^2$ 以下。

另外,日用玻璃熔窑也有按制瓶机台数划分,而平板玻璃窑也有按引上机台数或熔化面积划分的。

迄今,我国国内曾经出现过的几种典型玻璃池窑的结构如图 4-1 所示。

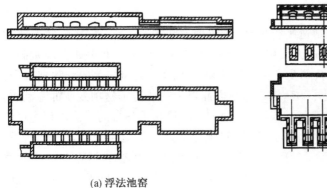

(a) 浮法池窑

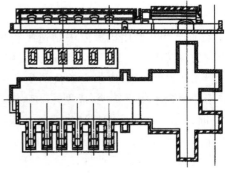

(b) 引上池窑

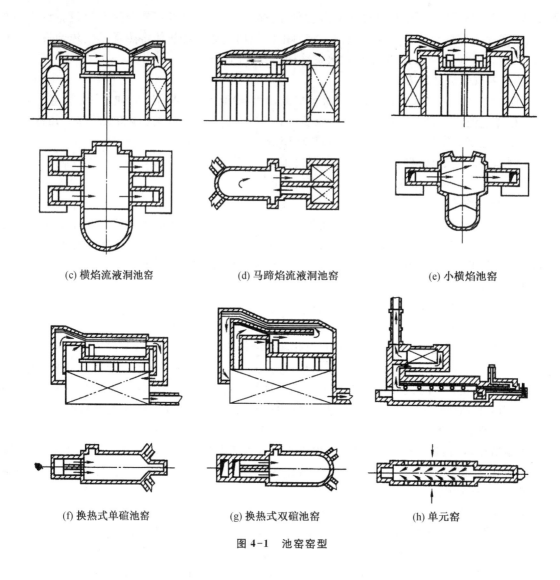

(c) 横焰流液洞池窑　　　　(d) 马蹄焰流液洞池窑　　　　(e) 小横焰池窑

(f) 换热式单碹池窑　　　　(g) 换热式双碹池窑　　　　(h) 单元窑

图 4-1　池窑窑型

4.1.3　典型池窑的结构特征

玻璃池窑的类型很多,结构也存在较大的差异。最常见的是平板池窑、日用流液洞池窑和换热式池窑几种。

(1) 平板池窑

20 世纪上半叶开始用机械方法制造平板玻璃,其成型方法曾经有多种,这些平板玻璃的成型方法被统称为传统工艺。1957 年,英国人皮尔金顿在总结以前一些学者有关研究的基础上发明了浮法(成型)工艺,1959 年,皮尔金顿公司生产出了质量可与光学玻璃相媲美的浮法玻璃产品,其拉制速度数倍乃至数十倍于传统(成型)工艺,该公司也因此申请并获得了这项发明的专利权。随后,美、日及欧洲其他发达国家的玻璃生产厂家纷纷购买此专利,建立了各自的浮法玻璃生产线。我国的玻璃工作者从 20 世纪 60 年代初对浮法(成型)工艺开始实验室规模的研究,在湖南省株洲玻璃厂经过了规模为 15 t/d 的工业性试验后,于 1971 年在河南省洛阳市建成一条 90 t/d 的浮法平板玻璃生产线,经过国家科委组织的鉴定,被命名为"洛阳浮法"。目前,国外(尤其一些发达的工业化国家)的浮法平板玻璃生产线已基本上取代了传统工艺的平板玻璃生产线。在国内,也基本上用浮法平板玻璃生产工艺取代了传统的平板玻璃生产工艺。

平板池窑是平板玻璃池窑的简称,属蓄热式横焰池窑。熔化面积 $60\sim400$ m²,设 $4\sim7$ 对小炉,分隔设备多采用矮碹和卡脖,是所有窑型中唯一不采用流液洞的。平板玻璃池窑包括浮法池窑[图 4-1(a)]、引上池窑[图 4-1(b)]、平拉池窑和压延池窑等。平板池窑除具有横焰窑的特点外,还具有生产的平板玻璃产量大、玻璃液均匀性好(尤其是原板横向温差小)等特点。

由于平板池窑的针对性强,故适应性就差,它只用于制造平板玻璃。如窗玻璃(压花玻璃和夹丝玻璃)及钢化、夹层、磨光、中空等玻璃所用的加工玻璃等。

(2) 横焰流液洞池窑

横焰流液洞池窑也属蓄热式池窑,具有横向火焰和流液洞分隔装置的双重特点[图 4-1(c)]。它的适应性大,在产品质量要求一般时可提高产量,在控制产量时可得到优质产品。它的规模伸缩性也大,熔化面积 $25\sim100$ m²,设 $2\sim6$ 对小炉,但在规模较小时不如马蹄焰流液洞池窑经济。

适用于生产批量大的空心制品(如瓶子、水杯)和单件质量大的压制品玻璃(如显像管玻壳、钢化玻璃绝缘子、果盘等)。

(3) 蓄热式马蹄焰流液洞池窑

尽管日用玻璃池窑曾经涌现过众多的窑型,但是随着市场竞争的日益加剧,蓄热式马蹄焰玻璃池窑在产品质量、生产成本和工艺简化程度等诸多方面表现出一定的优势。所以,目前的日用玻璃制品生产线中多采用蓄热式马蹄焰池窑。

蓄热式马蹄焰流液洞池窑简称马蹄焰池窑。因火焰呈马蹄形,俗称马蹄焰池窑[图 4-1(d)]。与横火焰相比,马蹄焰的优点有:火焰行程长,燃烧完全;只需在窑端部设一对小炉,占地少,投资省,燃料消耗较低,操作维护简便;火焰对冷却部有一定影响,在个别情况下可借此调节冷却部的温度。缺点是:沿熔窑长度方向上难建立必要的热工制度;火焰覆盖面积小,并且窑宽度上的温度分布不均匀,尤其是火焰换向带来了周期性的温度波动和热点(即玻璃液最高温度的位置)的移动;一对小炉限制了窑宽,也就限制了窑的规模;烧油时喷出火焰可能把配合料堆推向流液洞挡墙,不利于配合料的熔化澄清,并对花格墙、流液洞盖板和冷却部空间砌体有烧损作用。

马蹄焰池窑广泛用于制造各种空心制品(如瓶罐、器皿、化学仪器、泡壳、玻璃管)、压制品和玻璃球。

(4) 换热式双碹池窑

换热式双碹池窑由单碹池窑发展而来,其结构特点是双层碹[图 4-1(g)],熔化面积一般小于30 m²。烟气经内外碹之间的烟道流至换热室,由于这一特点,此窑型优于单碹窑之处为:窑碹散热少;火焰温度较高;窑内温度分布较均匀且稳定;小炉喷出火焰有力;冷却部不留排烟口,可多开工作口;可用劣质煤。缺点是:砌筑较烦琐,烤窑升温难掌握;内碹易被高温和粉料侵蚀。

此窑型普遍应用于制造产量不大,质量要求不高的产品,如空心制品、玻璃珠、小平拉平板玻璃等。

基于以上所述的情况,在本章以下的内容中将以浮法玻璃池窑和马蹄焰玻璃池窑为主要论述对象。

4.2 玻璃池窑

火焰玻璃池窑由玻璃熔制部分、热源供给部分、余热回收部分和排烟供气部分组成。其中玻璃熔制部分是池窑的核心,横火焰与马蹄焰的熔制部分存在较大的差异,其他三大部分基本相同。图4-2、图 4-3 分别为平板玻璃池窑(横火焰)和日用玻璃池窑(马蹄焰)的立体结构简图。

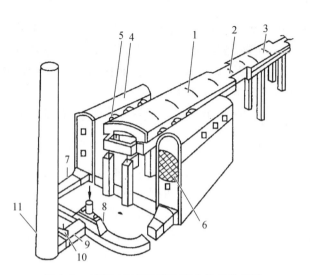

图4-2 （浮法）平板玻璃池窑立体结构简图

1—熔化部；2—卡脖；3—冷却部；4—蓄热室；5—小炉；
6—格子砖；7—烟道；8—交换器；9—总烟道；
10—总烟道闸板；11—大烟囱

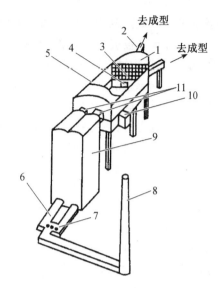

图4-3 日用玻璃池窑（马蹄焰）立体结构简图

1—冷却部（工作部）；2—供料道；3—花格墙；
4—流液洞；5—熔化部；6—烟道；7—空气换向器；
8—大烟囱；9—蓄热室；10—投料口；11—小炉

4.2.1 玻璃熔制部分

玻璃熔制部分对应于玻璃熔制过程，沿池窑的窑体长度方向分成投料部分、熔化部（包括熔化带和澄清带）、分隔装置、冷却部和成型部等五部分。

1. 投料部分

配合料用投料机从投料部分投入窑内，接受火焰空间和玻璃液传来的热量，得到部分熔融（尤其是表面），显著减少窑内的粉料飞扬，同时也改善了投料处的操作环境，并保护投料机不被烧损。

投料部分包括投料池和投料口两部分。

（1）投料池（投料口）

有的投料机（如螺旋式投料机）只需要在胸墙上开一个洞口，称为投料口，有的投料机（如垄式投料机、振动式投料机、滚筒式投料机、毯式投料机）则需要一个投料池（也称加料池）。投料池是指突出于窑池之外且和窑池相通的矩形小池，投料池的上平面与窑池的上平面平齐。窑型不同，投料池位置与结构也不同。

浮法玻璃池窑采用正面投料，投料池设在窑纵轴前端。常用的几种投料池布置如图4-4所示。

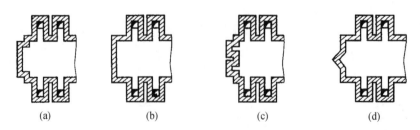

（a）   （b）   （c）   （d）

图4-4 浮法池窑投料池布置

传统投料池宽度较小，如图4-4(a)所示，大约是熔化部池宽的$70\%\sim80\%$。在实际生产中，投料池受侵蚀的情况十分严重，尤其是投料池的拐角处（这也是玻璃池窑窑体中最容易损坏的部位之一）。这是由于拐角处两面受热,散热面积小,冷却条件差,又经常受到配合料强烈侵蚀和机械磨损作用,所以拐角砖需要用高质量的耐火材料。

进入 20 世纪 90 年代,国外大型浮法窑开始应用全窑宽投料池结构,如图 4-4(b)所示,其结构简单,配合料在窑内分布宽度可达到熔化部池宽的 90%,窑内火焰对配合料的加热面积得到了充分利用,提高了窑的熔化能力和玻璃液质量。与采用缩窄的投料池相比,全窑宽投料池还具有节约能源、减少投资的效果。这是由于:在熔制工艺上,全窑宽投料池投入窑内的配合料带更宽、更薄,加大了配合料的受热表面积和透热性,使熔化区的热量更多更快地被配合料吸收,从而减少了热量的损失;在熔窑结构上,采用全窑宽投料池后,可以把熔化部池宽和池长做得略小一些,这就减少了整个窑体的散热面积,从而产生节能的效果,同时节省了投资费用。

如图 4-4(c)(d)所示,为双投料池和三角形投料池结构,也能不同程度地改善配合料在窑内的分布,但目前已很少使用。

马蹄焰玻璃池窑多采用侧面投料(个别的用正面投料),投料池设在窑纵轴侧面。其常用的几种投料池布置如图 4-5 所示。

与正面投料相比,侧面投料池较小,不能将配合料均匀分布于熔化池表面上,熔化部面积利用得不充分,料堆分布不稳定且难控制。同

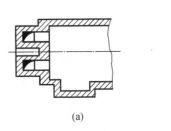
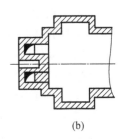

(a)　　　　　　　　　　(b)

图 4-5　马蹄焰池窑投料池布置

时接受窑内来的热量较少,配合料预熔程度较差。侧面投料一般只在一侧设投料池[图 4-5(a)],称单侧投料。当窑的产量增大时可以用双侧投料[图 4-5(b)]。双侧投料时配合料覆盖面较大,但送料系统复杂。侧面投料的投料池上,只放一台投料机,故池宽稍大于投料机宽。为利用窑火焰空间的辐射热量和溢出热量,充分发挥加料池的预熔功能,提高熔化率,我国中小型流液洞池窑将加料池发展成了预熔池。特点是把原来的加料池拉长放宽,加料口加高,预熔池平面一般呈梯形(外宽、内窄)。

(2) 投料口挡墙

投料池或投料口上方挡墙的作用是阻隔窑内火焰不让其外冒,减小其向外的溢出量以及向外的热辐射损失,降低投料口处环境温度,保护投料机,并减轻投料口处粉料飞扬。

平板池窑投料口挡墙称为前脸墙,其具体结构如图 4-6、图 4-7 所示。

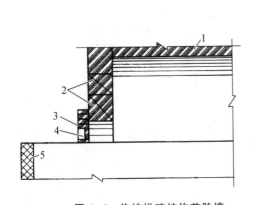

图 4-6　传统拱碹结构前脸墙

1—大碹;2—前脸墙;3—刀把砖;
4—水包;5—投料池池壁

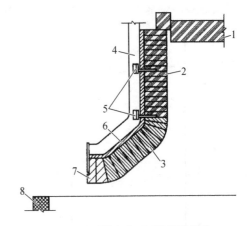

图 4-7　L 型吊墙结构

1—大碹;2—优质硅砖;3—烧结锆刚玉砖;4—吊柱;
5—支承架;6—保温板;7—烧结莫来石砖;8—池壁

图 4-6 为普通碹结构的前脸墙,与传统的加料池配合使用。一般用两道碹,上面一副为承重碹,采用水包架刀把砖结构挡火,用于碹跨度较小的情况,当碹的跨度大于 6 m 时,则采用变形平碹结构,就是将普通碹砖结构的上弧与上面的碹结构砌成一样,而将其下弧变平,由于碹的股高减小,碹下的空间降低,仍可采用水包架刀把砖结构的挡火方式。采用这些结构,投料池的宽度不宜大于 7 m。

上述前脸墙结构使用过程中安全上存在着一些问题,碹的跨度越宽其安全性越差。但是,为了扩大投料面,促进配合料熔化又必须加宽投料池。为了解决这对矛盾,国外普遍采用 L 型吊墙结构(常见的有 30°倾角的 L 型吊墙、45°倾角的 L 型吊墙以及 60°倾角的 L 型吊墙)。我国浮法平板玻璃生产线上 10 m 宽的玻璃池窑,采用的就是从美国 Detrick 公司引进的 L 型吊墙结构,其结构如图 4-7 所示。

L 型吊墙由吊挂钢架、墙体和保护系统组成。吊挂钢架是吊墙的骨架,其上装有耐热合金铸件。构筑墙体的硅砖和烧结电熔锆刚玉砖挂在耐热合金铸件上。保护系统用来保护钢件不致因温度过高而损坏,有风冷和水冷两种,还可保持整个前脸墙的密封性。L 型吊墙的垂直墙区砖的工作条件较稳定,受化学侵蚀也轻些,可在整个窑期内安全使用。而下鼻区砖的工作条件较恶劣,受蚀损严重,对材质要求高。下鼻区结构有可修式和不可修式两种,常用前者。L 型吊墙能充分发挥一号小炉的化料功能,能充分发挥预熔作用,能减少溢流和辐射散热,从而有明显的节能效果,并且它的结构稳定性好。缺点是墙体的散热损失大,下鼻区砖的材质暂时还不够理想。L 型吊墙是今后大、中型平板玻璃池窑前脸墙主要采用的结构形式。

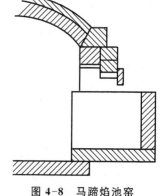

目前我国国内已经能够设计 L 型吊墙结构,而且已经发展有单纯硅砖、硅砖与烧结锆刚玉砖、烧结砖与电熔锆刚玉砖(被称为复合结构)的 L 型吊墙等。

图 4-8　马蹄焰池窑
预熔池结构

侧面投料的马蹄焰池窑通常采用预熔池结构,其上方投料口挡墙结构如图 4-8 所示。

2. 熔化部

熔化部是配合料熔化和玻璃液澄清、均化的部位,由于采用火焰表面加热的熔化方法,熔化部分为上、下两部分。上部称为火焰空间,由大碹(拱顶)和胸墙构成,下部称为窑池,由池底和池壁构成。有关池窑熔化部的俯视简图如图 4-9、图 4-10 所示。

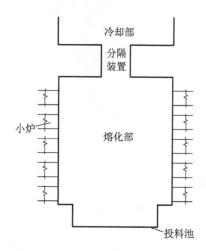

图 4-9　平板池窑熔化部的俯视简图

图 4-10　马蹄焰池窑熔化部的俯视简图

（1）窑池

窑池是盛装玻璃液的方形池，由池壁（四周的垂直砖墙）和池底构成。窑池起端与投料池相连，后端与玻璃液分隔装置相接。池壁一般采用电熔锆刚玉砖砌筑，池底采用黏土砖砌筑。窑池内玻璃的横向压力由池壁顶铁和顶丝顶住，池壁顶丝固定在立柱上。

（2）火焰空间

火焰空间在玻璃池窑熔化部的玻璃液面之上，由胸墙（四周窑墙）和大碹（窑顶）构成，如图 4-11 所示。火焰空间下面与窑池相连，两侧墙称为胸墙，与小炉相连，前面是前脸墙，后面是熔化部后山墙且与分隔装置相连。火焰空间充满来自热源供给部分的炽热的火焰气体（可能含有部分未燃物）。火焰气体以传导、对流和辐射的方式将自身热量传给玻璃液、胸墙和大碹。胸墙和大碹一般采用硅砖砌筑。

由于窑炉各部位所处热环境不同，耐火材料损坏情况也不同，为便于热修，胸墙和大碹均单独支承。胸墙由托铁板（用铸铁或角钢）支承，并用下巴掌铁托住托铁板。在胸墙底部设挂钩砖，挡住窑内火焰，不使其穿出烧坏托铁板和下巴掌铁。池壁和胸墙之间的缝隙用下间隙砖填塞。挂钩砖被胸墙压住，更换困难。因此，又用活动护头砖来保护，护头砖放在下间隙砖上，上巴掌铁固定在立柱上。

大碹的横推力压在两边碹碴上，有砖碹碴和钢碹碴两种，碹碴砖由角钢托住，同时也保护了角钢不受窑内火焰烧损，用上巴掌铁托住碹碴角钢。下巴掌铁固定在立柱上，而钢碹碴直接固定到立柱上。立柱在池窑的两侧和前后两端，上端用拉条拉紧，底脚固定在次梁上。这样大碹、胸墙和窑池分成三个独立的支撑体系，通过立柱下的钢架（扁钢、次梁、主梁等组成）将负荷传递到窑底的窑柱上。

某些浮法玻璃池窑上部空间采用了新的结构。该结构取消了上、下间隙砖，胸墙与大碹咬成一体，挂钩砖与池壁上平面的缝隙较小，并用密封料堵严。这种结构加强了窑体的整体性和密闭性，有利于窑体结构的安全和节能。如图 4-12 和图 4-13 所示。

3. 分隔装置

为了使熔化澄清好的玻璃液迅速冷却和减少熔化部作业制度波动对冷却部的影响，设置了把熔化部和冷却部分开的结构，称为分隔装置，包括气体空间分隔装置和玻璃液分隔装置。

1）气体空间分隔装置

熔化部与冷却部空间的分隔程度关系到冷却部上部空间的作用。一般来说，分隔程度越大，冷却作用越好。气体空间分隔装置有全分隔和部分分隔两大类。平板窑只用部分分隔，日用窑则两种都用。

（1）平板窑的气体空间分隔装置

平板窑的气体空间分隔装置有矮碹、吊矮碹、U 型吊碹和双 J 型吊碹四种，如图 4-14 所示。

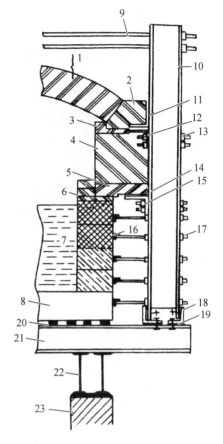

图 4-11 横火焰池窑和火焰空间结构剖面图

1—窑顶（大碹）；2—碹脚（碹碴）；3—上间隙砖；4—胸墙；5—挂钩砖；6—下间隙砖；7—池壁；8—池底；9—拉条；10—立柱；11—碹脚（碹）角钢；12—上巴掌铁；13—联杆；14—胸墙托板；15—下巴掌铁；16—池壁顶铁；17—池壁顶丝；18—柱脚角钢；19—柱脚螺栓；20—扁钢；21—次梁；22—主梁；23—窑柱

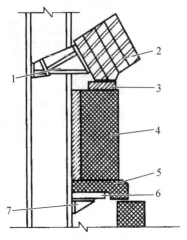

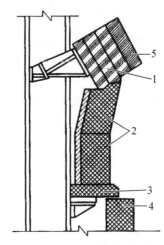

图 4-12　浮法玻璃熔窑的胸墙结构

1—钢碹碹；2—大碹；3—上间隙砖；4—胸墙；
5—挂钩砖；6—胸墙托板；7—下巴掌铁

图 4-13　内倾式胸墙结构

1—锆英石边碹砖；2—胸墙；3—挂钩砖；
4—池壁；5—硅质大碹

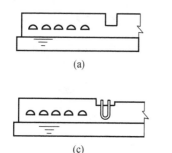

(a)

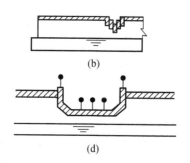

(b)

(c)

(d)

图 4-14　平板玻璃池窑常用的四种气体空间的分隔装置

(a) 矮碹；(b) 吊矮碹；(c) U 型吊碹；(d) 双 J 型吊碹

① 矮碹

矮碹是指把玻璃池窑的熔化部与冷却部交界处的大碹砌得比熔化部大碹和冷却部大碹都要低的大碹,胸墙也随之降低,如图 4-14(a)所示。在整个矮碹结构中,可以是一副碹,也可以是多副逐级压低的碹。

② 吊矮碹

吊矮碹是由吊碹和矮碹组成的,如图 4-14(b)所示。它一般是由两副矮碹或四副矮碹中间再夹上一副吊碹所组成。吊碹是指用吊夹吊挂砖的形式排列成平的或弧度较小的大碹,其宽度不受窑池宽度的限制。由于离玻璃液的液面较近,其降温效果较为明显。

③ U 型吊碹

在卡脖处设置 U 型吊碹也可以作为气体空间的分隔装置,其开度可以很小。采用 U 型吊碹,并在吊碹前加冷却水管,实际上使玻璃池窑熔化部与冷却部的空间气流几乎被隔断,如图 4-14(c)所示,U 型吊碹常设置在水平搅拌器之前。

④ 双 J 型吊碹

在大型的、先进的浮法平板玻璃池窑上,也有用双 J 型吊碹来进行气体空间分隔的情况,如图 4-14(d)所示。采用该结构可以使气体空间的分隔较为完全,也有利于安装玻璃液的垂直搅拌装置,且使用寿命较长。

除了上述四种气体空间的分隔装置之外,还有一种被称为吊墙的气体空间分隔装置。它是活动的吊墙,可以通过其上下移动来调节其开度,如图4-15所示。但是根据某些玻璃池窑的使用效果来看,远不够理想。另外,由于吊墙很重,而且所使用的吊墙往往和玻璃池窑的大碹砖部分黏结在一起,所以实际使用时基本上是固定的,很难调节。

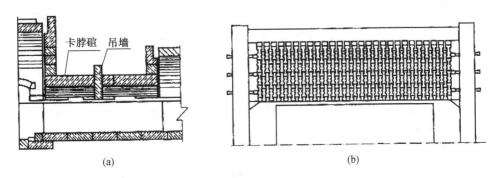

图4-15 气体空间的分隔装置—吊碹

(a)吊墙的位置;(b)吊墙的结构

(2)日用窑的气体空间分隔装置

日用窑的气体空间可以采用完全分隔,也可以采用部分分隔,其结构如图4-16所示。

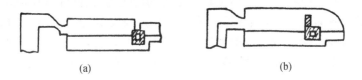

图4-16 日用窑的气体空间分隔装置

(a)完全分隔;(b)部分分隔

① 完全分隔

完全分隔是在连接熔化池与冷却池的桥墙上砌一道墙或两道墙将气体空间完全分开,如图4-16(a)所示。气体空间全分隔后,减少了熔化部的热量输出,减轻了冷却部的散热负担,从而可以减少冷却部的面积。同时,完全分隔后,冷却部的温度只受玻璃液流动的影响,便于控制,但是成型部必须另外加热,结构也较复杂。由于完全分隔后成型部可以保持独立的、稳定的作业制度,能保证制品质量,这对自动化成型尤其重要,所以目前日用窑的气体空间倾向于完全分隔。

② 部分分隔

部分分隔是指将玻璃池窑熔化部与冷却部的火焰空间分隔一部分,留有一定大小的通道,从而可以利用熔化部窑压的大小来调节冷却部内的作业制度,而不用另外增设加热系统,这对于生产降耗和控制调节都比较有利。

日用池窑采用的气体空间部分分隔装置多为花格墙。花格墙是砌在桥墙上的一道布满格孔的单层隔火墙,如图4-16(b)所示。凭借花格砖的数量,格孔的大小和花格墙的位置调节分隔程度。花格墙的分隔程度对冷却部乃至成型部玻璃液的温度影响甚大。

部分分隔的缺点是,当玻璃池窑熔化部的操作制度发生波动时也会影响到冷却部作业制度的稳定,所以很难严格控制玻璃池窑冷却部的作业制度。对日用池窑来说,当采用气体空间的部分分隔时,其熔化部的飞料也会影响到冷却部的玻璃液质量,并加速对冷却部耐火材料的侵蚀。

2)玻璃液分隔装置

为使熔化澄清好的玻璃液迅速冷却,挡住液面上未熔化砂粒和浮渣及调节玻璃液流,在熔化部和冷却部之间的窑池(玻璃液)中设了分隔装置。玻璃液分隔装置有浅层分隔和深层分隔两种。凡将窑池高度隔断一半以上的或通道截面积小于熔化部窑池横截面20%的为深层分隔。平板窑使用浅层分隔,日用窑使用深层分隔。

(1)平板窑的浅层分隔装置

平板窑使用的浅层分隔装置有卡脖、冷却水管和窑坎等。

① 卡脖

卡脖是把熔化部与冷却部之间的一段窑池缩窄,与上方的矮碹、吊碹等配合使用,可以缩小熔化部与冷却部之间空间的开度。卡脖还可以减少冷却部向熔化部回流,可以降低玻璃液温度,因此它具有稳定成型作

图 4-17 玻璃液浅层分隔装置—卡脖

业和促进玻璃液流动的作用。卡脖有两种形式,一种是缩窄后冷却部不再变宽,另一种是缩窄后冷却部再放宽,如图 4-17(a)、(b)所示。

随着技术的发展以及对玻璃质量要求的提高,卡脖处逐渐安装了搅拌器,而不使用搅拌器的卡脖结构如图 4-18 所示。

在平板池窑卡脖处使用玻璃液搅拌器来搅拌玻璃液可以提高玻璃液的均匀程度,从而提高玻璃制品的质量和稳定性。根据生产经验,当玻璃池窑的熔化能力有余时,在不降低玻璃液质量的前提下,使用玻璃液搅拌器以后,可以达到增产10%~15%的效果,且能减少冷却部向熔化部的玻璃液回流量。这样,既减少了玻璃池窑加热回流玻璃液的耗热,又减轻了冷却部的冷却负担。

搅拌器有两种形式:一种是垂直式;另一种是水平式。垂直式搅拌器从卡脖碹顶预留孔插入,这种搅拌器对卡脖胸墙的高度没有要求,其结构如图 4-19 所示。水平搅拌器从卡脖两边的胸墙插入,卡脖两侧成对安装使用,在卡脖胸墙上需留出高 300 mm 左右及足够长的孔,以便搅拌器的插入,因此要求胸墙必须抬高,其结构如图 4-20 所示。这种结构也为将大水管从熔化部末端移至卡脖处创造了条件。

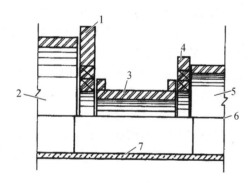

图 4-18 不使用搅拌器的卡脖结构

1—熔化部后山墙;2—熔化部;3—卡脖碹;
4—冷却部前山墙;5—冷却部;
6—池壁顶端;7—池底

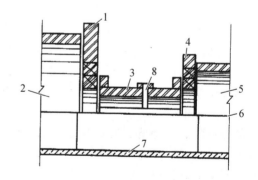

图 4-19 使用垂直搅拌器的卡脖结构

1—熔化部后山墙;2—熔化部;3—卡脖碹;
4—冷却部前山墙;5—冷却部;6—池壁顶端;
7—池底;8—搅拌器

两种搅拌器特点的对比见表 4-1。

表 4-1 两种结构搅拌器对比

类型	搅拌程度	结构复杂程度	维修难易	对卡脖宽度的要求	设备造价
垂直式	大	复杂	复杂	卡脖宽度不限	较贵
水平式	小	较简单	简单	卡脖宽度为 4~5.5 m	是垂直式的 1/5

② 冷却水管

冷却水管是一根通冷却水的无缝钢管,横向穿过卡脖,目前多采用矩形冷却水管,水管截面的 $\frac{3}{4} \sim \frac{2}{3}$ 浸入液面,最大浸入深度为 0.3 m 左右。水管附近的玻璃液冷却后黏度很大,会在冷却水管旁边构成一道围墙,起着挡砖一样的作用。

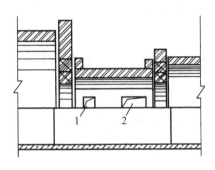

图 4-20　使用水平搅拌器的卡脖结构
1—冷却水包孔;2—水平搅拌器孔

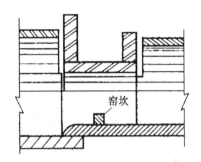

图 4-21　玻璃液浅层分隔装置——窑坎

③ 窑坎

窑坎是放在窑池深层的挡墙,一般设立在卡脖池底的某个部位,如图 4-21 所示。它只是一种辅助的玻璃液分隔装置,不能单独使用。窑坎的设立可以延长玻璃液在熔化部的停留时间,减少冷却部向熔化部的回流量,从而减少了二次热耗,加速了玻璃液的冷却,而且其降温效果比卡脖要显著。

(2) 日用玻璃窑的深层分隔装置

日用玻璃窑的深层分隔装置有流液洞、窑坎等。

① 流液洞

流液洞俗称过桥,它位于熔化部和冷却部之间,处于窑底上面的截面积很小的涵洞,形如桥洞,由一套特制的砖砌成,结构如图 4-22 所示。为防止流液洞侵蚀,在盖板砖(即洞顶砖)上面前后挡墙之间留一与外界贯通的冷却孔(或称风洞),孔的大小一般为 300 mm×300 mm。

由于流液洞处于窑池深层,以单位玻璃液容量计的散热面大,冷却快,故能显著降低玻璃液的温度(约降温 80~90 ℃)。此外,由于只有熔化好的玻璃液才能沉入深层,就可以扩大熔化面积,提高熔化能力,并且能有效控制制品内气泡含量。流液洞还能减少从冷却部流向熔化部玻璃液的回流,从而提高热效率,降低燃料消耗量。

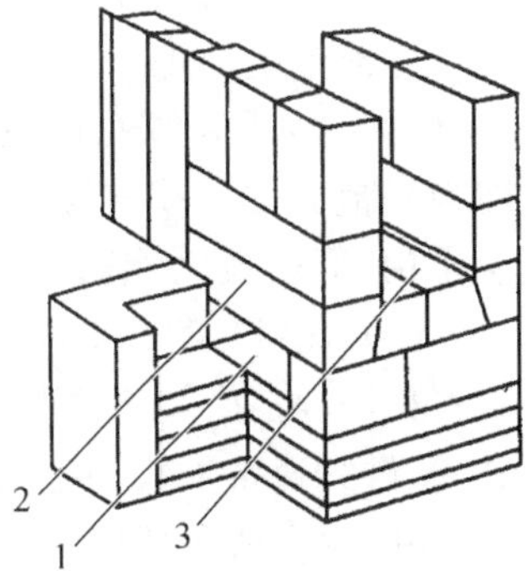

流液洞在熔化量,玻璃液质量和成型部分布置等方面适应性很大,故广泛用于熔制器皿玻璃、瓶罐玻璃、电真空玻璃、玻璃纤维、医用玻璃及各种工业玻璃的池窑内。用流液洞的池窑数量很多,已成为池窑中的两个大类之一,并称为流液洞池窑。然而,因为在窑池宽度上的玻璃液流不够均匀,故一般不用于生产平板玻璃。

图 4-22　流液洞的结构简图
1—流液洞;2—盖板砖(过桥);
3—冷却风孔

② 窑坎

窑坎是位于流液洞前,池底上砌筑的挡墙或者斜坡,如图 4-23 所示。挡墙式窑坎是在热点处(窑内最高温度)用电熔砖砌一单层墙,墙高为池深的 $\frac{1}{2}$ 以上,甚至达 $\frac{3}{4}$,如图 4-23(a)所示。斜坡式窑坎是将澄清带的池底抬高,砌成梯形斜坡,坡高为池深的 $\frac{1}{2}$ 或略小于 $\frac{1}{2}$,如图 4-23(b)所示。

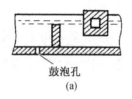
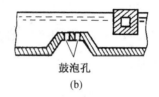

鼓泡孔   鼓泡孔

(a)   (b)

图 4-23 日用玻璃池窑窑坎形式

（a）挡墙式窑坎；（b）斜坡式窑坎

窑坎实际上起浅澄清作用,迫使澄清带的玻璃液流全部流过窑池上层并呈一薄层。这样玻璃液温度可进一步提高,有利于气泡排除,能显著加快澄清速度,改善玻璃液质量。另外,窑坎能延长玻璃液在熔化部的停留时间,并可阻止池底脏料流往冷却部。但是单独使用窑坎达不到对分隔装置提出的要求,所以它只能设在流液洞之前,加强流液洞的作用。如设窑坎后再采用鼓泡技术,有可能获得更好的效果。

4. 冷却部

玻璃液从熔化部经分隔装置流入冷却部。冷却部是使熔化好的玻璃液进一步澄清、均化和冷却的地方,以满足玻璃成型的要求。玻璃池窑冷却部的结构与熔化部结构基本相同,也分为下部窑池和上部空间两部分,只是冷却部的窑池深度比熔化部的窑池深度稍浅,冷却部的胸墙高度略低于熔化部胸墙高度。

（1）平板池窑的冷却部

平板池窑冷却部的形状为矩形,有时在冷却部末端设置耳池（也被称为掏渣池）。

耳池是指布置在平板玻璃池窑冷却部两侧、与窑池相通、向外凸出的长方形或正方形小池,如图 4-24 所示。

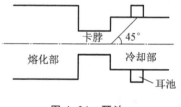

图 4-24 耳池

耳池池壁的上平面平齐于窑池的上平面,耳池池壁所使用的耐火材料与耳池所在部位的窑池池壁所使用的耐火材料相同。因为耳池处的玻璃液温度较低,使得该处的横向对流加强,进而对玻璃液流能够起到调节和澄清作用,同时玻璃液面上未熔化好的生料和浮渣会随流进入耳池,积储起来后可定期掏掉。

（2）日用窑的冷却部

日用池窑冷却部的形状有半圆形、扇形、矩形、梯形和多边形几种,如图 4-25 所示。根据玻璃品种、供料通路条数、成型机部位和操作条件等选定。常用扇形和半圆形,扇形比半圆形散热表面大,并减少了两侧死角。

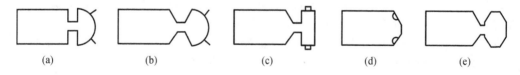

(a)   (b)   (c)   (d)   (e)

图 4-25 常见几种形状的日用玻璃池窑冷却部

5. 成型部

（1）平板池窑的成型部

目前浮法是平板玻璃最常用的成型方法,浮法池窑的成型部称为锡槽,已与熔窑、退火窑并称为浮法玻璃厂三大热工设备。

（2）日用池窑成型部——供料通路

日用玻璃池窑的成型部因供料方法而异。机械成型时的供料方法有滴料和吸料两种。用滴料法时的成型部称为供料通路,在其端部设供料机。用吸料法时的成型部称为成型池,成型机吸料头直接伸入到成型池取料。目前,普遍采用滴料法。

滴料法所用的供料通路的结构如图 4-26 所示,可分为三个系统:料槽系统、加热系统和滴料系统。

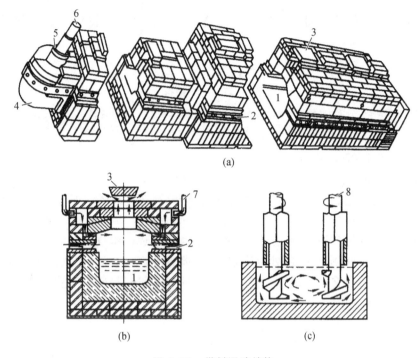

图 4-26　供料通路结构

1—供料槽;2—煤气火焰喷嘴;3—冷却孔;4—料盆;5—料筒;6—冲头;7—吹风管;8—搅拌器

料槽系统包括供料槽和上部空间,玻璃液在供料槽内处于保温过程,得到进一步均化并具有与成型相近的温度。加热系统按热源和加热方法而有所不同。热源有重油、柴油、煤气和电等。加热方法有集中和分散两种(如图 4-26 所示为煤气分散加热)。加热系统保证玻璃的成型温度。如果玻璃液温度比规定的成型温度高,则不需加热,只要保温甚至还要均匀冷却。因此,有的供料通路上设有冷却装置。滴料系统包括料盆、料碗、料筒、冲头(也称泥芯)和加热空间等,起着滴料、搅拌和调节料形、料重、料温等作用。

4.2.2　热源供给部分

为了给熔制玻璃提供热源,使用火焰为热源的池窑设置了燃料燃烧设备。玻璃池窑的燃烧设备是小炉和燃料烧嘴。小炉两端分别与熔化部、余热回收部分相连,除提供热量之外,小炉也是池窑排烟和进气的通道。

小炉结构随燃料种类不同而略有不同。以发生炉煤气为燃料的玻璃池窑,由于发生炉煤气的热值较低,直接入窑燃烧达不到需要的燃烧温度,所以煤气和助燃空气均需要通过蓄热室预热。以重油和天然气等高热值燃料为燃料的玻璃池窑,不必对燃料进行预热,因此结构相对简单一些。烧发生炉煤气小炉,以及烧油或天然气小炉的结构如图 4-27 所示。

1. 烧发生炉煤气小炉

烧发生炉煤气小炉属短焰喷嘴一类。它包括空气和煤气通道、舌头、预燃室以及喷火口(也称

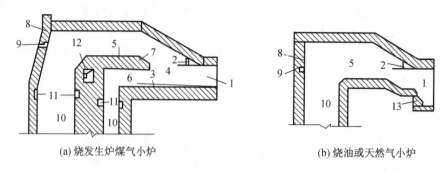

(a) 烧发生炉煤气小炉　　　　　　　　(b) 烧油或天然气小炉

图 4-27　小炉结构

1—喷火口；2—空气下倾角；3—煤气上倾角；4—预燃室；5—空气水平通道；6—煤气水平通道；
7—舌头；8—后墙；9—看火口；10—垂直上升道；11—闸板台；12—风洞；13—喷嘴砖

喷出口)四部分,如图 4-27(a)所示。

(1) 空气、煤气通道

空气、煤气通道是经过加热的空气、煤气离开蓄热室后,在进预燃室汇合之前流过的一段通道,空气、煤气在通道内继续被加热。空气、煤气通道也是烟气从火焰空间排至蓄热室所经过的通道。空气、煤气通道由直立通道(常称垂直上升道)和水平通道组成。空气、煤气上升道之间的隔墙(称风火隔墙,与蓄热室的中间隔墙相接)处温度较高,隔墙容易产生裂缝,造成透火现象,加速隔墙损坏。为了减轻隔墙的烧损,在墙中间开一与外界相通的风洞,通风冷却。空气、煤气上升道中安置闸板,用以调节空气、煤气量。

(2) 舌头

舌头是用于分隔空气、煤气的水平通道的结构。

(3) 预燃室

预燃室是空气、煤气出水平通道后,利用气流涡动使分子扩散并碰撞,在入窑前预先进行部分混合和燃烧的地方。因为混合速度比燃烧速度要慢得多,为了保证煤气在窑内能完全燃烧,故设预燃室。

(4) 喷火口

喷火口是喷出火焰(部分预燃的燃烧气体)的地方,火焰由此入窑。喷火口的形状、大小、长度对喷出火焰的速度、厚度、宽度和方向有很大的影响。

2. 烧油小炉

烧油小炉结构比烧煤气小炉简单些,如图 4-27(b)所示。使用油喷嘴,但没有煤气通道、舌头、预燃室。油喷嘴一般安装在小炉口下面,如图 4-28(a),(b),(c)所示,图 4-28(b)是图 4-28(a)的改良形式,它是在小炉下增设一"阶梯",将喷嘴适当后移,以克服高压外混喷嘴雾化黑区长,射程过远的弊病。喷嘴后移后,可以提高熔化面积利用率,又能合理控制热点位置。

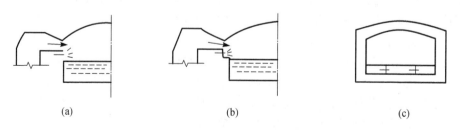

(a)　　　　　　　　　　(b)　　　　　　　　　　(c)

图 4-28　油喷嘴的常见安装位置

燃天然气小炉的结构基本上与燃油小炉结构相同。

4.2.3 余热回收部分

为了回收烟气余热,设置了烟气余热回收设备。利用烟气余热来预热助燃空气和煤气。预热的空气、煤气可以加速燃烧,提高火焰温度和节省燃料。

烟气余热回收设备有蓄热室、换热器和余热锅炉(或余热气包)三种。

1. 蓄热室

利用耐火砖作蓄热体(称格子砖)蓄积从窑内排出烟气的部分热量后,再来加热进入窑内的空气、煤气。蓄热室结构简单,回收大量热,加热大量气体,并且可以把空气和煤气加热到较高的温度。但蓄热室只能间歇作业,且加热温度不稳定,当用于连续式池窑时必须成对配置,并且一定要使用交换器。蓄热室的结构及工作原理如图 4-29 所示。

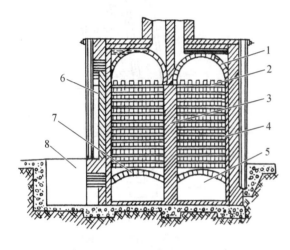

图 4-29 蓄热室结构图

1—半圆碹;2—格子体;3—风火隔墙;4—蓄热室墙;
5—烟道;6—热修门;7—炉条碹;8—扒灰坑

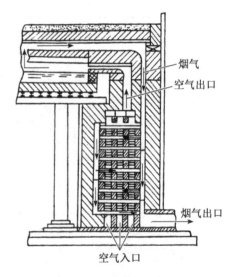

图 4-30 换热室结构图

2. 换热器

利用耐火构件或金属管道作传热体。窑内排出的烟气通过传热体器壁将热量不断传给进入窑内的空气、煤气,如图 4-30 所示。用陶质构件时只能加热空气。换热器可以连续作业,其特点恰与蓄热室相反。

3. 余热锅炉或余热汽包

利用烟气余热产生水蒸气供池窑自身或窑外使用。余热锅炉一般安装在烟囱底部。

4.2.4 排烟供气部分

为使窑炉作业连续、正常、有效地进行,设置了一整套排烟供气系统,包括交换器、空气、煤气烟道、中间烟道、鼓风机、总烟道、排烟泵和烟囱等。图 4-31 是烧煤气池窑的排烟供气系统。

1. 交换器

交换器是蓄热室池窑的气体换向设备,它能依次向窑内送入空气、煤气以及由窑内排出烟气。此外,还能调节气体流量和改变气体流动方向。对交换器的要求是:换向迅速,操作方便可靠,严密性好,气体流动阻力小以及检修方便。

目前,国内用得较普遍的空气交换器是水冷闸板式或闸板式,煤气交换器则是跳罩式。

(1)水冷闸板式交换器

水冷闸板式交换器布置情况如图 4-32 所示。每侧空气烟道上设置一副水冷闸板交换器,每副水冷闸板交换器有上、下两个闸板孔,上面的孔与空气进风管道相通,下面的孔贯通空气烟道。当右侧闸板放下时截断空气烟道(即关闭通向总烟道的孔),打开助燃空气进风孔。这时空气进入右侧蓄热室,同时左侧烟气进入总烟道并排出。左、右两块闸板的牵引钢绳在同一传动机构上。

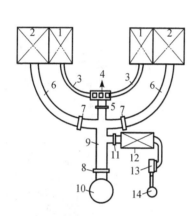

图 4-31 烧煤气池窑的排烟供气系统

1—煤气蓄热室;2—空气蓄热室;3—煤气烟道;
4—煤气交换器;5—中间闸板;6—空气烟道;7—水冷闸板;
8—大闸板;9—总烟道;10—大烟囱;11—废热锅炉闸板;
12—废热锅炉;13—排烟泵;14—小烟囱

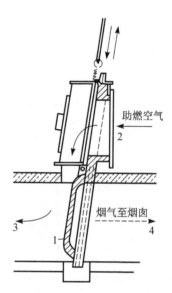

图 4-32 水冷闸板式交换器

1—水冷闸板;2—空气入口;
3—空气烟道(通空气蓄热室);4—总烟道(通烟囱)

水冷闸板式交换器操作可完全机械化、自动化,气体流过时阻力较小,检修方便,严密性好,常用于规模较大的池窑。

(2)闸板式交换器

闸板式交换器用于规模较小的池窑上,有时可用无水冷的。两块闸板分别设在两侧空气烟道上,但其牵引钢绳仍然集中在一个传动机构上。空气引入可以是自然通风,也可以是强制鼓风,入口处设蝶形阀调节进风量,如图 4-33 所示。

(3)跳罩式交换器

跳罩式交换器的底座上有三个排气孔,中间烟道与总烟道相通,两侧烟道各通向煤气蓄热室,底座上覆盖一外罩。外罩盖住两侧烟道,用水封把钟罩内外隔绝,如图 4-34 所示。这样就形成了两条通路:一条是由煤气入口、外罩内腔和左侧烟道组成的煤气通路;另一条是由钟罩内腔和中间烟道、右侧烟道组成的烟气通路。此时,煤气经煤气通路进入煤气蓄热室,窑内烟气则经中间烟道排至总烟道。隔一定时间借摇臂把钟罩移向右边,盖住右侧孔而敞开左侧孔,于是就组成了新的煤气通路和烟气通路。再隔一定时间把钟罩移向左边。煤气和烟气就按此程序定时换向。

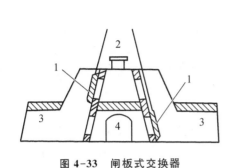

图 4-33 闸板式交换器

1—闸板；2—空气入口；
3—空气烟道(通空气蓄热室)；4—总烟道(通烟囱)

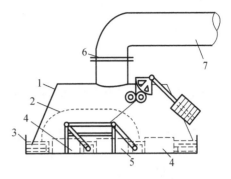

图 4-34 跳罩式交换器

1—交换器外壳；2—跳罩；3—水封装置；4—侧烟道；
5—中间烟道；6—连接法兰；7—煤气总管

跳罩式煤气交换器的结构简单,操作方便可靠,并能机械化、自动化,占地面积不大,不足之处是造价较高,气体流过时阻力较大。

2. 烟道

烟道除用作排烟供气外,还能通过闸板调节气体流量和窑内压力。在中间烟道和总烟道上都设有闸板。中间烟道闸板用来调节烟气在空气、煤气蓄热室中的分配,因而也就能调节煤气预热温度。总烟道闸板(称大闸板)用来调节烟囱对窑内的抽力,升降大闸板直接影响窑内压力。配合窑压自动控制器,能根据窑内压力波动自动调节大闸板开度,使窑压稳定在规定的数值。在中小型池窑上可用蝶形阀来代替闸板。但较重的蝶形阀转动时会产生较大的惯性,不利于窑压的稳定。每条烟道的侧墙上都设有清灰孔。

3. 烟囱

烟囱的作用是产生抽力,使窑内烟气排至窑外。自然排烟时采用烟囱,有时为了弥补自然排烟抽力的不足和完全利用烟气余热,从总烟道中抽出部分烟气,通过余热锅炉和排烟泵由一小烟囱或仍由大烟囱排出。

烧油和天然气时的排烟供气系统比较简单,并没有煤气烟道和中间烟道。

4.3 池窑的工作原理

玻璃池窑内,除进行化学反应过程外,还有各种物理过程,如流体的流动与混合过程、传热过程、扩散传质过程等,这些物理过程的实质可归纳为动量传递、热量传递和质量传递,通称为"三传"。由压强差引起的流体流动过程中产生动量传递,例如池窑内玻璃液的流动、火焰空间内的气体流动、蓄热室内的气体流动、管道内气体或液体的流动等。由温度差引起的热交换过程中产生热量传递,例如玻璃液内部的热交换、配合料内部的热交换、火焰与窑墙及料面间的热交换、玻璃液与窑墙的热交换等。由浓度差引起的物质扩散过程产生质量传递,例如玻璃液内部的物质扩散、气体空间内同组分间的扩散等。

4.3.1 池窑内玻璃液的流动

利用在生产现场观察窑内玻璃液流动,观察池窑用耐火材料被液流冲刷后的痕迹,或在实验室对窑内生产过程进行模拟研究,可知窑池内的玻璃液不断进行着复杂的流动。研究得出三点结论:一是除由玻璃本身造成的自然流动外,某些外界因素,如生产出料、加料推力、火焰推力、鼓泡等还会造成强制流动。自然流动的影响是整体的、永久的。而强制流动的影响是局部的、暂时的。二是自然流动时表层玻璃液从高温处流向低温处,深层玻璃液从低温处流向高温处,两者形成一个循环流。三是玻璃液分隔装置处存在玻璃液的回流现象,玻璃液从温度低的冷却部经分隔装置会回流到熔化部。

1. 窑池内玻璃液产生流动的主要原因

窑池内玻璃液的流动主要由温度差引起。在窑池的纵向和横向上玻璃液都存在着温度差,纵向温度差是由温度制度形成的,横向温度差则是由于窑中心温度高,两侧靠池墙的玻璃液温度低而形成的。

玻璃液的密度与温度成反比,故玻璃液的温度差引起了玻璃液的密度差,在池窑内存在不同密度的玻璃液,必然会产生流动。

根据玻璃液产生流动的原因,就可以进一步分析影响玻璃液流动的各种因素。

玻璃液流动的推动力乃是由于密度差而引起的静压差,而静压差的大小首先决定于温度的分布,如果其他条件不变,玻璃液流程上温度梯度越大,对流也越激烈。其次是取决于玻璃液的密度和温度的关系,玻璃液的密度随温度变化越大,对流也相应地增大。此外,窑池深度也有一定影响,通常是窑池愈深,对流也就越激烈。

玻璃液流动时,必须克服各层相互滑动的摩擦力,因而对流又和玻璃液的黏度有关,而黏度的大小除决定于玻璃成分外,与所处的温度也有关系。众所周知,玻璃液黏度在高温时随温度变化小,低温时随温度变化大,所以窑池表面层的玻璃液流速大,越向下则黏度增长越快,流速越来越小,接近池底时玻璃液已成为不动层。

玻璃液沿池深方向的温度分布与玻璃的透热性和导热性有关,玻璃颜色不同,透热性就不同,造成深度上的温度也不同。玻璃液的透热性主要取决于玻璃成分,其中氧化铁含量有很大作用,并且还和铁所处的化合物状态有很大关系,氧化铁的透热性比氧化亚铁大 10 倍以上,氧化铁所处的状态又取决于窑内气氛的性质,故影响气氛性质的因素,也间接影响着玻璃液的对流。

池窑结构也影响着对流,因窑结构不同而造成散热条件不同,都会引起对流的差异。玻璃液分隔装置对玻璃液流动有很大影响。

其他因素如投料推力、成型速度、火焰空间温度分布、火焰长度、小炉喷火口下倾角等都能引起玻璃液对流的某些变动。

2. 窑池内玻璃液流的基本组成

窑池中的玻璃液流,按其成因可分为两种,成型流和热对流。

成型流也称为作业流或生产流,它是由于在作业室部分选取玻璃液用于成型和投料池不断加入配合料所造成,因而和玻璃液成型生产有关。热对流的液流与池窑各处玻璃液的温度差和密度差有关,窑池内热对流量通常比生产流量大得多(约 10 倍左右)。

窑池内玻璃液的热对流,按其流动方向的不同可分为纵流、横流及回旋流。按液流位置的不同又可分为:表面流和深层流。

纵流:纵流是沿窑长方向流动的液流,又有直流和回流之分。

如前所述,玻璃配合料从池窑的加料口进入,经熔化、澄清和均化阶段成为高温玻璃液,再经冷却以供成型。因此,池窑内的温度是两端低中间高,最高温度通常称为热点。

在玻璃流表面,由热点流向投料口和由热点流向成型部的液流称为直流。从深层流回至澄清带(热点)的液流称为回流。由池底升起的玻璃液流,汇集到热点后又从热点流向各个方向,因此热点也被称为液流源泉(简称液泉)。由冷却部经分隔装置回到熔化部的液流也称为回流,如图 4-35

所示。

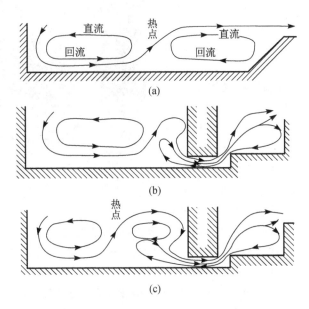

图 4-35　池窑内玻璃液流动情况示意图

（a）平板（浮法）池窑；（b）流液洞池窑（单环流）；（c）流液洞池窑（双环流）

横流：在窑宽方向上，由于两侧池墙向外散热，所以窑中心温度高于两侧池墙温度，因而自热点中心向两旁引起玻璃液横向流动。

回旋流：纵流与横流混合一起形成了回旋流。

如图 4-36 所示，为由热点向纵向成型部和向横向窑墙两侧形成的纵流[图 4-36（a）]，横流[图 4-36（b）]示意图。

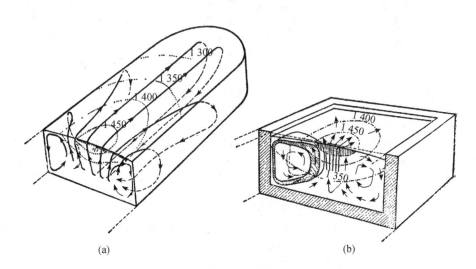

图 4-36　由热点形成的玻璃液流

（a）纵向液流；（b）横向液流

表面流和深层流：从窑炉停炉后对窑池砖的侵蚀观察研究，证明有表面液流和深层流存在，如图 4-37 所示。表面液流层的厚度约为池深的 $\frac{1}{4} \sim \frac{1}{3}$。

3. 研究窑池内玻璃液流的实际意义

玻璃液流在池窑中不仅传递了热量,同时也促进了玻璃液的澄清与均化,根据对池窑玻璃液流的了解,掌握液流规律对池窑设计和操作都有重要的意义。

(1)形成泡界线,正确控制熔化操作

投料机投入到窑池内的粉料比重较轻,浮在表面,它受到两方面的作用力,一是投料机的推力使粉料以 v_1 速度向前移动;二是热点处表面层玻璃液向投料口的热对流,阻止粉料前进,并使粉料以 v_2 速度向反方向移动。当 v_1 和 v_2 值相等时,粉料堆就停留在某一位置继续熔化,这样在

图 4-37　池壁砖表面被液流冲刷的痕迹

熔化完全的清净的玻璃液和未熔粉料之间就有一条整齐明晰的分界线,在分界线里面反应激烈的进行,液面上有很多泡沫,而在分界线的外面,液面像镜子一样明亮,这条分界线就是泡界线,如图4-38所示。

根据泡界线的位置、形状、清晰度就能正确控制熔化作业和玻璃液的质量。要使泡界线清晰稳定,第一必须使热点明确,加强热点的控制;第二必须适当降低投料口的温度,以加强热点到投料口的对流。

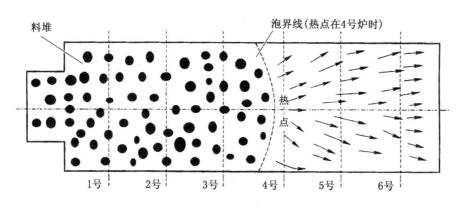

图 4-38　玻璃液流和泡界线示意图

(2)传递热量,加速配合料熔化

由热点流向投料口的热玻璃液给正在熔化的粉料带来热量,尤其是当玻璃液渗入粉料层孔隙后,提高了粉料层的导热系数,所以对流形成的玻璃液循环流动产生热量交换,使粉料的熔化速度加快。

(3)使玻璃液流混合均匀,改善了玻璃质量

不同来源的玻璃液流在热点汇合并在澄清带混合后流入成型部,未被取出的玻璃液又从下层回流至热点,从而促使不同成分和黏度的玻璃液混合更加均匀。

(4)合理设计窑炉结构

从上述不同情况下的玻璃液流特性介绍中可以看出,掌握液流特性,合理设计窑炉结构,可以改善液流分布,减少回流,从而提高玻璃熔制质量,改进成型质量。

对流也会带来一些不利方面,如:

① 侵蚀窑体。对流加剧了窑体的蚀损,其结果不仅缩短了池窑窑龄,还会使玻璃质量变差。

② 降低了产量,增大了热耗。对流引起的冷却部玻璃液回流不但减少了用于成型的玻璃液

量,还由于要对这部分回流玻璃液重复加热而使熔化玻璃的耗热量增加,从而增加了燃料消耗量。

③ 影响质量。如前所述,如果使窑的温度制度保持稳定,可以获得优质玻璃液,但是一旦温度制度波动,液流情况随之改变。如有可能使原来相对静止的且与流动液层性质不同的"死"玻璃液翻起,夹入流动液层中,使玻璃质量下降。

4.3.2 池窑内热量传递

在目前普遍采用火焰进行表面加热的玻璃池窑内,加热过程是在窑内火焰空间、玻璃液和配合料之间进行的,其中存在着固体、液体、气体本身及相互间的热交换。

(1)火焰空间内的热交换

窑内的有效传热是火焰空间对玻璃液及配合料的传热过程,参与换热的有固、液、气三种介质。

池窑火焰空间内存在着火焰-玻璃液、火焰-窑体、窑体-玻璃液之间复杂的热交换过程。这些热交换主要包括热辐射和热对流两种传热方式。资料表明,火焰和窑体传递给玻璃液的热量 90% 是以辐射方式,10% 以对流方式。

当窑体表面对外散热等于火焰以对流和热辐射的方式传给窑体的热量时,窑内物料单位时间内得到的热量为

$$Q_{\text{net, fm}} = \varepsilon_f \varepsilon_m C_0 \frac{1 + \varphi(1 - \varepsilon_f)}{\varepsilon_f + \varphi(1 - \varepsilon_f)[\varepsilon_m + \varepsilon_f(1 - \varepsilon_m)]} \left[\left(\frac{T_f}{100} \right)^4 - \left(\frac{T_m}{100} \right)^4 \right] F_m \tag{4-1}$$

窑体温度为

$$T_w^4 = T_m^4 + \frac{\varepsilon_f[1 + \varphi(1 - \varepsilon_f)(1 - \varepsilon_m)]}{\varepsilon_f + \varphi(1 - \varepsilon_f)[\varepsilon_m + \varepsilon_f(1 - \varepsilon_m)]}(T_f^4 - T_m^4) \tag{4-2}$$

式中　　$Q_{\text{net, fm}}$——窑内物料单位时间内所得到的热量,kJ/h;

$\quad\quad\quad \varepsilon_f$——火焰的黑度;

$\quad\quad\quad \varepsilon_m$——物料的黑度;

$\quad\quad\quad \varphi$——窑墙对物料的角系数,$\varphi = \dfrac{F_m}{F_w}$;

$\quad\quad\quad T_f$——火焰温度,K;

$\quad\quad\quad T_m$——物料温度,K;

$\quad\quad\quad T_w$——窑体温度,K;

$\quad\quad\quad F_w$——窑墙内表面面积,m²;

$\quad\quad\quad F_m$——物料总表面面积,m²。

由式 4-1 可知,提高火焰温度 T_f,或降低物料(玻璃料)温度 T_m,都能使物料得到的热量 $Q_{\text{net, fm}}$ 增大。但其中物料温度 T_m 不能任意更改,它要符合熔制工艺所提出的要求,因此提高火焰温度 T_f 具有重大作用。生产实践中,有工厂就是通过提高火焰温度 T_f 来提高产量的。然而,火焰温度 T_f 常受到耐火材料性能的限制,因为火焰温度 T_f 与窑体温度 T_w 有关。在实际计算中,往往先确定 T_w 的大小,然后据此定出 T_f 的数值。窑体温度必须合理控制,若过高会使窑体烧损加剧,也使玻璃液的质量降低;若过低又会减弱熔窑的熔化能力,不能很好地发挥窑的潜在能力。因此,窑体温度的确定是设计中值得考虑的问题。

(2)玻璃液内的热交换

玻璃液内部进行着复杂的热交换。玻璃液内的传热方式以导热和热辐射为主,对流也起一定的作用。当窑内采用鼓泡技术后会强化对流传热。

导热是从高温表层玻璃液传给低温底层玻璃液,导热系数随玻璃液的性质和温度不同而不同,一般随温度升高而稍有增加。透过不透明玻璃的热量只与玻璃液的导热系数有关,而透过半透明玻璃液的热量不仅与导热系数有关,还与玻璃层厚度有关。由导热传递到池底的热量,与池底散失的热量相比要小得多。

玻璃具有半透明性,辐射能到达液面后,除小部分反射外,其余部分被玻璃液吸收,另一部分则透入下层,这部分被透过的热能,又被下层玻璃液吸收掉一些,另一些继续向下层透过。辐射能就这样不断地透过玻璃液,愈到深层,透过的热量就愈微弱,据某些资料介绍,到达池底的热量仅为通过液面时的 $\frac{1}{10}$。

值得注意的是,玻璃液对辐射能的透过有一定的选择性,只有波长 $0\sim3\ \mu m$ 之间的辐射能才能透过。在此波长范围内,辐射能量最多的是碳和窑碹的辐射。

由图 4-39 可看出,辐射能力大小与玻璃颜色也有关,无色玻璃的辐射能力比绿色玻璃大得多。玻璃内含铁量对透热性影响极大。如 2 mm 厚的无色玻璃(或浅色玻璃)透过率为 85%,当 Fe_2O_3 含量(质量分数)达 1.5% 时,玻璃透过率可降至 28%。玻璃颜色深,透热性差,表面层玻璃液吸收热量多,在池深方向温度梯度就较大。反之,玻璃色浅,透热性好,在池深方向温度梯度就较小,深层玻璃液的温度就较高。

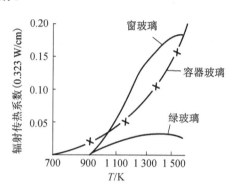

图 4-39 玻璃液的辐射传热系数

(3)配合料内部的导热

配合料内传热主要是导热。窑内配合料堆是一种多孔烧结体,其内含大量气体,因而导热系数极小。当烧结体密度为 1 000 kg/m³ 时,其导热系数仅为 0.964 W/(m·℃),在这样小的导热系数下,料堆厚时,要把热量传给下层极为困难。

配合料在窑池内熔化时,因为单位面积配合料从火焰空间吸收的热量比玻璃液要多两倍左右,加上采用预熔池结构,使配合料入窑后不久其表面就熔化,向下流散,带走了热量,充填孔隙,加快了下层配合料的熔化;同时,加强热点向投料口的热对流提高了配合料的加热速度,促进配合料入窑不久就改变了原来的状态,形成一种黏稠的带有翻腾气泡的玻璃液,传热情况会大为改善;采用薄层投料时,配合料改变状态的时间也可以缩短,对熔化有利;根据实验表明,配合料层厚为 350~400 mm 时,熔化时间为 3.5~4 h,当配合料层减薄至 50~70 mm 时,熔化时间可缩短到 12 min。国外还会采用配合料粒化法增大配合料的导热系数,也有在配合料底部采用鼓泡技术,促进配合料翻腾,这些措施都可以加速熔化。

4.3.3 火焰空间内气体的流动

池窑火焰空间内在气体流动的同时进行着燃料燃烧和热交换过程,伴随着温度、压强、体积等的变化,因而情况比较复杂。这里从池窑作业的角度出发,着重讨论气体流动与温度分布和压强分布的关系。

池窑火焰空间内的气流属于限制射流。限制射流的两个特性——弯曲现象和循环现象——对池窑的设计和操作有一定的意义。

1. 弯曲现象

由于浮力作用,以水平或一定角度喷入窑内的火焰(系非等温射流,其密度比周围介质的密度要小)会上升,形成一个向上弯曲的抛物线,如图 4-40 所示。射流弯曲程度与火焰喷出速度、火焰温度、周围介质温度、火焰长度、火焰空间高度及喷嘴安装角度等因素有关。弯曲现象会影响火焰的刚性、火焰向玻璃液的传热、火焰空间的温度分布和窑顶的使用寿命等。由于使用不同燃料时火焰的刚性不同,故在发生炉煤气作燃料时应特别注意弯曲现象的产生。

2. 循环现象

由于喷入火焰与周围介质之间的压力、温度和体积的变化产生了气流循环。不同情况下气体的循环形式与循环量都不同。循环现象也影响着窑内温度分布的均匀性、火焰向玻璃液的传热和池窑的使用寿命。影响循环的因素有燃料种类、喷火口位置、喷入窑内气流的方向、火焰排出方向及火焰空间大小等。

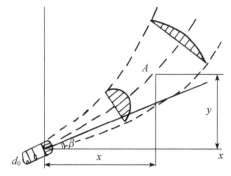

图 4-40　弯曲射流轨迹和速度分布

d_0—喷嘴管径;β—喷嘴轴线与水平结的夹角

(1)燃料种类

采用不同的燃料时,喷入窑的气流量、速度和火焰形状均不相同,因而火焰的刚性、铺展程度及循环情况也不同。燃油时比燃发生炉煤气时的火焰刚性要强但铺展要差,循环较剧烈,能紧贴液面,有利于传热。

(2)喷火口位置

喷火口位置不同时,火焰空间内压力分布、循环情况和温度分布均不相同,如图 4-41 所示。喷火口靠近液面时,液面上压力波动小,气流循环较差,上下温差也大,致使空间压力平稳,窑顶处温度较低,有利于延长窑顶寿命。

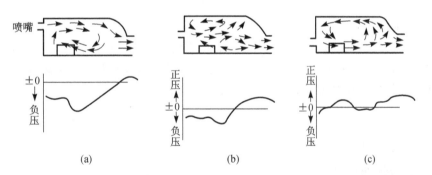

图 4-41　喷火口位置不同时窑内气体流动情况和液面上压力分布

(a)喷火口靠近窑顶;(b)喷火口在空间中部;(c)喷火口靠近液面

(3)喷入窑内气流方向(火焰与液面交角)

喷入窑内气流方向影响传热和循环。实践证明火焰角度偏小,甚至与液面平行时,在火焰与液面间有一薄层且温度低的气体(俗称冷气层)阻碍向玻璃液传热。因而火焰对液面要保持一定角度才能去除冷气层,贴紧液面,加强传热。

(4)火焰排出方向

火焰自一端进,另一端出为直焰。如果火焰进、出口在同一端就会形成马蹄焰,火焰进口与出口在同一平面时形成平面马蹄焰,火焰出口在进口之上时形成垂直马蹄焰。直焰和垂直马蹄焰的情况基本相同,池宽方向液面上温度分布较均匀且稳定,循环较弱。直焰用于大型横火焰窑,垂直马蹄焰用于换热式池窑,不需要换向。平面马蹄焰在火焰转弯处形成一个旋涡,产生强烈的混合作用,燃料基本上在此处燃尽,因而在整个火焰流程的前半部与后半部(以转弯点为界)之间,亦即在窑宽两侧出现了明显的温度差。另外,平面马蹄焰需要定期换向,左侧喷火口喷火时与右侧喷火口喷火时的火焰情况也不一样。因而整个空间的温度不稳定,分布亦不均匀,上述情况如图4-42、图4-43所示。

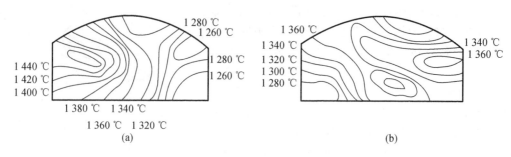

图4-42 马蹄焰池窑空间温度分布

(a)左侧喷火口喷火;(b)右侧喷火口喷火

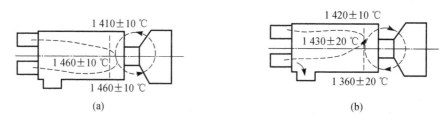

图4-43 马蹄焰池窑平面温度分布

(a)左侧喷火口喷火;(b)右侧喷火口喷火

（5）火焰空间的大小

火焰空间的大小或者说喷火口面积与火焰空间截面积之比,对气流有一定影响。火焰空间越高,弯曲现象越严重,并且垂直面上压差也越大。火焰空间越大,火焰的循环就越剧烈,压力分布也越不均匀,而压力情况相应决定了温度情况。

4.4 池窑的熔制制度

制定合理的熔制制度是正常生产的保证。池窑的"四稳"作业——温度稳、压力稳、泡界线稳、液面稳——是获得高产、优质、低能耗、长窑龄的重要保证。在连续操作的池窑内,沿窑长分成熔化带、澄清带、均化带和冷却带。各带有不同的要求,构成了总的制度要求。

熔制制度包括温度、压力、气氛、泡界线、液面和换向制度。

4.4.1 温度制度及制订

温度制度一般是指沿熔化部窑长方向的温度分布,用温度曲线表示。温度曲线是一条由几个温度测定值连成的折线。目前,测温点并不完全一致,有测小炉挂钩砖温度的,测小炉腿温度的,测胸墙温度的,也有测火焰温度的。一般选择容易测量的位置。平板池窑常测小炉挂钩砖温度,日用流液洞池窑常测胸墙温度。

1. 平板玻璃池窑的温度制度

某六对小炉的平板玻璃池窑的熔制温度曲线如图 4-44 所示。

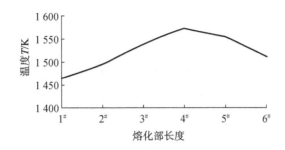

图 4-44 平板窑熔制温度曲线实例

温度曲线要满足熔化过程要求和操作要求,有时也要顾及成型部分的要求。特别是玻璃澄清时的最高温度(热点)和成型时的最低温度具有决定意义。

横焰池窑尤其是平板池窑容易建立稳定的温度制度和温度曲线,其实例见表 4-2。

表 4-2 国外某浮法窑温度分布和热负荷分配

	1 号小炉	2 号小炉	3 号小炉	4 号小炉	5 号小炉	6 号小炉	7 号小炉
窑上部空间温度/℃	1 450	1 480	1 500	1 530	1 490	1 440	
燃料量分配/%	11.3	20.3	21.3	11.3	20.3	10.3	5.3
相对热负荷(最高热负荷为1)	0.375	0.985	1.0	0.54	1.01	0.583	0.285
熔制区域	配合料区		泡沫区		净液面区		

制订平板窑的温度曲线时,必须考虑以下三点。

(1) 热点温度

从熔化速度、澄清效果看,希望热点数值尽可能高些,但它受到耐火材料和燃料质量的限制,还要考虑窑炉的使用期限。考虑到上述因素,目前热点值保持在(1 550±10)℃为宜,条件好时,还可适当提高。

(2) 热点位置

根据规定的泡界线位置来确定热点位置。如果池窑满负荷,则此时热点在泡界线之前;如果池窑负荷不足,即产量较小,投入的料很快就熔化,则此时热点在泡界线之后。从表 4-2 可以看出,热点位置一般都在 4 号小炉左右。

(3) 热点与 1 号小炉及末对小炉间的温差

平板窑的温度曲线特点是热点突出,泡界线稳定,其靠热点前曲线较陡,热点后曲线相对较平。一般可考虑热点与 1 号小炉之间的温差为100～130 ℃,热点后的温度差应造成 5～7 m/h 的玻璃液表面流速,这个流速可以使玻璃液有足够的停留时间(190 min 以上),保证得到充分澄清均化。

2. 马蹄焰池窑的温度制度

马蹄焰池窑每换火一次,都要使窑内温度、热点位置、料堆和泡界线变动一次,如图 4-45 所示。马蹄焰窑的温度波动较大,一般不定温度曲线,只定热点数值和位置。

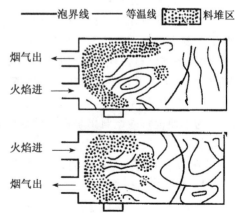

图 4-45 马蹄焰池窑的温度分布与液面情况

马蹄焰和纵焰池窑的热点值取决于熔化玻璃的品种、所用燃料种类和耐火材料质量。热点值越高,熔化越快,玻璃质量也有所改善,所以在条件允许的情况下,热点温度尽量提高。其热点位置一般控制在熔化部长度的 $\frac{1}{2} \sim \frac{2}{3}$ 处。

3. 温度的控制与调节

温度制度通过各对小炉燃料量的分配实现。对于横焰窑,目前有些国家采用"双高热负荷点"燃料分配制度(表 4-2)获得了好的效果。该分配制度的核心是减少处在泡沫稠密区的小炉的燃料分配量,降低此处的热负荷。因为浮在液面上的稠密泡沫热阻较大,使火焰对玻璃液传热困难。如果热负荷不减少,则火焰的大部分热量会留在上部空间而传给胸墙和窑顶,使它们的温度不断升高。这样既缩短了池窑寿命,又浪费了燃料。热点之后的小炉燃料量又增大,是因为这个部位要进行高温澄清。最后一对小炉是为调节玻璃成型温度用的,开度较小甚至不开。

由于"双高热负荷点"温度制度合理分配了燃料,因而明显降低了燃料消耗量。上面提到的国外某厂就节约了 10% 的燃料。

池窑的温度一般由仪表控制和自动调节。熔化部的测温点一般选择在小炉喷火口下挂钩砖或大碹处,采用热电偶随时测量温度,也有采用光学高温计进行定期测量的。另外,在熔化部采用固定式全辐射高温计较适宜。与熔化部温度一样,冷却部温度、供料槽温度、玻璃液温度、燃料温度及助燃空气温度等也要进行测量和控制。

4.4.2 压力制度

压力制度是温度制度的保证,温度制度是压力制度的基础和目的。窑压稳定可以保证温度稳定,窑压波动则会立即影响到窑温,尤其是成型部的窑温,从而使得玻璃液的成型温度不稳定。

压力制度是指气体系统所具有的静压,用压力分布曲线表示。与温度曲线相似,压力分布曲线亦系一条有多个转折点的折线。

压力分布曲线有两种:一种是整个气体流程(从进气到排烟)的压力分布,简称气流压力分布;另一种是沿玻璃流程的上方空间的压力分布,简称纵向压力分布。一般只用气流压力分布图。

1. 气流压力分布

气流压力分布的实例如图 4-46 所示。

压力制度的要点是零压点位置及压力、零压点后压差。

(1) 零压点位置

零压点应放在窑炉火焰空间内,该空间内的压力统称为窑压,系指液面处的压力。液面处的平均压力要求保持零压或微正压(小于 6 Pa)。窑内是不允许呈负压的,否则会使冷空气被吸入,降低窑温,增加燃料消耗,还会使窑内温度分布不均匀。但过大的正压也有缺点,如将使窑体烧损加剧,向外冒火严重,燃料消耗增大,且不利于澄清等。

(2) 零压点后压差

为了使池窑内燃料燃烧产生的烟气顺利排出,一般使用烟囱进行自然排烟。烟囱底部产生的抽力使烟气由高压(液面上方)向低压(小炉、蓄热室、烟道)流动至烟囱底部,最后排至空中。由图4-46 可以看出气体流程中的阻力情况。

2. 纵向压力分布

纵向压力分布主要是对于横焰玻璃池窑而言的。在平板玻璃池窑内,各个小炉处对气氛性质的要求是不同的。由于气氛性质的不同,相应的压力制度也会有所差异。以六对小炉的平板玻璃

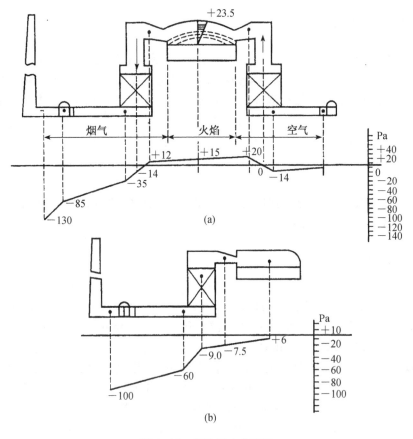

图 4-46　气流压力分布图

(a) 平板玻璃池窑；(b) 马蹄焰玻璃池窑

(横焰)池窑为例，如果 1 号、2 号小炉处要求还原气氛；3 号、4 号小炉处要求中性气氛；5 号、6 号小炉处要求氧化气氛。则在 1 号、2 号小炉处，为了获得还原焰，需要保持微正压，使其不能有冷空气吸入；为了在 3 号、4 号小炉处保持为中性焰，此处可将窑压调整为零压；在 5 号、6 号小炉处，为了获得氧化焰，窑压则可控制在微负压，这样在液面上就会形成一个极薄的空气层。此外，微负压对玻璃液的澄清也是有利的。

3. 窑压的控制与调节

窑压的大小可通过调节总烟道闸板的开度来实现。窑压的测量和控制可凭经验或用仪表来进行，凭经验是看孔眼处有无火苗穿出或火苗穿出的长短，但只能对窑压进行估计，且难以控制稳定。窑压自控仪表能精确的测量和控制窑压，但必须注意测点位置。常取的位置是在澄清带大碹下。由于几何压头关系，大碹下的压力要比液面处的压力大 15～20 Pa。有时取在下间隙砖处，但此处窑压数值低，易受冷却风干扰。

窑炉使用时间较长时，由于堵塞和漏气，窑压会相应增大。但有时窑炉投产不久，窑压就显得偏大，这可从气流阻力过大和烟囱抽力不够这两方面去找具体原因。造成气流阻力过大的原因，可能是烟道积水，烟道内杂质未清除干净，烟道及蓄热室(或换热室)有堵塞，砌筑质量差，漏气量大，闸板漏风，烟道截面较小，烟道布置不合理及窑结构设计不合理等。造成烟囱抽力不够的原因可能是进入烟囱的烟气温度过低，烟囱较低，烟囱直径较小，烟囱底部积灰及外界气候的影响(如夏季气温高)等，应针对具体原因采取措施，不要简单的用提闸板的办法来解决。

4.4.3 泡界线制度

泡界线是由玻璃液对流形成的,如前面的图 4-38 所示。泡界线的位置和形状是判断熔化作业正常与否的标志。从泡界线的成因来看,泡界线的位置应与玻璃液热点一致。为了防止跑料,易于控制泡界线和稳定成型作业,一般将泡界线往投料口方向移一些,但也不能移得过多,否则将会减小熔化面积、增加熔化带负荷,迫使熔化带的玻璃液温度要提得较高,加剧窑体烧损。泡界线也不能向冷却部方向移过多,否则容易产生"跑料"现象。泡界线应呈弧形,朝冷却部突出,两边对称,最好不要有偏斜。泡界线应整齐清楚,线外液面清亮,无沫子。保持泡界线的位置是优质高产的重要条件之一。

经常见到的泡界线不正常情况有偏远、模糊、线外沫子多、缺角、双线、偏斜等,可以从温度曲线、风火配比、火焰长短等方面来调节。

4.4.4 液面制度

玻璃液面的波动不仅能加快池壁砖的侵蚀,还严重影响成型作业。波动剧烈时会产生溢料现象,侵蚀胸墙砖和小炉底板砖。一般规定液面波动值为 ± 0.5 mm,质量要求高的话为 ± 0.2 mm(轻瓶生产时要求控制在 $0.1 \sim 0.3$ mm)。

玻璃液面之所以波动是由于投料量与成型量的不平衡。连续成型要求连续投料,而人工投料不可能做到这一点,故人工投料时波动大,机械投料则好得多,但仍免不了有些间歇性,应设法减轻之。

目前多用仪表控制液面稳定。液面自动控制器有铂探针式、放射性同位素式、气压式、激光式等多种,测点设在成型部,这样可以及时反映出液面波动情况对玻璃制品成型的影响。

4.4.5 气氛制度

窑内气体按其化学组成及具有氧化或还原的能力分成氧化气氛、中性气氛和还原气氛三种。制定气氛制度就是规定窑内各处的气氛性质。

在整个火焰行程上,其气氛性质是变化的,就是完全燃烧时也是如此。例如,在火焰喷出口处,火焰总是略呈还原性,而随着燃烧过程的进行,火焰逐渐变成中性直至氧化性。

一般来说,玻璃池窑内要求燃料完全燃烧,所以火焰都是氧化性或中性。没有其他专门的要求,不一定要制定气氛制度。

但在熔制某些玻璃制品时对气氛性质有一定要求,需制定气氛制度。例如,某平板玻璃池窑,在熔化芒硝料时,其气氛制度见表 4-3。具体来说,为了保证芒硝在高温时的充分分解,1 号、2 号小炉需要还原焰,从而不使炭粉都被烧掉,这是由于炭粉有助于芒硝在高温时的充分分解;3 号、4 号小炉是热点区,需要中性焰,不能用氧化焰,否则液面会产生致密的泡沫层,使澄清困难;5 号、6 号小炉是澄清、均化区,为了烧掉多余的炭粉,不使玻璃被着色,所以需要氧化焰。又比如熔化黄料玻璃时,要用还原焰,而熔化绿料玻璃时,要用氧化焰。

表 4-3　熔化平板玻璃芒硝料时的气氛制度

小炉的编号	1 号	2 号	3 号	4 号	5 号	6 号
玻璃液面处的气氛性质	还原	还原	中性	中性	氧化	氧化

通常借助于改变空气过剩系数来调节窑内气氛性质。

判断窑内气氛性质除用气体分析法外,还可以按火焰亮度来估计。火焰明亮者为氧化焰,火焰不太明亮、稍微有点浑者为中性焰,火焰发浑者为还原焰。

4.4.6　换向制度

蓄热式池窑定期交换燃烧方向,使蓄热室中格子体系统吸热和放热交替进行。换向制度应该规定换向间隔时间和换向程序。换向间隔时间要恰当:过长,会使空气、煤气预热温度波动过大,影响窑炉内温度稳定;过短,则蓄热室余热回收量少,还会因换向过于频繁而影响熔化作业。换向间隔时间一般为 20~30 min。

对于使用发生炉煤气窑炉的换向程序为:先换煤气,再换空气,这样较安全且不易发生爆炸。烧重油熔窑换向时,先关闭油阀,然后关小雾化剂阀,留有少量雾化剂由喷嘴喷出,俗称"保护气",为的是避免排走废气时喷嘴被加热,喷嘴内重油炭化,堵塞油喷嘴。

目前,换向操作已基本上实现了自动化,操作方便且安全可靠。

4.5　玻璃池窑结构设计

玻璃池窑的设计是根据给定设计任务(包括产品的种类、产量、制品成型方法、对玻璃制品的质量要求、燃料种类、投资额等),按照获得最佳经济效果和社会效果的原则选择玻璃池窑的窑型,确定各部分结构、尺寸和材料等,最后根据设计结果绘出结构图。

设计是整个窑炉工作环节中的第一个环节,也是关键的一个环节。原则上要求做到:技术上先进,施工上可能,操作上方便,经济上合理。

池窑结构设计的具体要求为:①要保证既定的温度制度;②要保证所要求的火焰形状和尺寸;③要便于控制、调节和改变窑内的温度、压强和气氛制度;④热效率要高,燃料消耗量要小;⑤要减轻日常操作和维修时的劳动强度。

玻璃池窑结构设计包括熔制部分、热源供给部分、余热回收部分和排烟供气部分设计。本节主要介绍前两部分及配套设施的设计,后两部分见其他章节。

设计前,先要确定窑型和窑的规模。国内现用的窑型概况前文已述。选择合理的窑型至关重要,选得合理则产品质量好、产量高、燃耗低、窑龄长。选得不合理,则反之。选择窑型时应考虑产品品种、质量要求、产量、熔化温度、成型制度、燃料种类、厂房条件、投资费用等因素。目前,制造某些产品的池窑已基本定型,如制造平板玻璃多数用浮法玻璃池窑;制造日用玻璃可用横焰池窑和马蹄焰窑,其中中小型池窑适用马蹄焰,大型池窑适用横火焰。现代玻璃制品的制造趋于大型化。池窑大型化有利于自动化和高速化生产,由于单位面积的维持热量减少,有利于提高熔化率和玻璃质量,减少能量消耗,提高窑炉热效率。

4.5.1　投料部分设计

1. 投料池(加料池)设计

投料池与熔化池同深度且池底同厚度。池窑及投料机类型不同,其投料池长度、宽度的确定方法也有差异。

(1)浮法玻璃池窑投料池

目前,大型浮法玻璃池窑用的投料机几乎都是斜毯式投料机或弧毯式投料机。使用这两种投料机时,粉料与碎玻璃只能一起投送。其投料池宽度决定于熔化池的宽度和投料面的要求,一般来说,投料池宽度>80%的熔化池宽度(等宽投料池与窑池同宽,准等宽投料池则比窑池宽度窄0.6 m左右);其投料池长度为1.7~2.4 m(通常为2~2.3 m)。斜毯式投料机向下的垂直分力能够将配合料压入玻璃液面,这样有利于配合料的熔化。弧毯式投料机是斜毯式投料机的改进型,它解决了斜毯式投料机后端可能漏料的问题,其投料池尺寸与使用斜毯式投料机时类似。

(2)日用横火焰窑投料池

目前日用横火焰窑投料池一般采用双投料池结构,可使用摆动式投料机投料。投料池总宽度占窑宽的60%左右,投料机的长度根据投料机的行程确定。

(3)日用马蹄焰池窑的投料池

马蹄焰池窑可选用的投料机主要是螺旋式投料机,也有一些新型投料机,如裹入式投料机、摆动式投料机等。投料池设计类似于平板玻璃池窑投料池的设计,只是因马蹄焰池窑多为侧面投料,因而其投料池的结构较为简单。投料池尺寸的确定可以按照以下方法进行:投料池宽度略大于投料机宽度,投料池长度约为0.8~1 m。为了提高投料池内的玻璃液温度,减少玻璃液流的不动层,有时把投料池砌得比窑池浅一些(一般浅0.2~0.3 m),并对池底采取保温措施。此外,还要根据马蹄焰池窑的产量来决定是用单侧投料还是用双侧投料。

2. 投料口设计

(1)平板池窑的投料口

平板池窑的投料口挡墙称为前脸墙,有普通碹结构的前脸墙和L型吊碹结构如前面的图4-6和图4-7所示。日用横火焰池窑多使用普通碹结构;浮法玻璃池窑目前普遍采用L型吊碹结构。

L型吊碹(也称J型吊碹)采用耐热钢件吊挂,其宽度根据工艺要求来确定。该结构对应的投料池可以设计很宽(甚至与熔化池同宽),其结构安全性不会因宽度加大而受影响。L型吊墙上面的直墙部分可用高质量硅砖,下面的L型部分可用烧结莫来石砖,因为其抗碱侵蚀性较强。

另外需要指出:传统玻璃池窑的前脸墙上一般要有观察孔,但当投料池较宽时,可不设置观察孔而在其他部位设置工业电视。

(2)马蹄焰池窑的投料口

马蹄焰池窑没有平板玻璃池窑中的前脸墙结构,投料池上方只是简单的碹砖结构,如图4-47所示。

(a)   (b)

图4-47 马蹄焰池窑投料池上方的两种碹砖结构

4.5.2 熔化部设计

4.5.2.1 窑池设计

1. 熔化率

熔化率是指每平方米熔化面积(m^2)的熔化池其每昼夜(24 h)所熔化的玻璃液的量[$t/(m^2 \cdot d)$],用符号K表示。熔化率是一项重要的技术经济指标,同时也是一项综合性指标。熔化率反映整个窑炉的作业水平。

熔化率的大小与玻璃品种与制品质量要求、原料组成与料方、配合料的颗粒度、投料方法、熔化温度、燃料种类及其特性、耐火材料品种与质量、池窑的规模与结构、窑炉是否采用新技术(例如,池底鼓泡、玻璃液搅拌、电助熔、富氧或全氧燃烧等措施)、余热利用情况、窑体保温情况、操作管理水平和自动控制水平等一系列因素有关。

浮法平板玻璃池窑的熔化率 K 一般为 $1.3\sim3$ t/(m² · d)。当生产规模在 $250\sim400$ t/d 时,熔化率为 $1.3\sim2$ t/(m² · d);当生产规模大于 500 t/d 时,熔化率一般为 $2\sim3$ t/(m² · d)。

引进日用池窑的熔化率 K 一般为 $2.22\sim2.60$ t/(m² · d)。小于 30 m² 的小型马蹄焰窑,熔化率为 2.2 t/(m² · d)左右;中型马蹄焰窑的熔化率为 $2.4\sim2.5$ t/(m² · d);100 m² 以上的大型横焰窑,熔化率在 2.6 t/(m² · d)以上。

2. 熔化面积

按照熔化率的定义,玻璃池窑熔化面积的计算公式为

$$F_m = \frac{G}{K} \tag{4-3}$$

式中　F_m——熔化部中熔化区的面积,m²;

　　　G——玻璃池窑的日熔化量,t/d;

　　　K——熔化率,t/(m² · d)。

对于平板玻璃池窑而言,熔化面积(也称熔化区面积)算到最末对小炉中心线后 1 m 处,对于日用玻璃池窑,熔化面积则算到流液洞挡墙处。

3. 熔化部的长度与宽度

熔化部面积确定后,就需进一步确定窑池的长度与宽度。窑型不同,确定过程也不同。

1) 横焰窑的长度与宽度

(1) 横焰窑的长度

横焰窑的长度关系到玻璃液在窑内的停留时间,应满足玻璃熔化澄清的需要,一般按小炉对数来排。小炉对数根据窑规模和便于控制温度曲线来定。排长度时除需确定各对小炉的宽度外,还要确定三个间距:前脸墙与第 1 对小炉中心的间距,小炉之间的间距和最末对小炉中心线与分隔设备的间距(平板窑为最末对小炉中心线后 1 m)。

前脸墙与第一对小炉中心的间距要考虑前脸墙和第一对小炉蓄热室的蚀损情况以及配合料的熔化难易和熔化速度。该距离大,能适当提高 1 号小炉的火焰温度,可加速配合料熔化,也可减轻 1 号小炉处油枪对前脸墙的烧损以及减轻飞料对 1 号、2 号小炉对应蓄热室内格子体的堵塞和侵蚀。以往该距离较短,约 3.5 m,目前国内平板池窑一般为 $3.5\sim4$ m,国外则为 $4\sim4.5$ m。日用横火焰窑第一对小炉的前侧墙与前山墙之间的距离为 $1.5\sim2.4$ m。

小炉之间的间距既要便于热修,又要顾及火焰覆盖面积。烧油小炉中心距通常为 $3\sim3.8$ m,通常约为 3.5 m。

平板池窑澄清区长度是最末对小炉中心线后 1 m 处到分隔装置(卡脖)的距离,主要考虑澄清和均化的需要,还要考虑安设大水管、测温孔、大砖门或耳池等需要。此距离一般为 $10\sim17$ m、最大达 18 m。横焰流液洞池窑最末对小炉后侧墙与分隔装置之间的距离要考虑气体空间分隔程度、成型部温度和深澄清池的设计等因素,一般为 $0.8\sim1.8$ m。

(2) 横焰窑的宽度

横焰窑的宽度应该让火焰充分燃烧,并且尽量使窑宽方向温度分布均匀,这是由火焰长度和碹结构强度而定的。横焰窑的宽度一般为 $4\sim12$ m,大窑取高值。或用以下经验公式进行计算:

$$B_m = 0.75 \times G/100 + 6.75 \tag{4-4}$$

式中　B_m——熔化部宽度,m;

　　　G——玻璃池窑的熔化量,t/d。

2) 马蹄焰窑的长度与宽度

马蹄焰窑的长度要保证玻璃熔化与澄清良好,要考虑砌窑材料的质量,还要与火焰的燃烧相配合。一般要求火焰在窑长的 $\frac{2}{3}$ 处转弯,并要求在整个火焰马蹄形流动过程中都处于燃烧状态,使窑宽两侧的温度均匀分布。

马蹄焰窑的宽度要考虑火焰的扩散范围,由小炉宽度、中墙宽度(即小炉之间的间距)和小炉与胸墙间距来定。小炉宽度决定火焰覆盖面积的大小,为了扩大火焰覆盖面积,小炉口宽度应大于 1.4 m,一对喷火口宽度之和约占熔化池宽度的 25%~30%。中墙宽度不必考虑热修操作,但要保证中墙的使用寿命和火焰的流动。中墙过窄,烧损变剧烈,且易使火焰过早转弯,甚至形成短路(烧油时不必考虑这一点),故中墙宽要求在 0.6 m 以上。小炉边距胸墙必须在 0.3 m 以上,否则胸墙极易烧损。

窑池的长宽比是一个重要的结构指标。通常用长宽比作设计参考或复核设计是否合理。横焰窑熔化区长度与熔化部宽度之比一般为 2.5~3.5,大窑取低值。我国各种马蹄焰玻璃池窑熔化部的长宽比范围见表 4-4。

表 4-4　我国各种马蹄焰玻璃池窑熔化部的长宽比范围

窑　型		熔化部面积/m²	烧重油(或烧天然气)时		烧发生炉煤气时	
			池长/m	池宽/m	长宽比	长宽比
（蓄热式）马蹄焰玻璃池窑	有工作部时	<15	4~5	2.6~3.2	1.5~1.6	一般情况下,1.5~1.6
		15~25	5~6.4	3~4.1	1.5~1.7	
		25~40	6~8	4~5	1.5~1.6	
	无工作部时	<15	5.5~6	2.5~3	1.6~1.8	一般情况下,1.6~1.7
		15~25	6~6.5	3~4		
		25~40	6.5~8.5	4~4.6		

目前,马蹄焰池窑的长宽比呈现缩小的趋势。在狭长的窑内,欲使火焰能达转弯点必须要较高的速度,这将导致更快的混合,到转弯点火焰就完全烧净,使液面上只有一半被火焰覆盖,在窑宽两侧出现了明显的温度差,加之狭池窑侧墙的冷却作用较强烈,因而温度差可能会扩大。鉴于此,近年来发展了一种正方形窑池,这样可得到一条有利的火焰行程:当喷火口的横截面适当时,火焰的速度较低,火焰轨道近似圆形,转弯很均匀,涡流也不明显,火焰能一直到达排烟口,并且窑压小,沿火焰的行程传给玻璃液的热量比长方形池窑要均匀得多。

4. 池深

窑池深度亦是一项重要指标,它对玻璃液质量的影响很大。由于玻璃液导热性差,透热性更差,所以窑池愈深、玻璃液温度愈低,流动性愈差。将静止的无色玻璃液作试验,在深 15 cm 处辐射热减少 10%,在深 25~30 cm 处,辐射热几乎不能察觉。在实际窑池中,由于玻璃液的对流,才使深处的玻璃液还有较高的温度。在不保温、不鼓泡时,靠近池底的玻璃液虽有 1 100~1 150 ℃的温度,却不会流动,形成一不动层。当窑内温度、玻璃液透明度和玻璃液面变动时,不动层亦随之变动,其中一部分可能被夹杂玻璃液流中而被带至成型部,使制品上出现条纹。所以,窑池深度必须使窑内不形成不动层,亦即池底附近玻璃液黏度约为 10^4 Pa·s。但这样会加剧对池底砖的侵蚀。用黏土砖作池底砖时,需要有这个不动层当作保护层。而如果在黏土池底砖上面铺一层耐蚀性好的铺面砖(如电熔锆刚玉砖)作保护层,就可以不需要这个不动层。

确定熔化带池深必须考虑到玻璃颜色、玻璃液黏度、熔化率、制品质量、燃料种类、池底砖质量、池底保温和新技术的采用(如鼓泡、电助熔)等因素。

随着熔化率的不断提高、重油燃料的使用、池底保温和池底鼓泡等新技术的采用,熔化带池深需相应加深。熔化池加深对提高玻璃液产、质量和延长池底砖使用期限都有好处。

(1) 浮法窑的池深

传统浮法窑投料口、熔化部的池深都是1.5 m,卡脖、冷却部池深为1.2 m。现在多用浅池结构,即投料口、熔化部的池深约为1.2 m(超白玻璃池窑约1.4 m),卡脖、冷却部池深约为0.9～1.2 m(超白玻璃池窑约1.2 m)。这有利于澄清,也能减薄池底处的不动层,有节能效果。

(2) 流液洞窑的池深

传统流液洞池窑使用浅澄清池结构,这样能提高该区玻璃液的温度,有利于气泡的排除。也可采用平底结构,在澄清区设置窑坎,也能达到浅澄清的目的。

二十世纪八十年代,德国工业界从控制热流和液流的角度进行模拟实验并在玻璃池窑中使用了深澄清池结构,其结构如图4-48所示。

深澄清池结构是将流液洞前的澄清区显著加深,最深为熔化池深度的2倍(约3 m),并从澄清区至供料道沿途安装电极对玻璃液进行电加热,保证液流通畅。深澄清结构的原理是将平行液流改成垂直液流。原来平行液流时,同时加入的粉料到达流液洞的时间有先后之分,故液流的成分和温度都不均匀。而在垂直液流中,由于密度的作用,澄清好的玻璃液沉入池底,使得进流液洞的玻璃液流的成分和温度都很均匀,尤其在电辅助加热的配合下,澄清效果更好。鉴于此,它容许减少玻璃液回流量,延长液流在澄清

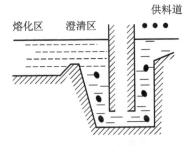

图4-48　深澄清池结构
·—电极

区内的停留时间和增大配合料覆盖面积。从而可以大幅度提高熔化率(最高达4 t/m²·d)和玻璃质量,并且增强了对出料量变化的适应性。所以,有人将具有这种深澄清池结构的窑称之为现代高效池窑。深澄清区的长度一般为1.0～1.2 m,与窑池等宽。

在确定池深时应根据需要来确定各带池深,不必强求一致。另外,还要注意到池深和窑池内玻璃液容量(简称窑容量)及玻璃液对流有直接关系。确定流液洞池窑的池深时,还需与流液洞形式和高度相配合,如用下沉式流液洞,池深可浅些。

池深可按高度上玻璃液的降温度数来计算或复核。表4-5列出试验得到的降温度数,可供参考。

表4-5　池深方向玻璃液的降温度数

玻璃品种	池深/m	玻璃液温度/℃		降温度数/(℃/cm)	
		近表层处	近底层处	近表层处	近底层处
平板玻璃	1.5	1 350～1 450	1 050～1 150	5～6	1～1.5
黄料瓶玻璃	0.9	1 350～1 400	1 100～1 150	2～4	1～5
绿色玻璃瓶	0.8	1 350～1 450	1 000～1 100	8～15	3～4
白料容器	1.0	1 400～1 500	1 300～1 400	3～10	0.5

注:取自日本成濑省著玻璃工学(1977)。

池深也可按下列近似式进行计算

校核:
$$H=0.4+0.5\lg V \tag{4-5}$$

式中　V——熔化池容积,m³。

此式较适用于无色玻璃;对有色玻璃、硼硅酸盐玻璃或铅玻璃,计算结果偏高。

目前,无色日用玻璃窑池深约1.5 m,深色玻璃窑池深约1.0~1.2 m。

为使胸墙下间隙砖、小炉底板砖免受玻璃液侵蚀和防止玻璃液溢出,玻璃液面应低于池壁上平面(也就是玻璃液深度比池深浅),一般低50~70 mm。

5. 熔化池砖材选用及排列

熔化部长度、宽度及深度确定后,要进行池底与池壁砖材的选择与排列。

(1)池底砖及排列

池底一般使用黏土大砖,为了有足够的强度、延长使用寿命,也可用电熔锆刚玉大砖。大砖常用的规格为300 mm×300 mm×1 000 mm,300 mm×400 mm×1 000 mm。为了减少池底被玻璃液侵蚀,在砌筑池底时,砖材不进行加工(不坎砖),一般是直缝排列,不错缝。为了能满足设计尺寸的要求,可用若干小尺寸的同质量砖材调整。池底的排列方式如图4-49所示。

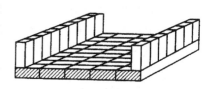

图4-49 池底砖排列简图

排列结果与已确定值可能稍有出入。应按照排好的方案计算实际的长宽比值、熔化部面积和熔化率。

(2)池壁砖及排列

由于池壁直接与高温玻璃液接触,玻璃液对窑池材料有化学侵蚀,加上玻璃液对流的机械冲刷作用,因此池壁要选用优质耐火材料。通常采用氧化法制备的电熔锆刚玉砖,一般为33#~41#无缩孔和普通浇注电熔锆刚玉砖两种。传统砌筑方法是三层或四层,为了避免上、下两层的砖缝受到玻璃液侵蚀而渗料,上、下两层的垂直缝要错开排列,也有采用"整砖立砌"的方法,但因其烤窑时容易炸裂而很少采用。国外现采用两层结构的池壁砖排列。

池壁砖的排列方法如图4-50所示。其中图4-50(a)(b)(c)(d)为传统砌筑方式,上、下两层的垂直缝要错开,而且上层要用优质耐火砖,中、下两层的耐火砖可适当降低档次,图4-50(b)中把上层池壁减薄是为了使吹风冷却早起作用,并便于在池壁使用后期贴砖(池壁热修的需要)。图4-50(c)(d)设立的台阶也是为了池壁热修和顶砖所用。图4-50(e)(f)(g)(h)为现代砌筑方式。图4-50(e)(f)(g)用整块大砖,没有水平砖缝,其应用广泛。另外为了冷修时节约砖材,也有采用两层砖结构的池壁,如图4-50(h)所示。

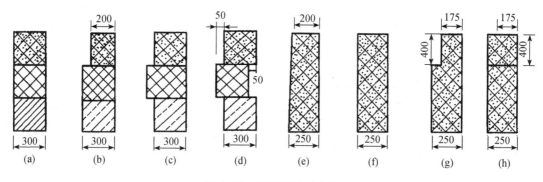

图4-50 池壁砖排列方式

4.5.2.2 火焰空间设计

1. 火焰空间的长、宽

火焰空间与窑池等长,但比窑池宽300~500 mm,这是为了胸墙和大碹能够单独支撑,并使火焰覆盖到全料面而不烧损胸墙。传统池窑火焰空间结构如前面的图4-11所示。

现代浮法窑火焰空间结构如图4-51所示。其特点是用钢碹碴代替砖碹碴,并固定在立柱上,整体强度大,结构稳定。

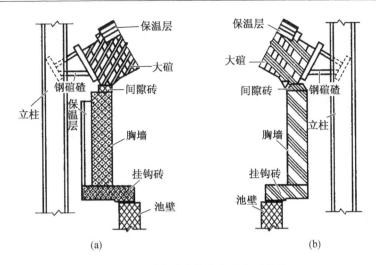

图 4-51　浮法玻璃池窑上部空间结构

（a）熔化区；（b）澄清区

2. 火焰空间高度

火焰空间高度由胸墙高度与大碹碹股合成。

（1）大碹

大碹的作用有两点：一是使辐射线沿整个液面均匀分布，二是作为辐射热的反射器。大碹愈接近玻璃液面，反射给玻璃液的辐射能愈多。因此，大碹应尽可能平些，也就是大碹碹股要尽量小，同时，从减少散热量出发，也希望碹股小些。

确定碹股时，还要考虑大碹的结构强度。大碹有一个横推力，可分为水平与垂直两个分力。这个横推力加上大碹本身的重力会使大碹结构松散，产生下沉，高温时更剧烈。碹股越大，横推力越小。半圆碹具有最小的横推力，但这和上述传热与散热的考虑是矛盾的。所以只能在保证有足够结构强度（考虑结构强度时应顾及大碹保温层的重力和钢结构的作用）的前提下适当减小碹股。

一般用大碹升高（也称股跨比，即碹股高与碹跨度的比值）来反映碹的高低和特性。大型池窑大碹的股跨比为 $\frac{1}{8} \sim \frac{2}{15}$，中小型的为 $\frac{1}{9} \sim \frac{1}{8}$，大碹厚度为大碹跨度的 $\frac{1}{25} \sim \frac{1}{20}$。

（2）胸墙

确定胸墙高度时，要考虑燃料种类和质量、熔化率、熔化耗热量、窑规模、散热量、气层厚度等因素，并留有一定的发展余地。烧油时，由于熔化率较大，混合燃烧基本上都在火焰空间进行、结构安排上需要以及为了减轻大碹烧损等原因，胸墙高度比烧发生炉煤气时要大。燃油池窑胸墙高度为 $1.1 \sim 1.2$ m，燃煤气池窑为 $0.1 \sim 0.9$ m。表 4-6 列出了我国有代表性的几种池窑的胸墙高度、碹升高值，以供参考。

表 4-6　我国有代表性的几种池窑的火焰空间尺寸

窑　型		胸墙高/mm		大碹升高
		烧发生炉煤气时	烧重油时	
平板池窑	引上池窑	700~900	1 100~1 300	$\frac{1}{9} \sim \frac{1}{7}$
	浮法池窑	1 250~1 350	1 300~1 900	$\frac{1}{8} \sim \frac{1}{7}$

窑　　型	胸墙高/mm		大碹升高
	烧发生炉煤气时	烧重油时	
横焰流液洞池窑	500～600	1 000～1 700	$\frac{1}{8} \sim \frac{2}{15}$
小横焰池窑(蟹形窑)	500～600	500～700	$\frac{1}{9} \sim \frac{1}{8}$
蓄热式马蹄焰池窑	500～800	800～1 500	$\frac{2}{15} \sim \frac{1}{7}$
双碹池窑	300～400 (常用 350)	500～600	$\frac{1}{7}$
单元窑	—	400～600	$\frac{1}{8} \sim \frac{1}{6}$

　　大碹和胸墙的尺寸确定后,火焰空间的容积也就确定。火焰空间不仅是一个传热与散热的空间,还是一个燃烧空间,火焰空间必须有一定的容积以备燃料完全燃烧,将热量充分地在窑内放出。若空间太小,燃料不能完全燃烧,火焰温度较低;若空间过大,则散热量多,窑内烟气排出慢,窑内温度也不易升高,且常使燃料消耗增多。因此,如一般的燃烧室那样,火焰空间也有一个热负荷的指标来核定其容积。火焰空间的热负荷值是指每单位空间容积(m^3)每小时(h)燃料燃烧所发出的热量,也叫火焰空间容积热强度。由于情况不同,火焰空间热负荷不能采用一般燃烧室的数据。否则窑炉的寿命将显著缩短。目前常用的数据见表 4-7。

表 4-7　火焰空间热负荷值×10^{-2}　　　　单位:W/m^3

	蓄热式池窑		换热式池窑	
	烧发生炉煤气时	烧重油时	烧发生炉煤气时	烧重油时
平板池窑	700～815	800～1 000		
横焰流液洞池窑 马蹄焰流液洞池窑	930～1 280	810～1 160 580～930	2 000～2 300	1 700～2 200

3. 火焰空间的砖材选用及排列

　　传统的碹砖是标准的楔形砖,一般为硅砖、优质硅砖,砌筑时所有的横向砖缝要错开,整个大碹分若干节,每节碹之间要留设膨胀缝。为了节能,可采用蜂窝状大碹(或称蜂窝状窑顶),即在每块窑顶砖的内表面上挖一孔穴,穴深约 70 mm,并将其排列成蜂窝状,如图 4-52 所示。平坦的大碹内表面带

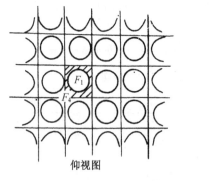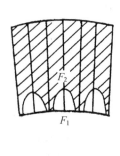

仰视图　　　　　　　　　剖面图

图 4-52　蜂窝状窑顶示意图

有孔穴后,其辐射率、内表面积和角系数都发生改变。经研究,由于内表面积的增大,使玻璃液面温度稍有升高(据计算和实测,约升高 20～30 ℃)。因而就提高了熔化率,降低了燃耗量。与此同时,也会使窑顶外表面温度稍有升高,增加了散热损失。为避免这个损失,可将窑顶砖适当加厚或加强保温。

胸墙的厚度常取 500 mm,个别的用 400 mm,材质与大碹一致,按正常方式排列。

4.5.2.3　窑体冷却

在实际生产中,玻璃液面线附近的池壁、池壁砖砖缝、加料口转角以及流液洞等处是蚀损最严重的部位。为减轻蚀损,延长砖材使用寿命,除从池壁砖材质、砖形和排列等方面着手外,还可采取人工冷却的方法。

国内目前有两种人工冷却方法:吹风冷却与水冷却。

(1) 吹风冷却

吹风冷却是最常用的冷却方法,其冷却程度取决于风速,有关风嘴安装位置如图 4-53 所示。

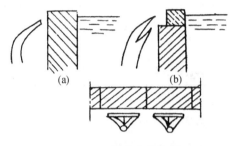

图 4-53　风嘴安装位置

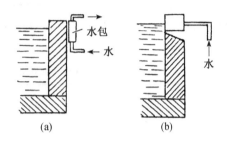

图 4-54　池壁的水冷却

(a) 外贴水包冷却;(b) 液面冷却水箱

吹风冷却时,要让出砖缝,不能吹风,否则会降低窑温,增大窑压。但风嘴之间的空隙应尽量小(一般为 30～50 mm),必要时可设几层风嘴。

吹风冷却的优点是简单、效率高、可以调节(一般不调)。缺点是耗电多、设备投资多、噪声大、空气可能吹入窑内(会增大窑压与燃耗)以及冷却强度不太大。

(2) 水冷却

水冷却是指在液面处池壁砖外贴水包冷却[图 4-54(a)],其主要优点是池壁砖开裂时不漏料,缺点是冷却水包与池壁砖难贴紧、冷却效果差。水包内必须用软水,冷却水可循环使用。个别工厂在液面处用 45 号钢制造的冷却水箱代替池壁砖,与玻璃液直接接触[图 4-54(b)],它避免了玻璃液面对池壁砖的侵蚀。但对水箱内的水质要求很严格,进、出水温差在 15 ℃左右。

4.5.2.4　窑体保温

池窑的散热面积大,外表面温度高,所以其散热损失是很可观的,约占池窑总支出热量的20%～30%(个别的高达 50%)。尤其是在用重油作燃料和使用电熔耐火材料后,情况更为突出,所以对窑体保温极其重要。

国内某大型浮法池窑保温前后窑体表面温度的实测值见表 4-8。保温后熔化量提高 12%,表面散热量降低 25.36%,使燃耗量节省 7.14%,窑热效率提高 8.34%。

考虑保温部位时应本着"能保即保"的原则,熔化部除液面线附近 0.15～0.2 m 一段池壁区域以及池壁砖缝线不能保温外,其他部位都应保温。如果将所有部位都保温,就称为"全保温"。但是,投料池、分隔装置和冷却部都不保温。

1. 保温层设计

保温层设计包括各部位保温结构的确定,每层保温材料的选择与厚度确定,黏结料或密封料的选用以及保温层内温度分布和传热量计算等。

表 4-8　大型浮法窑保温前后的表面温度

部　位	保　温　层	保温前/℃	保温后/℃	表面温度降低值/℃
熔化部大碹	130 mm 厚轻质硅砖，中间夹 20 mm 厚硅泥	306	178	128
熔化部胸墙	115 mm 厚轻质硅砖	287	231	56
熔化部池壁	30 mm 厚黏土质保温盒，内装 100 mm 厚硅钙板	340	137	203
熔化部池底	池底上铺 70 mm 厚烧结锆刚玉砖 池底下铺 100 mm 厚硅酸钙保温块	286	184	102
小炉斜坡碹顶	65 mm 厚轻质黏土砖	321	216	105
箱式蓄热室碹顶	130 mm 厚轻质硅砖，中间夹 40 mm 厚硅泥	251	172	79
箱式蓄热室上部后墙	115 mm 厚轻质黏土砖和 50 mm 厚硅钙板	133	70	63

根据"既保温、又耐用"的原则，结合材料和特性，确定窑体各部位整体保温层的结构组成见表 4-9。

表 4-9　池窑窑体各部位保温层结构（从里到外）

窑　顶	密封层、耐火层、保温层、反射层
胸　墙	耐火层、保温层、保护层
池　壁	密封层、耐火层、保温层、保护层
池　底	抗蚀层、密封层、承载层（或主体层）、保温层、保护层

2. 各部位保温层结构

（1）池底保温

池底保温必须十分谨慎，严防飘砖和砖缝处漏料，同时要注意防止气泡的向上钻蚀和金属的向下钻蚀，以免池底被玻璃液穿透。其保温层结构如图 4-55 所示。

为确保池底安全，采取以下三个措施：①池底砖上覆盖一层锆质捣打料层，其上再覆盖一层电熔砖，形成池底保护层。②鼓泡区采用耐蚀性极强的异形砖。③池底砖之间（纵向接缝处）嵌入锁砖，使整个池底连成一体。

为保证强度，可采取以下三个措施：①用黏土砖砌成一条砖梁，承受池底砖传下的荷重，保温砖放在砖梁之间，不荷重。②砖梁的位置与次梁相对应，使保温砖上、下两面都不受压。③池墙砖下面用黏土砖，不用保温砖。

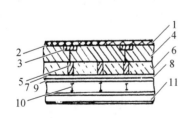

图 4-55　池底保温层示例

1—电熔锆刚玉砖；2—锆英砂捣打料；3—锁砖；
4—浇注大砖；5—砖梁；6—保温砖；7—石棉板；
8—钢板；9—扁钢；10—次梁；11—主梁

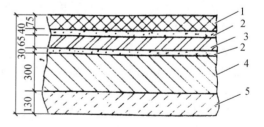

图 4-56　耐侵蚀池底保温层示例

1—电熔锆刚玉砖；2—锆英砂捣打料；
3—烧结锆英石砖；4—浇注大砖；
5—轻质黏土砖

对熔制特种玻璃（如铅玻璃）的池窑，池底保温层采用双层铺面层结构，如图 4-56 所示。其中铺一层烧结锆英石砖是由于它在高温下与玻璃液接触后呈一定塑性,能封闭砖缝。

（2）池壁保温

液面处池壁砖蚀损最严重。在液面线以下 300～500 mm 范围内不能保温,需强制冷却。

保温后,玻璃液有可能从砖缝漏出,为防止漏料,相邻的两个池壁砖面要磨平贴紧,并用密封料（氧化铝泥浆）灌缝或外贴锆质捣打料层。有时,争取用整砖立砌,消除水平砖缝。有时,为保险起见,把砖缝留出,并于风冷。

池壁保温结构一般采用在池壁砖外贴锆质捣打料层,砌轻质高铝砖或黏土砖,再贴硬质硅酸钙板,最外层用钢板围护。

（3）胸墙保温

胸墙砖缝容易穿火,尤其在烧损严重和窑压大时,故需密封好。

胸墙保温是在胸墙砖外用密封料封严,外贴轻质硅砖和轻质黏土砖,再贴硬质硅酸钙板。要注意砖缝温度和保温砖的容许使用温度。胸墙保温时要注意把钢结构露出来。以免温度过高影响其强度。

（4）窑顶保温

窑顶面积大,外表面温度较高,加之膨胀量大,有胀缝、孔洞等,故是保温的重点。先在窑顶上用磷酸硅质泥浆灌缝,铺一层石英砂,再砌一层或两层轻质硅砖,或者在轻质硅砖外砌轻质高铝砖,其上涂石棉泥。有条件的话,最外层可铺铝板。

窑顶保温层要在烤窑以后才能铺砌,烤窑时先放上硅酸铝纤维毡或轻质硅砖临时保温,等窑顶内表面温度升到 700～800 ℃以上,且预留胀缝基本胀满时,再拿掉临时保温层,清扫窑顶,正式砌保温层。如胀缝未胀满,用锆质捣打料堵严。窑顶砌筑要严密,以防碱蒸汽钻蚀。

除池窑窑体外,小炉和蓄热室顶的保温基本上可参照熔化部窑顶的保温。

保温材料的选择应满足各项技术要求,如导热系数、允许使用温度、机械强度、化学性质、单位体积的重量、施工量等。目前多用轻质定形砖,其隔热性差、施工量大,实际应用情况并不理想。现已试用一些隔热性好的不定形保温材料,如膨胀珍珠岩混凝土。国外广泛采用复合式材料,如将窑顶、胸墙砌砖改成凹形,内填氧化铝空心球或硅酸铝纤维的填充型材料。又如将烧结锆刚玉砖、轻质砖（或硅酸铝纤维）和微密黏土砖结合在一起形成夹层材料。此外,还可使用散状混凝土隔热材料,它可预制构件或现场施工。窑体各部位保温层材料、结构及厚度见表 4-10,以供参考。

表 4-10 窑体各部位保温层材料、结构及厚度

窑体部位	耐火材料及厚度/mm	保温层结构及厚度/mm			
大碹	硅砖/300	石英砂/20～30	轻质硅砖/115	轻质黏土砖/115	耐火密封料/3～5	铝板/<1
胸墙	硅砖/300	硅质密封料/20～30	轻质硅砖/115	耐火密封料/3～5	轻质黏土砖/115	硅钙板/50
	ER1681/300	锆英石质密封料/20～30	轻质高铝砖/115	耐火密封料/3～5	轻质黏土砖/115	硅钙板/50
池壁	AZS砖/300	锆英石质捣打料/35	黏土砖/115	轻质黏土砖/115	耐火纤维/30～100	钢板/3～5
池底	AZS衬砖/65～115	锆英石质捣打料/25～45	浇注料/300～600	保温砖/350～450	耐火板/10～15	钢板/5～10

4.5.3 分隔装置设计

1. 气体空间分隔装置设计

目前,平板池窑多用矮碹、U 型吊碹和双 J 型（也称双 L 型）吊碹分隔气体空间,流液洞池窑多

用花格墙或分隔墙作为气体空间分隔装置。

1）平板窑气体空间分隔装置

分隔装置设计的关键尺寸是未分隔部分的面积（也称开度），矮碹开度的大小决定着冷却部受熔化部作业制度波动影响的灵敏程度。矮碹开度愈小，分隔程度愈大，影响程度愈小，确定开度（通常为 2～3 m²）时要考虑矮碹形式、矮碹砖结构、卡脖宽度、成型温度、冷却部面积、末对小炉与矮碹的间距等因素。

（1）矮碹

矮碹由熔化部后山墙、卡脖碹、卡脖胸墙和冷却部前山墙所组成。不使用玻璃液搅拌装置时，熔化部后山墙碹、卡脖碹与冷却部前山墙碹的碹跨度、碹股高都相等，股跨比为 $\frac{1}{12}$～$\frac{1}{10}$。卡脖处胸墙高度不大于 0.15 m，前后山墙的厚度为 0.45 m（为了结构更稳定，国外的后山墙一般大于 0.5 m，而且其碹碴外的立柱内侧加贴 10 mm 厚钢板，用顶丝顶住该钢板，必要时可松紧），碹砖厚 0.45 m，卡脖碹厚度为 0.3～0.35 m。

（2）吊矮碹

卡脖较宽时，矮碹的结构不太牢固，纵向可用中间吊挂的方法逐排固定起来，即吊碹结构。吊砖结构比较复杂，能将气体空间隔断，使冷却部免受换向时窑压变化的影响，但吊矮碹结构无法安装玻璃液搅拌器。

（3）U 型吊碹

U 型吊碹的结构如图 4-57 所示，用钢梁将 U 型砖结构架设在卡脖横向两边的塔架上，钢梁的下面有千斤顶，借以调节 U 型吊碹的高度，可几乎将气体空间完全隔断（U 型吊碹的最低点距离池壁平面约 20 mm）。但实际使用时因调节过程不方便，极少调节高度。而且因砖形复杂，对砖材质要求高，钢材耗量大，所以其造价较高，也无法安装玻璃液搅拌器。

（4）双 J 型吊碹

双 J 型吊碹是把结构相同的两个吊碹（一个 J 型，一个 L 型）相对的安装在卡脖上，当中留出 0.3 m 的长缝来安装玻璃液搅拌器。双 J 型吊碹的砖形复杂，造价很高。

2）日用窑气体空间分隔装置

对于包括马蹄焰窑在内的日用玻璃池窑，其气体空间分隔装置有完全分隔和部分分隔型。完全分隔是在流液洞桥墙上用优质耐火材料砌筑分隔墙，或将熔化部与冷却部作为独立的空间处理，完全分开，各自有山墙。部分分隔是将分隔墙砌成花格墙（多孔状），借助格孔的大小调节

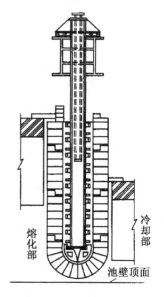

图 4-57 U 型吊碹结构

空间的分隔程度。花格墙沉重，要用好的砖材，否则烧损倒塌时会对生产影响很大。

2. 玻璃液分隔装置

目前平板池窑用浅层分隔装置，分隔装置为卡脖。其余池窑都用深层分隔装置，分隔装置为流液洞。

1）平板窑玻璃液分隔装置——卡脖

卡脖的作用是减少熔化部与冷却部之间的玻璃液对流量。卡脖宽度一般为熔化池宽度的 40%～50%（通常为 3.5～4.2 m），偏宽时作用不大，偏窄时液流变化大，影响卡脖后液流的稳定性和温度均匀性。卡脖长度要考虑安装、维修更换搅拌器等因素，如果不用搅拌器，可取 2.4～3.0 m；有搅拌器时，可取 4.2～4.5 m。若为大型窑则为 4.8～5.5 m；用垂直搅拌器时取低值，水

平搅拌器时取高值。卡脖深度与冷却部池深相同。

在搅拌器前设置冷却水包(或水管),可以控制玻璃的产量和质量。这是由于冷却水包可挡住浮渣,并且通过调节水包沉入玻璃液的深度来控制玻璃液流量。

2)日用窑玻璃液分隔装置——流液洞

流液洞设计前必须熟悉流液洞内的液流情况,才能有理论依据。

(1)临界出料量及计算

先讨论出料量为零时流液洞内的液流。由于熔化部的玻璃液温度高、密度小、黏度低、流速快。所以,从熔化部流向冷却部的生产流是上层流。反之,冷却部的玻璃液温度低、密度大、黏度高、流速慢。故从冷却部流向熔化部的回流是下层流,如图 4-58 所示。

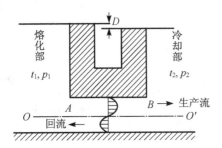

图 4-58 出料量为零时流液洞内液流

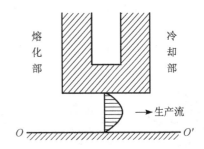

图 4-59 临界出料量时流液洞内液流

上、下两层的分界面为 $O—O'$。当出料量为零时,玻璃处于动态平衡,上、下两层的玻璃液流量相同,玻璃液静止不动。

池窑开始出料后,上层流变厚,流速变快,下层流变薄变慢,$O—O'$ 面往下移。随着出料量的增大,$O—O'$ 面越来越向下,直到与池底平面重合。此时回流消失,如图 4-59 所示。把流液洞中回流消失时的出料量称为临界出料量,用 T_C 表示。临界出料量与流液洞前后的玻璃液温度、密度、流液洞尺寸有关,具体如下:

临界出料量及计算:

$$T_C = 3.6 \frac{g(\rho_2 - \rho_1)bh^4}{lv} \tag{4-6}$$

式中 ρ_1、ρ_2——流液洞前后端(即 A、B 两点)的玻璃液密度,g/cm^3;

　　l,b,h——流液洞的长、宽、高,m;

　　ν——流液洞内玻璃液的运动黏度,m^2/s;

　　g——重力加速度,m/s^2。

由上式可以看出,影响临界出料量的因素除流液洞的长、宽、高外,还有进流液洞的玻璃液的密度和运动黏度。用上式可以计算流液洞的尺寸,也可以找出减少回流量的方法。

根据实践经验,欲使流液洞中没有回流,则出料量每 10 t/d,其相应的流液洞截面积需要 100 cm^2。据此,可以推得流液洞的最大高度计算式。将 $T_C = 10$ t/d,$F = bh = 100$ cm^2 代入式(4-6),可得

$$h = \left[278 \frac{lv}{g(\rho_2 - \rho_1)} \right]^{\frac{1}{3}} \tag{4-7}$$

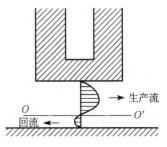

图 4-60 流液洞盖板砖蚀损后的液流

由 h 和 F 即可得流液洞宽度 b。

应注意,在流液洞盖板砖被侵蚀变薄后,原来与池底平面重合的 $O—O'$ 面又会向上移。这时回流又重新出现,如图 4-60 所示。所以在按临界出料量来计算流液洞截面的同时应设法在运行中保持流液

洞盖板砖的厚度不变。

（2）流液洞的设计原则

① 控制出料量等于或大于临界出料量；减少流液洞中玻璃液回流。

调整流液洞尺寸，增加长度、减小宽度、降低高度；降低流液洞进口端玻璃液的温度；加强流液洞盖板砖的冷却，降低流液洞中玻璃液的温度，增加黏度；采用优质耐火材料砌筑流液洞，减少流液洞的侵蚀，保证流液洞的高度不变都能使临界出料量变小，回流变小。

② 长度相应增大，提高流液洞的降温效果。

③ 保证运行，便于维修。

（3）流液洞结构形式的选择

根据日产量、玻璃料别、产品质量要求、熔化及成型温度、窑的结构尺寸等情况来确定选用何种流液洞形式。

流液洞有平底式、下沉式、减浅式及上倾式等结构形式，如图 4-61 所示。

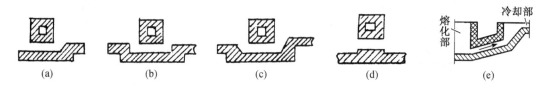

图 4-61　流液洞的结构形式

平底式流液洞是最常见形式的流液洞[图 4-61(a)]。

下沉式（也叫沉降式）流液洞是近几年来得到推广的一种[图 4-61(b)，(c)]。实践表明这种形式具有下列优越性：

① 对玻璃液的选择作用好。能有力地阻止未熔化和未澄清好的玻璃液流入工作池。这不仅保证了玻璃液质量，并为扩大熔化面积、提高熔化率和采用池底鼓泡技术创造了条件。

② 对玻璃液的冷却作用好，为缩小成型部面积创造了条件。

③ 对流液洞砌砖的冷却作用好，延长了流液洞的使用寿命。

④ 减少从成型部回流的玻璃液及其所造成的热损失。

流液洞的沉降深度随不同料和不同池深而异，有全沉降与半沉降两种。必须注意，熔化深色料的池窑采用下沉式流液洞时要防止玻璃液的温降过大，形成冻料。有的窑已装上防堵电极，即在流液洞两端插入直径为 32 mm 的钼电极，伸进玻璃液 200 mm，用电加热来提高玻璃液温度。

减浅工作池流液洞[图 4-61(d)]除能减少成型部回流量外，还能提高玻璃液的温度均匀性。将流液洞上抬是为了减弱对玻璃液的冷却作用，阻止熔化池底不动层的玻璃液进入成型液流，从而影响玻璃质量，故只在个别场合下（如熔化深色料）使用。

国外从探讨流液洞侵蚀原因来研究流液洞的新结构，发现流液洞侵蚀速率和流过的玻璃液温度与速度有关。玻璃液温度与速度越低，侵蚀越慢。流液洞沉浸越深，或采用下沉式流液洞时侵蚀亦慢。采用减浅工作池流液洞时，减少回流量，亦即减少了洞内的液流量，降低了洞内玻璃液流速，也可减慢侵蚀。流液洞受蚀最严重的部位是盖板砖（受蚀后会使玻璃液中气泡增多），这是由于熔化像钠钙玻璃那种密度较小的玻璃液时，盖板砖下面的保护层（玻璃液和耐火材料作用生成的）容易脱落，于是所谓向上钻孔的向上侵蚀作用十分剧烈。如将流液洞洞上表面朝工作池方向向上倾斜 10°～15°，可以减轻这种侵蚀作用，于是设计了上倾式流液洞[图 4-61(e)]。如果洞底不上倾，仍保持水平，则称为喇叭形流液洞，该形式流液洞目前被广泛应用。

（4）流液洞尺寸的确定

流液洞尺寸包括洞口的宽度、高度、长度以及沉降深度。

① 流液洞宽度

流液洞宽度取决于玻璃液的流量。出料量多时,要宽一些,否则会因洞内玻璃液流速太大而加速耐火材料的蚀损(流液洞加宽,回流会增多)。中、小型马蹄焰池窑的流液洞宽度为 0.3～0.5 m,大型马蹄焰池窑的流液洞宽度为 0.6～0.7 m。

流液洞的洞口上平面与玻璃液面之间的垂直距离称为流液洞的沉浸深度,其值与玻璃液的颜色及流液洞形式有关。平底式流液洞的沉浸深度约为 $\frac{2}{3}\sim\frac{3}{4}$ 池深;下沉式流液洞的沉浸深度等于池深。国内流液洞常用的沉浸深度见表 4-11。

表 4-11　国内流液洞沉浸深度的经验值

流液洞的形式	玻璃液的料别		
	无色玻璃/m	黄褐色玻璃、翠绿色玻璃/m	高硼质玻璃/m
平底式流液洞	0.5～0.7	0.4～0.5	0.235～0.4
下沉式流液洞	0.7～0.9	0.6～0.8	—

② 流液洞的高度

流液洞的高度影响池窑内通过流液洞的玻璃液质量和温度。一般来说,流液洞的高度越低,则通过的玻璃液质量越好,其温度也越低,玻璃液回流也越少。但是一定要保证玻璃液不能在流液洞内凝固以及符合玻璃制品成型温度的要求。在确定流液洞高度时,还要考虑到玻璃液的颜色:深色玻璃液由于透热性差,底层的玻璃液温度较低、黏度较大,故流液洞要高一些(即沉浸深度浅一些);无色玻璃液或浅色玻璃液由于透热性较好,流液洞可低一些(即沉浸深度深一些)。一般来说,中、小型马蹄焰池窑的流液洞高度约为 0.2～0.4 m;大型马蹄焰池窑的流液洞高度约为 $\frac{1}{3}\sim\frac{1}{2}$ 池深,有时可达 0.5 m。

流液洞的横截面的面积虽有理论计算方法,但一般都是按照通过流液洞的玻璃液流量 G 来确定。每小时通过流液洞每单位横截面面积的玻璃液量叫作流液洞的流量负荷,用 $K_{流}$ 表示,单位为 kg/(cm² · h),$K_{流}$ 值一般为 2～4。小窑取偏低值,大窑(尤其是横焰流液洞窑)此值可大于 4。$K_{流}$ 值过大时,流液洞砖的蚀损加剧。$K_{流}$ 值过小时,向上钻蚀作用增强。表 4-12 综合了国内外采用的数据,以供参考。

表 4-12　流液洞流量负荷与流料量的关系

流料量/(t · d⁻¹)	洞宽×洞高/(mm×mm)	洞面积/m²	流量负荷/(kg · cm⁻² · h⁻¹)
15～60	300×300,400×300,400×250	0.09～0.12	1～2.5
60～120	400×300,500×300	0.12～0.15	2.1～4
120～200	600×300,600×400,500×400,500×300	0.15～0.24	2.8～4.6

虽然流液洞横截面的面积随流料量(直接反映了流液洞内玻璃液的流速)的增加而增加,但是其变动幅度却远比流料量的变动幅度要小,而且很迟缓。表 4-13 列出了流液洞大小与流料量关系的一些经验数据,虽然其中一部分流液洞的宽度与现有耐火砖的规格不符,但是其流液洞横截面面积的范围可作为参考。

表 4-14 列出了国内一些流液洞大小的参考数据,由该表可看出,国内在马蹄焰池窑上所用流液洞横截面的最大面积与最小面积之比为 2。这一方面说明生产了流液洞定型砖的规格并不多;另一方面也限制了设计人员在确定流液洞尺寸时的选择余地。另外,适当地降低流液洞的高度和

缩小流液洞横截面的面积(例如,流料量为 40～50 t/d 的流液洞高度取 0.2 m、宽度取 0.45 m),可以限制玻璃液的回流量,减少耗热量。

表 4-13　流液洞大小与流料量之间的关系

窑的规模	流料量 /(t·d⁻¹)	洞宽×洞高 /(mm×mm)	洞面积 /m²	流料量 /(t·d⁻¹)	洞宽×洞高 /(mm×mm)	洞面积 /m²
小型	6～8	300×150	0.045			
	8～12	380×200	0.076			
小型、中型	12～40	460×300	0.138	25	400×300 或 500×200	0.12 或 0.1
中型、大型	40～120	600×300	0.18	50	600×300 或 500×400	0.18 或 0.2
				100	600×400	0.24

表 4-14　我国国内现有流液洞尺寸的一些参考数据

洞宽×洞高/(mm×mm)	流液洞横截面面积/m²	洞宽×洞高/(mm×mm)	流液洞横截面面积/m²
300×300	0.09	500×300	0.15
400×250	0.10	600×300	0.18
400×300	0.12	500×400	0.20

窑内一般只砌一个流液洞。当有特殊要求时,为了得到横向均匀的玻璃液,清除窑池内死角,也可以在池窑内并列设置 2～3 个流液洞,但这时需要特别加强对流液洞的冷却和维护,以防其蚀损后漏料。

③ 流液洞的长度

流液洞的长度决定了玻璃液的降温程度。流液洞的长度越长,玻璃液降温越多,玻璃液回流也越少。一般平均降温效果为 1.2～1.5 ℃/cm。这与流料量和流液洞冷却情况有关。为配合定型砖规格和冷却孔尺寸,洞长多半为 900 mm。当流料量增多或池底玻璃液温度升高时,为加强冷却,可把流液洞增长至 1 000～1 200 mm,个别有长达 2 000 mm 的。有时为了减弱流液洞的冷却作用,提高成型部分玻璃液温度,洞长也可缩短至 600 mm。

如果所设计池窑除了流液洞外还有窑坎的话,则还要注意窑坎的设置。常用的窑坎有两种形式:挡墙式与斜坡式(图 4-23),其中,前者是在熔化池长度方向的 $\frac{2}{3}$ 处砌筑一个单层墙(最好用大尺寸的电熔锆刚玉砖砌筑),两端用钢结构夹紧,窑坎高度约为 $\frac{2}{3}\sim\frac{3}{4}$ 池深;后者则是在流液洞前约 1 m 处砌筑一个梯形斜坡(实际上这一段就是浅池),坡高 $<\frac{1}{2}$ 池深,整个坡底都可进行自然冷却。对于窑坎,最重要的问题是其材质(因窑坎没有冷却保护),因此必须选用极耐侵蚀、耐高温的耐火材料,否则会适得其反。

(5) 流液洞的砖材及排列

流液洞的侧面和盖板受玻璃液的侵蚀严重(蚀损最严重的部位是熔化池一侧的盖板端头砖),一般用 41# 无铸孔电熔 AZS 砖,或更为优质的无铸孔电熔氧化铬砖(简称电熔铬刚玉砖,或称电熔 AZC 砖)。流液洞侧壁砖最好与盖板砖同材质,至少应该是无铸孔的耐火砖。熔制低碱硼硅酸盐玻璃时,流液洞侧面和盖板一般用大型熔融石英砖;熔制无碱硼硅酸盐玻璃时,流液洞侧面和盖板一般使用电熔石英砖或电熔 AZC 砖。流液洞底部是在高铝砖上面铺一层 33# 以上的电熔 AZS 砖。

流液洞的侧面和盖板都采用整砖砌筑。侧面砖长度是流液洞长度,盖板砖长度方向与液流方向垂直,为流液洞宽度与两侧面砖厚度之和,盖板砖宽度的整数倍应是流液洞的长度。

4.5.4 冷却部设计

1. 平板池窑冷却部设计

(1) 冷却部窑池

判断冷却部尺寸是否合理是看玻璃液在其内能否均匀地冷却到成型温度。如果冷却部面积过大,会冷却过度;若冷却部面积偏小,又会使玻璃液冷却不到成型温度。虽然设计的冷却部都有微调装置(例如,可通过风管向冷却部内吹风,称为冷却部的稀释风),使玻璃成型温度控制在 ± 1 ℃ 的范围内,但是玻璃液的大幅度降温,还是要靠冷却部本身的散热。

传统上确定冷却部窑池面积的方法有三种:第一种方法是利用熔化部面积(F_m)与冷却部面积(F_c)的合理比例值($F_m/F_c = x$)来计算;第二种方法是利用单位面积的冷却部所占有的生产量 y 来计算;第三种方法是根据冷却部每米长度上的温度下降值 z 来确定。测定实际生产中生产池窑相关数据就可以得到 x, y, z 的值(通常,x 约为 0.4、y 约为 0.35 m^2/t、z 约为 10 ℃/m)。

冷却部宽度比熔化部要窄些,池壁可与熔化部池壁同高度,也可将其池底升高而变浅。

(2) 耳池

耳池大小一般为 2 m×2 m,耳池与所在部位的窑池同深度。耳池处的玻璃液流情况如图 4-62 所示。该处玻璃液的横向对流随着耳池增大而加强。耳池的位置不同,其作用与效果也有所差异。

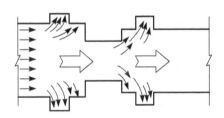

图 4-62 耳池处的玻璃液流

熔化部最末一对小炉之后、卡脖之前设置一对耳池。该耳池使玻璃液在熔化部末端的横向对流加强,促进其均化和澄清,也能使部分玻璃液提前回流,阻挡其流向冷却部来减轻冷却部的负担以及降低玻璃生产过程中的热耗。

在卡脖之后的冷却部设置一对耳池。该耳池能使卡脖后的玻璃液向冷却部两边快速拉开,减小卡脖后的滞流区面积。这股流向耳池边的玻璃液,在耳池中因冷却较快、密度增加而下沉,使其提前回流,而窑池中部温度较均匀的玻璃液流股则继续向前流动,这就使冷却部玻璃液横向对流的温度均匀。另外,耳池处玻璃液提前回流至熔化部也会减轻冷却部的负担。

(3) 冷却部气体空间

冷却部的气体空间结构与熔化部气体空间结构基本相同,仍包括:大碹、碹碴、胸墙。其碹的股跨比为 $\frac{1}{9} \sim \frac{1}{8}$,但胸墙高度却降低,以有利于玻璃液的冷却,一般以池壁上到冷却部大碹碹碴下沿的距离为 500～700 mm 为宜。国外浮法窑的冷却部胸墙较高,一般为 600～800 mm,但大多因要在冷却部的胸墙通入空气管,并在空气管中央安装燃气烧嘴,以调节冷却部的温度和压力。

2. 日用池窑冷却部设计

(1) 面积和形状

日用池窑的冷却部面积约为熔化部面积的 5%～30%(一般为 20%～25%)。然后根据玻璃制品的品种、成型方法、成型机械的安装条件和操作条件等因素合理地选择冷却部的形状(图 4-25)。传统上常用扇形和半圆形,扇形比半圆形的单位散热表面积要大,并减少了两侧死角。矩形和多边形流动性不如以上两种,但墙体和碹的结构却简单得多。

冷却部的尺寸一般以半径表示。在空间部分分隔时,冷却部直径与熔化部宽度相等,空间完全分隔时,冷却部直径不受熔化部限制。在冷却部尺寸初步确定后,还要根据池底的排砖情况进行适当的调整。为了简化结构,现在冷却部多用矩形。

（2）池深

冷却部的池深要与流液洞形式一起考虑,可与熔化部同深,通常冷却部的池深要比熔化部浅0.3 m。因为浅成型池能降低高度方向上的玻璃液温度差,减少存料量和避免产生死料,也可以避免因池底处温度过低而析晶。

（3）其他装置

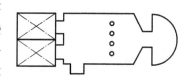

图 4-63　马蹄焰窑内的鼓泡位置

玻璃液搅拌器（如果需要的话）一般设置在供料道上,马蹄焰窑内的鼓泡（如果需要的话）位置如图 4-63 所示。另外,需要设置一些放料孔、泄料孔、溢流孔,其直径约为 60～90 mm。放料、泄料、溢料装置应有加热装置以防止其"冻料"。放料孔、泄料孔要位于池底最低平面上,溢流孔的下平面一般比正常生产液面低 10～25 mm。放料孔、泄料孔通常设置在熔化池靠近流液洞的两拐角处的底部、冷却部的底部中心、供料道调节段之前的底部。溢流孔则通常设置在冷却部的端部。

至于冷却部上部空间的设计,与熔化部火焰空间的设计方法类似,其高度可与熔化部同高,也可比熔化部低一些。

4.5.5　成型部设计

1. 浮法窑成型部

目前平板玻璃的生产基本上用浮法窑,其成型部是锡槽。关于锡槽结构设计的内容安排在与锡槽相关的章节,在此不再赘述。

2. 日用玻璃池窑成型部

日用玻璃池窑的成型部是供料通路（供料道）。供料道介于冷却部与成型机之间,其任务是向成型机提供温度、成分均一且稳定的玻璃液。供料道既有输送和分配玻璃液的作用,也起到调节玻璃液温度和均化玻璃液的作用。如果供料道结构不合理、加热不均匀,则会导致供料道壁面大量散热、燃烧产物污染程度加重、耐火砖材加速蚀损等问题。

日用池窑用于机械成型的供料方法分为滴料法和吸料法。滴料法的成型部被称为供料道（料道、供料槽、流料槽、供料通路）,在其端部设置供料机;吸料法的成型部被称为成型池,将成型机的吸料头直接伸入到成型池内取料。因滴料法较常用,因此这里只介绍滴料法的成型部——供料道。供料道设计包括加热方式和料道型号、尺寸的选择。

（1）加热方法

加热方法主要有:燃柴油加热法、燃煤气加热法以及电加热法,如图 4-64、图 4-65 和图 4-66 所示,其中电加热法较为先进,它又分为两种加热方式:一是辐射电加热（或称间接电加热,常用于大流量供料道）,利用装在玻璃液上方的硅碳棒、硅钼棒通电产生的热辐射从外部对玻璃液加热;二是电极埋入加热（或称直接电加热,常用于小流量供料道）,是将电极埋入玻璃液内,以玻璃液为电阻对其内部直接加热。当然,也有取两者优点的混合加热方式。电加热法的优点是:第一,加热效率高且节能;第二,玻璃液的温度稳定,玻璃液的温度、成分、黏度均匀,尤其当电极埋入方式加热时;第三,当滴料温度变化时,响应快、温度控制精度高;第四,维修量小、操作方便、无噪声;第五,因免受火焰冲击,所以可延长料筒、料芯等使用寿命。

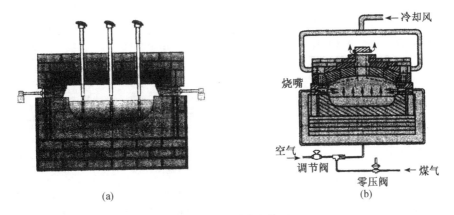

(a)
(b)

图 4-64 供料道和截面

(a) 表征有测温装置的截面;(b) 表征有燃烧系统的截面

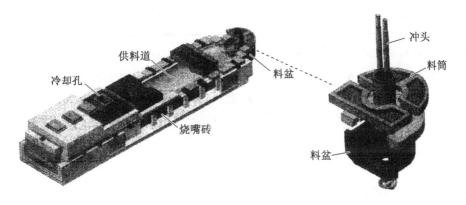

图 4-65 K 型料道的立体结构

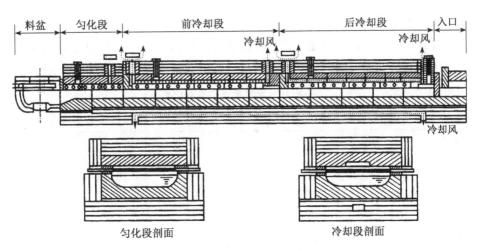

匀化段剖面

冷却段剖面

图 4-66 CSW 型料道的结构

(2) 供料道的选型

目前供料道基本上已定型,形成系列产品。根据供料道加热使用的热源,分为 C 型,K 型,Z 型。其中,C 表示电加热,K 表示燃气体燃料,Z 表示燃液体燃料。根据供料道的宽度,分为 U 型,W 型,SW 型。U 型表示料道冷却段宽度是 406 mm,W 型表示冷却段宽度是 660 mm,SW 型表示冷却段宽度是 914 mm。各种类型的供料道见表 4-15。

表 4-15 各种类型的供料道

供料道类型	冷却段的料槽宽/mm	所使用燃料	供料道名称
U	406	气体燃料	KU
		柴油	ZU
		气体燃料和柴油	KZU
		电能	CU
W	660	气体燃料	KW
		柴油	ZW
		气体燃料和柴油	KZW
		电能	CW
SW	914	气体燃料	KSW
		电能	CSW

在实际生产使用时,W 型料道是应用得比较多的,它对料滴重量和出料量有很宽的适应范围。

由于料道设计涉及的因素较多,有些因素又不容易精确地测出,所以料道设计目前多在工厂生产经验基础上分析比较各方面数据,然后进行选型。常见的是根据料道的冷却能力选型。

料道的冷却能力即料道所能供给的稳定、均匀的玻璃液的能力。可用下式计算:

$$Q_c = (t_w - t_g) \times (v_m \times W_g) \tag{4-8}$$

式中　Q_c——料道的冷却能力,kg·℃/min;

　　　t_w——池窑工作池温度,℃;

　　　t_g——料滴温度,℃;

　　　v_m——成型机机速,个/min;

　　　W_g——料滴重量,kg/个。

料道冷却能力有一定的调整范围。最低冷却能力是指料道最小进出口温差和最小出料量,最高冷却能力是指料道最大进口温差和最大出料量。典型斜道的冷却能力见表 4-16。

表 4-16 典型斜道的冷却能力

料道型号	冷却段长度/m	冷却段宽度/mm	冷却能力/(kg·℃/min)
KW-14	3.408		7 500
KW-16	4.02		8 800
KW-18	4.25	660	10 200
KW-20	4.87		11 600
KW-22	5.50		12 800
KW-24	6.70		14 200
K36-16	4.02		11 855
K36-20	4.87	914	15 500
K36-28	8.04		22 800
K36-30	8.65		24 500

（3）料道长度、深度和宽度的确定

① 料道的长度。料道长些，温度较为稳定，加热比较缓和，对出料量变化的适应性较强。但燃料消耗大，并且增加了污染玻璃的因素。料道太短，调节范围小，对生产不利。出料量小，成型温度高的料道，在温度调节方面以保温为主，料道宽度一般是 406 mm，长度不大于 4.2 m。相反，出料量大，成型温度低的料道，在温度调节方面以冷却为主，料道长度则不宜过小，此时，料道宽度一般取 660 mm 或 914 mm，长度不小于 3.05 m。

② 料道宽度和深度。一般来说，供料量大，料道的截面积应该加大，以保证料道内有足够的玻璃液容量，保持料盆处液面稳定。确定截面积可参考玻璃液在料道中的流速。对于出料量为 1 t/d 的小料道，流速不小于 0.5 cm/min；对于出料量为 30 t/d 的大料道，流速不小于 8.25～18.5 cm/min。

但是随着料道深度的增加，也增加了料盆中玻璃液容量和滞留时间，增加了耐火材料被侵蚀的可能性，造成玻璃料滴成分和温度不均匀。因此，在截面积相同的情况下，宜增加宽度，减少深度。料道加宽后会使料道中间的均匀性好的玻璃液进入成型流，两侧黏附于料道壁的玻璃液基本不进入液流，从而提高成型用玻璃液的质量。

料道的深度还与玻璃液的颜色有关。实验表明，玻璃颜色越深，透热性越差，玻璃液垂直方向温差越大。因此对于深颜色玻璃，应选取小池深的料道。

料道宽度和深度的确定还要与供料机的选型同时考虑。一旦供料机型号选定，料盆的宽度和深度就已确定。料盆的宽度一般是 406 mm 或 660 mm，深度一般为 152 mm～254 mm。

供料机生产能力及推荐的料道尺寸见表 4-17。

表 4-17　料道尺寸推荐表

出料量/(t/d)	产品品种	宽/mm	深/mm		长/mm
			料盆	料道	
<5		406	152	254	3 048～4 270
12		406	254	254	2 500～3 000
20	空心玻璃制品	406	254	254	4 200～4 800
10～35		660	178	178	3 658～7 315
14～35		660	178	178	4 270～5 490

应该提醒读者注意的是：供料道是日用玻璃池窑最重要的部位之一，因为它直接影响到玻璃液成型的质量。若出熔化池的玻璃质量出现些小问题还可以通过其后玻璃液的继续澄清、均化、冷却、加热调温来调整，但是若出供料道的玻璃液出现问题，那就意味着玻璃制品的质量受到影响。所以，无论在设计过程中，还是在具体操作时，都要千方百计地严格保证出供料道的玻璃液质量。

4.5.6　小炉结构设计

如上所述，玻璃池窑热源供给部分的主体是小炉，小炉的作用是使燃料和空气良好地混合并充分燃烧。正确设计的小炉应使燃料流和助燃空气流各自以合适的速度喷向窑内空间，要边混合、边燃烧，以使池窑内横向温度分布尽量一致，且燃烧火焰要刚劲有力、发亮而不发飘、不烧大碹而是紧贴着玻璃液面喷向对面一侧的小炉。小炉的结构及其尺寸与燃料的种类以及池窑宽度有关。以发生炉煤气为燃料时与以重油为燃料时，存在着很大不同，故而分别叙述。

1. 烧发生炉煤气小炉的设计

烧发生炉煤气小炉的结构如前面的图 4-27(a)所示。

小炉设计主要是确定喷火口面积、小炉顶的下倾角、小炉底的上倾角、煤气与空气的喷出速度比、空气垂直上升道的尺寸、煤气垂直上升道的尺寸。

(1) 喷火口的设计

烧发生炉煤气的小炉口尺寸取决于空气流量、煤气流量和火焰喷出速度,而火焰喷出速度又与熔化池的宽度有关。对于横焰窑,当预燃气体从小炉口喷出的温度以 1 400 ℃进行计算时,小炉口的火焰喷出速度 ω 可用以下经验公式计算:

$$\omega = B_m + (4 \sim 6) \quad (\text{m/s}) \tag{4-9}$$

式中　B_m——熔化池的宽度,m。

于是,小炉口的面积为:

$$F_\mathrm{port} = \frac{V_g + V_a}{\omega} \times \frac{273.5 + t}{273.15} \quad (\text{m}^2) \tag{4-10}$$

式中　V_g、V_a——分别为煤气和空气在标准状态下的流量,m³/s;

　　　　t——预燃气体从小炉口喷出的温度,℃,一般按 $t=1\,400$ ℃进行计算。

因有一小部分空气和煤气在小炉中预燃,而燃烧后的气体标准状态体积比未燃烧时空气与煤气的标准状态体积之和略小,因此,由上式求得的小炉口面积要比实际数值稍大一些。

对于烧发生炉煤气的横焰窑,一侧小炉口的总面积约占熔化部面积的:3%～3.5%(熔化池面积＞100 m² 时),3.5%～4%(熔化池面积为 50～100 m² 时),4%～4.5%(熔化池面积＜50 m² 时)。根据上述数据也可以估算或验证小炉口的面积。喷火口离玻璃液面的高度通常为 0.4～0.45 m。关于小炉口宽度,按小炉口总宽度约占熔化部有效长度(计算到最末一对小炉中心线外 1 m 处)的45%～55%进行估算。

(2) 预燃室的设计

预燃室(或称混合室)的作用是使煤气和空气在进入熔化池之前就预先混合(因为混合过程中会有部分煤气燃烧,所以称为预燃室),使煤气和空气分子能够相互扩散以及相互碰撞而形成涡流,从而促进混合均匀和燃烧完全。目前,还不能用理论方法来确定预燃室的长度,一般是根据生产经验来确定,对于横焰窑,当熔化池的宽度为 7.5～9.0 m 时,预燃室的长度一般为 3.0～3.4 m。

(3) 小炉倾斜角的确定

小炉倾斜角包括小炉顶碹的下倾角和小炉底的上倾角。倾斜角的作用有两个,一是促进煤气流与空气流的混合,避免分层;二是使小炉口喷出气流有方向性,即火焰紧贴玻璃液面横向掠过。小炉顶的下倾角为 20°～25°(一般为 23°～24°),小炉底的上倾角为 3°～5°(有时也可为 0°)。

(4) 空气、煤气喷出速度比的确定

空气和煤气从各自蓄热室中出来后经过一段水平通道再流向预燃室时的速度比也是一个重要指标,它关系到空气流和煤气流的混合程度以及火焰的喷射方向。空气和煤气的速度比服从于空气流和煤气流的动量比。动量比 K 的计算式为

$$K = \frac{\omega_\mathrm{a} V_\mathrm{a} \rho_\mathrm{a}}{\omega_\mathrm{g} V_\mathrm{g} \rho_\mathrm{g}} \tag{4-11}$$

式中　ω_a,ω_g——分别为空气和煤气的喷出速度,m/s;

　　　　V_a,V_g——分别为空气和煤气在标准状态下的流量,m³/s;

　　　　ρ_a,ρ_g——分别为空气和煤气在标准状态下的密度,kg/m³。

从理论上讲,要使空气和煤气混合好,且有较好的火焰形状,空气流和煤气流的动量必须相等,即 $K=1$。但若按此原则来计算,煤气速度则比空气速度大很多,这样会出现压不住煤气而分层。实践表明:$K=1.1\sim1.3$ 为宜。一般在标准状态下,$V_a/V_g=1.5$,$\rho_a=1.293\ \mathrm{kg/m^3}$,$\rho_g=1.1\ \mathrm{kg/m^3}$。若取 $K=1.15$,则得 $1.94\omega_a=1.265\omega_g$,即 $\omega_a/\omega_g=1.534$。在求得煤气和空气的速度比 ω_a/ω_g 后,就不难计算出煤气和空气出口截面的面积。

与 ω_a/ω_g 密切相关的另一项重要参数是小炉舌头碹的长度(即煤气从蓄热室出来并 90°转弯后的水平直段长度),若舌头碹过长或太短,即使 ω_a/ω_g 很合理,也都会使空气、煤气不能充分混合,造成分层。根据生产经验,此长度以 $0.25\sim0.4\ \mathrm{m}$ 为宜。

(5) 空气上升道和煤气上升道的截面面积设计

传统的蓄热室有空气上升道和煤气上升道,其横截面的面积宜大不宜小,该面积大的话进入蓄热室的烟气流速就小,这有利于烟气在蓄热室格子体内均匀分布,但因许多条件的限制,尤其是煤气上升道的截面也不太可能增大,一般其宽度为 $0.4\sim0.55\ \mathrm{m}$,空气道应更大一些。有的小炉后墙做成流线形,其截面宽度几乎与空气蓄热室相同,以利于烟气均匀地进入格子体。目前,有些箱式或半箱式蓄热室就取消或部分取消了上升烟道。

2. 烧重油玻璃池窑的小炉设计

烧重油(烧天然气、城市煤气、焦炉煤气)玻璃池窑的小炉结构要比烧发生炉煤气时简单很多,设计内容包括:小炉长度、小炉口的尺寸、小炉口碹与池窑的连接形式和燃油喷嘴安装形式的选择等。

(1) 小炉长度

小炉长度一般为 $2\sim3\ \mathrm{m}$,小炉顶碹下倾角为 $20°\sim25°$,一般取 $23°$,小炉底板下倾角一般为 $15°\sim20°$。

(2) 小炉口尺寸及面积

小炉出口碹的股跨比一般为 $\dfrac{1}{8}$,小炉出口碹的碹砖厚度应大于 $0.3\ \mathrm{m}$,小炉出口碹的长度应大于 $0.6\ \mathrm{m}$,为了扩大火焰覆盖面积,小炉口宽度通常为 $2\sim2.4\ \mathrm{m}$,一般为小炉之间中心距的 $45\%\sim55\%$。对于小炉底烧系统,每个小炉设置 $3\sim4$ 个燃料喷枪,其喷嘴砖要后移,出口距离池壁内表面的长度:烧重油时为 $0.4\sim0.45\ \mathrm{m}$,烧天然气时为 $0.7\sim0.75\ \mathrm{m}$,烧焦炉煤气时为 $0.3\sim0.35\ \mathrm{m}$。若以小炉宽度之和与前脸墙到最末一对小炉中心线外 $1\ \mathrm{m}$ 处的长度之比 C 为表征参数,则

$$C=\frac{nB_{\mathrm{port}}}{\delta_1+(n-1)\delta_2+1.5}\geqslant45 \tag{4-12}$$

式中　B_{port}——小炉口的宽度,m;

　　　　δ_1——前脸墙到 1 号小炉中心线的距离,m;

　　　　δ_2——小炉之间的中心线间距,m;

　　　　n——小炉对数。

小炉口面积一般以两个指标来考虑:一是一侧小炉喷出口的总面积与熔化部的熔化区面积之比(该指标为 $3.0\%\sim3.5\%$),这样每个小炉口的平均面积 f_{port} 为

$$f_{\mathrm{port}}=\frac{(0.03\sim0.035)F_{\mathrm{m}}}{n} \tag{4-13}$$

式中　F_{m}——玻璃池窑熔化部的熔化区面积,$\mathrm{m^2}$。

其他符号的意义同前所述。

另一个指标是空气的平均预热温度和空气的平均喷出速度。一般,当空气的平均预热温度以 $1\,300\ ℃$ 进行计算时,空气的平均喷出速度与池窑两侧胸墙之间的距离在数值上相等(也有资料推荐为 $10\sim13\ \mathrm{m/s}$),这样可使火焰末梢接近于对面胸墙。采用上述两个指标就可以确定小炉口面

积。小炉口面积也需用小炉口的热负荷值来校核(烧油小炉口的热负荷为 $0.45\sim0.65\ t/m^2\cdot h$),根据小炉口的面积和宽度就可以确定小炉口的高度。

（3）小炉口碴与池窑的连接形式

小炉口碴与池窑的连接多采用插入式结构,如图 4-67 所示,该结构既能解决小炉口加宽后结构不稳定、不安全的问题,又能避免火焰烧大碴。在该连接结构中,小炉碴为上面平整而下面成弧形的平碴,如图 4-68 所示,这样可使小炉平碴与大碴的碴碴连接后不必找平。平碴中心处的碴砖厚度 δ 与小炉口宽度之比≥0.20,平碴内弧的中心角≥80°。平碴砖的块数应为奇数,平碴的碴碴砖底面和小炉垛之间的砖缝应与胸墙上层砖的砖缝成水平线,以保证其自由膨胀。空气流从小炉口喷出时要有一定的倾斜度,以保证空气流与燃料流能迅速混合与燃烧,小炉顶碴的下倾角为 20°～25°;小炉底部可以做成水平状,也可做成 3°～5°的向上倾斜状。当然,烧发生炉煤气的小炉也可以采用插入式结构。

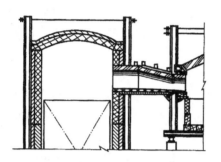

图 4-67　插入式小炉与蓄热室、池窑火焰空间的连接

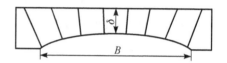

图 4-68　插入式小炉平碴砖的结构

（4）燃油喷嘴安装形式的选择

迄今为止,重油烧嘴在玻璃池窑小炉上的安装位置有以下几种形式。

① 底烧系统。底烧系统是一种最常见的重油烧嘴安装方法。在该系统中,重油烧嘴安装在紧靠小炉底面的横梁下面,位于玻璃液面和小炉脖的底面之间,如图 4-69 所示。该系统可以使用多个烧嘴,烧嘴的数量最多为五个,使用多个烧嘴,可以显著提高玻璃池窑对所用燃料量的适应性。此外,因烧嘴要定期拆除和清洗,故在选择烧嘴安装位置时,要保证易于拆换和清洗,并能够快速连接、调整及固定整个燃烧系统。

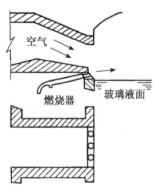

图 4-69　底烧系统布置简图

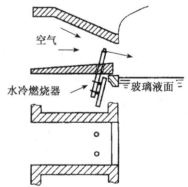

图 4-70　底下插入式燃烧系统布置简图

② 小炉底下插入式燃烧系统。小炉底下插入式燃烧系统是将带冷却水套的重油烧嘴从小炉底下插入到小炉中,重油烧嘴直径较小,而且安装在可以收缩的机构上,因此烧嘴伸缩比较方便,并且伸出的长度可以改变。当池窑换火不烧时,可以把它从小炉内退出来。烧嘴清洗可在不烧的一侧进行,这是该燃烧系统的优点之一。该燃烧系统的布置安装如图 4-70 所示。

由于在该燃烧系统中,重油烧嘴是安装在胸墙的后面,而且是插入在空气流中,所以其重油燃烧后的火焰长度要比底烧式燃烧系统的火焰短一些,这就说明在相同宽度的玻璃池窑中,重油的用量要多一些。

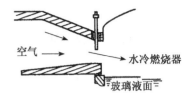

图 4-71 顶部插入式燃烧
系统布置简图

从图 4-70 还可以看出,该燃烧系统是在小炉脖的下面操作,对部件的要求比较严格,伸缩部分运行的可重复性强。所以其伸缩机构必须坚固耐用,以尽量减少维修量。

③ 小炉顶部插入式燃烧系统。顶部插入式燃烧系统是将带冷却水套的重油烧嘴从小炉脖的顶部插入。在每个小炉上可以安装 $1\sim2$ 个甚至 3 个烧嘴。其喷嘴的位置基本与底下插入式燃烧系统中喷嘴的位置相同,插入的深度一般要达到小炉底上方的 $\frac{1}{3}$ 高度处。但是该系统的烧嘴不能缩回,故不烧时其操作条件十分恶劣。该系统的布置安装方式如图 4-71 所示。

④ 小炉侧墙插入式燃烧系统。侧墙插入式燃烧系统是将重油烧嘴从小炉两侧墙插入,与空气成一定角度相遇。燃油喷入的方向与小炉中心线大约成 $30°\sim45°$,因此,两油流互相冲击,会产生不好的火焰形状,从而影响到气流的方向和火焰的覆盖面,同时会冲击小炉的两边侧墙。所以该燃烧系统布置是最不理想的,烧重油的玻璃池窑不宜采用该燃烧系统。该系统的布置安装方式如图 4-72 所示。

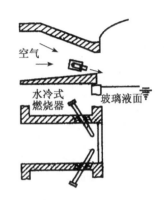

图 4-72 侧墙插入式燃烧
系统布置简图

⑤ 顶烧式燃烧系统。顶烧式燃烧系统使用低压雾化重油烧嘴或中压雾化重油烧嘴,重油烧嘴安装在小炉斜顶碹的下方。这种布置是将重油以相当大的冲击力朝下喷入玻璃窑中,冲击玻璃液面或被空气流带动掠过玻璃液面。顶烧式燃烧系统操作条件很差,而且由于燃油是在玻璃液面上大约 1 m 处喷入,到达玻璃液面之前就已经开始燃烧,因此该燃烧系统不能充分满足玻璃熔窑对于燃烧系统的基本要求。该系统的布置安装方式如图 4-73 所示。

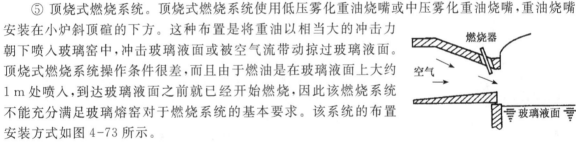

图 4-73 顶烧式燃烧系统
安装简图

综合上述五种重油烧嘴的布置方式,以底烧式系统较为理想。因为底烧式系统容易与玻璃池窑的结构相结合,易于改进,维修问题少,且便于布置多个烧嘴,操作费用也较低。目前,国内外的玻璃池窑都普遍采用底烧式燃烧系统。另外,当使用天然气为燃料时,也是采用底烧式燃烧系统。

马蹄焰池窑的小炉设计与平板窑相类似,而且简单得多。只是有一些经验数据有所不同。烧发生炉煤气的小炉:

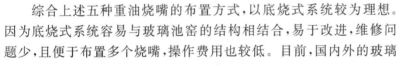

$$\omega = L_{\mathrm{m}} + 8 \quad 或 \quad \omega = 1.6 L_{\mathrm{m}} + 6 \tag{4-14}$$

式中 L_{m}——熔化池长度,m。

当熔化池面积 $\leqslant 25 \mathrm{~m}^2$ 时,一个小炉口的面积约占熔化池面积的 $2.5\%\sim3.5\%$;当熔化池面积 $>25 \mathrm{~m}^2$ 时,一个小炉口的面积约占熔化池面积的 $1.7\%\sim2.5\%$。一对喷火口宽度之和约占熔化池宽度的 $25\%\sim30\%$,喷火口离玻璃液面的高度为 $0.4\sim0.45 \mathrm{~m}$。

烧重油的小炉:

空气预热温度约为 $1\,000\sim1\,100 \mathrm{~℃}$,空气喷出速度约为 $8\sim10 \mathrm{~m/s}$,一个小炉口面积约占熔化池面积的 $2\%\sim3\%$,小炉下倾角为 $20°\sim26°$,小炉长度为 $2\sim3 \mathrm{~m}$,小炉口热负荷为 $0.55\sim0.65 \mathrm{~t/(m^2 \cdot h)}$。

4.5.7 玻璃池窑结构设计方案

1. 浮法窑结构设计方案

表 4-18 给出了各种不同生产能力的浮法窑结构设计数据,以供参考。

表 4-18 浮法窑结构设计数据

项　　目	熔化能力/(t/d)						
	350	500	600	700(1#)	700(2#)	800(1#)	800(2#)
投料口							
池宽/mm	7 000/9 100	9 000/11 000	10 000/12 000	10 500/12 500	10 000/12 000	11 000/13 000	10 500/12 500
池长/mm	2 300	2 300	2 300	2 300	2 300	2 300	2 300
熔化部							
池宽/mm	9 100	11 000	12 000	12 500	12 000	13 000	12 500
池长/mm	33 100	35 000	36 000	37 000	39 000	38 000	40 000
池深/mm	1 200	1 200	1 200	1 200	1 200	1 200	1 200
1# 小炉之前长/mm	3 500	3 600	3 600	4 000	3 800	4 000	4 000
1# 小炉至末号小炉长/mm	15 500	16 200	17 100	17 500	19 500	17 700	19 600
末号小炉之后长/mm	14 100	15 200	15 300	15 500	15 700	16 300	16 400
熔化区长/mm	19 800	20 800	21 700	22 500	24 300	22 700	24 600
澄清区长/mm	13 300	14 200	14 300	14 500	14 700	15 300	15 400
熔化面积/m²	301	385	432	463	468	494	500
熔化区面积/m²	180.2	228.8	260.4	281.3	291.6	295.1	307.5
熔化率/[t/(m²·d)]	1.94	2.185	2.304	2.490	2.401	2.711	2.602
澄清区比率/%	40.18	40.57	39.72	39.20	37.69	40.26	38.50
熔化部长宽比 k_1	3.637	3.182	3.000	2.960	3.250	2.923	3.200
熔化区长宽比 k_2	2.176	1.891	1.808	1.800	2.025	1.746	1.968
卡脖							
池宽/mm	4 000	4 400	4 400	5 000	5 000	5 000	5 000
池长/mm	5 000	5 000	5 000	5 000	5 000	5 000	5 000
冷却部							
池宽/mm	8 100	8 500	9 000	9 000	9 000	10 000	10 000
池长/mm	13 500	15 000	16 000	18 000	18 000	18 000	18 000
冷却部面积/m²	109.4	127.5	144.0	162.0	162.0	180.0	180.0
冷却面积比/[m²/(t·d)]	0.312	0.255	0.240	0.231	0.231	0.225	0.225
小炉							
小炉对数	6	6	6	6	7	6	7
小炉中心线间距/mm	3 100	3 300/3 000	3 500/3 100	3 600/3 100	3 300/3 000	3 600/3 300	3 300/3 100
小炉喷火口宽度/mm	1 800/1 600	1 900/1 200	2 000/1 200	2 200/1 200	1 900/1 200	2 200/1 600	1 900/1 200
小炉喷火品总宽度/mm	10 600	10 700	11 200	12 200	12 600	12 600	12 600
火焰覆盖系数/%	50.96	51.44	51.61	54.22	51.85	55.51	51.22
蓄热室							
通道形式		全连通	全连通	2+3+1	2+3+2	2+3+1	2+3+2
通道内宽/mm	4 180	4 284	4 744	5 204	5 204	5 204	5 204
格子孔尺寸/mm	165	165	165	165	165	165	165
格子体高度/mm	7 352	8 150	8 150	8 150	8 150	8 150	8 150

项 目	熔化能力/(t/d)						
	350	500	600	700(1#)	700(2#)	800(1#)	800(2#)
格子孔数量		1 584	1 880	2 024	2 178	2 024	2 178
单侧格子体体积/m³		680	810	870	939	880	939
单侧换热面积/m²		7 230	8 580	9 240	9 940	9 240	9 940
换热面积比		31.60	32.95	32.84	34.09	31.30	32.33
烟道							
分支烟道宽/mm	1 160	1 160	1 160	1 400	1 280	1 400	1 400
分支烟道高/mm	1 265	1 360	1 496	1 360	1 564	1 564	1 564
总烟道宽/mm		2 550	2 670	2 900	2 900	3 130	3 130
总烟道高/mm		2 380	2 720	2 720	2 720	2 720	2 720
总烟道截面积/m²		6	7	8	8	9	9

2. 马蹄焰窑结构设计方案

某马蹄焰窑熔化电光源玻璃,熔化玻璃液量为 35 t/d,以天然气为燃料。马蹄焰池窑结构图如图 4-74 所示,以供参考。

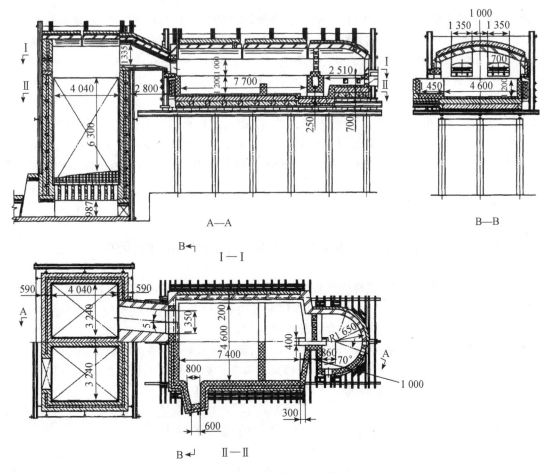

图 4-74　马蹄焰池窑结构图

4.6　玻璃工业与熔窑技术新进展

随着玻璃工业新技术、新工艺、新品种以及玻璃深加工技术的不断发展和进步,玻璃产品在各行各业中应用得越来越广泛。

在玻璃品种方面:通过对玻璃产品内在与表面的改性处理,使其在光学、环保、信息、节能、耐热、耐火、强度、安全等方面具备更优良的性能。主要有:用于太阳能发电的光伏玻璃、电致变色玻璃、光致变色玻璃、热致变色玻璃、力致变色玻璃、折光玻璃、蓄光玻璃、彩色滤光玻璃、微粒子分极配向玻璃、自洁净玻璃、计算机硬盘用玻璃基板、光盘用玻璃基板、显示器用玻璃基板、新型薄膜的基片、玻璃天线、保温玻璃、耐热玻璃、防火玻璃、硬膜玻璃、防暴玻璃、防爆玻璃、防盗玻璃、防静电及抗电磁干扰玻璃等。

在平板玻璃方面:浮法工艺是其主体工艺,其发展方向是:大型化、特种平板玻璃(包括彩色玻璃、超大玻璃、超厚玻璃、超薄玻璃、超白玻璃)、一窑多线技术、节能技术、节约资源技术、环保技术等。目前,浮法工艺已经能够生产 0.4 mm(超薄)～25 mm(超厚平板玻璃)、透光率>90%的超白玻璃,以及生产热反射镀膜玻璃和低辐射镀膜玻璃等。

在玻璃窑炉方面:环保、低耗、长窑龄、大型化是其发展趋势,尤其是大型化,因为就单位熔化面积来说,大型池窑的相对散热量比中、小型池窑要少,所以其热效率高,即单位产品的燃料消耗量小,因而其综合成本较低,且所需操作人员也相对减少。浮法平板玻璃池窑目前最高生产规模已经超过 1 000 t/d,窑龄普遍达到 8～12 年。在国内,具备设计 700～1 000 t/d 规模的能力。国内比较先进的浮法平板玻璃池窑的技术指标如下:①熔化率:由一般的 1.4～1.5 t/(m² · d)提高到 2.0 t/(m² · d)以上,最高可达 2.4～2.5 t/(m² · d);②热耗:由大约 10 032 kJ/kg 降低到最低约 5 600 kJ/kg;③窑龄:由 2～3 年延长到 5～6 年以上(耐火材料全部国产化时),若关键部位引进国外耐火材料与其配套时,其设计窑龄为 8～10 年;④渗锡量:该指标主要指浮法玻璃下表面的渗锡量(以锡计数及表面微克量计),关于该指标,一般国产池窑与中外合资池窑相差约 50%,国产先进的池窑则与之只相差约 10%。

以下介绍玻璃池窑在技术方面的进展。

4.6.1　用增碳法提高火焰辐射率以强化火焰向玻璃液的传热

增碳法是提高火焰辐射率(或称为黑度)的有力措施,火焰增碳后可使暗火焰变为亮火焰,其效果视炭粒大小(炭粒直径为 1～4 μm 时火焰的辐射能力最强)和火焰温度而定。燃烧天然气时常用自身增碳法,即在缺氧情况下天然气会裂化生成炭粒。

使用自身增碳法时请注意:当火焰温度较高时,增碳效果较好;而当火焰温度较低时,因影响燃烧速度和完全燃烧的程度,增碳则可能会起到相反的效果。燃料为发生炉煤气时则常用外加增碳法,例如滴注重油,这时不论火焰温度高低,外加增碳的效果总是好的。

4.6.2　改变窑壁辐射光谱来强化窑壁向玻璃液的传热

耐火黏土砖和硅砖的辐射率随温度的增加而减小,1 400 ℃时辐射率仅为 0.47～0.49;电熔锆刚玉砖在高温下的辐射率仅为 0.4～0.5。而且,高温下长波波段的辐射率比短波波段的辐射率要大。这种光谱特性与玻璃液的吸收光谱是不匹配的。为此可考虑在池窑内壁涂以辐射涂料来改变高温下玻璃池窑内壁的辐射光谱。辐射涂料一般由碳化物、金属氧化物和黏结剂所组成,涂层厚度约为 0.2 mm。国内研制的某辐射涂料在高温下的辐射率达 0.82～0.92,这种涂料已用于小炉和蓄热室上部的内壁,而且还在不断改进其性能,扩大其应用的范围。

4.6.3　加强窑体保温

目前,玻璃池窑大量采用电熔浇铸的耐火材料,这类耐火材料的导热系数较大,所以需要加强窑体保温来减少窑体向外界的散热损失。玻璃池窑的保温材料要满足以下要求:①不能与耐火材料有接触反应;②对玻璃液和烟气有一定的抗蚀损能力;③要有一定的强度;④保温性能要好。

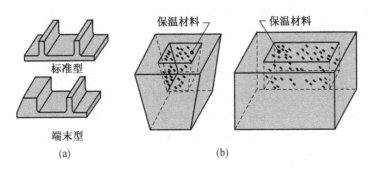

图 4-75　碹顶保温的新技术

(a) 山形碹砖；(b) 匣钵砖

实际上,单一品种的保温材料要完全满足上述要求是困难的,因此在实际生产中常采用复合多层保温的办法:靠近耐火材料的保温层选用抗蚀性好、强度较大的保温材料;中间保温层主要考虑材料的保温性能要好,而其强度和抗蚀性可以差一些;外保温层除了考虑其保温性能之外,还必须增强其强度。常用的保温材料有各种轻质耐火砖、硅藻土保温砖、膨胀硅石、膨胀珍珠岩、高铝中空球、镁质中空球、各种岩棉、硅酸铝耐火纤维和玻璃纤维等。

山形 AZS 碹砖和 AZS 匣钵砖,如图 4-75 所示,是最近开发的新型碹顶保温材料。

4.6.4　改进玻璃成分

适当调整玻璃中氧化钙、氧化铝、氧化镁的比例,或选用熔化温度较低的锂辉石、锂云母、高炉矿渣等含碱金属氧化物的原料,能够在保证玻璃性能不变的情况下,降低熔化温度。另外,通过调整玻璃成分还能够改善玻璃液内的传热条件,这样既可在不增加设备的情况下延长窑龄,又可降低玻璃产品的成本和能耗。这已经引起人们的重视,例如,玻璃液中的铁含量(尤其是 FeO 含量)是影响玻璃液透热性的主要因素,因此在选择玻璃原料、碎玻璃比例(碎玻璃掺量高会增大 Fe^{2+}/Fe^{3+} 的比值)时,甚至热修和换油枪等处理事故(玻璃液在窑内停留时间长会增加 Fe^{2+}/Fe^{3+} 之比)时就需要注意这个问题。

4.6.5　强化熔制

(1) 配合料的密实技术

粉状配合料会造成生产车间的粉尘飞扬,将其加入玻璃池窑中会失去许多活性组分,并产生飞料,从而堵塞蓄热室或换热器与加重玻璃池窑的蚀损,也会污染环境并损害人们的健康。如果把粉料压成致密的料球或料块,不但能克服上述缺点,而且还增加了配合料之间的接触面积,也增大了配合料的导热系数,20 ℃时松散配合料、紧密配合料、玻璃的热导率分别为 0.2 W/(m·K)、0.72 W/(m·K)、0.77 W/(m·K),于是玻璃液熔化时间可缩短 30%～40%,节能效果达 15%～20%,也可使配合料在熔化前得到预热。

配合料的密实化方法有:粒化法(有转动式与滚动式两种类型,前者应用广泛,其下料时需要添加一些黏结剂,包括水玻璃、石灰乳、NaOH 液、黏土等),挤压法(也称压片法),压实法(也称压块法或压球法)等。前两种方法因设备复杂、所耗费用大,并不经济。第三种方法需要用专门的辊压机,但其优点较多。

(2)玻璃池窑的电助熔技术

玻璃池窑的电助熔技术(或称辅助电熔技术)是指在火焰池窑中由专门的供电装置向电极通电(交流电,因为直流电会使电极表面产生沉积物与气泡)加热,来补充玻璃液熔化所需的部分热量。即利用玻璃液的高温导电特性,对玻璃液辅助以电热来提高深层玻璃液温度和增加池窑产量。

该技术的优点如下:①玻璃液内的电加热十分高效,可以大幅度地提高玻璃池窑的熔化率,从而在不增加池窑尺寸的情况下提高玻璃池窑产量;②玻璃液内部的电加热加强了玻璃液流动,促进了其澄清和均化,因此能够有效地改善玻璃液质量,尤其是减少玻璃产品因结石、条纹、气泡所造成的损失(即提高产品的合格率),也能稳定玻璃液的热点与流液(即稳定池窑的操作);③可减弱火焰空间的热力强度,从而减轻对胸墙与大碹的侵蚀;④电加热控制方便,能灵活地调节炉温与调整池窑的出料量;⑤电能发热效率几乎为 100%,玻璃液内部传热速率比火焰从外部传热大约快 5 倍,因此节能效果明显;⑥投资少,建设完成时间较短,并能有效减轻环境污染。该技术的主要缺点是电能成本太高。

玻璃料电加热是通过离子导电来实现,玻璃料中的碱金属离子(K^+ , Na^+ , La^+)是电流的载体,其中, Na^+ 导电能力最强。碱金属离子浓度越大,玻璃料导电效果越好,但要注意混合碱效应: Na^+ 含量不变时, K^+ 浓度越大则玻璃液电导率越小。这是因为 K^+ 半径大,较难通过玻璃的硅酸盐网络结构,甚至被该网络捕获而堵塞离子迁移的间隙,从而影响 Na^+ 迁移。玻璃的电导率(电阻率的倒数)随着温度升高而明显增大(常温下为 10^{-15} ～ 10^{-13} $\Omega^{-1} \cdot cm^{-1}$,为绝缘体,熔融时增大至 0.1 ～ 1.0 $\Omega^{-1} \cdot cm^{-1}$,为导体),因此电加热只对 $1\,000$ ℃以上的玻璃液有较大影响。

电助熔的电极一般设在加料口、熔化部(尤其是热点附近)、澄清部等部位。有集中布置、分散布置等多种布置方式。具体位置与布置方式可通过模拟试验优化后确定。电助熔电极的几种布置方式如图 4-76 所示,对于电助熔的玻璃池窑来说,池底垂直插入方式[图 4-76(a₁)]使用较多。从电加热效果以及减轻电极处耐火砖受侵蚀程度来说,该插入方式最佳,所以应用广泛,但要注意:当

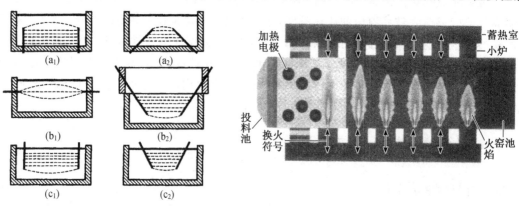

图 4-76 电助熔电极的四种布置方式

电极处耐火砖侵蚀得较薄时,要十分重视池底可能发生漏料事故。因此,电极周围的耐火砖要用优质耐火材料,而且电极一般要有冷却水保护。电助熔后,玻璃液侵蚀加重的部位(如池底)也要用优质耐火材料。

电助熔技术所用电极的形状有三种:棒形、半球形和板形。按材质来分,常用钼电极和氧化锡电极。这两种电极都需要用冷却水保护(无水冷却电极用得较少)。电极也要用电极套保护,有的电极套上还有热电偶来监控电极温度以防止其过热。

按照电加热能量在总输入热量比例的不同,分为:正常电助熔、超级电助熔、剩余电助熔。正常电助熔应用广泛;超级电助熔能大幅度提高池窑产量。当既要提高产量,又要降低火焰空间温度时,可使用剩余电助熔技术。但是,需要指出的是:每座池窑电助熔时都要考虑最佳的经济效益。在考虑电加热效率为90%~100%时,也要考虑使用价格低廉的燃料。电助熔有时也是稳定池窑运行的措施。具体操作时,需要注意以下几点:①确实需要时才启动电加热,在高电价或缺电地区尤其要注意这个问题。②在电助熔运行初期要考虑一些具体情况。这是因为:电助熔时,产量与电功率成准线性的正比关系,在低功率下运行时,电加热集中在某一区域比分散加热好。如一个泡界线分明的池窑,在配合料底部集中电加热时,可稍许增产;而需要大幅度增产时,则分散电加热更有利。另外,也要考虑配合料的分布情况:配合料松散分布时,应启动澄清带的电加热,这样因玻璃液的对流加强,配合料可在熔化带堆得更紧密些,同时也改善了上层玻璃液中的温度梯度,提高玻璃液质量;当配合料堆得紧密时,启动配合料下面的电加热可得到较好的电助熔效果。③当生产有色玻璃,进行电助熔时增产不是主要目的,而是为了产生一个原来没有的、缓慢的、能稳定生产的玻璃液对流,从而提高玻璃液质量和热效率。尤其是熔化池较深或玻璃液热导率较小时,在澄清带启动电加热,能显著降低玻璃制品的结石缺陷。④电加热应与火焰加热相匹配,这是因为电助熔能加强玻璃液的对流,减小其垂直方向上的温度梯度,均化其温度(提高其平均温度),因此启动电助熔后,就应立即缓慢降低火焰空间的温度,而且随着电助熔功率增加,火焰空间温度应逐渐降低,直到电助熔功率不再增加。若电助熔是为了降低玻璃液熔制温度、节能和保护耐火材料,工艺调整到此结束。若电助熔是为了增产,随后还需逐渐提高火焰温度来将玻璃液的熔制温度逐渐恢复到调整前的温度。⑤电助熔装置要根据窑内玻璃液的对流情况进行设计和操作,如果火焰加热不足以形成适当的玻璃液对流,可通过电助熔增强。⑥要重视与掌握测温技术与热态测试,测温仪表的安装部位要能够显示出每对电极加热的效果。另外,要使用可测量玻璃液内部温度的热电偶。但是,热电偶显示温度有滞后性,当根据玻璃液温度来调整火焰空间温度时尤其要注意这个问题,否则会做出错误的判断。

(3)玻璃池窑的池底鼓泡技术

玻璃池窑内熔化部鼓泡是加速玻璃液澄清和均化的有效措施,鼓泡技术对于透热性较差的深色玻璃更有意义。其原理是:池窑底部的导气管和喷嘴以可控制的流速将空气鼓入玻璃液,鼓出的气泡产生的紊流带动底部温度较低的玻璃液上升到表面,加强了火焰向玻璃液的传热以及玻璃液的均化。研究表明:①鼓泡后,玻璃液温度上升(数值计算表明:池底温度提高约 50 ℃),于是玻璃液的熔化、澄清、均化时间都可缩短(数值计算表明:熔化时间可缩短约 30 min);②鼓泡会提高玻璃池窑的熔化率(增产 6%~15%,节能 7%~15%);③合理控制泡频与泡径也能减轻鼓泡对池壁砖、池底砖的侵蚀。鼓泡处的玻璃液流与砖材情况如图 4-77 所示。

鼓泡器要便于维修与更换,为抵抗玻璃液侵蚀与防止漏料,鼓泡器安装处要使用优质耐火材料,而且要有冷却保护。鼓泡器关键部位可用以复合金属陶瓷为基体并用材料增强新技术制成的增强型复合材料,该复合材料抗侵蚀能力强,不需要水冷却,其耐热震性也较强。鼓泡器内玻璃液堵塞的问题可用通电方法解决,鼓泡器内杂质堵塞的问题可通过使用优质过滤装置或改用纯氧气源来解决。

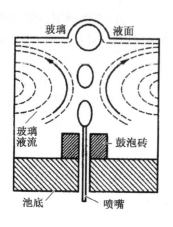
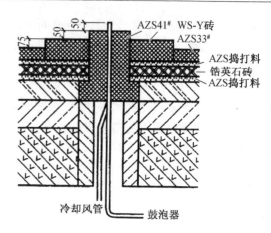

图 4-77 鼓泡处的玻璃液流与砖材情况

鼓泡器的鼓泡频率与泡径都是可调的,从而能适应生产上的变动。最好是:既能脉冲鼓泡,又能连续鼓泡;既可单管调控,又可多管调控;既能前排鼓泡,又能后排鼓泡;既可左侧鼓泡,又可右侧鼓泡。

（4）减压澄清技术

减压澄清(或称减压脱泡),是指通过减压处理使玻璃液内残存气泡长大后迅速上浮而排出。与其他澄清方法相比,该技术的最大优势是节能。

玻璃液澄清的实质就是将其内的气泡排除。配合料受热熔融过程中分解、挥发出的气体,溶解与残留在玻璃液内,少量存在于可见气泡内。气泡内气体、窑内上部空间中气体与玻璃液内气体之间的平衡规律符合道尔顿分压定律。当玻璃组成和熔制温度一定时,玻璃液内气体溶解度随窑内气体压强的降低而减少。通常的澄清方法是利用高温和添加澄清剂。

减压澄清技术则是因玻璃液面以上气压降低而促进玻璃液内气泡排出,由此可降低玻璃液的熔融温度(可降低 100 ℃以上)或缩短熔融时间。于是,它的直接效果是节能。有关研究表明:减压澄清可节能 30%。除了节能以外,减压澄清还有其他优点:①降低玻璃液熔化温度与澄清温度,延长耐火材料使用寿命。②使燃料和烟气量减少,NO_x,CO_2,SO_2 等污染物排放量也随之降低。③当熔化温度不变时,玻璃池窑的熔化率提高,即提高出料量。④少量澄清剂在玻璃液内分解完全,而澄清剂产生的 NO_x,SO_2,As_2O_3,Sb_2O_3 等污染物也会相应减少并降低使用澄清剂的成本。

减压澄清的机理如图 4-78 所示,其过程大致如下:①降低窑压,气泡尺寸增大;气泡内气体分压降低,玻璃液内气体向气泡迁移,气泡又进一步长大;同时减压使气体溶解度降低,于是玻璃液内气体过饱和,促进了气体向气泡内迁移,气泡再次长大。②玻璃液内气体量减少促使澄清剂低温分解。对芒硝作澄清剂的有关研究发现:在真空中,较低温度下也可观察到有 SO_2 逸出。③在恢复常压后,因压强增加,玻璃液内气体溶解度又会提高,于是玻璃液溶解的气体又从饱和变为不饱和,即使玻璃液内仍残留少量微小气泡,也会因气体从气泡向玻璃液内迁移而最终使气泡变小,直到完全澄清。

必须指出:当玻璃液内气体分子向气泡迁移时,若无新的气体分子供应,玻璃液内气体浓度会降到饱和浓度

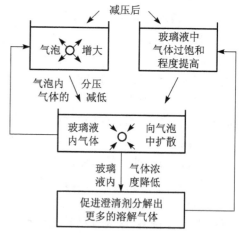

图 4-78 玻璃液减压澄清的机理

以下,于是气泡停止生长。欲使气泡生长,需通过澄清剂分解提供气体,所以减压澄清要与澄清剂同时使用。澄清剂种类不同,在减压时产生的气体量也不同。以芒硝为澄清剂时的减压澄清效果较好,但芒硝在减压澄清时分解出的 O_2 也会使玻璃液内 O_2 活度提高而氧化 Fe^{2+}。因此,减压澄清时 Fe_2O_3 的比例较高,即以芒硝料进行减压澄清的玻璃液偏向氧化性,但不论玻璃液为氧化性还是还原性,有硫酸盐存在时的减压澄清均有效果。使用其他澄清剂(如 As_2O_3)也同样有效,分解气体的溶解度越小其减压澄清越有效。

在烧重油、天然气、煤气、电加热的玻璃池窑中均可采用减压澄清技术,该技术还可配合全氧燃烧、重油乳化燃烧等技术使用。

减压澄清技术由日本旭硝子株式会社研制成功,该公司试验的玻璃熔窑从初期 2~6 t/d 到 10 t/d, 20 t/d, 60 t/d, 200 t/d,一直到 550 t/d 的浮法平板玻璃池窑,全部成功。减压澄清时,在熔化部仅进行原料粗熔化,澄清则在较低温度(1 200~1 400 ℃,但要保证玻璃液黏度 $<10^{4.5}$ Pa·s)的减压装置中进行,从而缩小冷却部,甚至取消冷却部。减压澄清装置类似于物理学上的虹吸管,因形状类似一个"门",因此称为门形减压槽,如图 4-79 所示,有真空泵对其抽真空。减压槽的流通截面形状有圆形、椭圆形、正方形、矩形,其内液面高度差为 2~5 m,玻璃液流速为 50 mm/s(超过该速度会加快对耐火砖侵蚀)。在减压装置开始运转时,要对其预热,否则在上升管内玻璃液有可能过冷而固化。预热前,玻璃液通过旁路到冷却部,预热充分后引导玻璃液从上升管进入减压槽,待玻璃液位达到规定高度后关闭旁路。图 4-80 为采用减压澄清技术的浮法平板玻璃池窑的外部结构,其减压澄清区压强维持在 5 065~33 766.67 Pa 即可达到满意的澄清效果,该压强值与玻璃液温度有关:玻璃液温度越低,所要求的压强越低。减压澄清区的耐火材料由产生气泡少的耐火砖与部分铂金属组成。

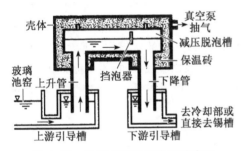

图 4-79　门形减压槽与减压澄清区

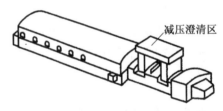

图 4-80　采用减压澄清技术的玻璃池窑

4.6.6　水蒸气层成型的新技术

针对锡液易氧化的问题,有人建议用金银合金(28%Au+72%Ag)取代锡液作为浮法成型的金属熔液,因为该合金在玻璃成型的温度范围内为液体,也不会被氧化,从而不需要还原性保护气氛,这使得浮法成型工艺大为简化。但是,该合金的价格却成了限制该方案推广的主要因素。为此,人们又另辟其他途径,提出了水蒸气浮法成型工艺。

水蒸气浮法成型工艺是由日本旭硝子株式会社的小岛弘、小山勉、高田章提出的,其工艺流程如图 4-81 所示。

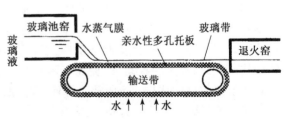

图 4-81　玻璃液的水蒸气浮法成型工艺流程

（1）水蒸气浮法成型原理

出窑的玻璃液流到含水的多孔材料托板上（该托板为亲水性材料），因玻璃液的高温散热，使多孔托板材料中的水分瞬间蒸发，于是玻璃液保持在水蒸气上面，即在玻璃液与托板之间形成一层水蒸气膜，因玻璃重、水蒸气轻，所以玻璃液稳定地漂浮在水蒸气膜上。另外，由于水蒸气的导热系数很小（即传热性很差），玻璃液的导热系数较大（玻璃液内部传热较快），因此玻璃液能够保持成型所需的温度及其均匀性。

（2）玻璃液的水蒸气浮法成型工艺

与锡液浮法成型相比，水蒸气浮法成型是非平衡迅速成型。在该成型方法中，因玻璃液上下都与气体接触，所以是依靠玻璃液的表面张力达到表面平滑，被称为火抛光面。玻璃液与水蒸气膜之间的摩擦能使玻璃液保持动态稳定，而且处于摊平状态，再经过适当的拉伸装置施加拉力并配合适当的拉边辊就能使其连续拉伸成型。

水蒸气可通过托板上专门设置的一些沟或孔来外泄，这些沟或孔的存在可能会引起水蒸气流速、压强的变化。通过有关流体力学的理论推导得知：水蒸气膜厚度与水蒸气压强以及对玻璃液压力的 3 次方根成反比，再根据流体的连续性方程，水蒸气膜的厚度也与水蒸气的水平流速成反比。由此可推论：只要玻璃带厚度均匀，任何外来因素导致的水蒸气膜厚度变化都可以自动保持均匀，即水蒸气膜具有高灵敏度的自我修正、自我稳定控制的能力。

（3）水蒸气浮法成型工艺特点

水蒸气成型实际上在高脚杯、泡壳等准球形玻璃制品的成型中就被采用过（称为湿式模型法）。但因投资回收的周期较长，有一定的工程投资风险等因素的限制，迄今并没有该技术在浮法玻璃池窑上有实际应用的报道。该技术的有关试验结果表明：①可以连续成型出 1～5 mm 厚的平板玻璃；②通过原子力显微镜（AFM）对其成型的玻璃板表面进行纳米级观察发现：玻璃板表面非常致密和均匀，几乎与锡液浮法成型的玻璃板一样；③水溶出碱（Na_2O）量比锡液浮法成型玻璃板少 $1/10$～$1/5$，在接近玻璃板表面约 87 nm 处钠含量减少（即有 87 nm 的贫碱层），所以其成型玻璃板上表面的耐霉变性是锡液浮法成型玻璃板的 2～3 倍，而且下表面比上表面还要略好。综合来说，水蒸气浮法成型工艺具有设备简单、节能、环保、节省锡资源、生产成本低、生产控制方便、产品性能好等优点。

4.6.7　采用废气余热利用新技术

（1）新型格子砖

加强玻璃熔窑余热的利用也是对目前整个社会"节能减排"的一项贡献。传统上玻璃池窑回收废气余热的最有效方法就是利用蓄热室或换热器来预热助燃空气。蓄热室的热回收率要高，其热回收的核心是其内的格子体。较先进的蓄热室是连续通道式，其内常用的格子体有十字砖型和八角砖型。国外也有人提出骨形格子砖及其骨形格子体的结构，可加强气流的扰动，以提高气流与格子体之间的对流换热效果，如图 4-82 所示。另外，俄罗斯人也提出过组合筒子砖的结构。另外，在冶金行业有应用的蓄热厢（其内有蜂窝体、或实心小球、或带孔小球，因其体积小，所以可与燃料烧嘴组合成蓄热式烧嘴）以及在火力发电厂有应用的旋转式蓄热室将来也可能用于玻璃池窑。

图 4-82　骨形格子砖及砌成的格孔

（2）热管余热锅炉

为了进一步回收废气的余热,人们还用到了余热锅炉,浮法玻璃池窑余热发电系统的流程图如图 4-83 所示。随着热管技术的普及,废气余热的回收效率得到进一步提高,其应用实例主要有两个:①热管余热锅炉发电,它可比传统余热锅炉提高换热效率 20% 以上,表 4-19 是针对不同规模浮法玻璃池窑所对应余热发电系统的设计装机容量;②在烟道上直接用热管高效地回收废气的余热来预热进入蓄热室的空气或将冷水变为热水或水蒸气。

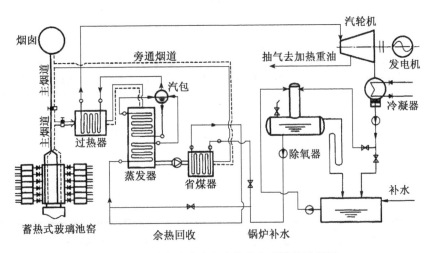

图 4-83　浮法玻璃池窑余热发电系统的流程图

表 4-19　浮法玻璃池窑余热发电系统的设计装机容量

生产规模/(t·d^{-1})	300	400	500	600	700	800	900	1 000
燃重油窑的发电功率/kW	950	1 180	1 380	1 560	1 740	1 900	2 060	2 200
燃天然气窑的发电功率/kW	1 080	1 330	1 550	1 750	1 930	2 080	2 210	2 330

（3）原料窑外预热、预分解

在全氧燃烧时,废气余热没有被助燃气体有效的回收。受新型干法水泥生产工艺的启发,国外有的公司将其废气余热用于生料的预热、预分解,只是因为纯碱等玻璃原料的熔点过低,所以若按照统一的工艺参数直接预热配合料会使其流动性变差,造成生产操作的控制困难。解决此问题的方法为:根据不同原料的加热特性,分别按照有差异的控制参数来预热各自的原料,图 4-84 就是这样一个典型的工艺流程（该图中,因线条较密,只画出了物料走向,气体流向与之完全相反,即逆流）。在该流程中,两种原料分别在两个回转窑中预热后,再一起进入立筒预热器内预热,然后进入分解炉内在约 1 200 ℃的条件下完成碳酸盐的分解与硅酸盐的形成反应,随后进入减压均匀炉在约 1 450 ℃时形成玻璃液,最后玻璃液进入尺寸很短的玻璃池窑内利用电加热完成玻璃液澄清与均化过程,最后流入锡槽成型为玻璃板。分解炉和减压均匀炉都有燃料喷入炉内,

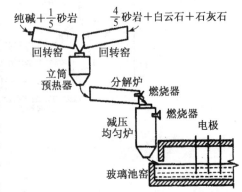

图 4-84　带窑外预热、预分解的玻璃池窑

在氧气的助燃下燃烧。喷入分解炉的燃料中含有少量澄清剂（水、芒硝）。

该工艺的特点是:池窑尺寸小、设备投资少、热效率高、熔制玻璃时间短、产品均匀、澄清剂用量少、操作容易、全封闭控制、原料挥发的损失少(也有利于环保)、对原料的粒度要求低(可节省粉磨的电耗与减少粉磨过程中带入的杂质)等。另外,原料预热、预分解的玻璃熔制方法用于没有废气余热回收的单元窑也比较有效。其缺点是:当大量使用碎玻璃时,因预热料的流动性问题,需要大范围地调整工艺参数。

对于空气助燃的传统玻璃池窑来说,人们也对其利用烟道中的废气余热来预热配合料中粉料与碎玻璃的问题,做过大量的基础性与探索性研究,包括预热方式、预热效果等方面的研究,具体见表4-20。

表4-20　配合料的预热温度与熔化耗热量之间的关系

配合料的预热温度/℃	熔化耗热降低的百分比/%	总耗热量降低的百分比/%
400	~20	~4
500	~30	~5
600	~40	~6
700	~50	~7
800	~60	~8

在表4-20中,还没有计入硅酸盐形成热的降低值。由该表可以看出:配合料的温度每提高100℃,总耗热量约降低1%。预热配合料不仅能够降低熔化的耗热量,也能够加速熔化(例如,将配合料预热到650~820℃,熔化速度可提高25%~30%),还可以防止配合料的分层、提高玻璃液的均匀性、消除粉尘飞扬、延长池窑寿命以及便于调节熔化过程等。图4-85与图4-86分别为平板玻璃池窑与马蹄焰玻璃池窑进行配合料预热的流程图。

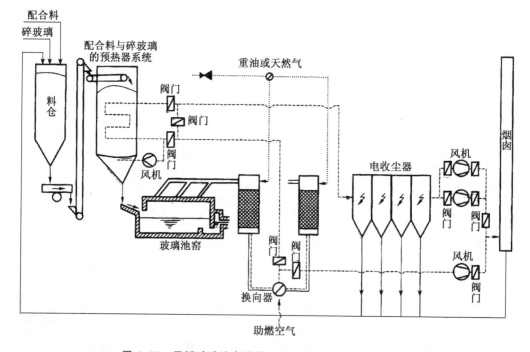

图4-85　平板玻璃池窑预热配合料与净化废气的流程图

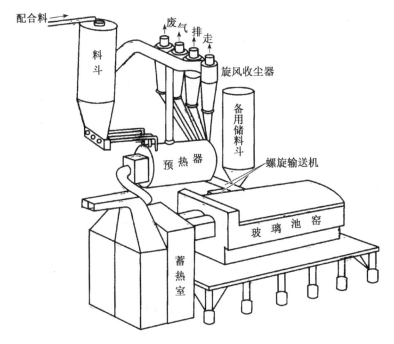

图 4-86　马蹄焰玻璃池窑预热配合料的流程图

4.6.8　窑炉环保的新技术

玻璃熔窑中的主要污染物是烟尘、SO_2、SO_3 以及 NO_x 等。关于除尘技术，要尽可能利用新型、高效的静电收尘器和袋收尘器。关于脱硫技术，可使用像石灰之类的碱性吸收剂来高效脱硫。关于脱氮技术，一是在燃烧技术方面的改进，像前文所述的富氧燃烧技术、全氧燃烧技术、电加热助熔技术、分级燃烧技术(或称多重燃烧技术)、低空气过剩系数燃烧技术等，以尽可能降低 NO_x 的生成量。二是采取治理措施，将 NO_x 还原为 N_2，治理措施包括：选择性催化还原法(简称 SCR 法，即 Selective Catalytic Reduction)、选择性非催化法(简称 SNCR 法，即 Selective，Non—Catalytic Reduction with Ammonia)、3R 技术(3R 即 Regenerator，Reactor，Reduction，即向蓄热室内添加天然气等碳氢燃料与 NO_x 进行还原反应但不燃烧)、电化学法、盐酸氧化法、微生物法等。

思考题

1. 试述池窑熔化部火焰空间与窑池的作用及砖结构和钢结构的构成。
2. 气体空间有几种分隔形式？各有什么特点？日用池窑和浮法窑各采用哪种形式分隔？
3. 玻璃液有几种分隔形式？各有什么特点？日用池窑和浮法窑各采用哪种形式分隔？
4. 小炉的作用是什么？燃油与燃气小炉在结构上有什么区别？画图表示。
5. 余热回收设备的哪几种？并分别加以说明。
6. 我国目前常用的玻璃窑型是哪几种？试预测今后窑型的发展趋向。
7. 玻璃液的回流是否有害？哪些部位的回流应减少？怎样减少？哪些部位的回流应加强？怎样加强？

8. 在实际生产时调节泡界线的理论依据是什么？泡界线出现模糊、断开或双线应如何调整？

9. 为什么马蹄焰池窑内的泡界线不明显、不稳定？它对玻璃液质量有多大影响？

10. 玻璃液是透明体，为何叫半透热体？为何沿池深方向越往下，玻璃液温度越低？

11. 配合料密实团聚化有哪些好处？如何加强配合料内部的传热？

12. 研究玻璃液的热对流对窑炉设计、操作有何意义？

13. 何谓热点？平板窑的热点值大约是多少？

14. 火焰空间"热点"与玻璃液"热点"有哪些不同？我国玻璃厂温度曲线上的热点是指哪一个热点？从精确控制的观点出发应该取哪一个热点？

15. 什么叫"双高热负荷点"燃料分配制度？有什么实际意义？

16. 不同窑型的零压点位置是否相同？它对窑内温度有什么影响？

17. 为什么烧油与烧煤气时的窑压值不同？为什么窑前期与后期的窑压值会有变化？

18. 换向时间间隔对窑的效率和作业稳定性有多大影响？

19. 玻璃液面如何控制稳定？什么情况下玻璃液面较难保持稳定？应怎么解决？

20. 什么叫熔化率？确定熔化率时应考虑哪些因素？请详细说明。

21. 德国的现代高效池窑指的是什么？新型前脸墙反映的又是什么？分别叙述它们的优点。

22. 池窑为什么要进行保温？请说明池窑各部位保温应该注意的问题。

23. 什么是临界出料量？窑炉设计中怎样减少流液洞中玻璃液的回流？

24. 流液洞的尺寸对玻璃液质量、均匀性、回流等各有什么影响？

25. 目前平板窑常用哪种搅拌形式？通常设置在什么位置？

26. 玻璃池窑在技术上有哪些新进展？

5   余热回收设备

在玻璃窑炉内,烟气离开火焰空间的温度是很高的(可达 1 400 ℃以上),这将带走大量热量,一般约占窑炉供热量的 50%～70%。同时,为达到熔窑内所要求的火焰温度,除了燃料燃烧提供的热量外,还需将助燃空气和燃料(当使用低热值煤气时)预热,烟气带走的热量正好满足这方面的需要。所以,为提高窑的热效率,合理利用能源,在燃料加热式玻璃窑炉上,都设有回收烟气热能的余热回收设备,如蓄热室、换热室或余热锅炉。

5.1   蓄热室

蓄热室是通过格子砖先积蓄烟气的热量,然后再将积蓄的热量传给空气(煤气)的设备。如图5-1 所示,当高温烟气流经格子砖表面时,将热能传递给格子砖,此时砖的温度逐渐升高,积蓄(回收)了热量。当换成空气(煤气)流过该格子砖表面时,蓄积在砖内的热量则传给空气(煤气),从而达到预热的目的。对于中间传热介质格子砖来说,一个工作周期是它的加热期,烟气在其中从上向下流动,另一个工作周期是它的冷却期,空气(煤气)在其中从下向上流动,如此周而复始地循环进行,故称蓄热室是周期性工作的换热设备。另外,为保证蓄热和放热同时进行,蓄热室必须成对配置。

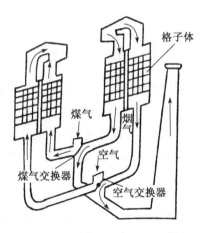

图 5-1   蓄热室工作过程示意图

5.1.1   蓄热室的结构

蓄热室上方与小炉相连,下方与支烟道相接。烧油池窑箱式蓄热室结构主要包括空气通道或烟道、炉条碹、格子体、上方空间(与小炉连接)、顶碹,如图 5-2 所示。传统的烧煤气池窑有上升道,其蓄热室结构主要包括空气、煤气通道或烟道、炉条碹、格子体、风火隔墙、顶碹、承重碹及上方垂直通道(与小炉相连接),如图5-3所示。

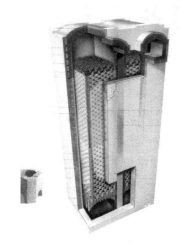

图 5-2　烧油池窑箱式蓄热室结构图

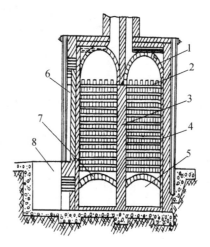

图 5-3　烧煤气池窑的蓄热室结构图

1—半圆碹;2—格子体;3—风火隔墙;4—蓄热室;
5—烟道;6—热修门;7—炉条碹;8—扒灰坑

1. 顶碹结构

蓄热室的顶碹有多种形式,最常用的是连通式半圆碹结构,其优点是碹的中心角是180°,理论上水平推力为零。当然,这种连通式的拱碹结构也可以设计成中心角为120°的碹。对于箱式蓄热室来说,其顶碹可以设计成连通式,也可以设计成连拱式(每个小炉都有一副单独的碹,碹中心角为120°或90°)。蓄热室的顶碹采用何种结构要根据具体情况决定。

2. 承重碹结构

传统的燃煤气蓄热室有承重碹结构,通常承重碹是指上升道式结构蓄热室的小炉前、后墙支撑结构。因为小炉是砌在蓄热室的顶碹上,所以小炉的两侧可以直接砌在用砖砌平的半圆碹上,而前、后墙下面是半圆碹,必须要砌筑另一个与半圆碹相垂直的碹来承受前、后墙的重力。此承重碹的跨度一般与上升道宽度相同,股跨比一般为 $\frac{1}{10} \sim \frac{1}{8}$,厚度一般是250 mm。

3. 风火隔墙

蓄热室的分隔墙有两种,一种是空气室与煤气室的分隔墙(简称风火隔墙),由于蓄热上部温度很高,又受到飞料侵蚀,烧损后易发生透火现象,所以其厚度一般较大;另一种是每个空气室或煤气室之间的隔墙,一般厚度为465~585 mm。

4. 格子体

格子体是蓄热室结构中最重要的组成部分,其作用是蓄热和放热。蓄热室的结构是否合理,不仅会影响到蓄热室的使用寿命,而且还会直接影响到格子体的蓄热效能。理想的格子体结构应该具备使用寿命长、蓄热效能好以及周期温度波动小等特点,这也是蓄热室设计中选择格子体结构形式时要注意的原则。

格子体的排列方式有很多类型,概括起来有两类,一类是用标型砖搭砌的传统形式,另一类是用异型砖搭砌的现代形式。

(1)传统格子体

传统格子体的排列方式有西门子式、李赫特式和编篮式等几种,如图5-4所示。

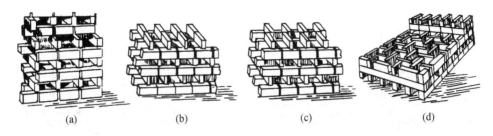

图 5-4 传统格子砖的排列方式

(a) 西门子式(上下不交叉);(b) 西门子式(上下交叉);(c) 李赫特式(上下交叉);(d) 编篮式

表示格子体性能有三个指标:受热面积、填充系数和通道截面积。

格子体受热表面是一个重要的技术指标,它表示每立方米格子体中所具有的受热表面积的大小。此值愈大,说明在满足同样的热负荷的情况下,格子体体积可以缩小。

填充系数表示每立方米格子体内砖材的体积。此值愈大,说明格子体的蓄热能力愈大,因而被预热气体在一个周期内的温度波动较小。

格子体的通道截面积表示每平方米格子体横截面上气体通道的截面积。此值大,说明气体在格子体内的流速较低,流动阻力较小。但通道截面积大时,相应的单位体积受热面积减小,填充系数也减小。反之,如果格孔尺寸和通道截面积愈小,则受热面积和填充系数愈大,但气流阻力也增大,因此要综合考虑几项指标来确定格孔尺寸。几种传统方式的格子体排列方式的特性指标见表5-1。目前常用的两种格子砖排列方式的指标也可由图5-5提供的数据直接查出。

表 5-1 格子体的性能指标

格子砖排列方式	格子体受热表面/(m^2/m^3)	格子体填充系数/(m^3/m^3)	格子体通道截面积/(m^2/m^2)	水力直径/m
连续通道式	$2\dfrac{a+b}{(a+\delta)(b+\delta)}$	$1-\dfrac{ab}{(a+\delta)+(b+\delta)}$	$\dfrac{ab}{(a+\delta)(b+\delta)}$	$2\dfrac{ab}{a+b}$
西门子式(上下交叉或不交叉)	$\dfrac{2\delta+a+b}{(a+\delta)(b+\delta)}$ $+\dfrac{\delta(a+b)}{h(a+\delta)(b+\delta)}$	$\dfrac{\delta}{2}\times\dfrac{2\delta+a+b}{(a+\delta)(b+\delta)}$	$\dfrac{ab}{(a+\delta)(b+\delta)}$	$2\dfrac{ab}{a+b}$
李赫特式(上下不交叉)(砖头不突出)	$\dfrac{\delta}{h}\times\dfrac{a+2b+\delta-l}{(a+\delta)(b+\delta)}$ $+\dfrac{a+l+2\delta}{(a+\delta)(b+\delta)}$	$\dfrac{\delta}{2}\times\dfrac{l+a+\delta}{(a+\delta)(b+\delta)}$	$\dfrac{ab}{(a+\delta)(b+\delta)}$	$2\dfrac{ab}{a+b}$
李赫特式(上下不交叉)(砖头突出)	$\dfrac{\delta}{h}\times\dfrac{a+l-3\delta}{(a+\delta)(b+\delta)}$ $+\dfrac{a+l+2\delta}{(a+\delta)(b+\delta)}$	$\dfrac{\delta}{2}\times\dfrac{l+a+\delta}{(a+\delta)(b+\delta)}$	$\dfrac{ab-\delta(l-b-2\delta)}{(a+\delta)(b+\delta)}$	$2\dfrac{ab-\delta(l-b-2\delta)}{a+l-2\delta}$
编篮式	$2\dfrac{(l+\delta)}{(a+\delta)^2}$ $+\dfrac{2\delta(2a-l+\delta)}{h(a+b)^2}$	$\dfrac{l\delta}{(a+b)^2}$	$\dfrac{a^2}{(a+\delta)^2}$	a

注:1. 表中 $a\times b$ 为格孔尺寸,h 为砖高,l 为砖长;

    2. 砖的当量厚度 $\delta=2V/F$。

西门子式格子体的特点是便于清扫和热修格子体砖,但其稳定性较差,且单位体积格子体的受热面积较小,所以它不是理想的排列形式。李赫特式的特点是单位体积格子体的受热面积较大,稳定性较好,但容易堵塞又不便于清扫和热修,所以这种排列形式也不太理想。编篮式格子体砖的两

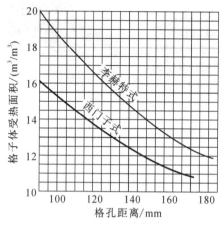
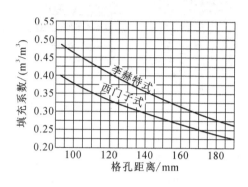

图 5-5　西门子式、李赫特式格子砖的指标计算图

端面都是受热面,所以在几种格子体排列方式中,它的单位体积格子体的受热面积最大,而且不易堵、稳定性好,该结构目前在玻璃池窑上得到广泛应用。

（2）现代格子体

现代形式的格子体多用十字形砖或筒形格子砖直接构筑连续通道式格子体,如图 5-6 和图 5-7 所示。

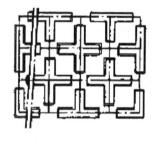
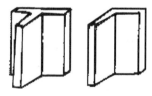

图 5-6　十字形格子砖

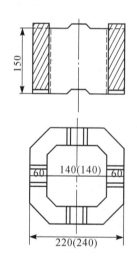

图 5-7　筒形格子砖及砌筑方法

十字形连续通道格子体是近 20 年才使用的一种新型格子体结构形式。十字砖是由法国最先研制,由于其用电熔锆刚玉材质制成,具有耐高温侵蚀性能好、容积密度大、热容量高、导热系数大等特性,因此十字形格子体的使用寿命长,据报道可连续使用 7～8 年不用更换,且蓄热性能好,周期温度波动小,是一种理想的格子体。

筒形连续通道式格子体由英国研制,采用锆刚玉或黏土材质制成。除具有和十字形格子砖相同的优点外,还有砖形单一、搭砌方便、稳固性更好、热修更容易等特点,所以目前在一些新建的大型浮法玻璃池窑中,筒形连续通道式格子体结构被广泛采用。

现代格子体与传统格子体的性能比较见表 5-2。

表 5-2 格子体性能比较

格子砖种类	格孔大小 /mm	格子砖厚度/mm	每 1 m³ 的格子砖重 /(kg/m³)	每 1 m³ 的格子砖数量 /(块/m³)	每 1 m³ 砖格的受热表面 /(m³/m³)	每 1 m³ 砖格横截面的流通比/%
电熔锆刚玉质十字形砖	170×170	40	990	45.35	14.97	65.5
电熔锆刚玉质十字形砖	140×140	40	1 060	46.34	16.05	60.5
烧结锆刚玉质筒形砖	160×160	40	1 083	83.3	14.94	62.5
烧结锆刚玉质筒形砖	140×140	40	1 337	102.9	15.97	57.8
镁质标形砖	150×150 （西门子式）	75	1 420		10.67	44.4
黏土质标形砖	150×150 （西门子式）	75	780		10.67	44.4

5. 炉条碹

炉条碹是承受格子体重量的拱碹结构,它是由单一的碹砖砌成的一条条拱碹,条碹与条碹之间有一条一条的空隙,以便让气体通过。为了在炉条碹上方搭砌格子体,炉条碹上面必须找平,如图 5-8 所示。找平的方法有两种,一种是在拱碹的弧形上面用爬碹砖砌平,如图 5-8(a) 所示;另一种是直接用顶面平直而底面呈弧形的碹砖砌成炉条碹,如图 5-8(b) 所示。

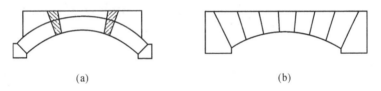

(a)　　　　　　　　　　　　(b)

图 5-8 两种形式的炉条碹结构

5.1.2 蓄热室的类型

1. 立式蓄热室与卧式蓄热室

根据蓄热室内气流方向的不同,有立式与卧式之分,如图 5-9 所示。立式是指气流在格子体内的垂直方向流动[图 5-9(a)],气流阻力小,气流分布较均匀,且格子体热修方便,普遍应用于自然通风的熔窑。反之,卧式是指气体在格子体内的水平方向流动[图 5-9(b)],气体分层现象严重,阻力较大,需要机械通风,用在有几对小炉的横焰窑上时,其烟道布置较困难,一般当厂房高度受限时才考虑采用。

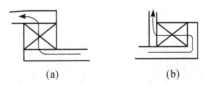

(a)　　　　　　(b)

图 5-9 立式与卧式蓄热室结构示意图

2. 连通式蓄热室、分隔式蓄热室及半分隔式蓄热室

对于有若干对小炉的横焰窑来说,立式蓄热室又可分为连通式、分隔式及半分隔式,如图 5-10 所示。

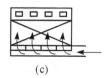

图5-10　连通式、分隔式及半分隔式蓄热室结构示意图

连通式蓄热室结构是指玻璃池窑一侧的蓄热室都连通在一起,而且小炉下面的烟道也相互连通,如图5-10(a)所示。其特点是气体(空气、煤气或烟气)可以互相串通,每个小炉的气体分配量靠小炉闸板的开度调节。由于排出的烟气或进入的空气、煤气都在蓄热室的一端,这样会造成蓄热室内气流分布不均匀,当调节某小炉闸板时,对相邻小炉的气体流量有影响,无法严格控制热工制度。同时当格子体需要热修时,热修操作劳动条件差。所以这种结构的蓄热室在我国已为数不多,只有烧煤气的玻璃池窑以及厂房宽度受限制的老玻璃厂仍在使用这种结构。

分隔式蓄热室结构是将蓄热室以每个小炉为单元分成若干个室,每个蓄热室内的气体不能串通,而且炉条碹下面的支烟道也不互相连通,而是通过各自的分支烟道与主烟道连接,如图5-10(b)所示。其特点是分配到每个蓄热室内的气体量靠每个蓄热室支烟道上的闸板调节。这种结构的优点是气体分配的调节比较方便,窑内热工制度比较稳定,热修时操作条件显著改善。所以这种结构的蓄热室在我国使用得比较普遍。其缺点是各个蓄热室之间的分隔墙如果太薄则容易倒塌,如果太厚则所占据的空间太大,从而减少格子砖的有效传热面积,且结构复杂,占地面积大。

半分隔式蓄热室结构也称烟道分隔式蓄热室或超级烟道,如图5-10(c)所示,是指蓄热室炉条碹之下的支烟道以每个小炉为单元进行分隔,各蓄热室的排烟量和空气供给量靠分支烟道闸板和空气进气阀调节,即与分隔式蓄热室相同。但蓄热室内空间没有隔墙,即与连通式蓄热室相同。其特点是结合了连通式与分隔式的优点,因取消空间内隔墙,避免了隔墙占用空间,换热面积增大,蓄热效能较分隔式提高;只要闸板和空气进气阀调节得当,气流分布就较均匀,温度制度就较稳定,相应地提高了空气预热温度和热回收率,降低了燃料消耗。但是格子砖材质和排列方式要作较大改进。否则,如果格子体在一个窑期内需要更换几次,则同样存在连通式蓄热室热修困难的缺点。

半分隔式蓄热室结构中相连通的蓄热室空间也可以根据需要进行分隔,如图5-10(d)所示,其他结构与半分隔式蓄热室结构相同。半分隔式蓄热室结构的应用正在逐步推广。

半分隔式蓄热室结构平面分布如图5-11所示。

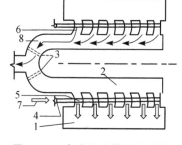

图5-11　半分隔式蓄热室结构平面分布图

1—蓄热室;2—烟道;3—烟道闸板;4—交换闸板;5—助燃空气闸板;6—烟气调节闸板;7—助燃空气;8—烟气

3. 多通道蓄热室

多通道蓄热室是指将单一的垂直蓄热室分成两个以上垂直的蓄热室,其间用隔墙分开,用一个通道连通,即将蓄热室分成高温段和低温段,如图5-12所示。

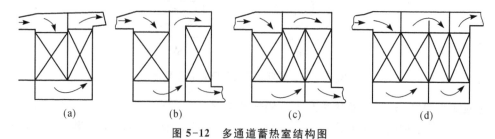

图5-12　多通道蓄热室结构图

(a) 双通道上排烟式;(b) 双通道下排烟式;(c) 三通道式;(d) 四通道式

采用双通道蓄热室,可以减少烟气中侵蚀性气体(硫酸盐气体等)冷凝物对格子砖的侵蚀,使冷凝变化在连接通道内进行,延长了蓄热室格子砖的使用寿命,并改善了热修条件。此外,双通道蓄热室还可在不增加厂房高度下扩大换热面积。但相应的气流阻力会增大,烟囱也要加高。

5.1.3 蓄热室的工作原理

1. 蓄热室内的传热过程

蓄热室是周期性工作的换热设备,在每个工作周期中,蓄热室内烟气、格子砖、空气(煤气)的温度都随时间而变化,故属于不稳定温度场,因此蓄热室内传热过程属于不稳定传热。图 5-13 是根据试验数据绘出的 63 mm 厚的格子砖从加热期转换到冷却期以后,其温度随时间变化的情况。图 5-14 是一个循环周期格子砖表面某点温度的变化情况。从图中可以看出,格子砖各处温度随时间变化而变化,属于不稳定温度场。

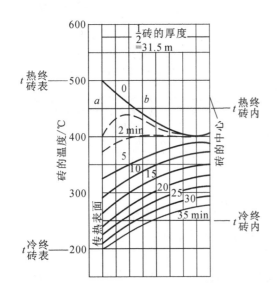

图 5-13　格子砖厚度上温度变化

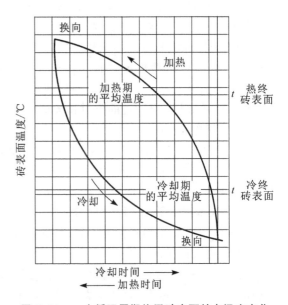

图 5-14　一个循环周期格子砖表面某点温度变化

图 5-15 为蓄热室每个周期中烟气、格子砖和空气三个介质沿蓄热室高度上的温度分布情况。从图中可以看出:虽然在每个周期内蓄热室各高度上的三个介质的温度都随时间而变,但就平均温度而言,在整个周期内,烟气、格子砖表面和空气的平均温度都不随时间而变。因此,为简化起见,可以看作是稳定温度场,它们之间的传热过程也可视为稳定传热。从图 5-15 中还可看出,其平均温度的变化规律与逆流式换热器内的温度分布规律比较相似,因此,通常将蓄热室看作是逆流换热器,然后在整个工作周期中进行热分析,从而使蓄热室的传热计算得以简化。

显然蓄热室内的传热方式应包括:烟气对格子砖的辐射和对流换热,格子砖内部的传导传热和格子砖向空气或煤气的对流及辐射换热。其传热过程也受到烟气进口温度、气层厚度、烟气中含灰渣及不完全燃烧情况、气流速度、格子砖厚度、密度、导热系数及排列情况、外壁散热损失及漏风情况、气体通道内的积灰及阻力情况等的影响,其影响因素比较复杂。

2. 换向时间与温度稳定性

格子砖加热期和冷却期的时间长短即换向时间的长短对于空气或煤气预热温度的波动情况、蓄热室的利用率以及格子砖的使用寿命都有影响。在加热期开始一段时间后,格子砖温度急剧上升,格子体上部的热量逐渐"饱和"(吸热能力逐渐减小),因而离开蓄热室的烟气温度开始上升,烟气留在蓄热室内的热量逐渐减少,格子砖愈来愈少地参加热交换,其热效率相应降低。同理在冷却期开始一段时间后,空气或煤气离开蓄热室的温度开始下降,时间愈长,其预热温度愈低,因而造成预热温度的波动。所以,基于上述原因,加热期和冷却期的时间都不宜过长。当然时间太短,造成换向过于频繁,不仅热量损失增加,而且也不合理。一般来说,蓄热室的相对热效率与换向间隔时间之间有一个最佳平衡点,此时其相对热效率最高,对于玻璃熔窑来说,目前换向时间多采用 20～30 min。

3. 气流分布均匀性

蓄热室内的气体流动情况,主要是格子体内气体通道横截面上的气流分布均匀程度,对于改善传热和提高换热效率具有重要意义。因为气流分布均匀程度越高,则格子体越能充分地参加热交换,因而气体预热温度越高,烟气离开蓄热室时的温度越低。影响气流均匀程度的因素有很多,如气流方向、气流入口情况、蓄热室横截面大小以及通道的阻力和堵塞情况等。

（1）气流方向

烟气或空气进入蓄热室后被垂直分成若干小气流,气流方向应符合垂直分流法则,即被冷却的烟气应当自上向下流动,被加热的空气或煤气应当自下向上流动,这是气体在格子体截面上均匀分布的前提。否则如果气体流动方向相反,则格子体截面上气流会越来越不均匀,不但对传热不利,而且会造成格子砖局部过热而烧损。

（2）气流入口情况

气流入口情况包括:入口通道的方向、位置、截面大小以及通道入口到格子体顶面的距离等,这里气体流动的惯性在很大程度上影响着气流的分布情况。

例如蓄热室上部通道是垂直式时,较侧面设置分配通道的气流分布要更加不均匀,如图 5-16(a)所示。而垂直通道截面尺寸愈小,垂直通道口与格子体顶面距离愈近,气流分布愈不均匀。

即使气体分配通道不是垂直式而是由侧面进入,当通道横截面相对于格子体截面积的比值较小时,即气体进入格子体之前流速较大,由于惯性作用也会造成气流的不均匀分布,如图 5-16(b)所示,有可能使气流偏向于左方通道。这时应采用较低的气体入口流速,并在格子体与通道间留有较大的空间。采用"喇叭口"形的入口通道或加设阻挡气流的设施可以使上述情况得到改善。

如图 5-17 所示,为蓄热室上方通道的形式。采用斜后墙比采用直后墙的气流分布均匀性要更好。而采用箱式蓄热室,去除了垂直上升通道,可以改善气流分布,提高热效率,同时减小了外形尺寸和散热面积,使周期内气体温度变化小,减小气流阻力,提高空气预热温度,提高热效率。因此箱式蓄热室是玻璃池窑目前常采用的形式。

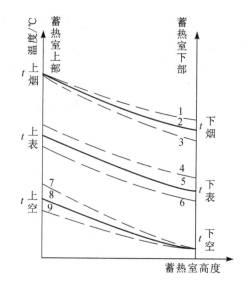

图 5-15　蓄热室内的温度分布

1—加热期结束时烟气温度曲线;
2—加热期内烟气平均温度曲线;
3—加热期开始时烟气温度曲线;
4—加热期结束或冷却期开始时格子砖表面温度曲线;
5—全周期内格子体表面的平均温度曲线;
6—加热期开始或冷却期结束时格子砖表面温度曲线;
7—冷却期开始时空气温度曲线;
8—冷却期内空气平均温度曲线;
9—冷却期结束时空气温度曲线

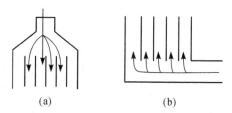

图 5-16　蓄热室各通道的气流分布

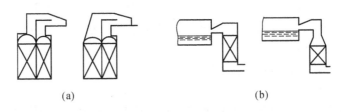

图 5-17　蓄热室上方通道的形式

(a) 有上升道的直后墙式与斜后墙式；(b) 垂直箱式与喇叭口箱式

（3）蓄热室横截面的大小

显然，蓄热室的截面尺寸越大，气流分布越不容易均匀，为了缩小截面尺寸又同时满足换热面积的要求，可以增加蓄热室的高度，即如果单从气流分布均匀性考虑，采用窄而高的立式蓄热室效果较好，但设计时还应综合考虑通道的阻力等其他因素。

（4）通道的阻力和堵塞情况

炉条孔的宽度、通道内的阻力情况、飞料和积灰以及格子体损坏倒塌等影响气流的分布，尤其是通道堵塞程度对气流分布影响很大，是需要特别注意的问题。

（5）蓄热室内压力

蓄热室内的压力情况，影响到空气吸入量及外壁漏风量，乃至关系到气体预热温度、烟囱抽力以及到达小炉口的空气量等。

玻璃熔窑一般要求液面处为零压或微正压。对于自然通风的窑来说，助燃空气进入窑内完全依靠蓄热室内热气体产生的几何压头为动力。因此其蓄热室都较高，以得到较大的几何压头，使到达小炉口的空气具有足够的速度和流量。同时，为减少空气的沿程阻力，一般在确定通道截面尺寸时，空气流速应选取较低的值，通道各部位的局部阻力也应设法减小。

对于采用鼓风的熔窑来说，空气侧的阻力很容易被鼓风压力所克服，进入蓄热室的空气量决定于鼓风压力，而几何压头的影响则退居次要地位。通道尺寸的确定可以不考虑空气侧，而主要决定于烟气侧所需的尺寸。一般为减小阻力，烟气流速也选取较低的值。

（6）蓄热室的气密性

由于蓄热室外墙常砌筑得不十分严密，特别是热修频繁时，造成空气通过外墙缝隙漏出（当蓄热室内为正压时），以及外界冷空气的吸入（当蓄热室内为负压时）。外界空气漏入烟气流中，降低了烟气温度，因而降低了预热能力，由于空气温度降低对于自然通风的窑来说，又影响了空气吸入量，影响到小炉口的空气量和速度。此外，烟气温度低也影响烟囱抽力。对于煤气蓄热室来说，煤气向外涌出造成燃料损失，且影响车间的劳动条件。因此，蓄热室的压力情况及漏风问题需引起足够注意。

以上分析了许多影响热交换和气体流动情况的因素，是为了在蓄热室设计和操作中找出其主要的影响因素，从而采取措施，以达到有利于传热的目的。

5.1.4　蓄热室的结构设计

蓄热室结构设计的主要包括空气、煤气烟道、炉条碹、格子砖与格子体、顶碹、风火隔墙、热修门等。

蓄热室设计的主体是格子体，主要内容是确定所需的传热面积，从而确定蓄热室的主要尺寸。一般通过计算可以进行设计，计算方法有理论计算与经验计算两种。理论计算的依据是把蓄热室内传热过程看作为逆流换热器,根据公式 $Q = KF\Delta t_{av逆}$ 计算蓄热室所需要的传热面积,具体计算过程参见有关设计参考资料。由于理论计算的烦琐和目前还缺乏足够的可靠性,因此,在实际设计工作中,常采用先进行经验计算,而后进行理论核算,两者互为补充。在进行经验计算之前,要先确定格子体形式和格孔尺寸,然后按以下步骤进行设计。

1. 确定比受热面积

比受热面积是指每平方米熔化部面积所需格子体受热表面积,即一侧蓄热室格子体受热面积与熔化部液面面积之比,用 A 表示。

$$A = \frac{F_{蓄}}{F_{熔}} \tag{5-1}$$

式中　$F_{蓄}$——格子体的受热面积,m^2;

　　　$F_{熔}$——熔化部液面面积,m^2。

A 值的选取参考同类型生产窑的经验数据。当玻璃品种要求的熔制温度较高或空气、煤气的预热温度要求高时,A 可取较大的数值;要求充分利用烟气余热时,A 可取较大的数值;燃烧低热值燃料时,A 应取较大值;格子砖耐热性能好时,A 可取较大的数值。表5-3为比受热面积的经验数据。

表5-3　比受热面积的经验数据

燃料品种	池　　窑		燃料品种	池　　窑	
发生炉	大型窑	20~30	重油	大型窑	35~50
煤　气	中、小型窑	25~35		中、小型窑	20~35

2. 确定空气、煤气蓄热室的受热面积

选择适当的 A 值后,即可求出一侧蓄热室的总受热面积 $F_{蓄}$。对于烧油或其他高热值燃料的熔窑,$F_{蓄}$ 即为空气蓄热室所需的受热面积。对于烧发生炉煤气的熔窑,$F_{蓄}$ 为空气蓄热室与煤气蓄热室所需的受热面积之和。两者受热面积之比一般为

$$k = \frac{F_{空气}}{F_{煤气}} = 1.5 \sim 2.0（最高为2.5）$$

3. 确定格子体的体积

根据格子体的受热面积可求出空气蓄热室与煤气蓄热室的格子体体积:

$$V_{空气} = \frac{F_{空气}}{f_{空气}} \tag{5-2}$$

$$V_{煤气} = \frac{F_{煤气}}{f_{煤气}} \tag{5-3}$$

式中　$F_{空气}$,$F_{煤气}$——空气蓄热室与煤气蓄热室所需的格子体的受热面积,m^2;

　　　$f_{空气}$,$f_{煤气}$——空气蓄热室与煤气蓄热室单位体积所具有的受热面积,m^2/m^3。

4. 确定格子体尺寸

根据平面布置及高度的经验数据确定长、宽、高各向尺寸。格子体的高度一般为7~9 m。厂房条件受限时,也可取5.5~6 m。格子体的宽高比一般为2.0~3.0。格子体的长、宽尺寸应为格子砖长度的整数倍,一般横焰窑蓄热室长度与熔化部长度相当,若是分隔式蓄热室,还应根据烟气分配量确定各蓄热室的长度比例。

格子体的长、宽、高之间的关系,用构筑系数 φ 来表示(又称细长比):

$$\varphi = \frac{H}{\sqrt{BL}} \tag{5-4}$$

式中　H——格子体高度，m；

　　　B——格子体宽度，m；

　　　L——格子体长度，m。

构筑系数 φ 是衡量格子体结构是否合理、气流分布均匀程度和余热利用程度的指标，显然 φ 值较大时，对气流分布均匀有利，但 φ 值过大，格子体的结构稳定性会变差，格子体易倒塌，气流阻力增大，厂房造价增高，上部格子砖易烧损。反之，则气流分布不均匀，蓄热效果较差。国内大型平板窑 φ 值为 $0.6\sim1.0$，马蹄焰窑和用分隔式蓄热室的横窑焰一般为 $2\sim3$。当格子砖的材质提高后，可选择较大的 φ 值来改善蓄热室的预热效果。

根据上述原则计算出格子体尺寸后，还需要验证蓄热室内格子体的热负荷 q。热负荷按以下公式计算。

$$q = \frac{mQ_{\text{net}}}{F_{\text{Reg}}} \tag{5-5}$$

式中　F_{Reg}——玻璃池窑一侧蓄热室内格子体的总受热面积，m²；

　　　Q_{net}——燃料的低位热值，kJ/kg 或 kJ/m³；

　　　m——池窑的燃料消耗量，kg/h 或 m³/h。

烧发生炉煤气时，$q=16\,747\sim23\,027\ \text{kJ}/(\text{m}^2\cdot\text{h})$；烧重油或天然气或城市煤气或焦炉煤气等高热值燃料时，$q=20\,934\sim27\,214\ \text{kJ}/(\text{m}^2\cdot\text{h})$。当 q 超出这些范围时，还需重新调整格子体的相关尺寸。

表 5-4 为空气、煤气、烟气在格子体中的流速及温度的经验数据范围，可用于校核格子体的尺寸。随着技术的发展，经验数据也在更新，实际生产窑的数据可由热工测定获得并校核。

表 5-4　格子体中气流速度及温度的经验数据范围

空气、煤气的流速/(m/s)	烟气的流速/(m/s)	烟气进格子体的温度/℃	烟气出格子体的温度/℃	空气进格子体的温度/℃	空气出格子体的温度/℃	煤气进格子体的温度/℃	煤气出格子体的温度/℃
$0.25\sim0.5$	$0.5\sim1$	$1\,250\sim1\,400$	$400\sim600$	$20\sim100$	$950\sim1\,100$	约 400（热煤气）100（冷煤气）	$900\sim950$

5. 蓄热室的保温

根据蓄热室和小炉耐火砖材的不同可设计出三种保温方案，如图 5-18 所示，可供读者设计时参考，硅钙板的厚度可取 50 mm；轻质黏土砖的厚度可取 115 mm；耐火密封料的厚度可取 $5\sim10$ mm；石英砂、镁质密封料、锆英砂的厚度可以取 $25\sim35$ mm；三种耐火材料的厚度：对于蓄热室可取 230 mm，对于小炉可取 $250\sim350$ mm。另外要注意：在砌筑前，要用成分

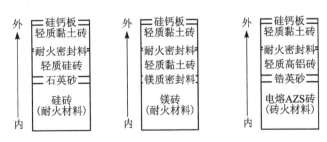

图 5-18　蓄热室和小炉的三种保温方案

与耐火砖材相近的耐火泥掺和磷酸盐后作为胶凝剂仔细地密封蓄热室和小炉的耐火材料外表面。

5.1.5 排烟供气系统的设计

1. 烟道的设计

（1）烟道的布置方式

烟道的布置方式比较多，它与燃料种类以及蓄热室的结构形式有关。例如，烧发生炉煤气与烧重油（或烧天然气或烧城市煤气或焦炉煤气），其烟道的布置方式就不一样；即使烧同一种燃料的玻璃池窑，采用连通式结构的蓄热室与采用分隔式结构的蓄热室，其烟道的布置方式也不相同。

（2）烟道尺寸的确定方法

烟道尺寸取决于其内的废气流量与流速、流量由配料计算（盐类分解会产生气体）、燃料燃烧计算（燃烧会产生气体）、漏风量计算等因素来确定；废气流速的取值也颇为重要：流速太大会增大流动阻力损失（即压头损失），严重时会使排烟困难；流速太低又会使烟道的造价增加以及使烟气在流动过程中的温度下降太多，不利于废气的余热利用。在烟道中的废气流速在标准状态下一般取0.5～30 m/s（具体来说，总烟道内约 1～2 m/s，支烟道内约 2～4 m/s，考虑到生产后期烟道内会积水、积灰、漏风严重，建议取较小的值）。另外需指出：根据实际测定，烧发生炉煤气池窑的烟气流动阻力最大（即压头损失最大），这是由于废气通过煤气换向器四个 90°转弯处时，其受到的流动阻力较大。因此，煤气换向器的通气孔面积宜大不宜小，当然太大也会增加煤气换向器的成本。

烟道上面为拱碹结构（中心角一般为 90°，碹厚 0.23 m），下部为矩形截面（一般来说，高度稍大于或等于宽度）。如果拱碹露出地面，碹碴（拱脚砖）还必须加顶碹角钢，两边加立柱和拉条；如果碹碴埋入地面以下，也须加顶碹角钢，并在砌好碹后及拆碹胎之前，将其两边的地面捣打坚实，以防止拱碹倒塌。关于烟道上换向器和闸板的设计，可以根据要求和具体情况合理地选择其配置。此外，要注意烟道的密封与保温，有些烟道用浇注料进行全浇注施工或半浇注施工，其施工简易，烟道的保温密封性能也较好。

2. 烟囱的设计

烟囱设计的具体方法和注意事项可参考其他相关资料。需特别强调的是，烟囱产生的负压（即烟囱的抽力）与烟囱高度、烟气和周围大气之间的温度差成正比。而玻璃池窑正常生产所需要的烟囱抽力要根据排烟过程中需要克服的阻力来计算，具体计算方法要根据流体力学的基本原理。此外，还要考虑到生产后期排烟系统的阻力会有所增加，即烟囱的抽力需要有一定的余量系数。

注意：在确定烟囱高度时，不仅要考虑克服生产系统阻力所需要的烟囱高度，还必须考虑废气中有害成分的最低允许排放高度。至于废气从烟囱的标态排放速度，可按在标准状态下 5 m/s 来计算，这样再根据废气流量就可确定烟囱的顶部（出口）直径。关于烟气在烟囱中的温度下降的数值：对于砖烟囱，取 1.5～3.5 ℃/m；对于混凝土烟囱，取 2.5～3.5 ℃/m。为了保证生产安全，烟囱上还必须设计有避雷装置、红灯信号、必要的扶梯。

5.2 换热器

凡能将热能有效地从高温载热流体通过器壁传向低温受热流体的设备，都称为换热器。其种类很多，本节只介绍玻璃窑炉用的烟气加热空气的换热器。

5.2.1 换热器的类型

根据烟气与空气的流动方向不同,可以分为顺流式、逆流式、错流式以及其他形式。逆流换热器所能达到的空气预热温度最高,而顺流式的器壁温度最低。因此,从传热观点看,换热器适宜选择逆流形式,但对于要求器壁温度不能过高的某些金属换热器来说,则有时采用顺流形式,或者也可采用"顺流+逆流"的联合形式。

根据换热器构造材料的不同,可以分为陶质与金属换热器两类。

常用的陶瓷质换热器由黏土质(少数用锆刚玉质或碳化硅质)耐火材料砌成。如图 5-19(a)所示,为筒形砖砌筑的立式换热器,如图 5-19(b)所示,为筒形砖砌筑的卧式换热器。烟气流经管内,空气多以错流方式流经管外。

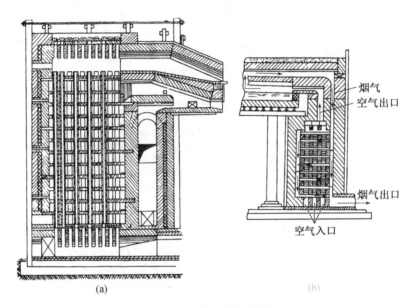

图 5-19 筒形砖换热器

(a) 立式;(b) 卧式

常用的金属换热器,根据使用温度不同,用各种耐热铸铁或合金钢材料制成,其结构形式以及连接方式较多。如图 5-20(a)所示,为一种辐射式金属换热器,烟气流经内筒,空气流经内外筒之间的狭缝。如图 5-20(b)所示,为一种对流式金属换热器,烟气流经管内,空气以错流方式流经管外。如图 5-20(c)所示为一种同心空气管式换热器,由若干根同心的空气管悬挂在高温烟气流中。

金属换热器的特点是传热系数大,气密性好,能获得较高的空气出口压强,结构紧凑,机械强度高等。但金属材料耐高温、耐侵蚀性能较差,因而限制了它的使用温度和寿命(目前使用的一般空气预热温度在 700 ℃以下),但随着耐热合金材料的选用,已逐步提高其相关性能。

陶质换热器的特点是可用于较高温度(空气预热温度为 900～1 100 ℃),但陶瓷材料构件的气密性差(漏风量甚至达烟气量的 20%～30%),综合传热系数、强度和结构紧凑等方面也都不如金属换热器。表 5-5 列出了几种换热器的综合传热系数,以供参考。

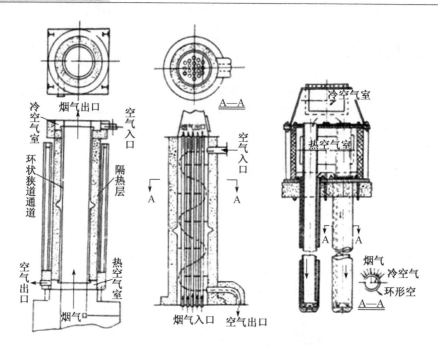

图 5-20　金属换热器

表 5-5　几种换热器的综合传热系数

换热器类型	kW/(m² · ℃)	换热器类型	kW/(m² · ℃)
标形黏土砖砌的陶质换热器	3.5～5.8	对流式金属换热器	
黏土筒形砖砌的陶质换热器	5.8～9.3	（空气为低速）	11.4～19.9
碳化硅质(带有旋涡式芯子的)陶质换热器	17.0～28.4	（空气为高速）	19.9～31.2
		（空气为高速,带有肋片）	39.8～56.8
		辐射式金属换热器	46.5～93

5.2.2　换热器的结构

如上所述,玻璃熔窑上常使用陶质换热器,其结构与蓄热室结构类似,主要包括:烟道、炉条碹、换热体-筒形砖、顶碹。

目前我国采用的陶质换热器主要是筒形砖。筒形砖的特点是:壁厚一般为 20 mm,管壁较薄,热阻较小,故综合传热系数较大(表5-5),单位体积换热面积较大,一般为 6～12 m²/m³,气密性好,能达到较高的预热温度(800～1 100 ℃)。但筒形砖造价高,阻力较大,易堵,且清灰不慎易漏气。

常用筒形砖的截面形状有圆形、六角形、方形等几种,管件之间有用板连接的,也有将管件本身做成接口的,如图 5-21 所示。六角形筒形砖的单位体积换热面积最大,砌筑稳定性最好,应用很普遍。圆形的筒形砖热稳定性较好,但水平放置不稳定,需要竖放。

立式筒形砖换热器是指筒形砖竖直排放,烟气自上而下流过筒形砖内壁,空气则在管外作水平曲折流动,总的方向是自下而上流动。

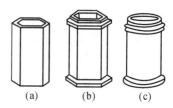

(a)　　(b)　　(c)

图 5-21　筒形砖形状

卧式筒形砖换热器是指筒形砖水平横向排放,烟气在管内作水平曲折流动,总的方向是自上而下流动,空气在管外自下而上流动。对两者进行比较,立式的优点是烟气垂直流动过程中阻力较小,不易堵,容易通灰,管件间的气密性较好,单位体积换热面积较大,热交换情况较好。但是其砌体较高,砌筑难度大,空气道阻力较大,往往需用低压鼓风。

与蓄热室相比,玻璃熔窑上使用换热器的优点是空气预热温度稳定,没有周期性波动,不需换向设备,结构紧凑,占地面积小,造价较低,操作简单。但是空气预热温度较低,对于某些熔制温度要求高的,有时不能满足要求。另外,由于气密性问题,一般不用于预热煤气,而器壁材料较差时也限制了它的使用寿命。因而目前在大中型玻璃窑上很少采用换热器,而小型熔窑在生产中则能显示出它的优越性。例如,陶瓷换热器多用于单碹或双碹式换热式池窑。

5.2.3　换热器的工作原理

（1）换热器内传热过程

换热器内烟气通过器壁对空气的热交换过程属于综合传热。在空气侧,器壁向空气的传热几乎完全以对流方式进行,而空气内的少量水蒸气的辐射吸收能力极小。对流换热系数主要随空气的流速和密度的增加而迅速增大,与温度的关系较小。在烟气侧,烟气与器壁的传热以辐射和对流方式进行,而辐射作用又远超过对流作用。其对流换热系数同样与烟气的流速和密度有关,辐射换热系数随烟气温度、成分、气层厚度变化而变化。虽然烟气流速的提高也有助于对流换热系数的提高,但对同样的烟气来说,减少了通道尺寸,从而降低了辐射换热系数,即降低了总的对流辐射换热系数。因而从传热观点来看,换热器设计应让烟气在较大通道内低速通过,而空气则在较小通道内以高速通过。

（2）漏风现象

一般烟气通道内呈负压,空气通道呈正压。当陶质换热器器壁存在裂缝时,会使正在预热的空气漏入烟气中,从换热器的外壁也有可能渗入冷空气。这样,由于烟气温度降低而显著降低了传热能力和空气的预热温度,且烟气体积增大也增加了阻力损失。因此漏风现象是陶质换热器设计和操作中需特别注意的问题。

漏风量的大小与器壁的严密性及器壁两侧的压差有关,压差越大,漏风愈严重。由于陶质换热器很难完全避免接缝不严密及裂缝现象,为此需尽量减小空气道与烟气道间的压差(不大于 $3\sim5$ Pa),让空气和烟气的速度都比较低,以减小漏风量。但降低空气流速又减少了对流换热,这时可采取其他措施补偿。例如采用间接的加热面,如图 5-22 所示中的 B 面,可以从通道外壁 A 面接受辐射热,再靠对流将热量传递给空气。据介绍,在陶质换热器的热端,1 m² 间接加热面的换热能力相当于 0.53 m² 的直接加热面,在冷端则相当于 0.27 m² 的直接加热面,综合起来能使烟气与空气间的总换热效果提高 40% 左右。

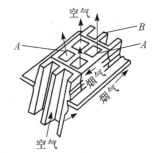

图 5-22　换热器的加热面

A—直接加热面；
B—间接加热面

（3）压力分布对气流分布的影响

换热器内的压力分布影响到气体流动和空气吸入量的大小。对于自然通风的窑来说还影响到空气吸入量的大小。由于助燃空气进入窑内是靠换热器内热气体产生的几何压头为动力,因而空气吸入量与影响此几何压头及空气流动过程阻力大小的因素有关。对于自然通风的窑,换热器应保证足够的几何高度和空气温度,并尽量减小空气道的阻力,以保证到达小炉口有足够的助燃空气量。同时,换热器内气流横截面上的分布均匀性对于改善传热,提高热效率具有重要意义。因此在换热器设计及操作中,应使气流方向符合气体垂直运动分流定则,并注意保证气体通道的畅通,避免气流产生死角等情况。

5.2.4　换热器的结构设计

工程上为简化计算,常采用经验设计的方法。其中一个重要的经验指标是换热比表面积,它是指每平方米池窑熔化部面积所拥有的换热表面积,即换热表面积/熔化部液面面积(单位是 m²/m²)。设计中根据该经验数据(表 5-6)即可确定所需的总换热表面积。由换热面积和选择的风火流程、结构和管件形式,再确定所需管件数目及相应的换热器尺寸。换热器的宽度可参照池窑宽度;换热器高度的确定要考虑成型落料高度、厂房高度和地下水位等;换热器长度的确定要考虑清灰操作、气流阻力和换热面积等。

表 5-6　常用的换热比表面积

池　　窑		坩埚窑
筒形砖砌筑	标形砖(厚 65 mm)砌筑	10～15
错流	平行逆流	标形砖取高值
10～15	15～20	筒形砖取低值

陶质(黏土质)换热器管件的厚度可用下面的经验公式检验:

$$K(t_{烟} - t_{空})\delta \leqslant 9\,537 \tag{5-6}$$

式中　K——综合传热系数,W/(m²·℃);
　　　　δ——管件厚度,cm。

从传热角度看,管件越薄越好,但考虑到结构强度、气密性等问题,管件的厚度一般不小于 13 mm(也有新的结构小于此数据的),而管件长度一般不大于 350～400 mm。

思考题

1. 什么是蓄热室? 其工作过程有什么特点?
2. 试述蓄热室格子砖内部的传热过程,请画图表示。
3. 影响蓄热室内气体周期温度变化的因素有哪些?
4. 蓄热室换向时间与空气温度、烟气温度、窑内温度分别有什么关系?
5. 蓄热室内气流均匀分布有什么意义? 影响气流分布均匀性的因素有哪些?
6. 箱式蓄热室有什么优点? 是否所有窑型都可以用箱式蓄热室?
7. 标形格子砖有几种排列方式? 试比较这些排列的特点。异形格子砖有几种?
8. 格子体的性能指标是什么? 其性能指标间有什么关系?
9. 超级烟道的结构特征是什么? 有什么优点?
10. 什么是蓄熔比? 确定蓄熔比时要考虑哪些因素?
11. 怎样确定格子砖的厚度? 为什么说 40 mm 是格子砖的最佳厚度?
12. 试比较陶质换热器与金属换热器,并说明各自的适用场合。
13. 试比较标型砖换热器与筒形砖换热器,并说明各自的适用场合。

14. 直接加热面与间接加热面有何不同？为什么要用间接加热面？

15. 为什么陶质换热器风火道之间的压差要维持较低的数值？对这个压差产生影响的有哪些因素？

16. 试述陶质换热器内风火流程的确定原则,并举例说明。

17. 为什么陶质换热器的气密性十分重要？怎样提高这个气密性？

18. 为什么金属换热器要把对流换热器和辐射换热器组合在一起？

19. 使用金属换热器时对空气预热温度有哪些影响因素？为什么这个预热温度数值不如使用陶质换热器时那么高？

20. 为什么陶质换热器要复核器壁强度,金属换热器要复核器壁温度？

6 锡　　槽

　　锡槽是浮法玻璃生产过程的成型设备,是浮法玻璃生产工艺的核心,被看成是浮法玻璃生产过程的三大热工设备之一。锡槽是盛满熔融锡液的槽形容器,来自池窑的玻璃液,进入锡槽后漂浮在熔融锡表面,完成摊平、展薄、冷却、固型等过程,成为优于磨光玻璃质量的高质量平板玻璃。

6.1　浮法玻璃成型过程及其对锡槽的要求

6.1.1　浮法玻璃成型过程

　　池窑中熔化好的玻璃液,在 1 100 ℃温度下,沿流道流入锡槽,由于玻璃液的密度约是锡液密度的 1/3(1 000 ℃时,玻璃液的密度是 2.3 g/cm³,而锡液的密度是 6.5 g/cm³),因而玻璃液漂浮在锡液面上。玻璃液成型时的作用力是表面张力和重力,表面张力阻止玻璃液无限摊开,重力则促进玻璃液摊开,当两者达平衡时,漂浮在锡液上的玻璃带就获得自然厚度。玻璃带的自然厚度与玻璃的化学组成相关,浮法玻璃的自然厚度约为 7 mm(此时温度是 1 025 ℃,黏度约 $10^{4.6}$ Pa·s)。生产薄于或厚于自然厚度的玻璃,需要借助外力。实践证明,生产厚度小于 3 mm 的薄玻璃比生产厚度大于 12 mm 的厚玻璃更困难。

　　玻璃带在锡槽冷却到 600~620 ℃时,被过渡辊台抬起,在输送辊道牵引下,离开锡槽,进入退火窑退火,成为高质量的平板玻璃。其成型过程如图 6-1 和图 6-2 所示。

1. 薄玻璃的成型过程

　　薄玻璃的成型方法有压延法、压薄法、液压差法、改变玻璃表面张力法及拉边辊法多种。实践证明,真正行之有效且能满足生产要求的是拉边辊法。

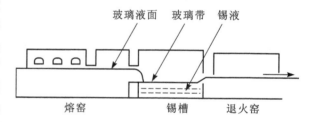

图 6-1　浮法玻璃生产全过程示意图

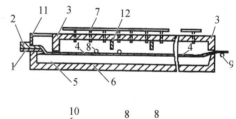

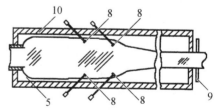

图 6-2　锡槽内成型过程示意图

1—流槽;2—玻璃液;3—顶盖;4—玻璃带;
5—锡液;6—槽底;7—保护气体管道;
8—拉边辊;9—过渡辊台;10—胸墙;
11—闸板;12—锡槽空间分隔墙

按照温度制度区分薄玻璃的生产方法,又可分为低温拉薄法(或称加热重热法),徐冷拉薄法(或称正常降温拉薄法)。目前常用徐冷拉薄法,如图 6-3 所示。徐冷拉薄法的工艺过程可分为四个区。

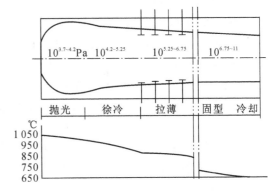

图 6-3　徐冷拉薄法的工艺过程

(1)摊平区:该区温度为 996~1 065 ℃,相应黏度范围为 $10^{3.7}$~$10^{4.2}$ Pa·s。该区目的是使刚进锡槽的玻璃液能够充分摊平,达到自然平衡厚度。

(2)徐冷区:该区温度为 883~996 ℃,相应黏度范围为 $10^{4.2}$~$10^{5.25}$ Pa·s。在摊平区达到自然平衡厚度的玻璃带因受到出口拉引辊牵引力的作用,在该区开始纵向伸展。玻璃带纵向伸展时将同时减少厚度和宽度,但后者比前者变化显著,因此在该区设置拉边辊,以保持宽度不变,使玻璃带主要减小厚度。该区玻璃厚度将减少一半,拉边辊的摆角为 5°~10°。

(3)成型区(或称拉薄区):该区温度为 769~883 ℃,相应黏度范围为 $10^{5.25}$~$10^{6.75}$ Pa·s。在该区根据生产需要,设置若干对拉边辊,给玻璃带以横向和纵向拉力,使玻璃带横向拉薄,在玻璃带增宽的同时减小玻璃带的厚度。

(4)冷却区:该区温度为 600~769 ℃,相应黏度范围为 $10^{6.75}$~10^{11} Pa·s,玻璃带在该区不再展薄,而是逐步冷却,玻璃带出锡槽的温度为 600 ℃左右。

2. 厚玻璃的成型过程

厚玻璃的成型主要采用堆积法,分拉边机堆积法和挡边坝堆积法两种。

(1)拉边机堆积法:生产 7~12 mm 的厚玻璃时,采用拉边机堆积法。拉边机放置方向与拉薄法相反,堆积温度 750~940 ℃。

(2)挡边坝堆积法:生产 12~25 mm 的厚玻璃时,一般采用挡边坝堆积法,如图 6-4 和图 6-5 所示。这种成型操作是通过定边器、八字砖及挡边坝联动实现。定边器一般固定在锡槽壁上,也可以设计成活动的,紧挨流槽。八字砖与定边器铰接在一起,通过拉杆调节其开度。挡边坝为石墨质,设置在八字砖下游。挡边坝与冷却器装置匹配串联,以控制挡边坝的温度。

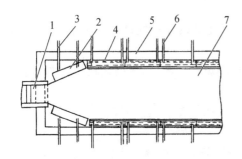

图 6-4　挡边坝法生产厚玻璃示意图

1—流槽;2—八字砖;3—八字砖冷却水管;4—石墨条;
5—胸墙;6—石墨条冷却水管;7—玻璃带

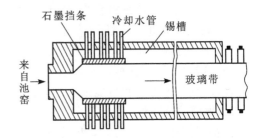

图 6-5　石墨挡边法生产厚玻璃示意图

6.1.2　浮法玻璃成型过程对锡槽的要求

为顺利进行浮法玻璃的成型,要求锡槽具有良好的气密性和可调性。

1. 锡槽的气密性

锡在高温下极易氧化生成氧化锡,进而污染玻璃。为了适应玻璃成型的需要,必须保证锡槽内锡液面的光洁,需要在锡槽中充满弱还原气体,常采用氮(N_2)、氢(H_2)混合气体,两者比例 N_2：$H_2 = 90:10 \sim 97:3$；同时要求锡槽内氧气在标准状态下含量小于 14.28 mg/m^3,国外要求小于 7.14 mg/m^3。这对长几十米、宽几米,有无数门、孔和缝隙的锡槽来说,是非常不容易的。

锡槽内空间对于保护气体来说是高温容器,高温气体所显现的几何压头很显著,当锡槽高温区为正压时,低温区可能为负压;当锡槽上部为正压时,下部可能为负压,如图6-6所示。当保护气量不足,或锡槽密封不好时(如操作孔打开),就会造成局部负压,使空气漏入,影响玻璃质量。因此,必须保证锡槽的气密性,才能保证生产正常进行,并保证玻璃质量。

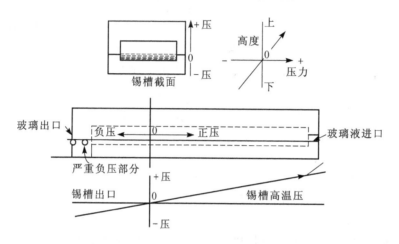

图6-6 锡槽内的压力分布

锡槽的气密性取决于结构设计上是否满足气密性的要求,同时又要便于操作和维护。

首先,要防止氧气从锡槽外部渗透进入锡槽。锡槽胸墙和顶盖所用的材料应不具有连通型的气孔和缝隙,防止氧气分子渗入。目前采用的内衬耐火材料外包钢罩的结构有效地防止了氧气分子扩散进入锡槽的可能。

其次,目前对于锡槽的进口端、出口端、拉边机、挡边辊、冷却器、测量监控等操作孔,一般都采用密封装置。密封装置有两种:

(1)气封装置:在锡槽端部和操作孔处横向喷入一定速度的保护气体流以形成一定压力的气幕,防止氧气扩散进入锡槽。

(2)耐火挡帘:在出口端采用一道或多道耐火挡帘,形成一定阻力,提高锡槽内保护气体压力,阻止空气或氧气进入锡槽。

此外,锡槽操作要尽可能采用自动控制,减少打开操作孔次数,以防漏气。

2. 锡槽的可调性

锡槽可调性是指锡槽纵向和横向的温度、玻璃液流量、玻璃带在锡槽中的形状与尺寸、锡液对流、保护气体纯度、成分和分配量的调节与控制。

(1)锡槽内温度的调节

锡槽温度的调节包括锡槽内温度制度的确定以及纵向温度和横向温度的调节,以适应和满足不同品种玻璃的生产要求。为了达到控制和调节锡槽温度的目的,在设计时依据生产需要将锡槽内的电加热分为近50个区,以满足烘烤锡槽、事故保温和正常生产调节之需求。在实际生产过程中,为了达到调节的精确度,往往采用电加热与冷却器调节相结合的方式。

温度调节的手段有三种:

① 玻璃液流量的控制调节。正常生产过程中,锡槽内的热量主要来源于玻璃液成型中的散热。玻璃液流的调节是调节温度的重要手段,它通过调节节流闸板的开度来实现。

② 电加热元的调节。通过锡槽内上部空间和锡液内部的电加热器调节锡槽生产时所需的温度,一般用于调节锡槽内横向温度和纵向温度曲线。

③ 冷却元件的调节。通过水冷或风冷装置进行强制冷却,以达到预定的温度制度。

(2) 玻璃液液流的调节

玻璃液液流的调节主要指为了满足生产不同厚度或宽度的玻璃的宏观调节和由于液面波动或其他原因造成的原板宽度变化时的微观调节。玻璃液流的宏观调节通过调节节流闸板的开度来实现,其微观调节如图6-7所示:玻璃液通过成型室2的闸板10流到锡液面上,视频探测器5和5′分别监视玻璃带3的两边4和4′,当玻璃带的两边偏离所规定的位置时,视频探测器立即输出电信号,经过板宽运算电路7运算后,转换成板宽信号并传递到控制闸板高度的电路6,此电路控制电机8,从而使闸板按照来自板宽信号的标准差动作,这样就可以使玻璃带的宽度保持恒定。

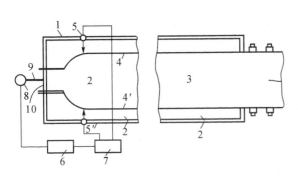

图 6-7 玻璃液流微观调节示意图

1—锡槽;2—成型室;3—玻璃带;4(4′)—玻璃带边子;
5(5′)—视频探测器;6—闸板开度的控制电路;
7—玻璃板宽度运算电路;8—电机;9—传动装置;10—闸板

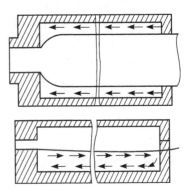

图 6-8 锡液液流示意图

(3) 锡液对流的调节

通过调节锡液纵向、横向的流动,产生有利于玻璃生产的流动。

浮法玻璃在锡液面上的成型要求锡液不仅能够保持相对静止的镜面,而且能够维持相对均匀的温度场。锡槽中锡液的液流状况可近似如图6-8所示。

从图中可以看出,锡液液流主要有三种形式:一是与玻璃带前进方向相同的前进流;二是玻璃带下方锡液深层与锡液前进反向的深层回流;三是玻璃带两侧锡液裸露部分与玻璃带前进方向相反的表面回流。其中以深层回流对玻璃成型质量影响最大,因为这一回流在正成型的玻璃带下表面产生蠕动,由于锡液深度小于 100 mm,冷、热锡液难免相互掺和,造成玻璃带由于温度不均而产生黏度不均。在锡液上移动的玻璃带在黏度不均的情况下,受到退火窑辊子拉力作用时,就会在玻璃带下表面产生波纹。这种波纹主要在 880~970 ℃ 的温度范围内产生,并且很难在后续成型过程中被除去,而保留在固化的玻璃板上。

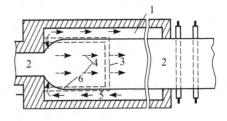

图 6-9 控制锡液流动的挡坎

1—锡槽;2—玻璃带;3—横向挡坎;
4—玻璃带下锡液前进流;
5—玻璃带两侧回流;6—纵向挡坎

设置槽底挡坎和线性电机可以控制和调节锡液对流。借助挡坎(图6-9、图6-10)的阻挡作用可避免回流冷锡液进入 880~970 ℃ 的温度范围的玻璃带下方。而在 880~

970 ℃温度范围内的锡液上方设置线性感应电机(图 6-11),引起锡液从中心向两侧流动的横向流,阻止回流锡液进入该区域。

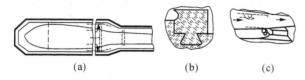

(a)　　　　　　　(b)　　　　　　(c)

图 6-10　控制冷、热锡液混合的挡坎

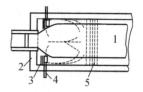

图 6-11　强制锡液流动的线性电机

1—玻璃带;2—锡槽;3—挡板;
4—线性电机;5—石墨挡坎

（4）玻璃厚度、尺寸、形状的调节

调节玻璃液流量,可通过改变拉边机对数、转速和角度,调节温度制度及其他措施来实现。

（5）保护气体用量及纯度调节

采用车间纯化装置,加压装置,微压计和气体成分分析来实现。

锡槽的可调性和气密性是相互关联的,自动化水平越高,操作水平越高,越易保证锡槽的气密性。建立锡槽良好可调性与气密性的关键是设计和施工,实现良好可调性与气密性的关键是操作水平。

6.2　锡槽的分类与结构

6.2.1　锡槽的分类

锡槽按下列特征予以分类。

1. 按照流槽形式分

宽流槽形锡槽:流槽宽度和玻璃原板宽度相近。窄流槽形锡槽:流槽宽度为 $600 \sim 1\,800$ mm。

2. 按照锡槽主体结构分

直通形锡槽。进口端宽度等于出口端宽度。此种形式的锡槽,结构简单,制作方便。一般配置宽流槽。

宽窄形锡槽,也称大小头形锡槽。其进口端较宽,出口端较窄,结构复杂,常与窄流槽配合。直通形与宽窄形锡槽如图 6-12 所示。

3. 按照胸墙结构形式分

固定胸墙式锡槽。此种锡槽胸墙设计为固定式的,即所有操作孔和检测孔都有固定的位置和一定的尺寸。此种结构整体性好,便于密封,但受固定操作孔位置的限制,操作不够灵活。

活动胸墙式锡槽,也称可拆胸墙式。此种锡槽的胸墙上部为固定式,沿口以上至固定胸墙的间隙用活动边封填塞。操作孔可以根据需要灵活设置,便于操作,适应生产多品种产品,但密封较困难。

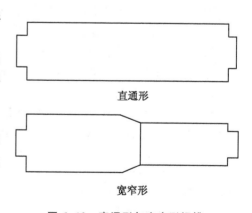

直通形

宽窄形

图 6-12　直通形与宽窄形锡槽

固定胸墙加活动边封式锡槽。此种锡槽综合了以上两种结构的优点,将经常操作处设计成活动边封,以便于生产操作,而在后段不经常操作处设计为固定式胸墙结构,仅预留必要操作孔,以便于锡槽的密封。目前,国内锡槽多采用此种结构。

4. 按照发明厂家分

PB法锡槽,为英国皮尔金顿玻璃有限公司所发明。该锡槽的进口端为窄流槽形式,主体结构为宽窄形。

LB法锡槽,为美国匹兹堡玻璃公司发明。该锡槽的进口端为宽流槽形式,主体结构为直通形,如图6-13所示。

洛阳浮法锡槽,由中国玻璃工作者设计,由于在洛阳试生产成功而得名。这种锡槽结构采用窄流槽形式,宽窄形主体结构。

PB法锡槽、LB法锡槽及洛阳浮法锡槽的根本区别在于进口端结构,主体结构只是高温段有些差异,低温段等宽,但截面结构基本相同。锡槽的主体都是内衬耐火材料,外壳为钢罩。出口端的过渡辊台也是相同的。对于同规模的生产线,LB法锡槽比另外两种锡槽略短些,这主要是由于LB法锡槽中摊平段较短,甚至不设此段。

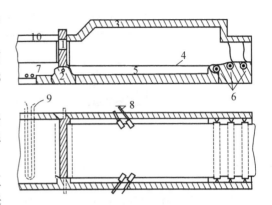

图 6-13　LB 法锡槽

1—节流闸板;2—坎砖;3—锡槽;4—玻璃带;
5—锡液;6—过渡辊;7—玻璃液;8—拉边机;
9—冷却水管;10—熔窑尾部

6.2.2　锡槽的结构

锡槽结构一般分为进口端、主体结构及出口端三个部分。

1. 进口端结构

熔窑与锡槽的衔接部位为锡槽的进口端,其作用是将合格的熔融玻璃液注入锡槽。锡槽形式不同,进口端结构也不同。

(1)窄流槽形锡槽进口端

窄流槽形锡槽进口端包括流道、流槽和闸板三部分,如图6-14所示。

我国早期使用的流道结构为直通形式,由于这种结构宽度较小,使得玻璃熔窑冷却部内存在较大的玻璃不动区,产生不利于玻璃液流的组织,因此直通形的流道逐渐被喇叭形流道代替,如图6-15所示。

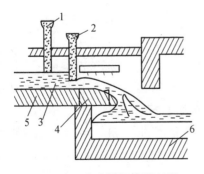

图 6-14　窄流槽锡槽进口端

1—安全闸板;2—节流闸板;3—玻璃液;
4—流槽砖;5—流道砖;6—槽底

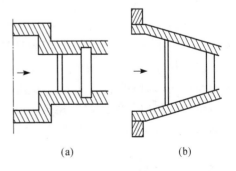

(a)　　　　　　　(b)

图 6-15　直通形和喇叭形流道结构图

流槽是部分伸进锡槽内的槽形耐火砖,有平伸型和弯钩型(俗称唇砖)两种,如图 6-16 所示。前者结构简单,耐久性好,但玻璃液落差大,对锡槽冲击较大。后者结构复杂,成型困难。但由于玻璃液落差小,流动平稳,使玻璃不易产生滞流、线道、条纹等,保持恒定厚度。

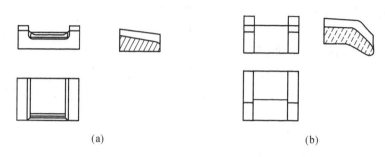

图 6-16 流槽形式

(a)平伸型;(b)弯钩型

流道和流槽上闸板有调节闸板和安全闸板两种。

调节闸板用来控制和调节玻璃液流量,以稳定生产并控制板宽和厚度。调节闸板带有自动升降装置。安全闸板,也称应急闸板,是在发生事故时(如玻璃断板或玻璃满槽时)以及需要更换调节闸板时而使用的紧急装置。它能够立即止流,以便及时处理事故。一般情况下,安全闸板被悬空吊放备用。

(2)宽流槽形锡槽进口端

宽流槽形锡槽进口端包括坎砖、侧壁、平碹、闸板四部分,如图 6-17 所示。

坎砖挡在玻璃液流横向。玻璃带宽度在进入锡槽前已经形成。坎砖上表面凸起,当玻璃液与凸面坎砖的上游部分接触时,靠近坎砖的玻璃液流动较慢,而远离坎砖的玻璃液则以较大的速度流动,这样坎砖受侵蚀程度显著减轻,可以保证玻璃带具有良好的质量。坎砖可配备加热或冷却装置,如在坎砖内穿电加热元件或冷却水管。

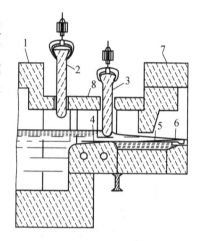

**图 6-17 宽流槽形锡槽
进口端结构**

1—熔窑尾部;2—安全闸板;
3—节流闸板;4—坎砖;
5—锡液;6—玻璃;
7—锡槽;8—平碹

(3)压延型锡槽进口端

压延型锡槽进口端包括压延辊、密封装置、闸板等,如图 6-18 所示。

玻璃液由一对压延辊中间通过而形成具有一定尺寸的玻璃带,然后进入锡槽。这种结构的压延辊是水冷式的,安装在电力传动的框架中。上压辊上方悬吊一垂直挡板,用来保护上压辊不受来自熔窑冷却部玻璃液的辐射热量影响。上压辊的位置比下压辊稍前面一些,以便玻璃液从唇砖流到下压辊的上部,为玻璃液提供一个向下和向前的弧形压延床。因此,离开流槽到达下压辊的玻璃液就被迫向前流动而避免了流槽下面的玻璃液产生回流。

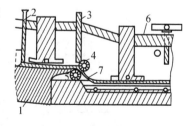

图 6-18 压延型锡槽进口端结构

1—熔窑尾部池底;2—闸板;
3—悬吊挡板;4—上压辊;
5—下压辊;6—锡槽;
7—玻璃带

2. 锡槽主体结构

锡槽主体结构包括槽身(槽底)、胸墙、顶盖、钢结构、电加热系统、冷却系统及保护气体系统等。

（1）槽底

槽底盛装锡液。浮法工艺开始出现时，槽底设计为平底结构，整个锡槽内深度均相等。而后不断发展并考虑节约锡液，操作方便，发展成为阶梯状槽底结构（两端较深，中段较浅），如图6-19所示。

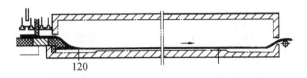

图 6-19　锡槽纵向结构示意图

通用的槽底结构是在一个钢结构钢壳槽内衬耐火黏土砖或耐火混凝土砌成锡液槽，深度40～100 mm。采用耐火砖砌筑（一般厚度为300 mm）的优点是可做成各种不同形状，便于在槽底采用各种不同方式的热交换措施，灵活性大，有利于控制各个区域的温度，易于烤窑排气。缺点是制造耐火砖费时费工，槽底接缝多，填缝材料易于上浮污染玻璃。故要求砖的六个面都要经过磨光处理，以保证尺寸精确，结合面平整。砌筑时要预留膨胀缝，保证烘烤后砖与砖结合平整、严密，严防漏锡。目前一般倾向于用耐火砖砌筑，尤其是大、中型锡槽。用耐火混凝土时，可现场浇注，易于成型，制造成本较低，但烘烤制度严格。整块浇注的槽底采用热交换措施较困难，故浇注法一般适用于小型锡槽。另外，也有采用耐火混凝土预制块砌筑槽底的。

由于锡槽底砖的密度比锡液密度小，为了防止槽底耐火材料开裂与上浮，耐火材料必须用固定件固定在槽底钢板上。

为了防止锡液对锡槽底壳钢板以及锡槽固定螺栓的侵蚀，在锡槽底部还设有吹风冷却装置，称为槽底冷却系统。一般槽底钢板温度不得超过120 ℃。

锡槽底侧壁除在钢壳内衬耐火材料外，常沿纵向镶衬石墨条，部分石墨条高出锡液面，既可防止满槽或当玻璃带与池壁接触引起的黏边，也可以吸收保护气体中的氧化组分。

锡槽一般都比较长，为制造、运输、安装方便，钢结构壳槽分成若干段制造，一般每段长3 m左右。现场安装时，要求槽底整体平整性好，地基、整体钢壳及铺设耐火混凝土或耐火砖后都要求平整。

（2）胸墙

胸墙是锡槽上方空间的两侧墙，其作用主要是密封锡槽，构成密闭空间，一方面便于各种操作，另一方面可以吊挂电热元件。胸墙上设有观察孔、拉边机孔、操作孔以及测量孔等。胸墙的高度根据锡槽电加热系统中电加热元件的类型决定。采用电阻丝加热元件的锡槽，胸墙高度为500 mm；采用硅碳棒加热元件的锡槽，胸墙高度为720 mm。胸墙厚度一般约320 mm。胸墙外壳是钢板，内衬绝缘性能良好的材质，我国常采用漂珠砖（高铝质保温砖），砌筑时必须用胶接剂以加强锡槽的密封性。

胸墙结构有固定式和活动式两种，如图6-20所示。

固定式胸墙［图6-20（a）］的墙体砌筑在锡槽池壁上，各种孔的位置是固定的，不能随意移动。观察孔、拉边机孔、操作孔、冷却孔、测量孔等都是用耐热球墨铸铁的门框砌筑在胸墙里，并用斜靠式封盖，倾斜角度为10°～15°。这种结构是依靠重力使门始终紧贴着门框。因此密闭性较好且操作方便，但是其适应操作的灵活性略差。

活动式胸墙［图6-20（b）］分为上、下两部分，上部分的胸墙砖由密封罩侧壁上的角钢托起而悬挂着，下部分为活动边封。活动边封是由耐热不锈钢板制成，中间填充硅酸铝保温棉。观察孔、拉边机孔、操作孔、测量孔等都设在活动边封上。活动边封在生产过程中可以根据需要来更换或移位，能够适应更多操作的要求。

（3）顶盖

顶盖多采用吊平顶全密封的结构形式，如图 6-21 所示。在一组钢结构支承横梁上悬吊着顶盖，顶盖的质量由两侧立柱承受，一般立柱和顶盖钢壳侧壁脱开，立柱的上面有调压器支承上平台。

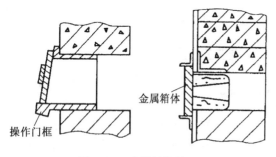

图 6-20　胸墙结构简图

（a）固定式胸墙；（b）活动式胸墙

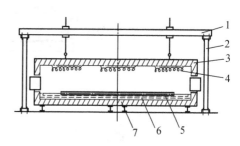

图 6-21　锡槽截面图

1—支承横梁；2—立柱；3—顶盖；4—电热元件；
5—玻璃液；6—锡液；7—槽底

顶盖也是一个分段制造的钢结构壳体。内衬采用耐火混凝土预制砖顶盖结构或硅线石组合顶盖结构。锡槽加热用的电加热元件吊挂在顶盖上。

耐火混凝土预制砖顶盖结构通常适用于电加热丝元件的锡槽，锡槽使用寿命一般为 5 年。在预制块中配有钢筋，上表面有吊钩，吊钩的另一端有弯钩，预制时它与配筋连接在一起。此外，顶盖砖还预留有电阻丝吊环安装孔，可以根据需要在锡液上方进行纵向或横向布置。

硅线石组合砖顶盖结构由桥砖和填充砖组成，如图 6-22 所示。适用于硅碳棒加热的锡槽，使用寿命一般为 8~10 年。填充砖分为硅碳棒支撑砖、热电偶砖以及标准填充砖三种，硅线石组合顶盖砖结构一般由四层组成，如图 6-23 所示。这种顶盖砖由于砖材经过烧结，所以其质量可以通过砌筑前的预先检查来控制，且单件砖材的体积小，质量轻，便于安装。

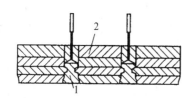

图 6-22　硅线石组合顶盖结构简图

1—过桥砖；2—填充砖

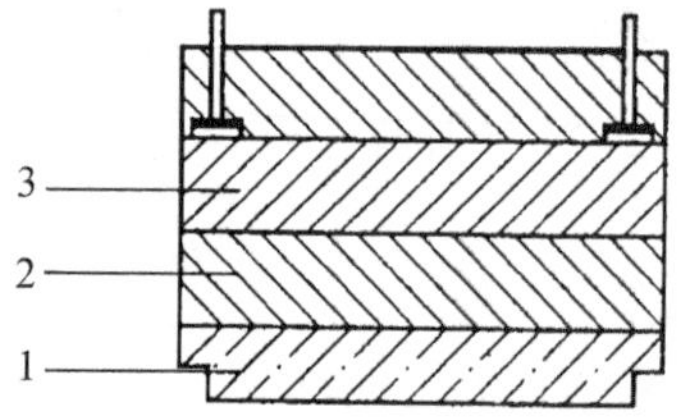

图 6-23　单块硅线石组合顶盖砖结构简图

1—BNZ 25 保温砖；2—BNZ 26 保温砖；3—硅线石砖

（4）电加热系统

锡槽内玻璃液的成型过程是一个散热过程，理论上不但不需要加热，而且需要采用冷却水包强制冷却。电加热系统的设置是为了满足烤窑、事故保温，以及成型温度调控之需要。电加热元件一般吊挂在顶盖上，常用电热元件有线圈式电阻丝（铁-铬-铝材质）、山形碳化硅棒加热元件和山形硅钼加热元件三种，如图 6-24 所示。

（5）保护气体系统

为了防止锡液氧化，锡槽内要通入由氮气与氢气组成的保护气体。保护气体的通入有两种方式，密封罩进气和胸墙进气。由于密封罩进气可以预热

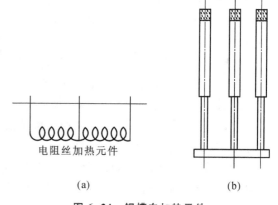

图 6-24　锡槽电加热元件

（a）线圈式电阻加热元件；（b）山形碳化硅棒加热元件

保护气体,特别是采用硅碳棒电加热元件时,保护气体还能起冷却电加热引线组件的作用,因此锡槽的保护气常采用密封罩进气方式。

保护气体一般分三路通入锡槽,在锡槽的入口和出口,由于从外部进入的氧气多一些,通常这些部位采用氢气比例比较大的保护气体,氢气的比例一般为8%~10%。在锡槽中部,氢气的比例为5%~6%。此外,保护气体的通入量以及保护气体中氢气的比例还与锡槽的密封程度和生产具体状况有关,例如,发生事故时,保护气体的通入量和氢气的比例会稍大一些。

氮气的制取方法一般采用空气分离法,即空气经低温冷却为液态,然后蒸发分离出氮气。氢气的制取方法一般是采用电解水或者氨分解的方法。制得的氮气和氢气经过进一步处理后,送入锡槽的配气室。

为了实现保护气体对锡液的最佳保护效果,在锡槽工艺设计和生产实践上,人们通过控制保护气体在锡槽内的合理流向,使锡槽内的各种反应有利于玻璃质量的提高。实践表明,在锡槽内对保护气体的不同流向的控制,其效果是不同的。

横向流向。保护气体在锡槽内的横向流向取决于锡槽的顶盖结构设计,在生产中是无法改变方向的。一种方法是在锡槽顶盖两侧留有一定宽度的间隙,保护气体从两侧流向槽内,再流向中间,但此法实际效果并不理想。另一种方法是保护气体从罩顶砖的间隙均匀流入槽内,流向从中间压向两侧。这样罩顶气流大,凝聚物少,当保护气体逸出时,可带出大量的有害物质。但是,如果罩顶结构不合理或安装质量有问题,容易造成气体布置不均匀。

纵向流向。一种方法是把后区保护气体配置量加大,让气流从后向前流动,而且使流槽加大开放量,让保护气体在流槽逸出时带走大量的有害物质,但此法实际效果也不理想。另一种方法是,将前区保护气体配置量加大,加强流槽(即调节闸板之后)的密封,而且使用纯氮气隔离,使锡槽内保护气体向末端流动,这样槽内压力提高,可使大量有害物质从末端被带出。但是,如果锡槽前区密封不好,保护气体纯度不够,或纯氮气用量太大,会造成氧化亚锡过量,在低温下还原出来的锡会在玻璃表面上形成锡点。

流槽纯氮气箱的用法。在流槽(唇砖上部)的纯氮气箱通入一定数量的纯氮气,其作用是防止槽内气体进入流槽,避免污染玻璃液,但用法不当反而会影响玻璃质量。如纯氮气用量过大会使纯氮气进入锡槽内,使锡槽内含氮量增大,锡液氧化加速。另外,还会因气流的冲击,造成流槽盖板砖上的凝聚物脱落而污染玻璃。

流槽封闭得越好,纯氮气用量应越少,故在用气量的控制上宜少不宜多。

(6)锡槽中的分隔装置

锡槽中有空间分隔和锡液分隔装置两类。锡槽空间分隔装置的作用是对锡槽的温度分区和不同温度区域内的保护气体成分进行控制。

锡槽空间分隔装置有两种形式,一是固定式分隔墙,如前面的图6-2所示。在制作顶盖时,分隔墙的位置已固定,将锡槽空间固定分隔成几个区域。这种形式有利于密封,但不利于操作。另外,固定时分隔墙也为锡液蒸汽的凝聚提供了条件,会增加锡滴缺陷。为此,有将分隔墙改成可拆活动式的,在使用时装上,一般情况下不用。二是活动式分隔墙,其吊挂在锡槽空间,上下位置可根据操作要求调节,以便改变隔墙与锡液的距离。该吊墙不但能有效地将气体空间分隔为不同的温度区域,还能阻止一个区域的热辐射进入另一个区域。这种活动式分隔墙可以解决固定隔墙所产生的锡滴缺陷。

锡液分隔装置用挡坎或挡坝,见图6-10。在锡液中设置挡坎,可控制锡对流,不致玻璃带因锡液对流产生缺陷。

3.　出口端结构

锡槽的出口端结构称为过渡辊台,是指锡槽尾部的延伸部分,也是锡槽和退火窑的连接部位,成型后的玻璃板通过过渡辊台进入退火窑。过渡辊台在很大程度上决定着锡槽气密性的好坏,所以过渡辊台的结构既要方便操作又要有良好的气密性。其结构如图 6-25 所示。

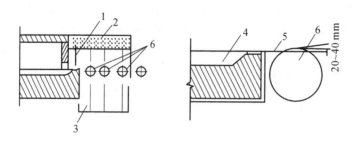

图 6-25　过渡辊台结构

1—耐火挡帘；2—顶盖；3—分隔挡板；4—锡液；5—玻璃带；6—过渡辊

锡槽空间用一道后挡墙来分隔外部环境,挡墙的下部留有开口,第一道耐火挡帘将此开口封住,在生产时仅留一窄小的开口让玻璃带通过。设置 3～5 根耐热不锈钢辊,其作用是将锡槽出口外的玻璃板抬起呈"爬坡"状态,以脱离锡液面而过渡到辊道上,避免锡液被玻璃板带出锡槽和玻璃板时在尾端出口处被划伤,并牵引玻璃板前进。在每根辊道上部都设置挡帘,将上部空间分隔开。过渡辊台可以上下调节,调节范围在 40 mm 左右,由退火窑辊传动。过渡辊台下部设有渣箱,以存储碎玻璃。在退火窑出现故障或维修时,玻璃板在此被中断,形成碎玻璃进入渣箱,以保证锡槽正常生产。过渡辊台下面还设有分隔挡板和擦锡装置。分隔装置主要起密封作用。为了更有效地密封,目前广泛采用在玻璃板下方设置火管的气封装置。擦锡装置在辊道下部紧贴擦锡石墨碗,它由弹簧片顶紧辊子而起到擦锡作用。

6.3　锡槽的作业制度

确定合理的作业制度,才能保证锡槽正常生产。锡槽的作业制度包括温度、压力、气氛、锡液面制度等。

6.3.1　温度制度

温度制度是指沿锡槽长度方向的温度分布,用温度曲线表示。温度曲线是由几个温度测定值连成的折线。锡槽中的温度测量一般使用热电偶或红外测温元件。锡槽的温度制度也可用锡槽内平面上各区的温度表示。

温度制度是锡槽成型作业的基础,对玻璃的摊平、成型、冷却、固型都起着重要作用。对玻璃带的拉引速度、锡液的对流状态、玻璃品种、规格及产量等都有一定影响。温度制度的确定取决于所生产的玻璃成分、玻璃带厚度及拉引速度。既要考虑锡槽的形状、尺寸和结构形式,也要与熔制作业、退火作业相联系。因此,温度制度的制订既要符合理论计算要求,又要结合生产实际。

锡槽采用电加热控制温度,相对玻璃熔窑来讲,其密封性能良好,作业稳定,容易建立和实现稳定的温度制度,因此对操作的要求也极为严格。

1. 薄玻璃生产的温度制度

薄玻璃是指厚度小于自然厚度的玻璃,我国薄玻璃成型均采用徐冷拉薄法。玻璃带在摊平之后,缓慢冷却至 885 ℃以下,配以若干对拉边机,在高速拉引中,能够获得表面质量比机械磨光玻璃更好的薄玻璃。

徐冷拉薄法的温度制度如图 6-26 所示:

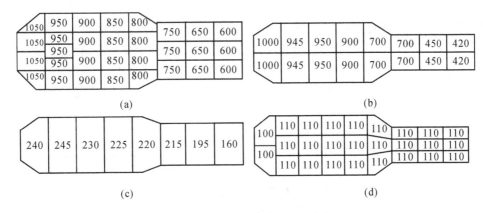

图 6-26 锡槽各部分的温度分布

(a) 锡槽内部的温度分布;(b) 锡槽液面的温度分布;(c) 锡槽大罩的温度分布;(d) 锡槽槽底的温度分布

2. 厚玻璃生产的温度制度

厚度玻璃是指大于自然厚度的玻璃。厚度玻璃生产常采用正常降温法的温度制度。表 6-1 是 47 m 长锡槽中,采用挡边坝堆积法生产时的温度制度。

表 6-1　厚玻璃生产的温度制度

距离锡槽首端/m	3	21	30	46
温度/℃	1 000	850	770	605

6.3.2　气氛制度

锡液在 1 000 ℃左右与玻璃的润湿角为 175°,基本上不润湿。锡的氧化物(SnO_2、SnO)会严重污染玻璃,使玻璃出现雾点、锡滴、沾锡等缺陷,严重时玻璃甚至不透明。因此,浮法玻璃生产要求锡槽内必须保持中性或弱还原气氛,以防止锡液氧化。目前采用氮气与氢气的混合气体做保护气体。

实验证明 H_2 对 SnO_2 的还原能力随温度升高而增强,随温度降低而减弱。当 O_2 含量小于 10 ppm 时,H_2 对 SnO_2 的还原最低极限温度为 550 ℃。在锡槽中为了弥补低温区段 H_2 对 SnO_2 的还原能力,常采用增加 H_2 含量的做法,表 6-2 列出锡槽不同部位保护气体 H_2 的比例。有的锡槽尾部 H_2 含量可达到 10%～12%。但要注意,H_2 含量一定要小于 13%,以免发生爆炸。

表 6-2　锡槽不同部位保护气体 H_2 的比例

部位	首部、尾部	中部	常用最大	事故最大
H_2 的比例/%	4～6	2～4	7	10

6.3.3　压力制度

锡槽内的压力制度比玻璃熔窑要严格得多。正常生产情况下,锡槽内应维持微正压,一般以锡液液面处的压力为基准,要求其压力为 3～5 Pa,有时甚至维持在 10 Pa 左右。

因为锡槽内压力越高,保护气体散失越多,增加了保护气体的耗量。这会破坏保护气体的生产平衡,给生产带来不利影响,同时也会增加电耗。若锡槽处于负压状态,就会吸入外界空气,使锡槽内氧气含量超过允许值,锡液就会氧化,这样既会增加锡耗,增加玻璃生产成本,又会严重污染玻璃,产生各种由于锡氧化物造成的缺陷。

保护气体在锡槽温度范围(600~1 100 ℃)内呈现的几何压头很显著,如前面的图 6-6 所示。从图中可以看出,当锡槽高温区为正压时,低温区可能为负压;当锡槽上部为正压时,下部可能为负压。因此要维持锡槽出口端为正压或微正压是很困难的,尤其当保护气体量不足,密封不好或某种制度操作时(如打开操作孔),都可能造成锡槽尾部处于暂时负压状态,外界空气就会进入锡槽,破坏正常的气氛制度。

影响锡槽内压力制度的因素有:

1. 锡槽的温度制度。锡槽对保护气体而言属高温容器,因此保护气体在锡槽中对温度非常敏感,温度波动对压力制度有明显的影响。

2. 保护气体量及压力。锡槽空间应充满保护气体,若保护气体量不足,必然导致锡液处于负压状态。对于 300~400 t/d 级的锡槽,保护气体在标准状态下的用量为 1 100~1 400 m³/h。保护气体量与其本身的压力成正比,压力降低,同样会导致保护气体量的不足,锡槽就会处在负压状态。保护气体的出口压力一般维持在 2 000 Pa 左右。

3. 锡槽的密封情况。直接影响压力制度,密封得好,保护气体的泄漏量就少,压力保持稳定。

6.3.4 锡液液面位置和锡液深度

从理论上讲,锡液液面位置应尽可能和锡槽沿口平齐,实际上为了避免锡液溢出和生产时被玻璃带带出锡槽,通常锡液位置约低于沿口 20 mm。因此要求锡槽在设计、施工甚至在烘烤后上沿口应很整齐且保持水平,不得出现不平整或者缺口,以防止锡液从缺口处溢出。此外在锡槽出口端钢壳处应充分有效地进行冷却,以免被锡液熔融而出现缺口和漏锡。

锡槽内锡液深度,一般在 50~100 mm 范围内。常采用两种形式:

1. 同一深度。即从锡槽首端至尾端锡液深度相同,一般取 100~110 mm。这种平底形锡槽底结构简单,施工方便,但用锡量较多。

2. 阶梯形深度。根据玻璃成型需要,增设槽底挡坎,控制锡液液流。这种阶梯形槽底,结构较复杂,但减少了用锡量,减小了锡槽荷载。目前,国内多采用阶梯形槽底。

表 6-3 列出长度为 49 m 的锡槽各部位锡液深度。

表 6-3 长度为 49 m 的锡槽各部位锡液深度

距离锡槽首端/m	0~6	6~10.5	10.5~42	42~49
锡液深度/mm	110	90	70	90

6.4 锡槽的结构设计

锡槽结构设计的主要内容是确定锡槽主体的形状与尺寸,电加热功率,槽底冷却风量,冷却水量等。

锡槽的主体结构设计是依据浮法玻璃池窑的生产规模、产品规格、品种、自动化程度以及投资规模等条件来进行的。在满足需要的前提下,要尽可能保证其技术先进、可靠。

6.4.1　流液道的设计

流液道的作用是将熔化好的、且均匀冷却到成型温度的玻璃液通过它流入锡槽。流液道与玻璃池窑冷却部的连接方式有两种:一种是直接与冷却部相连接,如图 6-27 所示,国外浮法玻璃池窑的流液道大多采用这种形式;另一种是玻璃池窑冷却部的尾端有一较窄的通路,此通路是作为玻璃池窑冷却部的一部分,流液道再与通路连接,我国浮法玻璃池窑的流液道大多采用这种连接方式,如图 6-28 所示。

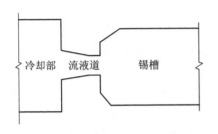 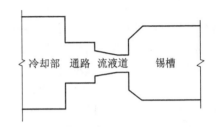

图 6-27　流液道直接与冷却部相连接　　　　图 6-28　流液道与通路相连接

这两种连接方式的流液道,在生产上都能适合浮法平板玻璃生产的工艺要求。在结构上,后者即通路式,稍为复杂一些。但是在操作上,通路式比较灵活方便。尤其是在开始拉引玻璃液时,如果玻璃液温度偏低,玻璃液黏度偏大,流动性较差,则可以在通路的两侧胸墙上加热。反之,当玻璃液的温度偏高时,也可以在通路的胸墙上横穿冷却水管,以调节温度。此外,通路式连接方式的流道,其两边的场地较大,这在更换流道砖和流槽砖时显得尤为方便。而前者即直连式的优点是:玻璃液的温度比较均匀。

6.4.2　锡槽形状的确定

目前国内现有的锡槽形状多采用"宽窄形"。宽段长度与窄段长度之比在(1.5~2.7)∶1 的范围之内。而且,随着窄段锡槽底砖的减薄,增加放热技术措施的运用,此比例值有逐步变大的趋势。收缩段的长度一般为 3 m。

6.4.3　锡槽尺寸的确定

1. 锡槽尺寸的估算

锡槽尺寸受浮法玻璃池窑生产规模、玻璃原板宽度、拉引速度以及自动化操作水平等因素的影响。根据经验,有几种不同的结构尺寸可供选择。表 6-4 列出几种有代表性的锡槽设计数据,可供读者设计时参考。

表 6-4　锡槽主体结构的主要尺寸

生产能力/(t/d)	150	300	300	400
原板宽度/mm	2 000	2 400	3 500	3 500
锡槽总长/mm	28 095	48 000	45 600	51 000
宽段长/mm	17 300	28 500	27 800	31 000

生产能力/（t/d）	150	300	300	400
收缩段长/mm	3 000	3 000	3 000	3 000
窄段长/mm	8 650	16 500	14 800	17 000
宽段外宽/mm	5 000	6 000	7 500	7 900
宽段内宽/mm	4 300	5 200	6 500	6 600
窄段外宽/mm	3 800	4 000	5 000	5 000
窄段内宽/mm	3 100	3 200	4 200	4 200

锡槽的长度必须使玻璃带在锡槽内有足够的停留时间，以满足玻璃液成型的需要。锡槽的宽度主要取决于玻璃原板宽度，而玻璃原板的宽度则要根据浮法玻璃池窑的生产规模以及操作能力来确定。锡槽的窄段宽度为玻璃原板宽度加上 2 倍的安全操作距离。锡槽的宽段宽度为玻璃液最大摊平宽度加上 2 倍的安全操作距离。另外，玻璃液在锡槽中的最大摊平宽度与所生产的浮法玻璃原板厚度有关，设计时应以最薄浮法平板玻璃制品的最大摊平宽度为基准。最大摊平宽度可以根据玻璃带的收缩率来计算。表 6-5 是玻璃带收缩率的一般统计数据，可供读者参考。

表 6-5　不同厚度玻璃带在锡槽中的收缩率

玻璃带的厚度/mm	拉边机的对数	收缩率/%
5	2	10～15
4	2～3	15～20
3	4～5	28～35
2	7	35～40

2. 锡槽尺寸的计算

锡槽尺寸的计算是按照生产最薄玻璃板（我国取 3 mm 厚）为基准，计算步骤如下：

（1）浮法玻璃池窑生产规模，即日产量 G（t/d）的确定

浮法玻璃池窑生产规模的确定应根据国家的产业政策、有关的节能规定、市场的需求情况以及投资方的财政支付能力等因素来确定。根据目前我国的有关政策，浮法玻璃池窑生产规模应在 300 t/d 以上。另外，锡槽的生产规模应与浮法玻璃池窑、退火窑的生产规模相匹配。

（2）玻璃原板宽度 B_P（m）的确定

玻璃原板宽度的选取是根据玻璃池窑的生产规模以及市场的需求情况来确定的。玻璃原板宽度的选取与玻璃原板的拉引速度、操作水平有关。拉引速度受到装备水平、采板方式等诸多因素的限制。通常 300 t/d 级的浮法玻璃池窑，原板宽度有 2.4 m 和 3.5 m 两种；400～500 t/d 级的浮法玻璃池窑，原板宽度可选 3.5 m；国内 600 t/d 级的浮法玻璃池窑所生产的玻璃原板宽度可达 4.5 m。

（3）玻璃原板拉引速度 ω_{draw}（m/h）的确定

玻璃原板的拉引速度可以用下式进行计算。

$$\omega_{draw} = 41.67 \frac{G}{B_p \delta \rho} \tag{6-1}$$

式中　ω_{draw}——玻璃原板的拉引速度，m/h；

　　　　G——玻璃池窑的生产能力，t/d；

　　　　B_p——玻璃原板的宽度，m；

δ——玻璃原板的厚度，m；

ρ——玻璃原板的密度，t/m^3。对于浮法玻璃池窑，ρ 一般可以取 2.5 t/m^3。

（4）玻璃带在锡槽内停留时间 τ_{tin}（min）的确定

玻璃带在锡槽内的停留时间是确定锡槽长度的基础。国外 3 mm 厚玻璃带的停留时间为 3～4 min，我国国内 3 mm 厚玻璃带的停留时间一般为 4～5 min。玻璃带在锡槽内的停留时间 τ_{tin} 可以根据下式计算：

$$\tau_{tin} = \frac{60L}{\omega_{draw}} \tag{6-2}$$

式中　L——锡槽的长度，m；

该式中其他符号的意义同上。

表 6-6 列出 B，G，L 与 τ_{tin} 这四个参数之间的相互关系值，可供读者参考。

表 6-6　B，G，L 与 τ_{tin} 四个参数的相互关系值

B	G / τ_{tin} ＼ L	45	50	53	54
2 400	300	3.89	4.32	4.58	4.67
	350	3.85	3.70	3.93	4.00
2 800	300	4.54	5.04	5.34	5.45
	400	3.41	3.78	4.01	4.09
3 500	400	4.24	4.72	5.00	5.10
	500	3.39	3.78	4.00	4.08

注：在该表中，玻璃原板宽度 B 的单位为 mm；玻璃池窑生产能力 G 的单位为 t/d；玻璃带在锡槽内停留时间 τ_{tin} 的单位为 min；锡槽长度 L 的单位为 m。

一般情况下是由已知的设计产量 G，玻璃原板的宽度 B 和玻璃带在锡槽内的停留时间 τ_{tin}，来确定锡槽总长度 L。

（5）锡槽各段长度的确定

锡槽宽段、收缩段（一般为 3 m）和窄段长度的确定迄今仍然是用经验公式进行计算。

总长度

$$L = L_1 + L_2 + 3 \tag{6-3}$$

其中　宽段长度

$$L_1 = \alpha(L - 3) \tag{6-4}$$

窄段长度

$$L_2 = \beta(L - 3) \tag{6-5}$$

式中　L——锡槽总长度，m；

L_1，L_2——分别为宽段长度、窄段长度，m；

α，β——比例系数，不难看出，$\alpha + \beta = 1$。

$L_1 : L_2 = \alpha : \beta$，一般可以在 1.5～2.7 范围内选取。$\alpha$，$\beta$ 比值的选取受以下因素的影响：第一个因素是玻璃原板的厚度。若生产较薄的平板玻璃，由于生产上需要布置对数较多的拉边机，此时

宽段长度需要长些,这样此比值就可以选得大一些。第二个因素是锡槽的结构。若锡槽窄段的槽底减薄,以加强放热,则此比值也可以选得大一些。

(6)锡槽宽段内宽的确定

锡槽宽段内宽的确定主要取决于玻璃液在锡槽中的最大摊平宽度,玻璃液的最大摊平宽度与玻璃原板宽度之间的相互关系可以用玻璃带的线收缩率 i 来表示:

$$i = \frac{B_{max} - B}{B_{max}} \times 100\% \tag{6-6}$$

式中　i——玻璃带在锡槽中的收缩率,%,玻璃带收缩率的选取通常要根据生产时锡槽内最薄玻璃原板的收缩率来确定;

　　　B_{max}——玻璃液最大摊平宽度,m;

　　　B——玻璃原板的宽度,m。

锡槽宽段内宽 S_1 的计算公式为

$$S_1 = \frac{100B}{100 - i} + 2f_1 \tag{6-7}$$

式中　f_1——玻璃液最大摊平宽度与锡槽侧壁之间的安全距离,m,一般为 0.5 m。

锡槽窄段内宽的计算公式为

$$S_2 = B + 2f_2 \tag{6-8}$$

式中　f_2——玻璃原板与锡槽侧壁之间的安全间距,m,一般为 0.4 m。

(7)锡槽深度的确定

因为锡液的密度几乎比玻璃大 2 倍,玻璃带沉入锡液的深度只是玻璃带厚度的 $\frac{1}{3}$,所以从这个角度考虑,锡槽不需要很深。当然,在确定锡槽深度时,不只是要从能够漂浮玻璃带这一角度来考虑,还需要考虑到生产中在局部区域要向锡液中插入冷却水包和扒渣的需要,以及锡液均匀冷却玻璃带和玻璃液流入锡槽时免于沉底等因素。根据生产工艺的要求,锡槽内还分几个工艺区。为了节省锡的用量,在不同的工艺区,锡槽的深度也有所不同。锡槽抛光区玻璃滚入口处要深一些,这是因为玻璃液从流槽流下时对锡液会有冲击力,使玻璃液有下沉的趋势。而且在此处玻璃液尚未摊开,其厚度要比玻璃带大得多。为了避免玻璃液沉底,根据经验,此处的锡液深度不得小于 90 mm,锡液的液面到槽壁顶面的距离为 25～30 mm。这样,抛光区锡槽的深度一般为 115～120 mm。为了节省用锡量,抛光区的后半部深度也可以与预冷区的深度相同。对于预冷区,由于在生产中有可能向锡液中插冷却水包,所以此区的锡液深度为 60～65 mm,于是锡槽深度为 80～95 mm。在拉薄成型区和冷却一区,锡槽深度为 65～70 mm。至于冷却二区(即锡槽尾部),考虑在生产中可能要进行扒渣,其锡槽深度要大于冷却一区,一般与预冷区相同,即此处的锡槽深度为 80～95 mm。

6.4.4　保护气体用量的确定

保护气体消耗量是指单位时间从锡槽逸出的保护气体量。有两种计算方法:逸气量计算法和经验计算法。

1. 逸气量计算法

根据流体力学的原理推导出的通过小孔漏气量的计算公式可知,单位时间从锡槽逸出的保护气体量可以按照下列公式进行计算。

$$V = \mu f \sqrt{\frac{2(p_1 - p_a)}{\rho}} \qquad (6\text{-}9)$$

式中　V——单位时间从锡槽逸出的保护气体的体积,m³/s;

　　　μ——流量系数,可以查阅有关的参考文献;

　　　f——保护气体逸出处小孔的面积,m²;

　　　p_1——锡槽内保护气体的压强(绝对压强),Pa;

　　　p_a——外界的大气压强,Pa;

　　　ρ——锡槽内的保护气体密度,kg/m³。

若保护气体逸出处的截面积较大(例如锡槽的前闸板、后闸板等处),则这些部位的逸气量可以按下式进行计算。

$$V = \frac{2}{3} \mu B \sqrt{\frac{2g(\rho a - \rho)}{\rho}} \left(z_2^{\frac{2}{3}} - z_1^{\frac{2}{3}} \right) \qquad (6\text{-}10)$$

式中　μ——保护气体逸出口流量因数,其值要由实验确定,可近似取 0.7;

　　　B——保护气体逸出口的宽度,m;

z_1,z_2——保护气体逸出口的下缘和上缘至零压面的距离,m。

该式中其他符号的意义同上。

2. 经验计算法

保护气体的用量与锡槽的宽度有关,也与玻璃原板的宽度有关。实践表明,不同生产能力的锡槽,其长度的变化对锡槽内保护气体的用量影响不大。根据经验,保护气体用量可以用下列经验公式进行估算:

$$V = 300B_p + 350 \qquad (6\text{-}11)$$

式中　V——保护气体用量,m³/s;

　　　B_p——玻璃原板的宽度,m。

思考题

1. 浮法玻璃成型工艺过程有哪几种?为什么说生产薄玻璃比生产厚玻璃更难?根据所学知识,请叙述薄玻璃生产所必备的条件。

2. 为什么说气密性和可调性是锡槽设计的两大关键指标?怎样理解和看待这两大指标?

3. 在锡槽结构设计和操作控制上如何满足气密性的要求?

4. 锡槽内锡液有几种流动形式?哪种流动有害?如何消除?

5. 评述锡槽各部分的结构特征。试比较各种类型锡槽的异同点。

6. 锡槽内的热交换有何特点?它对锡槽设计有何关系?

7. 阐述锡槽内锡液的流动情况及其控制措施,并说明锡液流动对玻璃成型与锡槽结构设计的影响。

8. 简述锡槽各部分的设计原则、计算方法与用材情况。

9. 锡槽内部的电加热有什么作用?如何布置电加热系统?

10. 锡槽的保护气系统有何特点?如何设计?

7 退 火 窑

　　玻璃在成型过程中,由于经受了剧烈的温度变化,使内外层产生温度梯度,并且由于制品的形状、厚度受冷却程度的不同,引起制品中产生不规则的热应力。这种热应力能降低制品的机械强度和热稳定性,也影响玻璃的光学均一性,若应力超过制品的极限强度,制品便会自行破裂。所以玻璃制品中存在不均匀的热应力,是玻璃制品的一项重要的缺陷。

　　退火是一种热处理过程,可使玻璃中存在的热应力尽可能地消除或减少至允许值。除玻璃纤维和薄壁空心制品外,几乎所有玻璃制品都需要进行退火。玻璃退火所用的热工设备称为退火窑。它是继熔窑、锡槽后,浮法玻璃生产的第三大热工设备。

7.1　玻璃的退火过程及退火制度

7.1.1　玻璃制品中的热应力

　　玻璃制品中的热应力,按其存在的特点,分为暂时应力和永久应力两种。

1. 暂时应力

　　玻璃处于弹性变形温度范围内进行加热或冷却时,由于其导热性较差,外层和内层将形成温度梯度,从而产生一定的热应力。这种热应力随着温差的存在而存在,温差越大热应力也越大,并随着温差的消失而消失,这种应力称为暂时应力。

　　暂时应力只存在于处于弹性变形温度范围内的玻璃内,也就是玻璃应变温度(相当于玻璃的黏度 $\eta \geqslant 1\,014.5$ Pa·s)以下存在温度梯度时才能产生。暂时应力取决于温度梯度和玻璃的热膨胀系数。

　　应该注意的是,虽然暂时应力可以自行消除,但在温度均匀之前,当暂时应力超过玻璃的极限强度时,玻璃同样会自行破裂,所以玻璃在弹性温度范围内的加热或冷却也不宜过快。

2. 永久应力

　　玻璃加热到应变温度以上时处于塑性状态,从这一状态进行急剧冷却时,由于玻璃内部质点退让,温差所产生的热应力,直至玻璃冷却至室温、内外层温度均匀后,也并不能完全消失,玻璃中仍然存在着一定的应力,这种应力称为永久应力。

　　永久应力的大小取决于制品在应变温度以上时的冷却速度、玻璃的黏度和热膨胀系数及制品的厚度等。

　　玻璃中的永久应力必须通过一定的热处理(称为退火)才能消除或减小。

3. 应力的检测及表示方法

　　玻璃制品的内应力常用光程差来表示,单位为 nm/mm。这是由于玻璃制品中的应力会使玻璃制品在光学性质上成为各向异性体,将影响到玻璃的光学性能。

浮法平板玻璃内应力的检测方法通常有以下两种,如图7-1所示。

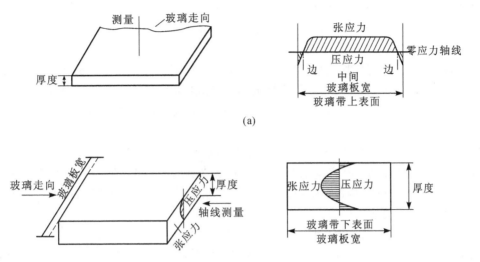

(a)

(b)

图7-1 浮法平板玻璃内应力检验方法的原理图

(a) 检验玻璃板的面应力;(b) 检验玻璃板中的应力

当折射率为 n 的各向同性玻璃制品,受到单向应力时,如图 7-2 所示,则 z 方向的折射率 n_z 就会与 x 方向的折射率 n_x,y 方向的折射率 n_y 产生差异,因而沿 x 方向和沿着 y 方向通过的光线就要产生双折射,其大小与玻璃制品中存在的热应力成正比,即

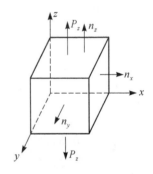

$$\Delta n = n_x - n_y = B\sigma_z \tag{7-1}$$

式中　Δn——通过单位长度的玻璃板在两个垂直方向振动光线的折射率差,亦即双折射率;

　　　B——偏光的应力系数,Brewster(布,1 Brewster $= 10^{-12}$ m²/N)。

图7-2 光线通过单面受力的微元六面体时各个方向上的折射率

光的双折射率可以用玻璃中单位长度所产生的光程差表示,或者通过玻璃制品面分为两个方向上的光折射率之差来表示。当折射率差为 1×10^{-6} 时,相当于 1 nm/mm 的光程差。

利用这一现象就可以用偏光仪检测玻璃中的热应力的大小。先通过偏光仪测定出玻璃制品中单位行程上的光程差,然后再根据不同玻璃制品中的偏光应力系数 B 来计算出玻璃制品中的热应力,也就是说,玻璃制品中的热应力可以用光程式差表示。对于普通钠钙硅玻璃制品,其偏光应力系数 $B = 2.85$ Brewster $= 2.85 \times 10^{-12}$ m²/N,即普通钠钙硅玻璃制品,其 0.1MN/m² 的热应力产生的光程差大约为 28.5 nm/mm。

7.1.2　退火原理

玻璃的退火就是把具有永久应力的玻璃制品重新加热到玻璃内部质点可以移动的温度,利用质点的位移使应力分散(也称为应力松弛)来消除或减弱永久应力。应力松弛速度很大程度上取决于玻璃温度,温度越高,松弛得越快,但温度过高则会导致玻璃软化变形。因此,一个合适的退火温度范围,是玻璃获得良好退火质量的关键。

　　一般以保温 2 min 能消除 95％应力的温度为退火温度上限(或称最高退火温度),此时玻璃的动力黏度为 10^{12} Pa·s;以保温 2 min 只能消除 5％应力的温度为退火温度下限(或称最低退火温度),此时玻璃的动力黏度为 $10^{16.5}$ Pa·s。高于退火温度上限时,玻璃会软化变形;低于退火温度下限时,玻璃结构已固定,内部质点不能移动,也无法消除或减弱应力。

　　玻璃制品的退火温度范围一般相差 50～100 ℃,具体来说,它与玻璃制品的黏度随温度变化特性有关,即与玻璃的化学成分有关,对于短性玻璃,其黏度随温度变化得较快,此温度差值偏小;而对于长性玻璃,其黏度随温度变化得较慢,此温度差值偏大。对于钠钙硅玻璃,此温度差值可取 50～90 ℃。

　　玻璃在退火温度范围内保温一段时间,使原有的永久应力消除后再以适当的冷却速度冷却到退火区域以下,以保证玻璃中不再产生新的永久应力,如果冷却速度过快,就有重新产生永久应力的可能。因此在应力松弛后是否产生新的应力,主要取决于退火区域的降温速度。在退火过程有一慢冷阶段,就是为了防止玻璃内产生新的应力。

　　玻璃在退火温度范围以下冷却时,只会产生暂时应力,因此可以采用快冷,以节约时间和减少生产线长度,但也必须控制一定的冷却速度。冷却过快时,可能使产生的暂时应力大于玻璃本身的极限强度而导致制品炸裂。

　　玻璃制品的退火标准(即对玻璃退火程度的要求),根据玻璃制品用途的不同而有所区别。一般来说,光学玻璃制品的退火标准要高一些,如果光学玻璃制品退火后的残余应力用光程式差表示,则要求在 0.2～5.0 nm/mm。而对一般的商品玻璃,F. J. Twyman 建议,玻璃制品退火后残余内应力应该不大于玻璃破坏强度的 $\frac{1}{20}$,此值对于钠钙硅玻璃来说,相当于光程差为 10 nm/mm,而对于航空用的玻璃制品,其要求的标准相对要高一些。对于平板玻璃而言,玻璃板退火后的残余应力随着玻璃板厚度增大而增加,一般可以用以下简单公式计算光程差:

$$\Delta l = K\delta_1 \qquad\qquad (7-2)$$

式中　　δ_1——玻璃板厚度的一半,mm;

　　　　K——应力计算因数,一般 K 取 0.3～0.6。计算时可视玻璃板的用途和玻璃板的厚度而定,当玻璃板的厚度大于 10 mm 时,K 取低值。图 7-3 为浮法玻璃退火后允许的残余应力与玻璃板厚度之间的关系,可供设计计算和生产操作中参考。

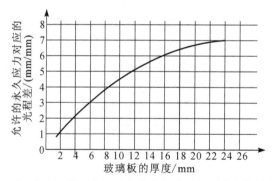

图 7-3　浮法玻璃退火后残余应力与玻璃板厚度之间的关系

7.1.3　退火过程

　　由退火原理可知,要得到一个残余应力在允许范围内的玻璃制品,就要有一个合理的退火制度,一个能消除应力又不能使应力再产生的过程。因此一般退火过程必须包括加热、保温、慢冷、快冷四个阶段。

1. 加热阶段

本阶段的任务是将送入退火窑的玻璃制品加热到退火温度。加热速度应保证制品在加热过程中产生的暂时应力不超过玻璃本身的极限强度,以防制品炸裂。如制品进入退火窑时的温度高于退火温度(使用高速成型机时往往会有这种情况),则不需要加热,而应该尽快将制品冷却到退火温度。

2. 保温阶段

本阶段的任务是将制品在退火温度下进行保温,以使制品各部分温度均匀,并有足够的时间进行应力松弛,消除玻璃中存在的永久应力。

3. 慢冷阶段

当玻璃中原来存在的应力消除后,由于温度较高,在冷却过程中将产生新的应力,新生的应力大小与冷却速度有关,冷却速度越慢,新生的永久应力越小。因此,保温后必须先进行慢冷。慢冷速度的大小取决于玻璃制品所允许的永久应力值,允许值大,冷却速度可以相应加快。

4. 快冷阶段

当玻璃制品冷却到应变点温度以下时,温度差将只能产生暂时应力。此时,可以在保证玻璃制品不因暂时应力而破裂的前提下,尽快冷却,一直到出窑温度为止。

玻璃的退火过程,可用图 7-4 的退火曲线表示。

对于平板玻璃和高速成型的瓶罐玻璃,由于制品进入退火窑时的温度往往高于所需的退火温度,为缩短退火时间,需先将制品迅速冷却到高退火温度,通常将这一阶段称为冷却带。在高退火温度与低退火温度之间需要缓冷的一段称为退火带,相当于前面提到的保温阶段,这种退火曲线如图 7-5 所示。

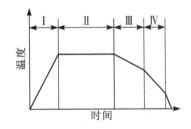

图 7-4 玻璃制品的退火曲线

Ⅰ—加热阶段;Ⅱ—保温阶段;Ⅲ—慢冷阶段;Ⅳ—快冷阶段

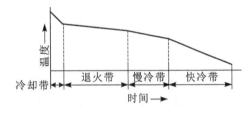

图 7-5 平板玻璃和高速成型瓶罐玻璃的退火曲线

7.1.4 退火参数的计算

1. 退火温度的计算

玻璃的退火温度与化学组成密切相关,凡能降低玻璃黏度的成分,均能降低退火温度;凡能提高玻璃黏度的成分,均能提高退火温度。对于大多数钠钙硅玻璃制品,其最高退火温度介于 $500 \sim 600 ℃$ 之间,根据一般经验,平板玻璃的最高退火温度大约为 $540 \sim 570 ℃$。

利用玻璃的化学成分可以计算玻璃制品的最高退火温度。

(1)用阿达姆斯和威廉姆逊法计算高退火温度

阿达姆斯(Adams)和威廉姆逊(Williamson)根据其对玻璃退火过程的实验研究,他们认为应力在塑性物体中的递减过程应符合下式关系:

$$\frac{\mathrm{d}\sigma}{\mathrm{d}\tau} = -A'\sigma^2 \tag{7-3}$$

将式(7-3)进行积分,则得:

$$\frac{1}{\sigma} - \frac{1}{\sigma_0} = A'\tau \quad (\mathrm{m}^2/\mathrm{N}) \tag{7-4}$$

式中 σ_0, σ——分别为玻璃制品开始时和经过 τ 时间退火后的内应力,N/m^2;

A'——退火常数,$\mathrm{m}^2/(\mathrm{N}\cdot\mathrm{min})$;

τ——保温时间,min。

如果以双折射光程差 Δn(nm/mm)代替式中的应力项,即 $\Delta n = B\sigma$,$\Delta n_0 = B\sigma_0$,则可得

$$\frac{1}{\Delta n} - \frac{1}{\Delta n_0} = A\tau \quad (\mathrm{mm}/\mathrm{nm}) \tag{7-5}$$

式中 $A = A'/B$——退火常数,$\mathrm{min}^{-1}\cdot(\mathrm{mm}/\mathrm{nm})$;

B——偏光的应力系数,$(\mathrm{nm}/\mathrm{mm})/(\mathrm{N}/\mathrm{m}^2)$。

阿达姆斯和威廉姆逊认为退火常数 A 是退火温度的指数函数,即

$$A = 10^{M_1 t - M_2} \tag{7-6}$$

式中 M_1,M_2——退火常数,它们与玻璃板的黏度特性有关,但是不同的硅酸盐玻璃,其 M_1 的值相差不大,大约在 0.033 ± 0.005 范围内。一般可取 $M_1 = 0.029$,$M_2 = 16.35$。

对式(7-6)两边取对数,则写成:

$$\lg A = M_1 t - M_2$$

因此,得:

$$t_{\max} = \frac{\lg A + M_2}{M_1} \tag{7-7}$$

式中 $t_{\max}$——玻璃制品的退火上限温度,℃。

阿达姆斯认为,在正确的退火温度下,对于钠钙硅成分的平板玻璃,退火常数 A[单位:$\mathrm{min}^{-1}\cdot(\mathrm{mm}/\mathrm{nm})$]还可以用下式求出:

$$A = \frac{1}{0.26\delta_1} \tag{7-8}$$

式中 δ_1——对于平板玻璃,为板厚度的一半;对于空心制品,为制品的壁厚,mm。

根据退火上限温度的定义,阿达姆斯和威廉姆逊认为,在开始阶段,当玻璃制品中的内应力用光程差表示时,其为 5 nm/mm,按要求经 2 min 后,则内应力所对应的光程差为:$5\times(100\%-95\%)=0.25$ nm/mm,则由式(7-5)可得:

$$A = \frac{\dfrac{1}{\Delta n} - \dfrac{1}{\Delta n_0}}{\tau} = \frac{\dfrac{1}{0.25} - \dfrac{1}{5}}{2} = 1.9 \tag{7-9}$$

将 $A = 1.9$ $\mathrm{min}^{-1}\cdot(\mathrm{mm}/\mathrm{nm})$代入式(7-7)中,再根据玻璃种类对 M_1 和 M_2 进行取值,便可计算所生产玻璃制品的退火上限度。不过根据此式计算出的最高退火温度数值要偏高一些。表 7-1 列出了某些玻璃的退火常数。

表 7-1 某些玻璃的退火常数

玻璃品种	化学组成/%									A	B	退火常数	
	SiO_2	B_2O_3	Al_2O_3	PbO	BaO	ZnO	CaO	K_2O	Na_2O			M_1	M_2
硼硅酸盐玻璃	67	12	—	—	4	—	—	8	9	1.516	2.85	0.030	18.68
普通冕牌玻璃	73	—	—	—	—	—	12	1	14	1.523	2.57	0.029	17.35
轻钡冕玻璃	47	4	1	—	29	11	—	1	3	1.574	2.81	0.032	20.10
重钡冕玻璃	40	6	3	—	43	8	—	—	—	1.608	2.15	0.038	24.95
钡燧石玻璃	46	—	—	24	15	8	—	4	3	1.606	3.10	0.028	16.28
轻燧石玻璃	54	—	—	35	—	—	—	5	6	1.573	3.20	0.033	15.92
中燧石玻璃	45	—	—	48	—	—	—	4	3	1.616	3.13	0.038	18.34
重燧石玻璃	42	—	—	52	—	—	—	3	3	1.655	2.67	0.037	17.51
特重燧石玻璃	28	—	—	69	—	—	—	3	—	1.756	1.22	0.033	15.03

（2）根据玻璃组成氧化物的含量计算高退火温度的近似值

玻璃的性质随其化学成分而变，在工业玻璃中增加 PbO，Na_2O 和 K_2O 的含量可显著降低退火温度，而增加 SiO_2，Al_2O_3，CaO 和 MgO 的含量会提高退火温度。

表 7-2 列出了玻璃制品中当每 1% 的 SiO_2 由另一种氧化物代替时，其退火温度升高或降低的数据。表 7-2 中以正号表示退火温度升高的数据，用负号表示退火温度降低的数据，用零表示该氧化物取代 SiO_2 后对玻璃制品的退火温度没有影响。

表 7-2 玻璃化学成分对退火温度的影响

氧化物	引入氧化物量/%									
	0～5	5～10	10～15	15～20	20～25	25～30	30～35	35～40	40～45	50～60
Na_2O	—	—	−4.0	−4.0	−4.0	−4.0	−4.0	—	—	—
K_2O	—	—	—	−3.0	−3.0	−3.0	—	—	—	—
MgO	+3.5	+3.5	+3.5	+3.5	+3.5	—	—	—	—	—
CaO	+7.6	+6.6	+4.2	+1.8	+0.4	0	—	—	—	—
ZnO	+2.4	+2.4	+2.4	+1.8	+1.2	+0.4	—	—	—	—
BaO	+1.4	0	−0.2	−0.9	−1.1	−1.6	−2.0	−2.6	—	—
PbO	−0.8	−1.4	−1.8	−2.4	−2.6	−2.8	−3.0	−3.1	−3.1	—
B_2O_3	+8.2	+4.8	+2.6	+0.4	−1.5	−1.5	−2.6	−2.6	−2.8	−3.1
Al_2O_3	+3.0	+3.0	+3.0	+3.0	—	—	—	—	—	—
Fe_2O_3	0	0	−0.6	−1.7	−2.2	−2.8	—	—	—	—

表 7-3 列出了一系列玻璃的高退火温度。参照表 7-3 先找到与被退火玻璃化学成分相近的玻璃的高退火温度，再按照表 7-2 就可以近似计算出该玻璃的高退火温度。

表 7-3 玻璃的高退火温度参考表

玻璃成分/%												高退火温度/℃
SiO_2	CaO	MgO	Na_2O	K_2O	Al_2O_3	Fe_2O_3	FbO	B_2O_3	MnO	ZnO	As_2O_3	
74.59	10.38	—	14.22	—	0.45	0.21	—	—	—	—	—	531
74.13	9.79	—	13.54	—	2.67	0.09	—	—	—	—	—	562
74.25	7.91	—	12.72	—	5.27	0.07	—	—	—	—	—	560

玻璃成分/%												高退火温度/℃
SiO_2	CaO	MgO	Na_2O	K_2O	Al_2O_3	Fe_2O_3	FbO	B_2O_3	MnO	ZnO	As_2O_3	
66.33	17.28	—	15.89	—	0.52	0.06	—	—	—	—	—	496
82.33	0.02	—	16.98	—	0.28	0.08	—	—	—	—	—	522
72.29	9.76	—	15.65	—	0.72	0.06	—	—	1.02	—	—	560
68.34	10.24	—	16.62	—	2.50	2.10	—	—	—	—	—	570
74.76	7.52	1.64	14.84	—	0.93	0.08	—	—	—	—	—	524
67.78	—	—	18.65	—	0.46	0.08	12.56	—	—	—	—	465
75.38	8.40	—	6.14	7.38	0.65	0.07	—	2.05	—	—	—	588
64.50	7.00	—	11.50	—	10.0	—	—	7.0	—	—	—	630
62.43	8.90	—	6.26	8.06	0.62	0.08	13.65	—	—	—	—	610
71.00	10.10	—	—	18.60	—	—	—	—	—	—	0.30	610
68.52	12.6	—	16.62	—	2.50	2.10	—	—	—	—	—	570
72.0	1.55	0.45	7.20	10.45	—	—	—	8.15	—	—	0.20	560
73.0	7.00	2.50	14.50	—	3.00	—	—	—	—	—	—	535
59.44	—	—	12.31	—	0.42	0.06	27.77	—	—	—	—	466
31.60	—	—	—	2.85	—	—	63.35	—	—	—	0.20	370

（3）根据奥霍琴经验公式计算黏度 $\eta=10^{12}$ Pa·s 时的温度，即玻璃的高退火温度：

$$t = Ax + By + Cz + D \qquad (7\text{-}10)$$

式中　　t——玻璃的最高退火温度，℃；

　　　　x——玻璃组成中 Na_2O 的质量分数；

　　　　y——玻璃组成中 CaO 和 MgO 的质量分数之和；

　　　　z——玻璃组成中 Al_2O_3 的质量分数。

A，B，C，D——特性常数，当玻璃黏度 $\eta=10^{12}$ Pa·s 时，$A=-7.32$，$B=3.49$，$C=5.37$，
　　　　$D=603.4$

该计算公式特指含 MgO 为 3% 的玻璃，当所求玻璃中 MgO 质量分数不是 3% 时，必须加以校正。一般，$\eta=10^{12}$ Pa·s 时，每增加 1% 的 MgO，温度增加 2.5 ℃，反之亦然。

【例 7.1】　某玻璃的化学成分为：

　　SiO_2　　　　Na_2O　　　　Al_2O_3　　　　CaO　　　　MgO　　　　Fe_2O_3
　　72.0%　　　14.0%　　　1.6%　　　8.5%　　　3.8%　　　0.1%

玻璃板厚度为 6 mm。试计算该玻璃制品的最高退火温度。

【解】　方法一：按阿达姆斯和威廉姆逊法计算高退火温度。

根据玻璃种类，可取 $M_1=0.029$，$M_2=16.35$

由式（7-8）计算出：$A=\dfrac{1}{0.26\delta_1}=\dfrac{1}{0.26\times3^2}=0.428$

由式（7-7）计算出：$t_{max}=\dfrac{\lg A+M_2}{M_1}=\dfrac{\lg 0.428+16.35}{0.029}=556$（℃）

另外，也可由式（7-9）知：$A=1.9$

此时,再由式(7-7)计算出:$t_{max} = \dfrac{\lg 1.9 + 16.35}{0.029} = 573(℃)$

方法二:按组成制品的各种氧化物百分含量计算该玻璃制品的最高退火温度。

先由表7-3找到与已知化学成分相似的玻璃制品的最高退火温度为562 ℃,再由表7-2的数据计算已知化学成分。

Na_2O 含量由13.54%增加到14%,则退火温度变化值为

$$-4 \times (14 - 13.54) = -4 \times 0.46 = -1.84(℃)$$

Al_2O_3 由2.67%减少到1.6%,则退火温度的变化值为

$$3 \times (1.6 - 2.67) = 3 \times (-1.07) = -3.21(℃)$$

CaO 含量由9.99%减少到8.5%,则退火温度的变化值为

$$6.6 \times (8.5 - 9.99) = 6.6 \times (-1.49) = -9.83(℃)$$

MgO 含量由0增加到3.8%,则退火温度的变化值为

$$3.5 \times (3.8 - 0) = 3.5 \times 3.8 = 13.3(℃)$$

因此,对于已知化学成分玻璃的实际最高退火温度为

$$t_{max} = 562 - 1.84 - 3.21 - 9.83 + 13.3 = 560.42 (℃)$$

方法三:按奥霍琴经验公式计算黏度 $\eta = 10^{12} Pa \cdot s$ 时的温度,即玻璃的高退火温度。

由式(7-10)计算出:

$$t = Ax + By + Cz + D$$
$$= -7.32 \times 14 + 3.49 \times (8.5 + 3) + 5.37 \times 1.6 + 603.4 = 549.7 (℃)$$

从上面几种方法的计算结果看,本例题中玻璃制品最高退火温度计算结果最高为573 ℃,最低为549.7 ℃,所以本题中玻璃制品的最高退火温度可以确定为560 ℃。

2. 加热、冷却速度及保温时间的计算

(1) 加热速度和加热时间计算

由于玻璃在加热过程中表面承受压应力,内部承受张应力,而玻璃的耐压强度很大,因此,可以采用较快的速度加热。考虑到玻璃制品中温度分布的不均匀性,退火时玻璃的加热速度通常用下式计算:

$$h = 20/a^2 \sim 30/a^2 \tag{7-11}$$

式中　h——加热速度,℃/min;

　　　a——制品最厚部位的厚度,实心制品时为其厚度的一半,cm。

对于光学玻璃,其加热速度:$h \leqslant 5/a^2$ $\tag{7-12}$

加热速度确定后,可以根据所需加热的温度度数求得加热所需时间 τ_1。

(2) 保温时间的计算

普通玻璃制品退火的保温时间按下式计算:

$$\tau_2 = 102a^2 \tag{7-13}$$

式中　τ_2——保温时间,min。

对于应力不能大于10 nm/cm的玻璃,其保温时间按 $150a^2$ 计算。

对于连续压延玻璃和平板玻璃,保温时间按下式计算:

$$\tau_2 = \frac{520a^2}{\Delta n} \tag{7-14}$$

式中　Δn——玻璃退火后允许应力的双折射值,nm/cm,其数值可参照表 7-4,一般取 20～60 nm/cm。

表 7-4　各种玻璃允许应力的双折射值

玻璃种类	允许的双折射值/(nm/cm)	玻璃种类	允许的双折射值/(nm/cm)
光学玻璃精密退火	2～5	镜玻璃	30～40
光学玻璃粗退火	10～30	空心玻璃	60
望远镜反光镜	20	玻璃管	120
平板玻璃	20～95	瓶罐玻璃	50～400

(3) 冷却速度和冷却时间的计算

最初冷却时的速度可按下式计算:

$$h_0 = 0.4/a^2 \tag{7-15}$$

式中　h_0——最初冷却速度,℃/min。

随着温度的降低,冷却速度可以逐渐增加。以温度每降低 10 ℃,冷却速度迭代一次的计算式为

$$h = \frac{h_0}{2}(1 + 2^{\frac{t_0 - t}{20}}) \tag{7-16}$$

式中　h——冷却速度,℃/min;

　　　t_0——冷却开始温度,℃;

　　　t——每降低 10 ℃后的温度,℃。

按照 10 ℃间隔计算下去,直到冷却速度增加到 $\frac{10}{a^2}$ 为止,以后就按 $\frac{10}{a^2}$ 的速度快冷到室温。

有关瓶罐玻璃的典型退火制度见表 7-5。

表 7-5　瓶罐玻璃的典型退火制度

玻璃壁厚/mm	加热温度/℃	保温时间/min	慢冷速度/(℃/min)	快冷速度/(℃/min)
3	550	4	4.2	20～40
5	550	10	1.8	10～20
10	550	20	0.5	3～5

7.1.5　浮法玻璃退火曲线实例

6 mm 厚浮法玻璃的退火曲线如图 7-6 所示。

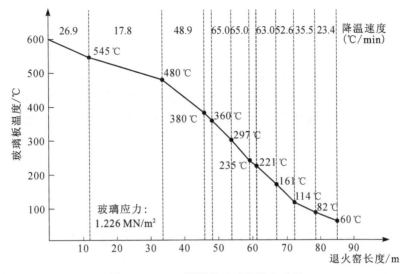

图 7-6　6 mm 厚浮法玻璃的退火曲线

7.2　退火窑分类及结构

　　玻璃退火所用的热工设备称为退火窑。退火窑可按制品的移动情况、热源和加热方法进行分类。

　　按制品移动情况可将退火窑分为间歇式、半连续式和连续式三类;按热源可将退火窑分为燃气退火窑、燃油退火窑、燃煤退火窑和电退火窑四类;按加热方法可将退火窑分为明焰式和隔焰式二类。各类退火窑的技术特性见表 7-6。

表 7-6　几种退火窑的技术特性

特　性	间歇式	隧道式	网带式	辊道式
退火制品	各种制品	单件空心制品及压制品	单件空心制品及压制品	板装
生产能力/(t/d)	0.02～1.5	3～15	5～40	50～250
作业制度	间歇	半连续	连续	连续
热源	各种燃料及电能	各种燃料	各种燃料及电能	各种燃料及电能
加热方法	明焰、隔焰	明焰	明焰、隔焰	明焰、隔焰
气流方向	水平或垂直	水平	水平	水平
制品输送设备		小车	网带	辊道
制品移动		间歇	连续	连续
气流运动	自然	自然	自然及强制	自然及强制
制品移动速度/(m/h)		4～10	1～60	50～250
退火时间/h	3～48	1～10	0.1～10	0.4～2.5
耗热量/(kJ/kg)	1 250～16 720	2 930～12 500	420～2 090	630～2 090
窑长/m	0.5～3.5	12～40	7.5～28	50～150
窑膛宽/m	0.3～3	1～1.5	1～3	1.3～3.5
窑膛高/m	0.25～1.75	0.4～1	0.3～0.8	0.5～0.8
退火面积/m²	0.15～7.5	12～60	10～75	100～500

7.2.1 间歇式退火窑及结构

制品在退火窑内不移动,窑内温度制度按工艺要求随时间而变,通常与坩埚窑配合退火。按加热方式又分为明焰和隔焰两种。在明焰退火窑中,制品可直接放在窑底上或放在小车内,一般用于手工成型、大型、厚壁和特种玻璃制品的退火。隔焰退火窑一般用于光学玻璃退火。间歇式明焰退火窑如图7-7所示,间歇式明焰退火窑中的倒焰退火窑如图7-8所示。

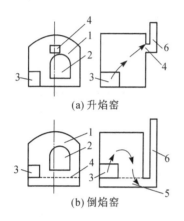

(a) 升焰窑

(b) 倒焰窑

图 7-7　间歇式明焰退火窑

1—炉膛;2—炉门;3—火箱;
4—吸火口;5—烟道;6—烟囱

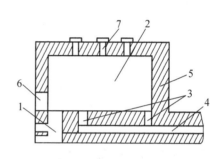

图 7-8　倒焰退火窑结构示意

1—燃烧室;2—火焰空间;3—吸火孔;4—烟道;
5—护墙;6—炉门;7—散热孔

7.2.2 半连续式退火窑及结构

玻璃制品间歇移动,窑内各处温度保持不变。半连续式退火窑有牵引式和隧道式两种形式,如图7-9所示。

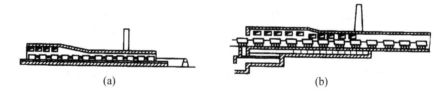

(a)　　　　　　　　　　　(b)

图 7-9　半连续式退火窑

（a）牵引式退火窑；（b）隧道式退火窑

在半连续式退火窑中用得最多的是隧道式退火窑,其结构如图7-10所示。

隧道式退火窑内有一列盛有制品的小车(或铁箱),为了便于小车移动,窑底具有一定的坡度。沿隧道窑长度方向,按照退火过程相应地划分为四带,即加热带、保温带、慢冷带和快冷带。在加热带和保温带的窑墙两边对称设置火焰喷出口。在窑前端或两斜角或两侧设置燃烧器(喷嘴或火箱)。火焰经窑底通道流向两侧垂直通道,再经喷出口入窑。各垂直通道均有闸门控制,有时在通道上还有冷风孔,以调节入窑气体的温度。用火箱时,为了点火顺利,有时在保温带末端或加热带起端的窑顶设一小烟囱。

沿慢冷带长度方向上的不同距离处设置几排排气道。烟气经侧墙排气口(或窑顶排气口)、支烟道,向上流动至窑顶总烟道后,由烟囱排出。烟囱一般设在慢冷带末端的窑顶上。慢冷带侧墙亦

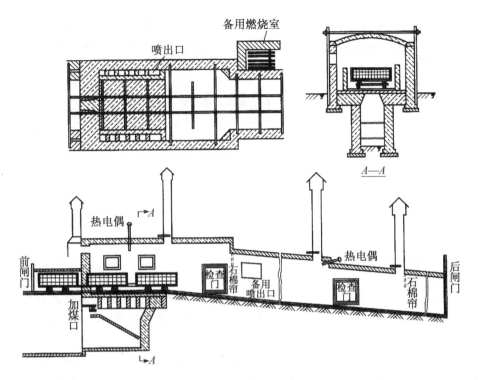

图 7-10　隧道式退火窑

可开设少量通风孔,吸入冷空气以调节窑内温度。慢冷带末端与快冷带连接处设一铁板以闸断窑截面,阻止烟气进入快冷带,使制品快速冷却,同时阻止冷空气进入慢冷带。在快冷带两侧窑墙及窑顶上开设若干通风孔,使冷风进入加速冷却制品,但亦需要闸门调节。在慢冷带、快冷带窑墙上设有数个用以检查窑内情况的检查孔。

相对于间歇式退火窑,半连续隧道式退火窑在性能上有很大的进步,如可以连续生产,窑内各处温度制度恒定,可以实现自动控制,能保证退火质量,燃料消耗少,生产效率高等。但是隧道式退火窑还存在许多缺点。如由于制品每间隔一定时间移动一次,进入一个新的温度区域,制品在退火过程中经受的温度变化是不连续的,这样对退火不利;由于烟气从窑顶排出,所以往往是上部温度高,下部温度低,造成截面上温度分布不均匀;由于窑顶开设的孔洞较多,且某些孔洞需要经常启闭,故向外热散失较大。

隧道式退火窑目前只适用于大型的、质量大且没有特殊要求的玻璃制品。

7.2.3　连续式退火窑及结构

玻璃制品连续移动,窑内各部位的温度保持不变。常见的连续式退火窑有网带式和辊道式两种形式,如图 7-11 所示。

1. 辊道式退火窑

用于板状制品的退火。窑内设有一系列辊道,玻璃板放在辊道上,在辊道带动下移动,如图 7-11(a)所示。

2. 网带式退火窑

用于除板状制品外的其他制品的退火。制品放在网带上,网带又是传送带,不断地将制品连续送入窑内,经过整个退火过程后再送出窑外,如图 7-11(b)所示。

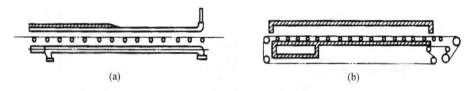

图 7-11 连续式退火窑

(a) 辊道式退火窑；(b) 网带式退火窑

对于品种单一，批量较大的玻璃制品，常采用连续式退火窑退火。关于连续式退火窑的结构及性能将在下节内容中介绍。

7.3 辊道式退火窑

辊道式退火窑[图 7-11(a)]主要用于退火浮法玻璃和压延玻璃。其任务是将成型后的玻璃带有控制地均匀冷却到可供切割和加工的温度（60～70 ℃），冷却过程中产生的应力应在允许范围内。

目前，国际上浮法玻璃退火窑一般采用电热辊道式退火窑，如图 7-12 所示。电热辊道式退火窑的窑体分保温段（称为热绝缘区）和非保温段（称为非热绝缘区）两部分。在保温段，窑体主要由内、外两层壳体组成，中间填充保温棉。整个退火窑分为若干节，每节长度通常是 3 000 mm 左右。由于钢结构电加热退火窑密封性和隔热性好，操作简单，控制精度高，所以得到普遍采用。

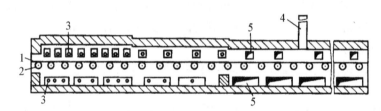

图 7-12 电热辊道式退火窑

1—玻璃板；2—辊子；3—加热元件；4—烟囱；5—风孔

目前国际上浮法玻璃退火窑有两种代表形式：克纳德式（比利时 CNUD）和斯坦因式（法国 STEIN）。两种退火窑的分区相同，但斯坦因式的结构更简单。两者结构上的差异源于采用不同的退火工艺。克纳德式采用冷风工艺，即把室温空气作为冷却介质，一次性间接冷却玻璃板；斯坦因式用热风工艺，即把室温空气加热（或掺入循环热风）后送入冷却器中循环间接冷却玻璃板。本书介绍克纳德式退火窑的结构及工作特征。克纳德式退火窑沿长度方向上一般分成均匀加热区（A 区）、重要退火区（B 区）、退火后区（C 区）、热绝缘区与非热绝缘区的过渡区（D 区）、热风循环冷却区（Ret 区）、过渡区（E 区）以及强制冷却区（F 区）七部分。在 Ret 区和 F 区，根据退火窑不同的生产能力又分为若干小区。

7.3.1 退火窑热绝缘区（保温区）的结构

浮法玻璃退火窑的 A 区、B 区、C 区这三个区是保温区。此段窑体的每个标准节结构基本上是相似的，由内、外两个壳体组成，内壳体材料为耐热钢板，外壳体材料为普通钢板，内壳体与外壳体之间采用柔性连接,即上部采用是吊挂结构,下部采用柔性支撑结构,以使内壳体与外壳体之间可以独立地自由膨胀。标准节与标准节之间留有膨胀缝,外壳标准节之间一般留 10 mm 的空隙,而内壳体由于承受的温度较高,膨胀量大,故内壳体之间一般留 70～80 mm 的空隙。

为了调整玻璃板横向温差和调整板边温度的需要,该区设有电加热装置。加热元件用铁铬铝电阻丝或镍铬电阻丝,安装在耐热钢框架上,电加热器用抽屉式(亦称插入式)以便于更换。设在底部的电加热器带有金属保护板,以防碎玻璃或杂物掉入引起短路,同时也便于清扫。

1. 均匀加热区(A 区)

A 区温度处于 600 ℃(玻璃板离开锡槽的温度)和高退火温度之间。该区的作用是消除玻璃板的横向温差,并使玻璃板逐渐冷却到高退火温度。

该区电加热装置是为了调整玻璃板横向温差,布置范围较大,一般每个标准节的板上(布置在窑顶)、板下(布置在底部)部分各布置 3 个电加热器,分为 5 组控制。玻璃原板宽度小的退火窑也可以分 3 组控制。生产厚玻璃板时,由于玻璃板的边部较薄,为了使板中与板边的降温相一致,有的退火窑在 A 区还设有可以移动的边部电加热器。该区的冷却器采用的是单层布置,板上、板下各一层,A 区的截面结构如图 7-13 所示。

2. 重要退火区(B 区)

B 区温度处于玻璃板的退火温度范围内,即高退火温度与低退火温度之间。玻璃板内永久应力的大小取决于该区的温度控制,故应缓慢冷却,使厚玻璃板上具有允许的永久应力。

该区电加热装置是为了调整板边温度,只在窑顶部两侧布置电加热装置,每个标准节布置 4 个电加热器,加热功率低于 A 区。该区采用的冷却布置与 A 区相同。B 区的截面和纵剖面结构分别如图 7-14、图 7-15 所示。

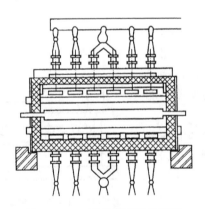

图 7-13　A 区的截面结构简图

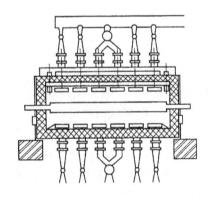

图 7-14　B 区的截面结构简图

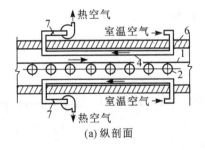

(a) 纵剖面

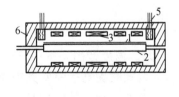

(b) 横剖面

图 7-15　退火窑 B 区剖面示意图

1—玻璃板;2—辊子;3—冷却器;4—风管;5—电加热器;6—保温层;7—蝶形阀

3. 退火后区(C区)

C区温度处于玻璃板的低退火温度至380℃范围内。因为在低退火温度以下,不会产生永久应力,可加快冷却。但必须注意玻璃板横向温度要分布均匀,产生的暂时应力不大于玻璃的极限强度即可。一般采用增大换热面积的方法间接冷却玻璃板。

该区电加热装置也是为了调整板边温度,只在窑顶部两侧布置电加热装置,每个标准节布置2个电加热器,加热功率与B区相同。由于该区冷却强度大,玻璃板的温度比较低,因此冷却器的辐射换热效率低,所以要加大冷却风管的布置,一般为玻璃板上3层,板下2层。C区的截面结构如图7-16所示。

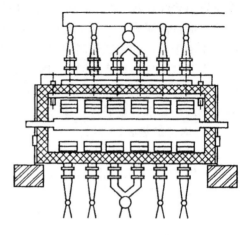

图 7-16　C区的截面结构简图

7.3.2　退火窑非热绝缘区(非保温区)的结构

浮法玻璃退火窑的D区、Ret区、E区及F区是非保温区,下面分别介绍它们的结构。

1. 封闭式自然冷却区(D区)

D区是由间接冷却到直接对流冷却的过渡区。其结构为一封闭结构,此区既无电加热装置也没有冷却装置,窑体只用一层钢板进行密封,也不作保温处理。玻璃板在封闭的壳体内自然冷却,当玻璃板通过该区时,温度约降至365℃。

2. 热风循环冷却区(Ret区)

Ret区的作用是用热风以强制对流方式快速冷却玻璃板,温度范围是230～365℃。抽取退火窑内的热空气,再掺入一定量的冷空气,形成具有一定温度的热空气,通过风机将其通过狭缝式喷嘴喷吹到玻璃板上。热空气的温度与玻璃板的温度差不能太大,以保证不会引起玻璃板炸裂。

Ret区为一独立的封闭区,玻璃板上部的狭缝式冷却喷嘴分为5个区,用手动风阀来控制冷空气掺入量,下部也设冷却风管,但不分区。Ret区的截面结构如图7-17所示。

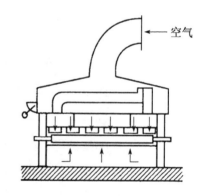

图 7-17　Ret区的截面结构简图

3. 自然冷却区(E区)

E区是自然冷却区,温度范围是230～365℃,从该区开始,玻璃板将直接暴露在空气中,利用自然对流使玻璃板冷却。该区除辊道之外无任何其他设备,所以E区仅仅是封闭区(Ret区)和急冷区(F区)之间的过渡区。

4. 强制冷却区(F区)

F区是强制冷却区,温度范围是60～220℃。该区是将车间内的室温空气通过狭缝式喷嘴直接喷吹到玻璃板上,通过强制对流换热使玻璃板实现快速冷却。其结构与Ret区相似,不同之处是该区为敞开式结构,其控制方式与Ret区相同,也是手动控制。F区的截面结构如图7-18所示。

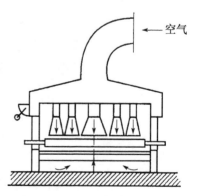

图 7-18　F区的截面结构简图

7.3.3 退火窑辊道结构

浮法玻璃退火窑的辊道是用来输送玻璃板的,所以辊道设计、安装的质量与玻璃生产线的质量和效率有着直接的关系。为了操作方便,浮法窑退火窑辊道上的母线离退火窑地平面的高度要在 1 100 mm 左右。

1. 辊子材质和直径

退火窑的辊子材质要根据各段温度的不同进行合理选配,一般 A 区选用 $Cr_{25}Ni_{20}$ 的耐热钢,B 区、C 区、D 区和 Ret 区选择用 $1Cr_{18}Ni_9Ti$ 耐热钢,E 区和 F 区则选用普通钢。

2. 辊子的直径

辊子的直径与玻璃板的宽度有关,一般来说 3.5 m 板宽的退火窑,其耐热钢辊子的直径为 305 mm,普通钢辊子的直径为 216 mm;而 2.4 m 板宽的退火窑,其辊子的直径全部为 210 mm。

3. 辊子间距

辊子的间距与玻璃板厚度有关,一般保温区段辊子的间距为 500 mm,非保温区段辊子的间距为 600 mm。而生产特厚玻璃板和特薄玻璃板的生产线则选择用 450 mm 的辊间距。

此外,退火窑辊子的安装精度要保证玻璃板不跑偏,即稳定地直线运行。

7.4 网带式退火窑

网带式退火窑用于退火各种空心玻璃制品。其适应性好,应用面广,退火质量好,操作简便,能实现机械化和自动化,寿命长,目前已成为退火空心玻璃制品所用连续式退火窑中唯一的窑型,如前面的图 7-11(b)所示。

网带起传送作用,将制品连续送进窑内,制品放在网带上,网带上面的窑腔空间就是退火空间。制品随着网带前进,完成整个退火过程。网带有平带状与网眼状两种,其结构与传动情况各不相同。

平带状网带是用 10 号镀锌铅丝或 ICr13、ICr18Ni9Ti 钢丝弯成扁环,在扁环的交叉处用铅丝扎住,形成一张紧密平整的双层中空网带。网带由无缝钢管托辊或槽钢加扁钢形成条状平面托住,如图 7-19 所示。托辊的间距不等,加热保温带处小些,冷却带处大些,一般在 500～1 000 mm 的范围内。网带传动装置如图 7-20 所示。其主动轮设在窑尾部,在传送制品时网带拉紧,空带返回时网带放松。主动轮可以平行移动,以此调节网带的张紧程度。

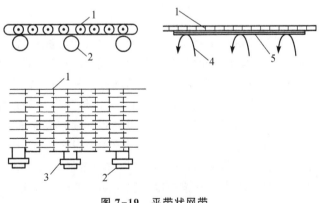

图 7-19 平带状网带

1—网带;2—托辊;3—支座;4—槽钢;5—扁钢

平带状网带的优点是平稳,制品立放时不易倒下,互不相碰,使用寿命也较长(3～5 年),多用于瓶罐玻璃的退火。缺点是价格较贵,另外,如安装不好或长期运转,会走偏,需经常纠正(可安装校正器)。这种网带目前采用较多,该退火窑的电动机功率最大不超过 3 kW。

网眼状网带是由 12 号镀锌铅丝编成若干个斜方眼的单层网,铅丝网由链带带动前进,链带由小铁板和托棒构成,如图 7-20 所示。主动轮设在窑尾,为两只八槽轮,其槽间距与托棒间距相等,主动轮转动时,整个网带不断向前移动。与平带状网带相同,传送制品的上层网带被拉紧,返回时下层网带放松(图 7-21)。这种网带的铅丝容易变形、氧化,若操作不当穿火烧红时最易损坏,使用时应加强检查和维护,对传动部分要时常加油,以延长使用寿命。这种退火窑的电动机功率最大不超过 1.7 kW。为了防止制品滑出带外,有时在两侧设挡板(厚 1.55 mm),挡板也可以穿在托棒上。目前保温瓶厂和部分瓶罐厂采用这种网带。

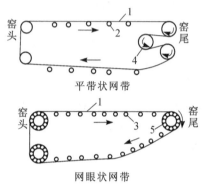

图 7-20　网带传动装置图

1—网带;2—托辊;3—托棒;
4—主动轮(平轮);5—主动轮(八槽轮)

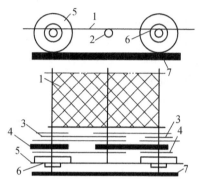

图 7-21　网眼状网带

1—网带;2—托辊;3—挡板;4—链带;
5—滚轮;6—垫圈;7—角铁

窑内加热制品有明焰式、隔焰式和半隔焰式三种方式。明焰式(亦称明火式)的火焰与制品直接接触;隔焰式(或称马弗式)的火焰不与制品接触,通过薄片砖间接传热;半隔焰式(亦称半马弗式)的火焰部分与制品接触,另一部分对制品间接传热。明焰式传热好,燃料消耗低,结构简单,但温度分布不均匀,加热面也比较小。隔焰式的情况正好与明焰式相反。根据使用的燃料、加热方法和退火要求的不同,网带式退火窑还可分为不同的结构形式。

7.4.1　燃气退火窑

明焰式退火窑将城市煤气或天然气作为燃料,窑内温度分布均匀,调节控制比较方便,制品表面清洁,具有比较理想的使用效果。燃烧设备一般采用管状煤气燃烧器向上喷射燃烧。管状煤气燃烧器如图 7-22 所示,它由喷嘴和燃烧管组成,燃烧管管壁上有多排火孔。燃烧时,大火孔流出处呈现两个稳定的锥焰,即内锥焰和外锥焰。内锥焰是煤气和一次空气燃烧而成的蓝绿色短焰;外锥焰是未燃尽的煤气和外界空气混合后继续燃烧而成。这两个锥焰对于观察和调节火焰较为方便。当喷嘴孔径、火孔个数、火孔孔径等选择得合理,火孔间距又布置得适当时,火焰能按一定间距均匀分布。在一定范围内,通过调节煤气速度能调节吸入的空气量,从而使空气、煤气比例保持为一定值。燃烧器喷出的火焰高度一般为 40~60 mm,且几乎相等。该燃烧器结构简单,维修方便,但火孔需定期疏通。

管状煤气燃烧管直接插入网带下面,离网带只有 140 mm,由于网带被直接加热,故热利用率高,煤气耗量少,沿纵向温度易调节,沿横向温度分布很均匀,特别适用于窑膛较宽的情况。

烧城市煤气时不需要烟囱,燃烧产物由窑膛空间排出。可在窑头处设吸烟罩,改善操作环境。

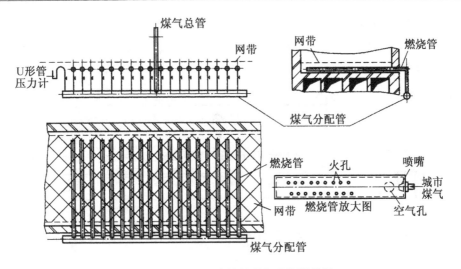

图 7-22　退火窑内管状煤气燃烧器装置

7.4.2　烧重油退火窑

烧重油退火窑烧一般用中压外混式或 R 型低压油喷嘴。设置油喷嘴的支数、位置、方向与火焰流程有关,燃烧室的部位与大小也和火焰流程有关。

几种目前采用的火焰流程如图 7-23 所示。

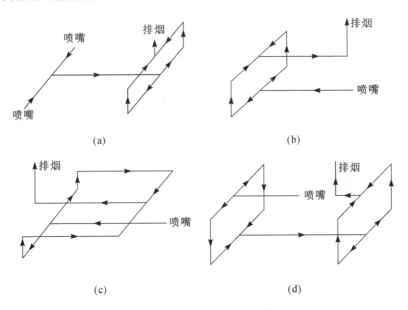

图 7-23　烧重油时的火焰流程

在以上几种火焰流程中,有半隔焰与隔焰的,有油喷嘴正向安装与逆向安装(与制品移动方向相反)的,有在窑顶与在窑底设燃烧室的,有利用窑底、窑顶或侧墙传热的,以及火焰有向上与向下、集中与分散、曲折与不曲折流动的等。

合理的火焰流程必须是:达到既定的退火温度并且温度分布均匀,能符合快速退火曲线的要求,耗油少且结构简单。

对应于图 7-23(b)火焰流程的窑结构如图 7-24 所示。该窑的特点是油喷嘴逆向安装,燃烧室设在窑底,采用半隔焰或隔焰加热。

对应于图 7-23(d)火焰流程的窑结构如图 7-25 所示。该窑的特点是油喷嘴逆向安装,燃烧室设在窑顶,隔焰加热。

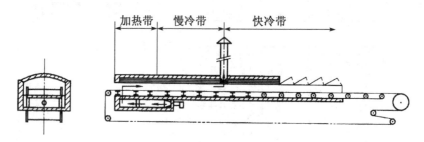

图 7-24　喷嘴逆向安装的网带式退火窑

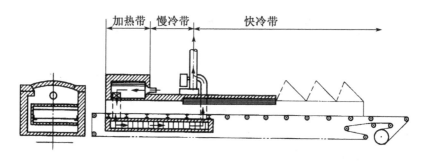

图 7-25　全隔焰的网带式退火窑

油喷嘴逆向安装的最大特点是根据油焰的温度分布特性来满足制品退火制度的要求,因为制品一进窑就达到高退火温度,如正向安装,则需要经过一段距离才能到达此温度,这样就能缩短退火时间。此外,还允许只在窑纵轴处设一支油喷嘴,有利于减小横向温差。燃烧室设在窑底以及利用窑底传热时传热合理、结构简单。隔焰加热均匀且平衡,但耗油多。半隔焰加热除靠热窑底辐射加热外还使部分烟气通过燃烧室顶上的花格孔直接加热制品,它兼有明焰与隔焰的优点。

7.4.3　电热退火窑

电热退火窑用电作热源可防止污染大气,降低噪声,操作安全方便,调节控制容易。以往采用电热丝或电热板作发热体。近年来,研制成功了远红外线电热板,即在发热体表面上涂以特种涂层,就能将可见光或近红外线转换成加热效率高的 $0.7 \sim 50 \mu m$ 的远红外线,其波长分布与玻璃的吸收光谱范围一致,然后将这种电热板组合成大型加热板,配置在加热带和慢冷带就成了电热退火窑,如图 7-26 所示。使用远红外线加热后能节电 30%。

图 7-26　电热退火窑

7.4.4 强制气流循环式退火窑

强制气流循环式退火窑又称热风循环或强制对流式退火窑,如图 7-27 所示。沿长度分成加热带(1~4 区)、慢冷带(5~10 区)和快冷带(11 区至窑尾)。快冷带内又分围蔽段和敞开段。

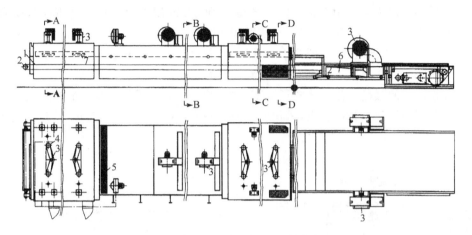

图 7-27　强制气流循环式退火窑

1—网带;2—辊子;3—风机;4—风扇;5—方管;6—风箱

加热带和快冷带围蔽段内在窑顶上设轴向风扇,一台电动机带动两台风扇(窑窄时为一台风扇),使气流循环,气流先从制品下面向上流动,然后再从窑两侧通道向下流动,形成一个封闭循环回路,使窑横截面上的温度均匀分布,如图 7-28 所示。快冷带围蔽段窑底设冷空气吸入口,窑顶设热空气排出口。

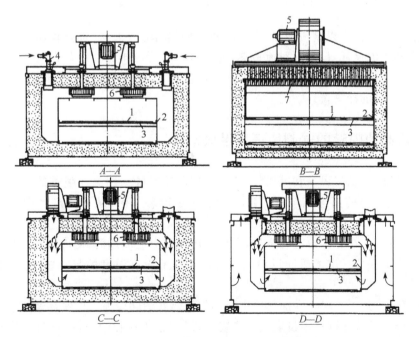

图 7-28　强制气流循环式退火窑横截面

1—网带;2—角钢;3—扁钢;4—煤气喷嘴;5—风机;6—风扇;7—方管

　　慢冷带和快冷带敞开段内用风机冷却制品。慢冷带采用间接冷却方法,窑腔内设置用耐热钢方管构成的热交换器,风机鼓入方管的冷空气通过热交换吸收制品的热量。利用各部位鼓入风量的不同(例如,窑中央多些,窑两侧少些)来达到窑横截面上的温度均匀分布的要求。快冷带敞开段采用直接冷却方法,冷空气鼓入风箱,通过风箱盖板上的许多小孔喷到制品上,使制品温度冷却到50～60 ℃以下。

　　强制气流循环式退火窑所用燃料可以是煤气、重油、煤或用电。当采用城市煤气作为燃料时,在窑顶上装两对内混式煤气喷嘴向下喷射,使燃烧产物产生一个由上向下再由下向上的循环,促使加热均匀,且不会产生局部过热,如图 7-27、图 7-28 所示。也可以在窑顶上安装多个无焰喷嘴,利用窑顶和喷嘴砖表面的热辐射加热制品,能精确控制温度制度,还能节省燃料。

　　采用重油作燃料的强制气流循环式退火窑结构如图 7-29 所示。根据重油黏度大、燃料时雾化状况差、火焰刚性强、行程也长的特点,采用较长的下马弗道(5 000～6 000 mm),并砌成迂回式,火焰总行程可达 8～11 m,保证重油的充分燃烧。

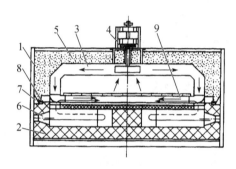

图 7-29　烧重油强制气流循环式退火窑

1—骨架;2—燃烧室砖体;3—炉胆;4—循环风机;5—矿渣棉;
6—喷嘴砖;7—炉胆支架;8—压板;9—网带

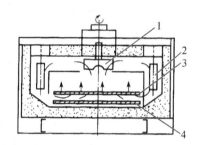

图 7-30　强制气流循环式电热退火窑

1—轴流风扇;2—电热元件;
3—网带;4—在窑内部返回的网带

　　当采用电作热源时,可以直接加热、也可以间接加热(图 7-30)。加热保温带的窑顶上装有轴流风扇,用它强制气流循环,以加强对流传热,废气由窑底管道排出。冷却带的窑顶设有鼓风机向下吹风,用它强制冷却制品,并用蝶形阀调节吹风部位和风量。网带在窑内部返回,减少了网带散失的热量和入窑制品的冷爆量。

7.4.5　用高速喷嘴的强制循环式退火窑

　　气流强制循环除用轴流风扇和风机外,还可采用高速喷嘴。用高速喷嘴的强制循环式退火窑如图 7-31 所示,其喷出的高速燃烧气体形成并强化了循环气流,从而使窑横截面上的温度分布均匀。

　　第 1 节是加热段。在底部设有燃烧器,在顶部还设有辐射加热器,使进来的制品迅速达到退火温度,并在此温度中保持一定的时间以消除应力。在这节设有温度控制装置,将炉温控制在退火温度。

　　第 2 节至第 4 节是缓冷段。在加热段中经均匀加热并消除应力后的制品经过这段后被缓慢冷却。与上述退火窑不同,这里不设空气环流装置,以节省燃料和动力,并且简化控制。在这些炉段中采用高速喷嘴燃烧器,其横截面如图 7-31(b)所示。

　　第 5 节是应变温度段。在此段设有自动控温装置,把窑内温度控制在应变温度之下约 10 ℃,一般为 495 ℃。这是退火区的最后一节,也是整个退火区唯一设有空气环流装置的炉段。此炉段

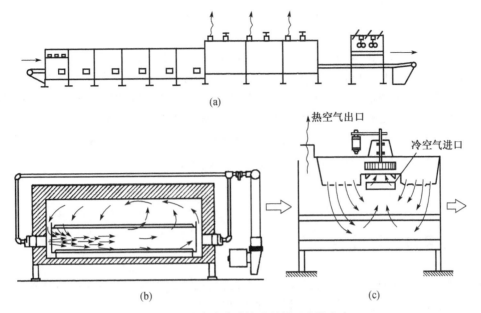

(a)

(b)   (c)

图 7-31   用高速喷嘴的强制循环式退火窑

（a）外形；（b）循环退火区横截面；（c）循环冷却区纵剖面

的纵剖面如图 7-32 所示。空气环流装置主要用来形成
一个气障，把退火区与冷却区分隔开来，消除隧道内的
纵向气流，特别是沿隧道侧边的纵向气流。这种气流通
常是引起退火窑内横向温度不均匀，从而降低退火质量
的主要原因。风扇推动空气从配气室的横向槽缝吹下，
通过玻璃制品和网带后再返回到风扇的进气口，完成一
个沿退火窑纵向的空气环流。

环流速度约为 60 个循环/min。在玻璃制品上方的
空气流速达 300 m/min，高速环流既能达到强制对流，把
此炉段内的各部位温差减到最小，同时又构成一道气
障，把退火区与冷却区隔离开来，堵住了窑内沿整个长
度的纵向气流。为了补偿窑内侧壁的热损失，在此炉段

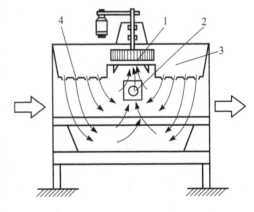

图 7-32   应变温度段纵剖面

的侧面设置了一个微弱燃烧的喷射燃烧器，从而来改善横向的温度分布，燃烧后的气体也参加
环流。

最后 3 节组成了窑内的冷却区。为了缩短退火时间，减小占地面积，在退火窑的冷却区都采用
强制冷却。此外，采用强制冷却能使制品内外温差尽量小，防止在最易被磨损碰伤且内外温差最大
的瓶底部位产生较大应力而破裂，从而可以加快冷却速度，提高生产率。这种强制对流冷却段的纵
剖面如图 7-31(c)所示，冷却段上方设有配气室，其中装有风机和有自动风门控制的进风管。冷空
气从配气室下方的横向槽缝吹下冷却制品。为了加速冷却，前段来的热空气通过炉顶烟囱排出。

强制气流循环式的窑体不用耐火砖，而使用金属制成的空心壳体，内壁用耐热钢，外壁用普通
钢，中间填充保温材料（如矿渣棉、珍珠岩粉）。这种窑体结构轻巧，保温好，还有一定的热辐射作
用。网带亦用耐热钢制，在加热带、慢冷带内被扁钢和角钢（两侧）组成的炉算托住，网带在其上滑
动。这种支承和移动方式的好处是网带受力均匀，变形小，且不会走偏。

强制气流循环式退火窑的优点如下：温度分布均匀；气流速度快并加速对流交换；可利用风扇、
热交换器、风箱的位置、数量及风速来调节控制温度制度；网带使用期限长；可利用冷却带排出的热

空气作助燃空气;退火质量好,退火速度快,燃料消耗低等。目前,已在国内外得到普遍采用,成为有代表性的窑型。

退火窑还有一些其他配套措施,如:为了防止制品冷爆,网带入窑前需进行预热,可以用城市煤气或洗涤煤气加热,也可以在烧油燃烧室前墙上开几个小孔,穿出一点火来加热网带;在缓冷带的网带下面用约 200 mm 厚的黏土砖或高温石棉板铺底,以防冷空气从网带下进入窑膛;在退火窑冷却区出口处之后可留一定位置,供装设冷端喷涂设备,若采用冷端喷涂技术,一般在制品温度下降到 130 ℃ 附近时喷涂;控制窑膛空间温度是控制加热保温带温度的重要指标,一般在窑长方向设两点或三点,窑宽方向视宽度而定,最好能设三点,用热电偶测温,自动记录。

7.5 退火窑的设计计算

通过计算选择合理的退火窑,是实现退火制度的前提。退火窑计算的主要内容有:确定退火制度,绘制退火曲线,计算网带长度和网带移动速度,确定窑膛尺寸。

进行退火窑计算必须具备的原始资料为:玻璃成分、成型机机速、制品的形状、壁厚和单重以及对制品退火质量的要求、热源种类等。

7.5.1 确定退火制度

退火制度的内容包括制品的退火温度、慢冷速度、快冷速度、保温时间、慢冷时间、快冷时间等。

7.5.2 退火窑长度的计算

1. 确定网带宽度

通常根据产量、成型机及经验确定,其波动幅度较大,一般为 1.2～3.0 m。确定窑宽时,要为以后的生产发展留有余地。对瓶罐玻璃生产线来说,可参照表 7-7。

表 7-7 成型机、退火窑网带宽度配套参考

制瓶机型号	QD$_4$行列机	QD$_6$行列机	QS$_8$行列机	QS$_8$行列机	QS$_{10}$行列机
退火窑网带宽度/mm	1 500	1 800	2 400	2 700	3 000

2. 计算退火所需网带面积

设退火所需网带面积为 $F(\mathrm{m}^2)$,按下式计算:

$$F = \frac{Znf}{K} \tag{7-17}$$

式中　Z——总退火时间,min;

　　　n——成型机机速,个/min;

　　　f——每个制品所占面积,m^2;

　　　K——网带面积利用率,与制品品种、形状等有关,该数值通常取 0.7。

3. 计算网带工作长度

制品在网带上排布时,网带边缘并未被瓶子所占满,通常各边要留出 15 cm 左右距离,因此,按

表 7-7 所确定的网带宽度并不是瓶子实际所占网带的宽度,实际所应用的网带有效宽度 b(m)应按下式计算:

$$b = 所选网带宽度 - 2 \times 0.15 \qquad (7\text{-}18)$$

设网带工作长度为 l_0 则有

$$l_0 = \frac{F}{b} \qquad (7\text{-}19)$$

如在网带上检验制品时,需加长 2~8 m。

4. 计算网带总长度 l

$$l = 2l_0 + C \qquad (7\text{-}20)$$

式中　C——宽余量(由网带传动情况定),m。

5. 计算网带运行速度

设网带运行速度为 v(m/min),则

$$v = \frac{l_0}{\tau} \qquad (7\text{-}21)$$

式中　τ 为总退火时间,min。

6. 计算退火窑各段长度

根据计算出的退火各阶段的时间,可求得各带长度:

加热段长:　　　　　　　　$L_1 = \tau_1 v$ 　　　　　　　　　(7-22)

保温段长:　　　　　　　　$L_2 = \tau_2 v$ 　　　　　　　　　(7-23)

慢冷段长:　　　　　　　　$L_3 = \tau_3 v$ 　　　　　　　　　(7-24)

快冷段长:　　　　　　　　$L_4 = \tau_4 v$ 　　　　　　　　　(7-25)

式中 τ_1,τ_2,τ_3,τ_4 分别为加热时间、保温时间、慢冷时间和快冷时间,min。

对于瓶罐玻璃,通常加热保温带长 4~5 m,慢冷带长 6~7 m,快冷带长 6~8 m。快冷带有封闭与敞开两部分,其长度可根据季节调节,冬季敞开段短些,夏季敞开段长些,一般在 3~6 m 范围内。

7.5.3　窑体尺寸的计算

1. 窑体长度 L 的计算

退火曲线给出了退火时间,通过网带移动速度则可算出退火窑的长度,兼顾厂房条件,一般在 18~26 m 范围内。窑体前后要求水平放置,也有些厂将窑体朝冷却带方向有 0.5% 的向下坡度。

$$L = 网带工作长度 + 从动轮半径 + 主动轮半径 + 出入窑处挡墙厚$$

2. 窑体外宽度 B 的计算

$$B = 网带宽 + 两滚轮厚 + 两角钢厚 + 配合间距 + 两窑墙厚$$

3. 窑高度 H 的确定

H 指网带工作面到窑顶碹脚头处的高度,其值比制品高度稍高些,只要不碰倒制品并有足够的热气体上升空间即可,过高反而会增大燃料消耗,甚至影响温度分布的均匀性。

7.5.4 燃料消耗量计算

燃料消耗量可通过加热保温带的热平衡算出,但由于计算复杂,一般都按经验数据估算。目前,国内瓶罐玻璃退火窑在满负荷时的实际燃料消耗量的数据为:耗煤量,40～50 kg/t;耗城市煤气量(标准状态下),30～35 m³/t;耗油量,15～18 kg/t。

退火其他玻璃制品时,由于不一定达到满负荷,所以一般不用单位产量计算,而按每座窑考虑,通常每座窑耗油量约为 0.6 t/d。加强保温后,燃料消耗量可略有降低。

思考题

1. 热成型后玻璃制品中存在几种应力? 如何消除?
2. 玻璃退火过程除能消除应力外还可以起什么作用?
3. 为何玻璃退火温度与其黏度有关?
4. 玻璃制品的高退火温度有几种确定方法?
5. 在同一座窑内退火不同厚度和大小的玻璃制品时,退火制度怎样确定?
6. 虽然间歇式退火窑缺点很多,但为什么还有存在的必要?
7. 隧道式退火窑的慢冷带砌筑逐步压低的小横碹起什么作用? 试从气体流动和传热的角度予以解释。
8. 克服退火窑内水平气流造成的气流分层现象(亦即温度分布不均)有哪几种办法?
9. 说明辊道式退火窑各带的名称及温度范围。
10. 说明强制气流循环式退火窑的结构及特点。

8 陶 瓷 窑

8.1 概述

陶瓷窑是烧制陶瓷的热工设备,通常用耐火材料砌筑而成。陶瓷制品的烧成过程十分复杂,无论采用何种窑炉完成其烧成过程,在烧成过程的各个阶段中均将发生一系列物理化学变化,同时在窑炉中还存在燃料燃烧过程、气体流动过程和传热过程。

8.1.1 陶瓷的烧成过程

这里仅对陶瓷制品在烧成过程中的物理化学变化,按不同的温度阶段作简单叙述。

第一阶段:室温至 200 ℃ 左右。

此阶段为蒸发阶段,主要是排除自由水和吸附水,坯体不发生化学变化,只发生坯体体积收缩、气孔率增加等物理变化。

第二阶段:200 ℃ 至出现液相的温度(约 950 ℃)。

此阶段为氧化分解阶段,坯体的主要化学变化是结构水的排除,坯体中所含有机物、碳酸盐、硫酸盐等化合物的分解和氧化,以及晶形转变。在这一阶段,制品中的硫化铁氧化成氧化铁,放出二氧化硫,碳酸盐分解放出二氧化碳,有机物中的碳氧化生成二氧化碳。上述化学反应都要在釉面玻化之前完成,以便生成的气体排除干净。否则,在釉面玻化时如果还在进行这些反应,气体排不出,就会使制品起泡,叫作坯泡。如果硫化铁没有完全氧化,则在之后的阶段会引起制品起黑点和青边。

第三阶段:950 ℃～最高烧成温度以及在该温度下的保温。

此阶段为烧结阶段。由于各种陶瓷制品性质及其所用原料不同,最高烧成温度也不同。主要发生的变化是坯体中的长石类熔剂熔融出现液相,由于液相的产生,在其表面张力的作用下,不仅促使颗粒重新排列紧密,而且使颗粒之间胶结并填充孔隙。由于颗粒曲率半径不同和受压情况不同,促使颗粒间中心距离缩小,坯体逐渐致密。同时,游离 Al_2O_3 与 SiO_2 会在液相中再结晶,形成一种针状的莫来石新晶体,它还能在液相中不断成长,并与部分未被液相熔解的石英及其他成分共同组成坯体的骨架,而玻璃态的液相就填充在这骨架之中,使制品形成较严密的整体。此时,气孔率降低,坯体产生收缩,强度随之增加,从而达到瓷化。

第四阶段:最高烧成温度～液相凝固温度(约 700 ℃)。

此阶段仍有液相参加的某些变化的延续,但主要是液相黏度增大,并伴有析晶产生。由于液相的存在使产品仍有塑性,此阶段可以急冷,故又称急冷阶段。

第五阶段:液相凝固温度～出窑温度。

此阶段为产品的继续冷却阶段,产品由塑性状态转化为刚性状态,硬度和强度增至最大。产品冷至 573 ℃,还会发生石英的晶形转变、析晶和物理收缩。

8.1.2 陶瓷窑的分类

在所有的窑炉中,陶瓷炉是最古老的窑炉,经过千百年的演化,传统意义上的陶瓷窑有三种窑型。第一种是温度分布比较均匀的、间歇式的、可以烧制高质量陶瓷制品的倒焰窑。第二种是可以回收余热的、半连续式的、主要用于烧制砖、瓦等建筑材料的轮窑(国外也将此窑型称为哈夫曼窑)。第三种是连续式隧道窑以及更先进的辊道窑,在大批量陶瓷产品的烧制方面表现出巨大的优势。

陶瓷工业窑炉通常按以下方法进行分类:按使用燃料可分为,煤烧窑、油烧窑、气烧窑等;按具体用途可分为,干燥窑、素烧窑、釉烧窑、烤花窑等;按形状与运载工具可分为,圆窑、方窑、隧道窑、辊道窑等;按生产的连续性可分为连续式窑炉与间歇式窑炉两大类。

连续式陶瓷工业窑的形状像一条长的隧道,最初运载制品的工具为窑车,随着技术的发展,运载工具又出现了推板、步进梁、辊道等。从广义来讲,这些不同运载工具的隧道式窑都应称之为隧道窑,也可以分别称为窑车式隧道窑、推板式隧道窑、步进式隧道窑、辊道式隧道窑等。

由于间歇式陶瓷工业窑生产操作中的升温与降温同在一窑室里进行,使其窑体散热损失大、余热利用率低、生产效率低,所以传统的间歇式窑(倒焰窑)在陶瓷生产领域里已被逐渐淘汰。但是,由于近几十年来新型筑炉材料的出现及其他科学技术的进步,现代间歇式陶瓷工业窑的热利用率不断提高,热效率已接近隧道窑水平,另外其还具有灵活的生产方式等特点,故以梭式窑为代表的现代间歇式陶瓷工业窑在陶瓷生产中得到了广泛应用与蓬勃发展。

现代间歇式陶瓷工业窑按窑体活动形式主要分为梭式窑与罩式窑两种。梭式窑主要由固定的长方形容室与活动的窑车作窑底组成,窑车出入窑室的运动如织布机上的梭子,故称为梭式窑。有的资料将一个窑门出入的窑型称为抽屉窑,而将窑室对开两个门、窑车可轮换从两门进出的窑型才称为梭式窑。由于国内外的此类窑多为一个窑门(对窑的密封性有利且便于砌筑),一般将它们统一命名为梭式窑。

罩式窑由可以上下移动的罩形窑室与窑底组成,其窑底可以固定在地面,也可以是移动式的窑车。罩式窑的移动窑室可以是方形或长方形,也可以是圆形;由于其形状似钟,有资料称这种圆形窑室的罩式窑为钟罩窑。一般将它们统一命名为罩式窑。

本书内容以连续式隧道窑和辊道窑为主要内容,间歇式陶瓷窑作简要介绍。

8.2 陶瓷隧道窑

隧道窑是指以窑车作为坯体运输工具的一种连续式陶瓷窑。因窑车通道与铁路隧道相似,内有轨道,装有坯体的窑车在轨道上运行完成烧成过程,故名隧道窑。

隧道窑最早出现在19世纪50年代的欧洲,但是直到19世纪末法国人Faugeron砌筑的隧道窑才成功地将其用于烧制陶瓷制品。从20世纪初至今,隧道窑经过不断改进,已经成为当今陶瓷制品(包括微晶玻璃)生产过程中的主要烧成设备。除陶瓷工业外,其他工业如耐火材料、磨料磨具、砖窑等也广泛使用隧道窑。

8.2.1 隧道窑的分类

隧道窑有多种类型,通常按其不同的特征进行分类。

（1）按使用的热源可分为：火焰隧道窑，利用煤气、天然气或重油等燃料燃烧加热。电热隧道窑，利用电热元件进行加热。

（2）按火焰是否接触制品可分为：明焰式隧道窑，火焰直接进入隧道，接触式加热制品。隔焰式隧道窑，在火焰与制品之间有隔焰板（或称马弗板），火焰加热隔焰板，隔焰板再将热量以辐射方式传给制品。半隔焰式隧道窑，隔焰板上有孔口，让部分燃烧物与制品接触，或者只有隧道窑的烧成带隔焰，其预热带明焰。

（3）按隧道内的烧成温度可分为：低温隧道窑，烧成温度在 1 100 ℃ 以下。中温隧道窑，烧成温度为 1 100~1 500 ℃。高温隧道窑，烧成温度为 1 500~1 800 ℃。超高温隧道窑，烧成温度为 1 800~1 900 ℃。

尽管不同类型的隧道窑构造上会有一些差别，但其基本结构和工作原理都是一样的。

8.2.2 隧道窑的分带及结构

1. 隧道窑的分带

隧道窑作为一种连续式窑炉，不论结构简单还是复杂，都可以根据制品在窑内经历的温度变化过程而沿窑的长度方向划分为三带，即预热带、烧成带、冷却带。对于三带的具体划分，不同的学者有不同的划分方法，最科学合理的划分方法是按温度划分，窑头至 900 ℃ 左右为预热带，900 ℃ 至最高烧成温度为烧成带，最高烧成温度至窑尾为冷却带。有时以窑体外形划分，窑体较宽的中间段为烧成带，前后各为预热带和冷却带；但多数还是以砌体结构划分，设置有燃烧室和烧嘴结构的部位为烧成带，前后各为预热带和冷却带。但应当注意的是，在现代的隧道窑中，900 ℃ 以前也多设有下排烧嘴，其目的是调节窑内下部温度，以减少上、下部的温差，因此，900 ℃ 以前设有高速调温烧嘴的地段仍为预热带。

隧道窑三带的比例因产品、烧成工艺、窑炉结构与工作系统的不同而有很大差别，三带的比例范围一般为：预热带 35%~45%，烧成带 20%~35%，冷却带 30%~40%。

2. 隧道窑的结构

隧道窑的结构包括以下五个部分：窑体、窑内输送设备、燃烧设备、排烟系统及通风系统。窑体和窑内输送设备是贯穿整个隧道窑的设备，三带的窑体结构基本上是相同的，燃烧设备设在烧成带，排烟系统设置在预热带，通风系统由于三带的功能不同，其结构各有特点。

随着时代的发展，技术的进步，隧道窑也在不断地发展，传统意义上的隧道窑也逐渐被现代化的隧道窑所取代。一个典型的传统隧道窑和一个典型的现代隧道窑的通风排烟系统及燃烧系统的流程图如图 8-1 所示。

8.2.3 隧道窑窑体

隧道窑的窑体是由窑墙、窑顶和窑车衬砖所围成的焙烧坯体的隧道空间。陶瓷或耐火材料等坯体在此空间从燃料燃烧所产生的烟气中获得热量，经过预热、烧成和冷却三个阶段焙烧成产品。隧道窑是一种连续式窑炉，窑体的隧道主要是进行热传递和坯体进行物理化学反应的场所。

图 8-2 是一个由传统材料（建筑红砖、保温砖、耐火砖）砌筑而成的隧道窑烧成带横截面的剖面图。红砖的抗压强度较高，砌在最外层保护窑体；保温砖的保温效果较好，但是由于其多孔性，所以其抗压强度较低，砌在中间，起减少窑体散热的作用；耐火砖的耐高温效果很好，是窑墙的主体。

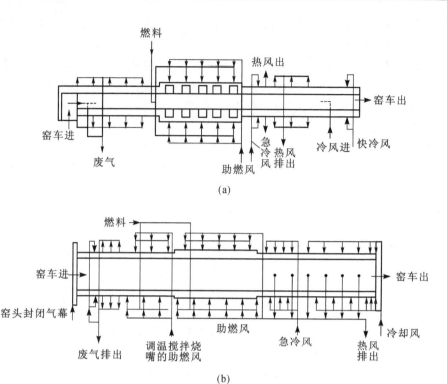

图 8-1　隧道窑的通风排烟系统及燃烧系统

（a）传统隧道窑；（b）现代隧道窑

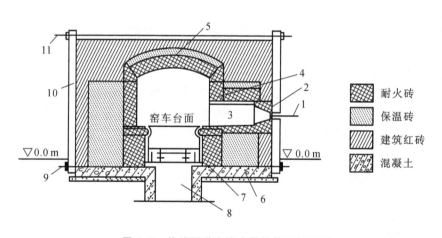

图 8-2　传统隧道窑烧成带横截面剖面图

1—烧嘴；2—烧嘴砖；3—燃烧室；4—窑墙；5—拱顶；6—地基；
7—砂封；8—检修坑道；9—下拉杆；10—立柱；11—上拉杆

1. 隧道窑的窑体尺寸

隧道窑的窑体尺寸主要是指窑的内高、内宽、窑长和各带长度。应根据产品种类、产量、燃料、烧嘴、窑炉、烧成制度等多方面因素综合考虑。表 8-1 列出了我国近二十多年来引进和自建的几种陶瓷隧道窑的主要尺寸。

表 8-1　典型陶瓷窑的主要尺寸

序号	制造企业	产品	窑长/m	内宽/m	有效内高/m	三带长比例(预＋烧)：冷
1	德国 Riedhammer	卫生瓷	95	2.1	0.75	1：0.69
2	德国 Riedhammer	日用瓷	82	1.18/1.21	1.15	1：0.95
3	瑞士 Niro	卫生瓷	80	2.65	0.90	1：0.64
4	英国 Briceseco	卫生瓷	77	2.70	0.75	1：0.83
5	日本东陶	卫生瓷	100	1.40	0.75	1：0.74
6	美国 Bickley	电瓷	75	3.42	2.12	1：0.60
7	安徽含山陶瓷厂	日用瓷	80	2.20	0.80	1：0.33
8	中亚窑炉	卫生瓷	110	3.60	0.99	1：0.66
9	景德镇海泰窑炉	日用瓷	51	1.02	—	1：0.60
10	佛山中窑窑业	园林瓷	60	2.16	1.0	1：0.39
11	佛山中窑窑业	砂轮	86	1.50	0.84	1：1.05
12	河南省某陶瓷厂	铝钒土	137	2.55	1.22	1：0.39

（1）内高与内宽

隧道窑的内高是指隧道窑内可装制品部分的空间高度，通常指从窑车面至窑顶的高度。将轨面至窑顶的高度称为窑的全高，有时还将装载制品的高度（如棚板至最上层制品顶面）称为有效内高。

隧道窑内宽是指窑内两侧窑墙的距离，包括制品有效装载宽度与制品和两边窑墙的距离。

隧道窑内高和内宽的确定，应考虑窑内垂直截面与水平截面温度的均匀性、制品尺寸规格以及装车操作等因素。隧道窑的内高尺寸大，易造成热气流分层，从而引起较大的上、下部的温差，太宽则烧嘴火焰不易到达隧道中心，造成窑两侧与中心温度不均匀。隧道窑太矮太窄，则有效装载面积小，若要保持窑炉一定的产量势必增加窑长。目前一般隧道窑的内高在 1.5 m 以下，内宽为 1～2 m，通常隧道窑的内宽要大于内高，内宽与内高之比为 1.0～1.5。

现代隧道窑多采用高速烧嘴，可在窑截面上形成强烈的横向气流循环，为增加窑炉内宽提供了条件，因此，现代陶瓷窑尤其是生产卫生洁具的隧道窑多采用内宽大、高度小的宽截面窑体结构。例如，河北某陶瓷厂 HTK-2.8 型隧道窑窑内宽为 3 040 mm，有效装载宽度为 2 800 mm，窑的有效装载高度仅为 930 mm，窑的宽高比达到 3.27。另外，快速度烧成窑的内高较小，顶烧隧道窑的宽度要稍大些。

（2）窑长

隧道窑的长度决定于窑内的压力。如隧道窑过长，则窑内气流阻力加大，为克服窑内阻力，相应的鼓风、抽风压强也要大，使窑处于较大的正压和负压下操作。若隧道窑内正压过大，热气体容易逸出窑外，既增加了热量损失，又恶化了外部环境和操作条件。若隧道窑内负压过大，容易吸入窑外冷空气，破坏窑内温度制度和气氛制度。一般隧道窑长度控制在 70～100 m 左右，最长约150 mm，而快速烧成窑更短。

2. 窑墙

隧道窑窑墙与窑顶一起将工作隧道与外界分隔开来，在工作隧道内燃烧产物（烟气）与坯体进行热交换。隧道窑的窑墙必须能够经受高温的作用，而窑墙要支撑其窑顶，承受一定的重力，所以窑墙应在高温下具有一定的机械强度。另外，为了使隧道窑具有较高的热效率，窑墙的蓄热量要少，保温效果要好。

隧道窑窑墙一般由耐高温的内衬层、隔热的中间层和起支撑作用的外层组成。对于一般陶瓷工业隧道窑，内衬材料多为黏土砖、高铝砖、莫来石砖等，中间层的隔热材料有各种轻质砖的陶瓷纤维，外层多用钢板。

隧道窑窑墙的砌筑比较简单,用错缝湿法砌筑。所用耐火泥与所用耐火砖的耐火度要比较接近,隔一段距离还要预留出一定的膨胀缝。

3. 窑顶

隧道窑窑顶的作用与隧道窑窑墙的作用相类似,但是由于窑顶是支撑在窑墙上,且在较为恶劣的条件下工作,所以隧道窑的窑顶除了要具备与隧道窑的窑墙一样的性能之外,窑顶还必须:①结构要好,不漏气、坚固耐用;②质量要轻以减小窑墙的荷重载荷;③要尽量减轻隧道窑内的气流分层。

一般传统的隧道窑多采用拱形的窑顶结构(图8-2)。

隧道窑的拱碹结构其与玻璃池窑的大碹相类似,拱顶的形状常用拱高 h 与拱跨度 B(窑内宽)的关系表示。半圆拱:$h=\frac{1}{2}B$;标准拱:$h=\left(\frac{1}{7}\sim\frac{1}{3}\right)B$;倾斜拱:$h=\left(\frac{1}{10}\sim\frac{1}{8}\right)B$;平拱(平顶):$h=0$。

确定拱高时,要从拱的稳定性、垂直方向温度均匀性两方面考虑。拱越平,横推力越大,拱顶不稳固容易下落,且加固窑所用的钢材越多。所以从拱顶稳固和节约钢材的角度来看,拱越高越好,最好是半圆拱。但是由于隧道窑内气体为平流,热气体要向上流动,造成窑上部和下部温度不均匀(这是隧道窑最根本的缺陷),拱越高,拱顶部分装坯越不容易紧密,拱顶与坯垛之间的空隙也越大,此处气体流动阻力越小,越容易造成气体分层,使上部温度越高,下部温度越低。所以从窑内温度的均匀性来看,又希望拱越小越好,最好是平拱。因此要根据具体情况,选用合适的拱高,即能满足工艺要求,也能保证拱顶稳固。

拱顶一般是用楔形砖砌筑而成的,有错砌和环砌两种类型,环砌就是拱顶按砖的长度分成许多环,如图8-3所示。而错砌就是拱顶不再分成许多环,每一环的每一块砖与相邻环的砖之间都要相互咬合,拱顶结构砌筑过程复杂,但是不易掉砖;环砌的拱顶结构尽管砌筑简单,但是只要掉一块砖,整环砖就会塌落。因此工程实际中多采用错砌结构。拱顶的砌筑方法有干砌和湿砌两种方法,实际工程中多用湿砌法。另外要注意,窑墙和窑顶上的纵向每隔 $4\sim10$ m 的距离,要预留出一个热膨胀缝,热膨胀缝的宽度为 $20\sim40$ mm。

拱顶通过拱角砖支撑在两侧的窑墙上。拱顶产生的横向推力作用于拱角砖上,通过拱角砖再传递给立柱。立柱下端埋在混凝土的基础内,上端用上拉杆拉紧,拉杆上有松紧螺母。烧窑时,随着温度上升,拱顶有所膨胀,这时应及时地逐渐放松各个拉杆上的松紧螺母,而不使拱顶砖被压坏。

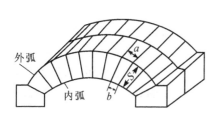

图8-3 用楔形砖砌筑的拱顶结构图

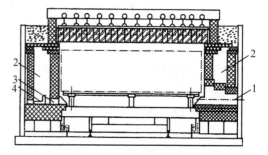

图8-4 现代隧道窑预热带的横截面的剖面图

1—燃料烧嘴;2—支烟道;3—排烟口;4—排烟闸门

现代隧道窑则多采用平顶的窑顶结构。为保证碹顶稳固,采用吊碹结构,如图8-4所示。

一条隧道窑各段、各层的材料种类和厚度是根据该段的温度来决定的。窑体内壁所用耐火材料的种类应由被焙烧制品的温度制度来决定。理想的情况是采用一种能耐高温、具有高强度而且隔热保温性能也很好的轻质耐火保温砖。这样可使窑体轻而薄、易于建造、且散失热量小。此外,耐火纤维(陶瓷棉)也是一种非常优良的耐火材料。现在很多由轻质保温耐火砖、耐火纤维所构成的隧道窑已经在生产运行之中。表8-2列举了我国当前几种隧道窑的窑体砌筑材料及厚度数据,以供参考。

单位：mm

表8-2　隧道窑的窑体砌筑材料及厚度数据

厂家	产品	预热带（排烟段窑体厚度稍小）		烧成带＋急冷段		冷却带（缓冷段）	
		窑墙	窑顶	窑墙	窑顶	窑墙	窑顶
General窑炉	卫生瓷	轻质高铝砖 230 轻质黏土砖 115 陶瓷纤维 120	莫来石—堇青石板 50 耐火纤维 300	莫来石轻质砖 230 轻质高铝砖 230 陶瓷纤维 125	莫来石轻质砖 300 结晶铝纤维毡 50 硅酸铝纤维毡 100	轻质高铝砖 230 硅酸铝纤维毡 100	轻质高铝砖吊顶砖 200 硅酸铝纤维毡 100
Riedhammer窑炉	日用瓷	轻质高铝砖 230 轻质黏土砖 230 硅藻土砖 115 陶瓷纤维板 100	轻质高铝砖 250 轻质黏土砖 67 硅藻土砖 134	莫来石质砖 230 轻质高铝砖 230 轻质黏土砖 120 高铝纤维板 80	莫来石砖 250 轻质高铝砖 134 轻质黏土砖 268	轻质高铝砖 230 轻质黏土砖 230 硅藻土砖 115 陶瓷纤维板 110	轻质高铝砖 250 轻质黏土砖 67 硅藻土砖 134
中亚窑炉	卫生瓷	聚轻高铝砖 230 轻质黏土砖 115 硅酸铝纤维毡 50 硅钙板 10	堇青石—莫来石吊顶板 15 硅酸铝纤维毡 150 岩棉板 100	JM26轻质高铝砖 230 JM23轻质高铝砖 115 硅酸铝纤维毡 150 硅钙板 10	JM28吊顶砖 300 结晶铝纤维毡 25 硅酸铝纤维毡 100	聚轻高铝砖 230 轻质黏土砖 115 硅酸铝纤维毡 50 硅钙板 10	聚轻高铝砖 250 0.23硅酸铝纤维毡 100
海泰窑炉	日用瓷	聚轻高铝砖 230 轻质高铝砖 230 硅酸铝纤维毡 110	聚轻高铝吊顶砖 250 硅酸铝纤维毡 150	JM28轻质高铝砖 230 聚轻高铝砖 230 硅酸铝纤维毡 150 硅钙板 10	JM28吊顶砖 280 结晶铝纤维毡 50 硅酸铝纤维毡 100	聚轻高铝砖 230 轻质黏土砖 230 硅酸铝纤维毡 100	JM28吊顶砖 208 结晶纤维毡 50 硅酸铝纤维毡 100
中窑窑业	日用瓷	聚轻高铝砖 230 1 260℃保温砖 65 1 260℃保温板 25 1 050℃纤维毡 20 硅钙板 25	聚轻高铝砖 230 漂珠砖 20 1 260℃保温砖 20 1 050℃保温毡 20	JM26轻质高铝砖 230 1 260℃保温砖 20 1 050℃保温板 20 1 050℃纤维毡 50	JM26莫来石砖 230 1 260℃保温毡 115 1 050℃保温毡 25 珍珠岩 25 硅酸铝纤维毡 50	JM26莫来石砖 230 1 260℃保温毡 70 1 050℃纤维毡 55	聚轻高铝砖 230 1 050℃纤维毡 135
	砂轮	聚轻高铝砖 230 硅酸铝棉 140 硅钙板 10	聚轻高铝吊顶砖 250 硅酸铝棉 100	JM28莫来石砖 230 聚轻高铝砖 115 高铝针刺毡 20 硅酸铝棉 245 硅钙板 10	JM28吊顶砖 320 高铝针刺毡 20 硅酸铝棉 150	轻质高铝砖 230 硅酸铝棉 140 硅钙板 10	重质黏土板 20 硅酸铝棉 100

4. 窑门

预热带窑门是窑车进入隧道窑的进口,要保证窑内操作稳定,防止冷空气漏入以减少气体分层,减少上、下部的温差。冷却带窑门是窑车离开隧道窑的出口,要防止从冷却带出口端漏出大量空气,使产品能得到合理的冷却。

在隧道窑进口与出口端装设的金属窑门应该启闭迅速,关闭时气密性要好。

最简单常用的窑门是升降式,为了避免在进车时窑内和外界相通,应在进车端设置内外两道窑门,进车时开启外窑门并关闭内窑门,当窑车进入后,关闭外窑门并开启内窑门。预热带二重门如图 8-5 所示。

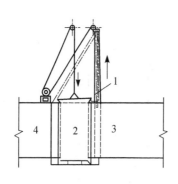

图 8-5　预热带二重门示意图

1—第二重门;2—第一重门;3—窑体;4—油压机房

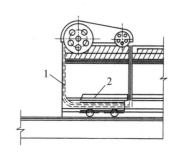

图 8-6　预热带卷帘门示意图

1—卷帘门;2—窑车

使用双重窑门需要注意,当内窑门提升时,窑内与窑车下面坑道相通,而坑道又往往与外界相通,或在坑道里鼓入冷风冷却车架,这些冷风漏进窑内对预热带仍有干扰。金属卷帘式窑门可以很好地解决这一问题。这种窑门由多块金属片组成,可以卷曲。进车后,提起内窑门,放下外窑门,将帘的地下缘接在第一辆窑车上,窑车前进时,外帘门与窑车一同前进,因此窑内不仅与窑外隔绝,且与车下坑道隔绝。当第一辆车前进一个车位后,松开连接装置,使外卷帘门返回,并放下内卷帘门,让新的一辆窑车进入。预热带卷帘门如图 8-6 所示。

至于出车端窑门,打开时影响较小,故只设一道窑门。

5. 检修坑道

为了便于清扫隧道窑内落下的碎屑、砂粒,冷却窑车,以及在发生倒垛事故时,便于拖出窑车进行事故处理,有的隧道窑在窑车轨道的下面,设置有工作人员可以行走的通道,即检查坑道,如前面的图 8-2 所示。为便于操作,检修坑道必须要有足够的宽度和深度,其宽度可以根据隧道窑的内宽来决定,一般为 1 m 左右,深度在 1.8 m 左右。正常情况下可将检查坑道封闭,在坑道内抽风和鼓风,维持坑道内与窑内一样的压力制度。这样,预热带没有或只有较少冷空气自车下吸入窑内,减少了上、下部的温差,烧成带、冷却带也只有少量热气体向车下散失,减少了热量损失,保护了窑车。但有了检查坑道,必须显著加深地基的深度,这样的话既会受地下水位的限制,又会增加基建费用。所以有的隧道窑不设置检查坑道,或者只在烧成带设置很短一段检查坑道,在烧成带前后设置事故处理口。清扫砂粒的问题,则以加深砂封槽和合理安排加砂管,避免沙子外逸来解决。冷却窑车的问题,则可在窑车下强制鼓风解决,且可设多个冷风鼓入口,显著提高了冷却效果。若不用鼓风机,也可在窑墙下部车轮处开洞,使窑车下部金属部分与大气相通,自然冷却。

6. 测温孔、测压孔、观察孔

为严密监视及控制窑内温度制度,一般在窑顶及侧墙留若干处测温孔,以安装热电偶。测温孔间距一般为 3～5 m,高温区分布密些,低温区疏松些。具体位置应在温度曲线关键点以及需要的地方,如氧化末段、晶型转变点、釉始熔点、成瓷段、急冷结束处等都应设置测温孔。

为监控窑内压力制度,一般都在预热带 500 ℃、预热带和烧成带的交界处、急冷风前后等设测压孔。测压孔设在侧墙,必要时,可利用测温孔进行临时测压。

为观察烧嘴燃烧状况,一般在烧嘴对侧窑墙上设置观察孔。

8.2.4 运输系统

1. 窑车

1）窑车结构

窑车是隧道窑的重要组成部分,由金属车轮、车架以及其上的耐火材料（车衬）所组成,如图 8-7 所示。传统式隧道窑窑车的车轮直径较大（300～450 mm）,大轮径可以使推动过程较为省力。现代隧道窑的窑车车轮直径较小（200～300 mm）,这样不仅减轻了车架的质量,而且也降低了窑车高度,便于装卸,也使得窑体的高度降低,从而节省了隧道窑的砌筑材料,降低了隧道窑的造价。金属车架是支撑车衬的平台,多由型钢焊接或铆接制成。传统式陶瓷隧道窑窑车常用的是铸铁车架,其刚度好、热变形小、抗氧化性好且经久耐用,但是其对铸造工艺却要求较高,而且车架笨重,不适合于宽体隧道窑使用。现代陶瓷隧道窑,由于窑车上耐火材料的轻质化、窑具的轻型化,车架的负荷小,可以采用轻型钢车架。

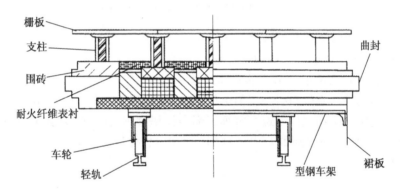

图 8-7 新型窑车的结构简图

窑车上的耐火材料（简称窑车衬料）是隧道窑至关重要的一部分。窑车衬料实际上是隧道窑的"窑底",它是构成隧道窑工作空间的一部分。但是窑车衬料又不同于窑墙和窑顶,它是在窑内移动的,用于运输制品,制品升温过程中,车衬也要吸热,传统车衬采用重质耐火材料砌筑,其蓄热热损失约占总热量支出的 10%～25%。而且窑车在下部吸热、蓄热,是造成预热带上、下部的温差的又一个重要原因。因此,轻型化和低蓄热化是窑车发展的方向。

现代隧道窑窑车按车衬有三种结构:轻质砖承重型结构、围砖半承重型结构和全纤维不承重型结构,如图 8-8 所示。

如图 8-8（a）,（b）所示为承重型结构。车衬结构与传统窑车差不多,材料不用重质砖而改用轻质砖,仅在短立柱下面用重质空心砖（内填耐火纤维）或耐火砖支撑荷重,这种结构虽然已将窑车蓄热量减少,但蓄热仍然较多,不够理想。

如图 8-8（c）所示为半承重型结构。使用长立柱直接将荷重传至金属车架,用耐火纤维充填立柱内空心部分及周围。底面使用一层轻质浇注料,窑车四周用轻质砖作为围砖,其上放置短立柱受部分荷重。这类结构比承重型结构蓄热量减少很多。因为有围砖,所以窑车四周坚固不变形,但蓄

图中标注（从上到下、从左到右）：栅板、支柱、围砖、耐火纤维表衬、车轮、轻轨、曲封、型钢车架、裙板

热还不能进一步降低。

如图 8-8(d)所示为不承重型结构。全部使用长立柱,窑车衬料均为不承重的耐火纤维,蓄热可降至最低。实践证明,用耐火纤维折叠块,四周用烧结耐火纤维制品作为窑车衬料,即使没有围砖,也不会有问题,可以长期使用,而且不用维修。

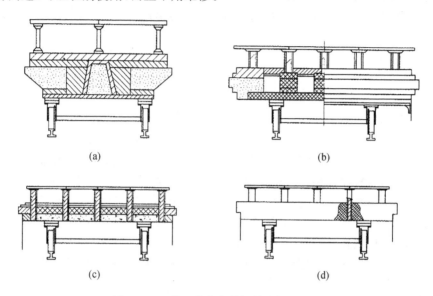

(a)

(b)

(c)

(d)

图 8-8　三类四种窑车衬材料结构示意图

2) 窑车与窑墙之间的密封——曲封与砂封

由于烧成过程中窑车要从窑头运动到窑尾,为避免窑车车衬与窑墙发生摩擦,窑车车衬与窑墙之间必须留有一定的间隙(窑车与窑墙的间隙尺寸一般为 25~30 mm)。如果窑车与窑墙之间的间隙暴露在外,窑内高温会直接辐射窑车的金属车架,致使窑车变形。同时,由于窑内外存在压差,如烧成带为正压,则窑内高温气体下逸至窑车底部会损坏窑车;预热带为负压,则窑底下外界的冷空气进入窑内造成气体分层而降低窑内下部温度。因此,隧道窑窑墙与窑车之间采用了密封结构——曲封与砂封。

(1) 曲封

曲封是由窑墙与窑车车衬间凹凸曲折的对应面构成的一种密封结构,其作用一是防止窑内高温直接辐射窑车下部,二是可增加气流的流动阻力来达到一定的密封效果。

由窑墙与窑车之间的曲封可分为窑墙凹进型和窑墙凸出型两种形式,如图 8-9 所示。凹曲封结构相对简单,但曲封间隙的流体流动局部阻力小,而且窑墙向内凹进使得窑墙的强度有所降低。凸曲封结构相对复杂一些,流体通过曲封间隙的局部阻力比凹曲封大得多,密封效果相对较好。因此,隧道窑的曲封多为窑墙凸出型。

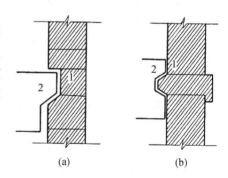

图 8-9　窑车与窑墙间的曲封

(a) 窑墙凹进;(b) 窑墙凸出

1—窑墙;2—窑车

为增加窑墙与窑车的密封,国内外不少隧道窑还采取了双曲封,多数采用是直角型曲封,如图 8-10 所示。这样进一步增大了窑内外气体流动的阻力,增加了窑炉的密封性。事实上,国内不少现代隧道窑已经将间隙控制≤25 mm,这对选择曲封的耐火材料,尤其是对窑炉砌筑提出了更高的要求。

（2）砂封

砂封是由在窑墙两侧底部的砂槽和窑车两侧的钢制裙板组成的一种密封结构，如图 8-11 所示。砂槽可用砂槽砖砌筑，也可用钢板焊接而成，砂槽内盛有细砂。窑车在窑内运行时，裙板插入砂槽中，从而隔断窑车上、下部的空间，阻止气体从窑墙与窑车间隙流过。砂槽宽、高均为 150 mm 左右，砂粒直径为 3～5 mm。窑车衬板插入沙子深度为 50～100 mm。由于窑车的运行，砂槽内的沙子会被移动的窑车裙板由窑头带到窑尾，时间一长造成沙子不足而漏气，致使砂封失去密封效果，所以要使由于砂槽内的砂粒损耗得到及时的补充，一

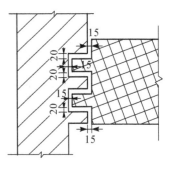

图 8-10　直角双曲封

般在隧道窑窑头、预热带与烧成带交界处的两边窑墙上设置 2 对加砂斗，加砂斗里的沙子通过加砂管不断补充到砂槽。在隧道窑窑尾的窑墙和基础上则要设置漏砂管和漏砂坑，以收集被窑车带出的沙子。

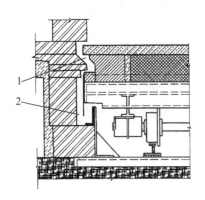

图 8-11　隧道窑窑体密封

1—曲封；2—砂封

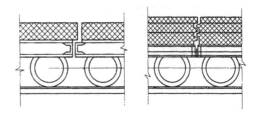

图 8-12　两种窑车密封的结构

（3）窑车与窑车之间的密封

因为窑车与窑车之间要承受推力，所以前、后窑车的车衬不能相互接触，只能靠两车金属车架接触，为了防止隧道窑烧成带的热量直接辐射给窑车的金属部分，并增加漏气阻力，在窑车与窑车之间，也设置了曲封，如图 8-12 所示。金属车架接触处突出的凹槽中填入石棉绳，以防止上、下部的漏气。

2. 推车机

现代隧道窑采用的是连续式推车方式，极少采用传统的间歇式推车方式。

隧道窑常用的推车机有螺旋推车机和液压推车机两种。螺旋推车机结构简单，造价低廉，但体积庞大，功率消耗大，推车不够平稳，推车机的内部零件易损坏，故螺旋推车机已逐渐被淘汰。

液压推车机推车平稳，功率消耗小，推车速度便于调节，当发生故障时，窑车运行阻力增大，从而使油液压力升高到某一特定数值时，借助自动控制装置能自动停止推车操作并发出报警信号，从而避免故障的进一步扩大和推车机的损坏。

3. 轨道

隧道窑的轨道包括窑车轨道和拖车轨道。窑内轨道、窑外回车轨道、窑外拖车轨道构成一个回路，使窑车完成窑内烧成、窑外卸车和装车的循环。轨道平面布置如图 8-13 所示。

陶瓷隧道窑的钢轨规格根据所承受的窑车轮压一般选择 11#～24# 轻轨，有的耐火材料隧道窑选择重轨。钢轨用压板固定在轨枕上，窑内轨道的轨枕间距为 1 m 左右，回车轨道、修车轨道的轨枕布置可稀疏一些，如 1.5 m 左右。

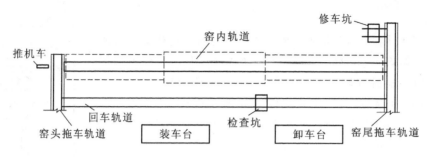

图 8-13　轨道平面布置示意图

4. 拖车

拖车是在互相平行的轨道之间运送窑车的设备,在隧道窑的窑头和窑尾各有一辆。拖车主要由车架、车轮、定位装置和驱动装置组成。按驱动方式不同,拖车分为手推式、手摇式和电动式三种。三种拖车除驱动装置不同外,其余部分的结构基本相似。拖车上窑车轨道的标高及轨距应与窑内轨道相同。

现代隧道窑内在窑车装载物上设有倾斜报警装置,其工作原理较为简单,在窑头和窑尾处设置一个光电检测装置,一个发射光信号,一个接收光信号,光信号穿过窑车装载物与隧道窑内侧之间的缝隙,当出现装载物倾斜的情况时,光电管射出的光线就会被阻断,这时光电检测系统便会发出一个信号给主控柜进行声光报警,告知操作人员去及时处理,以防倾斜的进一步扩大,从而可以避免堆积或倒塌等严重事故的发生。

8.2.5　燃烧设备

隧道窑的燃料有各种煤气、天然气、液化石油气、轻柴油、重油等。

隧道窑的燃烧设备主要有烧嘴和燃烧室两部分,烧嘴将气体燃料和液体燃料燃烧喷入燃烧室或燃烧通道,使大部分燃料在其中燃烧,再将燃料产物喷入窑内去加热坯体。对清洁燃料而言,也可以没有燃烧室,烧嘴直接将燃料喷入窑内燃烧,窑内温度高,热效率高,但必须在料垛间留有足够的燃烧空间,液体燃料必须雾化良好才能直接喷入窑内燃烧。

1. 烧嘴和燃烧室的布置

烧嘴和燃烧室的布置与窑内温度分布的均匀性有关。隧道窑烧嘴的布置在窑长方向有集中布置和分散布置之分,在窑宽方向有相对布置和相错布置之分,在窑高度方向有单排布置和双排布置之分。

（1）烧重油的烧嘴和燃烧室布置

烧重油的隧道窑必须有烧嘴和燃烧室。燃烧室一般采用单排集中布置,即自 900 ℃左右开始一直到最高烧成温度处,其所占区间约为全窑的 15%～30%。在高度上,燃烧室都是布置在车台面处,喷火口对准车上预留的料垛间隙,或窑车台面与垫板间的火焰通道。窑两侧的燃烧室多为相对布置,这样砌筑简单,易于安装钢架结构。燃烧室的对数取决于产品对烧成工艺的要求,以及窑的结构尺寸。小截面的隧道窑 1～2 对燃烧室即足够,一般隧道窑要有 5～8 对燃烧室,要求烧还原气氛的隧道窑,在气氛转换之前有 2～3 对氧化燃烧室,气氛转换后布置 5～6 对还原燃烧室,氧化燃烧室和还原燃料室之间应有一定的距离,以便引入氧化气氛幕。

（2）烧煤气的烧嘴和燃烧室布置

烧煤气的隧道窑烧嘴数量较多,且多采用双排分散布置烧嘴的形式。燃煤气的燃烧室砌在两侧窑墙上,由于煤气容易与空气混合,只有一部分煤气在燃烧室内燃烧,而大部分煤气直接喷入窑内燃烧,因此燃烧室一般都较小。现代燃气隧道窑大多不设燃烧室,而只在窑墙上砌筑烧嘴砖构成燃烧通道,几乎是全部煤气喷入窑内燃烧。不少隧道窑将烧成带的内宽与内高适当地加大,可以使喷入窑内燃烧的煤气具备足够的燃烧空间,还可增大气体辐射层厚度,有利于烟气对制品的辐射传热。

燃气烧嘴一般从预热带后段就开始在靠近窑车台面处设一排,而在温度较高的烧成带设上、下两排烧嘴,窑两侧烧嘴多为相错布置方式。由于现代陶瓷隧道窑多用棚板装车,下部烧嘴位置应使喷火口对准窑车棚板的下部通道,以有利于下部制品的加热,如图 8-14 所示。上部烧嘴则布置在窑顶下部,使喷火口对准窑顶与料垛间的空间。

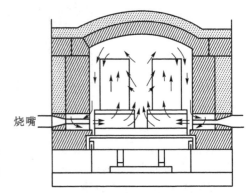

图 8-14　喷火口对准垫砖通道

现代燃气隧道窑多采用高速烧嘴,烧嘴间距比较小(多在 0.5 m 以内),双层错排布置,高速喷出的燃烧火焰既加强了窑内的传热,又强化了窑内气体的循环,促进了窑内截面温度的均匀分布,而且由于烧嘴数量多,非常便于升温制度的调节。

此外,对于窑截面很大的隧道窑,还有采用顶烧式布置烧嘴的,煤气或油直接自窑顶数排烧嘴喷进窑内料垛空隙中燃烧,但这样的烧嘴布置形式在国内陶瓷隧道窑中较少见。

2. 烧嘴的选用及安装

燃油烧嘴和燃气烧嘴的选用和安装参见前面第 1 章相关内容。

3. 助燃风送风装置

隧道窑助燃风的送风装置一般情况下选用普通离心风机。但当烧成温度很高时,需要预热助燃风,或为了节能而利用冷却带抽出的热风作助燃空气时,则需考虑用特殊的送风装置。由于此时助燃风温度较高,要考虑送风装置的耐热性能,同时因助燃风在较高温度下体积流量会增加,必须考虑使用较大的通风管路。送风装置主要有以下两种形式。

(1) 耐热风机

用耐热风机将冷却带的一部分热空气抽出,用管道输送到每个烧嘴。这样可以提高窑内温度,有利于节约燃料。采用风机抽送热空气要求温度不能太高,温度高时应在热风进入风机前混入一部分冷空气,以降低热空气的温度,使风机安全运转。目前隧道窑多采用这种送风装置。

(2) 喷射泵

当热空气温度在 500 ℃ 以上时,需采用喷射泵装置。此装置是利用窑两侧的喷射器喷出的高速气流而产生的负压自冷却带吸入热风,热风随高速气流经窑两侧气道送入每个烧嘴,抽出的空气温度可达 950～1 100 ℃,气道中空气的平均温度在 400 ℃ 左右。

8.2.6　排烟与调温系统

隧道窑的排烟系统设置在预热带。排烟系统包括排烟口、支烟道、主烟道、排烟机及烟囱等。废气通过排烟口进入主烟道,再经过排烟机升压后从烟囱排向高空。排烟系统除了起排烟的作用外,同时还有调温、调压的功能。

1. 排烟口

两边窑墙的排烟口都是对称设置的,所以排烟口数量是按对计算的。排烟口的尺寸一般为宽200～300 mm、高 134～270 mm,排烟口上有过桥砖,其结构如图 8-15 所示。

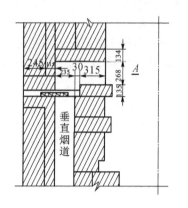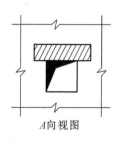

图 8-15　路排烟口和垂直支烟道

在高度上,排烟口多设置在隧道窑窑墙的下部靠近窑车台面处,目的是迫使热烟气向下流动,以减小预热带的上、下部的温差。根据排烟口在窑长方向上的布置,隧道窑排烟方式可分为分散排烟方式和集中排烟方式两种。

传统陶瓷隧道窑由于预热带一般不布置烧嘴,为了进行预热带温度调节,采取分散排烟方式,排烟口的分布区间长、数量多。分布区间占预热带总长度的 $50\%\sim80\%$,往往从第二个车位起,每个车位布置一对排烟口,其数量多者达 20 余对,少者也有十几对。

通过排烟方式来调节预热带温度称为负调节方式,这种负调节的排烟方式对于隧道窑预热带的温度曲线调节是靠排走一部分烟气来实现的,由于过早地排走了一部分烟气,降低了烟气的热利用率,增加了能耗。同时由于排烟口分布较长,需要的抽力也相应加大,造成窑内负压值过大,漏风严重,恶化了预热带工况。为了克服以上诸多缺陷,近几十年来窑炉技术人员在排烟口的排布以及排烟支闸的开启程度等方面做了许多探索。如排烟口有均匀分布的,也有前密后疏、前疏后密、中间疏两头密、中间密两头疏等多种形式,排烟支闸的开启程度更是多种多样。实践证明,仅通过隧道窑的排烟口分布及支闸开启程度这种排烟方式来调节预热带温度的作用始终是有限的,无法从根本上优化预热带工况。

近年来新建的窑炉中,很多窑炉采用了另外一种新的排烟方式,即减少排烟口的数量和布置长度,排烟口仅分布在预热带前部,分布区间约占预热带总长度的 30%,甚至更少。为调节预热带的升温制度,在预热带中后段上部设置喷风管,而在下部设置高速调温烧嘴。由于预热带的温度主要是靠喷火的气流来调节的,故可称为正调节方式。正调节方式解决了负调节方式存在的诸多缺陷,窑内排烟口的分布相对集中,提高了烟气的热利用率,而且由于流向预热带前段的烟气量增加,流速不会减小,有利于烟气对坯体的对流传热。在预热带设置高速调温烧嘴不仅可以调节温度曲线,而且可以有效地加热下部,减少上、下部的温差。由于使用了高速调温烧嘴,对预热带的烟气流动还起到搅动混合作用。集中排烟也使最后一对排烟口距烧成带有一个较长的距离,从而避免烟气过早排出,烟气热量也被充分利用起来加热制品。

2. 支烟道、主烟道和总烟道

烟气进入排烟口后,经支烟道汇集到主烟道,再通过总烟道由排烟机从烟囱排走。支烟道和主烟道的布置多种多样,支烟道一般设在窑墙内垂直走向,主烟道设在地下、窑墙内或窑外。窑墙内的烟道由耐火砖砌筑而成,窑外则采用金属排烟管。

如图 8-16 所示是地下主烟道结构,多被直接由烟囱产生抽力排烟的隧道窑采用,支烟道垂直向下,支烟道闸板起着控制烟气流量的作用,主烟道设在窑墙下部或基础地下,窑两侧的主烟道汇总通到烟囱底部。采用地下烟道时应考虑地下水位的问题。

如图 8-17 所示是窑墙内主烟道结构,砌筑在窑墙内的支烟道垂直向上,主烟道设在上部窑墙内,两侧主烟道里的烟气用排烟管引出汇总,再经排烟机或烟囱排出。主烟道设在窑墙内,要求窑墙有相应的厚度,同时砌筑质量要求高,密封要好,否则空气易被吸入烟道内,从而增加排烟机的负荷。另外,若烟道闸板位置较高的话操作也不方便。

由于轻质耐火材料和隔热材料的广泛采用,现代隧道窑的窑墙厚度比较小,不便在窑墙内砌筑大截面的主烟道,又因使用排烟机排烟,排烟机平台多设在窑顶,所以采用窑顶主排烟管的排烟方式,两边窑墙里向上的垂直支烟道通过一段支排烟管连接到窑顶上的主排烟管。闸板设在支排烟管上,简化了窑墙结构,但金属闸板长期受烟气高温腐蚀,使用寿命较短。

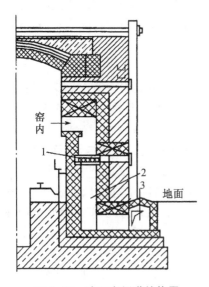

图 8-16　地下主烟道结构图

1—闸板;2—支烟道;3—主烟道

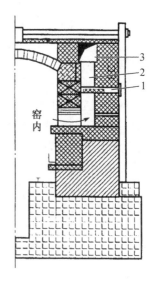

图 8-17　窑墙主烟道结构

1—闸板;2—支烟道;3—主烟道

对隧道窑而言,一般应尽可能在窑墙内设置垂直支烟道,但如果窑墙太薄,也可以采用支排烟管直接水平穿墙从排烟口将烟气引出。窑外主烟道结构如图 8-18 所示。这种排烟方式结构最简单,但排烟管布置在隧道窑两边,占用了窑旁空间,排烟管散热会恶化窑旁操作环境。

排烟系统的设计应尽量减少烟气流动的阻力损失,排烟口、支烟道及主烟道的截面面积应相互匹配,在排烟口和支烟道的烟气流速可取(标准状态下)2~5 m/s,主烟道的流速可取(标准状态下)3~7 m/s。由于隧道窑排烟系统管道的外表面温度高于 50 ℃,故应对排烟管表面进行隔热包扎。

3. 排烟机和烟囱

排烟机和烟囱的作用是克服自窑内预热带与烧成带间的零压面起到料垛、排烟口、支烟道、主烟道、总烟道的全部阻力。根据排烟设施的不同,隧道窑的排烟分为自然排烟和机械排烟两种方式。

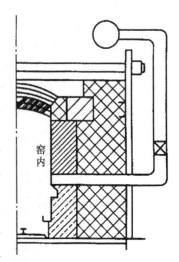

图 8-18　窑外主烟道结构

传统隧道窑多用烟囱自然排烟,其优点是不受停电影响、运行费用小,缺点是烟囱抽力受天气和温度变化的影响、建造费用高。烟囱设计见《烟囱设计规范》(GB 50051—2002)。

机械排烟的优点是工作稳定、易于控制,由于隧道窑的烟气温度一般低于 300 ℃,所以现代隧道窑基本采用排烟机排烟。采用排烟机排烟还是需要烟囱的,此时烟囱的作用不是要求产生抽力,而主要是把烟气送到较高的空间去,避免污染住宅区。现代隧道窑的烟囱大多由钢板制成,其直径由排烟总量来决定,高度主要取决于当地环保的要求,一般为 20~50 m。

如果烟气温度超过 300 ℃时,则需在排烟机前的总烟道掺入冷空气,以保证排烟机的安全使用。

8.2.7 气幕

气幕上指在隧道窑横截面上,自窑顶及窑两侧墙上喷射多股气流进入窑内,形成一片气体帘幕。随其在窑上作用和要求的不同,气幕的形状与数量也不同。在窑头有封闭气幕,在预热带有搅动和循环搅拌气幕,在烧成带有气氛幕,在冷却带有急冷阻挡气幕。

1. 预热带气幕

预热带的作用是利用从烧成带流出的热烟气加热坯体,使其完成相应的物化反应后,进入烧成带进一步成瓷,同时设置排烟系统将废烟气排出窑外。一方面,由于预热带处于负压下操作,易吸入外界冷风;另一方面,窑内热气体在几何压头作用下有自然向上流动的趋势,使预热带窑内气流速度分布总是上部大于下部,加上窑车砌体在下部的吸热,这样就造成了预热带不可避免地存在着上、下部的温差。隧道窑预热带的上、下部的温差既会延长烧成时间、降低产量、增加能耗,也会影响产品质量的提高,是隧道窑的致命弱点。因此,在隧道窑预热带除了有排烟系统外,还设置了起密封作用的窑头封闭气幕和均匀窑内气体的搅动气幕、循环气幕等结构,以下对这些结构分别作一介绍。

(1) 封闭气幕

为了减少冷空气从窑头漏入窑内,传统隧道窑大多在窑头设置窑门,窑门平时关闭,进车时开启,但窑门开启造成进出车操作不便,有时封闭效果也不够理想。所以现代隧道窑很少设立窑门,而是会设置窑头封闭气幕。

窑头封闭气幕位于预热带窑头,是将气体以一定的速度自窑顶及两侧窑墙上的开孔喷入窑内,在窑头形成一道气帘,由于气体的动压转换为静压,使窑头形成 1~2Pa 的正压,从而阻挡了外面冷空气从窑头进入窑内。

气幕风一般是抽车下热风,或冷却带抽来的热空气。送入的方式是在窑墙、窑顶上开孔,以与窑内气流垂直的方向送入,如图 8-19 所示。这种送入方式的封闭效果较好,但料垛间需有一定的间隙,故多用于间歇推车的隧道窑。

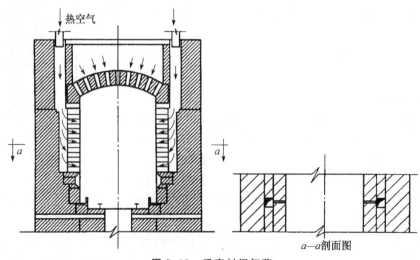

图 8-19 垂直封闭气幕

连续推车时,在窑顶向出车方向45°缝隙喷出气流,以阻止热烟气外溢。而在两侧窑墙中下部成向进车方向45°缝隙喷出气流,以阻止外界冷空气入窑,如图8-20所示。

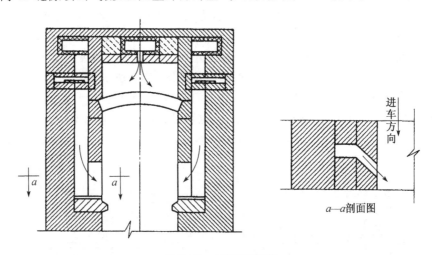

图 8-20　45°封闭气幕

以上两种结构的窑炉在砌筑时比较复杂,而且在窑炉运行过程中也不易控制,多为传统隧道窑所采用的结构。由于窑头封闭气幕风的温度较低,所以可以直接用钢管气幕风喷出。现代隧道窑多在窑头直接设置一道钢管可调封闭气幕,可以使窑炉结构更加简单,砌筑起来更加方便,运行控制更简单。其布置方式如图8-21所示,其气幕风管直接嵌套在窑头窑墙内,气幕风管的内侧开有喷风口,有圆形喷风口和狭缝形喷风口两种,其喷出角度可根据需要而定。有的窑炉还直接利用窑头作钢架的空心方管来作为喷风管,进一步简化了窑炉结构。

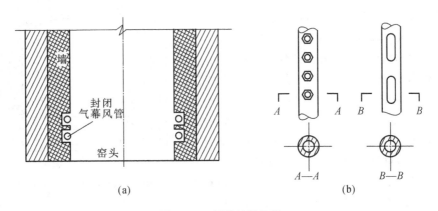

图 8-21　新型封闭气幕

(a) 俯视图；(b) 气幕风管喷风口

此外,现代隧道窑还采取窑头的多项压力平衡措施来加强窑头与外界的密封,例如我国引进的德国 Reidhammer 公司隧道窑所采用的"窑头气闸"就是这样的结构,它在窑头第一个车位的窑车台面处对称地设置4对抽气孔,同时在窑车棚板面与窑拱脚处上、下交错地各设置2对冷风喷口,加上窑头封闭气幕,在第一车位既有气体鼓入,又有气体抽出,使窑头第一个车位的气流构成自成体系的平衡,将窑头漏风降至最低。国内自建的一些隧道窑借鉴了这一结构,而且作了简化,除在窑头设置了气幕喷风管外,在1#车位棚板通道处设置2对排烟口,而在棚板面处与排烟口交错地设置4对喷风口,将冷却带抽出的热风从这4对喷风口与窑头的封闭气幕口喷入窑内,同时调节该车位的排烟闸,使得喷入的风(包括烟气与少量窑头漏入冷风)全部随烟气一道由排烟机排出,取得了较好的窑头与外界的隔离效果。

（2）搅动气幕和循环气幕

在预热带 400～800 ℃段上、下部的温差最大，为减少预热带气体分层，传统隧道窑常在该带设置 2～3 道搅动气幕。将一定流量的热气体以较大的流速和一定角度自窑顶一排小孔喷出，迫使窑内顶部烟气向下流动，产生搅动，使窑内温度均匀分布。气流喷出角度可以 90°垂直向下，或以 120°～150°角逆烟气流动方向喷出，120°搅动气幕结构如图 8-22 所示。

搅动气幕的热气体温度应尽量与喷出处的窑内温度接近，否则会使窑内局部温度下降造成坯体炸裂。搅动气幕的热气源可以是烟道内的烟气，也可以是从冷却带抽出的热风。

循环气幕的作用与搅动气幕的作用相类似，它是将隧道窑下部的冷气体抽出，再由循环风机将其送到同一截面的上部。

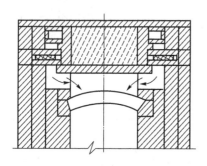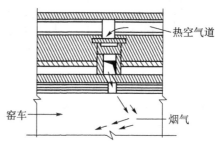

热空气道

窑车

烟气

图 8-22　120°搅动气幕

实际生产中，由于搅动气幕的喷风速度和喷风温度问题，搅动气幕的搅动效果并不理想。现代隧道窑一般都采用在下部设高速调温烧嘴，而上部设喷风管（称为"上风下嘴"结构）来代替搅动气幕，如图 8-23 所示。高速调温烧嘴喷出的烟气温度是可以调节到该处所需温度的，烟气的喷出速度很大（可达 100 m/s），同时上部喷风管喷出风的流速也较大，在窑内截面上形成气流循环，使窑内气流实现激烈的搅动，促进了窑内上、下温度的均匀分布，而且加快了窑内的对流传热，缩短了烧成时间。

为进一步减小预热带前段的上、下部温差，有的隧道窑在该段窑顶设置喷风管，如浙江某厂隧道

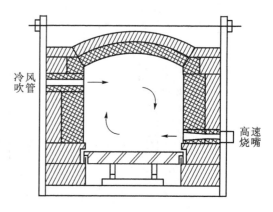

冷风吹管

高速烧嘴

图 8-23　预热带的"上风下嘴"结构

窑在 1#～4# 车位的窑顶设置了 4 排喷风管，每车位设有一排，每排 4 根直径为 50 mm 的金属管由窑顶插入，仅露出 30～40 mm，管底封闭，而在管下部开有缺口，开口对着烟气流动的方向。由冷却带抽出的热风从这些喷风管迎着烟气流动的方向喷出，降低了上部烟气的流速，有效地阻挡了烟气向上流动，取得了较好的效果。

2. 烧成带气幕

在烧还原气氛时，为使坯体在 900 ℃前充分氧化，还原带前必须有氧化带，因此在气氛改变的地方，如 950～1 050 ℃处设置氧化气氛幕。即在该处由窑顶及两侧窑墙喷入热空气，使之与烧成带的含一氧化碳的烟气相遇而燃烧成为氧化气氛。气幕的气体量要足够，应使氧化燃烧室的空气过剩因数为 1.5～2.0，空气不能过多，以免该处温度过低，氧化反应不完全，引起坯泡。作为氧化气氛幕的空气温度也不能过低，一般是从冷却带内、或窑顶双层拱中、或间接冷却壁中抽出的热空

气,再经烧成带双层拱进一步加热提高温度。要求整个端面气氛均匀,较好的起到分隔气氛的作用,窑顶和两侧窑墙都设有喷气孔,上部布置密些,下部布置疏些,均以90°喷出,如前面的图 8-19 所示。

现代隧道窑由于使用煤气作燃料,采用小流量多烧嘴系统,也可不设置气氛幕,而是通过调节气氛转化段烧嘴的空燃比来达到控制窑内的气氛的目的。例如减小该段的上部烧嘴煤气供入量,甚至在个别部位关闭烧嘴的煤气阀,只鼓入空气,也可达到气氛转化的目的。

3. 冷却带气幕及冷却结构

烧好的产品进入冷却带,产品要被冷却后出窑,按陶瓷产品冷却工艺要求,可将隧道窑冷却带依次分为急冷、缓冷和快冷三段。而按冷却制品的方式则有直接冷却和间接冷却两种。直接冷却即鼓冷风入窑冷却产品,冷却效果好。某些不宜直接风冷的产品则可采用间接冷却,也可以采用直接冷却和间接冷却相结合的方法。

(1)急冷气幕

为了缩短烧成时间,提高制品质量,坯体在冷却带 700 ℃以前应急冷,如在冷却带始端设置急冷气幕。

急冷气幕结构形式与气氛幕结构基本一样,从窑墙和窑顶喷入冷空气。急冷气幕不但起急冷的作用,同时亦是阻挡气幕,以防止烧成带烟气倒流至冷却带,从而避免产品熏烟。急冷气幕的喷入应对准料垛间隙,入窑后能迅速循环,起到均匀急冷的作用。喷入的冷空气应在不远的热风抽出孔抽出,以避免冷空气流入烧成带,保证烧成带能烧到高温并维持还原气氛。所以必须调节好急冷气幕和热空气抽出量,务必使其达到平衡,否则会影响正常操作,并降低产品质量。

急冷气幕的鼓入应集中在一两处,最好自窑顶及侧墙喷入,如图 8-24 所示。

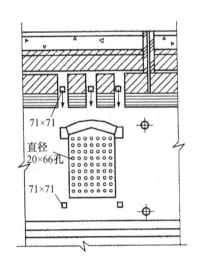 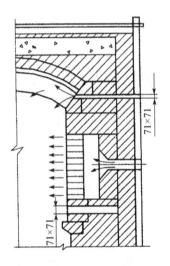

图 8-24 窑顶和侧墙急冷气幕

现代陶瓷隧道窑大多都以急冷喷风管代替了急冷气幕,在急冷段的窑墙上、下部直接插入两排 ϕ60～80 mm 的高铝瓷管或耐热钢管,并与急冷风总管通过支管、球阀等管件连接,简化窑体结构。急冷风喷管设置数量一般为每车位上下各设 5～6 对,上下及两侧墙的布置一般采取错排。

(2)缓冷段的冷却结构

在 400～700 ℃这一冷却阶段,由于产品已刚化,且存在石英的晶形转变,因此须降低冷却速率,故称该段为缓冷段。缓冷的方法通常有热风冷却和间壁冷却,或两者相结合。

热风冷却是在缓冷段设置抽热风口,通过抽热风机将急冷段和快冷段已被制品加热的热风抽过来对制品进行缓冷,这种冷却系统示意图如图 8-25 所示。抽热风口的位置视冷却曲线而定,一般从 400～700 ℃每车位一对并设在车台面处,也可设于上、下两排抽热风口。抽出的热风主要送到干燥室,也可供各气幕之用。有时还将抽出的热风送到烧成带作助燃风使用,以提高烧成带温度。

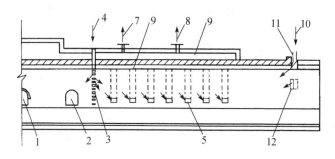

图 8-25 直接冷却的冷却带结构

1—燃烧室;2—事故处理孔;3—急冷气幕孔;4—热风抽出孔;6—热风道;7—抽送至助燃;
8—抽送至干燥;9—热风道分隔闸板;10—冷风送入;11—冷风喷头;12—冷风入口

在直接冷却的同时,也可以采用间接冷却的方法。间接冷却法是将冷空气鼓入两侧窑墙空隙夹壁及窑顶双层拱内,并抽出这些热空气作气幕、二次风或干燥之用,如图 8-26 所示。应该用导热性好的碳化硅薄壁作内壁和内拱,以提高冷却效果。还有的窑墙用碳化硅薄壁盒直接砌筑构成间壁,或直接用耐热钢板插入窑墙空隙构成间壁,这样不会增加窑体厚度,但金属间壁结构一般设置在较低温的部位。

(3)窑尾快冷段结构

窑尾快冷主要是采用直接冷却的形式,冷风的鼓入主要以窑顶鼓入为主,两侧为辅。冷风送入时要与隧道中心线成比较大的角度(如 30°～60°)。在冷风送入的前端要有留有空间,以免冷风受到窑拱或产品阻挡而从窑尾外溢,窑尾快冷送风常常设在倒数第二车位(图 8-25)。

现代隧道窑也有在窑尾两侧窑墙的上、下部插入两排冷风喷管直接喷入冷风使制品达到快冷的效果,下部的喷风口对准窑车上的棚板通道,上部的喷风口对准窑顶与制品间的空间。

(4)平衡烟囱

实际生产中,烧成带末端烟气压力与急冷气幕风压很难完

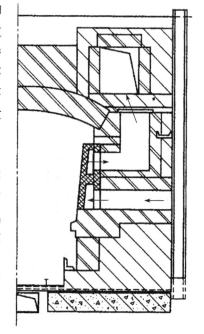

图 8-26 间壁冷却结构图

全一致,这就有可能出现烟气倒流急冷段或急冷风流入烧成带的情况,为此可在隧道窑烧成带与急冷段之间的窑顶上设置烟囱,如图 8-27 所示。该烟囱的作用不是为了排烟,而是解决烧成带与急冷段之间压力不平衡的问题,所以称为平衡烟囱。平衡烟囱的抽力在烧成带与急冷段之间形成 5～10Pa 的负压,可将来自烧成带的高温烟气与来自急冷段的冷空气一起排空,既避免了由烟气倒流引起的产品熏烟,又避免了由冷空气流入烧成段而造成烧成带温度降低的不良影响。

由于烧成带倒流的烟气温度很高,平衡烟囱直接排出不仅会有大量的热能损失,而且还会烧坏烟囱。因此,平衡烟囱的底部往往要加一换热器,用来提高助燃风的温度,既可充分利用热能,还对平衡烟囱起到一定的保护作用。

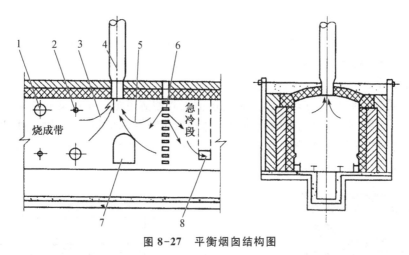

图 8-27 平衡烟囱结构图

1—煤气烧嘴；2—观察孔；3—烧成带热烟气；4—平衡烟囱；5—急冷段冷空气；
6—急冷阻挡气幕喷风口；7—事故处理孔；8—热抽风口

8.2.8 其他隧道窑简介

以上所介绍的是窑车式、明焰煅烧、单通道的隧道窑。实际上，在工业中应用的隧道窑还有许多种其他窑型(尤其是中、小规模的隧道窑)，但其中绝大多数的窑型其数量并不多，这里只作简单介绍。

1. 非窑车式隧道窑

常用的非窑车式隧道窑有推板窑、辊道窑、输送带式窑、步进窑、气垫窑等。

（1）推板窑

推板窑(Plate Kiln)是以推板放在窑底作为窑内运载工具的隧道窑。推板一般是由耐火材料所制成。被焙烧的制品放在彼此相连的推板上，由推进机将其推入窑内。这种隧道窑多为隔焰式窑，且其横截面积较小，窑底密封，所以无冷空气漏入。窑内的温度分布也较为均匀，易于实现快速烧成，而且结构简单，操作方便，易于实现机械化、自动化。

在推板窑的运行过程中，推板较容易磨损，为了克服这一缺点，有的推板窑在推板下设置金属滑板，窑底设有滑轨，滑块载着推板在滑轨上滑行，其摩擦阻力小，较为理想。在这种情况下，推板和窑墙之间要设置砂封槽，以免溢出的高温气体烧坏滑块和滑轨。当然，还有的推板窑在推板下放置许多小球，其作用与滑块相类似，也是为了减小推板滑行时的摩擦阻力。推板窑的长度一般在 30 m 以下，宽度一般小于 1 m。推板窑过长，则阻力过大；推板窑过宽，则在加热和冷却过程当中，推板受热不均匀，而容易发生炸裂。推板窑的内高要视制品的尺寸而定，一般不超过 0.5 m。

在推板窑的预热带上部还要设有排气孔，以便排出制品在被加热时所放出的水蒸气以及分解出的其他气体。推板窑的横截面结构如图 8-28 所示。

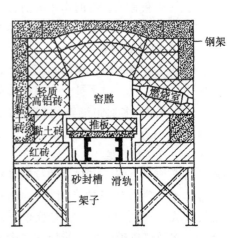

图 8-28 推板窑的横截面结构

（2）辊底窑

辊底窑通常也被称为辊道窑，关于它的详细介绍参见后面的第 8.4 节。

（3）输送带式窑

输送带式窑是一种以输送带作为运载工具的隧道窑。被焙烧制品置于由耐热合金钢制成的网状或带状输送带上,由传动机构带动输送带向前移动。输送带式窑的横截面积也较小,窑内温度均匀分布,可以实现快速烧成,且能够与前、后的工序连成自动生产线。但是,输送带式窑对运输带的材质要求较高,所以其使用温度一般会受到限制。

（4）步进梁式窑

步进梁式窑是由一组步进移动梁作为制品运输工具的隧道窑。步进梁的长度方向与窑长方向相一致。步进梁为钢结构,其表面有耐火材料。移动梁下有一套机构,使其作步进式的移动。移动梁放下制品后,回到原来的位置,如此反复进行。这种窑运行平稳,易于使前、后工序连成流水线。步进梁式窑的结构如图8-29所示。

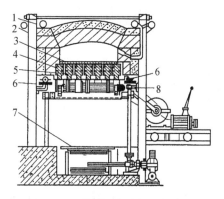

图 8-29　步进梁式窑的结构简图

1—空气管;2—煤气管;3—支撑板;4—固定梁;5—活动梁;
6—窑底升降机构;7—支撑板返回输送带;8—活动梁的传动装置

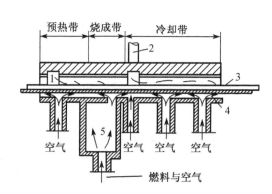

图 8-30　气垫窑的工作原理简图

1—再循环区;2—排气管;3—焙烧的制品;
4—多孔隔板;5—燃烧室

（5）气垫窑

气垫窑（Air Cushion Kiln）是指所焙烧制品在气垫悬浮状态下烧成的隧道窑。这种窑是用多孔隔板将窑与燃烧设备分隔开来,位于多孔隔板下部燃烧室内的燃烧产物（即烟气）通过多孔隔板以较高的速度垂直进入窑内,使被焙烧制品浮离隔板达 $1\sim2$ mm,从而形成气垫悬浮状态。制品借助于气垫和有关设备的作用向前移动,并在悬浮状态下烧成。由于气垫窑内制品的受热十分均匀,传热很快,所以气垫窑适用于制品的快速烧成。气垫窑的工作原理如图8-30所示。

2. 多通道隧道窑

多通道隧道窑的特点是:有多条通道,且都为隔焰式,火焰在通道以外,制品在通道以内,用推板作为运载工具。由于每一个通道的截横面积较小,故而多通道隧道窑适合于烧制小件的产品。

一般来说,多通道隧道窑的长度为 $7\sim15$ m,也有的长达 30 m。通道一般为 $4\sim40$ 个,通常是 16 或 24 或 32 个,数量再增加则会使烧成制度的控制变得非常困难。值得注意的是,相邻的通道常设计成反向的,以尽可能充分地利用余热。多通道隧道窑可以使用气体燃料或液体燃料,也可以使用电加热的方法。图8-31为16通道隔焰式隧道窑烧成带的横截面图。

多通道隧道窑的优点是:窑炉空间的利用率高,其单位容积产量高,占地面

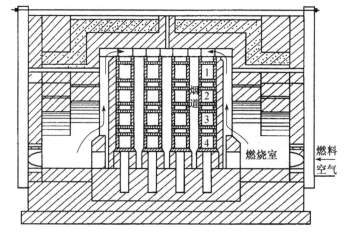

图 8-31　16通道隔焰式隧道窑烧成带的横截面图

积小,热利用率高。但是目前国内的多通道隧道窑也存在着一些缺点,例如各通道的温度不一致,烟道内容易积灰,以及对施工质量的要求较高等。

3. 隔焰式隧道窑及半隔焰式隧道窑

隔焰式隧道窑(也被称为马弗式隧道窑)是将火焰与所焙烧的制品用隔焰板(也被称为马弗板)隔开,火焰在隔焰道内。制品在隧道窑内不与火焰相接触,借助隔焰板的辐射传热来使制品完成其烧成过程。隔焰式隧道窑(马弗隧道窑)以及半隔焰式隧道窑(半马弗式隧道窑)有多种形式,常用的有单隔焰道式隧道窑和多隔焰道式隧道窑这两种形式。多隔焰道式隧道窑的各通道可以单独调节,以方便调整窑内上、下部的温度,从而达到均匀窑温的目的。

隔焰板应采用导热性好、耐火度高、强度大的材料制作而成,例如碳化硅、硅线石以及熔融刚玉等耐火材料,而这其中以碳化硅的使用最为普遍。碳化硅的导热性能比一般材料要大 5～10 倍,能够满足隔焰板的使用要求,且易于制造。但是碳化硅在 900～1 000 ℃ 的温度范围时易被氧化,这样会降低隔焰板的使用寿命,也是今后必须要解决的问题。隔焰板的型式有标准型、单壁型、双壁型、盒子砖型等多种,如图 8-32 所示。

在隔焰式隧道窑的结构中,以双壁结构为最好。这种形式的隔焰板,中间有通道,其作用如同一个小烟囱,能够形成窑内的气体循环,以减小窑内的上、下部的温差。另外,双壁结构的隔焰板比单壁结构隔焰板的强度要大,在高温条件下不易变形。与标准结构的隔焰板相比,其砖型简单,易于制造。

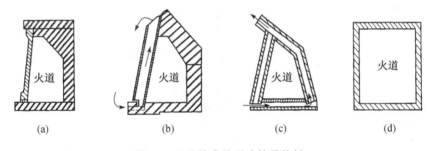

图 8-32　几种常见形式的隔焰板

(a) 单壁型;(b) 双壁型;(c) 标准型;(d) 盒子型

隔焰窑内主要以固体辐射传热为主,其传热系数较大,传热速度较快,且窑内的横截面积一般不大,所以窑内的温差小,制品不需要装于匣钵内。它尤其适用于要使用会污染制品的燃料以及焙烧彩色制品的场合。图 8-33 是一种多隔焰道隧道窑的横截面图。

虽然隔焰式隧道窑有一系列的优点,但是由于其燃烧产物(烟气)不入窑,所以窑内不可能形成还原气氛。对于要求烧还原气氛的产品,隔焰是不合适的。于是,根据产品对窑内气氛的要求,又出现了半隔焰窑。

半隔焰式隧道窑(或称为半马弗式隧道窑)是在隔焰式隧道窑的烧成带中设置了一些挡墙,或在其隔焰板靠近车台面处开一些孔洞。半隔焰式隧道窑由于部分燃烧产物能够

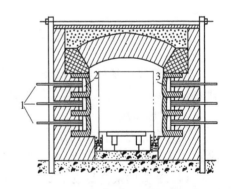

图 8-33　多隔焰道隧道窑横截面图

1—烧嘴;2—隔焰通道;3—隔焰板

进入窑内,所以其传热既包括隔热板的固体辐射传热,又包括燃料的火焰辐射传热。因此半隔焰式隧道窑比隔焰式隧道窑的传热效果要更好,且窑内可以维持还原气氛,该窑型尤其适合于横截面积较小的隧道窑。这种窑要求燃料清洁,以免影响产品质量,同时还必须采取一些措施来防止烟气的

倒流,因为烟气倒流严重时会造成产品熏烟。采取的具体措施是设立急冷阻挡气幕,即在其冷却带700 ℃以前直接鼓风冷却,冷却带同时要抽热风去坯体干燥器,使该带鼓入的风量与抽出的风量达到平衡。另外,半隔焰式隧道窑的预热带可以不设置隔焰板。

8.3 隧道窑的工艺流程及烧成制度

8.3.1 隧道窑的工艺流程

陶瓷制品在隧道窑中烧成的工艺流程为:干燥至含一定水分的坯体随窑车从隧道窑的一端(窑头)进入隧道窑,首先经过预热带,受来自烧成带燃烧产物(烟气)的预热,降温后的烟气自预热带的排烟口排出,而预热后坯体进入烧成带,燃料燃烧的火焰加热坯体,使其达到一定的温度而烧成。火焰向预热带移动,烧成的产品进入冷却带,将热量传给入窑的冷空气,产品本身冷却后从隧道窑的另一端(窑尾)随窑车出窑,而后卸下烧制好的产品,卸空后的窑车返回窑头继续装载新的坯体入窑煅烧,如图 8-34 所示。

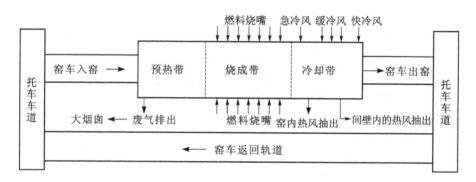

图 8-34　隧道窑的分带及流程简图

8.3.2 陶瓷的烧成制度

合理的烧成制度是实现烧成过程优质、高产、低能耗的关键。烧成制度包括温度制度、气氛制度和压力制度,其中温度制度是烧成制度中最重要的。

1. 温度制度

温度制度是窑内制品温度随时间(对间歇式窑)或位置(对连续式窑)变化的规定,一般用温度曲线来表示。合理的温度制度包括以下三个方面:

(1) 适宜的最高烧成温度及保温时间

最高烧成温度主要取决于产品配方,可由同类产品工厂实际生产中收集数据,或根据试验得到的数据来确定。在适宜的烧成温度下还要有一定的保温时间,通过保温可以使制品内、外温度趋于一致,使其内、外充分烧结,且釉面成熟平整。

(2) 各阶段合理的升(降)温速率

升(降)温速率主要取决于制品的大小与厚薄、坯体成分、烧成条件(包括烧成设备与烧成方式)等。主要从以下三个方面考虑:一是要考虑制品在烧成过程中各阶段所进行的物理化学变化所需要的时间,例如含有机质多的坯料在氧化反应阶段升温就应慢点。二是要考虑传热过程中制品存在导热热阻,制品表面与中心总会有温差,也就会在制品内部产生热应力,一旦超出一定界限就会使制品产生变形或开裂。显然,制品的厚薄对升(降)温速率影响很大,例如卫生洁具就远比建筑瓷砖升(降)温的速率慢得多。三是要考虑制品在烧成过程中一些晶形转变会使制品体积发生的较大变化,例如在 573 ℃左右有石英的晶形转变,会使石英体积变化 0.82%。由于升温阶段制品仍呈细颗粒状,孔隙率较大,体积变化有伸缩余地,故一般不会造成晶形转变而引起的开裂,但在降温阶段由于制品已冷却为刚性体,因而在这一温度区域里就必须减缓降温速率,即要缓冷。

(3) 窑内截面温度均匀性好

窑炉各带或各烧成阶段截面温度均匀性好(即窑截面的上下、水平温差小),是保证陶瓷产品质量良好的重要因素,也直接影响到陶瓷生产企业的经济效益。窑内截面温度的均匀性主要取决于窑炉结构的合理性和生产操作控制的科学性。因此,从设计窑炉、建造窑炉到生产操作都必须高度重视。

确定合理的温度制度除了理论分析(包括计算机模拟)外,由于产品种类和配方千变万化,更多的还要以试验数据为依据,并最终在生产实际中加以调整确定。

隧道窑的温度制度如图 8-35 所示。

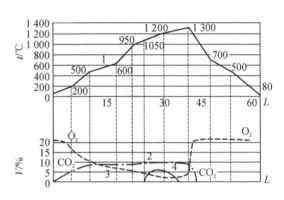

图 8-35 隧道窑的烧成温度制度和气氛制度

2. 气氛制度

气氛制度是窑内制品周围气体性质随位置(或时间)变化的规定。气体性质是以其中游离 O_2 或还原性气体的含量(体积分数)而定。强氧化气氛含游离 O_2 为 8%～10%,一般氧化气氛含游离 O_2 为 4%～5%,中性气氛含游离 O_2 为 1%～1.5%,还原性气氛含游离 O_2 小于 1%,含($CO+H_2$)为 2%～5%。

气氛制度的确定依据主要为两点:一是陶瓷产品种类,例如建筑陶瓷一般是在全氧化气氛下烧成,而日用陶瓷大多在升温后期(约 1 050 ℃以后)需要在还原气氛下成瓷。二是根据制品在烧成过程中物理化学变化的需要。一般来说,在氧化阶段(200～950 ℃左右)窑内要保证较强的氧化气氛;而对日用陶瓷还要注意,在 1 050 ℃左右时由氧化气氛向还原气氛的转换。因此,气氛制度与温度制度是互相关联的,保证气氛制度的关键是要做到温度与气氛的对应。隧道窑的气氛制度如图 8-35 所示。

3. 压力制度

压力制度是窑内气体压力随位置(或时间)变化的规定。一般窑炉多在常压下操作,压力变化幅度很小(通常为大气压上 0.1% 的范围内),这种压力范围对制品的物理化学变化影响甚微。但合理的压力制度是实现合理的温度制度和气氛制度的保证,例如当需要保持还原气氛时,应在微正压下操作,否则会吸入外界空气而变成氧化气氛。在实际操作中,控制压力制度的重点是稳定零压面,零压面是负压与正压的交界面,零压面的位置稳定在合理位置,全窑的压力制度也就基本上稳定了。对连续式窑炉而言,一般在预热带与烧成带交界处有一个零压面,在冷却带的急冷段与缓冷段间也存在一个零压面,其中预热带与烧成带交界处的零压面最为重要。

(1) 烧煤隧道窑的压力制度

烧煤的自然通风隧道窑是最简单的工作系统,其没有鼓风机和抽热风设备,只靠烟囱把冷空气自炉栅下吸入作为一次空气,其烧成系统的压力分布如图 8-36 所示。煤进入燃烧室燃烧后,燃烧产物被吸入烧成带,再流至预热带,经排烟口由烟囱排出窑外。同时利用烟囱把冷空气自冷却带吸入并将产品冷却,空气本身得到预热后也进入烧成带作二次空气用,并成为烟气由排烟口排走。

烧煤的自然通风的窑结构简单,但压力制度缺点很大,全窑处于负压下操作,预热带负压最大,易从外界漏入大量冷空气,使窑内温度分布不均,产生气体分层,上、下部的温差很大。而且大量温度不高的空气自冷却带流入烧成带,使烧成温度降低,容易导致产品烧不熟,不易维持还原气氛。这种简易系统目前已很少使用。

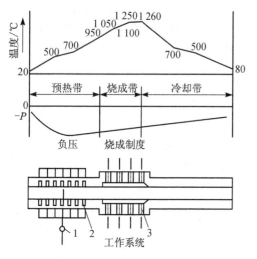

图 8-36 烧煤隧道窑的压力制度

1—烟囱;2—排烟孔;3—燃烧室

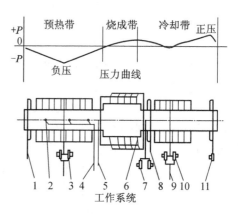

图 8-37 烧油或煤气隧道窑的压力制度

1—封闭气幕送风;2—搅拌气幕;3—排烟机;
4—搅拌气幕送风;5—重油或煤气送入;
6—烧嘴;7—雾化或助燃风机;8—急冷送风;
9—热风送干燥;10—热风机;11—冷风机

（2）烧油或烧煤气隧道窑的压力制度

烧油或烧煤气隧道窑的压力制度如图 8-37 所示。油或煤气从燃烧室喷入,烧成带呈微正压。烟气在预热带被排烟机抽走,预热带有窑头封闭气幕,使窑头呈微正压或零压,排烟机处为负压,但负压不大,漏入窑内的冷空气较少,加上搅拌气幕的作用,使窑内温度均匀,上、下部的温差减小,为优质、高产、低能耗创造了条件。预热带与烧成带交界处是零压。冷却带工作系统完善,冷却带急冷气幕送风处和窑尾送风处呈正压,抽热风设备将急冷风和窑尾直接鼓入的风抽走,达到平衡,自成一个体系。抽热风处呈负压,冷却风不进入烧成带,容易提高燃烧温度,维持还原气氛,急冷风有阻挡烧成带烟气倒流的作用,防止产品熏烟。焙烧日用陶瓷的隧道窑,需要保持还原气氛,在烧成带的氧化炉和还原炉之间还有氧化气氛幕。

8.4 陶瓷辊道窑

辊道窑是近几十年发展起来的新型快烧连续式工业窑炉,普遍用于烧制釉面砖、墙地砖、彩釉砖等建筑陶瓷,近几年在日用陶瓷等陶瓷工业中正逐步得到应用。

8.4.1 辊道窑的特点

（1）输送设备蓄热、散热低,窑体密封性好,热效率高

辊道窑采用辊道在窑内输送制品使其完成烧成过程,取消了窑车和匣钵,仅用薄垫板或不用垫

板,使输送设备的蓄散热降至最低;加上辊道窑无窑车与窑墙、窑车之间等空隙(辊孔缝隙可用陶瓷棉填充),因而窑体密封性能较好,减少了漏风,使窑炉的热利用率显著提高。

(2)窑内温度均匀分布,产品质量稳定,能快速烧成

辊道窑属中空窑,窑内阻力小,压降也小,故窑内正、负压都不大;没有了窑车吸热,也没有了车下漏风,加上辊道的上、下能同时加热,故基本上不存在上、下部温差,产品质量稳定。辊道窑一般采用明焰裸烧,传热速率快,窑内截面温度也比较均匀,从而显著缩短了烧成时间,能够快速烧成。

(3)自动化程度高,提高生产效率

辊道窑机械化、自动化程度高,不仅降低了工人的劳动强度,还保证了产品质量的稳定。而且辊道窑与前、后工序连成完整的连续生产线,显著提高了全厂的生产效率。

(4)结构简单,经济效益高

辊道窑占地面积小、结构简单、建造快(一般不超过三个月),因而见效快,经济效益高。辊道窑由于窑内温度场均匀,传热效率高,保证了产品质量,为快速烧成提供了条件,降低了能耗。以一次烧成釉面砖为例,热耗只有 1 500~2 500 kJ/kg,而隧道窑一般达 5 000~9 000 kJ/kg。所以,辊道窑是当前陶瓷工业中优质、高产、低能耗的先进窑型,在我国已得到越来越广泛的应用。

辊道窑一般分建筑陶瓷辊道窑与日用陶瓷辊道窑两类。

8.4.2 辊道窑的分带及工作系统

辊道窑属连续性生产的窑炉,如同隧道窑一样,按制品在窑内进行预热、烧成、冷却的三个过程,也可将辊道窑分为三带:预热带、烧成带、冷却带。辊道窑的各带一般按制品温度来划分:窑头至900℃左右作为预热带,900℃到制品成瓷温度(包括保温)为烧成带,余下部分为冷却带。也可按烧嘴的布置来确定烧成带,一般将窑上、下同时设有烧嘴的中间部位作为烧成带,两头分别为预热带和冷却带。

如图 8-38 所示为气烧明焰的辊道窑工作系统。全窑共 29 节,其中第 1~4 节为排烟段,由上、下各 4 对排烟管分布在窑顶和窑底,由排烟风机抽出来自烧成带的烟气,抽出的烟气一部分排空,一部分送至干燥器供生坯预热干燥。第 5~9 节每节辊下各设一对烧嘴。第 10~14 节每节辊上、下各设有一对烧嘴,所有烧嘴均采取对侧交错布置。第 15~18 节为高温成瓷区,烧嘴布置较密,每节辊上、下交错设置 2 对烧嘴。煤气由煤气站经煤气总管与支管分别送入各烧嘴,助燃空气则由风机经风管送入烧嘴。第 19~20 节为急冷段,由急冷风机将冷风由辊上、下的 8 对急冷风管喷入窑内,对制品上、下吹风进行急冷。第 21~24 为缓冷段,在第 22~25 节每节窑体上、下都设有抽热风分管,由抽热风机从总管中将进入分管的余热风抽出,与预热带排烟段排出的烟气混合后,作为干燥器的热源。在最后一节的窑体上、下各设 3 台窑尾冷风扇,对产品吹风强制快冷,使产品

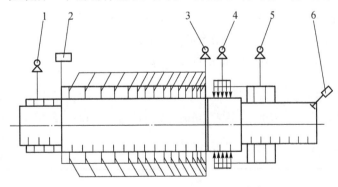

图 8-38 气烧明焰的辊道窑工作系统图

1—排烟风机;2—煤气站;3—助燃风机;4—急冷风机;5—抽热风机;6—窑尾冷风扇

出窑温度不致过高。

8.4.3 辊道窑的结构

辊道窑的结构由五大部分构成,即窑体部分、辊子及传动部分、燃烧部分、排烟部分和冷却部分。

1. 窑体主要尺寸

单层明焰辊道窑窑体基本结构如图 8-39 所示。辊道窑与隧道窑的不同主要在于在窑道中穿过的辊子是构成输送制品的工作通道底面,辊道平面以上的窑道称为工作通道,故有时将辊道窑称为辊底窑。

辊道窑窑体主要尺寸的确定取决于产量、窑型、燃料种类及产品规格等,我国一些辊道窑主要尺寸的数据见表 8-3。

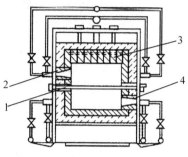

图 8-39 单层明焰辊道窑结构

1—辊子;2—上部烧嘴;
3—吊顶;4—下部烧嘴

表 8-3 我国一些辊道窑的主要尺寸

窑炉使用厂家	产品	年产量 $\times 10^{-4}/m^2$	使用燃料	烧成温度 /℃	烧成周期 /min	窑长 /m	窑内宽/m	烧成带辊上高/辊下高 /(mm/mm)	窑炉制造单位
四川威远瓷厂	釉面砖	20	煤烧隔焰	1 080	45	42	0.8	150/150	国内自建
景德镇陶瓷厂	墙地砖	45	重油半隔焰	1 140	50	70	1.17	250/350	国内自建
景德镇陶瓷厂	瓷质砖	62	柴油明焰	1 250	50	66	1.5	—	国内自建
金华金航陶瓷公司	釉面砖	130	柴油明焰	1 130	45	90.3	2.3	371/395	国内自建
晋江华达陶瓷厂	墙地砖	50	柴油半隔焰	1 150	50	61.56	3.32	200/200	国内自建
石湾东平陶瓷厂	彩釉砖	55	重油半隔焰	1 150	50	61.9	1.46	297/200	国内自建
石湾银田陶瓷厂	墙地砖	70	柴油明焰	—	60	83.6	1.56	347/340	国内自建
潮州彩釉砖厂	瓷质砖	50	煤气明焰	1 250	60	70	1.5	385/431	WELKO
景德镇华峰瓷厂	玻化砖	110	柴油明焰	1 250	60	79.2	1.88	355/393	REIMSOTH 公司
唐山建陶厂	彩釉砖	120	煤气明焰	1 250	60	80.8	2.3	740 (窑内总高)	POPI 公司
礼陵长城彩釉砖厂	彩釉砖	100	煤气明焰	1 200	55	81.88	1.25	195/210	SITI
石湾化工陶瓷厂	釉面马赛克	55	柴油明焰	1 205	60	76	2.5	—	TAKASAGO
石湾日用一厂	玻化砖	80	柴油明焰	1 235	60	77	1.8	—	POPI
石湾三联陶瓷公司	广场砖	40	液化气明焰	1 300	180	64.5	1.2	—	TAKASAGO
石湾彩洲陶瓷厂	卫生洁具	30(万件)	液化气明焰	1 250	630	74	1.4	—	MORI
重庆兆峰瓷厂	日用瓷	2.4(万件)	天然气	1 420	330	57.7	1.75	400 (辊上高)	HEIMSOTH
佛山南庄陶瓷厂	内墙砖	500	煤气明焰	1 150	40	160	2.68	440/415	佛山中窑公司
安徽含山瓷业公司	日用瓷	150(万件)	液化气明焰	1 350	210～420	76	2.1	804(602) /402	国内自建

(1)窑内宽

窑内宽为窑道内两侧墙间的距离,明焰辊道窑一般为 1.5～2 m,随着我国辊棒生产与烧嘴技术的进步,我国已有内宽在 3 m 以上的宽体辊道窑。

窑内宽的确定依据:一是产品种类与尺寸,二是辊棒的长度与强度,三是选用的燃料及其燃烧技术。以建筑瓷砖辊道窑为例,砖坯进窑时,砖坯间并不留间隙,只要将瓷砖外形尺寸换算成砖坯尺寸,乘以每排所放砖坯数再加上砖坯离窑内壁的间隙即为窑内宽。砖坯离窑内壁的间隙一般可取经验数据(100~200 mm)。

(2)窑内高

内高为窑道内整个空间的高度,等于辊上高(辊道中心线至窑顶的距离)与辊下高(辊道中心线至窑底或隔焰板的距离)之和。

对于大件制品,辊上高应比辊半径、垫板厚度及最大制品高度(或装载高度)之和要大;对于建筑瓷砖等薄制品,辊上高主要是要保证燃烧空间与气流的顺畅。辊下高则主要是保证处理事故的方便,如辊下没有足够的空间,一旦从辊上掉下制品,就要发生阻挡,影响制品正常运行,甚至造成停窑。因此,从理论上来说,对于焙烧建筑瓷砖的辊道窑,辊下高最好应大于砖对角线长度;但对于大规格瓷质砖,按此计算会造成内高太大,既增大了窑墙散热,也不利于窑内传热。由于制品从辊上掉下,一般都发生了破损,尺寸都比整砖小了,根据砖下落的可能性,辊下高只要大于 3 倍辊距就可以了。由于烧成带装有烧嘴,要保证燃烧空间等需要,一般烧成带内高比预热带前段、冷却带后段要高出 200~400 mm。

(3)窑长

我国在开始建造辊道窑的初期,由于传动系统不精密、辊子平整度较差,运行中产品容易发生跑偏,故辊道窑都建得较短(30~40 m)。随着传动系统与辊子质量的改进,先进的辊道窑一般类似隧道窑的长度,为 80~150 m,有的甚至在 200 m 以上。

从提高产量与降低能耗角度来说,辊道窑应尽可能建长、建宽,但是窑过长会使预热带产生较大负压和较难保证制品在窑内运行平稳等问题,而窑过宽则对保证窑内水平温度均匀及对辊子的要求都会有更高要求。

综合考虑各种因素,在目前的技术水平下建筑瓷砖辊道窑主要结构尺寸的合理范围为:窑长为 80~200 m,窑内宽为 1.5~3.0 m,内高为 600~800 mm。

2. 窑体结构

窑体由窑墙、窑顶、窑底、通道分隔墙(板)、事故处理孔等结构组成。

1)窑墙

辊道窑窑墙与所有工业窑炉的窑墙一样,必须具备耐高温、具有一定强度和保温性能好三个基本条件。由于辊子要穿过窑墙,为了提高辊子长度的有效利用率,应对窑墙厚度有更严格的控制。换言之,为了增加辊道窑内有效宽度,应尽量减薄窑墙。因此,辊道窑的窑墙均采用新型高级轻质耐火材料。

目前,烧成温度小于 1 250 ℃的辊道窑窑墙厚度一般为 300~350 mm,窑墙材料一般是内层用 115~230 mm 的高温莫来石轻质高铝砖或高铝聚轻球砖,外层用 70~200 mm 厚高铝纤维毡或硅酸铝纤维毡(即陶瓷棉)。

孔砖为辊道窑窑墙的特殊构体,其作用是插入辊子。为保证辊子正常运转,选择合适的孔砖材料和砌筑方式十分重要。孔砖与窑墙结合主要有两种结构形式:一是由耐热钢托撑上窑墙的结构(图 8-40),二是由孔砖承载上窑墙的结构(图 8-41)。

第一种结构的辊上窑墙支承在焊在钢架结构上的耐热扁钢上,它与辊下窑墙是分割开的,中间插入孔砖,然后安装辊子与传动机构。这样使窑体与传动系统既有机地构成一个整体,又互为独立,不但便于精确安装辊道及其传动机构,而且为正常运转后的维修、调整与更换辊子带来了极大的便利。不足之处是,由于孔砖与窑墙分离,使窑体的气密性降低,另外还增加了钢材的用量,从而也增加了建窑成本。为弥补上窑墙与孔砖间密封性差这一缺陷,上窑墙放在支承钢上的为一块七字形砖,孔砖也做成与其吻合的形状(图 8-40),构成"曲封"。这种结构的孔砖不起承重作用,因而可采用轻质砖。

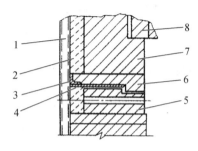

图 8-40　耐热钢托撑上窑墙的结构

1—窑支撑钢架;2—纤维毡;3—角钢;4—耐热扁钢;
5—孔砖;6—七字形砖;7—上窑墙;8—吊顶

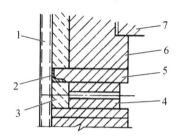

图 8-41　孔砖承载上窑墙的结构

1—窑支撑钢架;2—角钢;3—纤维毡;4—孔砖;
5—绝热砖;6—上窑墙;7—吊顶

第二种结构的辊上窑墙直接砌筑在孔砖上,而孔砖固定在窑体中。其优点是窑墙的气密性比第一种好,且结构简单、省材料,从而降低了建窑成本。但这种结构的孔砖在窑墙砌筑好后不能再移动,因而对孔砖的尺寸和砌筑要求都更严格。目前我国建造的辊道窑大多采用这种结构。

由于加热后随着温度的变化辊子与孔砖会发生相对位移,要保证辊子的正常调位,必须重视孔砖结构形式的设计与砌筑。孔砖厚度一般略小于窑墙的砖体部分厚度,为 115~150 mm,以便在窑墙剩余空缺部分用陶瓷棉填充,保证窑墙的密封性。对于孔砖长度,一般应保证每块孔砖不少于 3 孔。孔砖的孔径一般比辊棒外径大 10 mm,且做成腰子形,以便于运转时辊子的上下调整。每块孔砖两端还要预留热膨胀与砌筑灰缝的位置(图 8-42)。

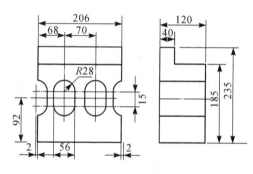

图 8-42　孔砖结构

2) 窑顶

窑顶支撑在窑墙上,由于处在窑道空间上方,窑内热气体在几何压头的作用下有自然向上运动的趋势。因此,除了必须耐高温、散热少及具有一定的机械强度外,特别要保证其结构合理,使之不易漏气。另外,辊道窑是轻体窑,为减少窑墙或其支撑结构的负荷,更要采用高强度的轻质耐火材料构筑窑顶。现代明焰辊道窑截面较大,窑顶一般采用吊顶结构形式,少数采用拱顶结构,对内宽小于 800 mm 的小截面窑(如试验窑)还可采用大盖板砖结构。拱顶结构已在隧道窑中作了较详细的阐述,此处仅对吊顶作一介绍。

辊道窑吊顶主要有以下三种形式:

(1) 耐热圆钢穿吊轻型吊顶砖的结构形式,如图 8-43 所示。吊顶砖由 $\phi10$~12 mm 耐热钢棒穿吊,钢棒的材质一般为 Cr23Ni18,钢棒由挂钩与上部金属横梁连接在一起而形成吊顶。吊顶砖在高温段可用高温莫来石质轻质高铝砖,它可设计为曲封形[图 8-44(a)],以增加窑顶的气密性。但由于异形砖在成型时存在的应力,高温下长期使用容易在曲封处断裂,因此现在也有设计成直缝形的[图 8-44(b)],此时须注意砌筑吊顶所用灰浆的质量与饱满度,以保证其密封性。吊顶砖上层由陶瓷棉毯或矿渣棉覆盖。这种吊顶结构简单、高温下耐火保温性能好,我国目前自建的辊道窑吊顶也多采用此种结构形式。

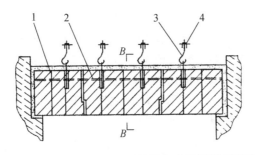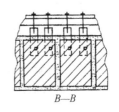

图 8-43　耐热圆钢穿吊轻型吊顶砖的吊顶结构

1—吊顶砖；2—耐热钢棒；3—挂钩；4—吊顶横梁

(2)T 型吊顶砖加薄盖板砖结构形式(一),如图 8-45 所示。意大利 SITI 公司双层辊道窑就是用这种窑顶结构,它的 T 型吊顶砖由两块砖组成,其结构如图 8-46 所示,空心部分填塞陶瓷棉,盖板上面铺设 50～100 mm 多晶氧化铝纤维,上面再铺设 100～150 mm 纯硅酸铝纤维。由唐山建筑陶瓷厂引进的意大利 POPI 公司 TA23 型辊道窑预热带也采用了这种窑顶结构,但其结构与上面所述的有所不同,即 T 型吊顶砖加薄盖板砖结构(二),如图 8-47 所示。该结构中由两根金属横梁将 T 型支板砖夹在其中,上部用金属棒穿吊,两个 T 型支架上再安装平薄板,上面铺一层陶瓷棉和矿渣棉即可。T 型支板砖与平薄板所用的材料属于莫青石质类型,为减轻重量,它们均较薄,此类吊顶结构多用于窑内温度较低的预热带。

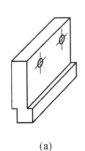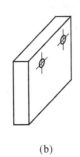

(a)　　　　　(b)

图 8-44　吊顶砖结构

(a) 曲封形；(b) 直缝形

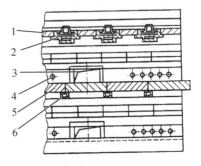

图 8-45　T 型吊顶砖加薄盖板砖结构(一)

1—吊顶盖板砖；2—T 型吊顶砖；3—事故处理孔；
4—烧嘴孔；5—中间隔板；6—空心横梁

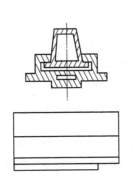

图 8-46　T 型吊顶砖结构

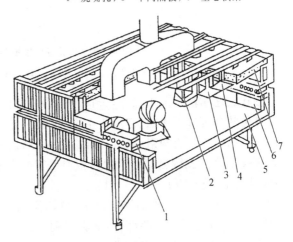

图 8-47　T 型吊顶砖加薄盖板砖结构(二)

1—孔砖；2—T 型支板砖；3,4—平薄板；
5—窑底；6—窑墙；7—矿渣棉

（3）轻型耐火砖夹耐热钢板用高温黏结剂黏合构成组合吊顶砖的结构形式,如图 8-48 所示。我国引进的德国 HEIMSOTH 公司辊道窑的吊顶砖就是用 4 块直形标准砖组合而成的(图 8-49),建筑时只要用吊钩将其钩挂在安装于窑顶钢架结构的横梁(圆钢)上,砌筑安装极其方便。近年来,我国自行设计的辊道窑也大多采用了这种吊顶结构,国内辊道窑也有用两块异形砖夹耐热钢板组合成吊顶砖,其吊顶砖与吊顶耐热钢板如图 8-50 所示。吊顶在高温下工作,为保证其高温强度并延长吊顶寿命,必须选择合适的吊顶用金属材料。

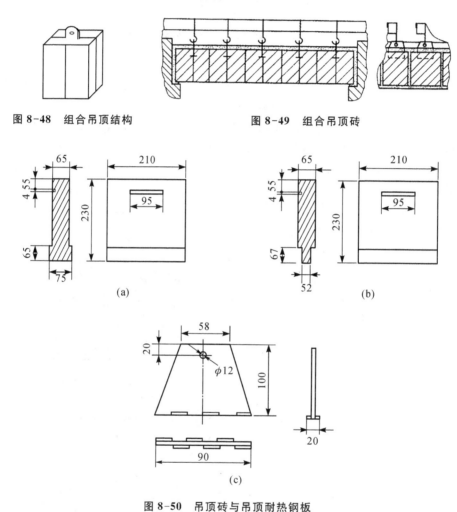

图 8-48　组合吊顶结构　　　　图 8-49　组合吊顶砖

图 8-50　吊顶砖与吊顶耐热钢板

（a）吊顶砖(Ⅰ)；(b)吊顶砖(Ⅱ)；(c)吊顶耐热钢板

由于窑顶在较恶劣的工况下操作,选择合适的窑顶材料及其厚度,以及加强窑顶保温是非常重要的。因为从传热角度来看:辊道窑属中空窑,只要窑体保温好,窑内壁温度一般要高于制品温度,故窑内壁会对制品产生二次辐射,而且保温性能越好,这种辐射也越强,这也有利于窑内传热和快速烧成。表 8-4 列举了我国自建的三种典型辊道窑的窑体材料及其厚度的实例。

　3）通道内挡墙(板)结构

由于辊道窑属中空窑,工作通道空间大,气流阻力小,难以调节窑内压力制度及温度制度,因此,通常在辊道窑工作通道的某些部位,如辊下砌筑挡墙、辊上插入挡板,缩小该处工作通道面积,以增加气流阻力,便于压力与温度制度的调节。

表8-4 国内自建的三种典型辊道窑的窑体材料及其厚度

单位：mm

厂家	窑型	预热带			烧成带（含急冷段）			冷却带		
		窑墙	窑顶	窑底	窑墙	窑顶	窑底	窑墙	窑顶	窑底
四川威远陶瓷厂	煤烧隔焰	黏土耐火砖 115 硅酸铝纤维 70 （火道墙则用硅藻土砖代 180） 红砖 120	黏土耐火砖大盖板 80 硅藻土砖 272	黏土耐火砖 136 轻质黏土砖 204 红砖 120	黏土耐火砖 115 （火道墙加轻质黏土砖 115） 硅酸铝纤维 80 （火道墙为 70） 轻质高铝砖 115	黏土耐火砖大盖板 80 轻质高铝砖 136 硅酸铝纤维 50 硅藻土砖 272	黏土耐火砖 204 轻质黏土砖 340 红砖 240	轻质高铝砖 240	黏土耐火砖大盖板 80 硅藻土砖 340	黏土耐火砖 136 红砖 120
景德镇陶瓷厂	油烧半隔焰	黏土耐火砖 230 （火道墙为 115，另加轻质黏土砖 115） 硅酸铝纤维 70 （火道墙为 130） 外贴钢板 2	轻质黏土砖 270 硅酸铝纤维 250	轻质高铝砖 67 轻质黏土砖 134 硅藻土砖 67	轻质高铝砖 180 （火道墙为高铝砖 115，另加轻质黏土砖 115） 硅酸铝纤维 120 外贴钢板 2	轻质高铝砖 270 硅酸铝纤维 2	高铝砖 67 轻质高铝砖 67 黏土耐火砖 134 硅藻土砖 67	轻质高铝砖 180 硅酸铝纤维 120	轻质高铝砖 270 硅酸铝纤维 200	轻质黏土砖 67 硅藻土砖 134
广东南海瓷厂	气烧明焰	0.8高铝聚轻球 115 0.8轻质黏土砖 115 硅酸铝纤维毡 120 外贴钢板 3	0.8高铝聚轻球 230 硅酸铝纤维毡 20 珍珠岩 30	0.8高铝聚轻球 67 硅酸铝纤维毡 20 0.8轻质黏土砖 268	1.2莫来石轻质高铝砖 115 0.8高铝聚轻球 115 高铝纤维毡 20 硅酸铝纤维板 150 外贴钢板 3	1.2莫来石轻质高铝砖 230 高铝纤维毡 20 硅酸铝纤维毡 50	0.8高铝聚轻球 134 0.8轻质黏土砖 204	缓冷区窑体材料同预热带；快冷区窑体用耐热钢板制成盒体，内填充厚硅酸铝纤维 120		

辊下挡墙只要用标准直形砖横砌在窑底横截面上即可,其高度以 4～6 层砖为宜;辊上挡板可用耐热钢板或硬质高温陶瓷纤维板制成,砌筑窑体时窑顶设上挡板处应留有插挡板的狭缝,两边窑墙也相应地留有凹槽,以便上挡板的插入与上下移动调节(图 8-51)。

挡墙结构在辊道窑中是十分重要的,但在何处设置、设置多少应根据辊道窑的窑体结构、窑内气流工作系统的布置及其窑内温度控制区的安排等具体情况而定。通常为防止预热带、冷却带冷气流进入高温区,在烧成带工作通道两端必须设有挡墙结构。烧成带与冷却带交界处的上、下挡墙起分隔两带的作用,既避免了烧成带烟气倒流,又避免了压力波动时急冷风窜向烧成带而降低高温区温度;另外,预热带与烧成带交界处的上、下挡墙可以增加烟气在高温区的滞留时间,提高烟气热利用率。对明焰辊道窑而言,许多引进窑都将燃烧带每 3～4 节作为一个温度自动调节区,在每组调节区前后均设挡墙(板),使窑内各区隔成不同的温度区,便于控制和调节窑内温度,上挡板还能将火焰"压向"砖面,有利于制品加热。在冷却带急冷鼓风两端及抽热风段两端也可设置类似挡墙(或仅设下挡墙),对调节窑内压力制度可起到良好的作用。由于设置上挡板需在窑顶留有一定间隙,为避免减弱窑顶的气密性,上挡板不宜设置太多,下挡墙可比上挡板多设置一些。

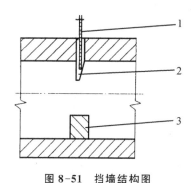

图 8-51　挡墙结构图

1—上挡板；2—凹槽；3—下挡墙

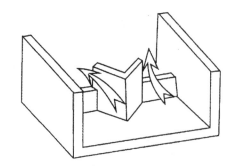

图 8-52　八字式挡墙

由于靠近窑墙两边的气体受沿程摩擦力的影响,流速总比中间的气流速度小,特别是预热带靠近窑墙两边的气流属明显的层流状态,水平气流速度差异自然造成温度差异;另外,由于窑墙的散热也会使窑墙两边的气流温度比中间偏低,加上燃烧带烧嘴上、下部设置的差异,容易造成窑内水平方向的温差,从而影响产品水平方向的均匀受热。因此,设计好挡墙与闸板的高度及形状,以利用窑道闸板和挡墙的空隙来调整气流的上、下部运动分布,消除窑内水平温差能取到较好效果,这对宽体窑而言尤其重要。为此,在砌筑窑底部的挡墙时可设置为锯齿开式或八字式(图 8-52)。

也可将闸板设计成在水平方向上可调节的多块组合结构(图 8-53)。当窑墙两边的通道间隙留大些,而将中间通道间隙取小些时,会提高窑墙两边的气体流量,减少中部气体流量,达到加强窑墙两边对制品传热的效果,如图 8-53(a)所示,在宽体窑预热带采用此种形式可减少窑内水平温差。当烧嘴高温区域通道减小,而其他部位截面通道加大时,可以减小烧嘴高温燃烧位置的水平纵向气流速度,减少此位置的产品局部受热较多的情况,使水平方向的产品受热均匀,如图 8-53(b)所示。

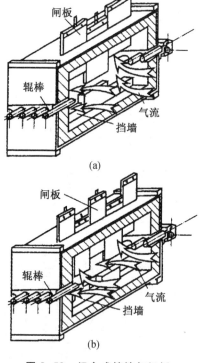

图 8-53　组合式挡墙与闸板

4）事故处理孔

辊道窑多用来烧制墙地砖、瓷质砖等片状制品，一般将砖坯直接放在辊子上，常会发生断砖（坯）现象。为便于处理断辊、卡砖、起摞等事故，在窑侧墙每隔一定间距须设置事故处理孔。

事故处理孔一般设在辊下，且事故处理孔的下孔面应与窑底面平齐，以便于清除落在窑底上的砖坯碎片。事故处理孔尺寸通常为宽 300～450 mm，高 120～135 mm。孔与塞孔砖设计成曲封形式，以减少事故孔的向外散热。因低温段容易发生断坯，故有些辊道窑还在预热带辊子上方增设事故清理孔，它可设在窑顶面下方，尺寸可比辊下事故处理孔稍小，以便及时清理断坯，防止断辊、起摞等事故的发生。

为加强窑体气密性，应尽量少设置事故处理孔，但为了便于处理事故又希望多设置事故处理孔。因此，要很好地解决这一矛盾，必须合理布置事故处理孔。

5）膨胀缝

窑体受热会膨胀，产生很大的热应力，为避免砌体开裂、破坏，必须重视窑体膨胀缝的留设。不仅窑墙、窑顶等砌体要留设，而且必须注意孔砖间膨胀缝的留设。辊道窑窑体薄，有的为单层砖砌体，故膨胀缝间距比传统隧道窑短且缝宽也较小，一般每隔 2 m 左右留设 10～20 mm 膨胀缝，内填陶瓷棉或石棉。现代辊道窑多为装配式骨架，一般以 2.2 m 左右为一节，为保证节间的气密性，窑体膨胀缝应在每节的中部留设。当砌体为多层砖时，各层砖的膨胀缝应注意错缝留设。

6）测温孔与观察孔

为严密监视及控制窑内温度制度，及时调节烧嘴开度，一般在窑顶及侧墙留设若干处测温孔，以安装热电偶。

现代明焰辊道窑为更好地控制窑内温度制度，除窑顶设测温孔外，在辊下侧墙处也设有测温孔，以监视窑内辊上、下部的温差情况。

3. 辊子及传动装置

辊道窑是由一系列平行排列且间距相同的辊子在窑内构成辊道，每根辊子均横穿窑墙支承在窑墙两侧，由机械传动系统实现辊子的同向转动，制品放在辊道上，按预定的速度由预热带向烧成带、冷却带移动，完成烧成工艺。因此，辊道及其传动系统也是辊道窑的关键组成部分。

1）辊子

辊子是辊道窑的基本组成部分，辊子在辊道窑内不断转动，承受制品的重量，同时经受高温作用，其质量好坏影响到辊道窑的运行精度，从而直接影响到制品质量。因此，要求辊子性能优良，能满足使用要求的同时还要成本低。

（1）对辊子的性能要求

为了使辊子在预定的使用期限内可靠工作，辊子应满足下列要求：

① 强度。强度是衡量辊子抵抗破坏的能力，是保证辊子正常工作的最基本要求。当辊子强度不足时，就会发生塑性变形甚至断裂。为了保证辊子有足够的强度，要求辊子的工作应力不得超过许用应力。一般国内 Al_2O_3 陶瓷辊的许用应力≥45 MPa。

② 刚度。刚度是衡量辊子抵抗弹性变形的能力。辊子刚度不足时，会产生弹性变形，形成载荷集中，影响辊子的正常工作。

③ 耐磨性。耐磨性是指辊子抵抗磨损的能力。连续运转的辊子依靠辊子与制品间的摩擦力推动制品沿辊道前进，由于辊子与制品不断摩擦，辊子表面物质不断损失，这种现象称为磨损。磨损会逐渐改变辊子的尺寸和表面形状，从而影响制品的质量。因此，要求辊子应具有良好的耐磨性。

④ 耐热性。辊子的耐热性能指辊子抗氧化、抗热变形及抗蠕变的能力，是辊子使用寿命的主要指标之一。辊子在高温下工作时，强度将会降低，同时出现蠕变，变形加大，而且窑内燃烧产物含有大量游离氧和一氧化碳，因而要求辊子在高温和燃烧产物作用时具有良好的抗氧化、抗热变形和

抗蠕变能力,以适应烧成工艺的需要。辊子在窑内使用一段时间后因失效或黏附釉渣时必须更换。为适应高温下更换辊子的需要,辊子还必须具有良好的抗热震性能。

⑤ 尺寸公差要求。辊子一般为管状,壁较薄。要求辊子直而圆,尺寸准确,辊子的直线度、圆度、圆柱度及辊子两端同轴度直接影响窑内坯体运行的平稳,如果它们的误差大,则易引起窑内坯体走偏和叠坯现象,因此必须严格控制辊子的尺寸公差。

⑥ 吸水性能。辊子应具有一定的吸水率,以便在辊子表面预涂一层涂层,这样既可提高辊子的使用寿命,又较容易清除黏附的釉层。

(2) 辊子的材质和主要技术指标

辊道窑从预热带到冷却带不同部位的温度与气氛不同,对辊子技术要求也不同,一条辊道窑有数百根甚至数千根辊子,需求量很大,可选用同一材质,也可在不同部位选用不同材质的辊子,使各部位的要求分别得到满足。

辊子的材质主要有两大类,一类是金属材料,另一类是非金属材料。

选用金属材料制作辊子时,可直接选用管材,然后根据辊子连接要求对辊子两端进行加工,金属辊子的工作表面一般不加工,制作工艺简单。常用的金属辊子有电焊钢管、普通无缝钢管和耐热合金钢管等。选用金属辊子时,还应注意高温气体腐蚀、热膨胀、高温摩擦、变形及蠕变等问题。

常用的非金属辊子多采用瓷质空心棒,即陶瓷辊。陶瓷辊比较脆,在满足使用要求的同时,应充分考虑辊子制造工艺和经济性要求。使用温度在 1 300 ℃ 以下时,选用 Al_2O_3 瓷质陶瓷辊;烧成温度在 1 300 ℃ 以上时,一般采用结晶碳化硅材质制作辊子,如重结晶碳化硅辊子在氧化气氛中可用于 1 600 ℃ 的烧成,但价格昂贵。德国生产的渗硅碳化硅辊子可用于 1 300~1 350 ℃,属于反应烧结的碳化硅,价格较低。

2) 辊子间距

辊距即相邻两根辊子的中心距,确定辊距的主要依据是制品或垫板的长度、辊子直径以及制品在辊道上移动的平稳性,一般用下面的经验公式计算:

$$H = \left(\frac{1}{3} \sim \frac{1}{5} \right) L \tag{8-1}$$

式中　　H——辊距,mm;

　　　　L——制品长度,mm。

确定辊距范围须考虑下面几个方面的因素:

(1) 制品较大时取较小值,制品较小时取较大值,目的是使辊子之间有较大空隙,以便使热量容易通过。必须确保辊道正常运行时始终有 3 根以上的辊子支撑制品,使辊道正常平稳运行。

(2) 当制品长度小于 100 mm 时须在辊道上加设垫板。

(3) 如果辊子采取双支点托轮支承时,须考虑辊距对摩擦力的影响,一般辊距取较大值。

(4) 最小辊距必须大于传动零件外形尺寸 3~5 mm。

(5) 由于辊道窑大多采用装配式,钢架是一节一节进行安装的。因此,每节钢架的长度必须是辊距的整数倍。

(6) 在高温下,辊子的强度要能承担辊上全部制品的重量。

当代大规格瓷砖的尺寸已达 1~3 m,若按式(8-1)计算则辊距的数值偏大,即此时制品下面的辊子数量过少,不足以支撑其上部制品的重量。因此,辊距还应根据不同产品及生产实际需求来确定。

4. 燃烧部分

明焰辊道窑一般多采用小流量多烧嘴系统,辊道上、下方及对侧均交错布置烧嘴,这样便于窑温度制度的调节,还有利于窑内热气流的强烈扰动与循环,改善窑内截面温度的均匀性。

1) 烧嘴的布置

辊道窑烧嘴布置一般较密,同侧两烧嘴间距为 1～2 m,由于几何压头的作用,热气体有自然上升趋势,故一般下部烧嘴安排比上部多。有的辊道窑安装烧嘴时即使上、下部一样多,但在实际使用时一般下部点燃的烧嘴多于上部。

烧嘴的布置方式从一侧外观来看主要有品字形和平行四边形两种,这里以几座典型的明焰辊道窑为例,具体讲述烧嘴的布置情况。

(1) 平行四边形布置

平行四边形布置烧嘴的方式,如国内引进的德国 HEIMSOTH 公司的 80 m 烧轻柴油明焰辊道窑,自第 10～21 节每节布置 3 对烧嘴:一侧辊上 1 支、辊下 2 支,另一侧则辊上 2 支、辊下 1 支,下一节则两侧对调布置,如图 8-54 所示(图中只给出了烧成带相邻两节的外形图)。从图中可以看出,烧嘴排列成等距斜平行线,十字线为本侧可见的观察孔,对侧窑墙上安装有烧嘴且两侧烧嘴连线恰好均匀的交错,属平行四边形。这种烧嘴布置的特点是:上、下部,对侧均交错布置,但同一窑横截面上只有一个烧嘴。因而沿窑长方向上火焰间的间距很小(仅 366 mm),其优点是有利于窑长方向上的温度调节。目前国内通过消化吸收自行设计建造的油烧明焰辊道窑大都采用这种烧嘴的布置方式。

(2) 品字形布置

品字形布置烧嘴的方式,如国内引进的意大利 WELKO 公司 FRW2000 型气烧辊道窑,在烧成带每节上、下交错设置 2 对烧嘴,其特点是在同一窑横截面上有 2 个烧嘴,即一侧设在辊上,另一侧设在辊下;上、下对侧均交错布置,在同一侧外观看烧嘴成正品字形排布。又如唐山建筑陶瓷厂引进的意大利 POPI 公司 TA23 型 68.8 m 气烧辊道窑在预热带辊下有 4 对烧嘴,分布在第 7、8、9、11 节各节的辊子下部;在第 13～24 节的烧成带,每节辊下布置有 1 对烧嘴、每 2 节辊上布置有 1 对烧嘴,共设置 18 对烧嘴,其特点是同侧窑墙烧嘴成品字形排布,如图 8-55 所示。

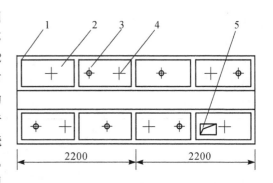

图 8-54 明焰辊道窑烧嘴布置示意图

1—方钢框架;2—外侧钢板;3—可见侧烧嘴;
4—观察孔(对侧为烧嘴);5—事故处理孔

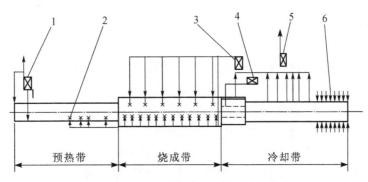

图 8-55 TA23 型辊道窑工作系统示意图

1—排烟风机;2—烧嘴;3—助燃风机;4—急冷风机;5—抽热风机;6—轴流风机

2) 烧嘴的选用

现代辊道窑均使用煤气、轻柴油等洁净燃料,多采用小流量的中、高速烧嘴,直接安装在窑体上并与烧嘴砖连接。表 8-5 和表 8-6 分别为北京神雾公司生产的燃油和燃气的中、高速烧嘴技术参数,以供参考。关于相应燃料的燃烧过程及烧嘴结构特点详见燃烧设备相关章节。

表 8-5　WDH-TCA 型柴油烧嘴技术参数

型号 WDH	流量 /(kg/h)	热负荷 ×10⁻⁴ /(kcal/h)	燃油压力 /MPa	雾化介质			助燃空气			流量调节比	火焰长度 /mm	火焰锥角 /(°)	炉膛温度 /℃
				标准状态下的耗气量 /(m³/kg)	压力 /MPa	压力 /Pa	温度 /℃	标准状态下的风量 /(m³/h)					
TCA1	1	1		>0.5				12					
TCA2	2	2		>0.5				24					
TCA4	4	4		>0.5				48					
TCA6	6	6	>0.15	>0.4	>0.2	1 500 ~3 000	常温 ~350	72	1:4	300~ 1 200	70±	1 800±
TCA8	8	8		>0.4				96					
TCA10	10	10		>0.4				120					
TCA20	20	20		>0.25				240					

表 8-6　WDH-TCC 型燃气烧嘴技术参数

型号 WDH	热负荷 ×10⁻⁴ /(kcal/h)	燃气(压力 1 000 Pa~0.2 MPa)					助燃空气			流量调节比	火焰长度 /mm	火焰锥角 /(°)	炉膛温度 /℃
		标准状态下的流量 /(m³/h)					压力 /Pa	温度 /℃	标准状态下的风量 /(m³/h)				
		发生炉煤气	混合煤气	焦炉煤气	天然气	液化气							
TCC1	1	10	5	2.5	1.2	0.5			12				
TCC2	2	20	10	5	2.4	1			24				
TCC4	4	40	20	10	4.8	2			48				
TCC6	6	60	30	15	7.2	3	1 500 ~ 3 500	常温 ~ 350	72	1:6	200 ~ 1 000	70±	1 800±
TCC8	8	80	40	20	9.6	4			96				
TCC10	10	100	50	25	12	5			120				
TCC20	20	200	100	50	24	10			240				

5. 排烟与调温装置

1) 排烟装置

辊道窑属快烧窑,离窑废烟气温度较高,一般达 250~300 ℃。为提高热利用率,辊道窑皆采用集中排烟(仅窑头设一处排烟)或准集中排烟(即靠近窑头设置少量排烟口,一般为 2~4 处)。排烟口大多设在窑顶与窑底,烟气自烧成带向预热带流动,至窑头排烟口被抽出,再经排烟总管、排烟机抽至烟囱排出室外。排烟口可制成圆形,也可制成矩形。

如图 8-56 所示为德国 HEIMSOTH 公司 80 m 烧柴油明焰辊道窑排烟段窑体结构图。在距窑头 740 mm 处,窑顶设有 3 个 φ350 mm 的圆形排烟口,窑底设有 2 个 φ500 mm 的圆形排烟口。由于该窑窑头段窑体仅用 2 层各 50 mm 厚的硬质陶瓷纤维板固定在外壳钢板上而构成,故排烟管直接用钢管插入窑体并与外壳钢板焊接而成。烟气自上、下排烟口进入排烟支管,窑顶每个排烟支管上都安装有支闸,用以调节各支管排烟量;窑底由于操作不便,仅在窑底汇总支管下设有一调节闸板,窑底汇总支烟管从窑一侧向上进入窑顶的总烟气管道,由于辊道窑要考虑到能方便更换辊子,故不应将窑底支烟气管道设在窑两侧同时向上引入汇总烟道,不能设在更换辊子时辊子抽出的一侧,而应设在辊子传动的主动端一侧。图中调风闸的作用是当离窑烟气温度过高时,打开它可从其端口放入车间冷空气与热烟气掺和,降低进入排烟风机的烟气温度,以免烧坏排烟机。

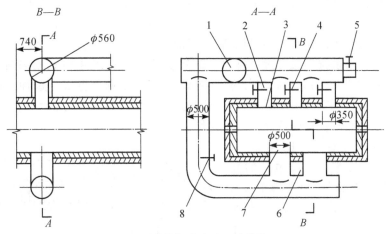

图 8-56　明焰辊道窑排烟结构图(一)

1—汇总烟道;2—排烟支管;3—排烟口;4—排烟支闸;5—调风闸;
6—下排烟支管;7—下排烟口;8—下排烟支闸

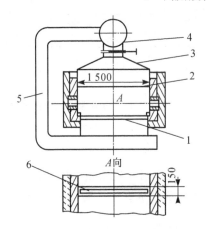

图 8-57　明焰辊道窑排烟结构图(二)

1—矩形下排烟口;2—矩形上排烟口;3—集烟罩;
4—总烟道;5—方形支烟道;6—钢丝网

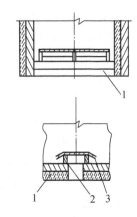

图 8-58　下排烟口结构图

1—窑底排烟口;2—下排烟口挡板支柱;
3—下排烟口挡板

　　国内自建的明焰辊道窑,很多在窑顶、窑底设置矩形排烟口。排烟口宽与窑内宽相同,长一般为 150 mm,实际砌筑时窑顶、窑底同时留出 150 mm 宽缝作排烟口,排烟口由集烟罩与窑体钢架结构相连,如图 8-57 所示。国内大多这种窑设置 3 处排烟口,如某厂 80 m 油烧明焰辊道窑在窑头处设 1 对,在离窑头约 6 m、8 m 处再各设 1 对。总烟气管道设在窑顶,与排烟机连接。底部排烟口一般用方形的支烟管道与窑顶的总排烟管相连接,为防止破碎砖坯落入下排烟口而堵塞下部排烟口,在下排烟口上可搁置钢丝网,用以遮挡下落的砖坯。为更有效地防止碎砖坯落入,有的辊道窑将其改进为图 8-58 所示的结构形式,在窑底排烟口上用扁钢制成支柱来支撑上面用钢板制成的挡板,这样烟气既可从挡板与窑底的两边空隙进入排烟口,又有效地阻挡了上部落下的砖坯。

　　2)调温装置

　　为保证制品按需要的温度制度烧成,并改善窑内截面温度的均匀性,辊道窑预热带设置了喷风装置与加热装置。

　　(1)辊上喷风装置

　　辊道窑采用集中排烟方式,显著提高了热利用率。但是,由于缺乏对预热带温度的调节手段,有时难以保证制品按需要的烧成曲线升温。为克服这一缺陷,许多明焰辊道窑在预热带辊上设置有喷风装置。一般在排烟段后每节辊上设 3～4 对喷风口,用高铝瓷质管制成喷风管,并与窑外不锈钢管连接,喷管内径不大于 50 mm,可使喷出风的流速较大,风源可用来自冷却带抽出的热风,也可直接鼓入外界自然风。当窑头温度偏高时,可加大喷入风量,低温空气与高温烟气混合后就降低了烟气温度。它与分散排烟通过过早排出一部分热烟气,牺牲其中可利用的热能来调节预热温度制度的负调节方式相比,明显地提高了热利用率,称其为正调节方式。这种结构不仅热利用率高,可以调节窑温,而且由于喷出速度较大,还能起到搅动气流和增大上部气流阻力的作用,有利于加强预热带对流传热与改善窑内截面温度均匀性。

如图 8-59 所示为德国 HEIMSOTH 公司 80 m 辊道窑预热带设有喷风口的截面图。该窑第 3～9 节窑体,每节辊上设 3 对喷风管,两对侧为错排。来自冷却带抽出的热风经窑上空气方管进入喷风管,并由喷风口喷入窑内,其喷风量大小可由球阀调节。

对建筑瓷砖辊道窑一般不设置窑头封闭气幕,而采用封闭窑头的方式,即在窑头钢板上仅留出一条窄缝进砖坯,但也有少数设置窑头封闭气幕的,如意大利 POPI 公司 TA23 型辊道窑,在第 2 节上设有排烟风机,该风机将窑内的烟气从窑顶部和底部抽出,一部分烟气送入第 1 节窑内作为窑头封闭气幕,并提高窑头温度;另一部分排

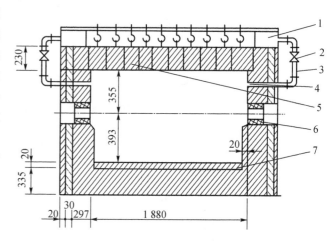

图 8-59　明焰辊道窑预热带喷风口截面图

1—空气方管;2—球阀;3—喷风管;4—吹风口;
5—吊顶;6—孔砖;7—底板

空或抽作余热利用。对于高窑道的辊道窑(如烧卫生瓷的辊道窑),则一定要设置窑头封闭气幕。在建筑陶瓷工业领域,辊道窑上均不设置气氛气幕,主要是因为全窑都是氧化气氛,不存在气氛转化。

(2) 辊下加热装置

为调节预热带升温制度,除上述采用调温喷风嘴的方式外,还可在辊下设烧嘴。主要有两种设置形式,一种是在预热带后段辊上设置喷风管,辊下设置调温烧嘴。如德国 HEIMSOTH 公司 80 m 油烧辊道窑,在第 6～9 节每节辊上除设置了 3 支喷风管外,每节在辊下还设有 3 支烧嘴,上、下方及对侧均错排。这样,在预热带后段就能灵活地调节窑道内的温度制度,使之适应所要焙烧的各种产品的烧成工艺要求。国内自建的明焰辊道窑,不少采用了该窑预热带的结构形式。另一种就是除窑头几节排烟段外的预热带区域全部装有烧嘴,例如意大利 WELKO 公司 FRW2000 型辊道窑,除第 3 节窑前干燥带与第 4 节作排烟段外,其余每节窑体分别在两侧墙各设置 4 个烧嘴,上、下方及对侧均为错排,在同一截面上,一侧辊上设有烧嘴,另一侧则在辊下设有烧嘴,在截面上形成气体循环,有利于截面温度均匀分布。当然,预热带的烧嘴在实际使用上与烧成带有所不同,如许多厂家使用时往往未启用预热带前端的烧嘴或仅开风管(尤其是上部烧嘴),实际上也起到了喷风降温的作用。

6. 冷却部分

制品在冷却带有晶体成长、转化的过程,并且冷却出窑,是整个烧成过程最后的一个环节。从热交换的角度来看,冷却带实质上是一个余热回收设备,它利用制品在冷却过程中所放出的热量来加热空气,余热风可供作干燥或助燃风用,达到节能目的。辊道窑的冷却带也和隧道窑一样,可分为急冷段、缓冷段和快冷段,下面分别叙述其通风系统。

（1）急冷段通风系统

从烧成最高温度至 800 ℃ 以前,制品中由于液相的存在而具有塑性,此时可以进行急冷,最好的办法是直接吹风冷却。建筑瓷砖辊道窑急冷段应用最广的直接风冷是在辊子上、下方设置横贯窑截面的冷风喷管,如图 8-60 所示。每根喷管上均匀地开有圆形或狭缝式出风口,对着制品上、下方均匀地喷冷风,达到急冷效果。由于急冷段温度高,横穿入窑的冷风管须用耐热钢制成,管径为 $\phi 40 \sim 60$ mm。一般在冷却带首端设置 3～4 节,每节可设 4～6 对,辊上、下方冷风喷管可排在同一截面,也可不排在同一截面,如图 8-61 所示,即为冷风喷管喷风口上、下错排。

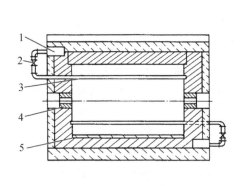

图 8-60 急冷段冷风喷管截面图

1—空气方管；2—球阀；3—冷风喷管；
4—孔砖；5—窑底垫板

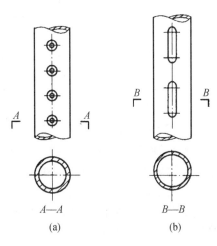

图 8-61 冷风喷管喷风口

（a）圆形出风口；（b）狭缝式出风口

（2）缓冷段通风系统

制品冷却到 500～700 ℃ 范围时,是产生冷裂的危险区,应严格控制该段冷却降温速率。为达到缓冷目的,一般采用热风冷却制品的办法。大多数辊道窑在该段设有 3～6 处抽热风口,使从急冷段与窑尾快冷段过来的热风流经制品,让制品缓慢又均匀地冷却。

意大利 WELKO 公司 FRW2000 型辊道窑,在缓冷段 3 节的每节窑顶、窑底设有矩形抽热风口,砌体结构类似排烟口,由余热风机将窑内热风抽出,送至窑下辊道干燥器作干燥介质。意大利 POPI 公司 TA23 型辊道窑则在缓冷段第 30～35 节窑的顶部共设置 6 个抽热风口。德国 HEIM-SOTH 公司 80 m 油烧明焰辊道窑在长 11 m 的缓冷带没有设置抽热风口,而将抽热风口设置在窑尾,以此将来自急冷段的热风流经缓冷段来冷却制品;而且在该段辊上设有 10 根如急冷段的冷风喷管(鼓入窑尾抽出的热风),用以调节该段的冷却制度。

缓冷的另一种方式是间接冷却,间接冷却可采用间壁式换热管。意大利 SACMI 公司 105 m 柴油明焰辊道窑在缓冷段(第 36～41 节)每节辊上共装 18 根换热管,换热管一端敞开作吸风口,另一端接抽热风管,通向余热风机,如图 8-62 所示。从窑顶看,这 18 根换热风管的吸风口与抽热风管为两侧交错相间排列,插入窑体的换热风管为 $\phi 30$ mm 的耐热无缝钢管,抽热风管由钢丝软管制成。由余热风机从换热风管的吸风口吸入冷风,经横穿窑内的管子换热后变成热风抽出,这种结构称管壁换热,也属间壁冷却的一类。换热风管便于温度制度的调节,使制品冷却均匀,但结构较为复杂,国内自建辊道窑类似结构一般将吸风口改为从窑墙进入(即窑内间壁冷却管直通窑墙外壁),抽热风口则直接用耐热钢管从另一侧窑墙顶通向总抽热风管,而未采用钢丝软管,从而降低了成本。

（3）窑尾快冷段通风系统

制品冷却至 500 ℃ 以后,可以进行快速冷却。但由于制品温度较低,传热动力温差小,即使允

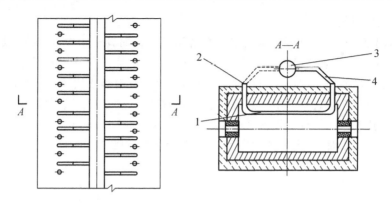

图 8-62 缓冷段换热风管

1—换热风管；2—吸风口；3—余热风汇总管；4—抽热风管

许快冷也不容易达到。而此段冷却也很重要,若达不到快冷的目的,使出窑产品温度大于 80 ℃时,即使在窑内没有开裂,也会因出窑温度过高而出窑后炸裂。故要加强该段的吹风冷却。国内外辊道窑快冷段的吹风冷却形式主要有以下两种:

① 设置辊上、下冷风喷管,类似于急冷段的横贯窑截面的急冷风喷管结构,只是该喷管的直径比急冷风喷管要稍大些。有的在该段还设有抽热风口,例如德国 HEIMOTH 公司 80 m 油烧辊道窑窑尾快冷段共长 11 m,辊上、下方布置有 22 对冷风喷管,前 16 对间距为 550 mm,窑尾 6 对间距约 200 mm,快冷段的冷风喷管比急冷段的稍粗,直径约为 $\phi80$ mm,每根管上有 34 个 $\phi10$ mm 小孔,对着制品吹冷。此外,该窑在快冷段窑顶、窑底还有 3 处抽热风口,如图 8-63 所示。

② 安置轴流风扇,直接对制品在出窑前吹冷。例如意大利 WELKO 公司辊道窑在窑尾最后一节顶部和底部各设置 3 个轴流风扇(横向一排),以 45°向窑内制品吹入冷空气,以保证制品温度降至 80 ℃以下出窑。意大利 POPI 公司 TA23 型辊道窑在窑尾最后两节,每节窑顶、

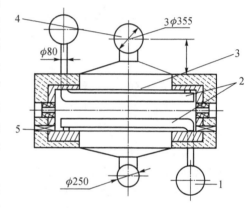

图 8-63 窑尾快冷通风系统

1—空气管道；2—冷风喷管；3—抽热风口；
4—抽热风管；5—事故处理孔

窑底各设有 4 台轴流风扇,分别从制品的上、下方吹风强制冷却。意大利 SITI 公司 FL 型双层辊道窑,在窑尾 5 m 长区段两侧共设有 8 对轴流风扇。

通过比较以上两种快冷形式,可知第一种设置冷风喷管具有结构简单,设置区间大,快冷效果好,而且便于该段温度的调节等优点,故在国内自建的辊道窑中得到了广泛应用。

8.5 日用瓷辊道窑

辊道窑在我国日用瓷工业中应用起步虽然较早,但主要是用于烤花或彩烧,烧成温度较低,而且主要是隔焰辊道窑。自从 1994 年重庆兆峰瓷厂引进德国以天然气为燃料烧制日用细瓷的高温辊道窑以来,国内高温辊道窑在近十余年得到了较快发展。

8.5.1 高温日用瓷辊道窑的特点

日用瓷生产与陶瓷砖不同:一是器型较复杂,因此须在辊上加垫板,制品放在垫板上才能进窑内烧成,为了提高产量一般还是多层制品装载,这就需要窑具;二是由于装载方式的不同,窑体尺寸也与陶瓷砖辊道窑有所区别,例如多层制品装载使辊上高一般高于辊下高;三是烧成温度一般比陶瓷砖高,这对窑体材料及辊棒材料的要求也就不同,尤其是对于高温段的辊棒要求更高;四是日用瓷烧成对气氛在不同阶段有不同的要求,因此其燃烧系统及其控制和通风系统与全窑氧化气氛的陶瓷砖辊道窑有所不同。

8.5.2 窑体结构与砌筑材料

日用瓷辊道窑的窑体结构大致与建筑瓷辊道窑相同,一般也是分单元制作,2～2.2 m 为一个基本单元,先用结构方钢制造窑的框体,再在上面砌筑窑体。如图 8-64 所示,为某高温日用瓷辊道窑烧成带结构示意图。从图中可以看出,由于辊上装载制品(该窑有效装载高度为 350 mm),而上部烧嘴安装高于其装载高度,可避免喷出的燃烧产物直接冲刷制品。因此,辊上高明显高于辊下高。该窑辊上、下方的烧嘴对侧错排,在同一截面使烟气绕制品循环,有利于截面温度的均匀分布;每个烧嘴的对侧设有观火孔,便于观察烧嘴的燃烧状态。此外,该窑的助燃风支管安装在窑体四角,使窑体结构紧凑、美观。

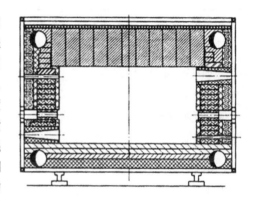

图 8-64 日用瓷辊道窑烧成带结构示意图

对焙烧日用瓷的高温辊道窑,由于其烧成温度比建筑瓷高,还要用还原气氛烧成,因而对筑炉耐火材料的要求就更高,均采用新型高温轻质耐火材料砌筑。氧化铝空心球砖是国内设计制造高温辊道窑高温火焰区理想的内衬耐火材料。高温辊道窑内衬材料还可使用高温莫来石质轻质耐火材料,它也具有强度较高且耐高温、隔热性能好等性能。最高烧成温度不超过 1 350 ℃的高温辊道窑也可采用密度较大的优质高温莫来石质轻质砖(如 JM30、JM28)作其内衬材料。为了减薄窑墙,在砖砌体与外围钢板间均采用陶瓷纤维作隔热保温材料,根据不同的温度段可以分别使用普通硅酸铝纤维、高纯硅酸铝纤维、高铝纤维等陶瓷纤维。有的高温辊道窑在高温段的内层砖上贴一层 30～50 mm 可耐高温的多晶纤维毡,并在其上涂有红外线高温涂料[PT-655F(水性)],既可保护内衬材料,延长其工作寿命,又可增大窑内壁对制品的辐射传热,有利于节能。

由于日用瓷辊道窑烧成时需用垫板,承重较大,对辊棒材质的要求比建筑瓷砖的辊道窑要高,直径也要大点,一般选用 ϕ40～60 mm(视装载重量而定)的优质高铝辊棒;在高温区还要采用重结晶碳化硅(R-SiC)辊棒;当烧成温度不超过 1 350 ℃时,也可用渗硅碳化硅(Si-SiC)辊棒,它属于不反应烧结的碳化硅且价格更低。

8.5.3 窑具

日用瓷辊道窑窑具一般包括垫板、棚板和支柱等,主要是对制品起承载的作用,并通过辊道的传动输送使制品在窑内运行,完成产品在窑内的烧结过程。因此,窑具质量对烧成制品的质量和生产成本有着直接的影响。日用瓷辊道窑的窑具大多采用重结晶碳化硅组合窑具,或氧化物结合碳化硅底板与堇青石-莫来石棚板组合窑具。表8-7列出了目前市场上常用的三大系列窑具的性能指标。

表 8-7　常用窑具的性能指标

项　　目		单位	指　　标		
			堇青石-莫来石	普通碳化硅	重结晶碳化硅
化学成分	SiC	%		≥86	99
	SiO₂	%	47～52	≥5	—
	Al₂O₃	%	38～40	—	—
	Fe₂O₃	%	—	≤1.0	—
	Mg	%	6.0～6.5	—	—
体积密度		g/cm³	2.0	≥2.55	2.60～2.70
气孔率		%	22～26	≤18	<16
常温抗折强度(20℃)		MPa	12～15	≥25	80～90
高温抗折强度(1 400℃)		MPa	9～12	≥20	90～100
荷重软化温度		℃	1 420	—	—
线膨胀系数×10⁶		K⁻¹	2.4～2.5		4.7
导热系数(1 000℃)		W/(m·K)	3.83	8.47～10.56	23
最高工作温度		℃	1 250～1350	1 400	≥1 600

莫来石系列窑具由于具有荷重软化点,在高温使用过程中,产品会逐渐软化、变形,在多次循环使用中也会逐渐开裂,从而影响烧成产品的质量。普通碳化硅系列窑具中碱金属及碱土金属等杂质含量相对较高,在 1 100～1 150 ℃时会发生反应,引起造渣和膨胀,高温下也易于变形。重结晶碳化硅系列窑具则具有良好的导热性能、较高的常温及高温抗折强度,且高温下不变形,是三大窑具系列中最具优势的窑具。当然,重结晶碳化硅窑具目前价格也最贵,目前的窑具大多是以氧化物结合碳化硅为垫板,堇青石-莫来石为棚板,各层之间以堇青石-莫来石为支柱搭接组合而成,窑具使用寿命为 180～400 次,2 个月左右;而重结晶碳化硅组合窑具使用寿命可达 1 年以上,约是普通组合窑具的 8 倍,而且由于其承载力强,板的厚度薄$\left(\text{为普通窑具板厚的}\dfrac{1}{2}\right)$,具有体积小、质量轻的特点,加上导热系数大,因而传热快、蓄热小。因此,综合考虑使用寿命与节能等方面,重结晶碳化硅窑具是最有应用前景的。

8.5.4　工作系统布置

高温日用瓷辊道窑的工作系统大体上与建筑砖辊道窑相同,如图 8-65 所示,该窑长度为80 m,共分 40 节,每节为 2 m。其中第 1～14 节为预热带,第 15～30 节为烧成带,第 31～40 节为冷却带。在窑头设有封闭气幕,鼓入从冷却带来的热风,以减少窑外冷风的漏入;紧接着在预热带前部设有排烟系统,由排烟风机将窑内烟气排出窑外。在预热带的辊上设有喷风管,由风机鼓入冷风或来自冷却带的热风,一是可以起到搅动气幕的作用,二是可以协助调节预热带中后部的窑内温度;而在预热带后部辊下设有调温烧嘴,为进一步减小上、下部的温差创造了条件。烧成带辊上、下方均设有烧嘴,所有烧嘴均由燃气供应系统和助燃风机供给燃气与助燃空气,通过执行器来控制进入烧嘴的助燃风量,助燃风通过空/燃比例阀进行燃气量的控制,使窑内温度和气氛达到预定要求。急冷段与窑尾分别设有急冷风机和窑尾冷却风机,以鼓入冷风直接冷却制品。在缓冷段设有若干抽热风口,由抽热风机将窑内余热风抽出,一部分送作气幕风,另一部分送作干燥湿坯体用。

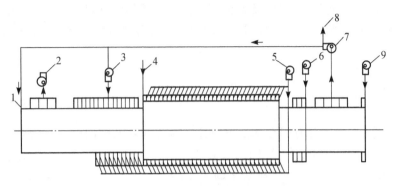

图 8-65　日用瓷辊道窑工作系统图

1—窑头封闭气幕;2—排烟风机;3—预热带辊上喷风风机;4—燃气供应系统;5—助燃风机;
6—急冷风机;7—抽热风机;8—余热风送干燥;9—窑尾冷却风机

8.6　陶瓷间歇窑

8.6.1　概述

按窑炉的操作来分,陶瓷工业窑炉可分为连续窑和间歇窑两大类。与连续窑相比较,间歇窑仍具有很多优点:一是窑的容积可大可小,容易随被焙烧制品的工艺要求来变更烧成制度,在生产中灵活性大,适用于多品种、多规格和规模不大的工厂生产或研究单位做试验;二是窑内上、下部的温度分布比较均匀,可以烧出优质产品。而且它还具有窑炉造价较低、占地面积小、基建投资少、见效快等优点。

倒焰窑是我国陶瓷工业中最常用的间歇式火焰窑炉,但是传统的倒焰窑产量低,单位制品燃料消耗量大,而且装、出窑劳动条件差,强度大。随着我国生产的发展及科学技术的进步,现代新型间歇操作的陶瓷窑炉也得到蓬勃的发展,其中梭式窑和罩式窑是现代间歇式窑炉的典型代表,已广泛应用于各种陶瓷工业生产中。现代间歇式窑炉的操作条件与隧道窑相似,工人在窑外装卸制品,劳动条件好;窑炉的烧成和冷却过程可以实现自动控制,能确保烧成质量。因此,现代新型间歇窑已基本取代了旧式的倒焰窑,它与现代隧道窑、辊道窑一起在我国陶瓷工业中发挥着重要作用。

本章重点介绍梭式窑和罩式窑这两种现代化的间歇窑,但为了对间歇窑的发展过程有较深刻的理解,在介绍现代间歇窑之前,对传统的倒焰窑的结构与工作原理也作了简要介绍。

8.6.2　倒焰窑

倒焰窑是由升焰窑、馒头窑发展而来的,是我国陶瓷工业中使用较久、较广的一种间歇式火焰窑,其特殊的烟气流动形式与工作流程对现代陶瓷窑炉的设计至今仍有一定的参考价值。

1. 倒焰窑的工作流程

倒焰窑大多用煤作燃料,在 20 世纪七八十年代我国也建造了不少以重油为燃料的倒焰窑,但它们的工作流程大致相同。如图 8-66 所示,为煤烧倒焰窑的工作流程,将煤加进燃烧室的炉栅上,一次空气由灰坑穿过炉栅,经过煤层与煤进行燃烧。燃烧产物自挡火墙和窑墙所围成的喷火口至窑顶,再经过窑内制品倒流至窑底,由吸火孔、支烟道及主烟道流向烟囱并被排出。在火焰流经制品时,其热量以对流和辐射的方式传给制品。因为火焰在窑内是自窑顶倒向窑底流动的,所以称为倒焰窑。

2. 倒焰窑的结构

倒焰窑的结构包括三个主要部分:窑体、燃烧设备和通风设备。

(1)窑体

倒焰窑的窑体从外形来分有圆形和矩形两种。圆窑具有很多优点:一是窑内水平温度比方窑要均匀,因为火箱依圆周平均分布,窑内没有死角,且每个火箱控制的加热面积为扇形,近火箱处是圆窑底的外围,加热面积大,而远离火箱的窑中心加热面积渐趋于零,这符合热量分布条件,使窑中心与四周的温度差很小;二是窑室容积在相同的条件下,圆窑比矩形窑有较小的窑墙侧面积及较小的砌筑砖体积。因此,圆窑窑体向外界散失和积聚的热量比矩形窑少,即单位制品的燃料消耗量相应较少。但圆窑的直径增至很大时,增加了每个火箱所控制的加热范围,因而增加了窑内横截面上的温度差;另外,圆窑砌筑要用大量的异形砖,尤其是其窑顶是一个球缺,其形状复杂,砌筑更为困难。因此圆窑不宜容积过大,也不宜容积过小。而矩形窑可以维持窑的宽度不变,通过加长窑的长度来增大窑的容积以保证每个火箱所控制的加热面积不变。所以容积为 100 m³ 以上的窑多为矩形,而由于砌筑上的原因,容积不大的窑也多为矩形。

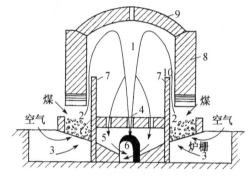

图 8-66 倒焰窑工作流程示意图

1—窑室;2—燃烧室;3—灰坑;4—窑底吸火孔;
5—支烟道;6—主烟道;7—挡火墙;
8—窑墙;9—窑顶;10—喷火口

倒焰窑的窑墙、窑顶作用和它们应具备的条件与隧道窑基本一致,但倒焰窑是间歇式操作的窑炉,在长时间的焙烧中,窑墙、窑顶同时被加热,砌体所积聚之热往往超过外表面向外界散失之热数倍,可达到总热消耗量的 10%～15%;当制品冷却时,砌体所积聚之热大部分又传给窑室,使制品的冷却受到阻碍。传统倒焰窑窑墙的总厚度为 0.8～1.2 m,其中内层黏土质耐火砖厚一块半砖长,即 345 mm;外层红砖厚两块砖长,即 490 mm;中间为轻质砖,厚 115～345 mm。窑顶的厚度比窑墙薄些,以减轻对窑墙的荷重和横向推力,总厚度为 0.3 m 左右,并且窑顶上不需像隧道窑那样铺平,可沿拱做成弧形。

倒焰窑的侧墙上备有一个或两个窑门,由此进窑装、卸制品。在每次装完窑后,砌两层耐火砖封闭窑门,门外涂以耐火泥以增加窑门的严密性,避免冷空气吸入窑内和减少向外散热量。在封闭窑门时应留观察小孔,以便随时可打开它视察窑内制品的焙烧情况。窑门的大小应足以使操作人员自由通过,通常高为 1.8 m,宽为 0.8 m。

倒焰窑的窑顶一般为拱顶,因为是倒焰式,窑内热气体不会像隧道窑那样集中在窑的顶部而造成上、下部温差增大,故窑的拱高与跨度之比可以比隧道窑大些,有时甚至是半圆拱以减小窑顶的横向推力,节省箍窑的钢材。一般圆窑的拱高为直径的 1/6～1/4,矩形窑的拱高为宽度的 1/3～1/2。

倒焰窑的容积取决于生产任务,但容积过大和过小都有不利因素。窑的容积过大时,虽然产量增大,但由于火焰不易到达窑的中心,窑的温度和气氛不易分布均匀,可能使废品增加。窑的容积过小时,其开设窑门的地方散热损失所占的比例也大,如果不注意严密封闭窑门,也可能引起窑内的温度和气氛分布不均匀,且单位制品所负担的窑体蓄散热也增加了。所以,应综合考虑生产规模、产品对温度和气氛的均匀性要求、劳动环境等条件来确定窑的容积。通常圆窑最大容积在100 m³左右,即窑的高度约4 m,直径约6 m。矩形窑可比圆窑的容积大,这是因为火箱设于窑的两侧,窑的长度可大些,其长度与宽度之比一般为1～2.5,故窑的容积可达200 m³,甚至更大。

（2）倒焰窑的燃烧设备

倒焰窑的燃烧设备一般由燃烧室、挡火墙与喷火口组成。

烧煤和油的倒焰窑都需要设置燃烧室,只是烧油的燃烧室不用设置炉栅和灰坑,在加煤口上安装油烧嘴即可。燃烧室的大小可根据每小时最大燃料消耗量来计算,但计算很复杂,而且算出的结果也未必准确。因此,往往是直接采用生产经验数据,即根据每10 m³窑的容积应具有多少m³炉栅面积,或是炉栅总面积占窑底面积的百分比来决定（表8-8）。

表 8-8 倒焰窑的主要结构经验数据

窑的容积/m³	每10 m³窑容积具有的面积/m²			炉栅总面积占窑底面积/%	吸火孔总面积占窑底面积/%	喷火口面积占炉栅面积/%
	炉栅	吸火孔	主烟道			
>100	0.5～1.0	0.05～0.15	0.06～0.15	15～25	1.5～5	20～25
<100	1.0～1.5	0.10～0.20	0.15～0.25	25～35	3.0～7	20～25

目前,倒焰窑一般使用烟煤作燃料,采用阶梯状炉栅或稍向窑内倾斜15°的梁状炉栅两种。使用阶梯状炉栅操作容易掌握,也不易漏煤,尤其适宜于烧细颗粒煤;使用梁状炉栅则清灰方便。因为助燃所需的一次空气是由灰坑穿过炉栅与煤进行燃烧的,所以炉栅上应有一定的通风面积。通风面积太小,不易通风,阻力大,也不易清灰;通风面积太大,则易漏煤,造成不完全燃烧的损失。根据经验数据,通风面积一般约占炉栅总面积的25%～30%。燃烧所需的一次空气可采用自然通风,也可以封闭灰坑门用风机鼓风。

挡火墙的设置在倒焰窑中具有重要意义,其作用是使火焰具有一定的方向和流速并合理地送至窑内,且能防止一部分煤灰入窑污染制品。挡火墙的高低严重影响窑内上、下部的温差,挡火墙太低,则火焰大部分到不了窑顶,而直接进入窑的下部,使窑的上部温度低,下部温度高;反之,挡火墙太高,则把火焰全部送至窑顶,甚至集中在窑的最顶点,只靠火焰由顶部向下流动时把热量传给制品,又造成上、下部的温差大,即上部制品过烧而下部生烧。所以,合理设计挡火墙的高低,可使大部分火焰送到窑顶,小部分直接进入窑的下部。有时还在挡火墙上开几个小通孔,用以调节窑的上、下部的温度。挡火墙一般比窑底高出0.5～1.0 m,对于容积大的窑的挡火墙应取高些,小窑则取低些。另外,应根据窑的实际操作情况,即窑内上、下部的温度分布情况来调整挡火墙的高度。

喷火口为挡火墙与火箱上面的窑墙之间的长方形截面空间,喷火口的截面面积过大,则火焰喷出速度小,使火焰喷出无力,不能到达窑顶和窑的中心,造成窑上部温度低、下部温度高,且占据窑内容积过多,减少制品的装载量。但是,喷火口也不能太小,以免火焰喷出时阻力太大,喷出困难,容易把燃烧室耐火砖及炉栅烧坏,且易造成窑内下部制品生烧的现象。一般喷火口截面面积约占炉栅水平面面积的20%～25%。

（3）倒焰窑的排烟通风系统

倒焰窑的排烟通风系统包括窑底吸火孔、支烟道、主烟道和烟囱。

倒焰窑吸火孔的作用相当于隧道窑排烟口的作用。倒焰窑是倒焰的,由窑底排烟,故吸火孔设在窑底。吸火孔总面积的大小和分布情况,对窑的操作控制和窑内水平截面上的温度均匀性关系极大。如果吸火孔总面积太大,不易使火焰在窑内停留一段时间,火焰一经喷火口喷出,很快就由吸火孔跑掉,不能充分地把热量传给制品,且烟气离窑温度过高,热利用率低,燃料消耗量大。并且烧窑不易控制,加煤量多一些,窑内温度就很快上升,加煤量少一些,窑内温度马上下降。而吸火孔总面积太小,则排烟阻力大,这样就限制了每小时燃料的燃烧量,窑内甚至无法升温。根据实践经验,吸火孔总面积约占窑底面积的 3%～7% 较适宜,容积大的窑选取较小值,容积小的窑选取较大值。另外,为了操作方便,吸火孔面积宜选取较大值,以避免在烧窑过程中出现吸火孔变形、部分堵塞等情况。若原设计吸火孔面积过大,可以在装窑时用垫脚砖适当堵住一点。

一般吸火孔是均匀分布在窑底上的,但为了使窑内水平截面上的温度均匀分布,要注意在烟气不易到达的地方(如远离烟囱的一端、窑的角落处等),以及散热较大的地方(如靠近窑门处等),吸火孔应布设多或大些。因为吸火孔分布多或大些的地方,就容易多流过一些火焰,放出热量也就多些,使那里的制品容易升温。

吸火孔多是圆形孔,以免产生局部回流现象,每个孔的直径一般为 60～100 mm,但是要用异形砖砌筑窑底。不过有时也可用标准直形砖砌筑窑底,按需要流出矩形的吸火孔。

支烟道分布在窑底吸火孔的下面,起连接吸火孔和主烟道的作用,而主烟道则是连接支烟道和烟囱的。为使烟囱对窑内各吸火孔的抽力基本相同,也就是使窑内温度分布均匀,支烟道多做成蜘蛛网式或"非"字形,窑底中心有一垂直烟道和主烟道相连[图 8-67(b)(c)],但其结构复杂,地基较深,还要注意地下水的位置。矩形窑支烟道多做成"非"字形,主烟道两端相通,汇合后进入烟囱,如图 8-67(a)所示。

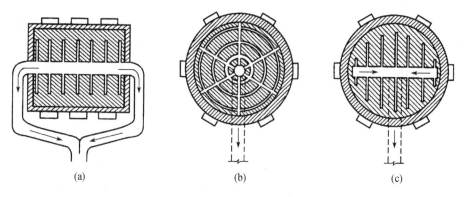

图 8-67 倒焰窑支烟道的分布

在设计烟道时,要求烟道阻力尽可能小,使阻力主要产生在窑底的吸火孔上,有利于主烟道上的闸板对窑内抽力大小的控制。因此,支烟道的总横截面面积原则上要比吸火孔的总面积大些,至少也要相等。这样,烟气一经窑底吸火孔排出,就能迅速流向烟囱排出。

主烟道是连接支烟道和烟囱的烟气通道,其作用是汇集烟气并流经烟囱将烟气排出室外。主烟道的横截面面积原则上比支烟道总截面面积大些,至少也要相等,另外还应考虑便于清理烟道的积灰以及离烟囱的远近来确定主烟道的截面大小。主烟道截面的高度一般大于宽度,有利于烟道上闸板对排烟的控制。主烟道的长度一般不要超过 10 m,否则烟气在主烟道里温度降低太多,会减小烟囱的抽力,且增加建筑费用。主烟道上的闸板位置不宜紧靠烟囱,以使烟气在闸板至烟囱底部有一段较稳定的流动,不至于因闸板的少许变化而引起窑内压力的较大波动。

倒焰窑一般靠烟囱自然通风排烟,烟囱的高度直接影响其抽力,可以通过气体流体力学理论计算烟囱高度。为便于操作,一般是两座窑共用一个烟囱,设在两窑主烟道汇合处,且各自都设有烟道闸板。当这座窑冷窑不用烟囱时,就烧那座窑。这样不但彼此不受影响,反而使烟囱长期处于热的状态,克服了烧窑在低温阶段烟囱抽力不足的缺陷,有利于烧窑操作,并且节省了建筑费用。这样设计的烟囱,实际上等于一座窑使用,不必考虑烟囱加高加大的问题。

8.6.3 梭式窑

梭式窑是一种现代化的间歇窑,其结构相当于在隧道窑烧成带的基础上加设了排烟系统与冷却通风系统,其工作原理相当于倒焰窑的矩形窑。梭式窑主要由窑室和窑车两大部分组成,坯件码放在窑车棚架上,推进窑室内进行烧制,在烧成并冷却之后,将窑车和制品拉出窑室外卸车,窑车的运动犹如织布机上的梭子,故称为梭式窑。它的装窑、出窑与隧道窑相似,都在窑外进行。

由于梭式窑是间歇生产,因而其生产方式和时间安排灵活,容易与中、小批量的间歇成型和间歇干燥的生产方式配合。此外,梭式窑结构紧凑,占地面积小,所以投资小;其容积可大可小,对产品适应性强,能适应不同尺寸、形状和材质制品的烧成。因此,它既可用作生产的主要烧成设备,如适合小批量、多品种的生产,满足市场多样化的需求;又作为辅助烧成设备,如产品的重烧和新产品的试生产使用。

梭式窑的热耗比辊道窑和隧道窑高一些。随着轻质耐火砖,特别是耐火纤维技术的发展,燃烧技术和余热利用技术以及窑炉设计水平的提高,梭式窑向节能化和大型化发展,其热耗也在逐渐下降,并优于一些隧道窑。因此,对中、小批量陶瓷的生产来说,高效节能梭式窑应该是一种合理的窑型。目前,它已广泛应用于我国卫生瓷、艺术瓷、日用瓷等陶瓷企业生产中。

1. 窑室

梭式窑窑室要从室温迅速升至1 000 ℃以上,并在高温下保持一段时间,然后再急速冷却至600～700 ℃,随后冷却至产品出窑。窑室要经受高温以及在高温下炉尘、炉气、坯体与釉料的低熔挥发物的侵蚀作用,还要经受频繁的急速加热与冷却的热胀冷缩作用,工作条件相当恶劣。因此,窑室的窑墙、窑顶、棚架、车台面等部分所用的材料、结构形式和尺寸等,都必须适应上述工作条件,以保证窑炉正常工作。

梭式窑的窑室由窑墙、窑顶、窑门及窑车组成。窑车之间以及窑车与窑墙之间像隧道窑一样也设有曲封和砂封,由于窑车进入梭式窑以后在整个烧成过程中是不运动的,因而其曲封间隙可比隧道窑的小些,有些大型梭式窑在进车后用油压推动密封件来代替砂封,进一步保证了窑室的密封性。一般梭式窑结构的示意图如图8-68所示。

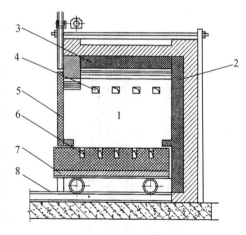

图8-68 梭式窑结构示意图

1—窑室;2—窑墙;3—窑顶;4—烧嘴;
5—升降式窑门;6—烟道;7—窑车;8—轨道

梭式窑的窑墙是指窑室四周的围墙。它可用耐温度急变性较好的轻质耐火砖或轻质浇注料砌筑,外部用硅酸铝纤维制品、硅酸钙板、岩棉等隔热,内面还可黏贴50 mm左右的高温耐火纤维,以减少蓄热、散热,并延长轻质砖或浇注料的使用寿命。为提高窑炉强度和气密性,窑墙外常包以3 mm左右厚的钢板。

烧嘴一般布置在两侧窑墙上,并视窑的高矮设置1～3排烧嘴。因此,窑墙上装有烧嘴砖和观火孔砖,并设有冷却喷风管口、测温孔及测压孔等。孔洞的设置应注意不使它们影响窑墙的砌砖强度和密封性。为防止砌砖破坏,窑墙应尽可能避免直接承受附加载荷,窑门、管道、换热器等应设在钢架上。用强度较低的轻质耐火砖和耐火纤维制造的窑墙上,也不应放置质量较大的烧嘴砖等,它们应由钢架来承重。

2. 梭式窑的窑墙

梭式窑的窑顶按其结构形式可分为拱顶和吊顶两种。

拱顶是用楔形砖砌成的,拱顶的拱角一般为 6°～18°,6°的拱顶采用得较多。拱顶的材料常用强度大的轻质高铝砖,拱顶上面采用硅酸铝纤维、岩锦等轻质材料。在拱顶砖的内面可贴上50 mm左右的耐高温耐火纤维,以减少蓄热、散热,并可延长轻质砖拱顶的使用寿命。

截面较宽的现代梭式窑常采用平吊顶。平吊顶是由异形砖构成的,异形砖用吊杆单独或者成组地吊在窑炉的钢梁上。吊顶砖的材料常用轻质耐火砖,吊顶砖外面常用硅酸铝纤维等轻质耐火材料覆盖。

由于重质耐火材料的蓄热量很大,现代梭式窑大量使用隔热性好、体积密度小、蓄热量小的耐火纤维。

梭式窑可在窑室长度方向上的两端设置窑门,制品烧好并冷却至一定温度后用窑车从窑室的另一端窑门推出,接着把另外已装好制品的窑车推入窑室内;或者同时从两端的窑门推入、拉出窑车。但为了保证窑体密封性,现代梭式窑一般只在一端设置窑门,码装好制品的窑车从这一窑门推入窑室内,待制品烧成并冷却至一定温度后仍从这个窑门拉出,窑车的运动就像书桌里的抽屉一样在窑内来回移动,所以又有人将梭式窑称作抽屉窑。

现代陶瓷梭式窑的窑门一般先用型钢和钢板焊接构成窑门框架,然后在其内侧衬有耐火纤维或轻质耐火砖,组成窑门部件。如图 8-69 所示,为侧开式手动窑门的组装结构图。窑门框的窑内一侧的温度要比窑外一侧的温度高许多。因此,窑门框通常用耐热铸铁或耐热钢制造,且留出允许不均匀膨胀的余地。

窑门应与窑门口砌体、窑车端面紧密接触,以减少冷空气的吸入或热烟气的漏出,以及热辐射的损失。一般常用耐火纤维进行密封,另外采用机械压紧、气动压紧和液压压紧都可达到密封的目的。其中用人工操作机械压紧,方法简单可靠,投资少,而气动和液压压紧虽然投资较多,结构较为复杂,但能实现自动操作。

窑门的开闭运动方式有垂直或倾斜升降、一侧开闭或做成窑门车等多种方式。尺寸不大、质量轻的侧开窑门或窑门车用人工即可开闭;尺寸较大、质量较大的窑门或窑门车,应采用电机、气动或液压作为动力。

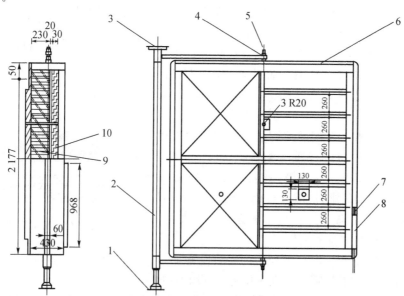

图 8-69　2.5 m² 液化气梭式窑窑门的组装结构图

1—墙头支座;2—窑门支架;3—轴承座;4—螺母;5—支撑螺杆;6—窑门框架;7—门闩;
8—门闩套;9—轻质耐火砖与纤维棉内衬;10—高温陶瓷纤维内贴

3. 窑车

窑车用来运载制品,窑车的台面在窑内构成密封的窑底,梭式窑窑车结构与隧道窑的基本相同,但梭式窑窑车一般比隧道窑的要大,而且密封方式有所不同。窑车装载着坯件被推入窑内,经预热、烧成、冷却后由窑内拖出,待产品接近室温即可进行卸车和重新装载坯件。窑外已装好的另一组窑车可立即被推入窑内进行烧制,由于窑车出窑后窑体仍保留一部分蓄热,因此升温比传统倒焰窑要快些,也就节省了一部分能耗。

窑车的密封措施是直接影响窑车运行和窑炉操作性能的主要因素之一,通常通过砂封和耐火纤维密封体的压紧来实现。窑车两侧耐火纤维密封体的压紧是靠手动、气动、电动、液压等方法来实现的。压紧的机械、汽缸或液压缸设在窑门或窑墙的下部,窑车进入窑内就位之后,才启动机械动力。另外,人工也可将耐火纤维密封体压紧来实现密封。窑车出窑之前,撤出压紧设施后方能出窑。因此,一些自动化程度较高的梭式窑实行连锁控制,即当密封装置未压紧时,不能点火;当密封装置未松开时,不能打开窑门。

窑车端部的密封面积较小,目前多用耐火纤维毡作为密封件,靠顶紧窑车进行密封,密封效果一般情况下比较良好。但当车端的耐火纤维毡密封填料不满、粉化脱落或对压不良时也容易蹿火,故应加强检查维修,发现问题及时更换,否则密封效果不良好就会大量蹿火,造成烧坏窑车的事故。

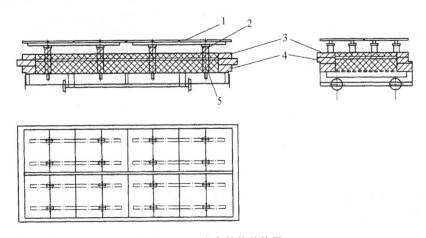

图 8-70　窑车整体结构图

1—碳化硅质棚板;2—碳化硅质横梁;3—面层纤维毡;4—窑车周边耐火材料;5—立柱

梭式窑窑具结构多种多样,采用的材料也各不相同。烧制卫生陶瓷的梭式窑常使用堇青石-莫来石质或碳化硅质的空心长立柱、棚板及薄形多孔板,使用重结晶碳化硅质或氮化硅结合碳化硅质的横梁、各种形状的支凳、棚板连锁件等窑具来支承和固定制品。梭式窑由常是多层码装,故棚架为多层,高度较大,因此棚架的稳固性十分重要。如图 8-70 所示,为某卫生瓷梭式窑的窑车整体结构图。为进一步减少窑车蓄热、散热,一般还在窑车台面贴上一层高温耐火纤维毡。

拖车是梭式窑转运窑车、进窑与出窑用的设备。对于两端都设有窑门的梭式窑,窑车往返穿梭而过,无须将窑车转运到另一轨道上,可不设置拖车。梭式窑的进、出车与隧道窑相似,可以用人工操作,也可以用液压或气动机构操作。

4. 燃烧系统

（1）调温高速烧嘴的应用

现代陶瓷工业梭式窑大多采用调温高速烧嘴。烧嘴烟气喷出速度通常为 $50\sim100\ \text{m/s}$。烧嘴通常立体交错地布置在窑室的两侧墙上,使火焰高速喷射到窑车台面的上方与棚板间,以及窑顶的下方与制品间的空道内,若在料垛间设有烧嘴的则要在料垛间留出 $100\sim400\ \text{mm}$ 的火道,通常其宽度随窑炉宽度尺寸的增大而增大。

采用高速调温烧嘴,高速的烟气喷入火道之中并抽吸窑内的烟气,其行为与自由射流相似,使窑内运动的烟气量增大,烟气与制品的温差不大,而窑内烟气的流速却比使用一般的烧嘴增大数十倍,从而在保证制品烧成质量的同时提高了传热速率,实现制品尽可能快速烧成的目的(允许情况下)。在低温阶段,通过调节二次空气量,一是可以保证喷入窑内的烟气温度适合烧成温度的要求,二是可以增加喷入窑内的烟气量,提高低温阶段的喷出速度,加大了低温阶段的对流传热。即使在高温阶段,由于烟气的高速流动,对流传热的作用也远比普通烧嘴大得多,并且整窑制品比在传统倒焰窑烧成更易达到均匀加热。

采用高速烧嘴的最大优点是可以显著改善窑内温度的均匀性。梭式窑中高速烧嘴一般都是在上、下截面或左、右水平面上,并作交错布置,如图8-71所示,在高速喷入烟气的射流作用下,使窑内气流形成一个强烈旋转循环气流,引起的循环气流的流量是排烟流量的几倍甚至几十倍,很好地起到了搅拌窑内烟气的作用,使窑内温度和气氛都极为均匀。因此现代梭式窑由于应用了高速调温烧嘴,一方面提高了烧成过程的传热效率,另一方面明显减小了窑内温差,保证了窑内温度场的均匀,加快了制品的升温速率,这意味着缩短了窑的生产周期,提高了窑的生产能力,同时也提高了产品的质量,降低了燃料消耗量。

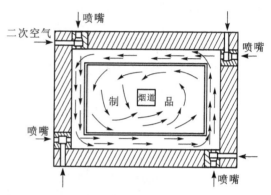

图8-71 高速调温烧嘴的布置

焙烧某些陶瓷制品时,在低温阶段进行氧化分解反应,需要由足够的氧气吹过制品的表面,以便有足够的氧气进行化学反应。如果没有氧气接触制品表面,则在制品表面的气体层内就会因缺氧而富集了二氧化碳及其他氧化物,而延缓了制品化学反应。采用了高速调温烧嘴,由于气体迅速旋转,同时喷入窑内的烟气充分保证了氧化气氛,使坯体的氧化分解反应和传热都同时加快了。但在使用高速调温烧嘴时,制品码装时要留有适当的火焰通道,以避免高速火焰直接冲刷到局部制品上,影响火焰的流动,造成较大的温差。

由于窑车在梭式窑中是固定不动的,所以梭式窑窑室的密封性比隧道窑好,故窑内在相对压强较大的情况下仍可以操作,即有利于使用高速调温烧嘴烧窑。另外,也正是因为窑车不移动,可保证烧嘴对准车上留出的火焰通道,这一点也比隧道窑使用高速调温烧嘴方便。

(2)自吸式烧嘴的应用

近20年来,采用自吸式烧嘴的液化气梭式窑逐渐在全国推广和应用。这种窑炉具有烧成质量较高、节能效果显著、结构合理、占地面积小、建窑费用较低和烧成工艺调节灵活等优点。另外,其采用自吸式喷嘴,自然送风,无须使用风机,故还具有较低的电力消耗,以及噪声污染小等特点。因此,深受陶瓷企业,尤其是小型企业的青睐,它被广泛地应用到日用瓷与艺术瓷的烧成工艺中。

液化气梭式窑采用的自吸式烧嘴,即用文丘里管原理制成的烧嘴,这里简单介绍一下其结构与工作原理。如图8-72所示,自吸式烧嘴的主要组成部分是喷射器,喷射器是利用从喷嘴喷出的高速流体,吸引并带动另一种流体流动的装置。在喷射器中,高速流体(也称作喷流体,这里是液化气)将能量传递给静止或低速流体(也称作被喷射流体,这里是外界空气),使其能量提高,以达到

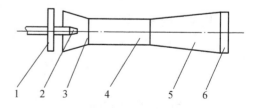

图8-72 自吸式烧嘴结构示意图

1—空气调节阀;2—液化气喷嘴;3—空气吸入管;
4—混合管;5—扩张管;6—喷头

输送或混合流体的目的。空气调节阀可以沿烧嘴轴线方向前、后移动,用来改变空气的吸入量,以便根据燃烧过程的需要来调整空气过剩系数。液化气喷嘴是一个收缩形管嘴,将喷射气体的压力能转变成动能,设计成收缩形可以增大液化气的喷出速度,同时使出口截面上的气流分布均匀,以便提高喷射效率。空气吸入管设计成逐渐收缩的喇叭形,这是为了减小空气的气动阻力,同时加大其动能。混合管的作用是使喷射气体(液化气)与被喷射气体(助燃空气)混合。扩张管是一个渐扩管,目的是增加喷射器出口与吸气管之间的压强差,便于吸入被喷射气体。

自吸式烧嘴是一种结构简单的烧嘴。气瓶中的液化石油气经减压后直接与烧嘴相连,燃烧所需的空气从烧嘴的吸风口吸入,与燃气充分混合后喷入窑内点火燃烧。这种烧嘴能促进燃烧完全,且不需要专门的空气供给设备,简化了窑炉的燃烧系统。

如图 8-73 所示,为采用自吸式烧嘴的梭式窑结构示意图,其窑体与窑车均采用新型轻质耐火材料砌筑在钢架结构上,一般在窑体上只有曲封,没有砂封。烧嘴布置在窑的两侧墙与窑车之间的窑体平台上,对称排列,对准窑底两侧平台的烧嘴砖孔垂直安装,烧嘴砖孔比烧嘴外径略大,以便燃烧时可吸入二次空气。液化气经自吸式烧嘴(图 8-72)的喷嘴喷射入文丘里管,一次空气由空气吸入管的进口处吸入并可由空气调节阀门控制其进气量大小,空气在烧嘴的混合管内与液化气进行混合,然后从烧嘴喷头喷入窑内燃烧。

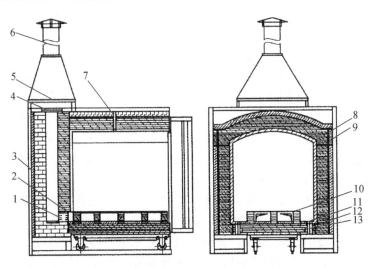

图 8-73 自吸式烧嘴液化气梭式窑结构示意图

1—排烟口中间砌砖;2—排烟口过桥砖;3—钢架;4—烟道闸板;5—吸热罩;6—烟囱;
7—测温孔;8—拱脚砖;9—异形砖;10—棚板;11—窑车;12,13—烧嘴砖

自吸式烧嘴液化气梭式窑属自然排烟的间歇窑,总烟道一般设在窑后墙(与窑门相对的窑墙)内,上面加一个上圆下方的集烟罩,上接铁皮制的烟囱,烟囱高度普遍不高,通常是 2~3 m。集烟罩不是紧贴着窑体的垂直主烟道安装,而是与其留有一定空隙,目的是当排出高温烟气时,靠射流作用吸入外界冷风,这样就保证了流经铁皮烟囱时不致温度太高而使烟囱损坏。窑体主烟道上端口设有耐火砖制的排烟闸,用以控制烟气排放量,并对窑压和气氛实行控制。窑车上棚板的间隙就是排烟口(相当于倒焰窑的吸火孔),燃烧产物在自吸式烧嘴喷射力的作用下,喷至窑顶,再自窑顶经过窑内制品倒流至窑底,由吸火孔进入支烟道(即棚板下的通道),在烟囱抽力作用下,烟气进入窑后墙上的排烟口,最后由烟囱将烟气排出室外。

(3)脉冲燃烧技术的应用

脉冲燃烧控制采用的是一种间断燃烧的方式,使用脉宽调制技术,通过调节燃烧时间的占空比(通断比)实现窑炉的温度控制。燃料流量可通过压力调整预先设定,烧嘴一旦工作,就处于满负荷状态,保证烧嘴燃烧时的燃气出口速度不变。需要升温时,烧嘴燃烧时间加长,间断时间缩短;需要降温时,烧嘴燃烧时间缩短,间断时间加长。脉冲在不同负荷下的工作状态示意图如图 8-74 所示。

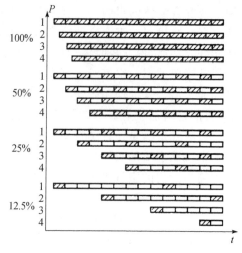

图 8-74　脉冲在不同负荷下的工作状态示意图

脉冲燃烧技术是一种新型的高效节能的低污染技术,其主要优点为:

① 系统简单可靠,造价低,运行可靠。由于采用脉冲燃烧控制可实现单个烧嘴的控制,所以不必像传统方法那样进行管路的分区,从而显著简化了空气和燃烧供应系统。由于脉冲燃烧控制无须在线调整流量,与连续燃烧控制相比,脉冲燃烧控制系统中参与控制的仪表明显减少,仅有温度传感器、控制器和执行器,省去了大量价格昂贵的流量、压力检测控制机构;而且由于只需要两位式开关控制,执行器也由原来的气动(电动)阀门变为电磁阀门,增加了系统的可靠性,显著降低了系统造价。脉冲燃烧控制还避免了控制阀在小范围里调节的"非线性"和"死区"特性,保证控制系统始终运行在最佳状态。

② 喷嘴的负荷调节比大,热工效率高,显著降低了能耗。普通烧嘴的调节比一般为 1.4 左右,当烧嘴在满负荷工作时,燃气流速、火焰形状、热效率均可达到最佳状态;当烧嘴流量接近其最小流量时,热负荷最小,燃气流速显著降低,火焰形状达不到要求,热效率急剧下降;当高速烧嘴工作在满负荷流量的 50% 以下时,上述各项指标距设计要求就有了较大的差距。脉冲燃烧控制则不然,无论在何种情况下,烧嘴只有两种工作状态,一种是满负荷工作,另一种是不工作,只有通过调整两种状态的时间比进行温度调节,所以采用脉冲燃烧控制可弥补烧嘴调节比低的缺陷,需要低温控制时仍能保证烧嘴工作在最佳燃烧状态。

③ 可提高窑内温度场的均匀性,减少 NO_x 的生成。脉冲燃烧技术一般都使用高速烧嘴,由于每个烧嘴都是在满负荷能力下工作,烧嘴出口气流速度高,炉气循环强烈,窑内烟气与燃气充分搅拌混合,使燃气温度与窑内烟气温度接近,提高了窑内温度场的均匀性,同时减少高温燃气对被加热体的直接热冲击,避免了局部高温的出现,从而显著改善了炉温均匀性;可使烧嘴在工作时始终保持在最佳的工作状态,也就有效地减少了 NO_x 的生成。

5. 排烟系统

(1) 排烟系统结构

梭式窑的排烟系统由排烟口、烟道、烟道闸门、烟囱、排烟机或喷射排烟器等组成。排烟的抽力是靠烟囱、排烟机或喷射器产生的。排烟方式分为自然排烟与机械排烟两类,当排烟阻力在 500 Pa 以下时,可选用自然排烟,排烟阻力较大时,则采用机械排烟。机械排烟分为通风机排烟和喷射器排烟两大类,前者排烟温度根据通风机耐高温性能而受限制,一般不高于 250 ℃,温度过高时需混入冷空气来降低烟气温度,后者可不受排烟温度的限制,虽然效率低,但应用方便,投资少。

现代梭式窑一般使用高速烧嘴,由于高速烧嘴喷出的烟气在窑内造成强烈的气流循环,可以减小排烟口的布置对窑内温度、气氛均匀性的影响。因此,现代梭式窑排烟口的位置可设在窑顶上,也可集中设在窑的后墙上或分散设在两侧墙上,还有分散设在窑底的,如同倒焰窑的布置。就窑内温度和气氛的均匀性而言,一般分散设在窑底的较合适,但就全窑有效容积的温差而言,一般仅差几度至十几度。由于排烟口设在窑底的窑体结构比较复杂,造价亦高,除前述的自吸式烧嘴液化气梭式窑外,现代采用高速烧嘴的梭式窑的排烟口大多不设在窑底,而是设在窑墙或窑顶上。

　　烟道是指梭式窑排烟口至烟囱底或排烟机之间的砖砌通道或金属管道,包括垂直支烟道、水平支烟道、汇总烟道和总烟道等。烟道不宜过长,以免烟气阻力增大,温降增加。烟道截面不宜过小,过小则阻力大;也不宜过大,以免浪费和增加烟气流动时的温降。基本的要求是下游的烟道流通截面积大致等于其上游各烟道流通截面积之和,即总烟道的流通截面积大约与各水平支烟道流通截面积之和相等。现代梭式窑一般采用钢板制作烟囱,较早使用煤或重油作燃料的梭式窑也有采用砖砌烟囱的,它们的结构与隧道窑的相似,在此不作重复介绍。

　　(2) 烟气余热利用

　　梭式窑的燃耗高于隧道窑和辊道窑的重要原因是:烟气的热含量未被充分利用,特别是高温阶段,排烟温度高达 1 000℃,烟气会带走燃烧产生热量的 60%～85%,而留在窑中加热制品、窑具、窑墙、窑车,以及窑体向周围散热的热量仅占燃烧产生热量的 15%～40%。因此,合理地利用排烟带走的热量来预热助燃空气是降低梭式窑能耗的主要措施之一。

　　烟气余热回收装置一般为换热器,即将要排出烟气的部分余热在换热器中通过对流或辐射传热方式传给空气,再将加热后的空气送至梭式窑的燃烧系统作助燃风。在陶瓷烧成时,烟气排出窑室的温度可高达 1 200～1 500 ℃,而常用的 Cr18NiTi 耐热钢的长期最高使用温度为 800 ℃,故换热器壁温过高,会使材料失去强度且因热腐蚀过快而破损。通常须采用更高级、昂贵的耐热合金,还要向高温的烟气掺入冷空气以降低温度等方法来延长换热器的使用寿命,但这些方法不仅增加投资,还妨碍烟气余热的回收,并非最佳选择。

　　喷流热交换(空气以较高的速度垂直喷向换热表面)的换热系数要比相同流速时管内对流热交换(空气平行于换热表面的流动)的大一倍以上,可有效地降低换热器的壁温,并能成倍地减小换热面积,提高烟气余热回收率,是一项降低投资、提高效益的新型换热技术,因此,喷流换热器近年来得到了迅速发展。

　　天津大学宋瑞教授研制的两种新型喷流辐射换热器已在工业生产中使用并取得了良好效果。一种是插入管式喷流辐射换热器,其结构如图 8-75 所示。每根管子都是顺流或逆流流向的多级串联喷流换热管,冷空气进入内管道后,从内管上所开的空隙喷向辐射管内壁,流经换热管的热烟气以辐射与对流方式将热量传给喷出的冷空气,换热管可用 Cr25Ni20 钢。它们可以在烟气温度为 1 400 ℃的高温下直接使用,空气预热温度可达烟气进口温度的一半左右,能节省大量燃料。

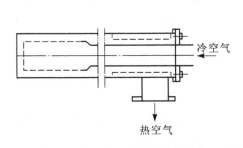

图 8-75　插入管式喷流辐射换热器结构示意图

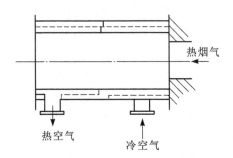

图 8-76　烟筒式喷流辐射换热器结构示意图

　　另一种是烟筒式喷流辐射换热器,其结构如图 8-76 所示。每段换热筒是顺流或逆流串联的空气多级喷流辐射换热器,冷空气进入外管道后,从内管上所开的空隙喷向烟气管外壁,烟气流经换热管,以辐射与对流方式将热量传给喷出的冷空气。这种小型的喷流辐射换热器很适合于分散使用,与梭式窑的燃油或燃气烧嘴配合使用,组成自身换热燃烧系统,同时其本身就是分散排烟系统的组成部分之一。在排烟阻力不大的窑上,可由几段换热筒串联成高大的多级喷流辐射换热器,烟气在筒内流动,同时又起到烟囱作用;当机械排烟时,可由它们串联组成主烟道,经换热冷却后的烟气再进入排烟机。这种换热器同样可在高温下使用,烟气进入换热器的温度可达 1 400 ℃以上。

空气预热的温度可达烟气进口温度的一半左右,能回收大量的热能,从而节省大量燃料。

8.6.4　罩式窑

罩式窑的窑体(包括窑墙、窑顶和燃烧装置)是一座可以上下移动的罩形整体,窑底是可移动窑车。罩式窑的窑体可以是圆形的,也可以是方形或长方形的;窑顶可以是拱顶的,也可以是平吊顶的。由于罩式窑的圆形窑体外形像钟,又有人将它称作钟罩窑。窑罩为一牢固的钢框架结构,外壳为薄钢板,风机、燃烧装置以及窑体内衬耐火材料都安装在窑罩上。窑罩的下部装有砂封刀或其他密封装置,窑罩的升降通常采用液压缸来实现。图8-77为罩式窑示意图。

窑罩的内衬通常采用优质的轻质耐火砖和耐火纤维,以尽量减少蓄热量和向外散热量,并尽量降低窑罩的重量,以减轻窑罩钢结构和升举液压系统的负担。

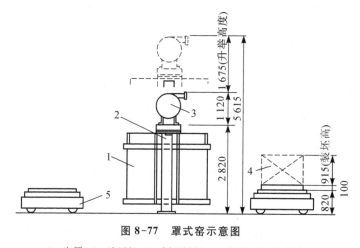

图8-77　罩式窑示意图

1—窑罩;2—液压机;3—调温风机;4—料垛;5—备用窑车

现代罩式窑的窑罩上装有调温高速烧嘴,其工作原理和安装原理与梭式窑的相同。可以采用同样的计算机程序控制系统,实现窑炉升温和降温的自动控制。

罩式窑通常备有两套窑车,在每个窑车上都设有吸火孔和与主排烟口相连的支烟道,主排烟口可与地下的主烟道、烟囱或排烟机相通。窑底周围设有砂封槽或其他密封装置,与窑罩上的砂封刀等密封装置相配合,构成可靠的气密系统。

对于高温罩式窑或大型罩式窑,为利用排烟的余热提高热效率,通常在固定烟道内设置换热器,预热助燃空气。

产品烧成之后,用液压缸升举窑罩,将装产品的窑车推出窑外,卸下产品并码装新的坯件;已码装好坯件的另一辆窑车被推到窑罩下面,在主排烟口与主排烟道相连通后,将窑罩降下,落在四周有砂封槽或有其他密封装置的窑车上,密封后即可升温进行烧成。

罩式窑与梭式窑不同,罩式窑没有窑门,窑车与窑体密封可靠,气密性好,它不会像梭式窑那样通过窑门、窑车等密封不良的缝隙向窑内渗透冷空气或向窑外泄出高温的热烟气。因此,罩式窑内的温度和气氛比梭式窑更为均匀,窑炉和窑车的钢结构也不会因高温烟气外泄而被烧毁。

由于窑罩是整体升降结构,罩式窑的容积受到窑罩结构和升降设备的限制而不能太大。另外,罩式窑的设备投资也比较高,因此需用大容积间歇窑的场合常选用梭式窑。罩式窑主要用于烧制电子陶瓷、砂轮、高级耐火材料等精密陶瓷制品,即用于对烧成温度和气氛要求严格、具有特殊性能或形状、批量不大、价值较高的制品。罩式窑的有效容积通常为$1\sim20$ m³。

在二十世纪八十年代,西安电瓷厂研究所为适应尺寸高大的电瓷产品焙烧需要,还开发了一种特殊的罩式窑,因产品很高,便将罩体做成若干节,每节上都装有调温高速烧嘴。等产品装好后,用升降机依次将罩体一节一节地安装好,然后点火烧成;待冷却后又依次将窑罩一节一节地卸下,再将烧好的制品取出。它的工作过程好像蒸馒头一样,故又将其称为蒸笼窑。

还有一种与罩式窑类似的新型间歇窑,它与罩式窑的差别仅是运动对象不同,罩式窑是将窑体(窑罩)进行升降,而它是将窑车进行升降,故可将它称作升降式窑。升降式窑在开始运转时,先将窑车推至窑罩下方,然后将窑车提升至窑罩内进行烧成。升降式窑的上部结构(窑墙、窑顶和燃烧装置)亦像罩式窑一样构成一罩形整体,但该窑罩固定在高于地平面的牢固的钢架上,不能上下移动,而窑车是可以上下移动的,窑车下方设有升降机,可将窑车提升至窑罩内。由于升降式窑是将窑车与制品一起升降,对于装车复杂的产品难以保证制品的平稳,故我国使用得很少,本书也不作详细介绍。

8.7　隧道窑和辊道窑的最新发展动态

陶瓷工业热工设备的最新发展动态主要体现在隧道窑和辊道窑上,具体体现在以下三大方面:所用能源的进步,所用耐火材料的进步,陶瓷烧成技术的进步。

1. 所用能源的进步

目前,大多数现代化陶瓷工业热工设备都是使用清洁燃料(如轻质柴油、煤气、天然气等)作为其能源,所用的燃料烧嘴也是节能环保型燃料烧嘴,如高速等温烧嘴、高速调温烧嘴、脉冲烧嘴、脉冲/比例调节高速烧嘴、预热式(低 NO_x)烧嘴等。

2. 所用耐火材料的进步

对于陶瓷窑炉来说,最有代表性的新型耐火材料是由各种耐火纤维制品、高级原料制成的轻质保温耐火砖以及各种窑具(尤其是优质 SiC 窑具)等。另外,窑体和窑车的轻质化,以及窑具轻型化也是现代陶瓷窑炉所用耐火材料进步的一个重要特征。

3. 陶瓷烧成技术的进步

现代陶瓷烧成技术的进步主要体现在两个方面:一是明焰裸烧和快速烧成,这是陶瓷生产发展的一次质的飞跃。另外,可烧卫生洁具也是辊道窑发展道路上的一个里程碑。二是陶瓷窑炉的宽体化(窑体内宽度大,内高度低):窑炉的大型化和宽体化可以在保证产品质量的前提下,尽可能提高产量、降低生产成本,使其产品更具有市场竞争力。然而,窑炉的宽体化发展受到耐火材料的材质、燃料燃烧等诸多方面因素的限制。对于辊道窑,还受到辊子材质的限制,为此,人们也提出多种办法来解决这一问题,如图 8-78 所示的托辊支撑方式与图 8-79 所示的三点支撑方式就是其中两种。此外,意大利 Mori 公司推出的 Monker 型宽体托盘式辊道窑也是采用类似的方法来加宽辊道窑,其烧成带的某横截面图如图 8-80 所示。这种辊道窑的显著特点是不用横贯窑体的长辊传动,

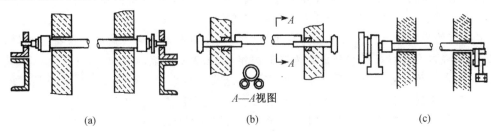

图 8-78　常见的几种两点支撑方式

(a) 双支点固定支撑方式;(b) 双支点托辊支撑方式;(c) 双支点混合支撑方式

而是利用在两侧窑墙内露头的传动短辊来带动托盘前进,实际上这里放置制品的托盘是作窑具使用(类似于棚板),托盘与制品的质量比约为 $0.15:1$。托盘材料是一种航天技术中使用的耐热合金材料(称为 PM 材料),其自重仅为普通辊子的 $\frac{1}{7}$,长期使用温度为 1 250 ℃,使用年限为 2 年(一般情况下可达 4 年)。该窑型的窑内有效宽度可达 3.2 m,单窑规模可达 100～120 万件/年。

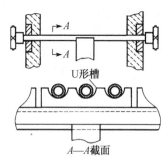

图 8-79　辊子的三点支撑方式

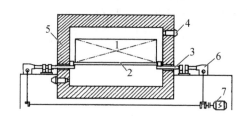

图 8-80　新型辊道窑烧成带的横截面

1—制品;2—托盘;3—传动短轴;
4—高速调温烧嘴;5—窑体;6—减速器;7—电动机

　　近些年,也出现了用球道窑烧制大件的卫生洁具,具有快烧、低能耗(无窑底漏风,窑具蓄热损失小)的优点,也能实现宽窑体烧制(可并排放置 2～3 块推板),而且窑体结构简单(无孔砖,也无需砂封或曲折密封)。

　　以上三个方面的进步,再加上模块装配式砌筑方法和全自动化控制操作与运行,基本上就是现代化陶瓷窑炉的重要标志。

思考题

　　1. 陶瓷制品烧成分几个阶段?各阶段都有什么特征?

　　2. 隧道窑有哪几种类型?隧道窑有几个带?共有几种类型的拱顶?拱顶隧道窑与平顶隧道窑各有什么特点?

　　3. 隧道窑的三个带各有什么特点?分析一下传统隧道窑与现代隧道窑的异同之处。

　　4. 分别叙述制品和气体的隧道窑窑内的流程。

　　5. 隧道窑或辊道窑的冷却带内需要实施急冷的目的是什么?

　　6. 隧道窑的砂封和曲折密封装置的作用是什么?

　　7. 如何实现窑门、窑车之间、窑车与窑墙之间、窑车与车下的密封?

　　8. 检查坑道有什么作用?如何优化设计检查坑道?

　　9. 隧道窑的烧成带通常怎样布置燃烧室?对煤气烧嘴和重油烧嘴的种类及特性有何要求?

　　10. 隧道窑内有几种气幕?分别叙述它们的作用、位置及特点。

　　11. 预热带气体分层的原因是什么?对窑炉会造成哪些影响?如何克服气体分层现象?

　　12. 如何确定隧道窑温度控制的最高点及位置,以及零压点的位置?

　　13. 什么是隔焰式隧道窑?有几种隔焰板?哪种使用效果最理想?

　　14. 常见的非窑车式隧道窑有哪几种类型?

　　15. 什么是倒焰窑?说明倒焰窑的工作原理及优、缺点。

16. 请分析倒焰窑内温度能均匀分布的原因。

17. 什么是梭式窑和抽屉窑? 结构上有什么特征?

18. 与隧道窑相比,梭式窑有什么优点和缺点?

19. 与隧道窑相比,对梭式窑用耐火材料性能的要求在哪一方面要更严格一些?

20. 梭式窑是一种特殊的倒焰窑,这个说法对不对? 如果对,请说明倒焰窑的优点。

21. 请说明新型间歇式窑的特点。

22. 与隧道窑相比,辊道窑有什么特点?

23. 何谓辊道窑的工作通道? 何谓辊道窑的辊下通道?

24. 辊道窑辊下通道上所设立的检修孔的作用是什么?

25. 隧道窑或辊道窑上常常设置有检测"卡窑"事故的检测机构,其工作原理是什么?

26. 什么时候可以在隧道窑或辊道窑内考虑用还原气氛? 烧还原气氛时,如何制订各对燃烧室中的气氛制度?

27. 高速调温烧嘴和脉冲(高速调温)烧嘴各有什么优点?

28. 现代隧道窑和现代辊道窑所用耐火材料的结构有什么特点?

29. 现代窑车的结构特点是什么?

30. 辊子的结构为什么常常要做成空心结构?

9 混凝土制品热养护设备

9.1 概述

9.1.1 混凝土养护工艺

混凝土拌合物经密实成型后,为保证水泥与水发生的水化反应正常进行,以形成结构致密的水泥石,并将增强材料,如粗细集料,胶结在一起成为人工石材,获得所设计的物理力学性能和耐久性能等指标所采取的工艺措施称为混凝土养护工艺。混凝土养护工艺是整个混凝土生产工艺的关键环节之一,它对混凝土的质量影响极大。

根据所建立的温度和湿度条件的不同,养护工艺可分为标准养护、自然养护和加速养护。标准养护是指混凝土在温度为(20±2)℃、相对湿度为95%以上的条件下进行的养护,是通常用于检验混凝土性能的标准试验。自然养护是指在自然气候条件(平均气温不低于5℃)下,在一定时间内采取覆盖保湿、浇水润湿、防风防干、保温防冻等措施进行的养护。加速养护是指采用加热、掺化学外加剂、使用快硬水泥或机械密实脱水等措施,使混凝土快速硬化的方法。

自然养护时,混凝土制品的质量有所保障,但因混凝土硬化速度缓慢,所以养护周期长,需要大量的模具、台座,故而所占成本相对较高。为此,在保证混凝土制品质量的前提下,大多数混凝土制品企业常采取能加速混凝土强度发挥的快速养护工艺,这对于缩短养护周期、加快模具等设施的周转、节约能源以及提高劳动效率都有着重要意义。

9.1.2 混凝土加速养护的方法

混凝土加速养护方法有许多种,目前常用的可分为热养护法、化学促硬法、机械作用法与综合促硬法四类。

热养护法是指利用各种热源对已成型的混凝土制品加热以加速硬化的方法。具体又分为:湿热养护法、干热养护法和干湿养护法等。热养护的热源有:饱和水蒸气、水蒸气-空气混合物、低压过热水蒸气、热烟气、热空气、燃气、油、电能以及太阳能等。湿热养护法按照养护介质压强的不同又分为:常压湿热养护、微压湿热养护及高压湿热养护。干热养护法包括:干烘养护、红外线养护、电热养护和热风养护等.

化学促硬法是指包括采用化学外加剂(如早强减水剂、化学促硬剂等),高强快硬水泥和其他提高混凝土强度的化学处理措施。其特点是简便易行,节约能源。

机械作用法是指采用离心、辗压、二次振捣、真空脱水等措施加速混凝土硬化。该法尽管切实可行,但设备复杂,能耗较大。

综合促硬法是指综合采用以上两种或三种促硬法的加速硬化方法。例如掺外加剂后再进行太阳能热养护、模具内快速电加热与二次振动等。

9.1.3 热养护的特点

热养护已有一百多年的历史,目前和今后一定时期内它仍然是加速混凝土硬化的主要方法。这是因为:一是热养护法的加热促硬作用可明显地加速混凝土的硬化,例如,当温度从 20 ℃提高到 80 ℃时,混凝土的硬化速度可增加 8~12 倍,这样经过约 10 h 的热养护,混凝土强度一般可达到设计强度的 70% 左右;二是有些混凝土制品,如灰砂砖、加气混凝土、管桩等建筑制品,必须经过蒸压热养护才能够充分发挥性能,得到性能符合要求的产品;三是与其他促硬法相比,热养护法在保证制品质量、缩短养护周期、加快模具周转和降低成本等方面更为有效。因此,热养护法在混凝土制品生产中的应用十分普遍。

然而,应当指出的是,虽然热养护法有促硬效果明显的特点,但是往往需要专门组织热能生产,配备运输的辅助设备,能源消耗量也较大,一般占混凝土制品生产过程能耗的 80% 以上;另外,热养护法在一定程度上会破坏混凝土结构,甚至降低混凝土后期强度。因此,研究采用不需外热源的其他促硬方法,尤其是不用外热源的综合促硬法,也越来越为人们重视。

9.2 热养护过程

混凝土的热养护是利用外部热源加热混凝土,加速水泥与水的水化反应,加快混凝土内部结构形成,从而使混凝土获得早强快硬的效果。

9.2.1 湿热养护

由于饱和水蒸气凝结时,发生相变换热,换热系数很高,故而在工程实践中常用饱和水蒸气作为介质加热混凝土,称为湿热养护。湿热养护根据饱和水蒸气的温度与压力分为常压湿热养护、微压湿热养护与高压湿热养护。常压湿热养护时,介质温度不超过 100 ℃,相对湿度不低于 90%,又称蒸汽养护。若制品在 100 ℃、相对湿度为 100% 的纯饱和蒸汽中养护,且窑内外介质无压力差,即为无压蒸汽养护。微压养护时,则使严格密封的设备内湿热介质工作压力比混凝土的温升超前增至 0.03 MPa,以抑制其结构破坏过程。高压养护在表压为 0.8 MPa、温度为 174 ℃以上的纯饱和蒸汽中进行,又称蒸压养护。

混凝土制品的湿热养护过程一般分为四个阶段:预养阶段、升温阶段、恒温阶段与降温阶段。预养阶段,是指混凝土制品经过浇灌密实成型后至开始加热升温前在环境温度下静止停放的时段,也称静停阶段。升温阶段,是指混凝土制品在养护设备中处于养护介质温度从起始温度升温至刚达最高温度的时段。恒温阶段,是指混凝土制品在养护设备中处于养护介质最高温度(恒温温度)下停留一段时间的时段。降温阶段,是指恒温阶段结束后,混凝土制品在养护设备中处于养护介质温度从最高温度(恒温温度)降至允许混凝土制品出养护设备温度的时段。

9.2.2 湿热养护过程中的主要矛盾

在湿热养护过程中,混凝土内产生一系列化学、物理化学和物理变化,这些变化可归结为有利于加速结构形成和引起结构破坏的两类作用。

相关研究表明,在 100 ℃ 以下蒸养的硅酸盐水泥的水化产物与其常温下硬化的水化产物并无根本区别。也就是说,蒸养只是加速了水泥的水化反应速度,促进水泥石和混凝土结构的形成,使其在较短时间内获得所需的物理力学性能。

在这种加速混凝土结构形成的同时,热养护时的化学变化、物理化学变化和物理变化,尤其是物理变化又在一定程度上造成了混凝土结构的破坏。湿热养护引起的水泥水化的物理化学变化主要表现在水泥颗粒屏蔽膜的密实和增厚,晶体颗粒的增大,新生成物细度的减小(即粗化)等方面。这些变化对混凝土结构形成、强度发展及其他物理力学性能均有一定影响。湿热养护引起混凝土结构破坏的物理变化主要表现在混凝土混合物组分的热膨胀、热质传输、温差应力等方面。这些物理变化造成的结构破坏主要产生于混凝土初始结构强度很低的升温阶段,所以升温阶段是一个"危险"阶段,应严格加快控制。在工程实践中,热养护混凝土的结构破坏程度可用强度损失、体积变形、总孔隙率和外观特征来表征。

湿热养护混凝土的性能与标准养护混凝土相比,有明显的区别。通常蒸养硅酸盐水泥混凝土的 28 d 抗压强度比标准养护时低 10%～15%,养护温度越高,升温速度越快,相差越大。例如,快速升温至 100 ℃ 的蒸养混凝土 28d 强度可能损失 30%～40%。蒸养混凝土的弹性模量约比强度相同的标准养护混凝土低 5%～10%,其耐久性也有所降低。常压湿热养护可用残余变形值来评价混凝土的结构破坏程度。表面起酥、起皮是湿热养护混凝土结构破坏的外观表现,标养混凝土的表面则无上述缺陷。

从上说明,湿热养护期间的主要矛盾是加速结构形成的作用和引起结构破坏的作用。可以认为,这种矛盾发展的结果,将最终决定热养护混凝土的性能和技术经济效果。因此,研究混凝土的热养护工艺原理,就是要分析混凝土内部的化学、物理化学及物理变化过程及其影响因素。在此基础上,在各养护期内创造有利于混凝土结构形成的条件,制约导致结构破坏的因素,最终达到合理使用材料、缩短养护周期、加快模板周转、降低能耗并获得优质混凝土的目的。

9.2.3 常压热养护制度

热养护过程一般分为四个阶段:预养阶段(Y)、升温阶段(S)、恒温阶段(H)与降温阶段(J)。各阶段的主要工艺参数包括预养时间、升温时间(或升温速度)、恒温时间和恒温温度、降温时间(或降温速度),总称为热养护制度。热养护过程中所说的温度是指养护介质即蒸汽的温度或蒸汽-空气混合物的温度。对于微压养护、干湿热养护等可取消预养阶段。

热养护制度可用联写式表示:$Y+S+H(t_h)+J$,如 $2+2.5+6(80 ℃)+2$,即预养时间为 2 h,升温时间为 2.5 h,恒温时间为 6 h,恒温温度为 80 ℃,降温时间为 2 h。

在蒸汽养护设施和胶凝材料一定的条件下,用最少的蒸汽量使混凝土制品达到规定的强度,而其本身结构不受到明显破坏、耐久性良好的热养护制度才是优化的热养护制度。热养护制度的确定与组成混凝土原材料的性能、混凝土配合比、成型及养护工艺、升温速度、环境温度、表面模数的大小、养护方法与养护设备等因素有关,具体的热养护制度是通过试验总结获得的。

1. 预养阶段

预养阶段内,水泥进行了一定程度的水化,使混凝土开始具有一定的初始结构强度,然后再进行蒸养。这样将增强混凝土制品抵抗升温阶段热养护对混凝土制品结构破坏作用的能力,搬运移动时不发生变形。预养期的长短关系到混凝土初期结构强度的高低,关系到经蒸养后混凝土的最终性能,应合理确定。

升温快,预养时间要长些;升温慢,预养时间可短些。预养时间的长短还与恒温温度有关。恒温温度高,预养时间要长些;恒温温度低,预养时间可短些,一般可在 2~4 h 范围内选用。

为了缩短预养时间,也可采用加速早期强度增长的各项措施,如适当提高预养温度等。不过采用这种方法,矿渣水泥混凝土的预养温度不应高于 45 ℃,普通水泥混凝土的预养温度不应高于 35 ℃。

脱模养护的预养期应比带模养护的预养期长一些;掺促凝剂的混凝土、干硬性混凝土、闭模养护或需要长时间缓慢升温的热养护,可以取消预养期。预养期的长短最好通过试验确定为宜。

2. 升温阶段

蒸养混凝土结构的破坏,主要发生在升温阶段。升温阶段内,混凝土制品在强度很低的情况下承受剧烈的物理变化,由于制品内外温差产生不均匀膨胀引起温度应力,材料各组分热膨胀系数不同[水泥石$(10\times10^{-6}\sim20\times10^{-6})K^{-1}$,集料$(6\times10^{-6}\sim12\times10^{-6})K^{-1}$,水 $210\times10^{-6}K^{-1}$,混凝土$(7\times10^{-6}\sim14\times10^{-6})K^{-1}$]引起的应力,以及水分蒸发、迁移等,易使混凝土制品产生微裂纹。因此,升温阶段是混凝土制品结构的定型阶段。

升温过慢,将延长蒸养周期;升温过快,又会给混凝土的最终性能带来损害。因此,升温阶段在整个蒸养过程中最为重要。

升温阶段的主要工艺参数是升温速度。苏联学者认为,干硬性和厚度达 10cm 的混凝土制品,最佳升温速度为 30 ℃/h;厚度达 25cm 的制品,最佳升温速度为 25 ℃/h;大型制品为 15~20 ℃/h;但任何时候都不宜大于 60 ℃/h。脱模制品和裸露面积大的带模制品,应进行变速升温,第 1 个小时为 10~16 ℃/h,第 2 个小时为 15~20 ℃/h,第 3 个小时为 25~35 ℃/h,与制品厚度无关。

我国有关单位给出的混凝土最大升温速度值见表 9-1。按此表的最大升温速度可以算出升温时间。从表 9-1 还可知,带模养护、密封养护可以加快升温速度。

表 9-1 最大升温速度

静停期/h	拌合物稠度/s	最大升温速度/（℃/h）		
		密封养护	带模养护	脱模养护
>4	>30	不限	30	20
	<30	不限	25	—
<4	>30	不限	20	15
	<30	不限	15	—

3. 恒温阶段

恒温阶段内主要是加速混凝土中水泥的水化,促进水泥的凝结、硬化,是混凝土强度的主要增长阶段。恒温阶段的主要工艺参数是恒温温度和恒温时间,而两者又是互相影响的。

不同水泥配制的混凝土要求有不同的恒温温度和恒温时间。恒温温度:硅酸盐水泥为 80~85 ℃,超过这一温度,强度会有所下降;矿渣硅酸盐水泥、火山灰硅酸盐水泥与粉煤灰硅酸盐水泥为 95~100 ℃;铝酸盐水泥不超过 70 ℃。热养护恒温时间随恒温温度变化而变化,恒温温度低,则恒温时间长;恒温温度高,则恒温时间短。普通水泥混凝土,水灰比为 0.4,当恒温温度分别为 60 ℃和 80 ℃时,达到设计强度等级 70% 时所需的恒温时间分别为 9 h 和 5 h。

恒温时间也与水泥品种有关,因为不同的水泥品种有各自的恒温适宜范围。此外还要考虑水灰比、恒温温度等因素。恒温时间的选择见表 9-2。

表 9-2　达到设计强度等级 70%时所需的恒温时间(h)

水泥品种		硅酸盐水泥与普通水泥			矿渣硅酸盐水泥			火山灰硅酸盐水泥		
水灰比		0.4	0.5	0.6	0.4	0.5	0.6	0.4	0.5	0.6
恒温温度	60 ℃	9	14	8						
	80 ℃	5	7	1	8	11	14	7	9	11
	100 ℃				4	5	7	2.5	3.5	5

4. 降温阶段

热养护制品在降温过程中,体积将收缩,同时由于表面降温快,内部降温慢,会产生一定的温差,因此,过快的降温会使制品表面产生裂缝,强度降低,同时,失水过多,还会影响混凝土后期的硬化。所以,在降温期要控制降温速度。对于尺寸大而且厚的构件、低强度等级或配筋少的构件,降温速度要缓慢,以减小温差;而对于小尺寸的构件、高强度等级或配筋多的构件,降温速度可适当加快。降温速度的确定见表 9-3。

表 9-3　混凝土最大温降速度/(℃/h)

水灰比	厚大构件	细薄构件
≥0.4	30	35
<0.4	40	50

【例 9.1】　欲蒸养的制品采用维勃稠度为 40s 的 C30 级混凝土。原材料用水泥为硅酸盐水泥,强度等级为 42.5 MPa,粗集料为碎石,水灰比为 0.5。养护工艺要求不经预养、带模养护,蒸养后强度要求达到设计强度的 75%。采用坑式养护池,坑内无强迫降温设施,降温速度为 15 ℃/h,车间温度为 20 ℃。试拟定热养护制度。

【解】　(1)确定升温速度

根据维勃稠度为 40s,不经预养、带模养护,查表 9-1,选取升温速度为 20 ℃/h。

(2)确定恒温温度及时间

一般硅酸盐水泥的恒温温度为 80～85 ℃,选取恒温温度 80 ℃;根据水灰比为 0.5 查表 9-2 选取恒温时间为 7 h。

(3)确定升温时间

由于车间温度为 20 ℃,恒温温度为 80 ℃,则升温时间为

$$S = \frac{恒温温度 - 车间温度}{升温速度} = \frac{(80-20)\ ℃}{20\ ℃/h} = 3\ h$$

(4)确定降温时间

设构件在坑内介质冷却至 50 ℃出坑,则降温时间为

$$J = \frac{恒温温度 - 出坑介质温度}{降温速度} = \frac{(80-50)\ ℃}{15\ ℃/h} = 2\ h$$

综上所述,初拟养护制度为:3+7(80 ℃)+2 h。

(5)根据上述初拟的热养护制度,再拟两个热养护制度(增减恒温时间 2 h):

$$3+5(80\ ℃)+2\ h;\ 3+9(80\ ℃)+2\ h$$

三个试拟制度进行试验校核后,选定满足给定要求的最优养护制度。

9.2.4 水泥水化热

水泥与水发生的水化反应是一个放热反应,在热养护过程中放出的水化热是混凝土制品中不可忽视的内部热源,在进行热养护过程的热平衡计算和制品内温度场的计算过程中都应予以考虑。水泥水化热的释放主要在恒温阶段,因此为了简化热养护过程的热平衡计算,一般将全部水化热计入恒温阶段的收入热量中。

影响水泥水化热大小及放热速率的因素很多,如水泥的品种与等级、水泥细度、水泥熟料的矿物组成、水泥混合材的种类与掺量、水灰比大小、水化条件等。因此,水泥水化热是以实际测定值为准。如果无实际测定值,可按照用以下两个经验公式来进行粗略的估算。

(1) 28 d 以内水泥的水化热

根据水泥的强度等级可近似地按下式估算:

$$q_{ce} = 8M \qquad\qquad (9-1)$$

式中　q_{ce}——水泥的水化热,kJ/kg;

　　　　M——水泥的强度等级,MPa。

(2) 苏联 A. A 沃兹涅辛斯基经验公式

考虑到水泥水化热与度时积 ε、混凝土平均温度 t_m、水灰比 W/C 及硬化时间 τ 的关系时,可以按照以下公式来粗略地计算出水泥的水化热:

$$q_{ce} = \frac{\varepsilon M \beta}{162 + 0.96\varepsilon} \sqrt{W/C} \qquad\qquad (9-2)$$

式中　ε——度时积,即在不同养护阶段的混凝土平均温度 t_m 与时间 τ 的乘积,℃·h,其中 t_m 可以按下式近似地计算:$t_m = 0.7t_0 + 0.3t_w$,这里,t_0 与 t_w 分别为混凝土制品的中心层温度和表层温度;当 t_0 与 t_w 未测定时,可以按下式近似地计算度时积 ε:$\varepsilon = \frac{t_1 + t_2}{2}\tau_1 + t_2\tau_2 + \frac{t_2 + t_3}{2}\tau_3$,这里 t_1,t_2,t_3 分别为升温开始、恒温阶段和降温结束时热养护介质的温度,℃,而 τ_1,τ_2,τ_2 分别为升温阶段、恒温阶段和降温阶段所需要的时间,h;

　　　　β——辅助系数,当 $\varepsilon \leqslant 293.3$ ℃·h 时,$\beta = 4.1 + 0.002\,5\varepsilon$;

　　　　当 $\varepsilon > 293.3$ ℃·h 时,$\beta = 10.7 + 0.002\,5\varepsilon$;

　　W/C——水灰比,kg 水/kg 水泥;

　　　　其他符号的意义同前所述。

【9.2】 某混凝土制品所用水泥强度等级为 42.5 MPa,水灰比为 0.5;热养护制度为:升温阶段温度从 10 ℃ 升到 100 ℃,时间为 2 h;恒温阶段温度为 100 ℃,时间为 8 h;降温阶段温度从 100 ℃ 降到 30 ℃,时间为 2h。试求该热养护过程中的水泥水化热。

【解】 (1) 用式(9-1)计算

$$q_{ce} = 8M = (8 \times 42.5)\text{kJ/kg} = 340 \text{ kJ/kg}$$

(2) 用苏联 A. A 沃兹涅辛斯基经验公式

$$\varepsilon = \frac{t_1 + t_2}{2}\tau_1 + t_2\tau_2 + \frac{t_2 + t_3}{2}\tau_3 = \left(\frac{10 + 100}{2} \times 2 + 100 \times 8 + \frac{100 + 30}{2} \times 2\right)℃·\text{h} = 1\,040 \text{ ℃·h}$$

因为 $\varepsilon > 293.3$ ℃·h,所以有:

$$\beta = 10.7 + 0.002\,5\varepsilon = 10.7 + 0.002\,5 \times 1\,040 = 13.3$$

$$q_{ce} = \frac{\varepsilon M \beta}{162 + 0.96\varepsilon}\sqrt{W/C} = \left(\frac{1\,040 \times 42.5 \times 13.3}{162 + 0.96 \times 1\,040} \times \sqrt{0.5}\right)\text{kJ/kg} = 358\ \text{kJ/kg}$$

充分利用水泥水化热这一自身内热源来加速混凝土制品的硬化,已在许多国家进行了大量的研究,有的研究成果已用于生产。例如,采用蒸汽热拌混凝土和并加以良好的保温措施后,完全可以不需外热源就可以使混凝土混合物的温度维持在 $40\sim60\ ℃$,从而加速混凝土的硬化过程。又如,先对水泥砂浆进行活化热搅拌,以后再加入石子进行二次搅拌,以此靠水泥水化热来加速混凝土的硬化过程。

9.3　间歇作业热养护设备

9.3.1　养护坑

1. 普通养护坑

(1)普通养护坑构造

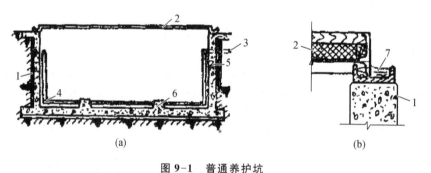

图 9-1　普通养护坑

(a)养护坑剖面图;(b)坑封结构

1—坑壁;2—坑盖;3—蒸汽干管;4—蒸汽支管;5—排气孔;6—垫块;7—坑封

养护坑又称养护池,常为一种半地下式构筑物。养护坑结构如图 9-1 所示,一般坑壁采用钢筋混凝土或砖砌筑,坑底采用钢筋混凝土建造。坑盖和坑壁的地上部分是散热损失的主要部位,要求坑盖有较好的绝热保温性能且坑盖本身质量轻,以及坑盖与坑壁有较好的密封性能。因此,目前坑盖常以型钢作骨架,内外用薄钢板包覆,内部填充轻骨料混凝土、矿棉等隔热材料。坑盖与坑壁的密封常采用水封、砂封或迷宫封等措施(图 9-3),尽量减少漏气。同时建有多个养护坑时,一般采用共用坑壁的方法,以减少散热损失,并节约占地、节省投资。坑底设 $15\sim20\ \text{cm}$ 高的垫块,既便于制品起吊,又有利于坑底进入蒸汽。

(2)蒸汽的通入与冷凝水的排出

蒸汽进入坑内的方法是蒸汽由坑外蒸汽干管分送到各个养护坑内的蒸汽支管上,蒸汽支管铺设于养护坑底面,蒸汽支管每隔一定距离开有小孔,称为蒸汽花管,蒸汽由此而喷入坑内。应注意蒸汽不能直接喷在制品上,坑盖的冷凝水也应防止直接滴在制品表面上,或在最上面的制品上采取覆盖措施。坑底应沿某方向有一定坡度,一般取 $0.002\,5$,以便将冷凝水排入集水坑,或在坑底设水沟。集水坑的水再通过一只排水不排汽的溢水管排放到坑外的排水沟中。

养护坑也可与通风设备连接,以便在降温期加速制品冷却和利用余热。没有通风设备的养护坑,可在坑盖上设有降温孔。测温孔一般设在坑壁的适当高度处,结构如图9-2所示。测温一般用玻璃水银温度计和电阻温度计。

（3）养护坑内部尺寸的设计

养护坑的平面尺寸是根据模具的尺寸确定的。一般模具间和模具与坑壁之间的距离均不应小于0.2 m,以利于装坑与出坑。养护坑的深度则根据车间高度、钢模刚度、坑内温差、地下水位及工人劳动条件等因素而定,一般不超过3.5～4 m,通常为2.5 m左右,地面上高度不宜超过1.5 m。

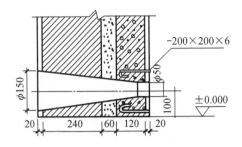

图9-2　坑壁测温孔

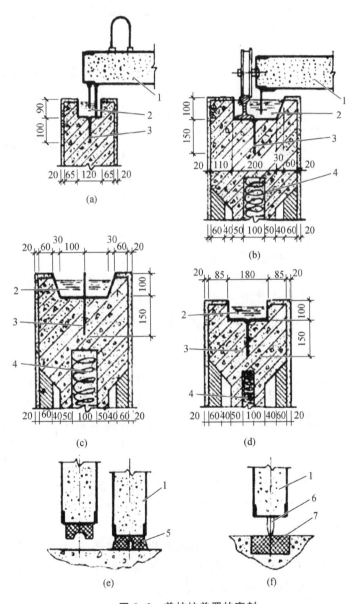

图9-3　养护坑盖罩的密封

(a)一般单水封；(b)带滚轮的单水封；(c),(d)一般双水封；(e),(f)软胶垫密封
1—保温层(厚140～180mm)；2—水封槽；3—内封钢板(厚10～15 mm)；4—保温层；
5—∩型橡胶垫；6—钢底脚；7—硬橡胶垫

（4）养护坑养护工艺

养护坑工作时，将成型好的构件放入养护坑内，盖好坑盖；再通过坑内蒸汽管喷入蒸汽，使坑内达到要求的温度和湿度，促使混凝土强度较快增长，使构件经过十几个小时后就能达到脱模起吊强度。蒸汽养护时应严格执行构件的预养、升温、恒温、降温制度，一般预养 2～4 h，每小时升温应不超过 40 ℃，恒温加热阶段温度一般不应超过 85 ℃，相对湿度应在 90% 以上。

2. 普通养护坑优点与存在的缺陷

普通养护坑的优点是设备构造简单、建造容易、耗钢量和投资少、见效快，能较好地适应产品品种和规格的变化，实施变温变湿养护工艺比连续作业窑方便等。所以，它沿用至今仍是一种应用较多的热养护设备。但是，这种设备存在下列严重的缺陷，必须认真研究改进。

（1）蒸汽空气混合物介质沿坑的高度产生分层现象：在养护坑内，由于蒸汽密度小，浮在上部；空气密度大，沉在下部。分层现象主要表现在深养护坑的升温阶段。通常上、下部介质的最大温差在 10～15 ℃之间，造成上、下层构件强度差异较大。

（2）由于坑中的蒸汽-空气混合物基本上处于静止状态，使位于构件的水平孔洞及模具间隙中的空气不易排除，造成同一制品的不同部位加热不均匀。尤其不利的是因介质换热系数明显降低，造成养护周期长、能耗高。

（3）密封不严和坑的"呼吸"现象使介质逸漏损失大，恒温状态不稳定。所谓"呼吸"现象，即一会儿呼出蒸汽-空气混合物，一会儿吸入冷空气。当养护坑供汽量大致符合实际用汽量时，大约有一半缝隙排出蒸汽-空气混合物，另一半缝隙则吸入冷空气，如图 9-4 所示。当供汽量增加，I—I 线右移，逸汽量随之增加；当供汽量减少，I—I 线左移，冷空气吸入量则随之增加；在坑的密封上存在着两个互相矛盾的因素：从减小逸汽量方面考虑，当然希望尽可能密封。但随着坑内蒸汽-空气混合物温度的升高，坑内压力也随之升高。在完全封闭的情况下，坑内总压会超过大气压而通常的围护结构承受不了如此大的内部压力，混合气体只能从薄弱部位（如墙缝隙、地漏，尤其是水封薄弱处）向外逸出，增大了热损失，养护温度越高，这部分热损失越大。同时逸汽对车间工作环境不利。

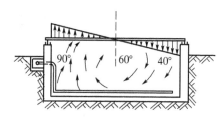

图 9-4　养护坑的"呼吸"现象

（4）坑的围护结构不合理。混凝土养护坑是一种间歇作业热养护设备，使用条件又较为恶劣，湿度和温度常发生变化，温差大且温度高，存在腐蚀性冷却水侵蚀和机械碰撞等状况。合理的围护结构，必须较好地适应上述使用情况的要求。目前常压养护坑的围护结构大多不够合理。主要表现在：围护结构的热容量大导致蓄热量相当大，防水防蒸汽渗透未能很好解决时会使保温层失效或水泥砂浆开裂、剥落，增大了热损失。此外，围护结构各部分的热阻一般偏低，散热损失偏高。

（5）不能合理地调节养护制度，难以实现自动控制。此外，蒸汽花管的供汽小孔易堵塞。

基于上述原因，使它的能耗增大，热利用率较低，养护周期较长，坑和模具的周转率也较低。

3. 热介质定向循环养护坑

热介质定向循环养护是将普通养护坑中的蒸汽花管小孔供汽，改为精加工的大口径喷嘴（一般用缩放式拉伐尔喷嘴）供汽而获得高速喷出的蒸汽-空气混合物汽流，该汽流流速甚至可超过音速。另外，合理布置集汽管，选择适当的喷嘴数量，形成最佳的循环回路，在坑内形成具有一定流速的蒸汽-空气混合物汽流，流经制品与模具所有的热交换表面和孔洞，从而极大地削弱了停滞空气层的"外热阻"，强化了凝结放热，强化了热交换。另外，强烈循环的热汽流减薄了冷凝水膜的厚度，增强了热交换，达到了增强热介质的放热能力和加热的均匀性，减少了蒸汽-空气混合物介质沿坑高的上、下分层现象,降低了上、下温差,为提高制品热养护创造了良好的外部热介质的交换条件,缩小了介质与制品的温差。

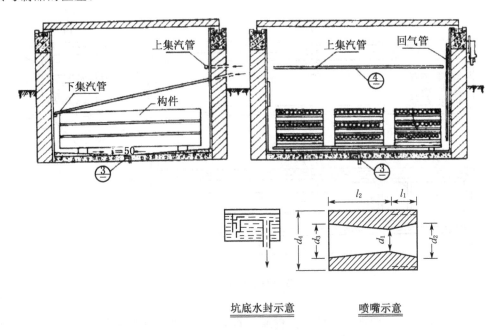

图 9-5 热介质定向循环养护坑示意图

热介质定向循环养护坑示意图如图 9-5 所示,集汽管布置在坑的两侧,集汽管的轴线垂直于多孔板的孔洞方向,以使循环介质汽流排除孔洞中停滞的冷空气,以便提高加热速度和均匀性。上部集汽管距坑底 2/3 高处,喷嘴朝下;下部集汽管距坑底 1/3,喷嘴向上;两根集汽管喷嘴的喷汽,可根据养护制度、坑内温度情况进行自动控制。

热介质定向循环养护坑有三大特点:一是热介质在养护设备内沿一定的路线流动,起到强制扰动作用,可以有效地削弱空气、蒸汽的分层现象,起到均化温度、减小温差的作用,从而保证制品强度的均匀性;二是热介质在混凝土制品表面的流动增加了传热强度,加速了介质对制品的传热过程,可以在合理热养护制度条件下以最少量蒸汽达到最快升温速度,缩短了养护时间,节约了能源;三是热介质的循环使温度分布均匀化,对养护制度容易进行自动控制,实现预定的最佳热养护工艺。

研究和生产实践证明:热介质定向循环养护坑与普通养护坑的热工状况有较明显的区别,如上、下层介质温差显著减小,对混凝土制品的加热速度可以通过改变进汽压力加以合理调整。该工艺具有节约能源,缩短养护周期,保证热养护制品质量等特点,另外,其改造工作量小,投资少,见效快,因此推广应用较多。应当注意的是,该工艺不可能克服普通养护坑全部缺陷,为了全面地提高坑式养护的经济效果,则必须对养护坑采取综合技术改造措施。

9.3.2 间歇作业隧道蒸汽养护窑

间歇作业隧道蒸汽养护窑如图 9-6 所示,间歇作业隧道蒸汽养护窑近似于长条形的窑洞,故称为隧道式养护窑。设施大多属于地上式构筑物,并都采取毗连建造。养护窑侧墙与间隔墙用砖砌筑或用钢筋混凝土建造并抹有防水水泥砂浆面层,有的窑墙中间设有绝热层,顶部用钢筋混凝土做成拱形(预制或现浇),也可用砖砌筑而成。养护窑顶砌成拱形是为了使冷凝水沿墙壁流下以防止损坏制品的表面,拱顶上部设有绝热层。

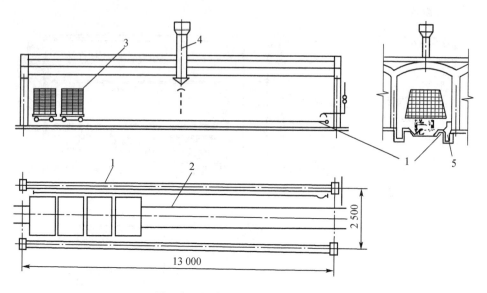

图 9-6　间歇作业隧道蒸汽养护窑

　　养护窑的端部设有门,两端设门的称为贯通式养护窑,一端设门的称为尽头式养护窑。对于贯通式养护窑,载有制品的小车由一端进入,在热养护结束后从另一端卸出。对于尽头式养护窑,载制品的小车由一个门进出养护窑。这两种养护窑各有利弊。贯通式养护窑符合生产直线流水的原则,应用较多。但它要求车间具有足够的长度,并且多一道窑门,而窑门与窑体接合处是逸汽的主要部位。尽头式养护窑则少一道窑门,漏汽部位比贯通式要少,布置时对场地长度要求不高。它的主要缺陷是不能实现工艺直线流水。

　　养护窑门的开启方式有侧开和上开两种。无论采用何种开启方式都应尽可能提高窑门处的密封性。目前,有薄钢板(或薄铝板)覆盖的木质门、钢质门、轻质合金门(带耐热橡胶垫条)、型钢轻混凝土门及金属卷帘门等多种窑门。但由于使用过程中会发生肿裂、变形、腐蚀或操作不便,隧道养护窑窑门及其密封性仍需研究改进。

　　养护窑的侧墙壁上设带孔的蒸汽管,向窑内供汽。蒸汽管可以安装在侧墙壁的上部或下部,也可以上、下部同时安装。一般将蒸汽管置于排水沟上部,蒸汽管的直径约为 $40\sim50$ mm,沿管长每间隔 $150\sim200$ mm 处钻有直径为 $3\sim4$ mm 的小孔并且使小孔朝下,目的是使经由小孔流出的蒸汽喷至地面之后再向上流动,以提高加热的均匀性。

　　养护窑顶部可设带有蝶形阀的排汽孔,以便排湿或排汽。养护窑底部设有冷凝水排水系统。

　　养护窑内一般设有轻轨,小车在轻轨上运动。小车可由人力或机械力牵引进行移动。根据生产规模与制品的情况,又分为双轨和单轨两种形式。

　　养护窑的净空尺寸主要决定于制品和小车的尺寸,一般宽 1.5 m,高 $1.8\sim2.0$ m,长 $10\sim25$ m。其填充系数在 $0.08\sim0.10$ 范围之内。填充系数是指养护窑内制品所占体积与养护窑净空容积之比。

9.3.3　太阳能养护

　　太阳能是一种取之不尽,用之不竭,既无公害又无污染的巨大自然能源。在当今能源危机,能源短缺的形势下,太阳能已成为一种举世瞩目的新能源。采用太阳能养护混凝土,方法简易而且投资少,见效快,技术经济效果好。

太阳能养护是在混凝土制品上方设置一个集热器,直接吸收太阳的辐射能量来对混凝土加热,从而加速混凝土硬化的一种方法。集热器的作用除了吸收太阳辐射热能加热混凝土之外,还要将混凝土制品封闭起来,防止混凝土制品中的水分大量蒸发。因此,在集热器所覆盖的空间内既有较高的温度,又有一定的湿度,形成了干-湿热养护的条件。

太阳能养护具有以下优点:升温速度比较缓慢,而且有一定的湿度,制品表面坚硬质量好;只用太阳能,不消耗矿物能源;如果密封性好,可以不必浇水养护,每立方米制品可以节约用水 1～2 t;太阳能养护设备简单、一次性投资少,适宜于中、小型混凝土制品厂采用。

根据集热装置形式的不同,太阳能养护可分为塑料薄膜集热罩养护、玻璃钢集热罩养护、复合气垫膜直接覆盖养护、充气塑料薄膜被直接覆盖养护、太阳能养护池、太阳能养护窑等方法。其中,坑式和窑式养护比较适合寒冷地区使用。几种养护方法如图9-7～图9-10所示。

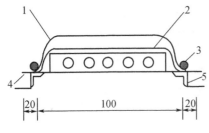

图 9-7 充气式薄膜养护罩

1—白色透明塑料薄膜;2—黑色塑料薄膜;
3—砂袋;4—压封边;5—挤压机台座

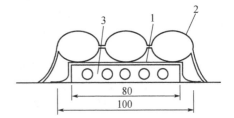

图 9-8 中间加肋的充气式薄膜养护罩

1—黑色塑料薄膜;
2—透明塑料薄膜(带助充气层);3—制品

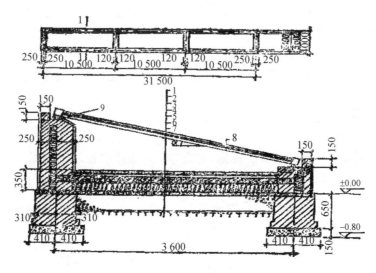

图 9-9 太阳能养护坑 1

1—50 mm 混凝土找平层(200 号);2—一毡两油防潮层;3—100 mm 钢筋混凝土预制板(200 号);
4—180 mm 蛭石保温层;5—50 mm 混凝土找平层(150 号),面涂沥青一道;6—300 mm 级配砂石;
7—素土夯实;8—双层玻璃罩;9—橡胶泡沫塑料压条

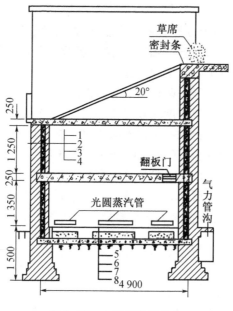

图 9-10　太阳能养护坑 2

1—37 cm 承重砖墙；2—13 cm 蛭石保温层；3—12 cm 砖墙；4—2 cm 厚 1：3 水泥砂浆抹面；
5—混凝土地面；6—加气混凝土保湿层；7—混凝土底板；8—素土夯实

9.4　连续作业热养护设备

间歇作业热养护设备不能形成连续生产的流水线，生产效率较低；其受加热与冷却交替作用的影响，对围护结构要求高，蓄热损失大，能耗高；另外，其工作环境恶劣，单位产品的设备占地面积较大。

连续作业热养护设备机械化、自动化程度高，成型好的制品按规定速度和顺序进入热养护设备内的升温区、恒温区、降温区，在移动完成过程中完成整个热养护过程，工序节奏稳定，生产管理方便，产品质量较稳定，能耗低，工作环境较好，适用于大批量的连续性流水线生产。

9.4.1　水平隧道窑

水平隧道窑是较常用的连续式养护设施，适宜养护楼板或墙板，可以建在地下或地上，有单层、双层和多层之分，如图 9-11、图 9-12 所示。

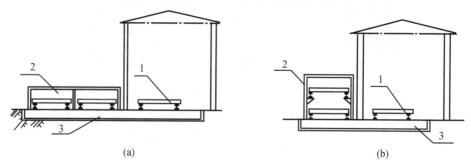

(a)　　　　　　　　　　　　　　　　(b)

图 9-11　平模流水、水平循环式水平隧道窑

(a)地面双孔水平隧道窑；(b)地面双层水平隧道窑
1—生产线；2—隧道窑；3—顶推模移道

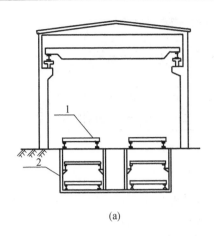
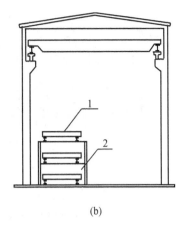

(a)   (b)

图 9-12　平模流水、立体循环式水平隧道窑

(a)地下双层水平隧道窑；(b)地上双层水平隧道窑
1—生产线；2—隧道窑

1. 地上水平隧道窑

某地上多层水平隧道窑的纵向结构如图 9-13 所示。混凝土制品在隧道内随窑车的移动或者在辊式输送带上移动完成热养护过程。根据窑内温度条件和湿度条件的不同,纵向(沿窑长方向)分为预热带、恒温带和降温带。

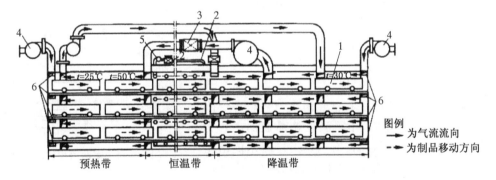

图 9-13　某地上多层水平隧道窑的纵向结构

1—窑车；2—水；3—空气预热器；4—通风机；5—热水泵；6—空气幕

为了保证各带具有适当的温度和湿度条件,窑内还有水预热器、空气预热器、使养护介质在各带之间流动的通风机和热水泵。从降温带抽出有一定湿度的热空气到预热带来加热制品,空气与制品之间是逆流换热。在恒温带,利用水预热器的热水加热空气,进而加热制品;在恒温带有喷雾加湿装置来保证热养护时所需的湿度条件。制品降温所需的冷空气来自预热带前段,该空气使制品降温后从降温带的中间排出。

为了不使冷空气漏入窑内,在窑的入口与出口处均安装通风机以形成空气幕。

2. 地下水平隧道窑

德国某开斯汀系统地下双层水平隧道窑的结构如图 9-14 所示。在窑顶部设置混凝土制品的成型工艺线,窑的纵向两端均有升降装置,用升降机上的推进设备将窑车轮流送入上层隧道或下层隧道内。热养护结束后,出窑制品还要历经翻转台的倾翻、脱模和起吊堆放。卸载后的窑车用顶推装置送到成型线上。全窑采用集中控制来调节整条生产线的操作。供热装置有干排热管与水蒸气花管两种。

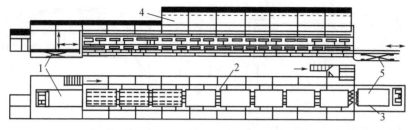

图 9-14　开斯汀系统双层隧道窑

1—升降装置；2—成型线；3—模具；4—窑体；5—翻转台

开斯汀系统双层隧道窑的特点是：能方便地实施循环流水作业，机械化程度高，占地面积较小，水蒸气耗量较少；缺点是：构造与供热设备较为复杂，热养护介质的温度沿高度方向上的分布不很均匀，窑口处尚有漏气，窑内分带还需用水幕或气幕来进行人为的分割。

3. 水平隧道窑的设计要求

1）水平隧道窑的设计要求

（1）窑体

窑体除满足强度要求外，还要满足热工要求，即满足大热阻与较大热容的要求；窑体还要具有不透水、不透气性。窑体最常用的防水做法是采用防水砂浆抹面，但是其效果差。比较好的做法是在保温层两侧，均设置涂有防锈漆的钢板，满足其对于保温性和防水性的要求。

（2）密封

采取适当措施，注意窑门的密封与伸缩缝的密封。

（3）供汽方式

采用定向喷嘴供汽，比蒸汽花管供汽方式更先进，值得推广，如图 9-15 所示。

（4）构造要求

连续式隧道窑的窑体除了具备热阻大，热容大之外，窑内壁的冷凝水要及时排除，不得滴在制品表面上。为此，隧道窑顶部要做成拱形，以使窑内壁上冷凝水能沿墙面流下。对于干热养护隧道窑，由于冷凝水较少，窑顶可制成平顶形。

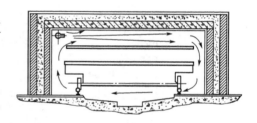

图 9-15　定向喷嘴供汽示意图

9.4.2　折线型隧道窑

1. 折线型隧道窑的工作原理

折线型隧道窑是较常用的连续作业式混凝土制品的热养护设备，它充分地利用了热养护介质因密度不同而自然分层的规律，窑体的纵向剖面呈折线型[图 9-16(a)]，对应的热养护制度曲线如图 9-16(b)所示，使窑内温度、湿度分布依照窑体外形自然地与热养护过程中对热养护介质温度的要求相适应。在窑内有明显的升温区、恒温区和降温区。升温区、降温区的窑体纵剖面为斜坡形，升温区坡度一般比降温区坡度要小（个别窑采用等坡度），恒温区的窑体纵剖面是水平的。由于窑体具有弓背形，密度小的高温水蒸气向上浮，并聚集于水平的恒温区段，从而使该段能够保持稳定的高温高湿的介质条件，有利于混凝土制品结构的形成和强度发展。有关测定结果表明，恒温区内各处的温度较为稳定，介质的相对湿度 $\varphi > 95\%$，在升温区和降温区，热养护介质温度近似呈直线上升或下降。当窑的起拱高度合适并且窑口处的风力不大时，基本上不会有水蒸气从窑口逸出，故该窑型具有较好的密封性。

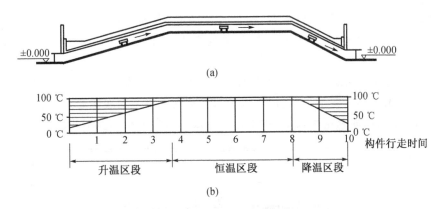

图 9-16 折线型隧道窑纵向剖面以及该窑内热养护介质温度曲线

(a)纵向剖面；(b)热养护介质温度曲线

2. 折线型隧道窑的工艺布置

折线型隧道窑按混凝土制品进、出窑装置的结构不同，隧道窑与成型作业线相互位置的差异，以及进、出窑口位于地下还是地上，有以下四种形式：

（1）窑底低于地面 2 m，进、出窑斜坡均位于地面以下。该窑型的特点是：进、出窑的斜坡增加了窑的长度和车间的有效面积，可利用窑顶上的地面来布置混凝土制品成型工艺线，如图 9-17(a) 、图 9-18 所示。

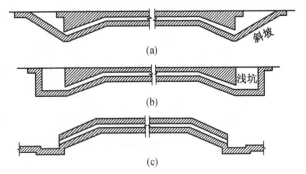

图 9-17 折线型隧道窑工艺布置形式

(a)窑底低于地面 2 m，进出口斜坡，地下式；
(b)坑式进出口，垂直起吊，地下式；(c)地上式

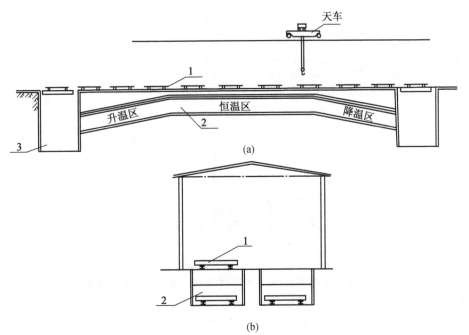

图 9-18 平模流水、立体循环、地下双孔折线型隧道窑

(a)纵剖面图；(b)横剖面图
1—生产线；2—折线窑；3—顶推横移道坑

（2）坑式进、出口。该窑型的特点是：辅助长度较短、占地面积较小。但由于进、出窑需用吊车，使得统一的流水线被分割为成型和养护两条生产线，从而破坏了全线连续生产线，如图 9-17 （b）和图 9-18 所示。

（3）窑建在车间内的地面上。该窑型的优点是：全窑均位于地面以上，与成型工艺线处在同一水平位置，而且进、出窑不需要吊车，这便于成型与养护的全线流水线生产，如图 9-17(c)和图 9-19 所示。其缺点是：车间场地利用率较低，由于逸汽导致车间内工作环境不好。

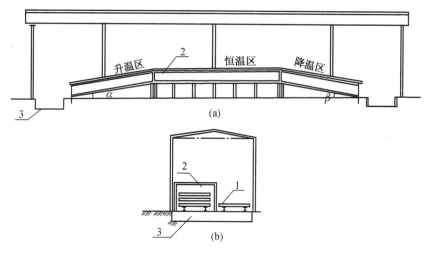

图 9-19　平模流水、水平循环、车间内地上单孔折线型隧道窑

(a)纵剖面图；(b)横剖面图
1—生产线；2—折线窑；3—顶推横移道坑

（4）窑建在车间外的地面上。混凝土制品成型工艺线仍在车间内，用专用小车将制品从成型线送入折线型隧道窑内，可以更为合理地利用和节省车间内场地，车间内的工作环境条件较好，是较为理想的型式，如图 9-17(c)和图 9-20 所示。

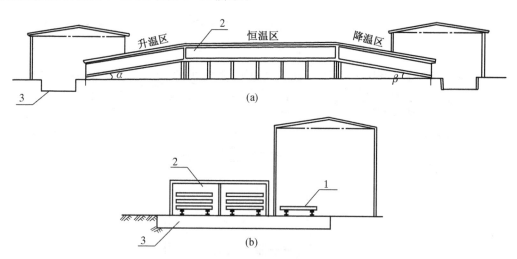

图 9-20　平模流水、水平循环、室外地上双孔折线型隧道窑

(a)纵剖面图；(b)横剖面图
1—生产线；2—折线窑；3—顶推横移道坑

3. 折线型隧道窑的优缺点

折线型隧道窑是一种结构合理的连续作业混凝土制品的热养护设备，升温、恒温与降温三带区分比较合理,运输机械不复杂,安装运行较为容易,造价低,节省钢材,电耗低,运行可靠。与水平隧道窑相比,该窑型保留了其窑车驱动方式,且分带容易,不需要特殊的分段措施(如风幕、水幕等),窑口逸气的问题也基本上得到解决。该窑型的缺点是:养护周期偏长,沿着升温段的高度方向上热养护介质的温度变化较大,占地面积较大。

9.5 高压蒸汽养护

9.5.1 蒸压混凝土制品的原理

前面介绍的热养护设备中的养护介质均处于常压条件下。有些硅酸盐混凝土和加气混凝土必须采用高温高压的蒸汽进行养护,才能得到性能优良的制品。这是由于在温度大于 100 ℃的高温高压饱和蒸汽环境下,硅质材料如石英、粉煤灰等与石灰[包括水泥水化生成的 $Ca(OH)_2$]进行合成反应,能生成结晶度好、强度高的托勃莫来石;另外,由于温度升高能进一步加速混凝土的硬化过程,而介质剩余压力的存在又有利于抑制结构破坏作用,所以有时为得到高强混凝土,有时也要采用高温高压的蒸汽进行养护,如现在广泛使用的离心方桩。控制饱和蒸汽的压力,就可以保证所需的温度,故称为高压蒸汽养护,简称为蒸压(英文 Autoclaved)。

9.5.2 蒸压釜的结构

蒸压釜是一种间歇作业的高压蒸汽养护设备,通常其蒸汽压力为 0.8~1.2 MPa 左右,如图 9-21 所示,蒸压釜由筒体、釜盖、进汽管、冷凝水排出管、轨道及仪表附件等组成。筒体用锅炉钢板或普通钢板焊接而成,端部装有铸钢或锻钢制成的釜盖。两端设釜盖的称为贯通式釜,一端设釜盖的称为尽头式釜。釜盖采用快速启闭釜盖机构,通过锁紧环的伸缩进行启闭,也有通过棘轮回转来进行操纵。

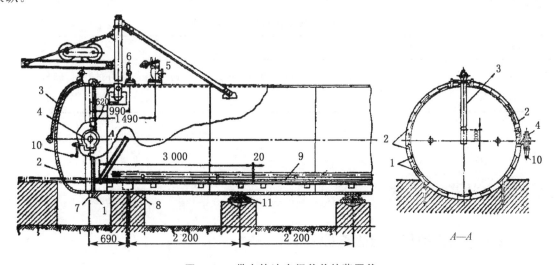

图 9-21 带有快速启闭釜盖的蒸压釜

1—筒体;2—釜盖;3—吊架与起重设施;4—用于旋转釜盖的蜗轮减速机构;5—安全阀;6—压力表;
7—排出冷凝水阀门;8—固定支座;9—蒸汽管;10—手柄;11—滑动支座

快速启闭釜盖的构造是在筒体上焊有铸钢或锻钢法兰盘,法兰盘上有凹凸环槽,釜盖周围也同样有凹凸环槽。釜盖关闭时,先将凹凸环槽吻合在法兰凸环槽上,然后利用旋转机构使盖子旋转一个凸块位置,使凸块相互咬合固定。为了防止端部漏汽,在环形凹槽中设有耐热橡胶垫圈的密封装置。它靠支管送入的与釜内压力相同的蒸汽紧压在盖的环圈上。釜盖的快速启闭与旋转等动作,由机械或压缩空气操作。

密封用衬垫是一种带有一弹性唇口的自封型密封圈,由于在加压时使用单唇口型,加压减压时使用双唇口型,故不论在加压或减压状态下,此密封圈均具备完善的密闭功能。

筒体下部设有进气管和冷凝水排出管,上部设排气管、压力表与安全阀。有些工厂为了在升温初期排出筒体内残留空气,而将进气管放在上部,排气管设在下部。

蒸压釜内底部设有两条运输小车轨道,该轨道与地面上的轨道通过摆渡车连接。混凝土桩等制品先吊到搬运小车上,然后运送到釜体内。搬运小车向釜内运入或从釜内运出制品,常借助于卷扬机、凸轮装盖、牵引车或马达驱动的移动车等设备。

为减少散热损失,筒体外部包有保温材料,在其外面又包有薄铁皮。为适应筒体热胀冷缩时的变形,筒体的支座在中部或端头有一个支点是固定的,其余支座是可以滑动的。

9.5.3 蒸压釜的安全性要求

需要注意的是,蒸压釜是处于高压状态下的设备,所以在构造上和操作上都必须安全第一,设计和制造均应按国家相关规定进行。每台蒸压釜必须有测量蒸汽压力的压力表和防止爆炸的安全阀。安全阀的作用是当蒸压釜内的压力超过规定的极限压力时,则自动开启,蒸汽向外排出,防止压力过高发生意外事故。在操作方面应注意及时进行调整,同时应定期检查安全阀的工作情况。

9.5.4 蒸压釜的选用

选用蒸压釜时,应根据蒸养制品的尺寸、生产规模、制造工艺等来确定釜的规格尺寸和釜的数量以及工作的蒸汽压力,力求获得较高的填充系数,降低蒸汽消耗;选用多台蒸压釜时,应有蒸汽转换管道,将降压的蒸汽转入升压的釜中。生产粉煤灰砖或灰砂砖的蒸汽压力一般为 0.8 MPa;生产加气混凝土与高强混凝土桩的蒸汽压力一般为 1.2~1.5 MPa。我国目前生产的几种蒸压釜规格见表 9-4。

表 9-4 我国目前几种蒸压釜规格

序号	1	2	3	4	5
规格	$\phi 2.85$ m×39 m	$\phi 2.85$ m×25.6 m	$\phi 2.0$ m×21 m	$\phi 1.95$ m×21 m	$\phi 1.65$ m×25 m
蒸汽压力/MPa	1.5	1.5	1.3	0.8	1.2

9.6 其他热养护方法

9.6.1 干热养护与干湿热养护

1. 干热养护

混凝土制品的干热养护是以低温干热介质进行升温的一种养护方法。这种养护方法具有升温期间对混凝土结构破坏作用小、养护周期短等优点,目前被广泛采用。

经研究表明,当湿热养护时混凝土结构的破坏主要发生在升温期,而干热养护的特点就在于采用低湿的干热介质进行升温,以削弱混凝土结构破坏过程。因为,当采用干热养护时,混凝土被加热的最高温度降低了,加热的速度也减慢了,混凝土的温度梯度减小,并且与湿度梯度方向相反。此时,作为混凝土结构破坏过程综合表征的变形值也显著减小。同时,混凝土的干缩变形取代了混凝土部分热胀变形,所以其最大变形值低于湿热养护时的数值。

混凝土制品在干热养护过程中,减弱了结构破坏过程,加强了结构形成,混凝土强度有所提高。然而,在干热养护过程中,混凝土总的失水量较大,应采取适当的补湿措施:升温后,采用高湿介质恒温;降温时,采取喷汽、洒水等措施,以减少因失水而产生的裂缝。

干热养护使用的能源除蒸汽以外,还可以采用太阳能、红外线、电磁感应、微波以及电能等。相应的养护设备或设施有隧道式干热养护室、太阳能养护罩、红外线辐射器等。

2. 干-湿热养护

干-湿热养护就是对混凝土构件采用先干烘后湿蒸,两者相结合的养护方法。例如,在隧道式养护窑的升温区,设置干热排管或暖气片,有的还在其外涂以远红外涂料,在恒温区设置干热排管和喷汽花管,窑口两端为防止蒸汽外溢可设密封闸门装置,恒温区温度可达 $80\sim90$ ℃,在升温区采用干热养护,可以促进混凝土构件表面多余水分的蒸发,削弱了混凝土内部湿热膨胀对其内部结构的破坏作用,减少了湿热养护经常发生的冷凝水滴淋破坏构件表面而形成的表面脱皮、产生麻点现象,缩短了养护时间。在恒温区,再使混凝土在蒸汽中进行湿热养护,使环境的相对湿度在 90% 以上,这就保证了水泥水化反应的充分进行。

干-湿热养护除了具有干热养护和湿热养护的优点外,还具有使混凝土结构致密、水泥水化条件合理、降温效果好、养护后的混凝土无严重失水现象、后期强度仍可继续增长等优点。因此,干-湿热养护是比较好的一种养护方法。

9.6.2　热流体的养护法

1. 热空气养护法

热空气养护混凝土制品与水蒸气养护法相比,能源消耗一般要高一些,混凝土强度的增长也不太理想。虽然在这方面的研究取得了一些成果,但是上述缺点并未完全得到克服。这是因为:热空气的内能比饱和水蒸气的内能要低。内能低的介质要获得与内能高的介质相同的效果,就必须采取一些辅助措施。例如,干-湿热养护时,如果在升温段利用热空气恒温增湿,则上述缺点可得到克服。

2. 过热水蒸气养护法

传统上关于混凝土制品的湿热养护理论曾禁止使用过热水蒸气作为养护介质,但随着有关研究的进一步深入,发现低压过热蒸汽作为热源有以下优点:过热水蒸气作为养护介质能够简单、方便、稳定地供热;在输送过程中的热损失比饱和湿蒸汽要少,可减少非生产性热损失;冷凝水膜厚度减薄,有利于强化对制品的换热,有利于干湿热养护工艺。获得低压过热蒸汽的方法一般有定压过热、节流、先节流后过热、将过热蒸汽与湿饱和蒸汽混合。

3. 烟气养护法

利用天然气的燃烧产物作为热介质在养护坑、隧道窑中加热混凝土制品,每个养护室配备一个小型热能发生器。热能发生器安装在一个整体的刚性支架上,并直接靠近养护室。这样,可从养护室的一端吸收烟气,与空气混合后送到养护室的另一端。烟气温度可通过调整燃气供给量来控制。有研究表明:与水蒸气养护法相比,该方法所养护制品的轴向抗拉强度大体上相同,但其弹性模量

约高出 40%,抗压强度稍高(与经过 28 d 标准养护后的试块接近),且混凝土强度的均匀性得到大大改善,前者的热耗也仅为后者的 $\frac{1}{6}$,车间工作环境也有所改善。

4. 热油养护法

用热油养护混凝土制品来促进其强度的发展值得重视。曾有报道,利用高温有机热媒加热成组立模和热模中的混凝土,这些有机热媒通常是:硅有机化合物、矿物油、空压机润滑油等,成本较低且无毒,也不会腐蚀钢模。

9.6.3 红外线养护法

红外线是波长为 $0.76\sim1\,000\ \mu m$ 的电磁波。红外线加热的"吸热生热"原理是:红外线能够被若干物质大量吸收并转化为物质本身的内能。而红外线养护混凝土的基本原理是:在发热体(散热器)表面涂有远红外辐射材料,在发热体使涂料分子受热后便被激发,从而向四周发射电磁波,该电磁波被物体吸收,成为分子动能,使被加热物体的温度上升。红外线加热养护就是利用发热体改变表面状态提高辐射强度,使被加热制品吸收热辐射提高内部温度,另外模板和介质也吸收热量,最终以对流和传导的方式将一部分热能传递给制品,这样可以取得制品内部温度高、水泥水化加速、养护时间短、混凝土抗压强度高,节约能源等效果。

9.6.4 微波养护法

微波养护法的基本原理在于物料内部所含水分的分子在超高频电磁场(频率为 220 MHz~2 700 MHz)内会受到高频振动,致使物料被加热。它与从外部加热的方法不同,由于它是从内部对混凝土进行加热,能避免产生温差应力,防止混凝土变形和开裂。同时,还能起到一种细微的拌和作用,有利于水泥熟料矿物的溶解,能加快水泥的水化反应,促进混凝土的硬化。它既适用于水泥混凝土,也适用于树脂混凝土。

9.6.5 电热养护法

混凝土的电热养护是根据焦耳-楞次定律,将混凝土作为电阻,通以交流电,由于通电两端电势的不同产生热效应,从而加热混凝土并加速其硬化的方法。电热养护具有加热速度很快,能量消耗很低,便于自动化控制,生产效率高,设备简单,投资少,收效快等优点。

思考题

1. 什么叫混凝土的养护工艺? 有哪些方法? 各适用于什么场合?
2. 加速混凝土养护的方法有哪些? 热养护有什么特点?
3. 湿热养护混凝土中会产生什么矛盾? 对混凝土制品性能有什么影响?
4. 常压热养护过程可分为哪几个阶段? 热养护制度用什么参数表示? 如何确定?
5. 普通养护坑的结构、工作原理是什么? 普通养护坑有哪些突出缺点? 如何改进?
6. 间歇作业隧道养护窑的结构、工作原理是什么? 有何优、缺点?

7. 简述水平隧道窑的结构、工作原理以及存在的主要缺陷。

8. 折线型隧道窑的工作原理是什么？其工艺布置主要分为哪几类？

9. 蒸压混凝土制品的原理是什么？蒸压釜有哪些主要结构？如何注意蒸压釜的安全性？

10. 查资料，了解最新热养护方法，写一篇不少于 800 字的小论文。

11. 欲蒸养混凝土方桩，混凝土的维勃稠度为 45s，强度等级为 C30 级。水泥采用火山灰硅酸盐水泥，强度等级为 32.5 MPa，粗集料为碎石，水灰比为 0.5。养护工艺要求不经预养、带模养护，蒸养后强度要求达到设计强度的 75%。采用养护坑养护，坑内无强迫降温设施，降温速度为 20 ℃/h，车间温度为 20 ℃。试拟定热养护制度。

12. 某混凝土制品所用水泥强度等级为 32.5 MPa，水灰比为 0.5；热养护制度为：升温阶段温度从 20 ℃升到 100 ℃，时间为 2 h；恒温阶段温度为 95 ℃，时间为 8 h；降温阶段温度从 95 ℃降到 25 ℃，时间为 2 h。试求该热养护过程中的水泥水化热。

無機非金屬材料熱工過程及設備

附录1　湿空气的相对湿度 φ 表

单位：%

干湿球温度差/℃

干球温度/℃	0.6	1.1	1.7	2.2	2.8	3.8	3.9	4.4	5.0	5.6	6.1	6.7	7.2	7.8	8.3	8.9	9.4	10.0	10.6	11.1	11.7	12.2	12.8
23.9	96	91	87	82	78	74	70	66	63	59	55	51	48	44	41	38	34	31	28	25	22		
24.4	96	91	87	83	78	74	70	67	63	59	55	52	48	45	42	38	35	32	29	26	23		
25.0	96	91	87	83	78	75	71	67	63	60	56	52	49	46	42	39	36	33	30	27	24		
25.6	96	91	87	83	79	75	71	67	64	60	57	53	50	46	43	40	37	34	31	28	25		
26.1	96	91	87	83	79	75	71	68	64	60	57	54	50	47	44	41	37	34	31	29	26		
26.7	96	91	87	83	79	76	72	68	64	61	57	54	51	47	44	41	38	35	32	29	27	24	21
27.8	96	92	88	84	80	76	72	69	65	62	58	55	52	49	46	43	40	37	34	31	28	25	23
28.9	96	92	88	85	80	77	73	70	66	63	59	56	53	50	47	44	41	38	35	32	30	27	25
30.0	96	92	88	85	81	77	74	70	67	63	60	57	54	51	48	45	42	39	37	34	31	29	26
31.1	96	92	88	85	81	78	74	71	67	64	61	58	55	52	49	46	43	41	38	35	33	30	28
32.2	96	92	89	85	81	78	75	71	68	65	62	59	55	53	50	47	44	42	39	37	34	32	29
33.3	96	92	89	85	82	78	75	72	69	65	62	59	56	54	51	48	45	43	40	38	35	33	30
34.4	96	93	89	86	82	79	75	72	69	66	63	60	57	54	52	49	46	44	41	39	36	34	32
35.6	96	93	89	86	82	79	76	73	70	67	64	61	58	55	53	50	47	45	42	40	37	35	33
36.7	96	93	89	86	82	79	77	73	70	67	64	61	58	56	53	51	48	46	43	41	39	36	34
37.8	96	93	90	86	83	80	77	74	71	68	65	62	59	57	54	52	49	47	44	42	40	37	35
38.9	96	93	90	86	83	80	77	74	71	68	66	63	60	57	55	52	50	47	45	43	41	38	36
40.0	97	93	90	87	83	80	78	75	72	69	66	63	61	58	56	53	51	48	46	44	41	39	37
41.1	97	93	90	87	84	81	78	75	72	69	66	64	61	59	56	54	51	49	47	45	42	40	38
42.2	97	93	90	87	84	81	78	76	72	70	67	64	62	59	57	54	52	50	47	45	43	41	39
43.3	97	94	90	87	84	81	79	76	73	70	67	65	62	60	57	55	53	50	48	46	44	42	40
44.4	97	94	90	88	84	81	79	76	73	70	68	65	63	60	58	56	53	51	48	47	45	43	41
45.6	97	94	91	88	84	82	79	77	74	71	68	66	63	61	59	56	54	52	50	48	45	43	41
46.7	97	94	91	88	85	82	80	77	74	71	69	66	64	61	59	57	55	52	50	48	46	44	42
47.8	97	94	91	88	85	82	80	77	74	72	69	67	64	62	60	57	55	53	51	49	47	45	43
48.9	97	94	91	88	85	82	80	78	75	72	69	67	65	63	60	58	56	53	51	49	47	46	44
50.0	97	94	91	88	85	83	81	78	75	72	70	68	65	63	61	58	56	54	52	50	48	46	44
51.1	97	94	92	89	86	83	81	78	75	73	70	68	66	64	61	59	57	54	52	51	49	47	45
52.2	97	94	92	89	86	83	81	79	76	73	71	68	67	65	62	59	57	55	53	51	49	47	46
53.3	97	94	92	89	86	83	81	79	76	73	71	69	67	65	62	60	58	55	53	52	50	48	46
54.4	97	94	92	89	86	84	81	79	76	74	71	69	67	65	62	60	58	56	54	52	50	49	47
55.6	97	94	92	89	86	84	82	79	77	74	72	69	67	65	63	61	59	56	54	53	51	49	48
56.7	97	94	92	89	87	84	82	79	77	74	72	70	68	66	63	61	59	57	55	53	51	50	48
57.8	97	94	92	89	87	84	82	79	77	75	73	70	68	66	64	61	59	57	55	54	52	50	49
58.9	97	94	92	89	87	84	82	79	77	75	73	70	68	66	64	61	60	58	56	54	52	51	49
60.0	97	94	92	89	87	84	82	79	77	75	73	70	68	66	64	62	60	58	56	54	52	51	49

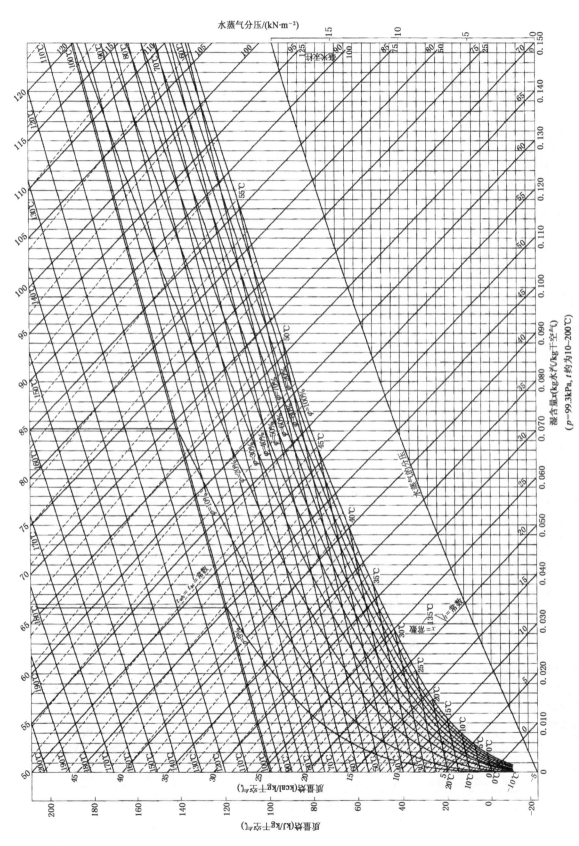

附录 2　湿空气的 $I-x$ 图（$p=99.3$ kPa，$t=-10\sim200$℃）

附录 3　湿空气的 I-x 图（$p=99.3$ kPa，$t=0\sim1\,450$℃）

参 考 文 献

［1］姜洪舟,黄迪宇,田道全,等.无机非金属材料热工设备.武汉:武汉理工大学出版社,2012.

［2］于玉苑.新型干法水泥生产新工艺、新技术与新标准.北京:当代中国音像出版社,2004.

［3］山东建筑材料工业学院.水泥工业热工过程及设备.北京:中国建筑出版社,1981.

［4］姜金宁.硅酸盐工业热工过程及设备.2版.北京:冶金工业出版社,1994.

［5］李波.旋风预热器热态流场数值模拟研究[D].武汉理工大学,2008.

［6］陈钰.旋风预热器单体的数值模拟[D].西安建筑科技大学,2006.

［7］万利华.旋风预热器的控制研究[D].武汉理工大学,2008.

［8］宋振红.基于ARM的旋风预热器控制系统研究[D].武汉理工大学,2010.

［9］杨沛浩.高温高固气比条件下旋风预热器性能的研究[D].西安建筑科技大学,2010.

［10］周志华.悬浮预热器窑生产铝酸盐水泥熟料可行性试验研究[D].武汉理工大学,2012.

［11］孙承绪.玻璃工业热工设备.2版.北京:中国建筑工业出版社,1995.

［12］孙承绪,陈润生,孙晋涛,等.玻璃窑炉热工计算及设计.北京:中国建筑工业出版社,1983.

［13］陈国平,毕洁.玻璃工业热工设备.北京:化学工业出版社,2007.

［14］孙晋涛,孙承绪,徐佐津.硅酸盐工业热工过程及设备.北京:中国建筑工业出版社,1985.

［15］沈长治,等.玻璃池炉工艺设计与冷修.北京:轻工业出版社,1989.

［16］陈正树,等.浮法玻璃.武汉:武汉工业大学出版社,1997.

［17］西北轻工业学院.玻璃工艺学.北京:轻工业出版社,1982.

［18］徐德龙,谢峻林.材料工程基础.武汉:武汉理工大学出版社,2008.

［19］孙晋涛.硅酸盐工业热工基础(重排本).武汉:武汉理工大学出版社,1992.

［20］胡国林,周露亮,陈功备,等.陶瓷工业窑炉.武汉:武汉理工大学出版社,2010.

［21］刘振群.陶瓷工业热工设备.武汉:武汉工业大学出版社,1989.

［22］宋崶.现代陶瓷窑炉.武汉:武汉工业大学出版社,1996.

［23］胡国林.建陶工业辊道窑.北京:中国轻工业出版社,1998.

［24］王秉铨.工业炉设计手册.北京:机械工业出版社,1996.

［25］姚玉桂,等.建筑陶瓷隧道窑设计.北京:中国建筑工业出版社,1979.

［26］胡国林,陈功备.窑炉砌筑与安装.武汉:武汉理工大学出版社,2005.

［27］周勇敏.材料工程基础.北京:化学工业出版社,2011.

［28］张美杰.材料热工基础.北京:冶金工业出版社.2010.

［29］冯晓云,童树庭,袁华.材料工程基础.北京:化学工业出版社,2007.

［30］肖奇,黄苏萍.无机材料热工基础.北京:冶金工业出版社,2010.

［31］隋良志.硅酸盐工业热工基础.北京:化学工业出版社,2006.

［32］王志魁,刘丽英,刘伟.化工原理.北京:化学工业出版社,2010.

［33］柴诚敬.化工原理2版(上册).北京:高等教育出版社,2009.

［34］李启云.热工基础及设备.南京:南京工学院出版社,1988.

［35］许如源,陈梅赞.混凝土养护节能技术.北京:中国铁道出版社,1988.

［36］胡道和.水泥工业热工设备.武汉:武汉理工大学出版社,1995.

［37］陈友德,刘继开.四代篦冷机的技术进展.中国水泥,2007(6):51-56.

［38］孔庆安.第四代固定篦板型推料棒式篦冷机.2009中国水泥技术年会暨第十一届全国水泥技术交流大会论文

集:145-148.

[39] 董振根.富士摩根第四代步进式稳流蓖冷机设计特点及使用经验[C]//2010年首届全国熟料冷却机技术经验交流会论文集:19-24.

[40] 李昌勇.国产化第四代篦冷机的技术分析与评价.四川水泥,2013(6):108-111.

[41] 陈晶,刘德庆,陈全德.论第三代篦冷机技术与现有篦冷机的技术改进(一).中国建材装备,1997(9):18-21.

[42] 陈晶,刘德庆,陈全德.论第三代篦冷机技术与现有篦冷机的技术改进(二).中国建材装备,1997(10):2-6.

[43] 陈全德,兰明章.新型干法水泥技术原理与应用讲座(熟料冷却机).建材发展向导,2005(5):16-20.

[44] 沈建龙.篦冷机新技术综述.中国建材装备,1997(5):19-20.

[45] 方景光,兰明章,姜德义.第三代蓖冷机技术性能的评价.新世纪水泥导报,2007(6):24-27.

[46] 陈延信,胡亚茹,徐德龙,等.三系列悬浮预热系统热效率的理论研究.西安建筑科技大学学报:自然科学版,2007,39(3):419-422.

[47] 姚立红.悬浮预热器窑防后结圈的措施.水泥,2005(1):36-37.

[48] 范毓林.我国新型干法水泥生产技术的创新历程.水泥技术,2007(2):21-23.

[49] 方景光,兰明章,姜德义.对LLH厂2线预热器旋风筒的评价.新世纪水泥导报,2006,12(4):6-10.

[50] 孟庆阁,田晨旭.超短立筒预热器窑改造为新型干法窑.中国水泥,2009(12):81-82.

[51] 李成元,何文明.预分解窑烧成系统耐火材料的选用.新世纪水泥导报,2005,11(2):34-37.

[52] 陈俊红,封吉圣,郑本水,等.悬浮预热器内筒的研究及应用.耐火材料,2011,45(3):227-228.

[53] 户宁.新型干法水泥生产线悬浮预热器系统堵塞的原因及处理和预防措施.科技风,2011(1):188.

[54] 呼志刚.悬浮预热器窑的节能技术改造.内蒙古石油化工,2013,39(12):128-130.

[55] 唐根华,马林,田之文,等.高电石渣掺量干磨干烧新型干法水泥生产线的设计及调试.水泥,2006(3):11-14.

[56] 李松炳,李明高,张奕.水泥新型干法工艺工程项目卫生防护距离确定.环境科学与技术,2006,29(7):31-33.

[57] 张根富.新型干法窑中控操作要点及常见工艺故障处理.新世纪水泥导报,2005,11(3):30-35.

[58] 李建锡,舒艺周,唐霜露,等.新型干法预分解磷石膏制硫酸联产水泥可行性分析.硅酸盐通报,2009,28(3):563-567.

[59] 丁奇生,张平洪.电石渣用于新型干法水泥熟料生产.中国水泥,2005(6):56-59.

[60] 时国平.基于现场总线的新型干法水泥回转窑控制系统研究与设计.工业控制计算机,2008,21(10):27-28.

[61] 刘天振.新型干法窑、磨系统的稳定对熟料强度影响及控制.中国水泥,2009(7):47-55.

[62] 梁镒华.新型干法回转窑的设计与增产节能——从技术进步角度谈回转窑设计操作参数的合理选择.水泥工程,2009(3):7-14.

[63] 李继芳,刘向阳.铁尾矿在新型干法水泥生产线上的应用.新世纪水泥导报,2005,11(4):7-9.

[64] 袁林,王杰曾.新型干法水泥窑用耐火材料的现状与发展.耐火材料,2010,44(5):383-386.

[65] 潘丽萍,李建锡,景森.四通道煤粉燃烧器在窑内燃烧的热态数值模拟分析.中国水泥,2008(12):53-56.

[66] 江旭昌.回转窑煤粉燃烧器的发展趋势,特点及选择(二).新世纪水泥导报,2008(2):15-19.

[67] 赵子良,朱瑞琴,郭玉昌.回转窑喷煤管的应用.科技创新与应用,2012(18):78.

[68] 操清华.煤质变化与喷煤管结构的调整.新世纪水泥导报,2004(5):24-25.

[69] 吕新锋,郑大鹏,刘振利.喷煤管热延伸对火焰的影响及调整.水泥工程,2007(5):52.

[70] 张鸿庆.玻璃熔窑新型节能蜂窝状高级硅砖的研究与应用.硅酸盐通报,1997,16(1):89-92.

[71] 孙承绪.玻璃窑用耐火材料的损坏及合理选用(一).玻璃与搪瓷,1995,23(2):55-57.

[72] 孙承绪.玻璃窑用耐火材料的损坏及合理选用(二).玻璃与搪瓷,1995,23(3):54-57.

[73] 孙承绪.玻璃窑用耐火材料的损坏及合理选用(三).玻璃与搪瓷,1995,23(4):54-58.

[74] 潘玉昆,王德庆.对引进玻璃熔窑消化吸收综合提高的研究.玻璃与搪瓷,1992,20(4):16-20.

[75] 潘玉昆,王德庆.对引进玻璃熔窑消化吸收综合提高的研究(续1).玻璃与搪瓷,1992,20(5):16-20.

[76] 潘玉昆,王德庆.对引进玻璃熔窑消化吸收综合提高的研究(续2).玻璃与搪瓷,1992,20(6):12-20.

[77] 潘玉昆,王德庆.对引进玻璃熔窑消化吸收综合提高的研究(续3).玻璃与搪瓷,1993,21(1):21-24.

[78] 赵晖.玻璃池炉的温度控制系统.电子玻璃技术,1985,2:43-49.

[79] 高树森.试论大型玻璃熔窑碹顶的强化保温[C]//现代玻璃工业新技术论文汇编.北京,2003:106-118.

［80］陈国平,付夏萍,殷海荣.玻璃生产中节能降耗的新技术.陕西科技大学学报,2004,22(2):110-113.

［81］宁伟,沈玉君,陈健,等.新型玻璃混合加热熔窑及其发展.玻璃与搪瓷,2005,33(3):49-52.

［82］颜晖,张端,沈锦林.玻璃熔窑多层保温的优化设计方法.材料科学与工程报,2005,23(4):512-515.

［83］唐福垣.特大规模浮法玻璃熔窑结构设计探讨.玻璃,2001(5):10-16.

［84］沈志方,陈申昌,杨安吉.燃煤气浮法熔窑的小炉蓄热室技改设计.玻璃,2003,30(3):13-15.

［85］唐春桥,孙兴银,袁建平,等.关于浮法玻璃熔窑改进的几项措施.玻璃与搪瓷,2005,33(5):23-25.

［86］梁德海.玻璃工厂节能技术.北京:轻工业出版社,1989.

［87］陈国平,付夏萍,殷海荣.玻璃生产中节能降耗的新技术.陕西科技大学学报,2004,22(2):110-113.

［88］宁伟,沈玉君,陈健,等.新型玻璃混合加热熔窑及其发展.玻璃与搪瓷,2005,33(3):49-52.

［89］陈国平,李启甲,殷海荣.玻璃熔制技术最新动向.玻璃与搪瓷,2004,32(4):48-50.

［90］戴树业,韩建国,李宏.富氧燃烧技术的应用.玻璃与搪瓷,2000,28(2):26-29.

［91］钱世准.玻璃熔窑的氧气辅助加热技术.建材工业信息,2001(7):32.

［92］Beatson Clark.氧气燃料推进系统改善熔炉运行灵活性.国际玻璃,2005(4):35-36.

［93］周美茹,林立.浮法玻璃熔窑节能途径.硅酸盐通报,2005(6):94-98.

［94］龚炳荣.钟罩式窑炉简介.中国陶瓷,1989(2):14-17.

［95］胡志东.多晶莫来石纤维在钟罩窑上的应用.景德镇陶瓷,1992,2(4):29-33.

［96］梁善良,舒小山.高温宽体日用瓷辊道窑设计.中国陶瓷工业,2005(4):16-19.

［97］胡国林,丁志坚,张泽兴,等.建筑瓷砖辊道窑窑体主要尺寸优化初探.陶瓷学报,2007(4):272-275.

［98］何表生.脉冲燃烧技术及其在陶瓷窑炉中的应用.陶瓷,1998(5):35-36.

［99］李启云.热工基础及设备.南京:南京工学院出版社,1988.

［100］许如源,陈梅赞.混凝土养护节能技术.北京:中国铁道出版社,1988.

［101］李强,李世龙.应用热介质定向循环养护工艺时应注意的几个问题.混凝土与水泥制品,1988(1):35-37.

［102］赵德存.热介质定向循环养护工艺在电杆生产中的应用.混凝土与水泥制品,1984(3):38-40.

［103］赖书洲,杨玉东,林勇."热介质定向循环"养护工艺的试验和应用.低温建筑技术,1983(4):17-22.

［104］刘正蓉,赵传文,唐力学,等.北方地区"热介质定向循环"养护工艺的研究.低温建筑技术,1983(2):26-31.

［105］徐福才."干-湿"热介质定向循环养护窑.工业建筑,1986(9):59-60.

［106］陈贵海.热介质定向循环养护窑的技术性能描述.建筑砌块与砌块建筑,2010(4):16-17.

［107］许尔领.热介质定向循环养护工艺的试验与应用.混凝土及加筋混凝土,1985(4):6-11.

［108］姜德民.混合蒸汽作热介质定向循环养护工艺原理及应用.北方工业大学学报,1998,10(1):93-96.

内 容 提 要

　　本书系统地阐明了窑炉内有关燃料燃烧、气体流动和传热等基本规律，对传质原理、干燥机理、干燥设备、固体燃料的气化原理和煤气发生炉也作了较详细的介绍。全书共 9 章：第 1 章为燃料燃烧过程及燃烧设备；第 2 章介绍了干燥过程及设备；第 3 章是水泥生产热工过程及设备；第 4 章为玻璃熔窑；第 5 章是余热回收设备；第 6 章是锡槽；第 7 章为退火窑；第 8 章介绍了陶瓷窑；第 9 章为混凝土制品热养护设备。

　　本书既可作为高等院校无机非金属材料专业高年级本科生和研究生的教材，也可供无机非金属材料领域相关科研及工程技术人员学习参考。